21世纪高职高专机械类实训教材

机械制图

主　编　张　洲　王技德
参　编　王志慧　何育慧
郝利梅　杨新田
王　艳
主　审　王永仁

中国人民大学出版社
·北　京·

前 言

《机械制图》是一本面向工科类各专业的工程素质教育的基础性教材。本书按照“项目教学”的思想，以“理论够用、注重实践”的原则编写而成。在教材编写过程中，编者认真总结长期课程教学的实践经验，广泛吸取兄弟院校同类教材的优点，力求突出以下特点：

1. 强调学以致用，突出实践。本书共设计了投影基础、基本体、组合体、机件的表达方法、常用件与标准件、零件图、装配图、零部件测绘八个单元，每个单元中均增加了技能训练项目。通过技能训练来贯彻《机械制图》与《技术制图》国家标准，增强学习者的实践能力，激发学习者的学习兴趣。

2. 按照项目教学的思想优化教学内容。本书将立体的投影、平面与立体的截交线、立体与立体的相贯线、轴测图及尺寸标注等内容整合成了棱柱、棱锥、圆柱、圆锥、球体、基本体尺寸标注六个小项目进行讲解，将制图的基本规定，整合到了各个技能训练之中，这样既保证了每个项目的完整性，又使学习者在应用知识的过程中记住制图的相关规定。

3. 重视学习者的认知规律。本书在每个小项目的内容安排上，首先通过典型实例引出问题，然后针对问题对理论知识进行深入浅出的讲解，随后安排技能训练使学生实际能力得到提高，这不仅贯彻了国家教育部“高教［2004］1号”文件中高职教育的改革思想，而且符合当今高等职业教育的发展方向，符合学习者的认知规律。

4. 本教材与《机械制图习题集》配套使用，可以使理论与实际紧密结合，并实现由易到难，由浅入深，由简至繁的教学过程。

本书考虑到教材的完整和参考的方便，在内容上有着适当的裕量，教师可根据教学时数和教学条件按一定的深度、广度进行取舍，可作为高职高专模具、数控、机制、机电等各专业的教材，也可供有关工程技术人员参考使用。

本教材编写人员由来自企业一线的高级工程师和长期从事制图教学的副教授、讲师等担任，由兰州职业技术学院张洲、王技德担任主编。王志慧编写第1单元，王技德编写绪论与第2单元，何育慧编写第3单元，郝利梅编写第4单元，杨新田编写第5单元，张洲编写第6、7单元，王艳编写第8单元及附录。王技德、张洲负责全书内容的组织和统稿。

本教材由兰州职业技术学院汽车机电工程系主任王永仁副教授审阅，提出了许多宝贵意见，在此谨表感谢。

尽管我们在探索《机械制图》教材特色建设的突破方面做了很多努力，但因作者水平有限，疏漏错误之处难以尽免，恳请读者批评指正。

编　者

2010.02

目　录

绪　论

1. 课程的重要性

（1）图样是工程界的技术语言。

准确表达物体的形状、尺寸及其技术要求的图，称为图样。图样是制造机器、仪器和进行工程施工的主要依据。在机械制造业中，机器设备是根据图样加工制造的。如果要生产一部机器，首先必须画出表达该机器的装配图和所有零件的零件图，然后根据零件图制造出全部零件，再按装配图装配成机器。由此可知，在工程技术中，图样不但是设计者表达设计意图、生产者指导生产的重要技术文件，而且是他们进行技术交流的重要工具。因此，图样是每一个工程技术人员必须掌握的“工程技术语言”。

（2）本课程是后续课程的基础。

对工科类学生来说，后续课程的学习和毕业设计都离不开阅读和绘制图样，因此，本课程是工科类学生学习后续专业基础课、专业课和进行课程设计的基础。

（3）本课程的研究对象。

在机械工程中使用的图样称为机械图样。“机械制图”是以机械图样作为研究对象的，即研究如何运用正投影的基本原理，绘制和阅读机械图样。

（4）课程的性质与地位。

“机械制图”是一门研究绘制和阅读机械图样的理论和方法的基础课程，是工科类学生必修的基础课程、主干课程。

综合上述，“机械制图”对工科类学生来说非常重要，是每一个工程技术人员必须掌握的基础课程。

2. 课程的定位

根据课程的性质与地位，本课程定位于为后续课程奠定基础，适应工业企业发展需求，满足机械加工、制造岗位的绘图与读图能力要求的专业基础课程。

3. 课程的目标

通过课程学习和训练，学生在理论知识方面应掌握正投影法的基本理论及其应用、国家制图标准及其有关规定；在专业技能和素质方面应具有绘图与阅读工程图样的基本能力，培养空间思维与想象能力，为后续课程的学习作好铺垫，为毕业后从事机械加工、制造岗位的技术工作和工程图样的绘制与管理工作打下牢固的基础。同时通过 CAD 课程的学习，力争达到中、高级制图员的职业能力要求。

4. 课程的任务和要求

（1）学习正投影的基础理论及其应用。

（2）贯彻《机械制图》与《技术制图》国家标准及其有关规定。

（3）培养绘制机械图样的基本能力。

（4）培养空间思维与构思能力。

（5）培养阅读机械图样的能力。

（6）培养分析问题和解决问题的能力。

（7）培养认真负责的工作态度和严谨细致的工作作风。

5. 课程的内容

（1）制图基础：投影基础、基本体、组合体、机件的基本表达方法。

（2）机械制图：常用件和标准件、零件图、装配图。

（3）技能训练：课外练习题、技能训练、零部件测绘。

6. 课程的重点与难点及其解决办法

（1）课程重点：点线面的投影、基本体及其表面交线的投影、组合体投影的画法及尺寸标注和读图方法、机件的各种表达方法、标准件及常用件的规定画法、零件图与装配图的绘制与阅读方法。

（2）课程难点：基本体各种交线的投影、读组合体视图、机件的综合表达方法、零件图与装配图的绘制与阅读。

（3）解决办法。针对课程重点，主要采取的教法和手段：课堂教学尽可能多的采用模型及实物教具与平面图形对照讲解，以便于学生建立正确的空间概念，对所学内容加强理解和记忆；加强课后习题的布置、答疑和辅导，及时解决学生的疑问；及时批改作业并进行作业讲评，以检查和督促学生紧跟教学进程；充分应用多媒体教学手段进行辅助教学。

针对课程难点，主要采取的教法和手段：按照认识规律，整合教材内容，适当调整教学顺序，由浅入深、由易到难、由具体到抽象循序渐进，逐渐突破；充分应用多媒体课件和实物、模型等辅助教学手段，将抽象难懂的内容直观化、形象化、具体化，便于学生理解；选择典型实例，精讲多练，帮助学生消化和掌握难点知识；利用习题课和大作业有目的性的训练学生的绘图与读图能力，使学生逐步掌握绘图与读图的基本方法与基本技能。

7. 课程的学习方法

本课程既有系统理论又有很强的实践性，因此，学习时应特别注意以下几点：

（1）贯彻一个“严”字。因为图样是工程界的技术语言，对于图样的幅面、比例、字体、图线、画法和标注方法及图样中涉及的各种技术要求均有标准可循，所以在学习本课程时，要严格贯彻《机械制图》与《技术制图》国家标准及其有关规定。

（2）突出一个“练”字。因为本课程的实践性很强，其主要内容必须在学习基础理论的基础上，通过大量的绘图、读图练习才能逐步掌握。练习时，首先要准备一套合乎要求的制图工具，按照正确的制图方法和步骤来画；其次要注意画图与看图相结合，物体与图样相结合，多画多看，并认真完成作业，逐步建立平面图形和空间形体间的对应关系。

（3）贯穿一个“勤”字。古人说：“书山有路勤为径”，“业精于勤荒于嬉”所强调的就是这个“勤”字。同样，要掌握正确的画图和看图方法：形体分析法、线面分析法和投影分析法，提高独立分析和解决看图、画图等问题的能力，也离不开勤于思考、勤于学习、勤于实践、勤于合作探究、勤于利用丰富的网上教学资源进行学习。

（4）加强一个“记”字。因为本课程的国标和规定画法较多，所以离不开记忆。

（5）强化一个“细”字。因为画图或读图的任何差错都会给生产造成损失，所以在学习本课程时，必须注意培养细心、认真、严谨的职业素养。

第1单元 投影基础

◎ 本单元学习内容

(1) 正投影的方法及投影特性。

(2) 三视图的形成与对应关系。

在工程技术中，人们常用到各种图样，如机械图样、建筑图样等。这些图样都是按照不同的投影方法绘制出来的，而机械图样是用正投影法绘制的，如图1—1所示。所以学习本门课程，第一步就要求熟练地掌握正投影法的投影原理和作图方法。

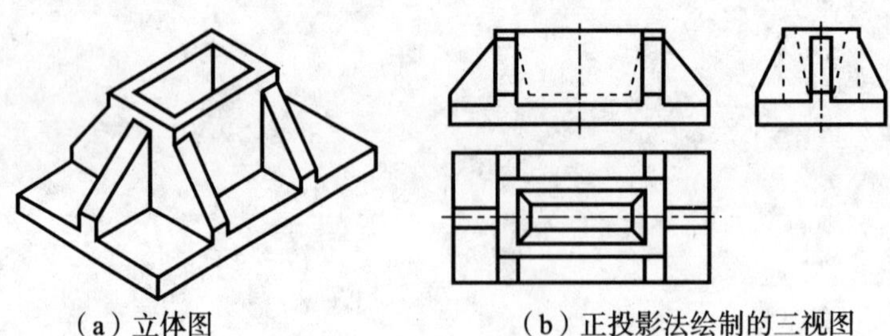

(a) 立体图　　(b) 正投影法绘制的三视图

图1—1　机械图样

1.1　正投影与三视图

问题导入

(1) 如何根据正投影法作出图1—2所示实体的三视图?

(2) 三视图的投影规律是什么?

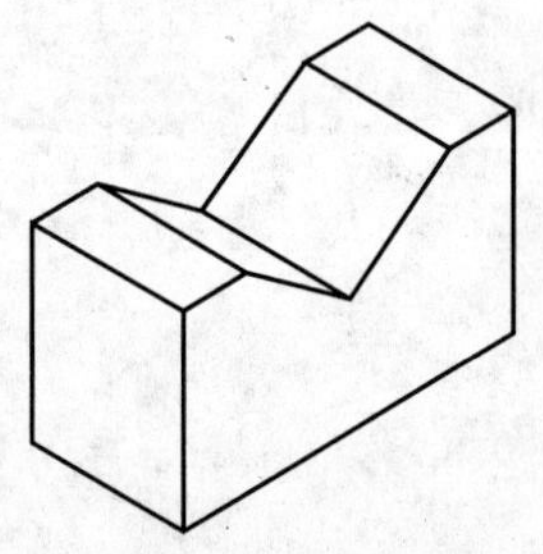

图1—2　实体的立体图

1.1.1　正投影

1. 立体图

机械零件都是三维实体的，大致形状可以使用立体图表示，便于观察和理解。但立体图是从一个方向、用一个图形来表达物体的形状，如图 1—1a 所示，只能看见物体的前面、上面和左面，后面、下面和右面则无法看清，尤其是尺寸无法精确测量。如果对此立体图做进一步分析，则会发现，方槽挖切的深度，物体前后是否对称，在立体图中也表达不清楚。

立体图的缺点归纳如下：

（1）发生变形；

（2）物体内部和后面等看不见部分的结构表达不清楚；

（3）不方便标注尺寸和技术要求。

可见，立体图不能反映出物体的真实形状，不能直接应用在生产上。但是，立体图也有优点——立体感强，可以作为生产图样的辅助性说明。

2. 正投影

简单地说，在物体后面放一张图纸，眼睛正对着图纸看物体，把看到的物体形状在图纸上反映出来所得到的图形就是正投影。这里把平行的视线当作投影线，把图纸看作投影面，画在纸上的图形就是物体的投影。

在机械制图中，通常假设人的视线为一组平行的且垂直于投影面的投影线，这样在投影面上所得到的图形称为正投影。

正投影的基本特性：

（1）真实性。当直线或平面平行于投影面时，直线的投影反映实长，平面的投影反映实形。

（2）积聚性。当直线或平面垂直于投影面时，直线的投影积聚成点，平面的投影积聚成直线。

（3）类似性。当直线或平面倾斜于投影面时，直线的投影仍为直线，但小于实长，平面的投影是真实图形的类似形，如图 1—3 所示。

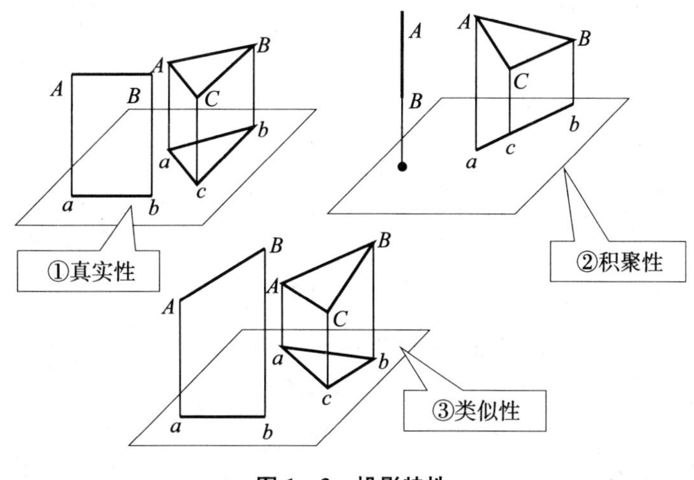

图 1—3　投影特性

实际生产中广泛采用的图样是用正投影法绘制的。

1.1.2 三视图的形成及其对应关系

一般情况下，一个视图不能确定物体的形状。如图 1—4 所示的两个形状不同的物体，但它们在投影面上的投影都相同。因此，要反映物体的完整形状，必须增加由不同投影方向所得到的几个视图，互相补充，才能将物体表达清楚。工程上常用的是三视图，如图 1—1b所示。

1. 三投影面体系

三投影面体系由三个相互垂直的投影面组成，如图 1—5 所示。其中 *V* 面称为正立投影面，简称正面；*H* 面称为水平投影面，简称水平面；*W* 面称为侧立投影面，简称侧面。在三投影面体系中，两投影面的交线称为投影轴，*V* 面与 *H* 面的交线称为 *OX* 轴，*H* 面与 *W* 面的交线称为 *OY* 轴，*V* 面与 *W* 面的交线称为 *OZ* 轴。三根投影轴的交点为原点，记为 *O*。

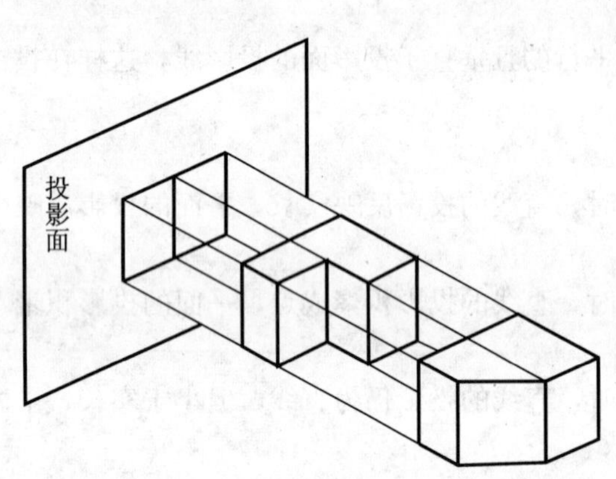

图 1—4 单面投影

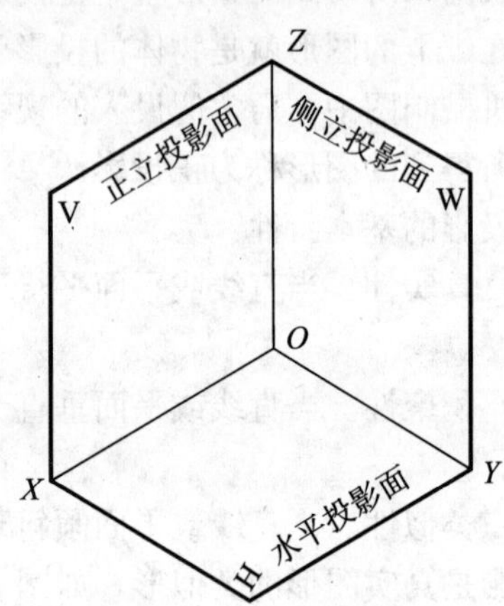

图 1—5 三投影面体系

2. 三视图的形成

如图 1—6 所示，将物体放在三投影面体系内，采用正投影法分别向三个投影面投影。为了使所得的三个投影处于同一平面上，使 *V* 面保持不动，将 *H* 面绕 *OX* 轴向下旋转 90°，*W* 面绕 *OZ* 轴向右旋转 90°，使与 *V* 面处于同一平面上，如图 1—7a 所示。这样便得到物体的三个视图。*V* 面上的视图称为主视图，*H* 面上的视图称为俯视图，*W* 面上的视图称为左视图，如图 1—7b 所示。在画视图时，投影面的边框及投影轴不必画出，三个视图的相对位置不能变动，即俯视图在主视图的下边，左视图在主视图的右边，三个视图的配置如图 1—7c 所示，不必标注三个视图的名称。

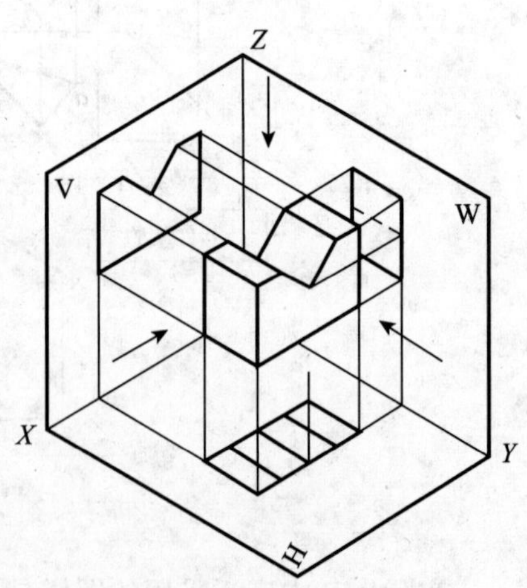

图 1—6 三视图的形成过程

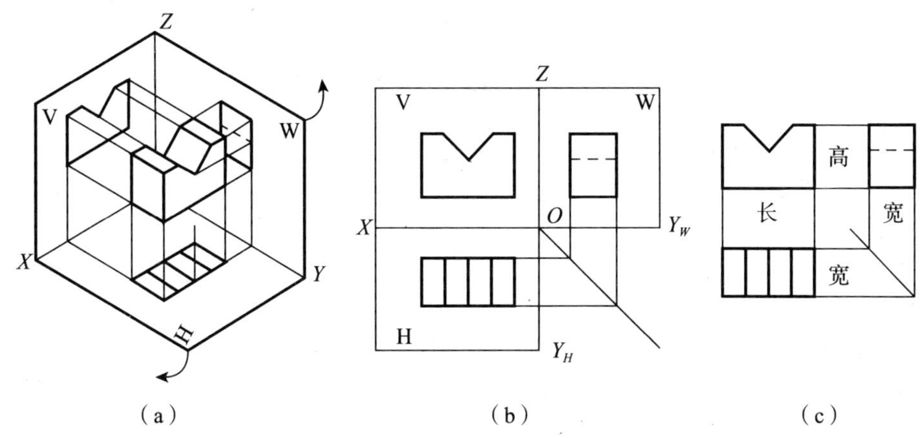

图 1—7　三视图的展开

3. 三视图之间的对应关系

(1) 投影关系。如图 1—7c 所示，三视图之间的投影规律为：主、俯视图长对正；主、左视图高平齐；俯、左视图宽相等。简言之：长对正、高平齐、宽相等。

(2) 方位关系。物体在三投影面体系内的位置确定后，它的前后、左右和上下的位置关系也就在三视图上明确地反映出来，如图 1—8 所示。

主视图——反映物体的上下和左右位置关系；

俯视图——反映物体的左右和前后位置关系；

左视图——反映物体的上下和前后位置关系。

俯、左视图靠近主视图的一边（里边），均表示物体的后面，远离主视图的一边（外边），均表示物体的前面。

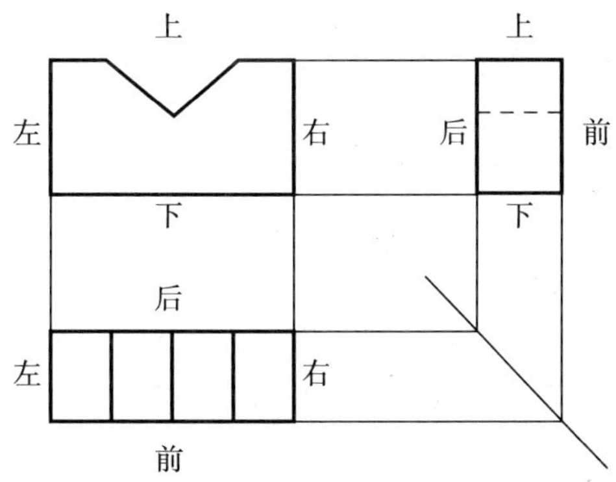

图 1—8　三视图中的物体的方位关系

一般将三视图中任意两视图组合起来看，才能完全看清物体的上、下、左、右、前、后 6 个方位的相对位置，其中物体的前后位置在左视图中最容易弄错。左视图中的左、右反映了物体的后面和前面，不要误认为是物体的左面和右面。

1.2 点的投影

问题导入

(1) 如何作出图 1—9a 所示点 A、B、C、D 的三面投影？

(2) 如何根据上题判断出点 A 与点 D、点 C 与点 B 的位置关系？

(3) 如何根据图 1—9b 判断哪点是投影面的特殊点？

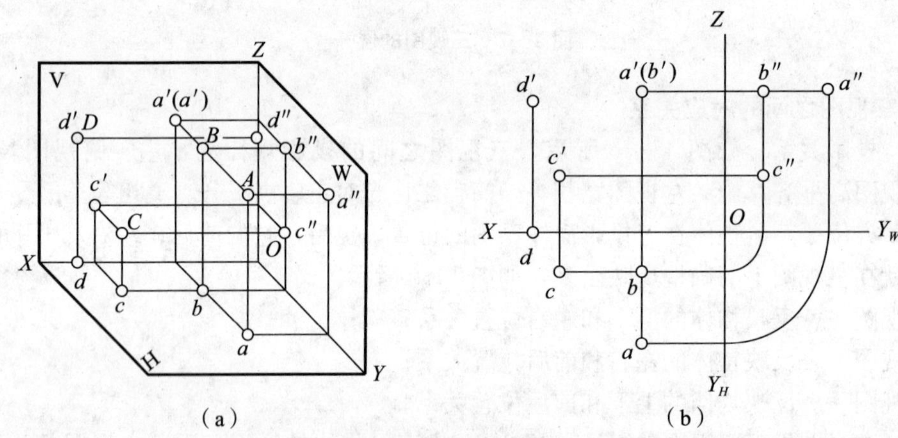

图 1—9　点的三面投影图

任何物体都是由点、线、面等几何元素构成的，只有学习和掌握了几何元素的投影规律和特征，才能透彻理解机械图样所表示物体的具体结构形状。本节先来学习点的投影。

1.2.1 一般位置点的投影

1. 点的单面投影

点的投影仍然是点，而且是唯一的。如图 1—10 所示，空间点 A、B 的单面投影重合为一点，说明点的单面投影不能确定点的唯一性。

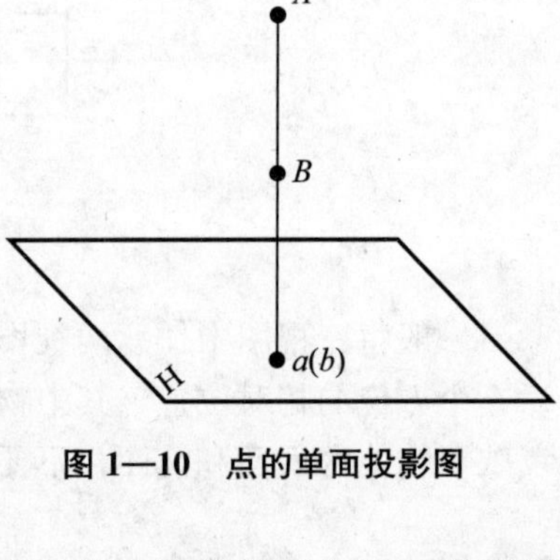

2. 点的两面投影

建立两个投影面 H 及 V，取一空间点 A，用正投影法过点 A 向两个投影面作垂线，与投影面的交点即为该点的两面投影，如图 1—11 所示。点 A 在水平面上的投影用 a 表示，正面上的投影用 a'表示。

图 1—10　点的单面投影图

将 H 面绕 OX 轴向下旋转 90°，使它与 V 面重合，这样就得到如图 1—11b 所示点 A 的两面投影图。通常投影面被认为是任意大的，在投影

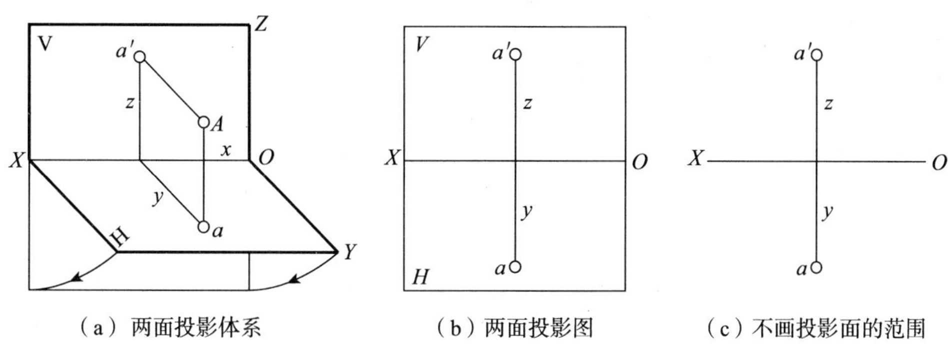

（a）两面投影体系　　（b）两面投影图　　（c）不画投影面的范围

图 1—11 点的两面投影图的画法

图上不画它们的范围，如图1—11c所示。投影图上细实线 aa' 称为投影连线。

从投影图中可知，点的两面投影存在以下性质：

（1）点的正面投影 a' 与水平投影 a 连线垂直于投影轴（$a'a \perp OX$），且到点 O 的距离为 X 坐标。

（2）点的水平投影到 OX 轴的距离反映该点到 V 面的距离，反映 Y 坐标；其正面投影到 OX 轴的距离反映该点到 H 面的距离，为 Z 坐标。

3. 点的三面投影

点的三面投影是空间点向三个投影面进行投影，在侧立投影面上的投影用小写字母加两撇（如 a''、b''、…）表示。

从图 1—12 可知点的三面投影性质为：两垂直三相等。即：

（1）点的侧面投影 a'' 与正面投影 a' 的连线垂直于 OZ 轴（$a'a'' \perp OZ$），Z 坐标相等。

（2）点的水平投影 a 与正面投影 a' 的连线垂直于 OX 轴（$a'a \perp OX$），X 坐标相等。

（3）点的水平投影 a 与侧面投影 a'' 的 Y 坐标相等。

为作图方便，一般自点 O 作 45°辅助线，以实现这个关系，如图 1—12b 所示。

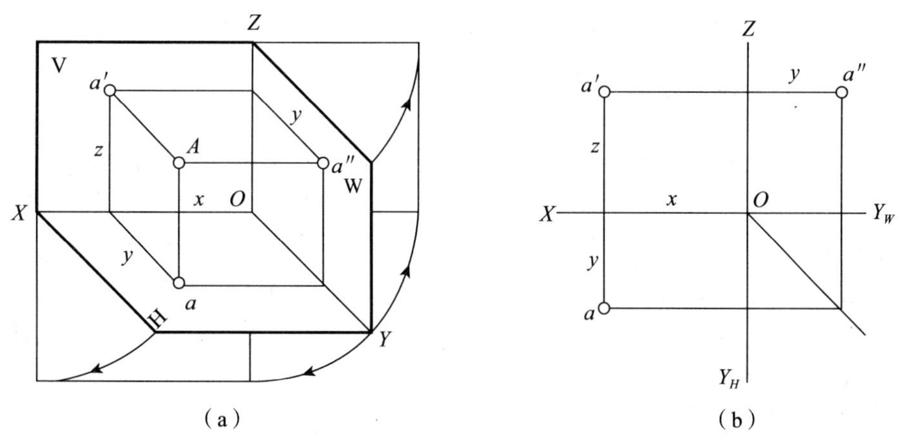

（a）　　（b）

图 1—12 点的三面投影性质和画法

根据上述投影规律，若已知点的任何两个投影，就可求出它的第三个投影。

1.2.2 特殊位置点的投影

1. 投影面上的点（一个坐标为0）

投影面上的点有两面投影在投影轴上，第三面投影和其空间点本身重合，例如图1—13所示空间点 C。

2. 投影轴上的点（两个坐标为0）

投影轴上的点有一面投影在原点上，另两面投影和其空间点本身重合，例如图 1—13 所示在 OY 轴上的空间点 D。

3. 在原点上的空间点（三个坐标都为0）

在原点上的空间点，它的三个投影必定都在原点上，三面投影都和空间点本身重合。例如图 1—13 所示空间点 E。

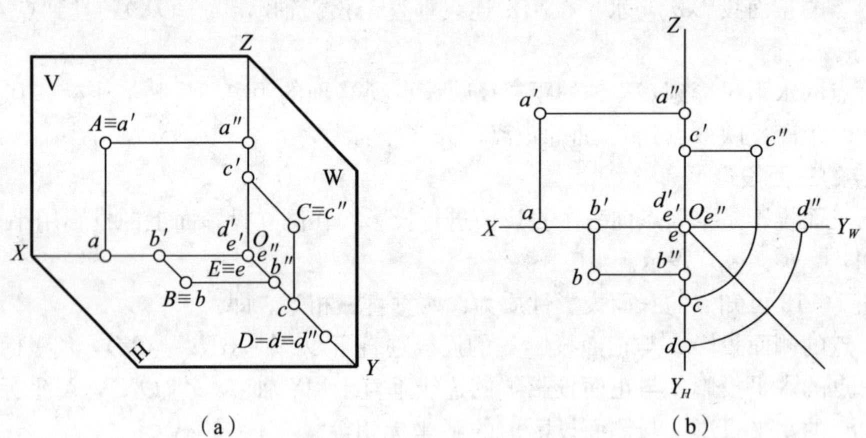

（a） （b）

图 1—13 特殊位置点的投影

1.2.3 两点的相对位置及重影点

1. 两点的相对位置

空间两点在三面投影体系中存在上、下，前、后，左、右的位置关系。两点相对位置关系可用坐标的大小来判断，Z 坐标大者在上，反之在下；Y 坐标大者在前，反之在后；X 坐标大者在左，反之在右。如图 1—14 所示，A、C 两点的相对位置：$Z_A > Z_C$，因此点 A 在点 C 之上；$Y_A > Y_C$，因此点 A 在点 C 之前；$X_A < X_C$，因此点 A 在点 C 之右。结果是点 A 在点 C 的右前上方。

2. 重影点及可见性

若空间两点在某一投影面上的投影重合，则称两点是该投影面的重影点，这时，空间两点的某两坐标相同，并在同一投影线上。

在图 1—14 中，A、B 两点位于垂直于 V 面的同一条投影线上（$X_A = X_B$，$Z_A = Z_B$），正面投影 a' 和 b' 重合。由水平投影可知 $Y_A > Y_B$，即点 A 在点 B 的正前方。因此点 B 的正

面投影 b' 被点 A 的正面投影 a' 遮挡，是不可见的，规定在 b' 上加圆括号表示该处点 B 的投影不可见。

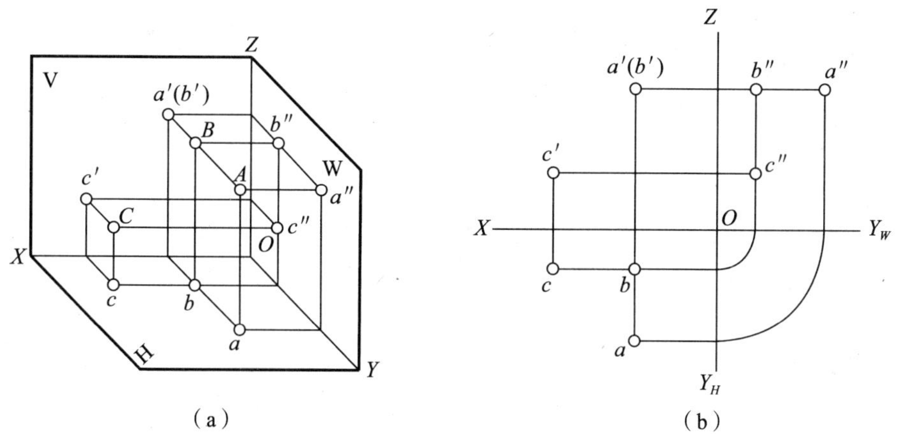

图 1—14　两点的相对位置及重影点

总之，若投影面上出现重影点，判别哪个点可见，应根据它们的第三个坐标的大小来确定，坐标大的点是重影点中的可见点。

［例 1—1］ 已知点 A 的正面投影 a' 及侧面投影 a''，试求其水平投影 a。

分析：根据点的三面投影的性质，可以利用点 A 的正面投影和侧面投影求出点 A 的水平投影 a。

作图：由于 a 与 a' 的连线垂直于 OX 轴，所以 a 一定在过 a' 而垂直于 OX 轴的直线上，如图 1—15a 所示。又由于 a 至 OX 轴的距离必等于 a'' 至 OZ 轴的距离，故而作图使 aa_X 等于 $a''a_Z$，便定出了 a 的位置，如图 1—15b 所示。

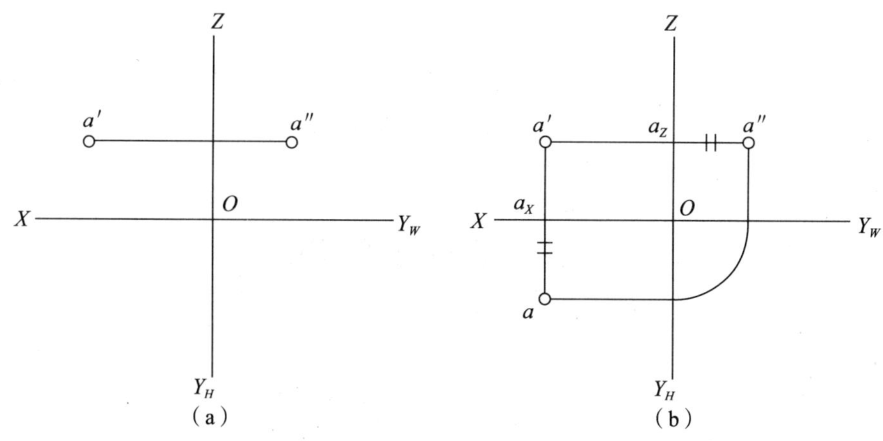

图 1—15　求点的第三投影

［例 1—2］ 已知 A（28，0，20）、B（22，10，12）、C（22，24，12）、D（0，0，28）四点，试在三投影面体系中作出直观图，并画出投影图。

分析：因为三投影面体系是与空间直角坐标系关联的，所以已知点的三个坐标就可以确定空间点在三投影面体系中的位置，此时点的三个坐标就是该点分别到三个投影面的距离。

作图：作直观图，如图 1—16a 所示，以 B 点为例，在 OX 轴上量取 22，OY 轴上量取 10，OZ 轴上量取 12，在三个轴上分别得到相应的截取点 b_X、b_Y 和 b_Z，过各截点作对应轴的平行线，则在 V 面上得到正面投影 b'，在 H 面上得到水平投影 b，在 W 面上得到侧面投影 b''。

同样的方法，可作出点 A、C、D 的直观图。其中 A 点在 V 面上（因为 $Y_A=0$），其正面投影 a' 与 A 重合，水平投影 a 在 OX 轴上，侧面投影 a'' 在 OZ 轴上。D 点在 OZ 轴上（$X_D=Y_D=0$），其正面投影 d'、侧面投影 d'' 与 D 点重合于 OZ 轴上，水平投影 d 在原点 O 处。

点 B 和点 C 有两个坐标相同（$X_B=X_C$，$Z_B=Z_C$），所以它们是对 V 面的重影点。它们的第三个坐标 $Y_B<Y_C$，正面投影 c' 可见，b' 不可见加上圆括号。

根据各点的坐标作出投影图，如图 1—16b 所示。

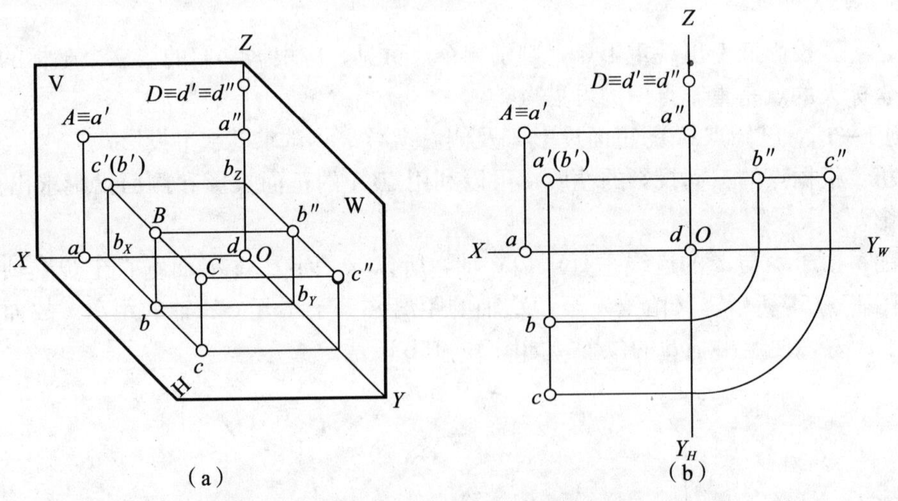

图 1—16　根据点的坐标作直观图和投影图

1.3　直线的投影

问题导入

（1）如何作出图 1—17a 所示直线 AB 的第三面投影及直线上点 C 的另外两面的投影？

（2）如何判断图 1—17b 所示直线 CD 与直线 AB 的位置关系？

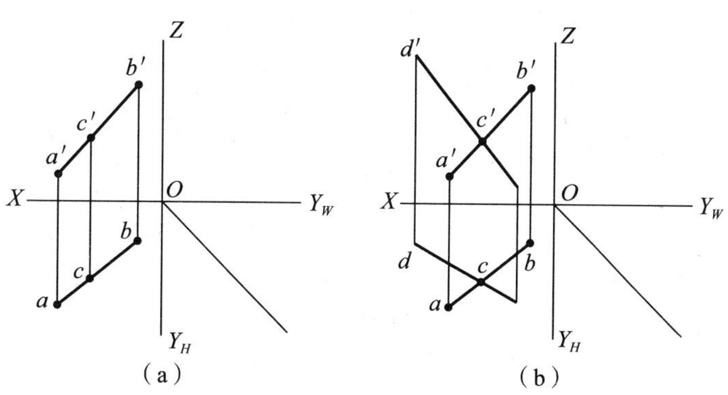

图 1—17　根据点的坐标作直观图和投影图

1.3.1　直线的投影

空间两点可以确定一条直线，只要作出属于直线上任意两点的投影，连线即可求出直线的投影。如图 1—18a 所示的直线 AB，求作它的三面投影图时，可分别作出 A、B 两端点的投影（a、a'、a''）、(b、b'、b'')，然后将其同面投影连接起来即得直线 AB 的三面投影图（ab、$a'b'$、$a''b''$）。

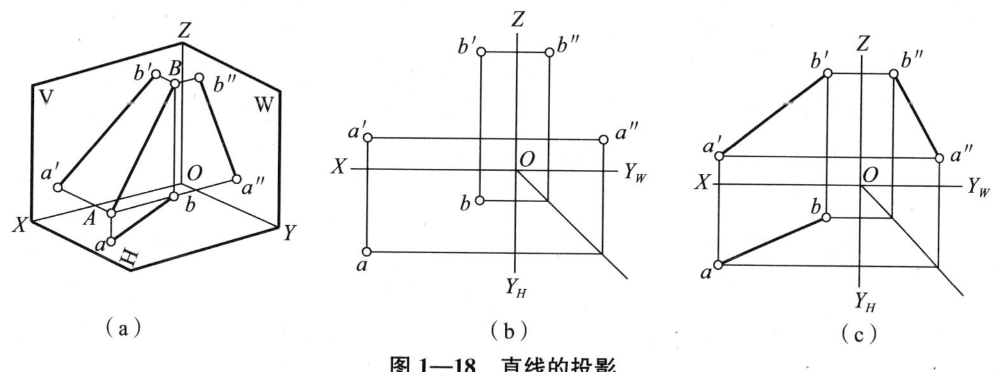

图 1—18　直线的投影

1.3.2　直线的投影特性

空间直线相对于一个投影面有平行、垂直、倾斜三种位置，三种位置有不同的投影特性。

（1）真实性。当直线与投影面平行时，则直线的投影为实长，如图 1—19a 所示。

（2）积聚性。当直线与投影面垂直时，则直线的投影积聚为一点，如图1—19b所示。

（3）收缩性。当直线与投影面倾斜时，则直线的投影小于直线的实长，如图 1—19c 所示。

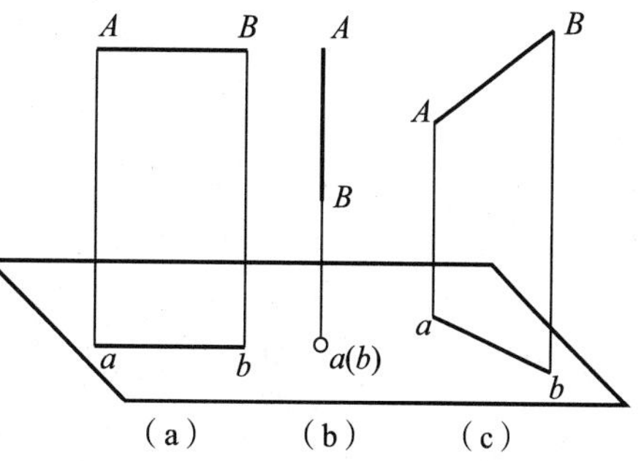

图 1—19　直线的投影特性

根据直线在投影面体系中的位置可将其分为投影面平行线、投影面垂直线和一般位置直线三类直线，如图 1—20 所示，具体可见表 1—1、表 1—2 和表 1—3。

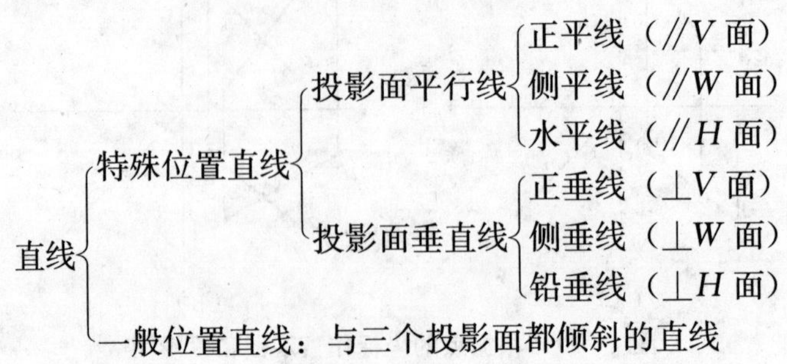

图 1—20　三类直线

表 1—1　　**投影面平行线**

<table>
<tr><th>名称</th><th>立体图</th><th>投影图</th><th>投影特性</th></tr>
<tr><td>水平线</td><td> 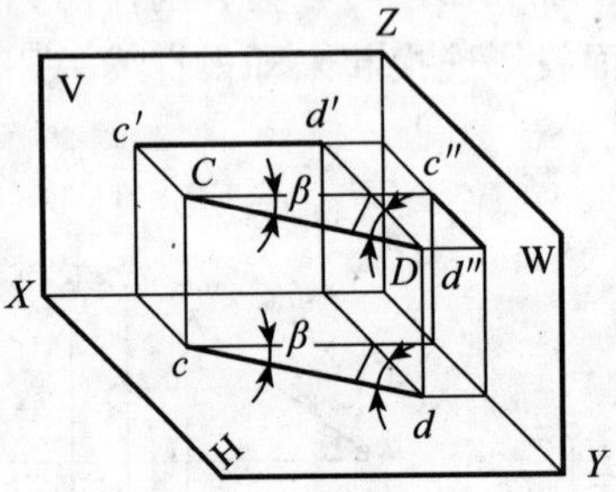</td><td> 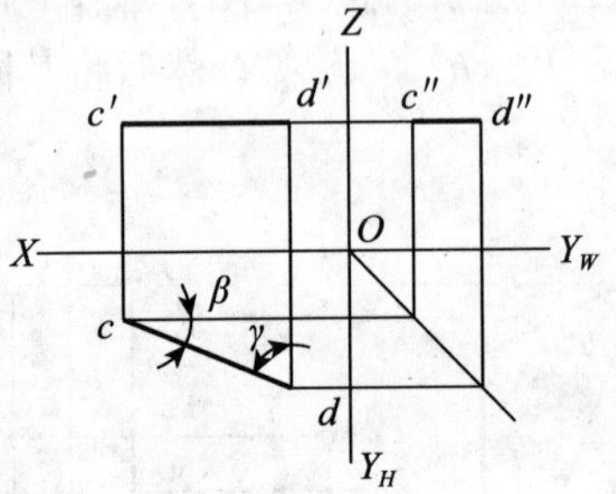</td><td rowspan="3">两平一斜：
①直线在所平行的投影面上的投影反映实长，与两投影轴的夹角反映空间直线与另两个投影面的真实倾角
②其余两面投影分别平行于相应的投影轴且均小于实长</td></tr>
<tr><td>正平线</td><td></td><td></td></tr>
<tr><td>侧平线</td><td></td><td></td></tr>
<tr><td colspan="4">对于投影面平行线的辨认：一斜两直线，定是平行线；斜线在哪面，平行哪个面</td></tr>
</table>

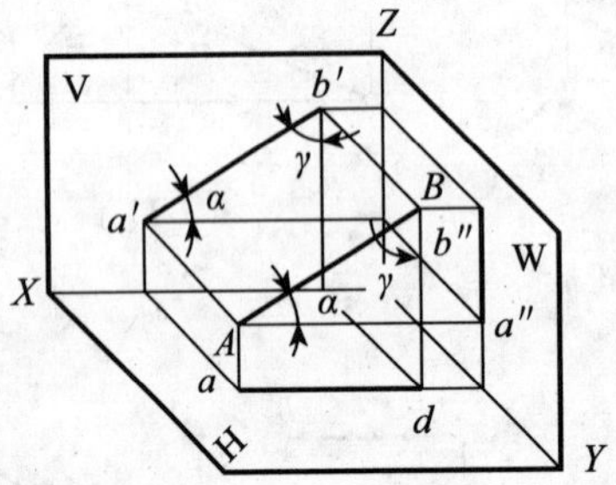

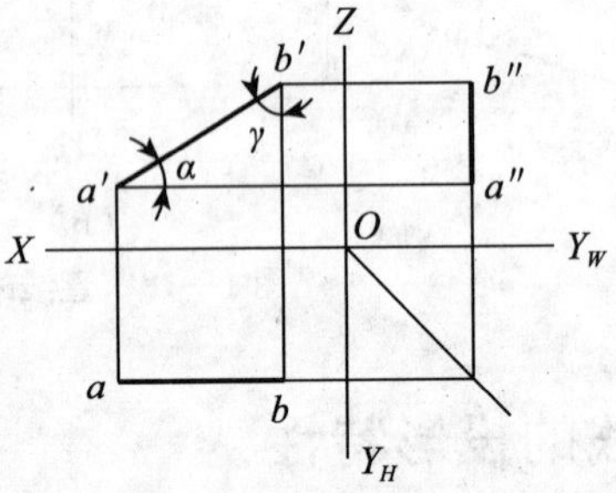

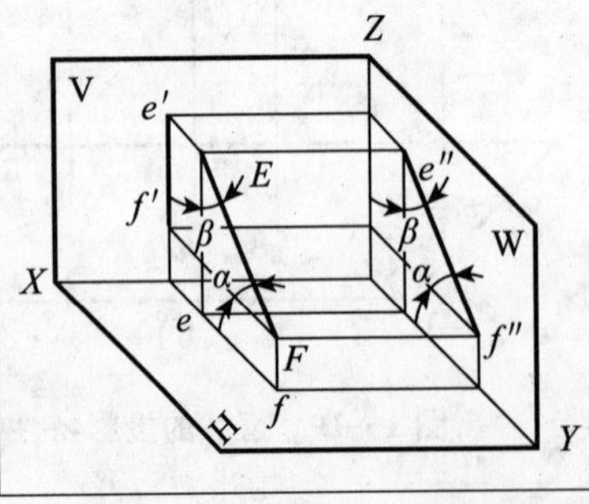

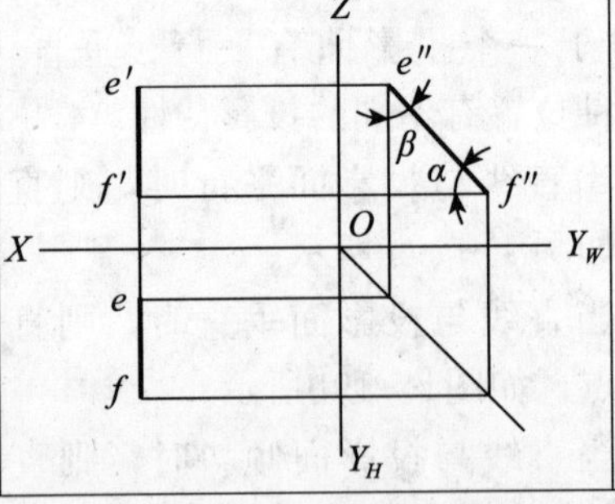

表 1—2　　**投影面垂直线**

名称	立体图	投影图	投影特性
铅垂线	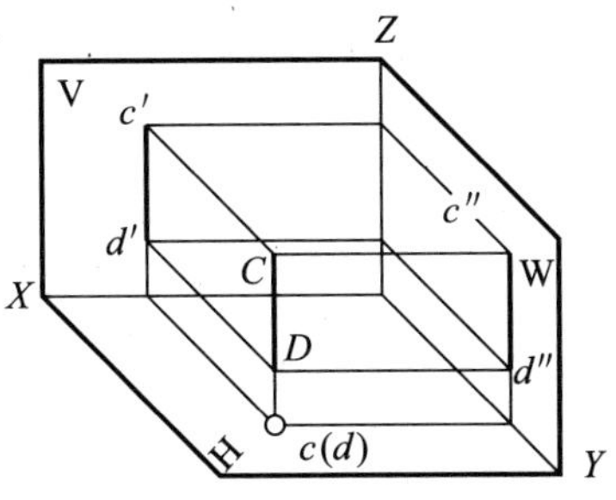	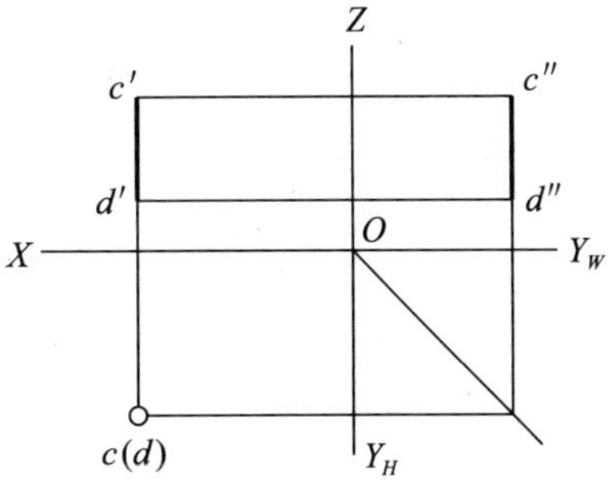	两线一点： ①直线在所垂直的投影面上的投影积聚为一点 ②其余两面投影均反映线段的实长，且垂直于相应的投影轴
正垂线			
侧垂线			
对于投影面垂直线的辨认：一点两直线，定是垂直线；点在哪个面，垂直哪个面			

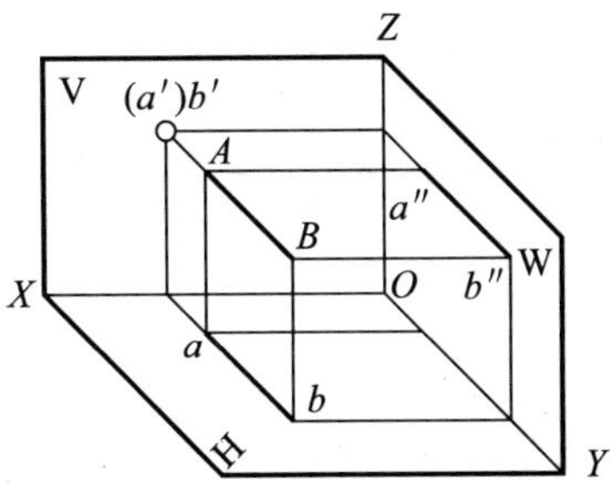

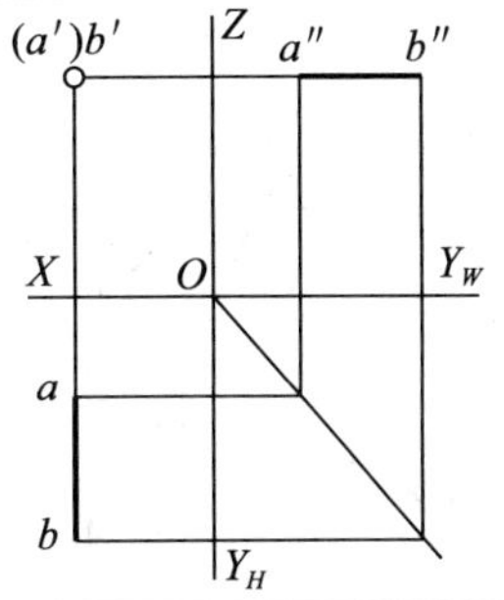

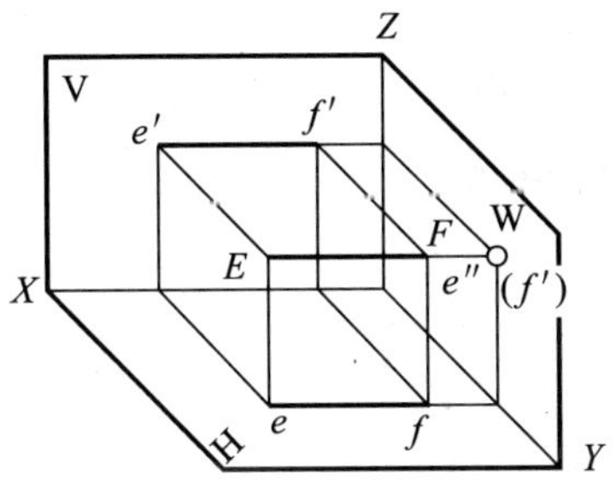

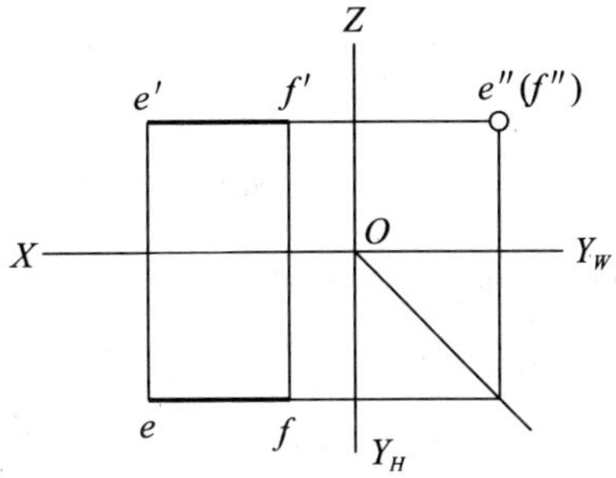

表 1—3　　**一般位置直线**

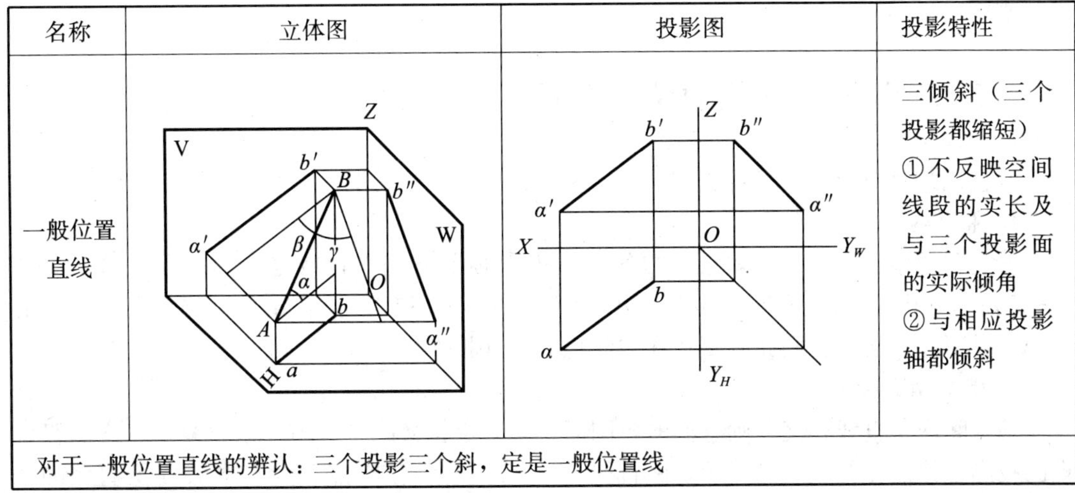

名称	立体图	投影图	投影特性
一般位置直线			三倾斜（三个投影都缩短） ①不反映空间线段的实长及与三个投影面的实际倾角 ②与相应投影轴都倾斜
对于一般位置直线的辨认：三个投影三个斜，定是一般位置线			

1.3.3 点与直线的关系

点与直线有属于和不属于两种位置关系。

1. 直线上点的投影

点在直线上，则点的各面投影必定在该直线的同面投影上；反之，若一个点的各面投影都在直线的同面投影上，则该点必定在直线上。

如图 1—21 所示直线 AB 上有一点 C，则点 C 的三面投影 c、c'、c'' 必定分别在该直线 AB 的同面投影 ab、$a'b'$、$a''b''$ 上。

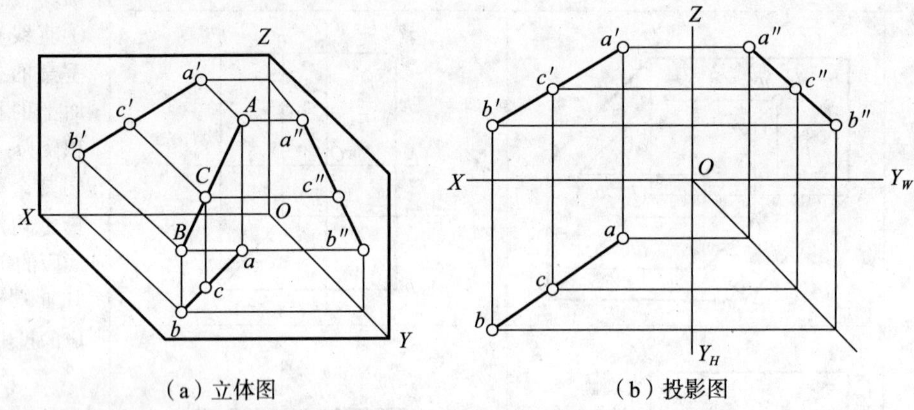

（a）立体图　　（b）投影图

图 1—21　直线上点的投影

2. 直线投影的定比性

直线上的点分割的线段之比等于该点投影分割线段的投影之比，这称为直线投影的定比性。反之，若点的投影分割线段的投影成比例，则点在直线上。

在图 1—21 中，点 C 在线段 AB 上，它把线段 AB 分成 AC 和 CB 两段。根据直线投影的定比性，$AC:CB=ac:cb=a'c':c'b'=a''c'':c''b''$。

总之，点属于直线，则点的投影必属于直线的同面投影，并且点分线段之比等于其投影分割线段投影之比。反之，则点不属于直线。

1.3.4 两直线的相对位置关系

两直线的相对位置有平行、相交、交叉（异面）三种情况。

1. 平行两直线

若空间两条直线平行，则它们的各同面投影必定互相平行或重合为一条直线。如图 1—22 所示，由于 $AB/\!/CD$，则必定 $ab/\!/cd$、$a'b'/\!/c'd'$、$a''b''/\!/c''d''$。反之，若两直线的各同面投影互相平行，则此两直线在空间也必定互相平行。

2. 相交两直线

若空间两条直线相交，则它们的各同面投影必定相交或重合为一条直线，且交点符合点的投影规律。如图 1—23 所示，两直线 AB、CD 相交于 K 点，因为 K 点是两直线的共

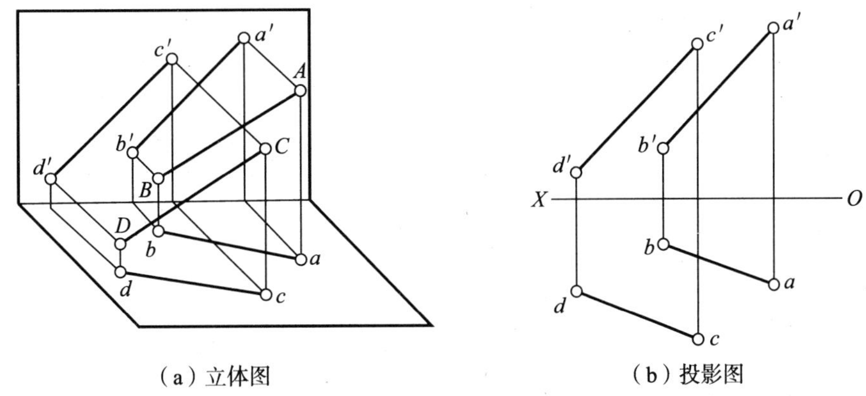

（a）立体图　　（b）投影图

图 1—22　平行两直线

有点，则此两直线的各组同面投影的交点 k、k'、k''必定是空间交点 K 的投影。反之，若两直线的各同面投影相交，且各组同面投影的交点符合点的投影规律，则此两直线在空间也必定相交。

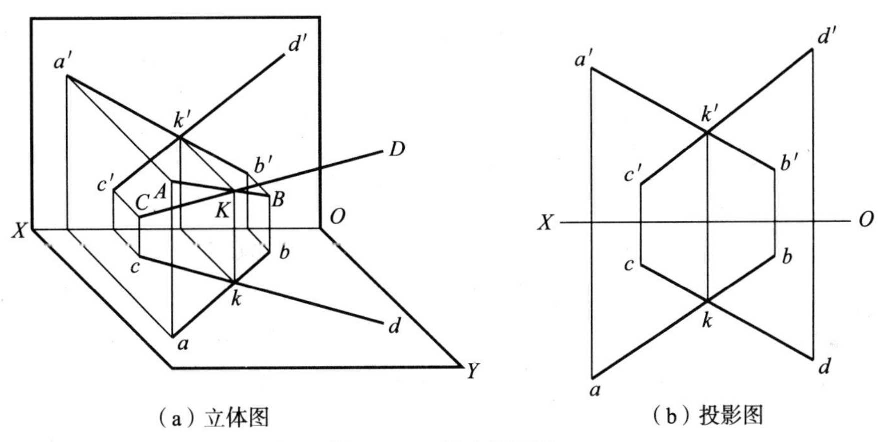

（a）立体图　　（b）投影图

图 1—23　相交两直线

3. 交叉两直线

两直线既不平行又不相交，称为交叉（异面）两直线。若空间两直线交叉，则它们的各组同面投影必不同时平行，或者它们的同面投影虽然相交，但其交点不符合点的投影规律，反之亦然，如图 1—24 所示。

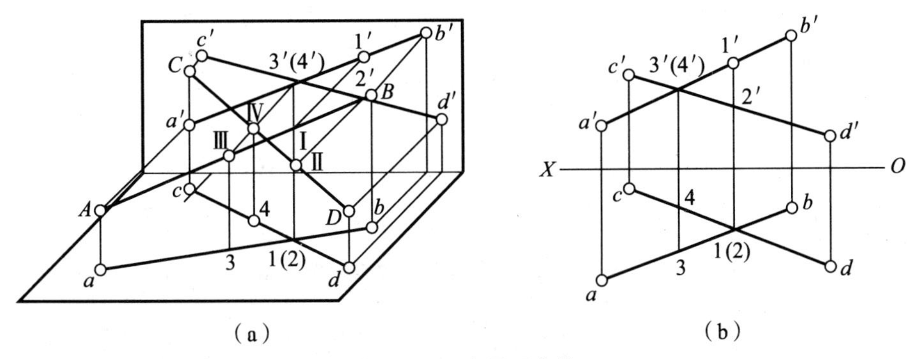

（a）　　（b）

图 1—24　交叉两直线

1.3.5 直角投影定理

空间垂直相交的两直线，若其中的一条直线平行于某投影面，则两直线在该投影面的投影仍为直角。反之，若相交两直线在某投影面上的投影为直角，且其中有一直线平行于该投影面时，则该两直线在空间相互垂直。如图 1—25 所示，已知 $AB \perp BC$，且 BC 为水平线，所以 $ab \perp bc$（$\angle abc = 90°$）。

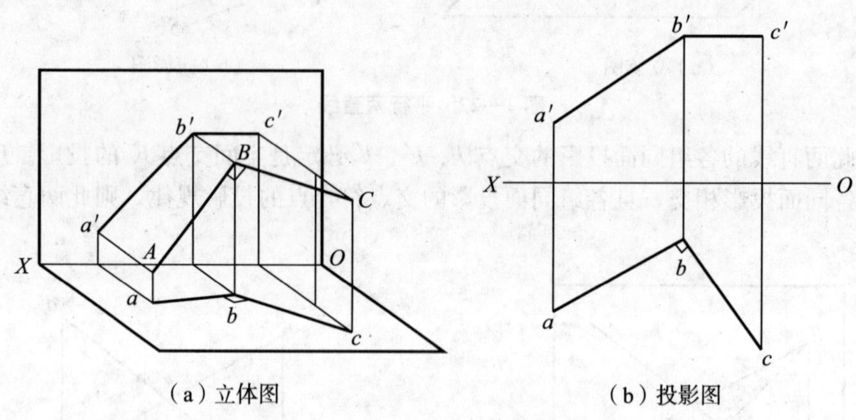

图 1—25 垂直相交的两直线的投影

［**例 1—3**］ 判定图 1—26a 所示的点 K，是否在侧平线 AB 上。

分析：由直线上点的投影特性可知，如果点 K 在直线 AB 上，则 $a'k' : k'b' = ak : kb$。因此，可利用这一定比关系来判定点 K 是否在直线 AB 上。另外，如果点 K 在直线 AB 上，则 k'' 应在 $a''b''$ 上。所以，也可用它们的侧面投影来判定。

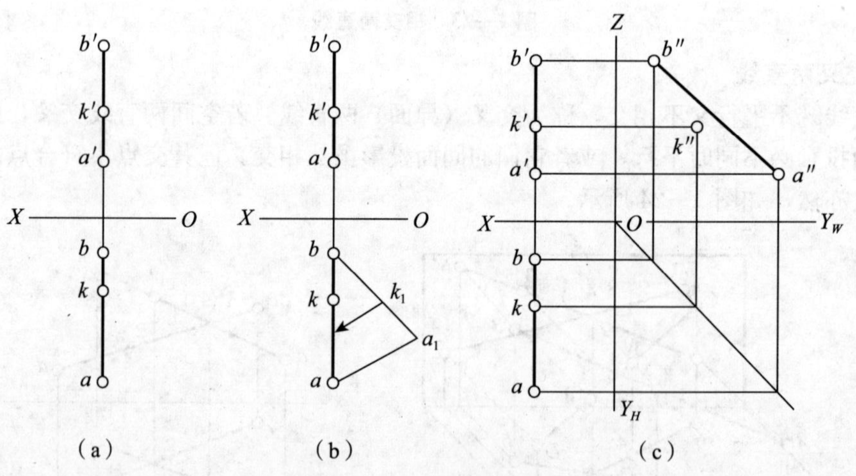

图 1—26 判定点是否在直线上

作图方法一：用定比性来判定，如图 1—26b 所示。

（1）在水平投影上过 b 任作一直线，取 $bk_1 = b'k'$、$k_1a_1 = k'a'$。

（2）连接 a_1、a，过 k_1 作 a_1a 的平行线，它与 ab 的交点不是 k，说明 $a'k' : k'b' \neq ak : kb$。由此可判定点 K 不在直线 AB 上。

作图方法二：用直线上点的投影规律来判定，如图 1—26c 所示。

分别补出点 K 和直线 AB 的侧面投影 k'' 和 $a''b''$，可以看出 k'' 不在 $a''b''$ 上，由此也可判定点 K 不在直线 AB 上。

［例 1—4］ 如图 1—27 所示，已知 $ab /\!/ cd$，$a'b' /\!/ c'd'$，试判断 AB 和 CD 是否平行。

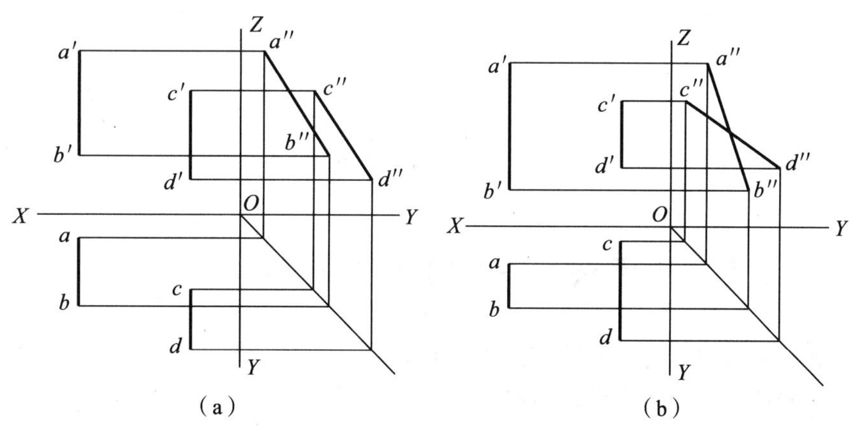

图 1—27　判别两侧平线是否平行

分析：判别两直线是否平行，只需判别两直线的同面投影是否平行。图中只显示出了两直线的两同面投影互相平行，还需知道第三面投影是否平行。

作图：根据投影关系，作出 AB、CD 的第三面投影。

判别：如图 1—27a 所示，$a''b'' /\!/ c''d''$，则 $AB /\!/ CD$。如图 1—27b 所示，$a''b''$ 不平行 $c''d''$，则 AB 不平行 CD。

1.4　平面的投影

问题导入

（1）如何判断图 1—28a 所示平面的种类？

（2）如何补全平面 1—28b 中平面 $ABCDE$ 的两面投影？

（3）如何作出图 1—28b 中空间点 M 的另一面投影？

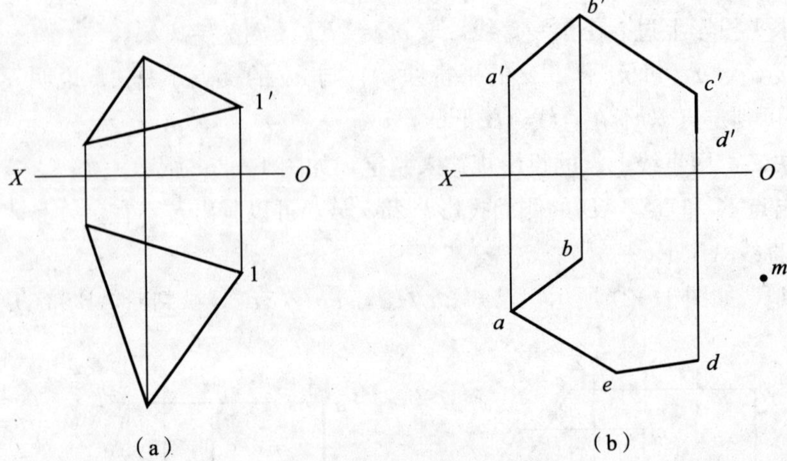

(a) (b)

图 1—28 平面投影

1.4.1 平面的表示法——几何元素法

平面的表示常采用几何元素法，具体如下所示：

(1) 不在同一直线上的三点，如图 1—29a 所示。

(2) 直线和直线外一点，如图 1—29b 所示。

(3) 相交两直线，如图 1—29c 所示。

(4) 平行两直线，如图 1—29d 所示。

(5) 任意平面图形，如三角形、四边形、圆形等，如图 1—29e 所示。

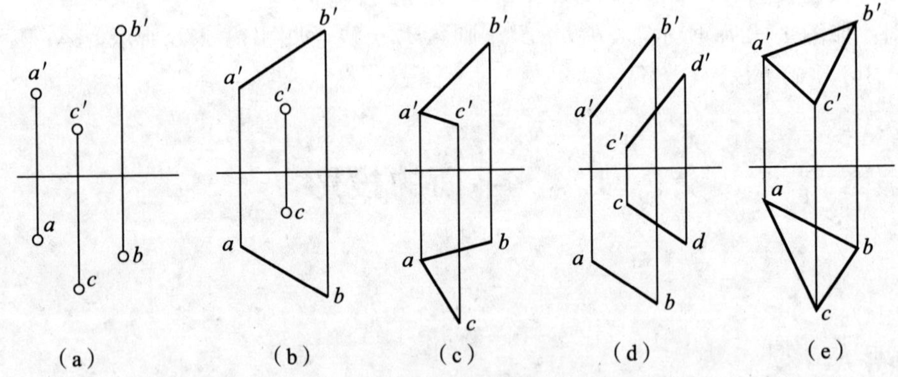

图 1—29 用几何元素法表示平面

注意： 为了解题的方便，常用一个平面图形（如三角形）表示平面。

1.4.2　平面的投影特性

根据平面在三投影面体系中的位置可进行如下划分，如图 1—30 所示。具体可见表 1—4 至表 1—6。

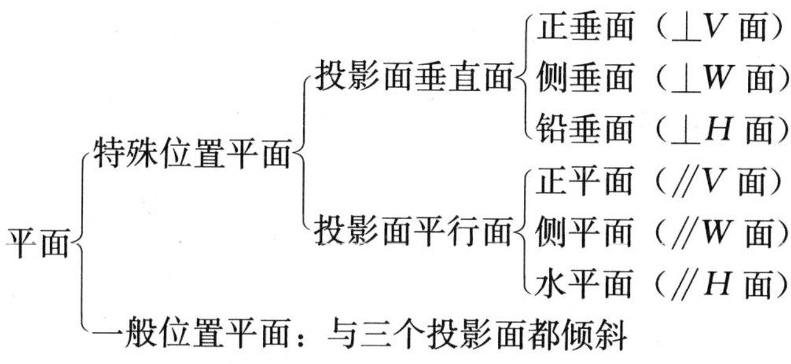

图 1—30　三类平面

表 1—4　　**投影面垂直面**

名称	立体图	投影图	投影特性
铅垂面	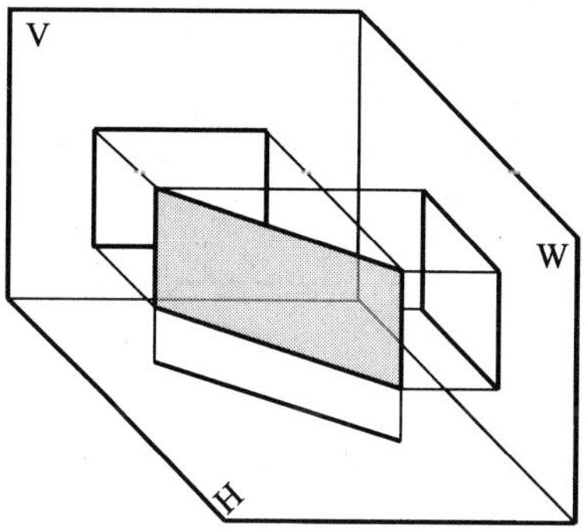 V W H	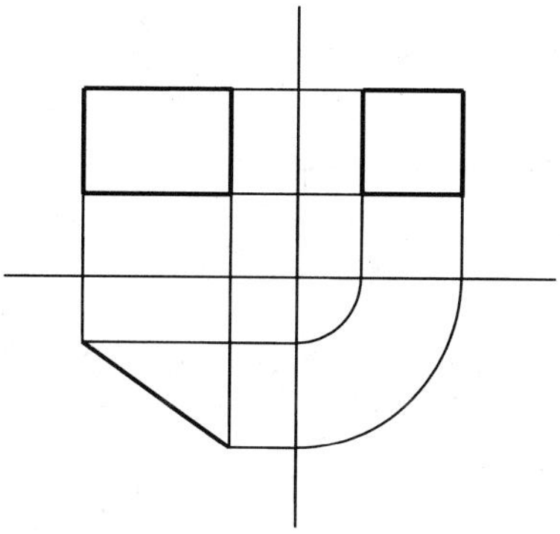	两框一线： ①在平面所垂直的投影面上的投影积聚成一斜线，斜线与投影轴的夹角分别反映该平面与相应投影面的夹角
正垂面	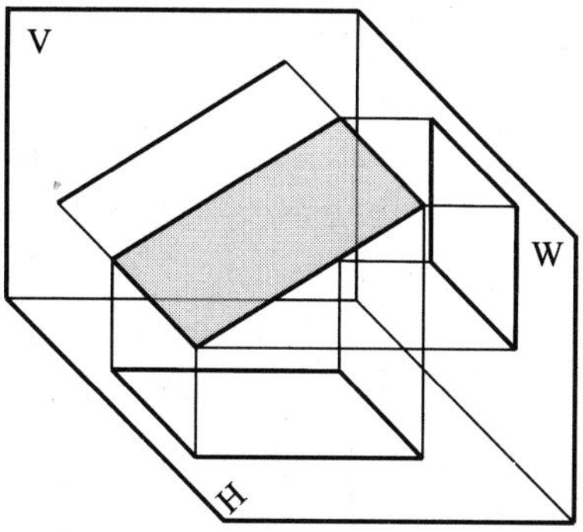 V W H	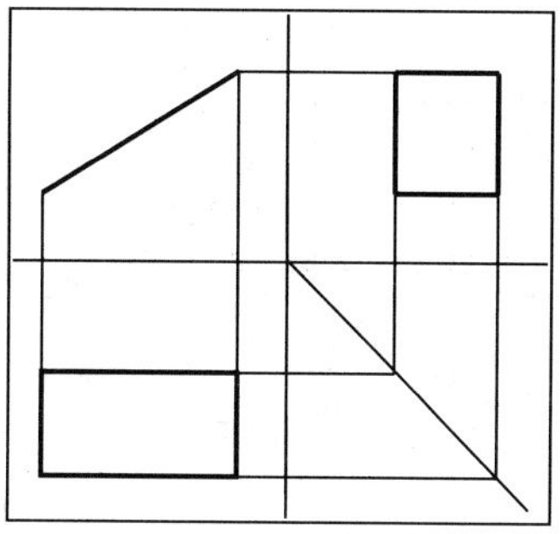	

续前表

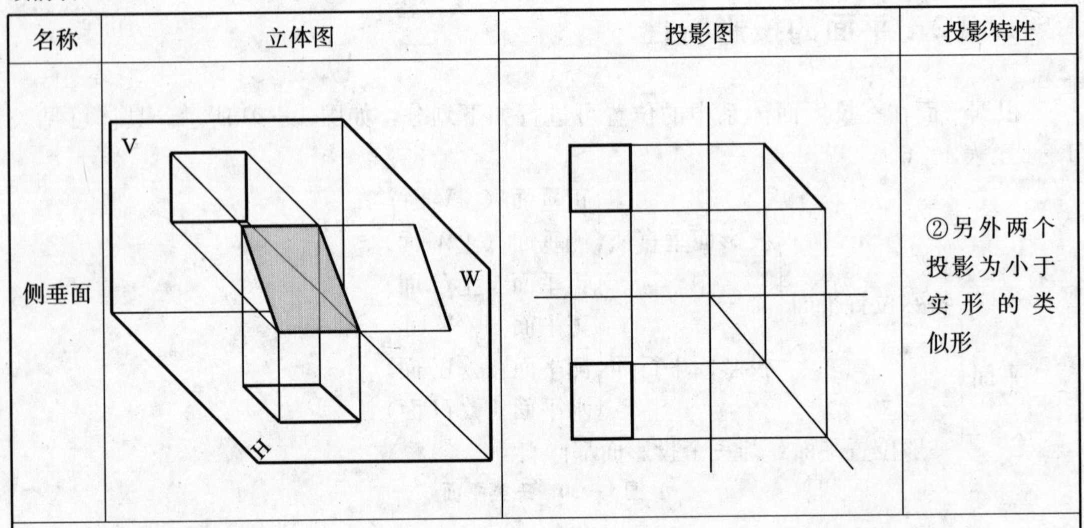

名称	立体图	投影图	投影特性
侧垂面			②另外两个投影为小于实形的类似形
对于投影面垂直面的辨认：如果空间平面在某一投影面上的投影积聚为一条与投影轴倾斜的直线，则此平面垂直于该投影面			

表 1—5　　投影面平行面

名称	立体图	投影图	投影特性
水平面			两线一框：①在平面所平行的投影面上的投影反映平面图形的实形
正平面			

续前表

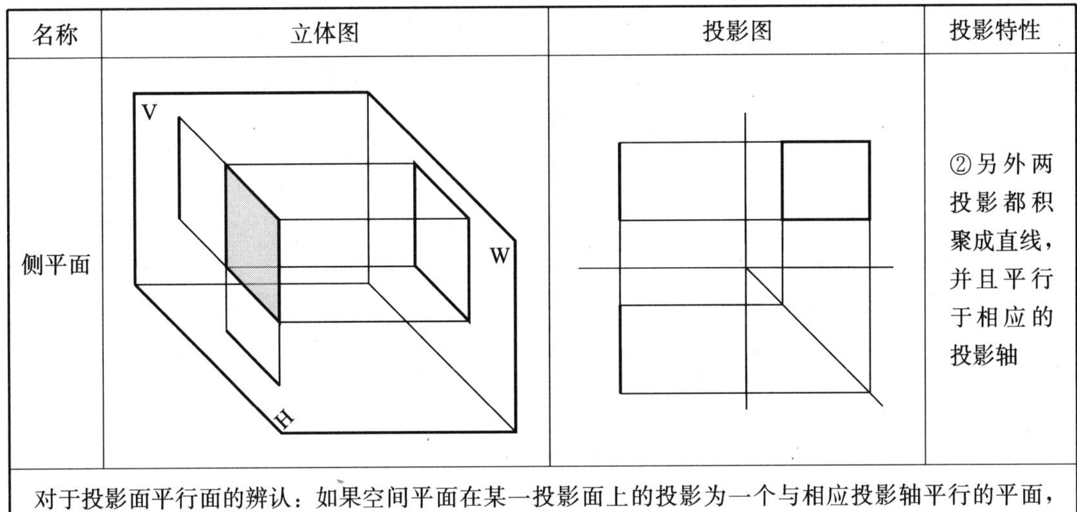

名称	立体图	投影图	投影特性
侧平面			②另外两投影都积聚成直线，并且平行于相应的投影轴
对于投影面平行面的辨认：如果空间平面在某一投影面上的投影为一个与相应投影轴平行的平面，则此平面平行于该投影面			

表 1—6　　一般位置平面

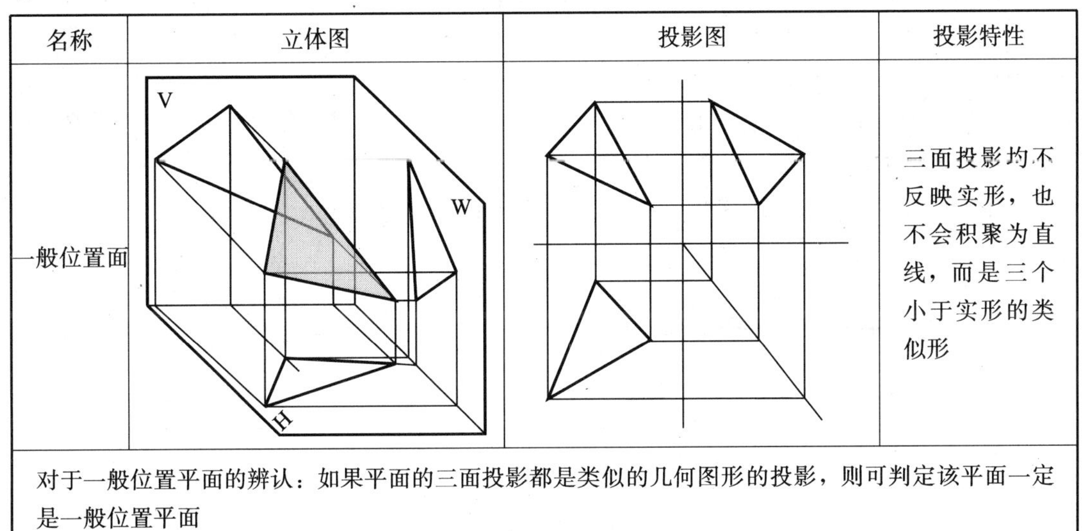

名称	立体图	投影图	投影特性
一般位置面			三面投影均不反映实形，也不会积聚为直线，而是三个小于实形的类似形
对于一般位置平面的辨认：如果平面的三面投影都是类似的几何图形的投影，则可判定该平面一定是一般位置平面			

1.4.3　平面上的点和直线

1. 平面上的点

点在平面上的几何条件是：若点属于平面，则该点必属于该平面内的一条直线；反之，若点属于平面内的一条直线，则该点必属于该平面。

如图 1—31a 所示，相交两直线 AB、BC 确定平面 P，M、N 两点分别属于直线 AB、BC，故点 M、N 属于平面 P。

在投影图上，若点属于平面，则该点的各个投影必属于该平面内的一条直线的同面投影；反之，若点的各个投影属于平面内一条直线的同面投影，则该点必属于该平面，如图

1—31b 所示。

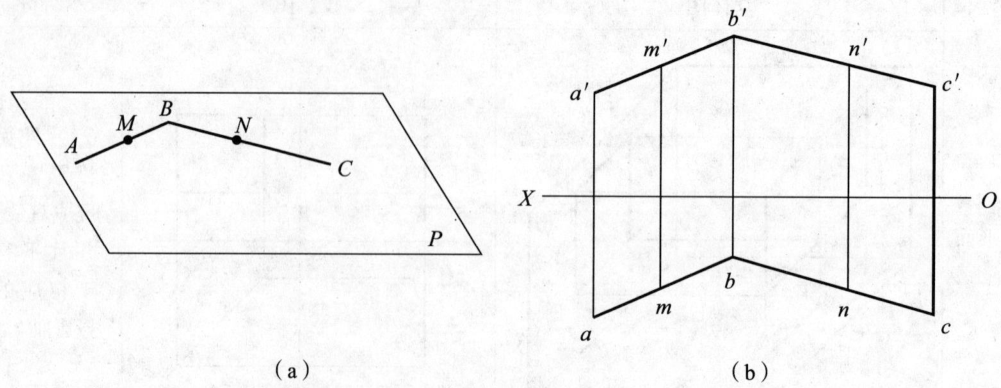

图 1—31 平面上的点

2. 平面上的直线

直线在平面上的几何条件是：若直线属于平面，则该直线必通过该平面内的两个点，或通过该平面内的一个点，且平行于该平面内的另一已知直线；反之，若直线通过平面内的两个点，或通过该平面内的一个点，且平行于该平面内的另一已知直线，则该直线必属于该平面。

如图 1—32a 所示，平面 P 由相交两直线 AB、BC 确定，M、N 两点属于平面 P，故直线 MN 属于平面 P。

在图 1—32b 中，L 点属于 P，且 $KL \parallel BC$，因此，直线 KL 属于 P。

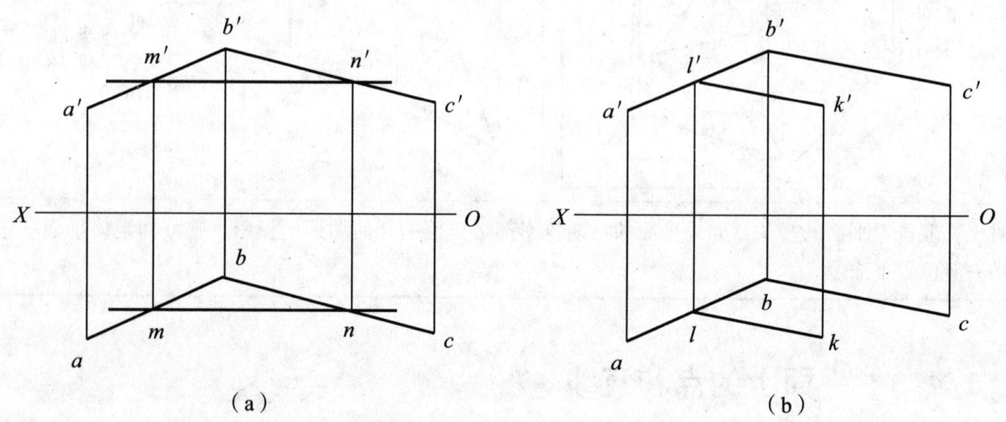

图 1—32 平面上的直线

3. 属于平面的投影面平行线

属于平面且同时平行于某一投影面的直线称为平面内的投影面平行线。平面内的投影面平行线既具有平面内直线的投影特性，又具有投影面平行线的投影特性。

平面内的投影面平行线有三种，平面内平行于 H 面的直线称为平面内的水平线；平面内平行于 V 面的直线称为平面内的正平线；平面内平行于 W 面的直线称为平面内的侧平线。

如图 1—33a 所示，直线 AD 属于$\triangle ABC$ 平面，且 $a'd'/\!/OX$ 轴，直线 AD 是$\triangle ABC$ 平面内的水平线。同样，直线 MN 也是$\triangle ABC$ 平面内的水平线。由图可知，$mn/\!/ad$，$m'n'/\!/a'd'$，因此，$MN/\!/AD$。由此可见，同一平面内的所有水平线互相平行。

在图 1—33b 中，直线 CD 属于$\triangle ABC$ 平面，且 $cd/\!/OX$ 轴，直线 CD 是$\triangle ABC$ 平面内的正平线。同样地，同一平面内的所有正平线互相平行。平面内的侧平线也有相同的特性。

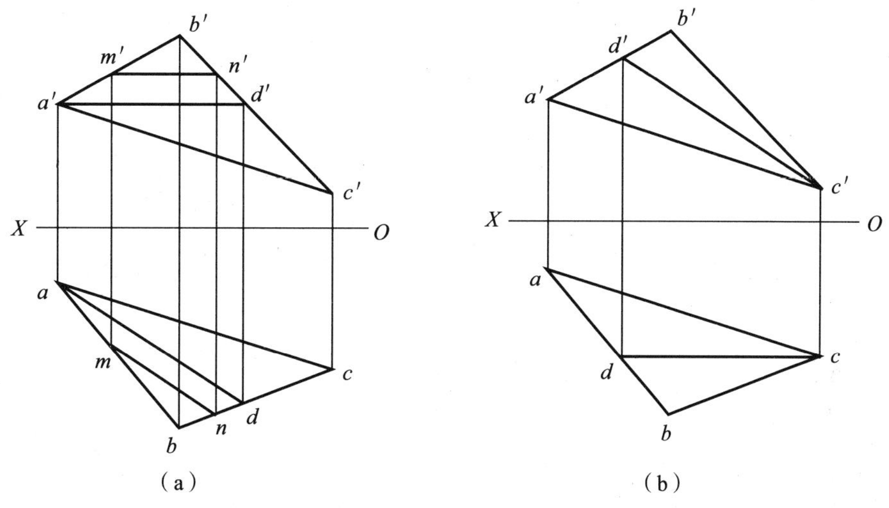

图 1—33　平面内的投影面平行线

［例 1—5］　如图 1—34a 所示，已知$\triangle ABC$ 的两面投影，在$\triangle ABC$ 平面上取一点 K，使 K 点在 A 点之下 13mm，在 A 点之前 10mm，试求 K 点的两面投影。

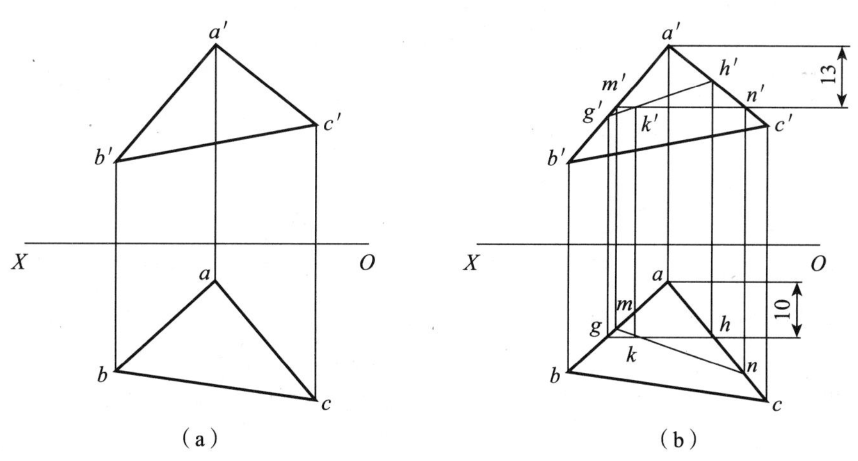

图 1—34　平面上取点

分析：由已知条件可知，K 点在 A 点之下 13mm，之前 10mm，我们可以利用平面上的投影面平行线作辅助线求得。K 点在 A 点之下 13mm，可利用平面上的水平线，K 点在 A 点之前 10mm，可利用平面上的正平线，K 点必在两直线的交点上。

作图：如图 1—34b 所示。

(1) 从 a' 向下量取 13mm，作平行于 OX 轴的直线，与 $a'b'$ 交于 m'，与 $a'c'$ 交于 n'。

(2) 求水平线 MN 的水平投影 m、n。

(3) 从 a 向前量取 10mm，作平行于 OX 轴的直线，与 ab 交于 g，与 ac 交于 h，则 mn 与 gh 的交点即为 k。

(4) 由 g、h 求 g'、h'，则 $g'h'$ 与 $m'n'$ 交于 k'，k' 即为所求。

[例 1—6] 如图 1—35a 所示，已知△ABC 及点 K 的两面投影，试判别点 K 是否在△ABC 平面上。

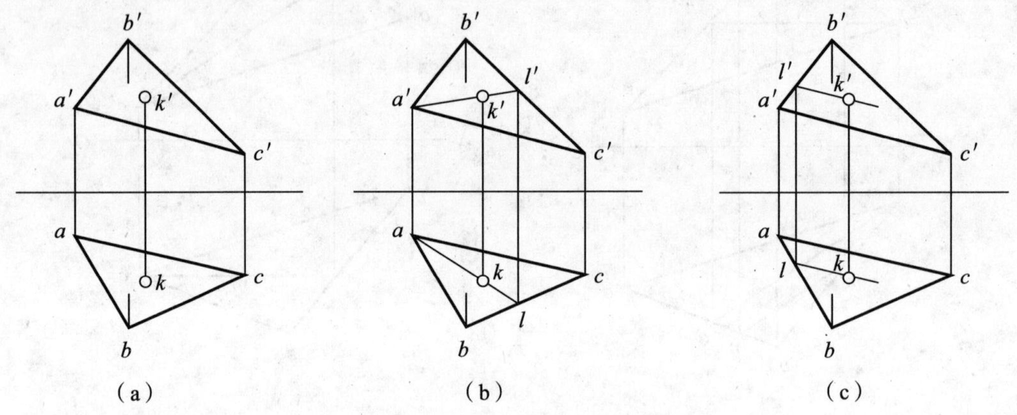

图 1—35 判断点 K 是否在△ABC 平面上

根据点在平面上的几何条件，可用两种方法进行判别。

方法一（两点法），如图 1—35b 所示。

(1) 连接 ak，并延长交 bc 于 l，根据投影关系，求得 $a'l'$。

(2) 判别：因 k' 在 $a'l'$ 上，所以点 K 在△ABC 平面上。

方法二（一点一方向），如图 1—35c 所示。

(1) 过 k 作 ac 的平行线交 ab 于 l。

(2) 根据投影关系求得 l'，并连接 $l'k'$。

(3) 判别：检查结果为 $l'k' /\!/ a'c'$，所以，点 A 在△ABC 平面上。

[例 1—7] 如图 1—36a 所示，四边形平面 $ABCD$ 的 H 面投影 $abcd$ 和 V 面投影 $a'b'c'$，试完成该平面的 V 面投影。

分析：A、B、C 三点可确定一个平面，它们的 H、V 投影均为已知，因此，完成四边形平面的 V 面投影问题，实际上就是已知平面 ABC 内点 D 的 H 面投影，求其 V 面投影的问题。

作图：如图 1—36b 所示。

(1) 连接 ac 和 $a'c'$，得到辅助线 AC 的两面投影。

(2) 连接 bd 与 ac 交于 e。

(3) 由 e 引 OX 轴的垂直线，在 $a'c'$ 上求出 e'。

(4) 连接 $b'e'$，在其延长线上求出 d'。

(5) 分别连接 $a'd'$、$c'd'$，即为所求。

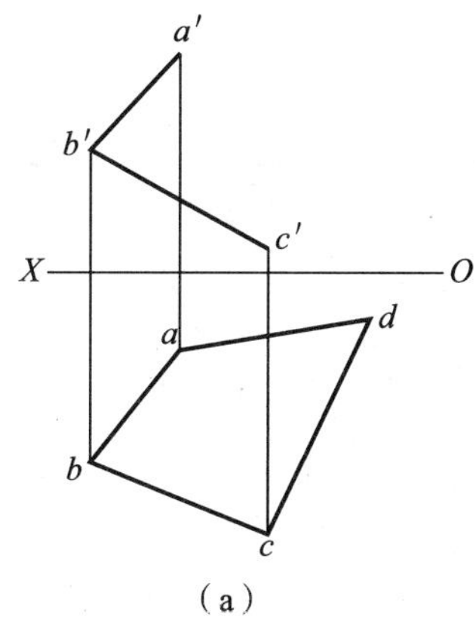

(a)

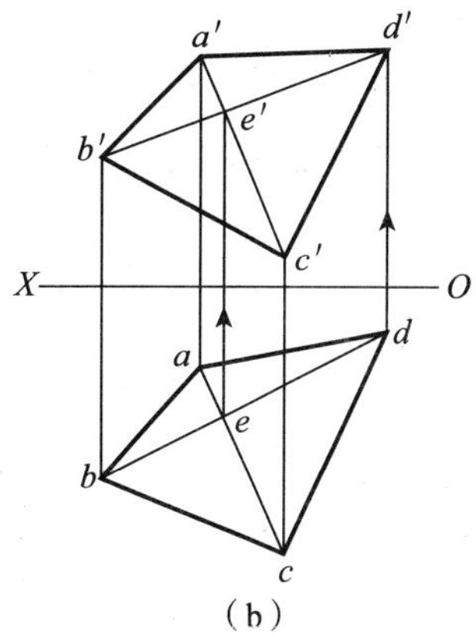

(b)

图 1—36　完成平面的投影

[例 1—8]　已知△ABC 平面，试在平面上过 A 点作水平线，过 C 点作正平线，如图 1—37a 所示。

分析：由于水平线的正面投影平行于 X 轴，故可先过 A 点的正面投影作 X 轴的平行线，再根据投影关系确定其水平投影即可。同理，正平线的水平投影平行于 X 轴，可先过 C 点的水平投影作 X 轴的平行线，再根据投影关系确定其正面投影。

作图：如图 1—37b 所示。

(1) 过 a' 作 $a'e' /\!/ ox$，并求出 ae，则 AE 即为△ABC 平面上的水平线。

(2) 过 c 作 $cd /\!/ ox$，并求出 $c'd'$，则 CD 即为△ABC 平面上的正平线。

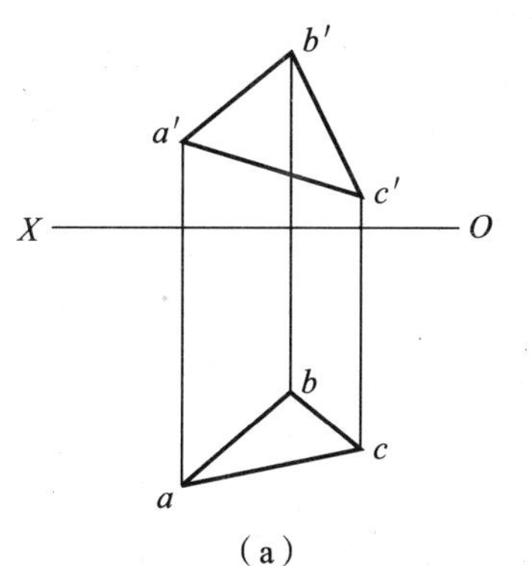

(a)

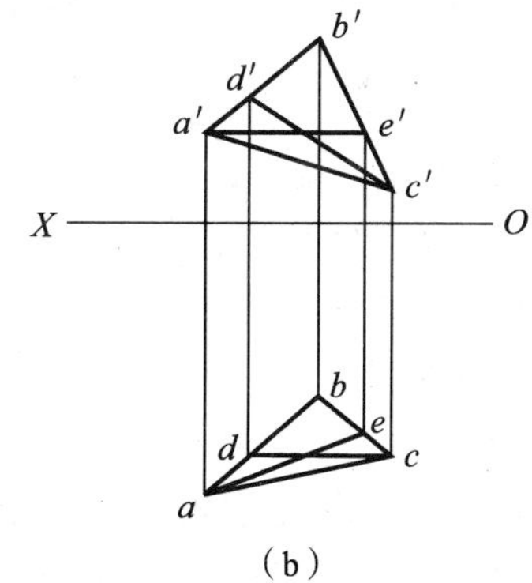

(b)

图 1—37　投影面平行线的投影

1.5　技能训练——线型练习

1. 训练目的

(1) 掌握线型、图框、标题栏的画法。

(2) 掌握比例缩放画图方法及标题栏内文字的书写方法。

2. 训练内容

抄画图 1—38 所示的图形，不标注尺寸。

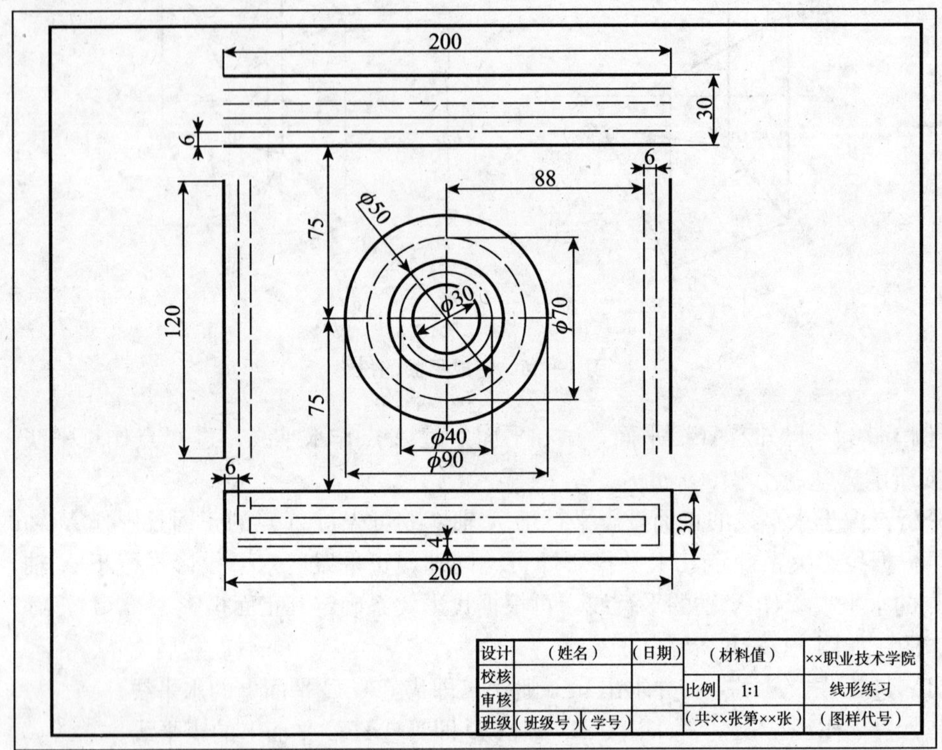

图 1—38　线形练习

3. 训练要求

（1）用 A3 图幅，横放，留装订边。

（2）布图匀称，图形正确，线型与尺寸符合国标。

（3）画图比例 1∶1，不要求标注尺寸。

（4）填写标题栏。

4. 训练指导

（1）确定图面、边框线的尺寸和标题栏的样式。

1）图纸幅面尺寸。标准幅面共有五种，其尺寸见表 1—7，绘制图样时应优先采用这些幅面尺寸。必要时可以沿幅面加长、加宽，加长幅面尺寸在 GB/T 14689—2008《技术制图　图纸幅面和格式》中另有规定。

表 1—7　**幅面及边框线尺寸（摘自 GB/T 14689—2008）**　（mm）

幅面代号 / 尺寸代号	A0	A1	A2	A3	A4
$B\times L$	841×1 189	594×841	420×594	297×420	210×297
a	25				
c	10			5	
e	20		10		

2）边框线尺寸。每张图纸在绘图前都必须先画出边框线。边框线有两种格式，一种是不留装订边的，另一种是留有装订边的。边框线用粗实线绘制。

第一种是不留装订边的图纸，其图框如图1—39所示，宽度 e 可依幅面代号从表1—7查出。

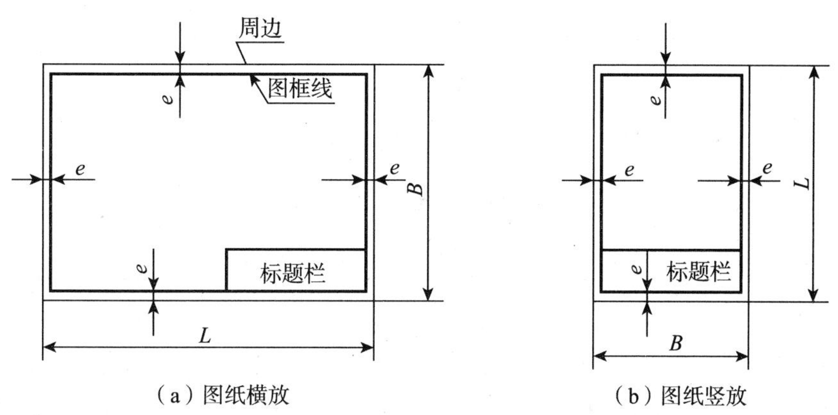

图1—39 不留装订边的边框线格式

第二种是留有装订边的图纸，其图框如图1—40所示，装订边宽度 a 和 c 可依幅面代号从表1—7查出（一般采用A4幅面竖装或A3幅面横装）。

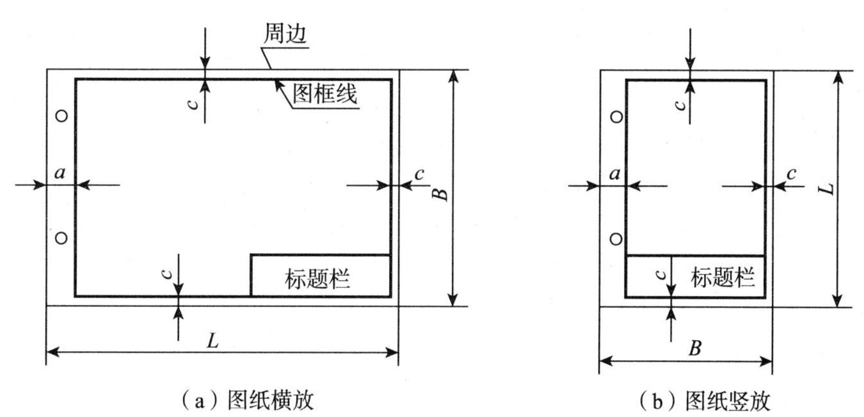

图1—40 留有装订边的边框线格式

3）标题栏样式及尺寸。标题栏的位置一般应在图纸的右下角，如图1—39和图1—40所示。标题栏的文字方向应为读图方向。为了使用印制好的图纸，标题栏的位置可以按图1—41所示的方式配置。

GB/T 10609.1—2008《技术制图 标题栏》对标题栏的内容、格式与尺寸作了规定。制图作业的标题栏建议采用图1—42所示的格式，外框线为粗实线，内线为细实线。

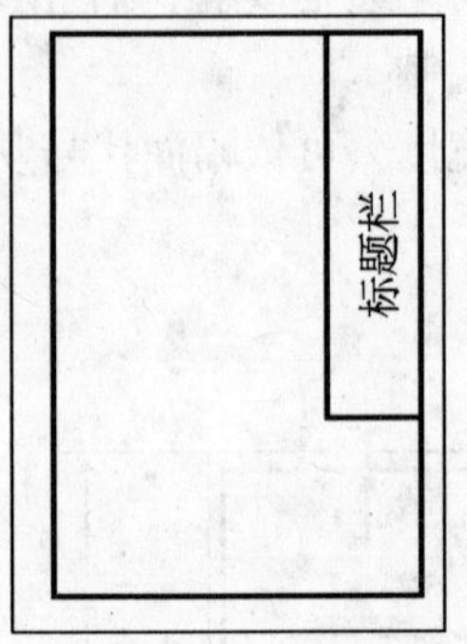

图 1—41 用印制图纸允许的另一种标题栏方位

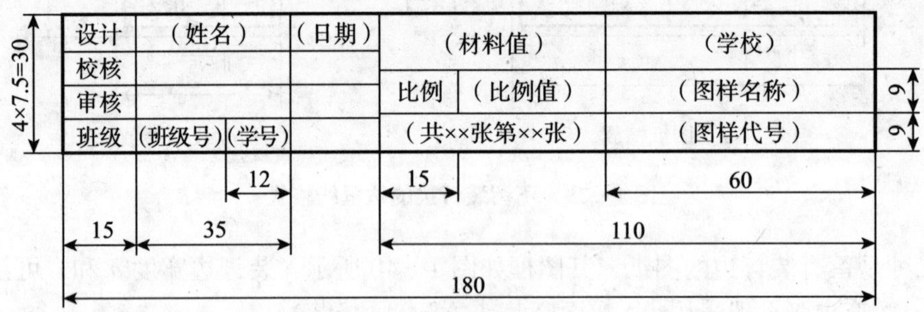

图 1—42 制图作业的标题栏

（2）确定画图比例和绘制线型。

1）画图比例。GB/T 14690—1993 中规定，图样中机件要素的线性尺寸与实际机件要素的线性尺寸之比称为比例。绘制图样时，应选择国家标准中规定的比例，如表 1—8 所示，一般选取不带括号的比例，必要时也允许选取带括号的比例。

表 1—8　　绘图的比例（摘自 GB/T 14690—1993）

原值比例	1∶1
缩小比例	（1∶1.5）　1∶2　（1∶2.5）　（1∶3）　（1∶4）　1∶5　（1∶6）　$1:1\times10^n$　$(1:1.5\times10^n)$　$1:2\times10^n$　$(1:2.5\times10^n)$　$(1:3\times10^n)$　$(1:4\times10^n)$　$1:5\times10^n$　$(1:6\times10^n)$
放大比例	2∶1　（2.5∶1）　（4∶1）　5∶1　$1\times10^n:1$　$2\times10^n:1$　$(2.5\times10^n:1)$　$(4\times10^n:1)$　$5\times10^n:1$

注：优先选用未注括号的比例。

比例一般应标注在标题栏的“比例”一栏内；必要时，可标注在视图名称的下方或右侧。不论采用何种比例，图形中所标注的尺寸数值必须是实物的实际大小，与图形的大小无关。

根据图纸及本题中练习的线形尺寸，确定本题中画图比例是 1∶1。

2）绘制底稿。国标（GB/T 17450—1998《技术制图　图线》）中关于图线的规定如下：

①线型及图线尺寸。国标中，规定了 15 种基本线型。所有线型的图线宽度 d 的推荐系列为：0.13mm、0.18mm、0.25mm、0.35mm、0.5mm、0.7mm、1mm、1.4mm、2mm。

粗实线、中粗线和细实线的宽度比例为 4∶2∶1。在同一图样中，同类图线宽度应一致。在手工绘图时，线素（不连续线的独立部分，如点、长度不同的画线和间隔）的长度应符合表 1—9 的规定。

表 1—9　　线素的长度

线素	线型代号	长度
点	细点画线、粗点画线、细双点画线	$0.5d$
短间隔	虚线、细点画线、粗点画线、细双点画线	$3d$
画	虚线、细双点画线	$12d$
长画	细点画线、粗点画线	$12d$

基本线型和线素的计算公式在 GB/T 14665—1993 中有规定，这些公式也便于使用 CAD 系统绘制各种技术图样。

②图线的应用。在机械制图中常用的线型、宽度和线素长度及一般应用参见表 1—10。制图作业上推荐绘制粗实线宽度为 0.7mm。

表 1—10　　图线

名称代号	型式	宽度	主要用途
粗实线		d(0.5～2mm)	可见轮廓线
细实线		约 $d/2$	尺寸线、尺寸界线、剖面线、引出线等
虚线	1　2~6	约 $d/2$	不可见轮廓线
细点画线	≈3　15~30	约 $d/2$	轴线、对称中心线
粗点画线		d	有特殊要求的表面的表示线
双点画线	≈5　15~20	约 $d/2$	假想投影轮廓线、中断线
双折线		约 $d/2$	断裂处的边界线
波浪线		约 $d/2$	断裂处的边界线、视图和局部剖视的分界线

③图线的画法。

在同一图样中，同类图线的宽度应基本一致。虚线、点画线及细双点画线的线段长度和间隔应各自大致相等；点画线、细双点画线的首末两端应是画，而不是点。

- 两条平行线之间的最小间隙不得小于 0.7mm。
- 绘制圆的对称中心线（简称中心线）时，圆心应为画的交点。细点画线的长度应为

8～12mm，细点画线的两端应超出轮廓线 2～5mm；当圆的图形较小，绘制点画线有困难时，允许用细实线代替细点画线。

● 各种线型相交时，都应以画相交，不应在空隙或点处相交，如图 1—43 所示。

● 当细虚线处于粗实线的延长线上时，粗实线应画到分界点，而细虚线应留有空隙。当细虚线圆弧和细虚线直线相切时，细虚线圆弧的画应画到切点而细虚线直线需留有空隙，如图 1—44 所示。

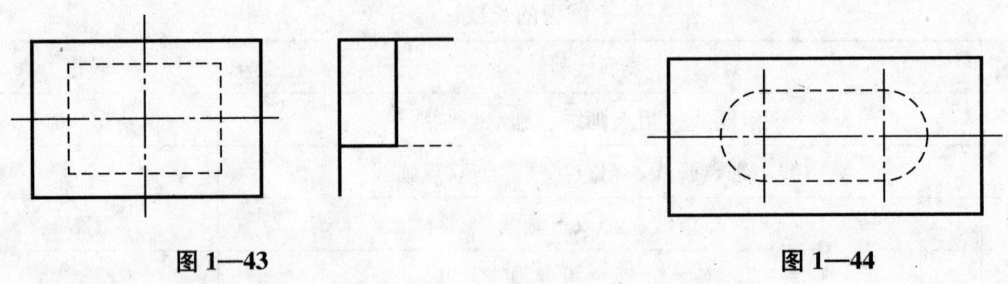

图 1—43　　图 1—44

3）检查描深。在铅笔描深以前，必须检查底稿，把画错的线条及作图辅助线用软橡皮轻轻擦净。加深后的图纸应整洁、没有错误，线型层次清晰，线条光滑、均匀并浓淡一致。

4）填写标题栏。GB/T 14691—1993《技术制图　字体》规定，标题栏的内容按如下要求填写：

图样中的汉字应采用长仿宋体，长仿宋体汉字书写的特点是：横平竖直、起落有锋、粗细一致、结构匀称。汉字的高度不应小于 3.5mm，字宽约等于字高的 2/3。

在图样中，字母和数字可写成斜体或直体，斜体字字头向右倾斜，与水平基准线呈 75°。字母和数字分 A 型和 B 型，A 型字体的笔画宽度（d）为字高（h）的 1/14，B 型字的笔画宽度为字高的 1/10，即 B 型字体比 A 型字体的笔画要粗一点。但在同一图样上，只允许选用一种型式。

汉字、字母和数字的示例见表 1—11。

表 1—11　　字体（摘自 GB/T 14691—1993）

字体		示例
长仿宋体汉字	10 号	字体工整　笔画清楚　间隔均匀　排列整齐
	7 号	横平竖直　注意起落　结构均匀　填满方格
	5 号	技术制图石油化工机械电子汽车航空船舶土木建筑矿山井坑港口纺织焊接设备工艺
	3.5 号	螺纹齿轮端子接线飞行指导驾驶舱位挖填施工引水通风闸阀坝棉麻化纤

续前表

字体		示例
拉丁字母	大写斜体	*ABCDEFGHIJKLMNOP* *QRSTUVWXYZ*
	小写斜体	*abcdefghijklmnopqrstivwxyz*
阿拉伯数字	斜体	*0 1 2 3 4 5 6 7 8 9*
	正体	0 1 2 3 4 5 6 7 8 9
罗马数字	斜体	*Ⅰ Ⅱ Ⅲ Ⅳ Ⅴ Ⅵ Ⅶ Ⅷ Ⅸ Ⅹ*
	正体	Ⅰ Ⅱ Ⅲ Ⅳ Ⅴ Ⅵ Ⅶ Ⅷ Ⅸ Ⅹ
字体的应用		$\phi 20^{+0.010}_{-0.023}$　$7^{\circ}{}^{+1^{\circ}}_{-2^{\circ}}$　$\frac{3}{5}$　10Js5（±0.003）　M24—6h $\phi 25\frac{H6}{m5}$　$\frac{Ⅱ}{2:1}$　$\frac{A}{5:1}$　6.3　$R8$　5%　3.50

第 2 单元

基本体

◎ 本单元学习内容

(1) 基本体的三视图、表面取点、正等轴测图、截交线、相贯线的作图方法与步骤。

(2) 基本体及其截切体、相贯体的尺寸标注。

(3) 绘图技能训练——平面图形与截切体的绘制。

机器上的零件，不管它们的形状如何复杂，都可看作是由棱柱、棱锥、圆柱、圆锥、圆球、圆环等简单立体按一定方式组合起来的，如图 2—1 所示。在工程制图中，通常把这些简单立体称为基本几何体，简称为基本体，如图 2—2 所示。所以，熟练地掌握基本体投影的作图方法、图形特征以及其截交线、相贯线投影的画法和阅读，是今后绘制与识读各种图样的基础。

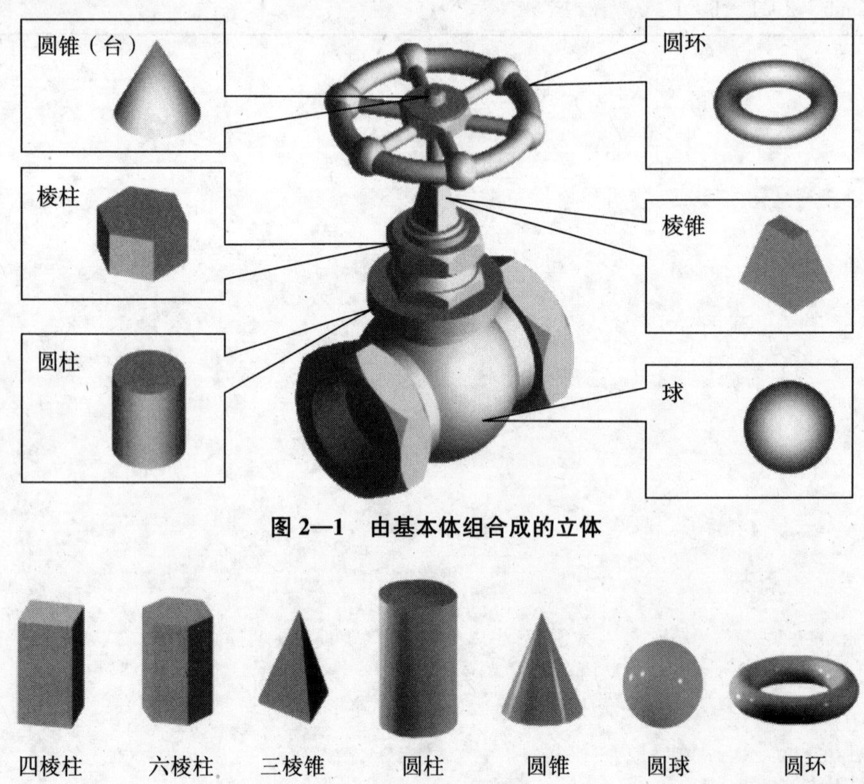

图 2—1　由基本体组合成的立体

四棱柱　六棱柱　三棱锥　圆柱　圆锥　圆球　圆环

图 2—2　基本体

2.1　棱柱

问题导入

（1）如何作出图 2—3a 所示六棱柱的三视图及其表面上点 M 的三面投影？

（2）如何根据上题作出的三视图画出正等轴测图？

（3）如何作出图 2—3b 所示六棱柱截切后的三视图？

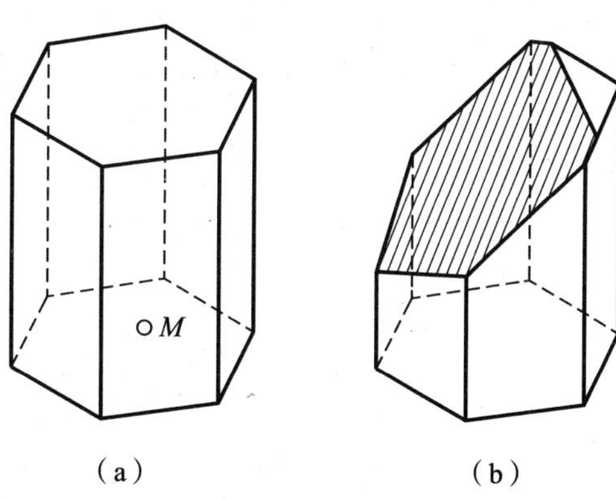

（a）　　　　（b）

图 2—3　六棱柱

2.1.1　棱柱及其表面点的投影

1. 棱柱的概念

棱柱是由两个平行的多边形底面和几个矩形的侧棱面围成的立体。棱线互相平行且垂直于上下底平面的棱柱，称为直棱柱，上下底平面为正多边形的直棱柱称为正棱柱，如图 2—4 所示。

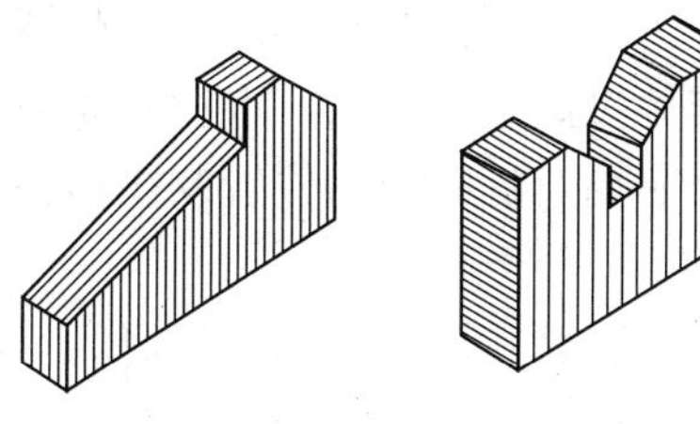
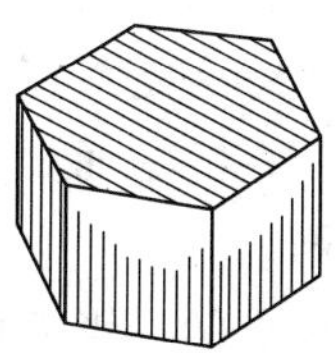

图 2—4　棱柱体

2. 棱柱的投影

棱柱的表面均为平面，所以它属于平面立体，其投影就是把组成立体的平面和棱线的投影表示出来，对于可见的棱线，其投影用粗实线表示，对于不可见的棱线，则用细虚线表示。

在投影图中，可见轮廓线用粗实线表示，不可见轮廓线用细虚线表示。当多种图线发生重叠时，应以粗实线、虚线、点画线等顺序优先绘制。

棱柱投影的作图步骤是：

（1）确定棱柱的放置位置。以正六棱柱为例，放置位置如图 2—5a 所示。

（2）视图分析。当正六棱柱与投影面处于图 2—5a 所示的位置时，正六棱柱的上、下底面为水平面，在俯视图上反映实形为六边形，另外两个投影积聚为直线；后棱面与前棱面为正平面，在主视图上反映实形为四边形，另外两个投影积聚为直线；其余四个侧面为铅垂面，在俯视图上都积聚在六边形的边上，另外两个投影为类似形。

（3）作图。

1）画出长、宽、高三个方向的基准线，以确定各视图的位置，如图 2—5b 所示。

2）画出特征面的投影。即在 H 面上画出上下正六边形的实形图形（重影），在 V 面、W 面上画出两条分别平行于 X 轴和 Y_W 轴的直线，如图 2—5c 所示。

3）画其他面的投影。即由正六边形顶点在 H 面的投影，根据三视图的投影规律画出六条为铅垂线的侧棱线在 V 面、W 面上的投影图，完成六棱柱的投影，如图 2—5d 所示。

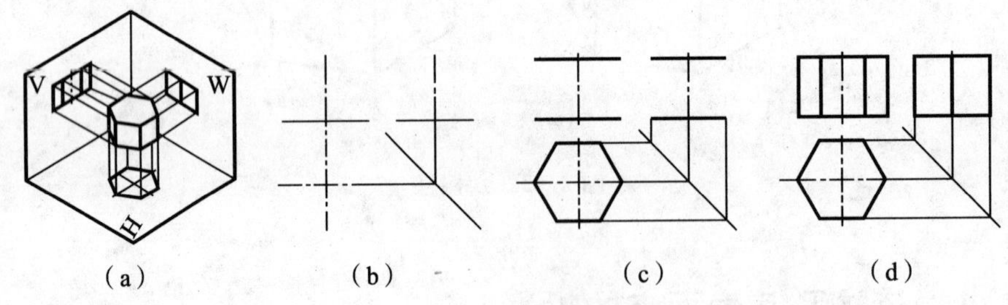

图 2—5　棱柱的投影及作图过程

3. 棱柱投影图形的特征

由图 2—5 得知，棱柱投影图形的共同特征是：一个投影面的图形是反映实形的多边形，另外两个投影面上的图形为若干个矩形。

4. 棱柱表面取点及可见性判断

棱柱表面取点就是求棱柱表面点的投影。由于棱柱的各表面均为特殊位置平面，则点在该投影面上的投影必定落在此平面的积聚性投影上，所以，求棱柱表面点的投影的方法是：首先确定点所在的平面，然后根据该平面相对投影面的位置及投影特性，用积聚性确定出点的三面投影。

判断棱柱表面点的投影的可见性的方法是：若点所在表面的投影为可见，则点的同面投影也可见；反之，若点所在表面的投影为不可见，则点的同面投影也不可见。若平面的投影积聚为直线，则点的同面投影也可见。其他基本体表面点的投影的可见性的判断方法与之相同，以后不再叙述。

［**例 2—1**］ 如图 2—6 所示，已知正六棱柱表面上 A、B、C 三点的投影 a、(b')、(c'')，求作其他两投影面的投影 a'和 a''、b 和 b''、c 和 c'。

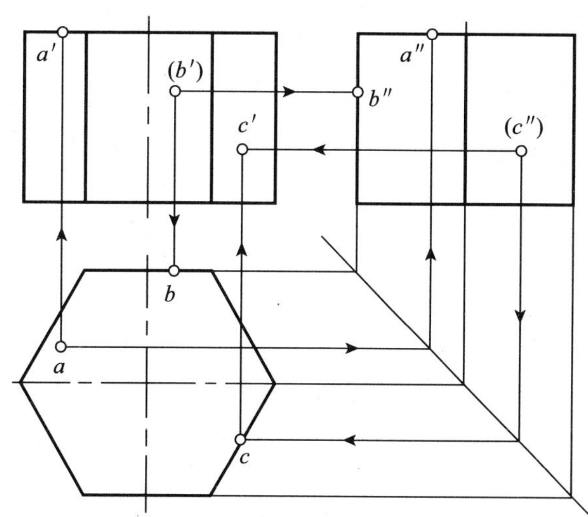

图 2—6　棱柱表面取点

作图：

（1）求作 a' 和 a''。如图 2—6 所示，因为 a 可见，所以 A 点必定在正六棱柱的上底面上。上底面为水平面，其 V 面、W 面的投影积聚成直线，根据长对正、宽相等的投影对应关系求出 a' 和 a''。

（2）求作 b 和 b''。因为（b'）不可见，所以 B 点必定在正六棱柱的后棱面上，该棱面为正平面，其 H 面、W 面的投影积聚成直线，根据长对正、高平齐的投影对应关系求出 b 和 b''。

（3）求作 c 和 c'。由 c'' 的位置和可见性分析得知，C 点所在的平面是六棱柱的前右侧棱面，该棱面为铅垂面，其水平投影积聚为一条倾斜于 X 轴的斜线，V 面、W 面的投影为两个类似形。因此，C 点的水平投影 c，可根据宽相等的投影对应关系求出；C 点的正面投影 c'，则根据 C 点的水平投影 c 和 C 点的侧面投影 c''，由长对正、高平齐的投影对应关系求出。

（4）判断 A、B、C 三点投影的可见性。由于上底面的正面、侧面投影积聚成直线，故 a'、a'' 可见；由于后棱面的水平面、侧面投影积聚成直线，故 b、b'' 也可见；由于前右侧棱面的水平面、正面投影可见，故 c、c' 也可见。

2.1.2　棱柱的正等轴测图

立体的正投影图，能准确真实地表达其结构形状，但缺乏立体感，没有看图基础的人难以看懂，为了弥补正投影图的不足，在机械工程中常用富有立体感的正等轴测图作为辅助图形来表达机器的外观效果、内部结构等。

1. 正等轴测图的基本概念

（1）正等轴测图。使物体的三直角坐标轴与轴测投影面的倾角相等，并用正投影法将物体向轴测投影面投射所得的图形称为正等轴测图，如图 2—7 所示。

（2）轴测投影面。轴测投影时使用的单一投影面，如图 2—7 所示。

（3）轴测轴。直角坐标系中的坐标轴 OX、OY、OZ 在轴测投影面上的投影 O_1X_1、

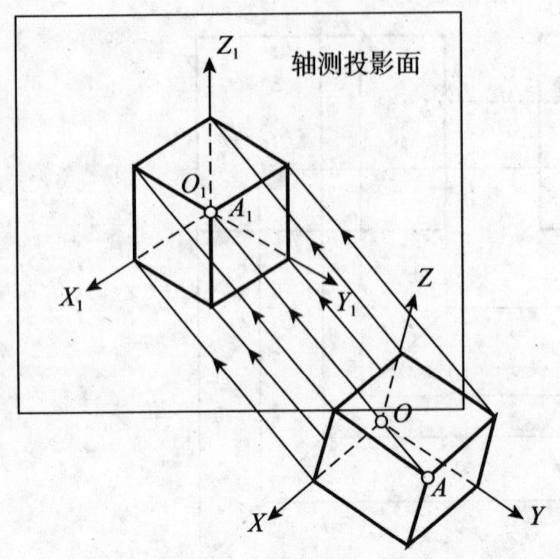

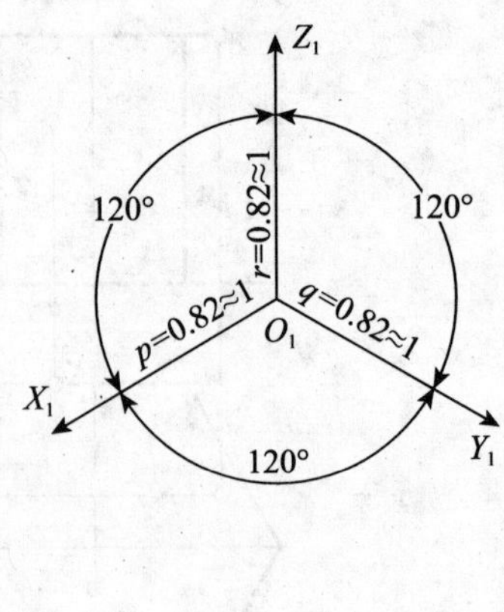

图 2—7　正等轴测图的基本概念

O_1Y_1、O_1Z_1 称为轴测图的轴测轴，如图 2—7 所示。

(4) 轴间角。轴测图中相邻两轴测轴之间的夹角 $\angle X_1O_1Y_1$、$\angle X_1O_1Z_1$、$\angle Y_1O_1Z_1$ 称为轴间角。正等轴测图的轴间角均为 120°，如图 2—7 所示。

(5) 轴向伸缩系数。沿轴测轴方向，线段的投影长度与其在空间的真实长度之比，称为轴向伸缩系数。分别用 p、q、r 表示 OX、OY、OZ 轴的轴向伸缩系数。正等轴测图的轴向伸缩系数相同，即 $p=q=r=0.82$。为了作图、测量和计算的方便，一般用 1 代替 0.82，叫做简化系数，如图 2—7 所示。

2. 正等轴测图的投影特性

(1) 立体上分别平行于 X、Y、Z 三坐标轴的直线段，在正等轴测图上分别平行于相应的轴测轴，画图时可按规定的轴向伸缩系数度量其长度。

(2) 立体上不平行于 X、Y、Z 三直角坐标轴的直线段，则在轴测图上不平行于任一轴测轴，画图时不能直接度量其长度。

(3) 立体上互相平行的直线段，在轴测图上仍然互相平行。

(4) 轴测图中一般只画出可见部分的轮廓线，必要时可用细虚线画出其不可见的轮廓线。

3. 棱柱正等轴测图的画法

坐标法是轴测图常用的基本作图方法，它是将视图上各点的直角坐标移到轴测坐标系中，画出各点的轴测投影，然后由点连成线或面而得到正等轴测图的方法。下面举例说明其作图步骤。

[例 2—2] 如图 2—8a 所示，已知正六棱柱的主、俯视图，用坐标法画出其正等轴测图。

作图：

(1) 在视图上确定出直角坐标系。由于正六棱柱前、后、左、右对称，为了方便画图，选顶面中心点作为坐标原点，顶面的两对称线作为 X、Y 轴，Z 轴在其中心线上，如图 2—8a 所示。

(2) 画出轴测轴。画出 O_1X_1、O_1Y_1、O_1Z_1，如图 2—8b 所示。

（3）作出顶面的正等轴测图。采用坐标量取的方法，将图 2—8a 所示 1、2、3、4、5、6 点的坐标移到图 2—8b 所示的轴测坐标系上，并顺次连接 1_1、2_1、3_1、4_1、5_1、6_1 点，得到顶面的正等轴测图，如图 2—8c 所示。

（4）作出其他面的正等轴测图。过顶面各点向下量取 h 值画出平行于 Z_1 轴的侧棱线，并过各侧棱线的下顶点画出底面各边，得到各棱面与底面的正等轴测图，如图 2—8d 所示。

（5）完成全图。擦去作图辅助线、细虚线后描深，得到六棱柱的正等轴测图，如图 2—8e 所示。

由上例可知，画棱柱的正等轴测图时，应首先找出其特征面，画出该特征面的正等轴测图，然后画出其他面的正等轴测图来完成全图。根据轴测图中不可见的轮廓线一般不画的规定，常常先画特征面的上面、左面、前面，再画出下面、右面、后面。

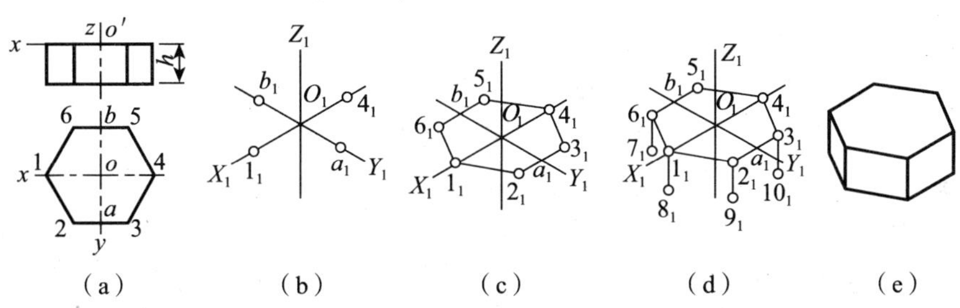

图 2—8　棱柱正等轴测图画法

2.1.3　棱柱的截交线

1. 截交线的概念

平面与立体相交，可以看作是立体被平面截切，截切立体的平面称为截平面；被截平面所截后的立体称为截切体；此截平面与立体表面所产生的交线称为截交线；截交线围成的平面图形称为截断面，如图2—9所示。

2. 截交线的性质

（1）共有性。截交线是截平面与截切体表面共有的交线。

（2）封闭性。截交线是封闭的平面图形，其形状取决于立体的形状及截平面相对立体的截切位置。

3. 棱柱的截交线

棱柱截交线的形状是一个平面多边形，此多边形的各个顶点就是截平面与棱柱棱线的交点，多边形的每一条边，是棱柱的棱面或底面与截平面的交线，或者是截平面与截平面的交线。

求棱柱截交线的投影，实质上就是求属于平面的点、线的投影。其作图步骤与方法是：

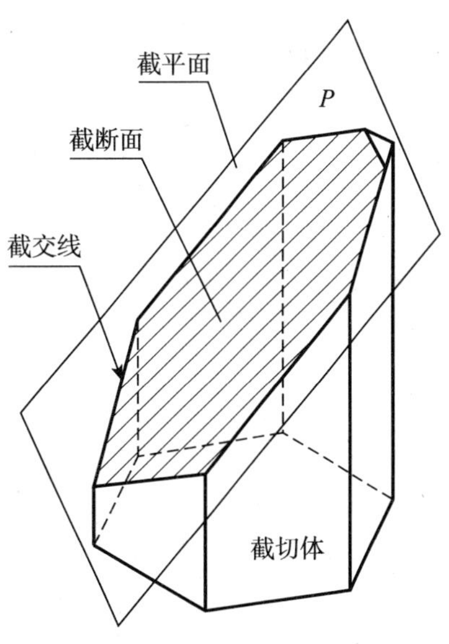

图 2—9　截切体与截交线

（1）分析。

空间分析：分析截平面与棱柱的相对位置，确定截交线的形状。

投影分析：分析截平面与投影面的相对位置，确定截交线的投影特性。

（2）作图。先利用截平面的积聚性投影，找出已知截交线上各顶点的投影；再根据属于直线的点的投影特性，求出各顶点的其他两面投影；然后判断截交线的可见性，顺次连接各顶点的同面投影，即为截交线的投影。

［例 2—3］ 补全如图 2—10a 所示六棱柱被截切后的水平投影和侧面投影。

分析：

根据图 2—10a 可知，截平面与六棱柱的七个面相交，所以截交线的形状为七边形。七边形的七个顶点分别是截平面与棱柱棱线、棱柱上底面两条边线的交点。七边形的正面投影积聚为直线，水平投影和侧面投影为不反映实形的七边形。

作图：

（1）画出正六棱柱的原始三面投影图，如图 2—10a 所示。

（2）画出截交线的投影。即先利用截平面的积聚性投影，找出截交线上各顶点的正面投影 1′、2′、3′、4′、(5′)、(6′)、(7′)；再根据属于直线的点的投影特性，求出各顶点的水平投影 1、2、3、4、5、6、7 及侧面投影 1″、2″、3″、4″、5″、6″、7″；然后判断截交线的可见性，顺次连接各顶点的同面投影，即为截交线的投影，如图 2—10b 所示。

（3）根据可见性处理棱线。即将可见棱线画成粗实线，不可见棱线画成细虚线，擦去多余的图线，整理描深完成全图，如图 2—10c 所示。

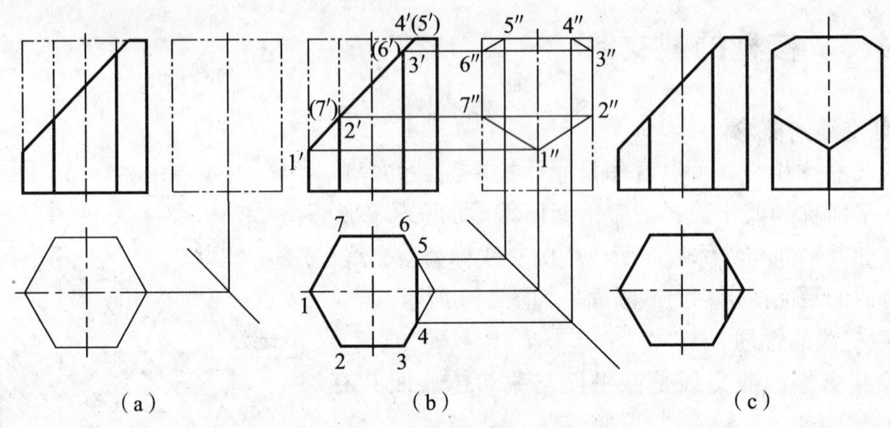

图 2—10 六棱柱的截交线

2.2 棱锥

问题导入

（1）如何作出图 2—11 所示三棱锥表面上点 M 的三面投影？

(2) 如何补全图 2—11 所示三棱锥截切后的左视图和俯视图?

(3) 如何根据 (2) 题作出的三视图画出正等轴测图?

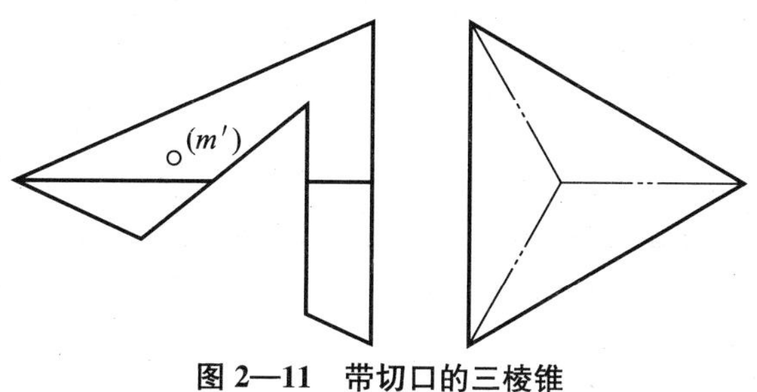

图 2—11 带切口的三棱锥

2.2.1 棱锥及其表面点的投影

1. 棱锥的概念

棱锥是由一个底面为多边形，棱面为几个具有公共顶点的三角形所围成的立体。常见的棱锥有三棱锥、四棱锥、五棱锥、六棱锥等，如图 2—12a 所示为三棱锥。

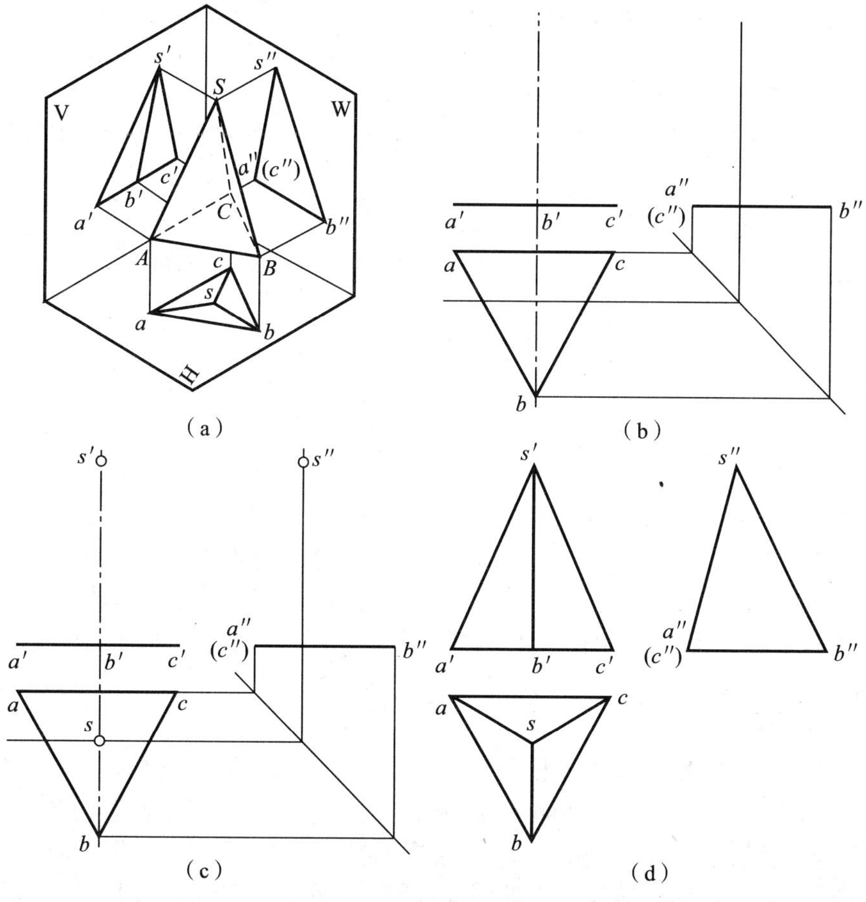

图 2—12 棱锥的投影及作图过程

2. 棱锥投影

棱锥的表面都是平面，所以它也属于平面立体，其投影就是把组成棱锥的平面、棱线和锥顶的投影用国标规定的线型表示出来。

棱锥投影的作图步骤是：

(1) 确定棱锥的放置位置。以正三棱锥为例，放置位置如图 2—12a 所示。

(2) 视图分析。当正三棱锥与投影面处于图 2—12a 所示的位置时，三棱锥底面为水平面，俯视投影是反映实形的三角形，主视图和左视图积聚为直线；三棱锥后棱面为侧垂面，左视图积聚为直线，另外两个投影是三角形的类似形；两个侧棱面为一般位置的平面，三个投影都是三角形的类似形。

(3) 作图。

1) 画出三棱锥的左右对称中心线、宽度基准线和底平面的三个投影图，以确定各视图的位置，如图 2—12b 所示。

2) 根据三棱锥的高度，确定锥顶的投影，如图 2—12c 所示。

3) 作底平面各点与锥顶同名投影的连线，即为三棱锥的三面投影图，如图 2—12d 所示。

3. 棱锥投影的图形特征

由图 2—12d 得知，棱锥投影图形的共同特征是：三个投影面的投影图形均为若干个三角形。

4. 棱锥表面取点

与棱柱不同的是，棱锥表面的各平面不一定都是特殊位置平面。所以，求属于棱锥表面点的投影时，可用两种方法：

(1) 平面积聚法：若点属于特殊位置平面，可利用平面投影的积聚性求其投影。

(2) 辅助直线法：若点属于一般位置平面，则要利用点属于平面的条件，通过作辅助直线求得其投影。

[例 2—4] 已知点 M 和点 N 属于三棱锥表面，并知 M 点的正面投影 m' 及 N 点的水平投影 n，求作 M 点和 N 点的其他两面投影 m 和 m'' 及 n' 和 n''，如图 2—13 所示。

作图：

(1) 利用辅助直线法求 M 点的投影。如图 2—13 所示，由 m' 的位置和可见性分析得知，M 点所在的棱锥表面△SAB 是一个一般位置平面，其投影特性是三个投影面的图形均为不反映实形的三角形，没有积聚性。所以 M 点的投影作图过程是：过锥顶 S 作一连接 M 点的辅助线 SL，根据直线属于平面的条件，求出辅助线 SL 的三面投影，然后根据属于直线的点的投影特性，利用长对正、高平齐的投影对应关系，求出 M 点的水平投影 m 及侧面投影 m''。或者先作出 SL 的水平投影，利用长对正求出 M 点的水平投影 m 后，再由 m' 与 m 求出 m''。

(2) 利用平面积聚法求 N 点的投影。如图 2—13 所示，由 n 的位置和可见性分析可知，N 点所在的棱面△SAC 是一个侧垂面，n'' 必在棱面△SAC 的侧面投影的斜线上，另外两个投影均为不反映实形的三角形。所以 N 点的投影作图过程是：利用平面投影的积聚性，按宽相等的对应关系，求出 N 点的侧面投影 n''，再由 n 和 n''，按长对正、高平齐的对应关系求出正面投影 n'。

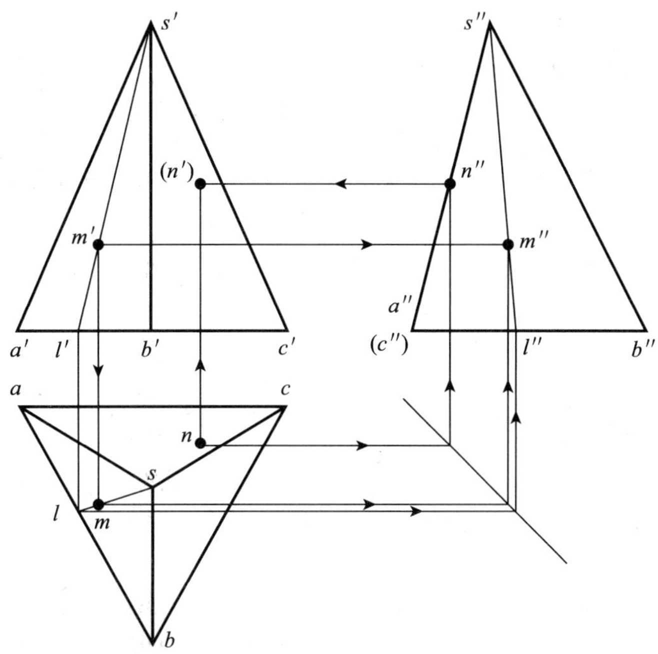

图 2—13　棱锥表面取点

(3) 判断 M 点和 N 点投影的可见性。如图 2—13 所示，由于 M 点所在平面的各面投影均可见，所以 M 点的三个投影均可见。而 N 点所在平面的正面投影不可见，故 n' 不可见。

2.2.2　棱锥的正等轴测图

棱锥正等轴测图的作图步骤与方法和棱柱的相似，这里仅给出了一个实例，请读者自行分析，如图 2—14 所示。

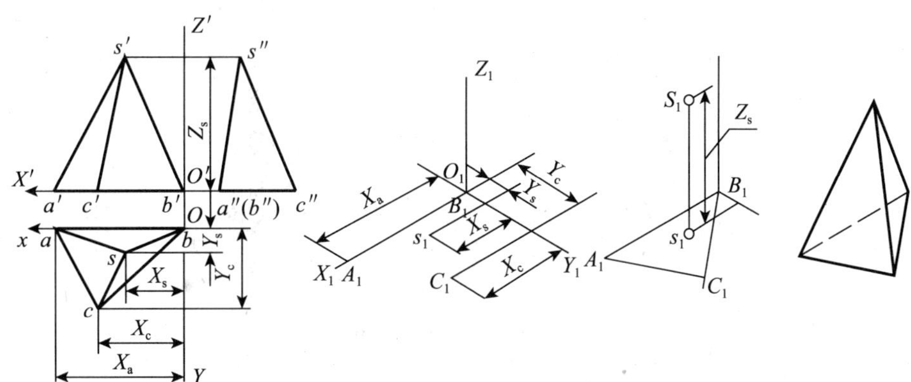

图 2—14　棱锥正等轴测图的画法

2.2.3 棱锥的截交线

棱锥截交线的形状是一个平面多边形，此多边形的各个顶点就是截平面与棱锥棱线的交点，多边形的每一条边，是截平面与棱锥各棱面或底面相交形成的交线，如图 2—15 所示。

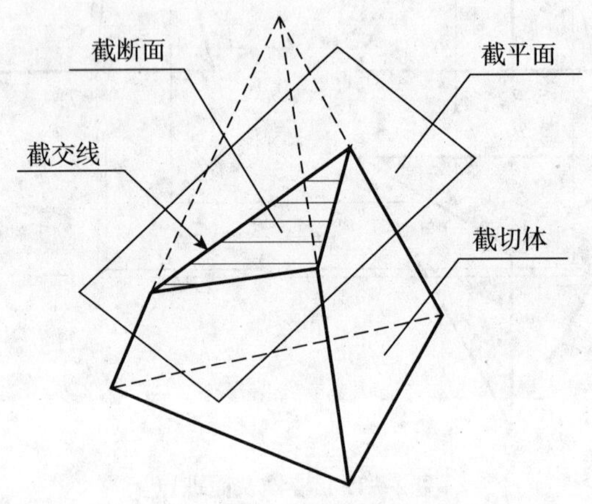

图 2—15 棱锥截交线

棱锥截交线投影的作图步骤与方法和棱柱的相似，下面举例说明：

[例 2—5] 图 2—16a 为带切口的正三棱锥的正面投影，试画出正三棱锥被截切后的水平投影和侧面投影。

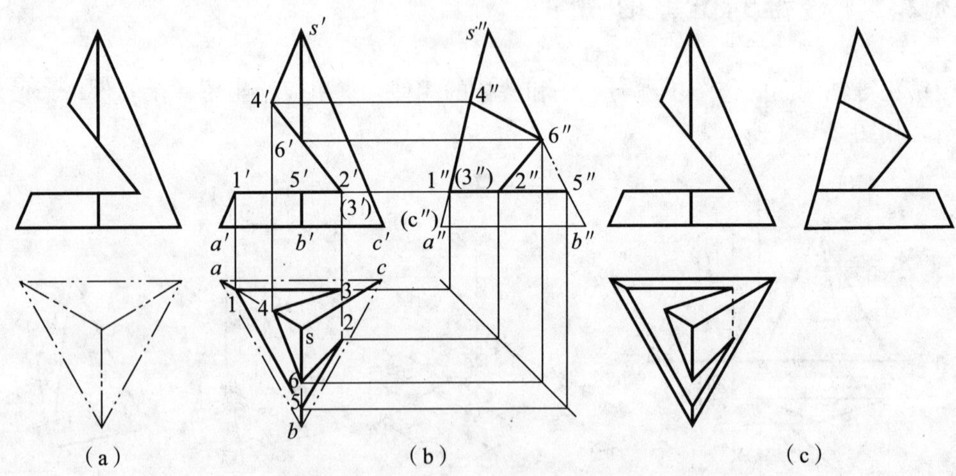

图 2—16 正三棱锥的截交线投影的绘制

分析：

(1) 空间分析：分析截平面与棱锥的相对位置，确定截交线的形状。如图 2—16a 所示，切口是由一个水平面和一个正垂面截切三棱锥而形成的，两个截平面都与四个面相交，所以截交线的形状为四边形。四边形的四个顶点分别是截平面与棱锥棱线的交点及截平面的交线与棱锥前右棱面、后棱面的交点。

（2）投影分析：分析截平面与投影面的相对位置，确定截交线的投影特性。如图 2—16a 所示，正垂截平面的正面投影具有积聚性，水平投影和侧面投影为不反映实形的四边形；水平截平面的正面、侧面投影积聚成一条直线，水平投影为反映实形的四边形，并且各边分别平行于底面各边。两个截平面都垂直于正投影面，所以它们的交线一定是正垂线。

作图：

（1）画出正三棱锥的原始三面投影图和截交线的投影，如图 2—16b 所示。

首先，补全正三棱锥未截切时的左视图。

其次，画水平截平面截交线的投影。先由 $1'$ 在 as 上作出 1，过 1 作 $15 /\!/ ab$、$13 /\!/ ac$、$52 /\!/ bc$，然后分别由 $2'$（$3'$）在 52 和 13 上作出 2 和 3，再由 $1'$、$2'$、$3'$、$5'$ 和 1、2、3、5 作出 $1''$、$2''$、$3''$、$5''$。

再者，画正垂截平面截交线的投影。先由 $4'$ 分别在 as 和 $a''s''$ 上作出 4 和 $4''$，然后由 $6'$ 分别在 bs 和 $b''s''$ 上作出 6 和 $6''$。

最后，判断截交线的可见性，顺次连接各顶点的同面投影，切口两截面的交线ⅡⅢ的水平投影 23 不可见，应连成虚线。

（2）根据可见性处理轮廓线。即将可见轮廓线画成粗实线，不可见轮廓线画成细虚线，擦去多余的图线，整理描深完成全图，如图 2—16c 所示。

2.3　圆柱

问题导入

（1）如何作出图 2—17a 所示圆柱表面上点 M 与点 N 的三面投影及圆柱的正等轴测图和斜二轴测图？

（2）如何补全图 2—17b 所示圆柱截切后的左视图和俯视图？

（3）如何作出图 2—17c 所示相贯体的三视图（尺寸从图上量取后取整）？

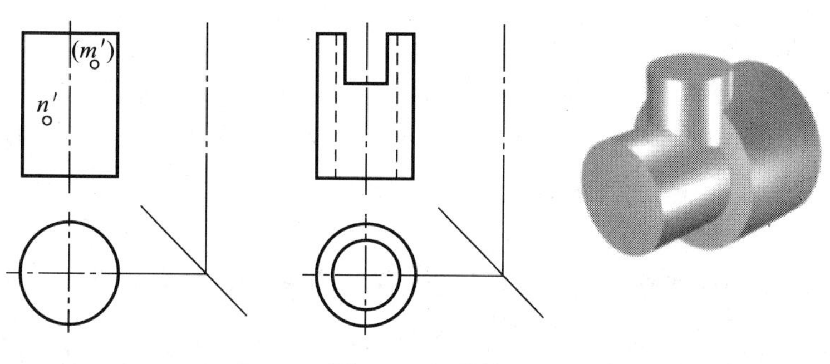

图 2—17　圆柱

2.3.1 圆柱及其表面点的投影

1. 圆柱的基本概念

圆柱是由一条直母线（动直线）绕平行于它的轴线（定直线）回转一周围成的立体；此母线绕其轴线回转形成的曲面为圆柱面；圆柱面上任意位置的直母线称为圆柱表面的素线；从某个投射方向看，处于圆柱面可见部分与不可见部分的分界线位置的素线称为该方向上的转向轮廓素线，如图 2—18 所示。

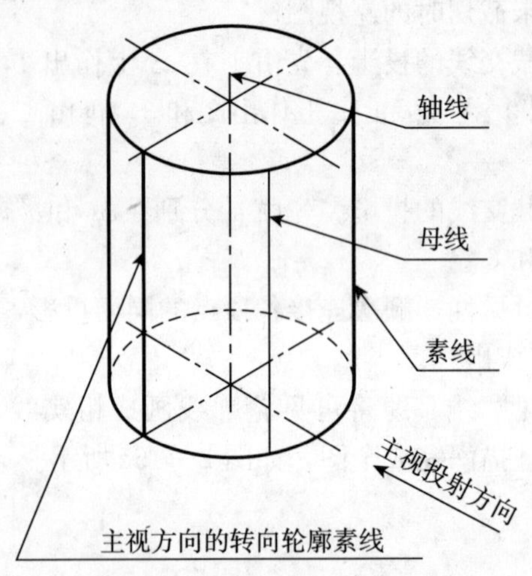

图 2—18　圆柱的基本概念

2. 圆柱的投影

圆柱投影就是把组成圆柱的圆柱面、底面和轴线的投影表示出来。圆柱面的投影在与轴线平行的投影面上用其转向轮廓素线的投影表示，而且某投影面的转向轮廓素线的投影，只能在该投影面上用粗实线画出，在其他投影面上则不再画出；在与轴线垂直的投影面上用底面圆在该面的投影表示（重影）；轴线的投影用细点画线画出。

圆柱投影的作图步骤是：

(1) 确定圆柱的放置位置（如图 2—19a 所示）。

(2) 视图分析。

当圆柱与投影面处于图 2—19a 所示的位置时，圆柱上、下底面为水平面，H 面的投影是反映实形的圆，V 面和 W 面的投影积聚为直线；圆柱面上所有素线均为铅垂线，在 H 面的投影积聚在圆上，V 面的投影是圆柱面上 V 面投影的转向轮廓素线（即最左、最右素线）的投影，W 面的投影是圆柱面上侧面投影的转向轮廓素线（即最前、最后素线）的投影。

(3) 作图。

1) 画出圆的中心线和圆柱的轴线，以确定各投影图形的位置，如图 2—19b 所示。

2) 画出上、下两个底面的三个投影，如图 2—19c 所示。

3) 画出最左、最右素线的 V 面投影和最前、最后素线的 W 面投影，如图 2—19d 所示。

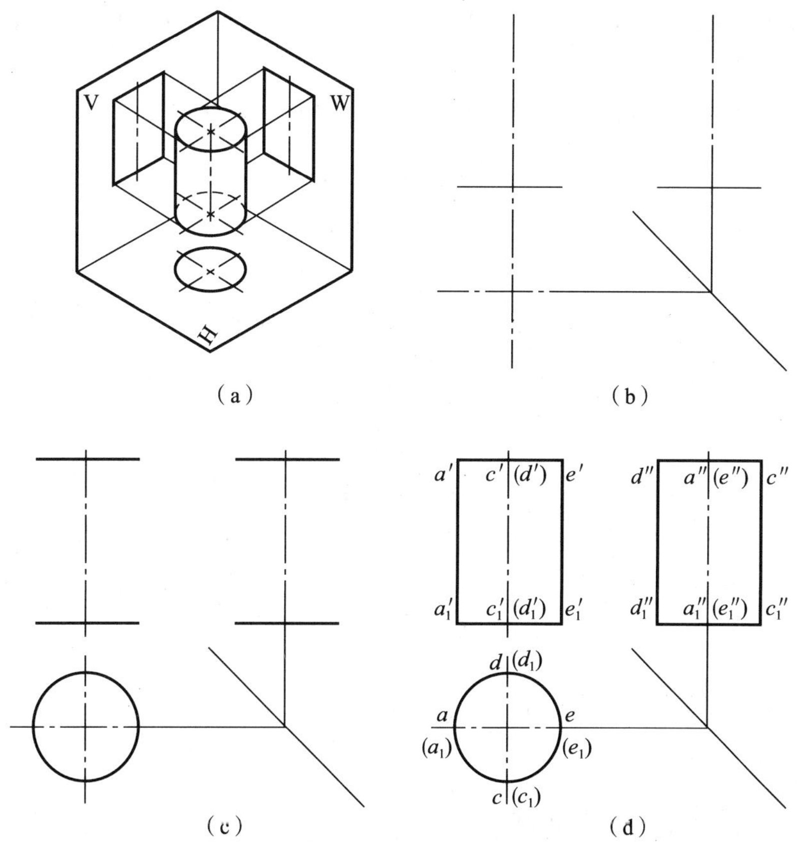

图 2—19　圆柱的投影及作图过程

3. 圆柱投影的图形特征

由圆柱的投影可知，其图形特征是：一个投影面的投影为圆，其他两个投影面的投影为大小相等的矩形。

4. 圆柱表面取点

圆柱共有三个表面，每个表面至少有一面投影有积聚性，所以，求属于圆柱表面的点的投影，无论其在哪个表面上，都可以利用积聚性去求得。

［例 2—6］　已知点 M、点 N 和点 P 属于圆柱表面，并知点 M 在 V 面的投影 m' 及点 N、点 P 在 W 面的投影 n'' 和（p''），求点 M、点 N 和点 P 的另外两面投影，如图 2—20 所示。

作图：

（1）求点 M 的投影。

由给定的 m' 的位置和可见性，可以判定 M 点位于左前四分之一圆柱面上，所以求 M 点投影的作图过程是：首先利用圆柱面在 H 面的积聚性投影，按长对正的投影对应关系求出积聚于圆上的 m，然后分别由 m 及 m'，按高平齐、宽相等的投影对应关系求出 m''。其投影的可见性如图 2—20 所示。

（2）求点 N 的投影。

由给定的 n'' 的位置，可以判定 N 点位于圆柱面的最后素线上。求 N 点投影的作图过程是：依据点在线上的几何条件，按高平齐、宽相等的投影对应关系求出 n 和 n'。其投影的可见性如图 2—20 所示。

（3）求点 P 的投影。P 点的投影作图过程可由读者可参考本例自行分析。

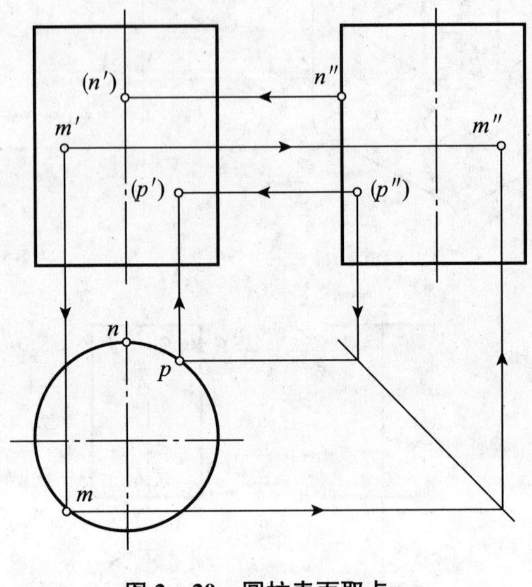

图 2—20　圆柱表面取点

2.3.2　圆柱的正等轴测图

1. 平面圆的正等轴测图的画法

常见的回转体有圆柱、圆锥、圆球、圆台等。在作回转体的轴测图时，首先要解决圆的正等轴测图的画法问题。三个坐标面或其平行面上的圆的正等轴测图是大小相等、形状相同的椭圆，只是长短轴方向不同，如图 2—21 所示。

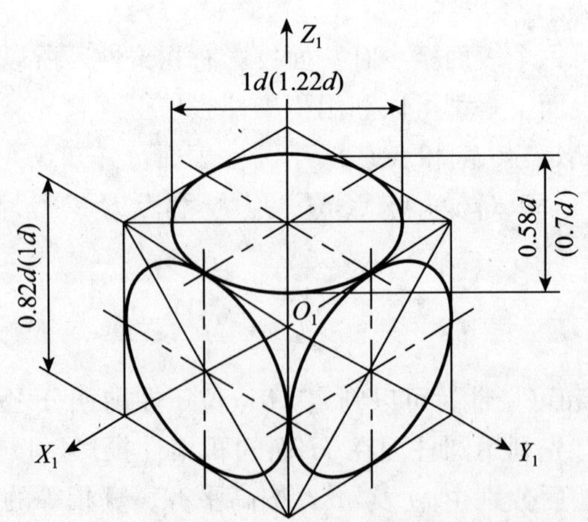

图 2—21　平行于坐标面圆的正等轴测图

在实际作图时，一般不要求准确地画出椭圆曲线，经常采用“四心圆弧法”进行近似作图，将椭圆用四段圆弧连接而成。

[例 2—7]　求如图 2—22a 所示水平面上圆的正等轴测图。

作图：

（1）在视图上确定直角坐标系并画出圆的外切正方形。通过圆心 O 作坐标轴 OX 和 OY，再作圆的外切正方形，切点为 1、2、3、4，如图 2—22b 所示。

（2）画出轴测轴和圆的外切正方形的正等轴测图。作轴测轴 O_1X_1、O_1Y_1，从点 O_1 沿轴向量得切点 1_1、2_1、3_1、4_1，过这四点作轴测轴的平行线，得到菱形，并作菱形的对角线，如图 2—22c 所示。

（3）找四心。O_2、O_3 与连接 O_21_1、O_22_1 或 O_33_1、O_34_1 分别在菱形的对角线 AB 上得到的两个交点 O_4、O_5 就是代替椭圆弧的四段圆弧的中心，如图 2—22d 所示。

（4）画圆弧。分别以 O_2、O_3 为圆心，O_21_1、O_33_1 为半径画圆弧 1_12_1、3_14_1；再以 O_4、O_5 为圆心，O_41_1、O_52_1 为半径画圆弧 2_13_1、1_14_1，即得近似椭圆图，如图 2—22e 所示。

（5）完成全图。加深四段圆弧，擦去多余图线，完成全图，如图 2—22f 所示。

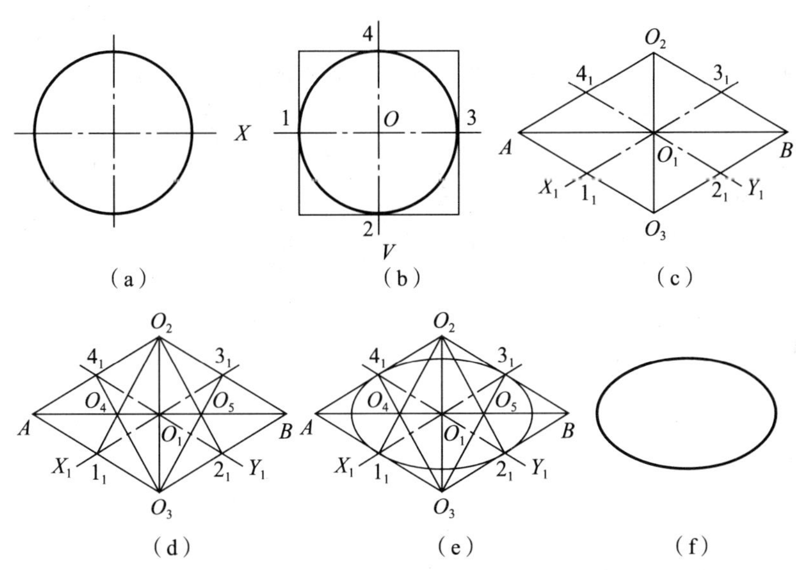

图 2—22　圆正等轴测图的画图过程

2. 圆柱的正等轴测图的画法

在知道了平行于坐标面圆的正等轴测图的画法后，在画圆柱的正等轴测图时，只要明确该圆柱的平面圆与哪一个坐标面平行，就能保证作出其正确的正等轴测图了。

[例 2—8]　求出如图 2—23a 所示圆柱的正等轴测图。

作图：

（1）在给出的视图上定出坐标轴、原点的位置，如图 2—23a 所示。

（2）根据圆的半径用四心圆弧法画出顶面上的椭圆，再根据圆柱高度用移心法画出底面上的椭圆，如图 2—23b 所示。

(3) 作两椭圆的公切线，如图 2—23c 所示。

(4) 最后擦去多余作图线，描深后即完成全图，如图 2—23d 所示。

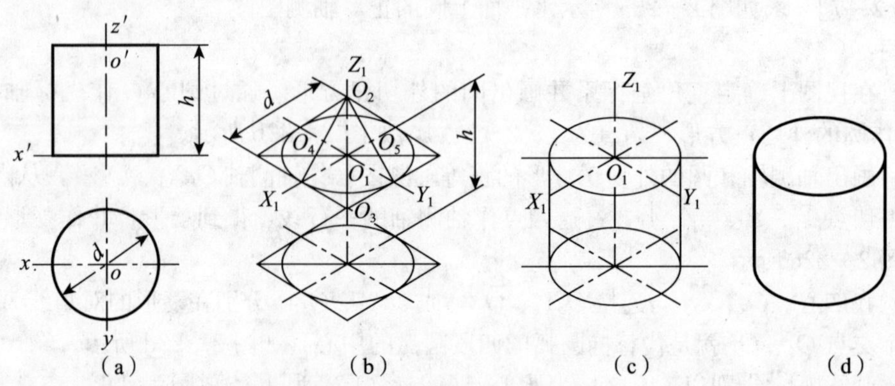

图 2—23　圆柱正等轴测图的画图过程

3. 四分之一圆柱的正等轴测图的画法

平面立体上的每个圆角，相当于一个完整圆柱的四分之一，下面介绍它的正等轴测图的作图过程。

[**例 2—9**]　画出图 2—24a 所示的带圆角的长方体底板的正等轴测图。

作图：

(1) 在给出的视图上确定出圆角半径 R 的圆心和切点的位置，如图 2—24a 所示。

(2) 画出底板上表面的正等轴测图。即根据已知圆角半径 R，找出切点，过切点作切线的垂线，两垂线的交点即为圆心，以此圆心到切点的距离为半径画圆弧，即得底板上表面的正等轴测图，如图 2—24b 所示。

(3) 用移心法完成底板下表面的圆角轴测图，并作出两表面圆角的公切线，即完成圆角的正等轴测图，如图 2—24c 所示。

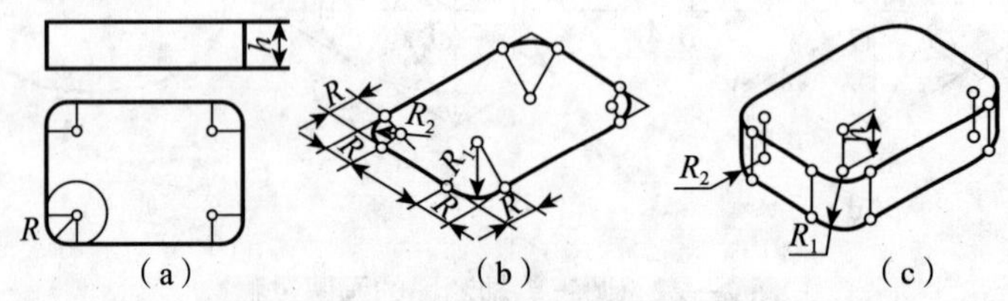

图 2—24　圆角的正等轴测图的画图过程

2.3.3　圆柱斜二轴测图

1. 斜二轴测图的形成

当物体上的两个坐标轴 OX 和 OZ 与轴测投影面平行，而投射方向与轴测投影面倾斜时，所得的轴测图称为斜二轴测图。

2. 斜二轴测图的轴间角和轴向伸缩系数

斜二轴测图的轴间角：$\angle X_1O_1Z_1=90°$，$\angle X_1O_1Y_1=\angle Y_1O_1Z_1=135°$；轴向伸缩系数：$p=r=1$，$q=0.5$，如图 2—25 所示。

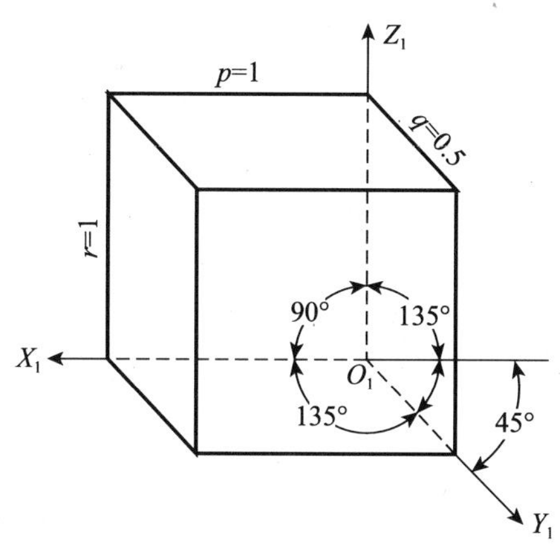

图 2—25　斜二轴测图的轴间角和轴向伸缩系数

3. 圆柱斜二轴测图的画法

由于斜二测图能真实表达物体正面的形状，因而圆柱斜二轴测图的画法非常简单。

［例 2—10］ 作出图 2—26a 所示轴套的斜二轴测图。

作图：

（1）在视图上确定坐标轴，如图 2—26a 所示。

（2）作轴测轴，并在 Y_1 轴上根据 $q=0.5$ 定出各个圆的圆心位置 O_1、A_1、B_1，如图 2—26b 所示。

（3）画出各个端面圆的投影、通孔的投影，并作圆的公切线，如图 2—26c 所示。

（4）擦去多余作图线，加深完成全图，如图 2—26d 所示。

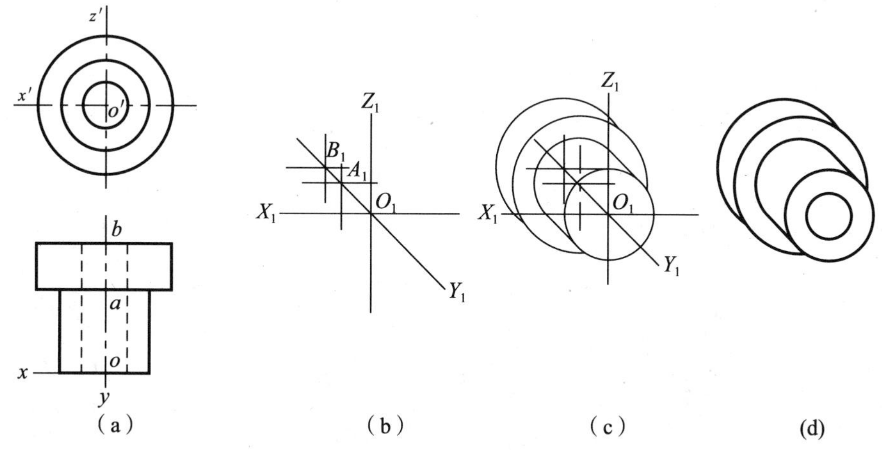

图 2—26　轴套的斜二测图

4. 正面形状复杂的单方向物体的斜二轴测图

斜二轴测图的轴测轴有一个显著的特征，即物体正面 X 轴和 Z 轴的轴测投影没有变形，也就是能如实表达物体正面的形状，因此对于正面形状复杂的单方向物体，画成斜二轴测图十分简便。

［**例 2—11**］ 作出图 2—27a 所示正面形状复杂立体的斜二轴测图。

作图：

(1) 在视图上确定坐标轴，如图 2—27a 所示。

(2) 画轴测轴，作正面特征平面的斜二轴测图（与正投影完全相同），再从特征面的各点作平行于 O_1Y_1 轴的直线，如图 2—27b 所示。

(3) 将圆心及各点后移 $0.5Y$ 作出后面圆及其他可见轮廓线，描深，完成轴测图，如图 2—27c 所示。

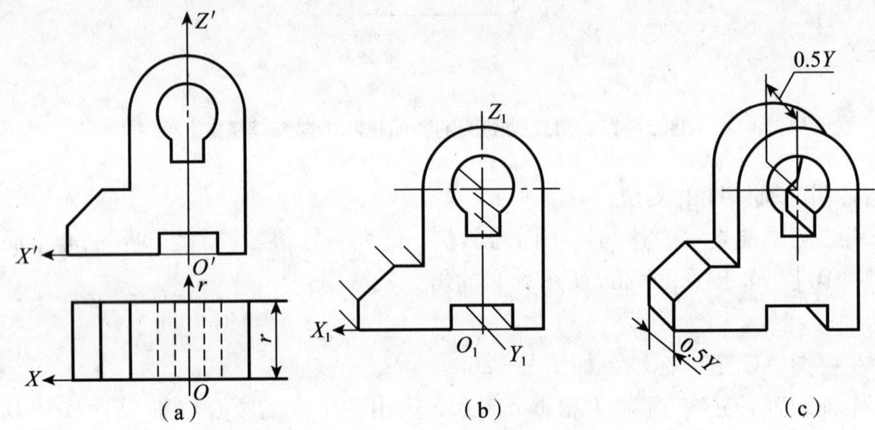

图 2—27 正面形状复杂立体的斜二轴测图的画法

2.3.4 圆柱的截交线

1. 圆柱截交线的形状

根据截平面与圆柱轴线相对位置的不同，圆柱截交线有三种形状，如表 2—1 所示。

表 2—1　　平面与圆柱的三种截交线

截平面的位置	与轴线平行	与轴线垂直	与轴线倾斜
轴测图			

续前表

截平面的位置	与轴线平行	与轴线垂直	与轴线倾斜
投影图	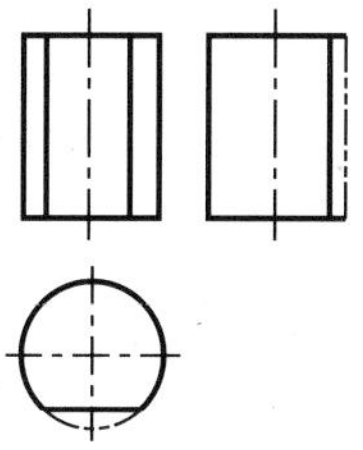	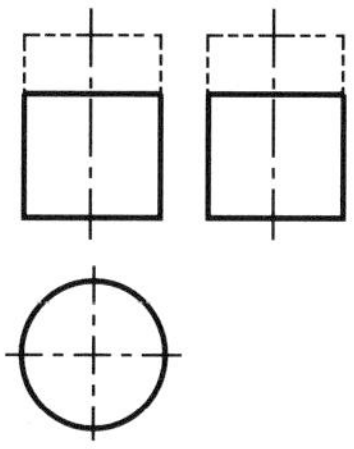	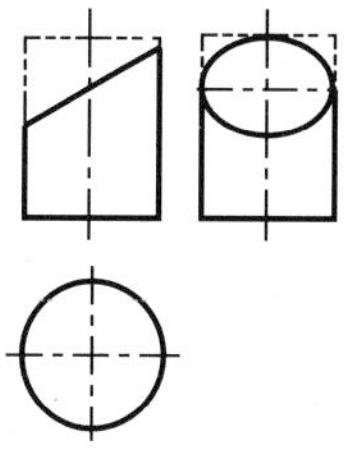
截交线的形状	矩形	圆	椭圆

2. 圆柱截交线的投影

当圆柱的截交线为矩形和圆时，其投影可以利用平面投影的积聚性求出，作图十分简便。当圆柱截交线为椭圆时，其投影的作图步骤与方法是：

（1）分析。

空间分析：分析截平面与圆柱的相对位置，确定截交线的形状。

投影分析：分析截平面与投影面的相对位置，确定截交线的投影特性。

（2）求出截交线上特殊位置点的投影。特殊位置点为确定截交线投影范围的点，包括以下各种点：

极限位置点：截交线上的最高、最低、最前、最后、最左和最右点。

转向轮廓点：处于转向轮廓素线上的点，它们是区分截交线可见与不可见部分的分界点。

特征点：截交线本身具有的特征点，如椭圆长短轴上的四个端点。

结合点：截交线由几部分不同线段组成时结合处的点。

（3）求出截交线上若干个一般位置点的投影。

（4）根据截交线的可见性光滑且顺次地连接各点的同面投影。

（5）擦去多余图线并整理描深。

［例 2—12］ 圆柱被正垂面截切，求出截交线的另外两面投影，如图 2—28a 所示。

作图：

（1）分析。图 2—28a 所示为圆柱被倾斜于轴线的平面截切，截交线是椭圆。该椭圆的正面投影重影为一条直线，水平投影重影于圆柱面的投影上，所以仅需要求出其侧面投影。而侧面投影，在一般情况下仍是椭圆（当 $\alpha=45^\circ$ 时为圆），但不反映实形。

（2）求作截交线上特殊位置点的投影。如图 2—28b 所示，先画圆柱体的原始投影图，再画截交线上特殊位置点的投影，它是侧面投影上的最高、最低、最前、最后点，也是椭圆长、短轴上的四个端点。这四点的正面投影为 a'、b'、c'、(d')，水平投影为 a、b、c、d，根据投影对应关系求得其侧面投影为 a''、b''、c''、d''。

（3）求作截交线上一般位置点的投影。为了较准确的作出椭圆，还必须适当作出一些一般位置点的投影。为作图简便，过圆周取对称点 e、f、g、h，按投影对应关系求出正面和侧面投影，如图 2—28c 所示。一般位置点应该选择多少个，要根据作图需要来确定。

（4）判别截交线的可见性，光滑且顺次地连接各点的同面投影。如图 2—28c 所示，

顺次连接 $a''e''c''h''b''g''d''f''a''$。**注意：**$c''$、$d''$为虚实分界点，$c''h''b''g''d''$画成虚线。

（5）擦去多余的图线并整理描深，即得所求截交线的投影，如图 2—28d 所示。

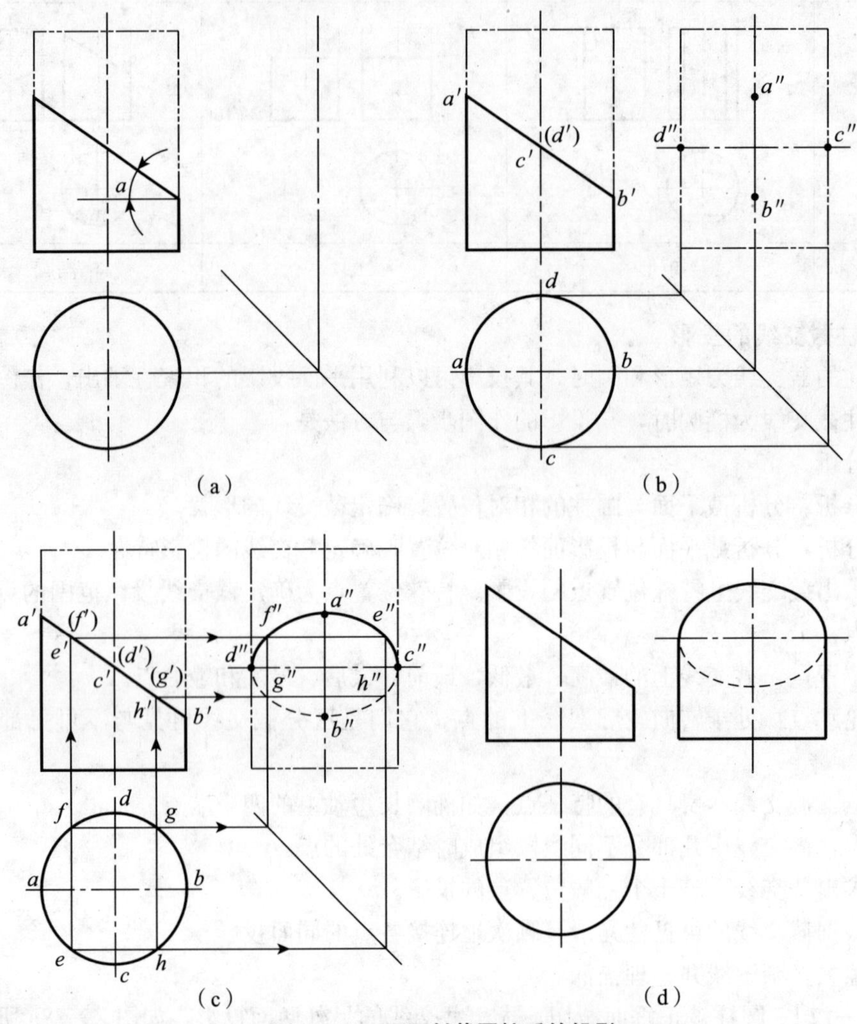

图 2—28　平面斜截圆柱后的投影

[例 2—13]　求截切圆柱的水平投影和侧面投影，如图 2—29a 所示。

分析：

由给定的两面投影图形可知，该圆柱体被四个平面截切，其位置是两个左右对称的侧平面，两个左右对称的水平面。侧平面与圆柱面的轴线平行，截交线为一矩形；水平面与圆柱的轴线垂直，截交线应是一个圆，但由于水平面没有把圆柱全部截掉，所以截交线是个弓形。矩形的侧面投影反映实形，即宽度为 Y 的矩形，其水平投影积聚成宽度为 Y 的直线段；弓形的水平投影为实形，侧面投影积聚为直线段。作图时只要逐个作出各个截平面与圆柱的截交线投影，并画出截平面之间的交线就可以了。

作图：

先画出圆柱原始形状的侧面投影图，再按平面的投影特征画出截交线的投影（宽度为 Y 的矩形），然后擦去多余图线，整理描深完成全图，如图 2—29b 所示。

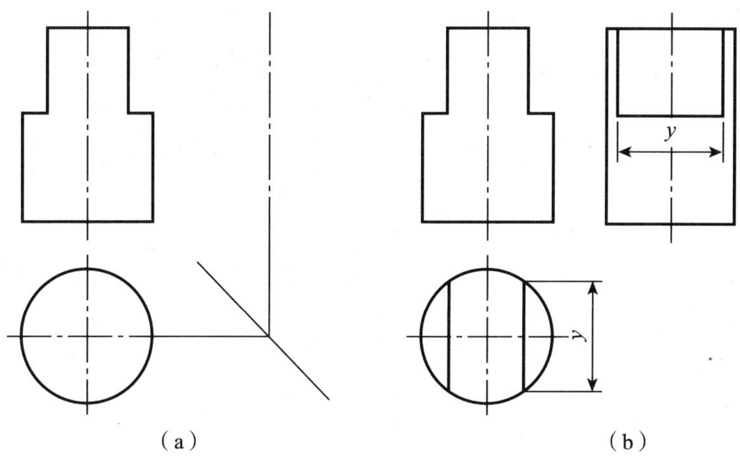

图 2—29　圆柱截切体的投影

［例 2—14］ 如图 2—30a 所示，已知平面截切空心圆柱的正面投影，试作出其水平投影和侧面投影。

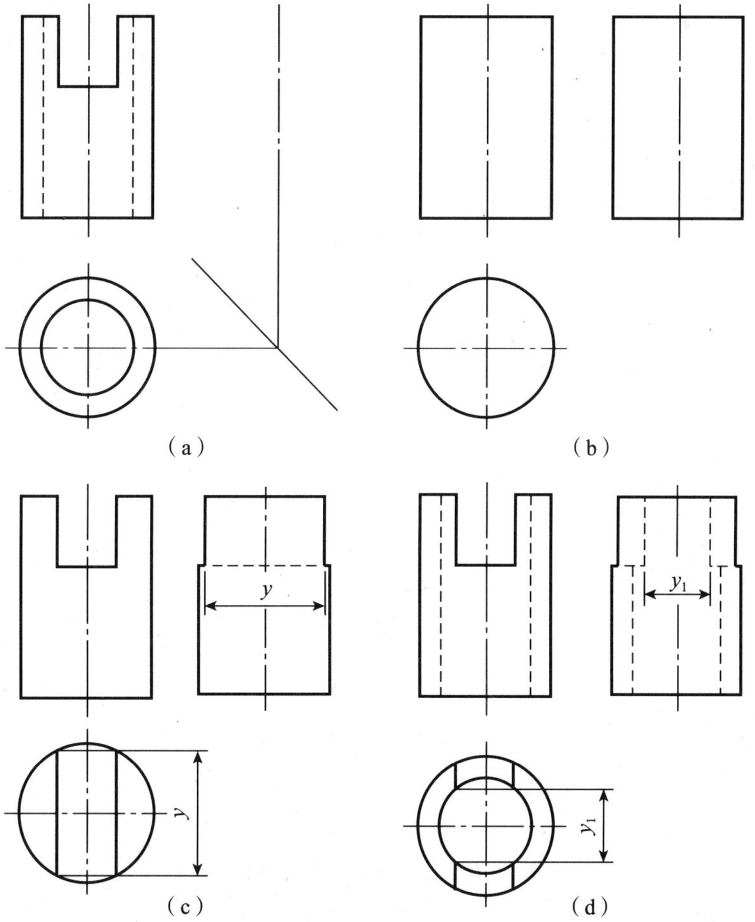

图 2—30　空心圆柱截交线的作图过程

作图：

(1) 分析。由给定的两面投影图形可知，该空心圆柱的切口是由一个水平面和两个侧平面截切形成的。在正面投影中，三个平面均积聚为直线；在水平投影中，两个侧平面积聚为直线，水平面为带圆弧的平面图形，且反映实形；在侧面投影中，两个侧平面为矩形且反映实形，水平面积聚为直线。

(2) 作出完整圆柱的三面投影图，如图 2—30b 所示。

(3) 作出切口的三面投影图。注意在侧面投影中，不应画出圆柱面上被切去部分的转向轮廓素线的投影，判断截交线的可见性，如图 2—30c 所示。

(4) 作出圆柱孔的三面投影图，如图 2—30d 所示。

［**例 2—15**］ 如图 2—31a 所示，已知平面截切圆柱的正面投影和水平投影，试作出其侧面投影。

作图步骤与方法如图 2—31 所示，请读者自行分析。

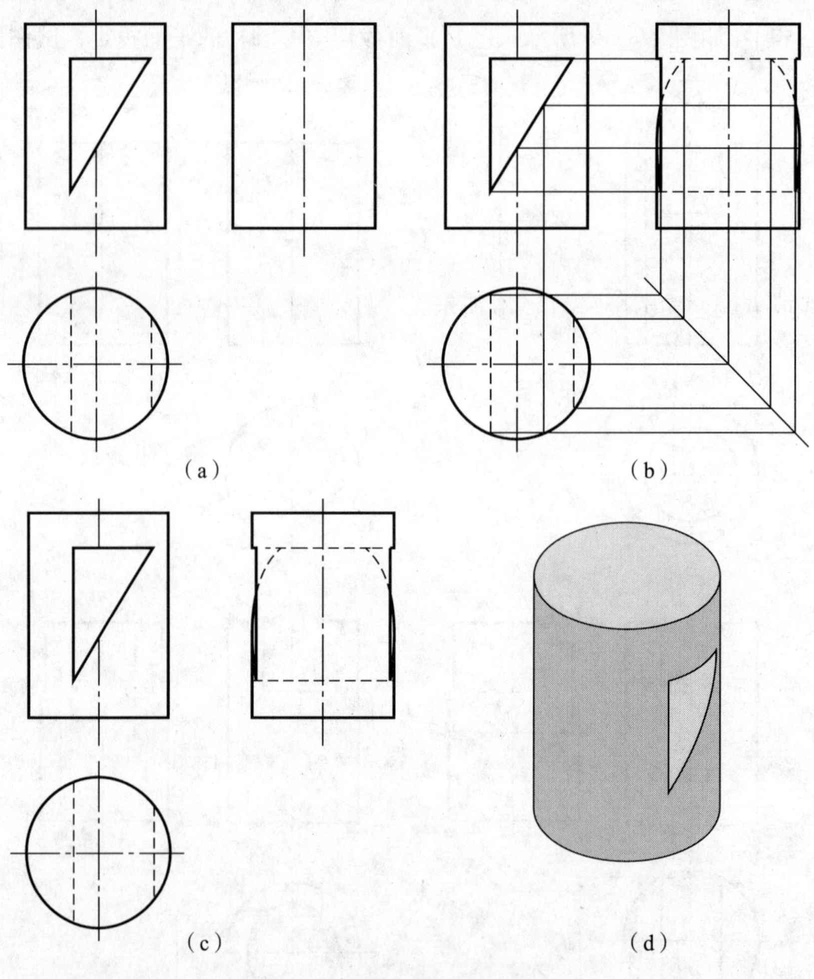

图 2—31　圆柱截交线的作图过程

2.3.5　圆柱与圆柱的相贯线

1. 相贯线的基本概念

很多机器零件是由两个或两个以上的基本体相交而成，在它们表面相交处会产生交线，常见的是两回转体表面的交线。两立体表面相交时形成的交线，称为相贯线。把这两个立体看作一个整体，称为相贯体。如图 2—32 所示就是两个圆柱组成的相贯体，箭头所指的交线为相贯线。

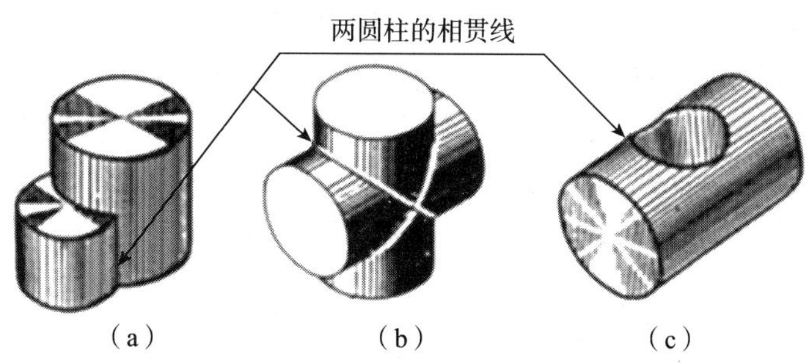

图 2—32　两个圆柱的相贯线

2. 相贯线的性质

(1) 封闭性：相贯线一般为封闭的空间曲线，如图 2—32c 所示，特殊情况下是封闭的平面曲线或直线，如图 2—32 a、b 所示。

(2) 共有性：相贯线是相交立体表面的共有线，相贯线上所有的点，都是两立体表面上的共有点，如图 2—32 所示。

(3) 表面性：相贯线位于立体表面上，如图 2—32 所示。

3. 圆柱与圆柱的相贯线

(1) 正交两圆柱相贯线的形式。

正交（两轴线垂直相交）的圆柱，在零件上是最常见的，它们的相贯线一般有如图 2—33 所示的三种形式：

1) 如图 2—33a 所示，小的实心圆柱全部贯穿大的实心圆柱，相贯线是上下对称的两条封闭的空间曲线。

2) 如图 2—33b 所示，圆柱孔全部贯穿实心圆柱，相贯线也是上下对称的两条封闭的空间曲线，就是圆柱孔的上下孔口曲线。

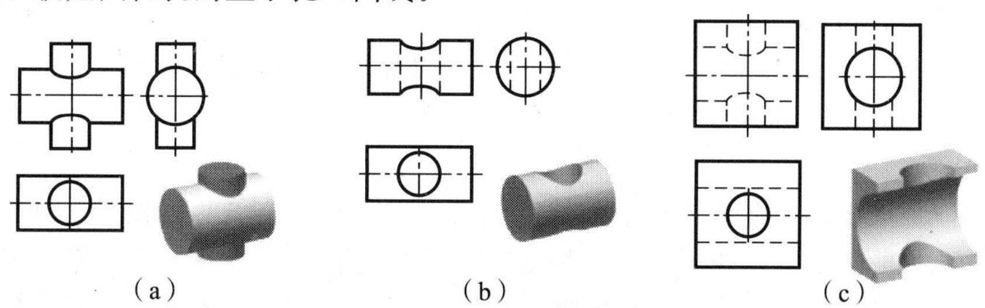

图 2—33　圆柱相贯线的形式

3）如图 2—33c 所示的相贯线，是长方体内部两个孔的圆柱面的交线，同样是上下对称的两条封闭的空间曲线。在投影图右下方所附的是这个具有圆柱孔的长方体被切割掉前面一半后的立体图。

（2）两圆柱相贯线投影的画法。

两圆柱大小和相对位置不同，相贯线的形状也不同，求其投影的作图方法也不相同。在特殊情况下，当相贯线为封闭的平面曲线或直线时，相贯线可由投影作图直接画出。在一般情况下，当相贯线为封闭的空间曲线时，求圆柱相贯线常用的方法是表面取点法和简化画法。

1）表面取点法。

两圆柱相交，如果其中有一个圆柱的轴线垂直于投影面，则相贯线在该投影面上的投影重合在圆柱面的积聚性投影圆周上。这样就可以在相贯线上取一些点，按已知圆柱表面上的点的一个投影，求其他投影的方法，相连作出相贯线的其他投影。

[例 2—16] 如图 2—34a 所示，求作两正交圆柱相贯线的投影。

作图：

① 空间与投影分析。两圆柱的轴线垂直相交，有共同的前后对称面和左右对称面，小圆柱全部穿进大圆柱，因此，相贯线是一条封闭的空间曲线，且前后对称、左右对称。由于小圆柱面的水平投影积聚为圆，相贯线的水平投影便重合在其上；同理，大圆柱面的侧面投影积聚为圆，相贯线的侧面投影也就重合在小圆柱穿进处的一段圆弧上，且左半和右半相贯线的侧面投影相互重合。于是问题就可归结为已知相贯线的水平投影和侧面投影，求作它的正面投影。

② 作特殊点。相贯线的特殊位置点是指那些位于转向轮廓素线和极限位置的点。作特殊点的方法是先在相贯线的水平投影上，定出最左、最右、最前、最后点Ⅰ、Ⅴ、Ⅲ、Ⅶ的投影 1、5、3、7，再在相贯线的侧面投影上相应地作出 1″、5″、3″、7″，由 1、5、3、7 和 1″、5″、3″、7″作出 1′、5′、3′、7′。可以看出：Ⅰ、Ⅴ和Ⅲ、Ⅶ分别也是相贯线上的最高、最低点，如图 2—34b 所示。

③ 作一般点。在相贯线的侧面投影上，定出左右、前后对称的四个点Ⅱ、Ⅳ、Ⅵ、Ⅷ的投影 2″、4″、6″、8″，由此可在相贯线的水平投影上作出 2、4、6、8。由 2、4、6、8 和 2″、4″、6″、8″即可作出 2′、4′、6′、8′，如图 2—34c 所示。

④ 判断可见性并光滑连线。判断相贯线可见性的原则是：只有当相贯线同时位于两个基本体的可见表面上，其投影才是可见的。连线方法是按相贯线水平投影所显示的诸点的顺序，连接诸点的正面投影，即得相贯线的正面投影。对正面投影而言，前半相贯线在两个圆柱的可见表面上，所以其正面投影 1′、2′、3′、4′、5′为可见，而后半相贯线的投影 5′、6′、7′、8′、1′为不可见，与前半相贯线的可见投影相重合，如图 2—34d 所示。**注意：**在两圆柱相交区域内不应有圆柱体轮廓素线的投影。

2）简化画法

用表面取点法求作相贯线的投影虽然麻烦，但却是求相贯线投影的较精确作图方法。在没有特殊要求的情况下，两圆柱直径相差较大、轴线正交时可用圆弧代替，该圆弧的圆心在小圆柱的轴线上，半径为大圆柱的半径，如图 2—35a 所示；有时也可用直线代替，如图 2—35b 所示。

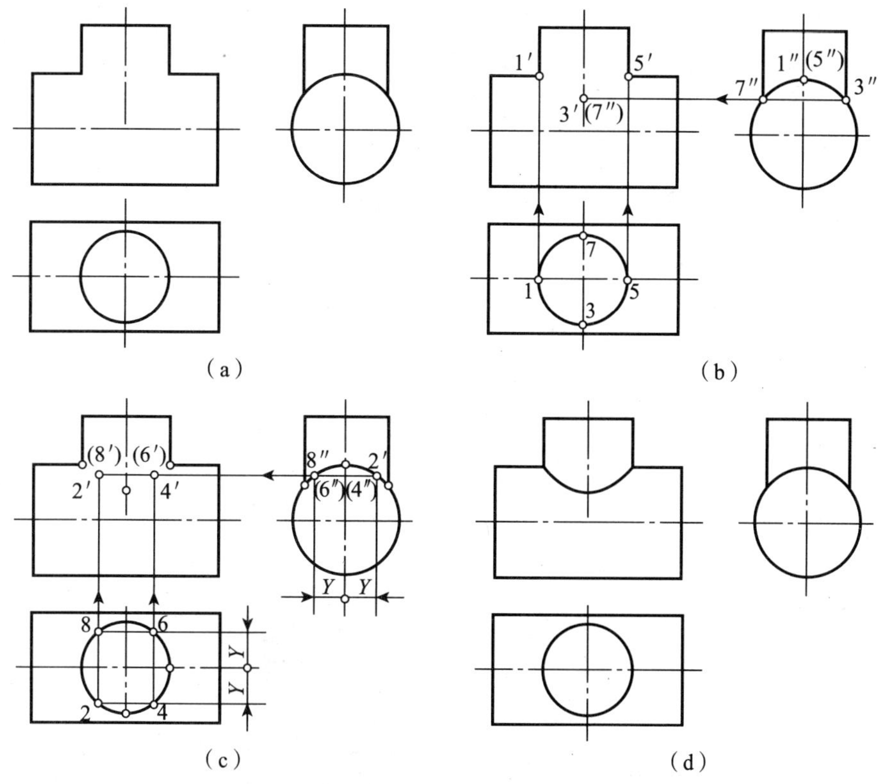

图 2—34　利用表面取点法求相贯线的投影

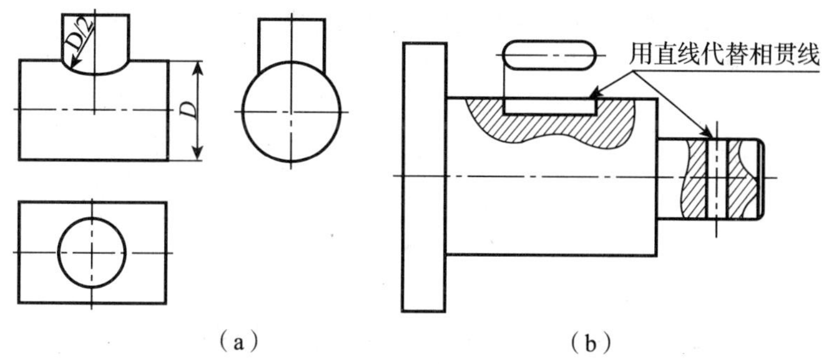

图 2—35　相贯线的简化画法

（3）两圆柱相贯线的特殊情况。

1）两圆柱直径相等，轴线垂直相交且平行于同一投影面时，相贯线为垂直于这个投影面的椭圆，如图 2—36 所示。

2）轴线平行的两圆柱相交时相贯线是两条平行的直线段，如图 2—37 所示。

（4）两正交圆柱相贯线投影的变化趋势。

1）直径不相等的两正交圆柱相贯，相贯线在平行于两圆柱轴线的投影面上的投影始终向大圆柱轴线弯曲，如图 2—38a 所示。

2）当两圆柱直径相差越小时，相贯线的投影曲线越弯近大圆柱的轴线，如图 2—38b 所示。

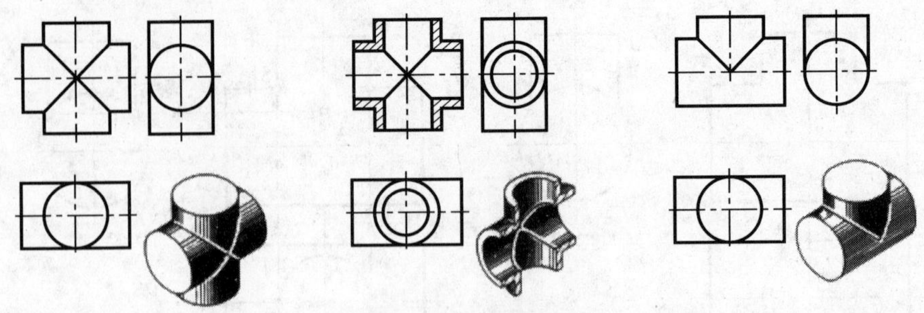

图 2—36　两圆柱正交且直径相等的相贯线

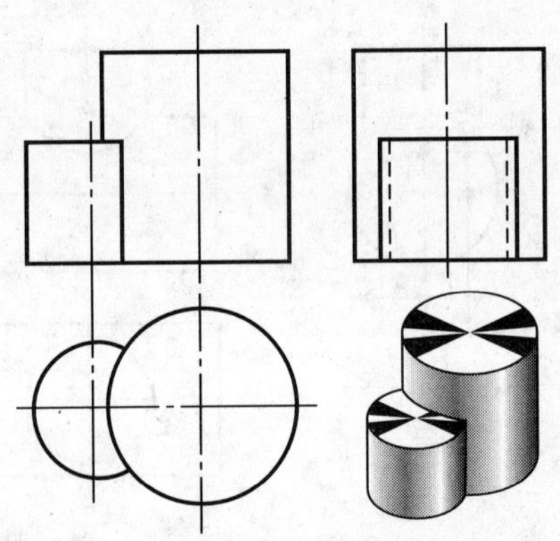

图 2—37　两圆柱轴线平行相交的相贯线

3）当两正交圆柱直径相等时，其相贯线为两条平面曲线（椭圆），相贯线在平行于两圆柱轴线的投影面上的投影为相交两直线，如图 2—38c 所示。

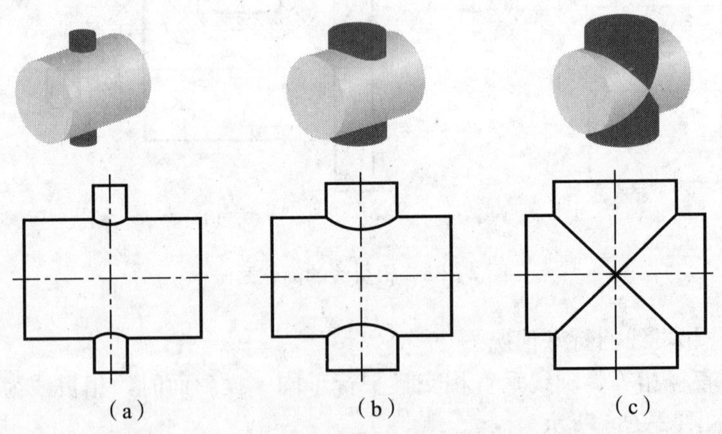

图 2—38　两正交圆柱相贯线投影的变化趋势

(5) 多个圆柱相交相贯线投影的画法。

前面已经介绍了两圆柱相交时，相贯线的情况及其投影作图的方法。而实际零件是多个立体的组合，常常出现三个或三个以上立体相交的情况，在它们的表面上形成的相贯线称为组合相贯线。它们的投影按两两相贯时相贯线的作图方法分别绘制。

［**例 2—17**］　作出如图 2—39a 所示三圆柱相贯线的投影。

分析：

分析圆柱之间的相互位置关系，判断哪些表面之间有交线，并分析交线趋势。从图 2—39a 可以看出，Ⅰ与Ⅱ是大、小两圆柱同轴叠加；Ⅲ与Ⅰ和Ⅲ与Ⅱ都是正交关系，应有交线（相贯线）。因为圆柱Ⅲ的直径较小，所以两条交线应该分别向圆柱Ⅰ及Ⅱ的轴线方向弯曲。此外，圆柱Ⅱ的左端面 A 与圆柱Ⅲ也是相交关系，应该有交线（截交线）。因为平面 A 与圆柱Ⅲ的轴线平行，所以交线是两条直线。

作图：

先用圆弧代替相贯线的近似画法画出圆柱Ⅲ与圆柱Ⅰ和圆柱Ⅲ与Ⅱ的相贯线，其次画出平面 A 与圆柱Ⅲ的截交线：平面 A 与圆柱Ⅲ的截交线是两条垂直于水平面的直线，它们的水平投影积聚成点 4（5）和 7（8），侧面投影 4″5″和 7″8″可根据等宽关系得出，正面投影是直线段 4′5′和 7′8′（位于两段相贯线之间）。因为从左向右看时，直线 4″5″和 7″8″位于圆柱Ⅲ的不可见表面上，所以在左视图上应该是虚线。

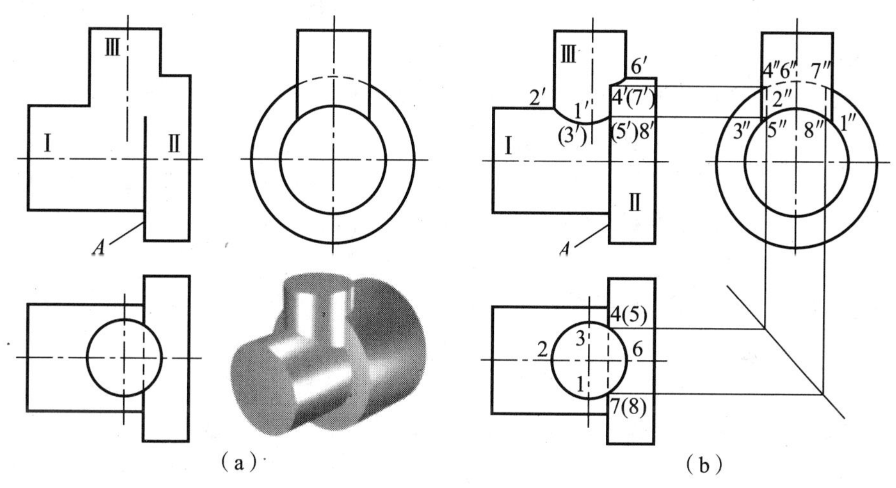

图 2—39　多个圆柱相交

2.4　圆锥

问题导入

（1）如何作出图 2—40a 所示圆锥表面上点 M 与点 N 的三面投影及圆锥的正等轴测图？

（2）如何补全图 2—40b 所示圆锥截切后的左视图和俯视图？

（3）如何作出图 2—40c 所示相贯体的三视图？

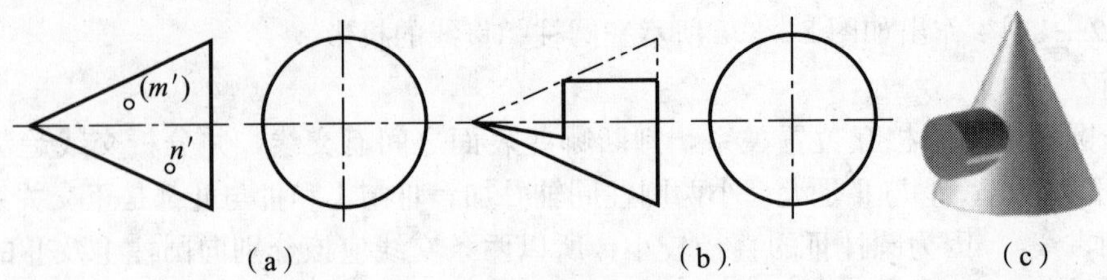

图 2—40　圆锥

2. 4. 1　圆锥及其表面点的投影

1. 圆锥的基本概念

圆锥是由一条与轴线斜交的直母线绕轴线回转一周而围成的立体；此母线绕其轴线回转形成的曲面为圆锥面；圆锥面上任意位置的直母线，称为圆锥表面的素线；从某个投射方向看，处于圆锥面可见部分与不可见部分的分界线位置的素线称为该方向的转向轮廓素线。

2. 圆锥的投影

圆锥的投影就是把组成圆锥的圆锥面、底面和轴线的投影表示出来。圆锥面的投影在与轴线平行的投影面上用其转向轮廓素线的投影表示，并且对某投影面的转向轮廓素线的投影，只能在该投影面上用粗实线画出，而在其他投影面上则不再画出。圆锥的投影在与轴线垂直的投影面上用底面圆在该面的投影表示；轴线的投影用细点画线画出，如图 2—41a 所示。

圆锥投影的作图步骤是：

(1) 确定圆锥的放置位置（如图 2—41a 所示）。

(2) 视图分析。

如图 2—41a 所示，圆锥底面是水平面，H 面投影为圆，V 面和 W 面的投影积聚为直线。圆锥面的 H 面投影重影在圆锥底面的投影上，V 面和 W 面的投影为等腰三角形，其两腰分别为圆锥面上 V 面投影的转向轮廓素线（即最左、最右素线）和 W 面投影的转向轮廓素线（即最前、最后素线）的投影。

(3) 作图。

1) 画出圆锥的轴线、圆的中心线的三个投影，以确定圆锥各图形的位置，如图 2—41b所示。

2) 画出底平面及锥顶的三面投影，如图 2—41c 所示。

3) 画出圆锥面各转向轮廓线的 V 面投影和 W 面投影，如图 2—41d 所示。

3. 圆锥投影的图形特征

由圆锥的投影图可知，其图形特征是：一个投影面的投影为圆，其他两个投影面的投影为两个相等的等腰三角形。

4. 圆锥表面取点

圆锥表面取点时，首先确定点所在面，然后采用不同的方法求出点的投影：若点位于底平面，则要利用底平面是特殊位置平面，其投影图形具有积聚性的特点求得点的投影；若点位于圆锥面，由于圆锥面的投影图形没有积聚性，则要用辅助素线法或者辅助圆法求得点的投影。

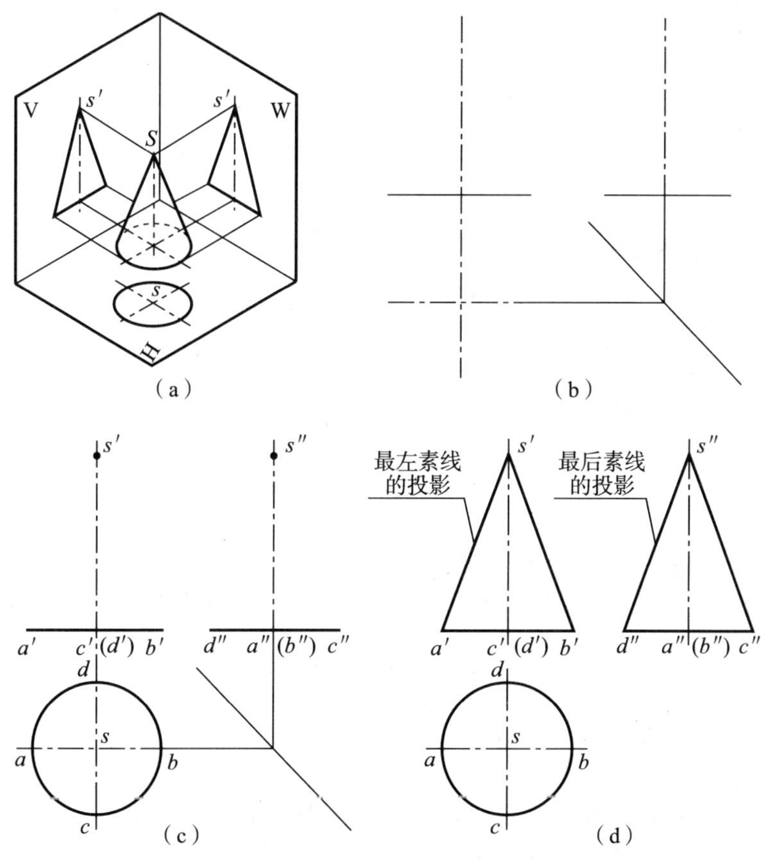

图 2—41　圆锥的投影及作图过程

(1) 辅助素线法：就是过锥顶与已知点的投影作一素线的投影，并与底圆的投影交于一点，然后求出此交点的其他投影，再按点在线上的投影特性求出已知点的其他投影的方法。

(2) 辅助圆法：就是过已知点的投影作一垂直于轴线的圆的投影，再按点在线上的投影特性求出已知点的其他投影的方法。

［例 2—18］ 如图 2—42 所示，已知 M 点的正面投影 m'，分别用辅助素线法和辅助圆法求 M 点的其他两面投影 m，m''。

作图：

根据 m' 的位置和可见性，可判定 M 点位于圆锥面，所以可用辅助素线法或辅助圆法作出 m 和 m''。

(1) 辅助素线法。

如图 2—42a 所示，连接 $s'm'$ 并延长到与底平面的正面投影相交于 $1'$，求得 $s1$ 和 $s''1''$，再根据点属于直线的几何条件，按长对正由 m' 求出 m，按高平齐或宽相等由 m' 或 m 求出 m''。因 M 点在圆锥的左前面上，所以三个投影都可见。

(2) 辅助圆法。

如图 2—42b 所示，过 M 点作一个垂直于轴线的辅助圆，该圆的正面投影过 m'，且平

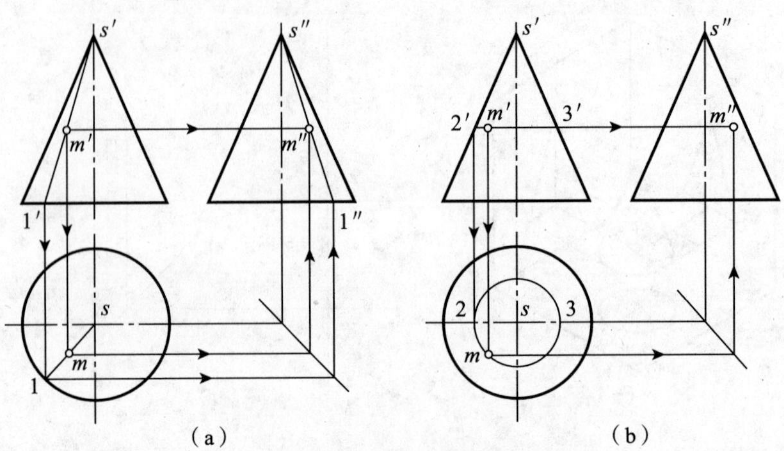

图 2—42 圆锥表面取点的两种方法

行于底面圆的正面投影，它的水平投影为一直径等于 2′3′的圆，m 必在此圆周上，m''由 m、m'按宽相等、高平齐的投影对应关系求出。因 M 点在圆锥的左前面上，所以三个投影都可见。

2.4.2 圆锥的正等轴测图

圆锥正等轴测图的画法与圆柱相似，这里仅举例介绍。

[例 2—19] 求作如图 2—43a 所示圆锥的正等轴测图。

作图：

(1) 在视图上确定直角坐标系。由给定的两面投影图可知，圆锥底面是平行于 V 面的正平面，所以确定的平面圆上的直角坐标轴位置如图 2—43a 所示。

(2) 作出底面圆的正等轴测图，并过锥顶作出其公切线，如图 2—43b 所示。

(3) 擦去不可见以及多余的作图辅助线，描深完成全图，如图 2—43c 所示。

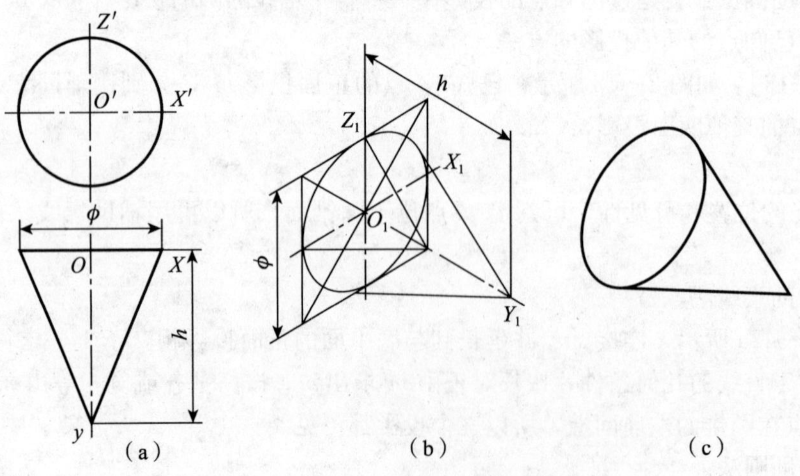

图 2—43 圆锥正等轴测图的画图过程

［**例 2—20**］　求作如图 2—44a 所示圆台的正等轴测图。

作图方法与步骤如图 2—44 所示，请读者仔细观察。

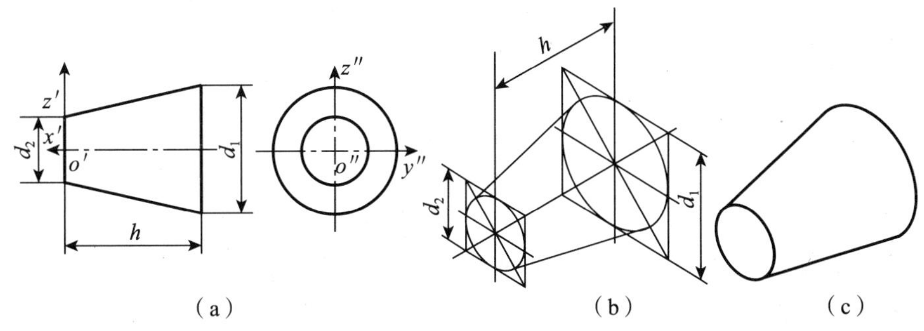

图 2—44　圆台正等轴测图的画图过程

2. 4. 3　圆锥的截交线

1. 圆锥截交线的形状

根据截平面与圆锥轴线相对位置的不同，圆锥截交线有五种形状，如表 2—2 所示。

表 2—2　　**圆锥的五种截交线**

截平面的位置	与轴线垂直	过圆锥顶点	平行于任一素线	与轴线倾斜（不平行于任一素线）	与轴线平行
轴测图					
投影图					
截交线的形状	圆	三角形	抛物线与直线段	椭圆	双曲线与直线段

2. 圆锥截交线的投影

当截平面与圆锥的截交线为直线和圆时，可由投影作图直接画出。当截交线为椭圆、抛物线、双曲线时，其投影的作图步骤和圆柱截交线为椭圆时的作图步骤相同，但由于圆锥面的三个投影都没有积聚性，所以求属于截交线上的点的投影时，需要用辅助素线法或者辅助圆法。

［例 2—21］ 如图 2—45a 所示，补全圆锥被截切后的水平投影和侧面投影。

作图：

(1) 空间与投影分析。

由图 2—45a 可知，圆锥被三个平面截切，其中平行于轴线的平面截切后的截交线为双曲线，其水平投影和正面投影为直线，侧面投影是由双曲线和直线围成的反映实形的平面图形；垂直于轴线的平面截切后的截交线为圆弧，其侧面投影和正面投影为直线，水平投影是反映实形的圆弧；过锥顶的平面截切后的截交线为三角形，其水平投影和正面投影为直线，侧面投影是反映实形的三角形。

(2) 求截交线上特殊位置点的投影。

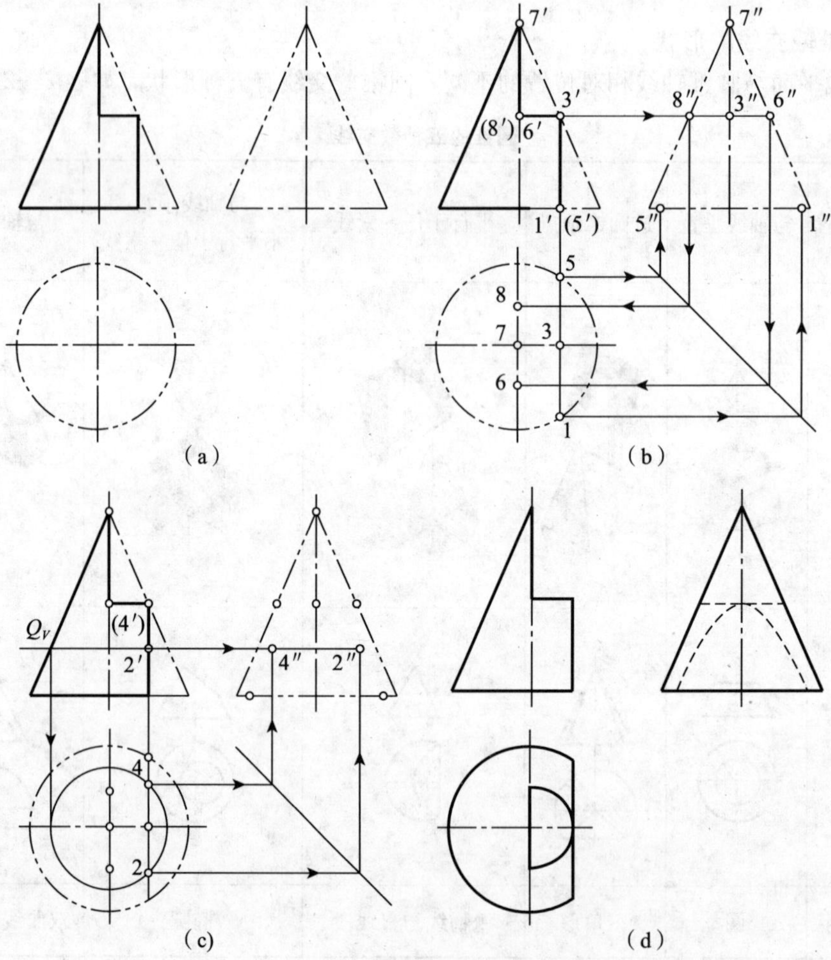

图 2—45 求圆锥截交线的作图过程

先在已知截交线的正面投影上找出 1′、(5′)、3′、6′、(8′)、7′，再按圆锥面上取点的方法做出其水平投影 1、5、3、6、8、7 及侧面投影 1″、5″、(3″)、6″、8″、7″，如图 2—45b 所示。

(3) 求截交线上一般位置点的投影。

利用辅助圆法作一个与圆锥轴线垂直的辅助圆 Q，该辅助圆的正面投影如图 2—45c 所示。辅助圆的水平投影与截平面的水平投影相交的点 2 和点 4 点即为所求的共有点的水平投影，辅助圆的正面投影与截平面的正面投影相交的点（2′）和（4′）点即为所求的共有点的正面投影，根据水平投影 2、4 和正面投影 2′、(4′) 再求出侧面投影（2″）、(4″)。为使曲线连接光滑，可利用同样的方法，再继续求出一些一般位置点的投影。

(4) 判断可见性并连线和整理轮廓线。

将侧面投影 1″、(2″)、(3″)、(4″)、5″用曲线板依次光滑连接成细虚线，水平投影 1、2、3、4、5 连接为粗实线；将侧面投影 6″、3″、8″连接成细虚线，水平投影 6、3、8 连接为粗实线；将侧面投影 7″、6″与 7″、8″连接成粗实线，水平投影 7、6 与 7、8 连接为粗实线即为所求截交线的投影，如图 2—45d 所示。

2.4.4　圆锥与回转体的相贯线

1. 圆锥与回转体的相贯线形状

(1) 在一般情况下，圆锥与回转体的相贯线是空间曲线，如图 2—46a 所示。

(2) 两圆锥共锥顶相交，相贯线为相交两直线，如图 2—46b 所示。

(3) 圆锥与回转体的轴线相交，且平行于同一投影面，若它们能公切于一个球，则相贯线是垂直于这个投影面的椭圆，如图 2—46c 所示。

(4) 圆锥与回转体同轴相交，相贯线是垂直于轴线的圆，如图 2—46d 所示。

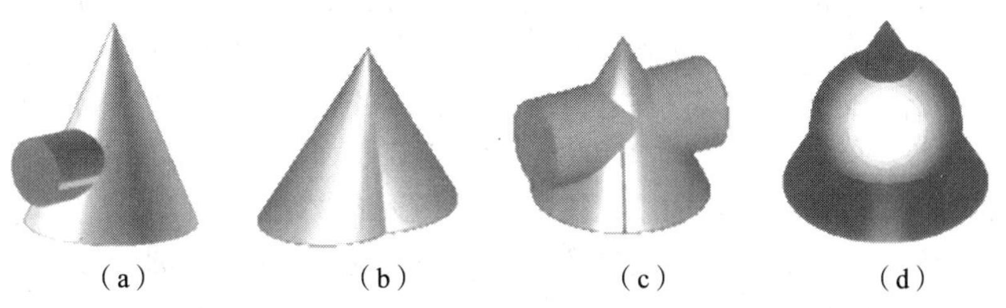

(a)　(b)　(c)　(d)

图 2—46　圆锥与回转体的相贯线形状

2. 圆锥与回转体的相贯线投影的画法

由于圆锥本身的投影图形没有积聚性，所以常用辅助平面法求它与回转体相交时相贯线的投影。

所谓辅助平面法，就是在两基本体相交的部分，作一辅助平面分别截切两基本体得出两组截交线，这两组截交线的交点是两个基本体表面和辅助平面的共有点（三面共点），也就是相贯线上的点。若作出一系列辅助平面，即可得相贯线上的若干个点，依次连接各点，就可得到相贯线。这种利用三面共点的原理，用一系列共有点的投影方法求出属于相贯线的点的投影的方法，称为三面共点辅助平面法，简称辅助平面法。这种作图方法的原理如图 2—47 所示。

为了简化作图，选择什么位置的平面作为辅助平面是很重要的。选择辅助平面时应遵守下述原则：第一，辅助平面应位于两回转体相交的范围内；第二，辅助平面与两相交立体表面所产生的截交线的投影是圆或直线。为此，对圆柱而言，辅助平面应平行或垂直于轴线；对圆锥而言，辅助平面应垂直于轴线或通过锥顶，如图 2—47 所示。

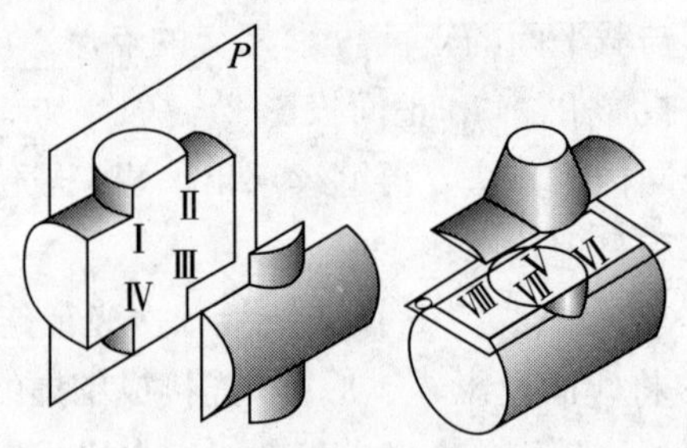

图 2—47　辅助平面法求相贯线投影的作图原理

［**例 2—22**］ 已知圆锥与圆柱相交，用辅助平面法求相贯线的投影，如图 2—48 所示。

作图：

(1) 空间与投影分析。

根据给定的图形可知，圆锥与圆柱轴线垂直相交，圆柱全部穿进左半圆锥，相贯线是一条封闭的空间曲线，且前后对称，前半、后半相贯线正面投影相互重合。又由于圆柱面的侧面投影积聚为圆，相贯线的侧面投影也必重合在这个圆上。因此，相贯线的侧面投影是已知的，正面投影和水平投影则需要作出，如图 2—48a 所示。

(2) 求相贯线特殊位置点的正面投影和水平投影。

先通过锥顶作平面 N，与圆柱面相交于最高和最低两素线，与圆锥面相交于最左素线，在它们的正面投影的相交处作出相贯线上的最高点Ⅰ和最低点Ⅱ的正面投影 $1'$ 和 $2'$，由 $1'$、$2'$ 和 $1''$、$2''$ 作出 1、(2)；再通过圆柱轴线作水平面 P，与圆柱面相交于最前、最后两素线，与圆锥面相交为水平圆，在它们的水平投影相交处，作出相贯线上的最前点Ⅲ和最后点Ⅳ的水平投影 3 和 4，由 3、4 和 $3''$、$4''$ 作出 $3'$、$(4')$，如图 2—48b 所示。

(3) 求相贯线的一般位置点的正面投影和水平投影。

在最高、最低点之间作水平辅助平面 S 和 Q，与圆锥的交线为圆，与圆柱的交线为平行直线，在 H 面它们交点的投影是 5、6、(7)、(8)，由 5、6、(7)、(8) 和 $5''$、$6''$、$7''$、$8''$ 作出正面投影 $5'$、$(6')$、$7'$、$(8')$，如图 2—48c 所示。

(4) 判断相贯线的可见性，依次光滑连接各点的同面投影。

按照“只有同时位于两个立体可见表面上的相贯线，其投影才可见”的原则，可以判断：相贯线的正面投影 $1'5'3'7'2'$ 可见，$1'6'4'8'2'$ 不可见，但因前后对称而重合为一条可见曲线；相贯线的水平投影 46153 可见，48273 不可见，如图 2—48d 所示。

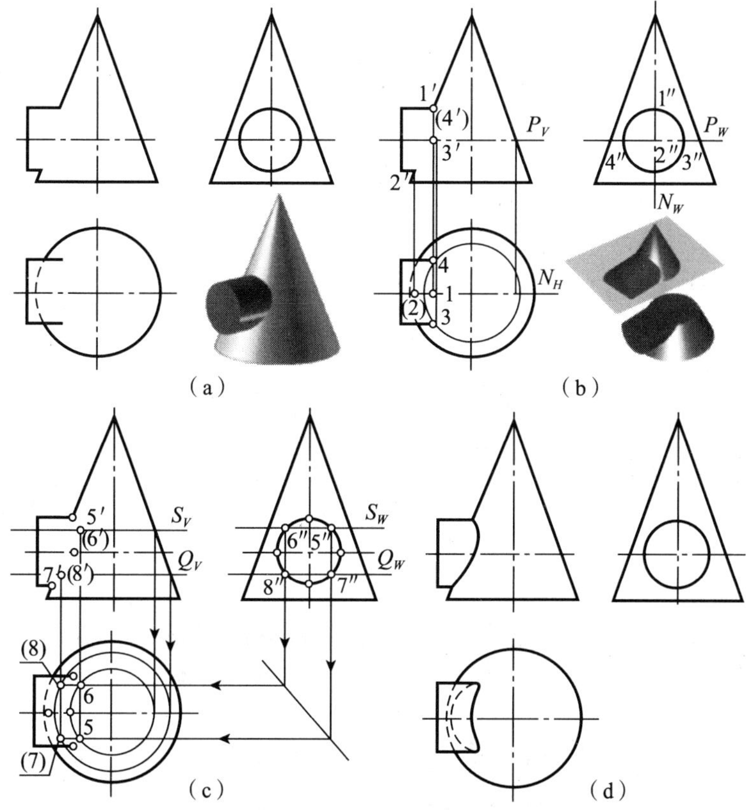

图 2—48　利用辅助平面法求相贯线投影的作图过程

2.5　圆球

问题导入

(1) 如何作出图 2—49a 所示圆球表面上点 M 与点 N 的三面投影及圆球的正等轴测图?

(2) 如何补全图 2—49b 所示圆球截切后的左视图和俯视图?

(3) 如何求出图 2—49c 所示圆球与圆锥(台)的相贯线的投影?

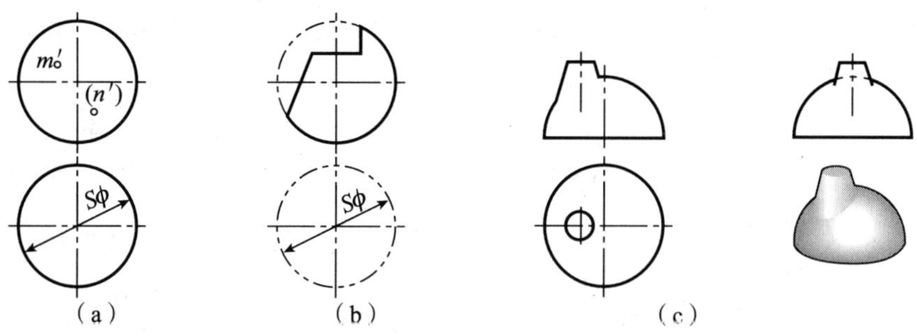

图 2—49　圆球

2.5.1 圆球及其表面点的投影

1. 球体的基本概念

球体是由一圆母线绕其直径回转一周而围成的立体，球体的表面是球面，球面上与某投影面平行的最大圆称为该投影面的转向轮廓素线，如图 2—50a 所示 A、B、C 圆分别是球面上平行于 V 面、W 面、H 面的最大素线圆，即分别是 V 面、W 面、H 面的转向轮廓素线。

2. 圆球的投影

圆球的投影就是用粗实线画出各投影面的转向轮廓素线的投影，并且在某投影面的投影，只能在该投影面上画出，而在其他投影面上则不再画出。

圆球投影的作图步骤：

(1) 视图分析。

如图 2—50a 所示，球体表面只有一个面，其三视图均为大小相等的圆，H 面投影的圆 C 将球体分为上下两部分，V 面投影的圆 A 将球体分为前后两部分，W 面投影的圆 B 将球体分为左右两部分。三个圆分别是 H 面、V 面、W 面的转向轮廓素线。

(2) 作图。

1) 画出三个圆的中心线，用以确定投影图形的位置，如图 2—50b 所示。

2) 分别画出圆球在 H 面、V 面、W 面的转向轮廓素线的投影，如图 2—50c 所示。

3) 明确各转向轮廓素线在其他两投影面的投影，均与圆图形相应的中心线重合，不应画出。

3. 圆球投影的图形特征

圆球投影的图形特征是：三个投影面的投影都是直径相等的圆。

4. 圆球表面取点

由圆球投影的图形特征可知，圆球表面的三个投影图形都没有积聚性，所以必须采用辅助圆法求取属于其表面的点的投影。

［**例 2—23**］ 如图 2—50d 所示，已知点 M 属于球体表面，并知 M 点的水平投影 m，求其他两投影面的投影。

作图：

首先根据 m 的位置和可见性，判定 M 点位于前半球左上部的表面；其次过 M 点在球表面作一平行于 V 面的辅助圆（也可以作平行于 H 面或 W 面的辅助圆），则该辅助圆在水平投影的图形为过 m 点且平行于水平中心线的直线 12，其正面投影的图形为直径等于 12 的圆，其侧面投影的图形为平行于竖直中心线的直线，则 M 点的其他两面投影必属于该辅助圆的同面投影；最后根据 M 点的位置特点，判断 M 点的三个投影都是可见的。

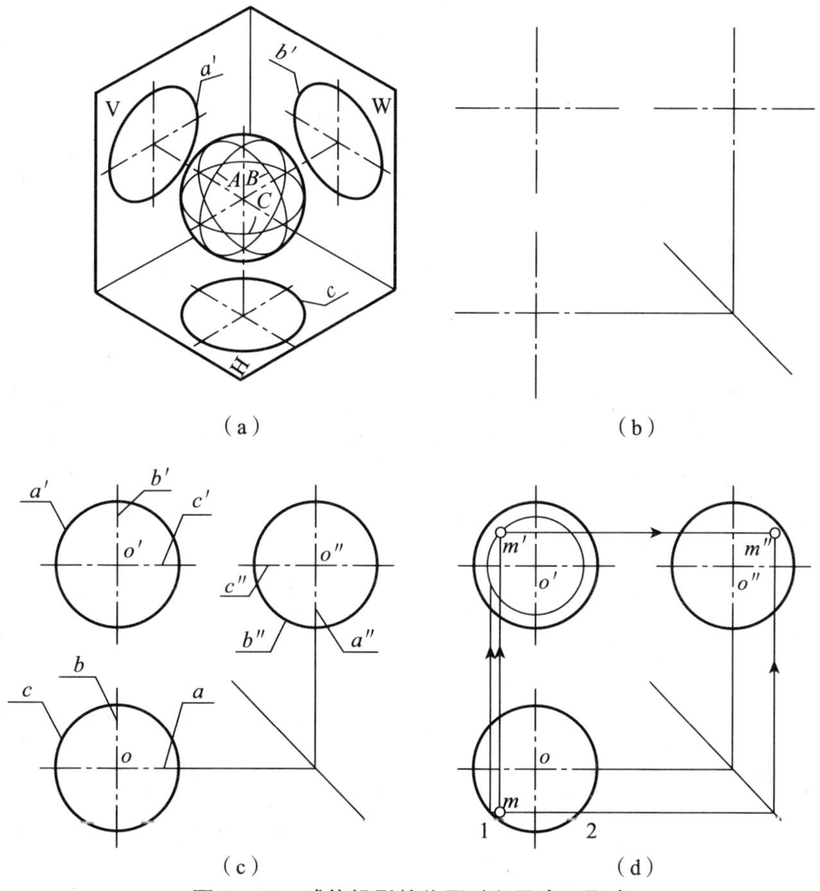

图 2—50　球体投影的作图过程及表面取点

2. 5. 2　圆球的正等轴测图的画法

画圆球的正等轴测图时，首先用细双点画线在三个坐标面上分别画出球体分界圆的正等轴测图，其次以球心为圆心，以圆心至椭圆长轴的端点间的距离为半径用粗实线画出圆即可。如图 2—51 所示，图 a 为圆球的视图，图 b 为按轴向伸缩系数画出的圆球正等轴测图，图 c 为按简化伸缩系数画出的圆球正等轴测图，并且作了剖切。

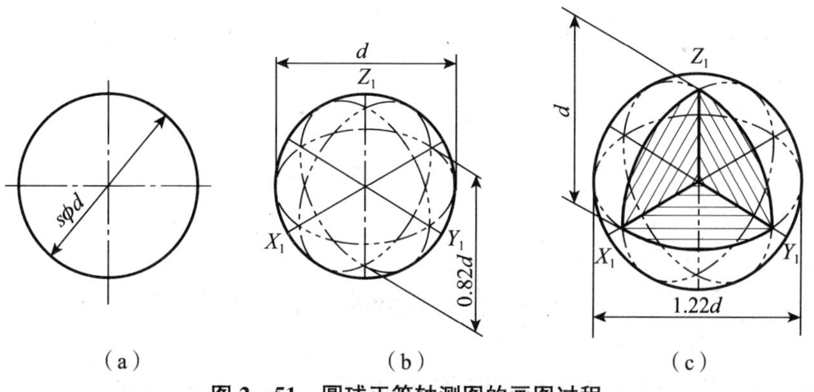

图 2—51　圆球正等轴测图的画图过程

2.5.3 圆球的截交线

1. 圆球截交线的形状

平面截切圆球，不论平面与圆球的相对位置如何，其截交线的形状都是圆，见表2—3。当截平面通过球心时其圆的直径最大，等于圆球的直径；截平面离球心越远，其圆的直径就越小。

2. 圆球截交线的投影

截切圆球的平面对投影面的相对位置不同，所得截交线（圆）的投影不同。当截平面平行于投影面时，截交线在该投影面上的投影反映实形，另两个投影积聚成直线，可由投影作图直接画出。当截平面垂直于投影面时，截交线在该投影面上的投影积聚成直线，其他两个投影面上的投影是椭圆，见表2—3。作图时需要用辅助圆法，求出截交线上的特殊点和适当数量的一般点的投影后，顺次连接并描深即可。

表2—3　　圆球的截交线

截平面为投影面平行面	截平面为投影面垂直面
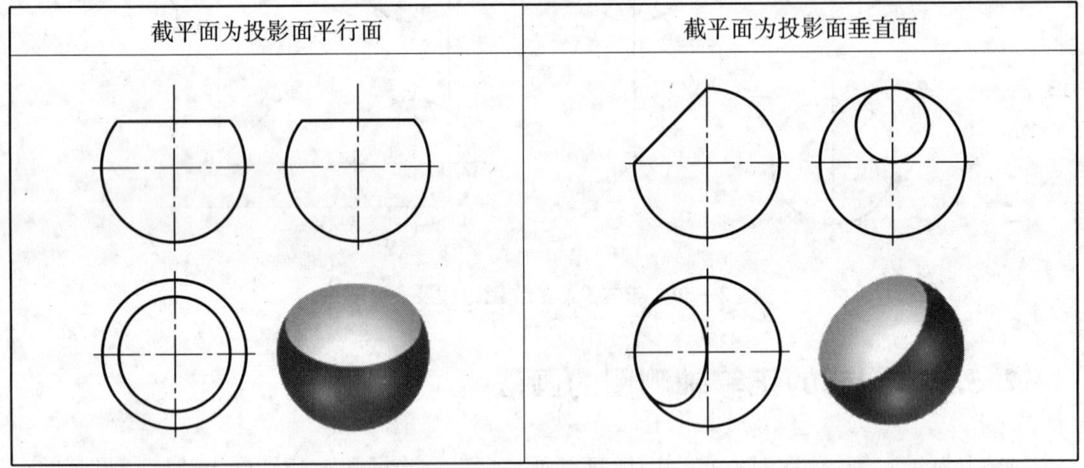	

［**例2—24**］　画出图2—52a所示半圆球切口的截交线的投影。

分析：

由给定的投影图形可知，形体的原始形状为1/2的圆球，该1/2的圆球被三个截平面（两个左右对称的侧平面，一个水平面）截切侧平面的投影特征是侧面投影反映实形，水平投影和正面投影积聚为直线；水平面的投影特征是水平投影反映实形、正面投影和侧面投影积聚为直线。

作图：

（1）先画出1/2圆球原始形状的三面投影，再按各截平面的投影特征，求出截平面的侧面投影和水平投影，如图2—52b所示。

（2）擦去多余的图线，整理描深完成全图，如图2—52c所示。

［**例2—25**］　如图2—53a所示，补全圆球截切后的水平投影和侧面投影。

作图：

（1）空间与投影分析。由给定的投影图形可知，该圆球被两个截平面截切，一个为水

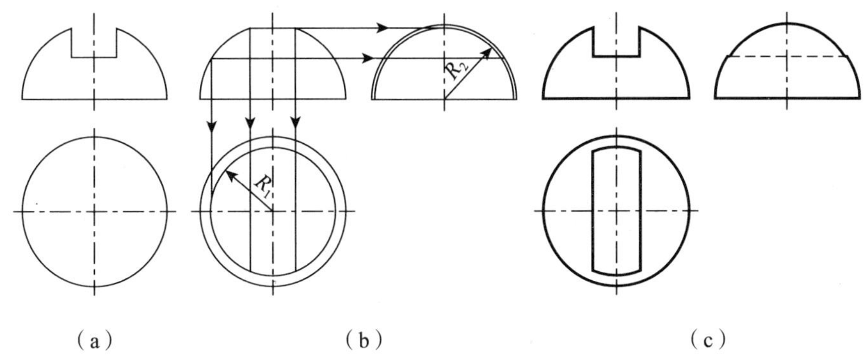

图 2—52　半圆球切口截交线的画法

平面，截交线的投影特征是水平投影反映实形、正面投影和侧面投影积聚为直线；一个为正垂面，截交线的投影特征是正面投影积聚成直线，其他两个投影面上的投影是椭圆。

（2）画出水平面截切圆球后截交线的水平投影和侧面投影，如图 2—53b 所示。

（3）画出正垂面截切圆球后截交线的水平投影和侧面投影，如图 2—53c 所示。

（4）擦去多余的图线，整理描深完成全图，如图 2—53d 所示。

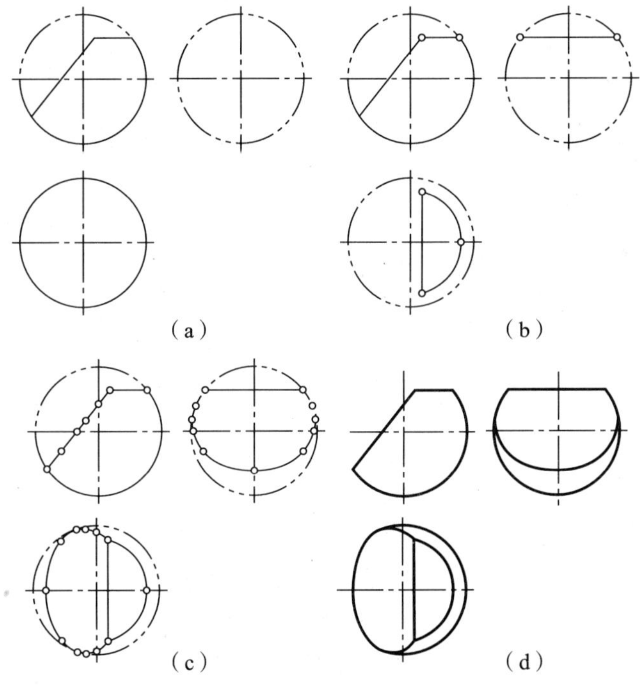

图 2—53　圆球截交线的画法

2.5.4　圆球与回转体的相贯线

1. 圆球与回转体的相贯线形状

在一般情况下，圆球与回转体的相贯线是空间曲线，但是，当圆球与回转体同轴时，相贯线为垂直于轴线的平面圆，如图 2—54 所示。

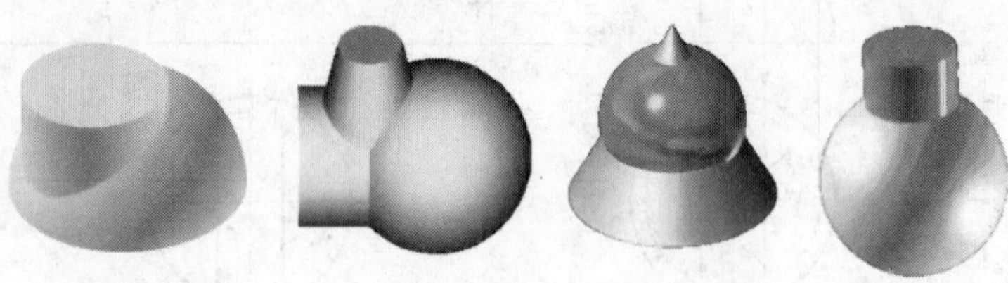

图 2—54 圆球与回转体的相贯线形状

2. 圆球与回转体相交时相贯线投影的画法

由于圆球本身的投影图形没有积聚性，所以常用辅助平面法求它与回转体相交时相贯线的投影。

［**例 2—26**］ 如图 2—55a 所示，已知圆球与圆台相交，求相贯线的投影。

作图：

(1) 空间与投影分析。

根据给定的图形可知，圆台的轴线不通过球心，但圆台与圆球前后对称，相贯线是一条前后对称的封闭的空间曲线，前半段相贯线与后半段相贯线的正面投影重合。

(2) 选择辅助平面。

由于圆台与圆球都没有积聚性投影，故其投影可采用辅助平面法求出。根据选择辅助平面的原则，对圆台而言，应选择通过圆台延伸后的锥顶或垂直于圆台轴线的平面；对圆球而言，应选择投影面的平行面。

(3) 求相贯线上特殊位置点的投影。

如图 2—55b 所示，先通过锥顶作正平面 P，它与圆台表面相交于最左和最右两条素线，与圆球面相交于正面投影的转向轮廓素线。在它们的正面投影的相交处，作出相贯线上的最低点Ⅰ和最高点Ⅱ的正面投影 $1'$和 $2'$，由 $1'$、$2'$可直接作出 $1''$、($2''$) 和 1、2。再通过圆台轴线作侧平面 Q，与圆台表面相交于最前、最后两素线，与圆球面相交为平行于侧面投影面的半圆弧，它们侧面投影的交点，是相贯线上的最前点Ⅲ和最后点Ⅳ的侧面投影 $3''$、$4''$，由 $3''$、$4''$可直接作出 3、4 和 $3'$、($4'$)。

(4) 求相贯线上一般位置点的投影。

如图 2—55c 所示，在最高、最低点之间作水平辅助平面 S，与圆台、圆球的截交线都是水平圆，在 H 面它们交点的投影是 5、6，由 5、6 作出正面投影 $5'$、($6'$) 和 $5''$、$6''$。

(5) 判断相贯线的可见性，依次光滑连接各点的同面投影。

如图 2—55d 所示，按照“只有同时位于两个立体可见表面上的相贯线，其投影才可见”的原则，可以判断：相贯线的正面投影 $1'5'3'2'$可见，$1'6'4'2'$不可见，但因前后对称而重合，画粗实线；相贯线的水平投影全可见，画粗实线；侧面投影 $3''2''4''$在右半个圆台面上，不可见，画细虚线；其余可见。

3. 组合相贯时相贯线投影的画法

三个或三个以上的立体相交在一起，称为组合相贯。这时相贯线由若干条相贯线组合而成，结合处的点称为结合点。处理组合相贯线，关键在于分析，找出有几个立体相交在一起，从而确定其有几段相贯线结合在一起。如图 2—56a 所示的组合相贯体，由圆球Ⅰ、圆柱Ⅱ、圆柱Ⅲ和长方体Ⅴ四部分组成，其中圆柱Ⅱ与圆球Ⅰ、圆柱Ⅲ相贯，相贯线的投影如图 2—56b 所示；长方体Ⅴ与圆球Ⅰ、圆柱Ⅲ相贯，相贯线的投影如图 2—56c 所示。

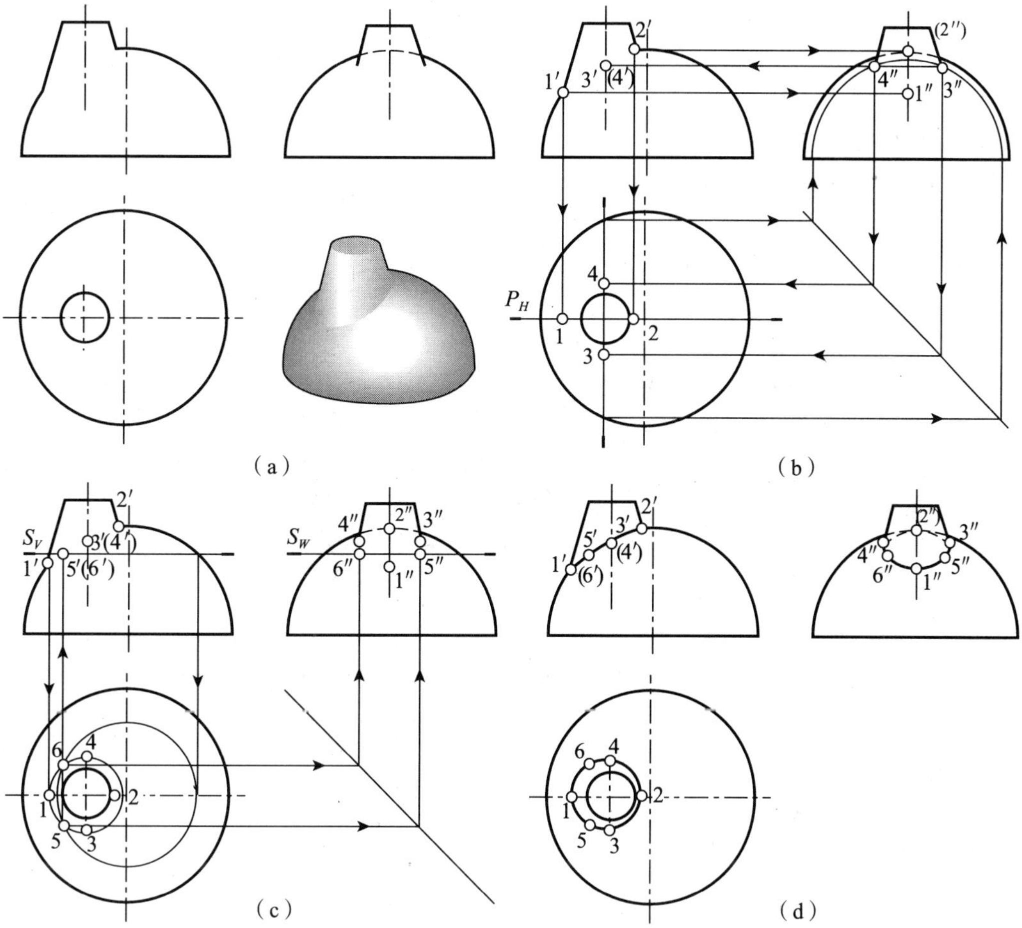

（a） （b）

（c） （d）

图 2—55 圆球与圆台的相贯线

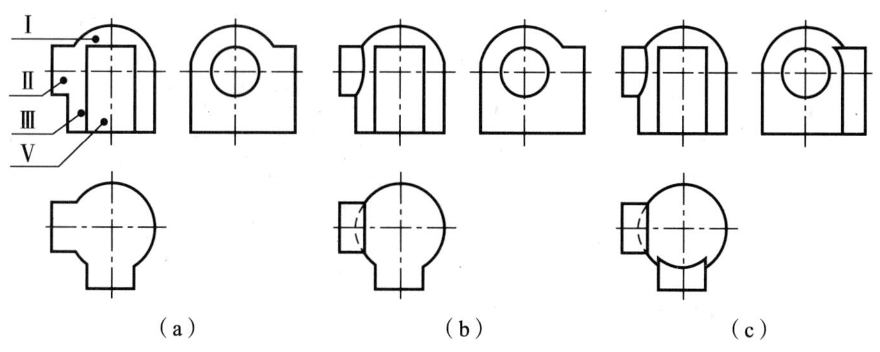

（a） （b） （c）

图 2—56 组合相贯体

2.6 基本体及其截切体、相贯体的尺寸标注

问题导入

(1) 图 2—57 所示的尺寸标注正确吗？国标是如何规定的？

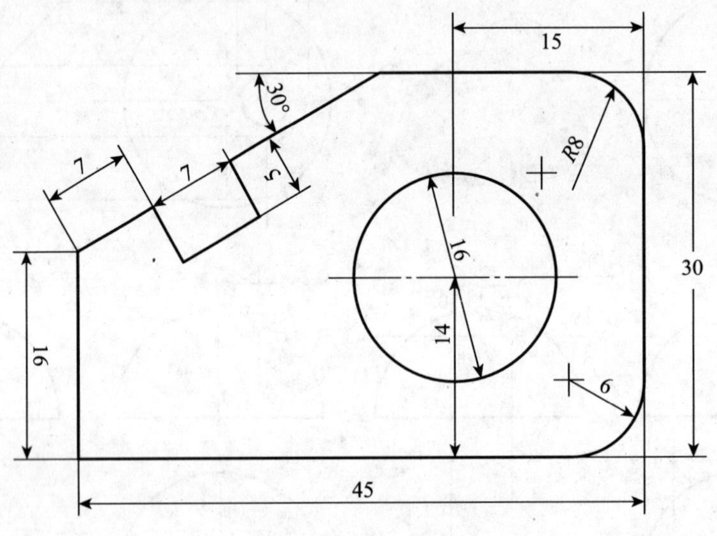

图 2—57 尺寸标注

(2) 如何标注图 2—58 所示的截切体和相贯体的尺寸？

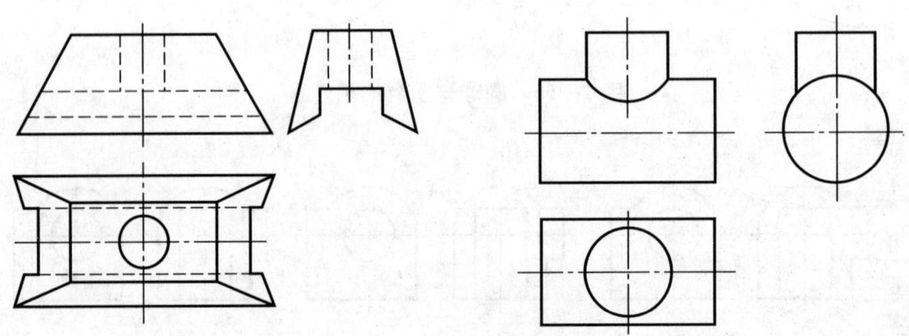

图 2—58 截切体与相贯体

2.6.1 尺寸标注的一般规定

在图样上，图形可表明机件的结构形状，而不能确定机件的大小和各部分精确的位置关系，所以只有在图样中正确、完整、清晰、合理地标出尺寸，才能作为加工制造机件的依据。因此，GB/T 4458.4—2003《机械制图　尺寸注法》和 GB/T 16675.2—2003

《技术制图　简化表示法　第 2 部分：尺寸注法》中对尺寸注法作了专门规定。

1. 基本规则

（1）机件的真实大小应以图样上所注的尺寸数值为依据，与图形的大小及绘图的准确度无关。

（2）图样中的尺寸以 mm 为单位时，不需标注计量单位的代号或名称，如采用其他单位，则必须注明相应的计量单位的代号或名称。

（3）对机件的每一种结构，一般只标注一次，并应标注在反映该结构最清晰的图形上。

（4）图样中所标注的尺寸为该图样所示机件的最后完工尺寸，否则应另加说明。

2. 尺寸的组成及其一般规定

一个完整的尺寸由尺寸数字、尺寸界线、尺寸线、尺寸线的终端符号（箭头）组成，标注示例如图 2—59 所示。

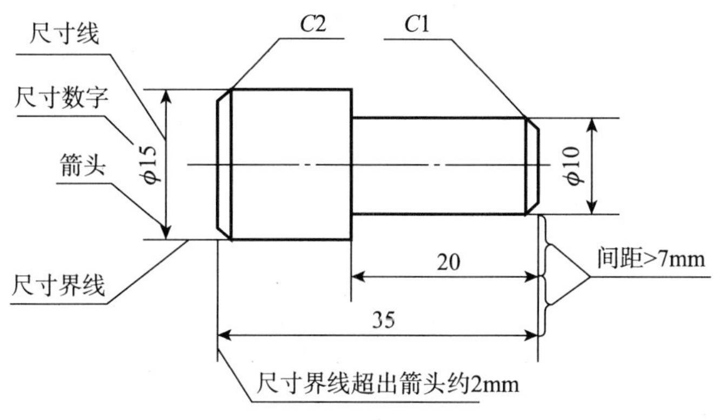

图 2—59　尺寸的组成

（1）尺寸数字。尺寸数字用于表明机件实际尺寸的大小，与图形的大小无关。尺寸数字采用阿拉伯数字书写，且同一张图上的字高要一致。具体要求是：

1）水平和倾斜方向的线性尺寸数字，应注写在尺寸线中间部位的上方，竖直方向的线性尺寸数字，应注写在尺寸线中间部位的左方，如图 2—60a 所示。在不致引起误解时，对于非水平方向的尺寸，其数字可水平地注写在尺寸线的中断处，如图 2—60b 所示。尺寸数字在图中遇到图线时，须将图线断开，如图线断开影响图形表达时，须调整尺寸标注的位置，如图 2—60c 所示。

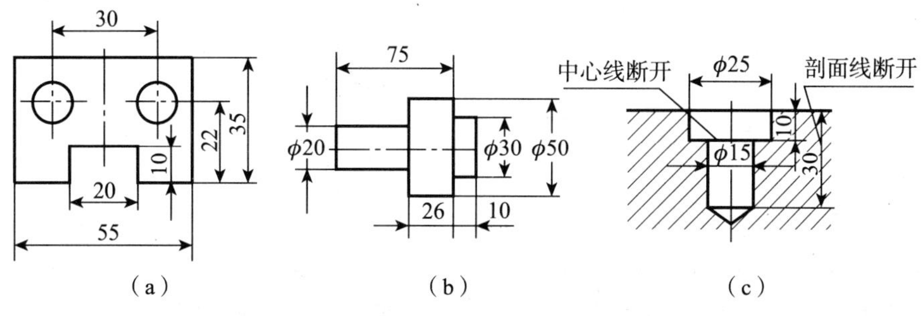

图 2—60　线性尺寸数字的标注位置

2）线性尺寸的数字方向，当尺寸线是水平方向时字头朝上，尺寸线是竖直方向时字头朝左，其他倾斜方向时字头要有朝上的趋势，并尽可能避免在如图 2—61a 所示 30°范围内注写尺寸，无法避免时，可按图 2—61b 的形式用引线标注。

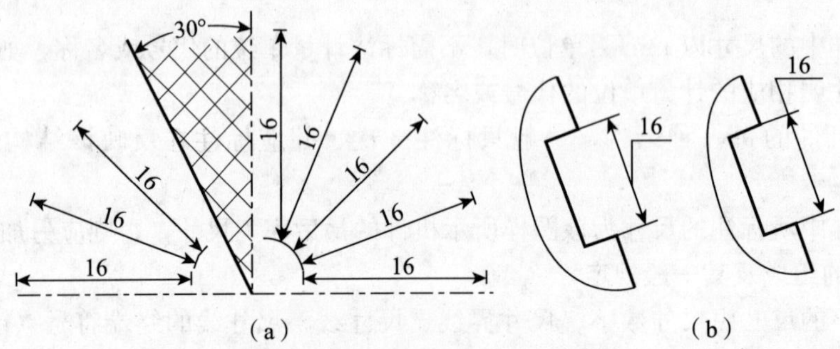

图 2—61　线性尺寸数字的注写方法

3）角度尺寸数字一律写成水平方向，一般注写在尺寸线的中断处，必要时，可写在上方或外面，也可引出标注，如图 2—62 所示。

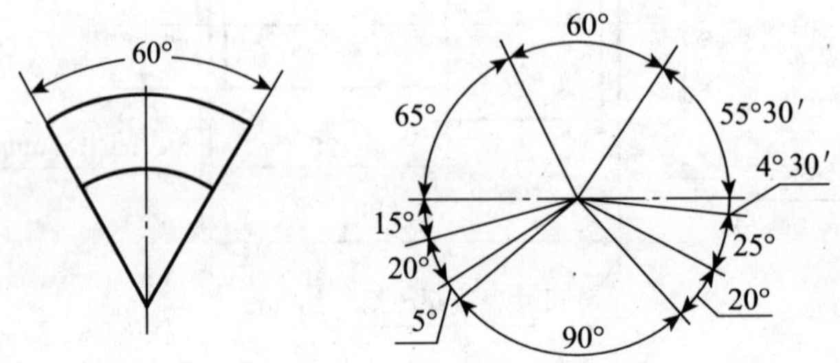

图 2—62　角度尺寸的注法

4）为了区分不同类型的尺寸，在标注尺寸时规定标注以下符号和缩写词。常用的符号和缩写词见表 2—4。

表 2—4　　常用的符号和缩写词

名称	符号和缩写词	名称	符号和缩写词
直径	ϕ	45°倒角	C
半径	R	深度	↧
球直径	$S\phi$	沉孔或锪平	⌴
球半径	SR	埋头孔	⌵
厚度	t	均布	EQS
正方形边长	□	斜度和锥度	∠ 和 ⊲

（2）尺寸界线。尺寸界线表明所注尺寸的范围，用细实线绘制，并应由图形的轮廓线、轴线或对称中心线处引出，也可直接利用这些线作为尺寸界线，尺寸界线一般应与尺

寸线垂直，且超过尺寸线箭头约 2～3mm，如图 2—59 所示。当尺寸界线过于贴近轮廓线时，也允许倾斜画出，但两尺寸界线必须平行；在光滑过渡处标注尺寸时，必须用细实线将轮廓线延长，并从它们的交点处引出尺寸界线，如图 2—63 所示。

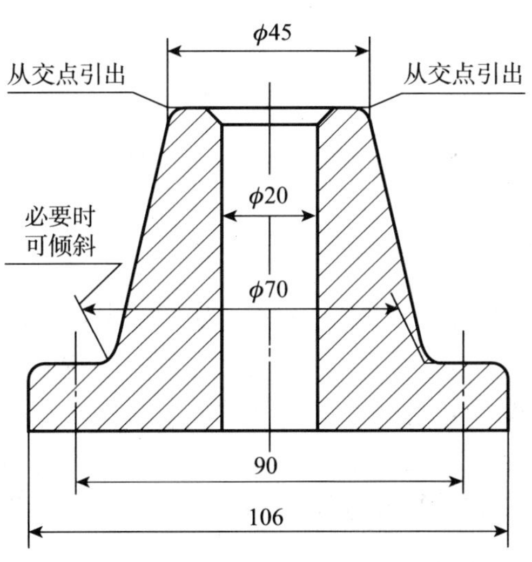

图 2—63　特殊情况下尺寸界线的画法

(3) 尺寸线。尺寸线用于表明所注尺寸的度量方向，尺寸线只能用细实线绘制。一般情况下，尺寸线不能用其他图线代替，也不得与其他图线重合或画在其他图线的延长线上。线性尺寸的尺寸线应与所标注的线段平行，其间隔或平行的尺寸线之间的间隔尽量保持一致，一般大于 7mm。相互平行的尺寸线，应将小尺寸放在里面，大尺寸放在外面，依次排列整齐，如图 2—64 所示。

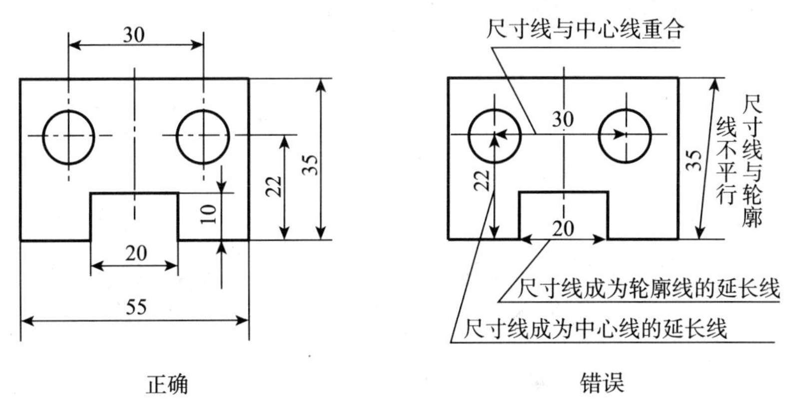

图 2—64　尺寸线的画法

(4) 尺寸线的终端。尺寸线的终端有三种形式：箭头、斜线和圆点，在机械制图中多采用箭头。同一张图上箭头大小要一致，箭头尖端应与尺寸界线接触。在没有足够的位置画箭头时，允许用圆点代替箭头，其画法如图 2—65 所示。

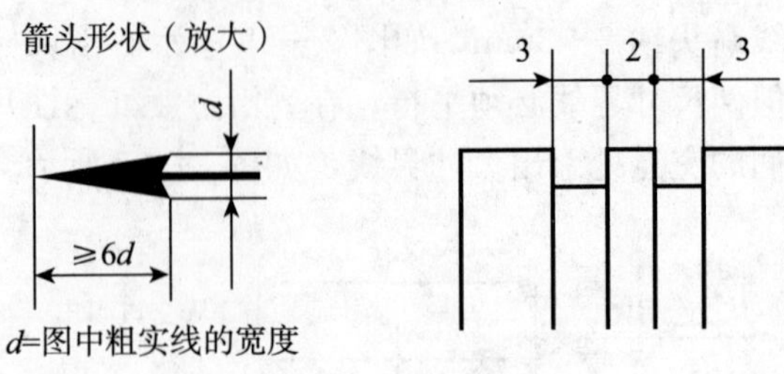

图 2—65　尺寸线的终端形式

3. 常见尺寸的标注方法

（1）圆或圆弧。

标注圆或大于半圆的圆弧时，尺寸线通过圆心，以圆周为尺寸界线，尺寸数字前加注直径符号“ϕ”，如图 2—66a 所示。标注小于或等于半圆的圆弧时，尺寸线自圆心引向圆弧，只画一个箭头，尺寸数字前加注半径符号“R”，如图 2—66b 所示。当圆弧的半径过大或在图纸范围内无法标注其圆心位置时，可采用折线形式，如图 2—66c 所示。若圆心位置不需注明，则尺寸线可只画靠近箭头的一段，如图 2—66d 所示。

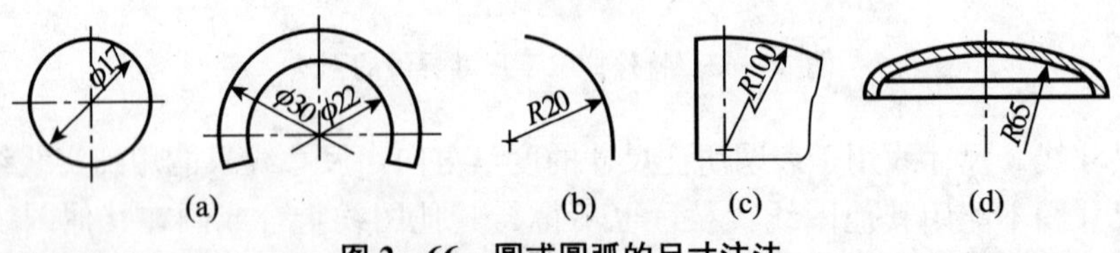

图 2—66　圆或圆弧的尺寸注法

（2）小尺寸。

对于小尺寸，在没有足够的空间画箭头或注写数字时，箭头可画在外面，用小圆点代替两个箭头；尺寸数字也可采用旁注或引出标注，如图 2—67 所示。

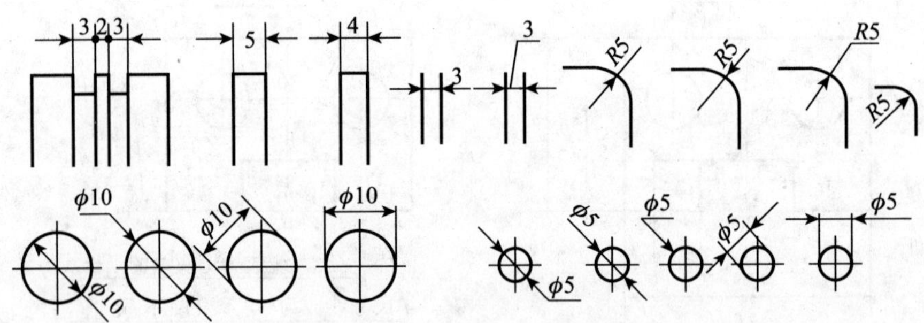

图 2—67　小尺寸的尺寸注法

（3）球面。

标注球面的直径或半径时，应在尺寸数字前分别加注符号“$S\phi$”或“SR”，如图 2—68所示。

（4）角度。

标注角度时，尺寸界线应沿径向引出，尺寸线画成圆弧，圆心是角的顶点。尺寸数字一律水平书写，一般注写在尺寸线的中断处，必要时也可注在上方或外面，也可引出标注，如图 2—62 所示。

（5）弦长和弧长。

标注弦长和弧长时，尺寸界线应平行于弦的垂直平分线。弧长的尺寸线为同心弧，并应在尺寸数字上方加注符号“⌒”，如图 2—69 所示。

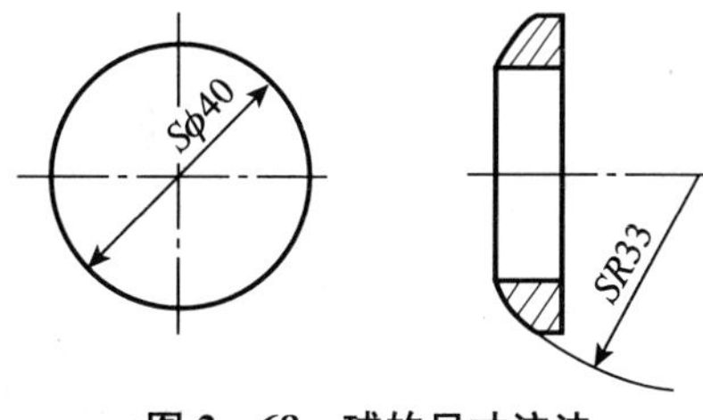

图 2—68　球的尺寸注法

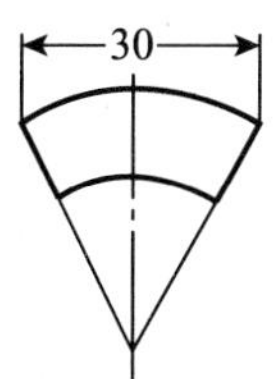

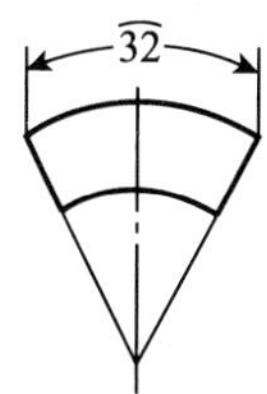

图 2—69　弦长和弧长的尺寸注法

（6）对称机件。

当对称机件的图形只画一半或大于一半时，尺寸线应略超过对称中心线或断裂处的边界线，此时仅在尺寸线的一端画出箭头，如图 2—70 所示。

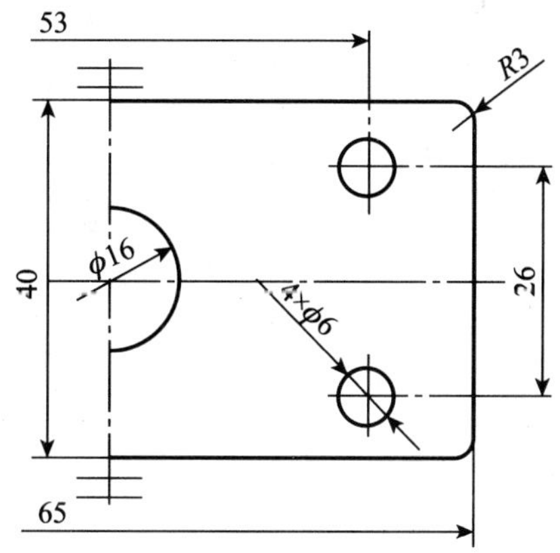

图 2—70　对称图形的尺寸注法

（7）板状零件。

标注板状零件的厚度尺寸时，在厚度的尺寸数字前加注符号“*t*”，如图 2—71 所示。

（8）正方形结构。

标注机件的断面为正方形结构的尺寸时，可在边长尺寸数字前加注符号“□”，或用“14×14”代替“□14”。图中相交的两条细实线是平面符号（当图形不能充分表达平面时，可用这个符号表达平面），如图 2—72 所示。

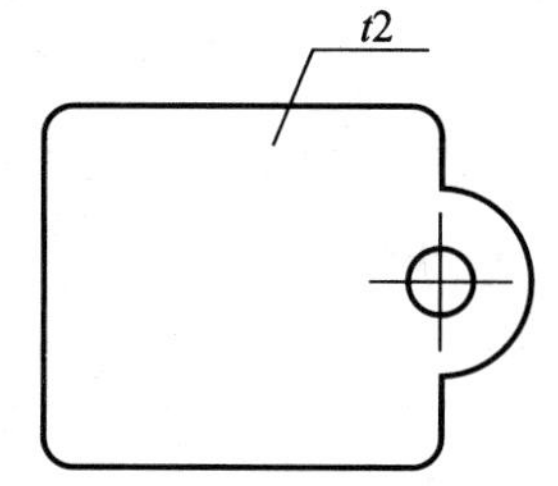

图 2—71　板状零件厚度的尺寸注法

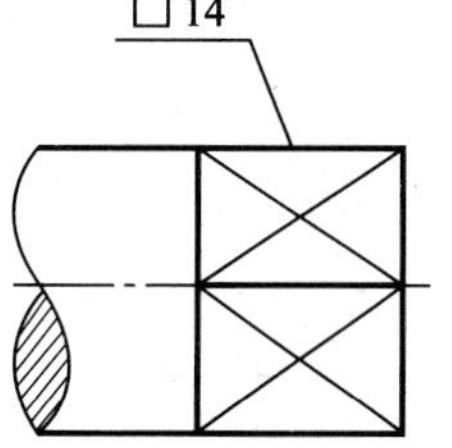

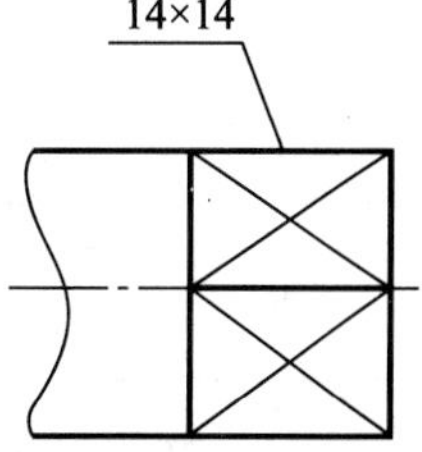

图 2—72　正方形结构的尺寸注法

(9) 零件上常见孔的尺寸标注。

表 2—5 列出了零件上常见孔的尺寸标注方法，供标注尺寸时参考。

表 2—5　　零件上常见孔的尺寸标注

序号	类型		标注方法		普通标注方法
1	光孔	一般孔	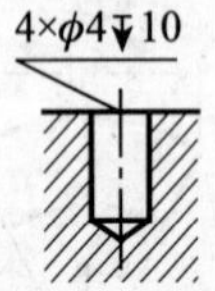 4×φ4↧10	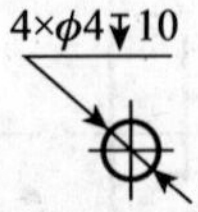 4×φ4↧10	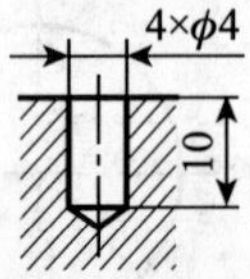 4×φ4 10
2		精加工孔	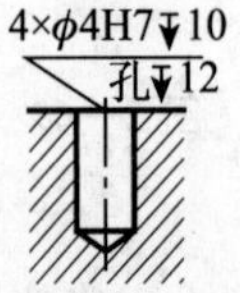 4×φ4H7↧10 孔↧12	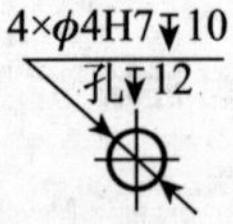 4×φ4H7↧10 孔↧12	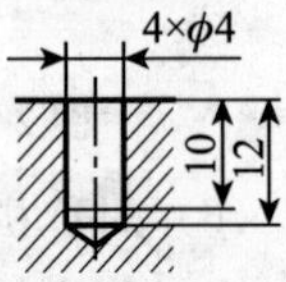 4×φ4 10 12
3	螺孔	通孔	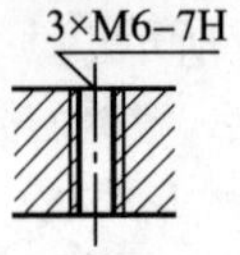 3×M6-7H	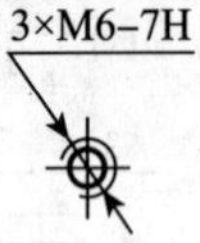 3×M6-7H	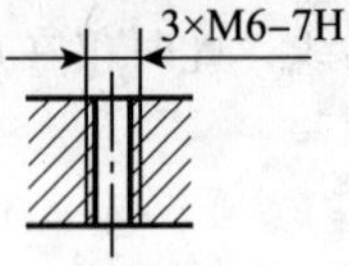 3×M6-7H
4		不通孔	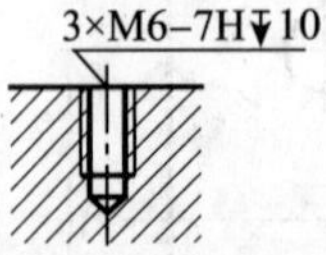 3×M6-7H↧10	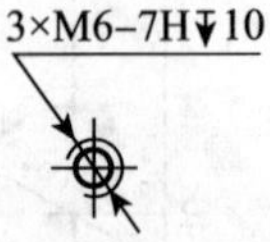 3×M6-7H↧10	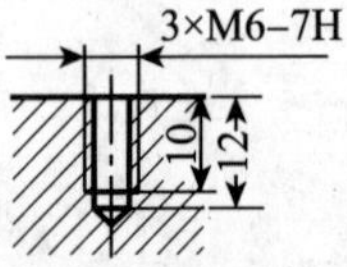 3×M6-7H 10 12
5			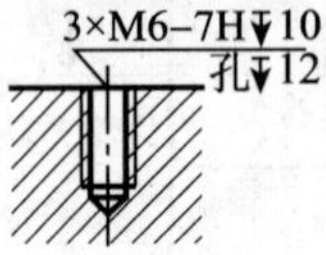 3×M6-7H↧10 孔↧12	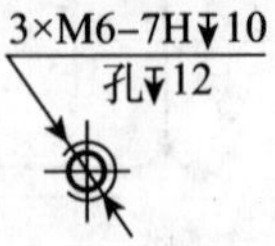 3×M6-7H↧10 孔↧12	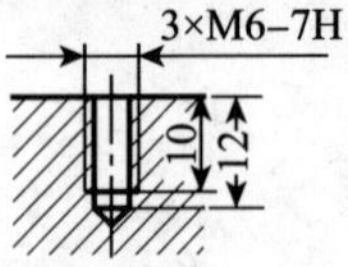 3×M6-7H 10 12
6	沉孔	埋头孔	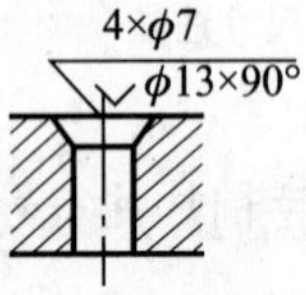 4×φ7 ⌵φ13×90°	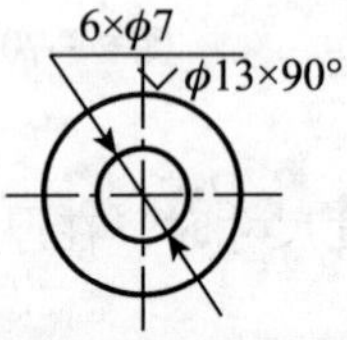 6×φ7 ⌵φ13×90°	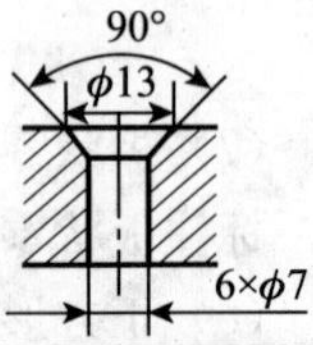 90° φ13 6×φ7
7		沉孔	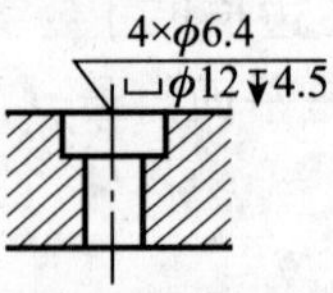 4×φ6.4 ⌴φ12↧4.5	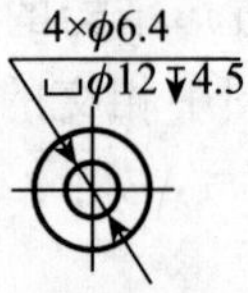 4×φ6.4 ⌴φ12↧4.5	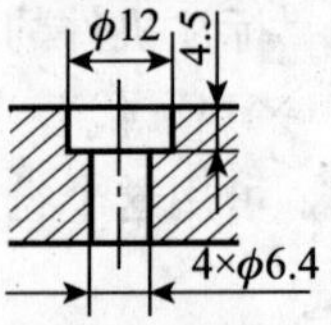 φ12 4.5 4×φ6.4
8		锪平孔	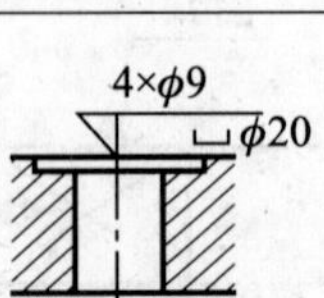 4×φ9 ⌴φ20	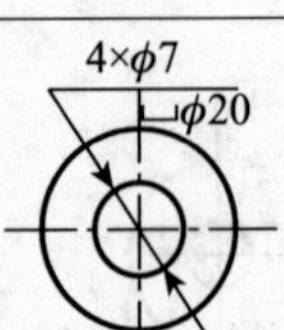 4×φ7 ⌴φ20	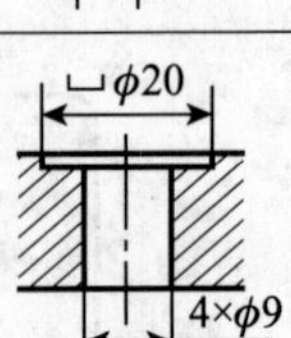 ⌴φ20 4×φ9

(10) 常见结构的尺寸注法。

表 2—6 列出了常见结构的尺寸标注方法，供标注尺寸时参考。

表 2—6　　常见结构的尺寸注法

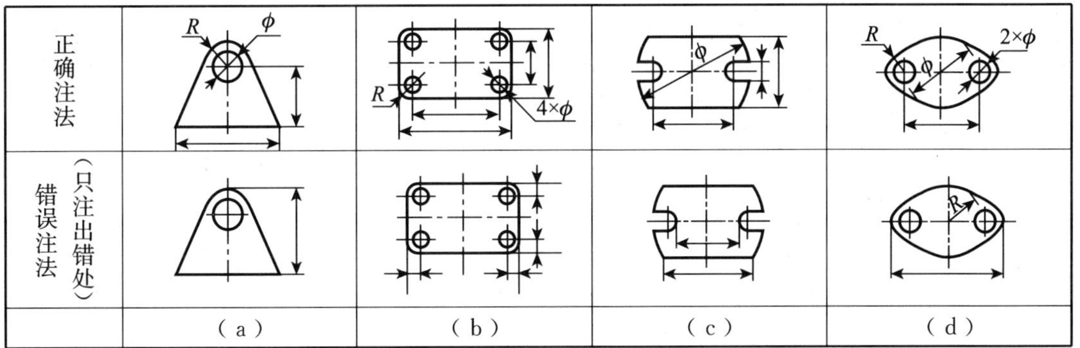

从表 2—6 所示的图中可以看出，以圆弧为轮廓线时，一般不注总体尺寸，而是注出圆心位置和圆弧半径，如表 2—6a、d 所示；当四角为圆弧的平面图形，将圆弧看成已知弧时，则既要注圆角半径，也要注出总体尺寸，如表 2—6b 所示；同一圆周上不连续的圆弧及按圆周分布的圆的定位尺寸均标注直径，如表 2—6c 所示；两个或多个直径相同的圆或半径相同的圆弧，一般只注一次，但在直径符号的“ϕ”前加注该圆的数量，而在半径符号的“R”前不加注该圆弧的数量，如表 2—6d 所示。

总之，标注尺寸时，必须符合上述的各项规定。如图 2—73a 所示的尺寸标注有十点错误：①、③线性尺寸数字的方向不符合规定；②尺寸线不得画在轮廓线的延长线上；④角度的数字应一律水平注写；⑤线性尺寸的数字应注写在尺寸线的上方；⑥标注圆弧半径的尺寸线方向必须通过圆心；⑦在同一张图样上，应采用一种注写数字的方法；⑧应尽可能避免在图 2—61a 所示 30°范围内标注尺寸，并且在标注直径时，应在尺寸数字前加注符号“ϕ”；⑨尺寸线不能用其他图线（点画线）代替或与其重合；⑩标注半径时，应在尺寸数字前加注符号“R”。正确的标注方法如图 2—73b 所示。

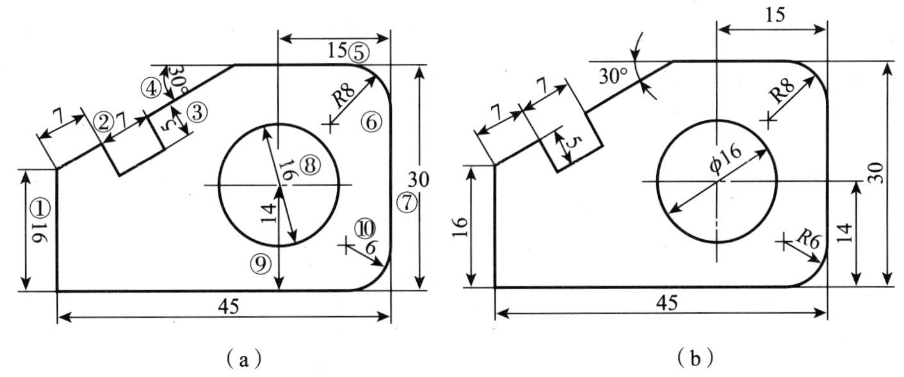

图 2—73　平面图形的尺寸注法

2. 6. 2　基本体的尺寸标注

1. 平面立体的尺寸标注

平面立体应标注长、宽、高三个方向的尺寸。棱柱、棱锥应注出确定底平面形状大小的尺寸和高度尺寸，棱台应注出上下底平面的形状大小和高度尺寸。标注正方形底面的尺寸时，可在正方形边长尺寸数字前加注符号“□”，也可以注成 16×16 的形式。对正棱柱和正棱锥的尺寸标注，考虑作图和加工方便，一般应注出其底面的外接圆直径和高度尺寸，也可以注成其他形式，如图 2—74 所示。

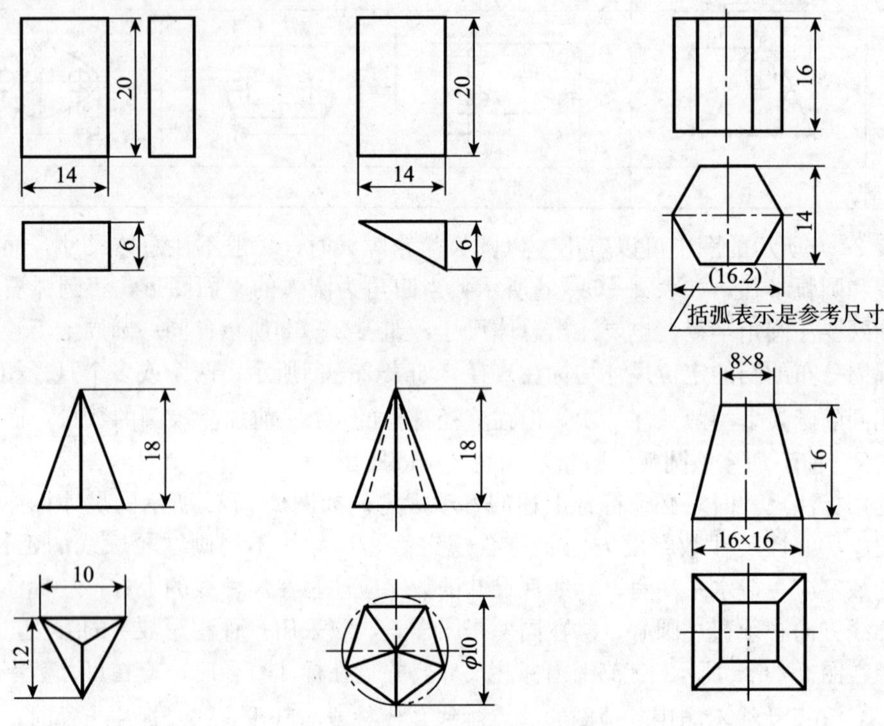

图 2—74　平面立体的尺寸注法

2. 曲面立体的尺寸标注

圆柱、圆锥应标注底圆直径和高度尺寸，直径尺寸最好注在非圆视图上。在直径尺寸数字前要加注“*φ*”，圆球体标注直径或半径尺寸时，在“*φ*”、“*R*”前加注“*S*”，如图2—75所示。

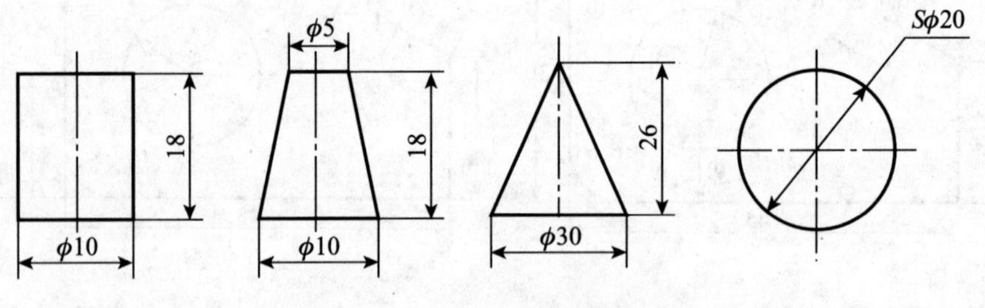

图 2—75　曲面立体的尺寸注法

2.6.3　截切体的尺寸标注

标注截切体的尺寸时，只标注基本体的定形尺寸和确定截平面位置的定位尺寸，不能在截交线上标注尺寸，如图 2—76、图 2—77 所示。因为当基本体与截平面之间的相对位置确定后，截切体的形状和大小已经确定，截交线也就确定了。

这里的定位尺寸是指确定截平面与基本体相对位置的尺寸。标注定位尺寸时，首先确定尺寸基准（就是标注尺寸的起始点），然后标注定位尺寸。标注定位尺寸的方法是：如果截平面为投影面的平行面，标注尺寸时只需要一个方向定位，即用与该投影面垂直的坐标定位，如图 2—76 中的尺寸 9、4，6、4 等；如果截平面为投影面的垂直面，标注尺寸时需要两个方向定位，即用截平面在该投影面上的积聚性投影（直线）的两个端点的坐标定位，如图 2—76 中的尺寸 8 与 4、12 与 4，20 与 6、6 与 12 等。

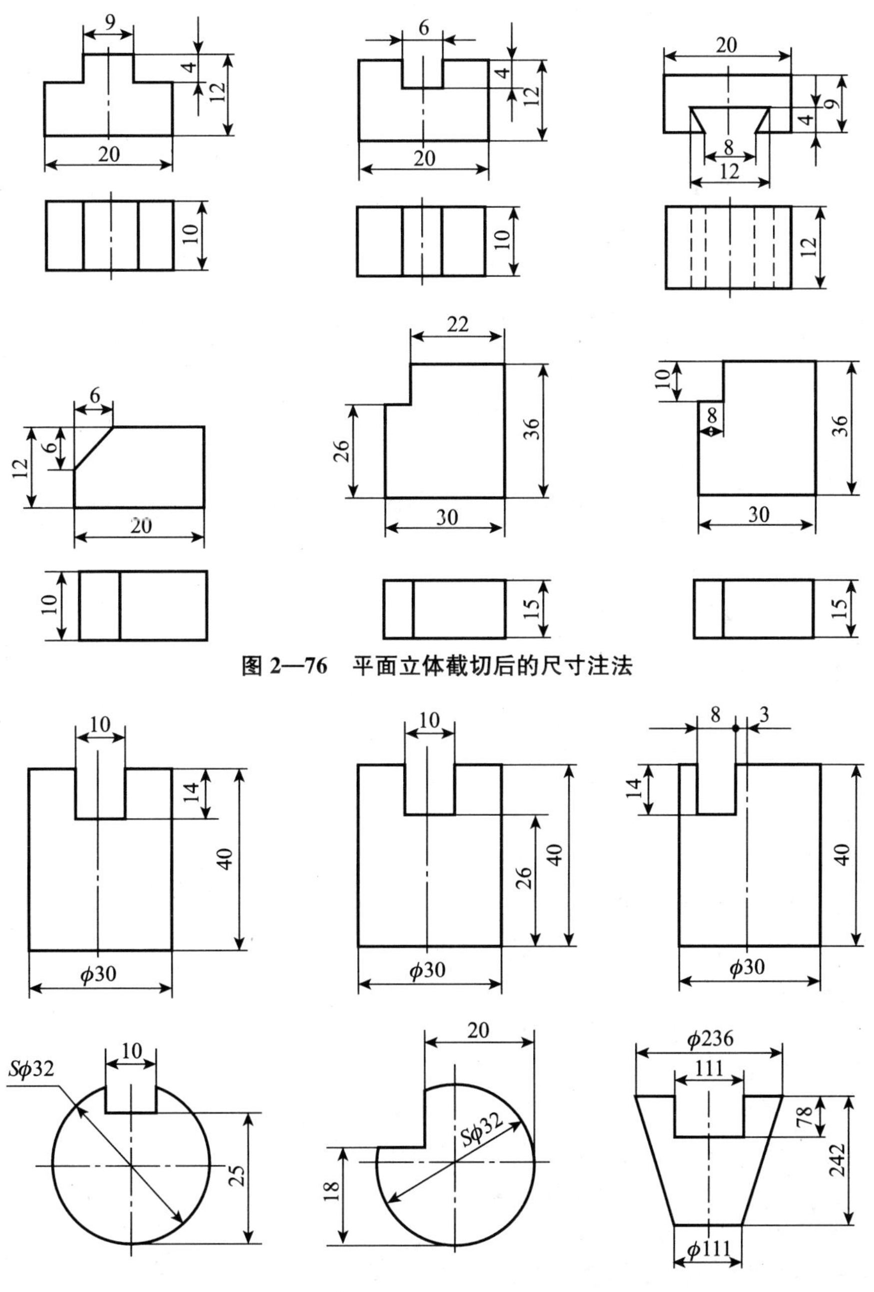

图 2—76　平面立体截切后的尺寸注法

图 2—77　曲面立体截切后的尺寸注法

2.6.4 相贯体的尺寸标注

标注相贯体的尺寸时，只标注相交立体的定形尺寸和确定相交立体相对位置的定位尺寸，如图 2—78a 所示；不能在相贯线上标注尺寸，如图 2—78b 中有“×”的 *R*8 不应注出。

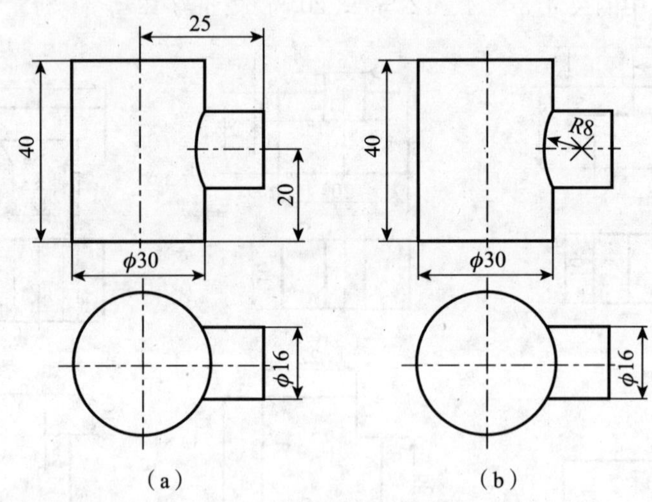

图 2—78 相贯体的尺寸标注

2.7 技能训练

2.7.1 平面图形的绘制与尺寸标注

1. 训练目的

(1) 巩固线型、图框、标题栏的画法。

(2) 掌握平面图形的作图方法。

(3) 掌握平面图形尺寸标注的方法。

2. 训练内容

抄画图 2—79 所示的平面图形，并标注尺寸。

3. 训练要求

(1) 用 A3 图幅、横放、留装订边、比例自选。

(2) 布图匀称、图形正确、线型与尺寸符合国标。

(3) 填写标题栏，其中的名称为“平面图形的绘图”。

4. 训练指导

(1) 分析图形的尺寸和线段。

平面图形由许多线段连接而成，这些线段之间的相对位置和连接关系靠给定的尺寸确

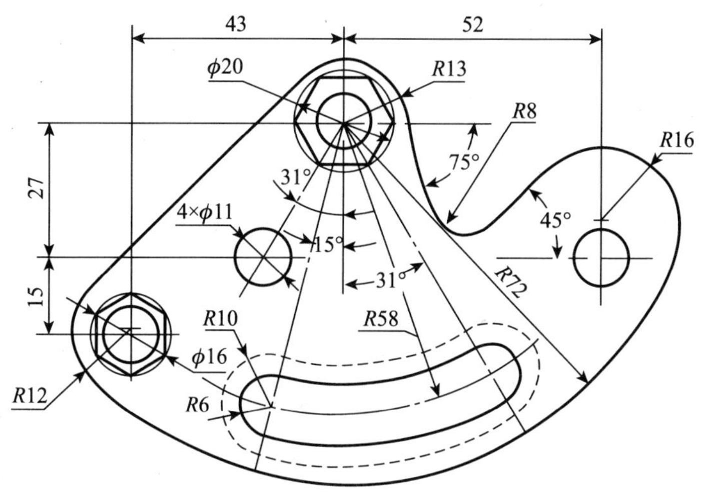

图 2—79　平面图形

定。画图时，只有通过分析尺寸和线段间的关系，才能明确该平面图形应从何处着手以及按什么顺序作图。

1）尺寸分析。平面图形中所标注的尺寸，按其作用可分为定形尺寸与定位尺寸两大类。

定形尺寸是用于确定线段的长度、圆弧的半径、圆的直径和角度等大小的尺寸，如图 2—79 中的φ20、φ11、φ16、*R*13、*R*8 、*R*16、*R*6 、*R*10、*R*12、*R*72 等。

定位尺寸是用于确定线段在平面图形中所处位置的尺寸，确定平面图形的位置需要两个方向的定位尺寸，即水平方向和垂直方向，也可以用极坐标（即角度）的形式定位，如图 2—79 中的尺寸 43、52、27、15、*R*58、31°、15°、75°、45°等。定位尺寸应从尺寸基准出发标注。所谓尺寸基准，就是标注定位尺寸起始位置的点或线。对平面图形来说，每个组成部分一般需要标注两个方向的定位尺寸，每个方向标注尺寸的起点称为尺寸基准。平面图形中常用的尺寸基准多为图形的对称线、较大圆的中心线或图形的轮廓边线等。值得注意的是：有时一个尺寸可以兼有定形和定位两种作用，如图 2—79 中的 *R*58，既是 *R*58 圆弧的定形尺寸，又是 *R*10、*R*6 的定位尺寸。

2）线段分析。平面图形中的线段经常由直线和圆弧组成，根据定位尺寸完整与否，线段可分为已知线段、中间线段和连接线段三类。

已知线段是定形尺寸和定位尺寸都齐全的线段，如图 2—79 中的尺寸φ20、φ11、φ16、*R*13、*R*6 、*R*10、*R*72 等。

中间线段是指只有定形尺寸和一个定位尺寸，而缺少一个定位尺寸的线段，如图 2—79中的尺寸 *R*16、*R*12 及与水平线成 45°、75°的直线。

连接线段是指只有定形尺寸而无定位尺寸的线段，如图 2—79 中尺寸 *R*8。

作图时由于缺少定位尺寸会影响作图，因此平面图形的线段中如缺少一个定位尺寸，必须同时补充一个连接条件；如缺少两个定位尺寸，则应同时补充两个连接条件，这样才能作图，如图 2—79 中的 *R*16、*R*12 与 *R*72 具有内连接的关系，而 *R*8 同时与两条直线相切。

（2）确定比例与选择图幅。

（3）绘制底稿。

1）画基准线和定位线，如图 2—80a 所示。

2）画已知线段，如图 2—80b 所示。

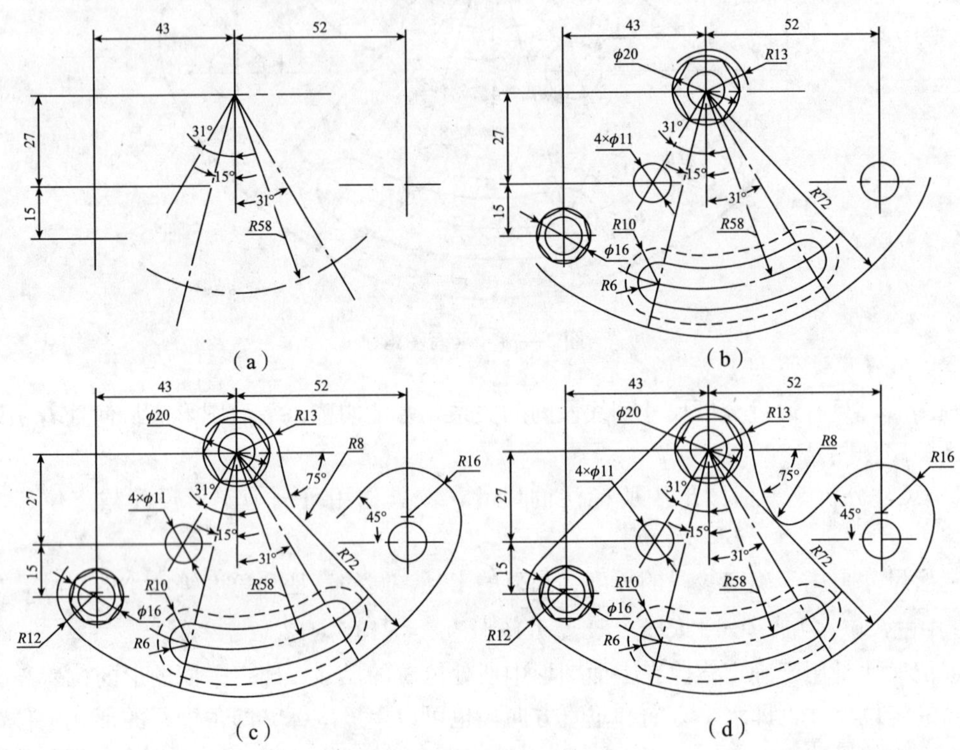

图 2—80　平面图形的作图步骤

画正多边形时，常采用外接圆并将圆周等分的方法作图。正六边形的作图方法有多种。其中常用的有按照角度关系的作图法和按照边长关系的作图法。按照角度关系的作图法是：当已知正六边形外接圆的直径 AD 时，过 A、D 两点分别作与水平线成 60°角的直线 AB、AF、DC、DE，交圆周于 B、F、C、E 四点，连接 BC、EF，得六边形 $ABCDEF$，如图 2—81a 所示；当已知正六边形内切圆的直径 S 时，先作出圆的上下两条水平切线，再分别以与水平线成 60°角、120°角作出另外四条切线，如图 2—81b 所示。按照边长关系的作图法是：分别以水平直径的两端点为圆心，以外接圆的半径为半径画弧，得六边形的另外四个顶点，然后依次连接，如图 2—81c 所示。

正 n 边形（图中 $n=7$）的作图过程是：先将外接圆的垂直直径 AN 等分为 n 等分，并标出顺序号 1、2、3、4、5、6，如图 2—82a 所示；然后以 N 为圆心，NA 为半径画圆，与外接圆的水平线交于 P、Q，如图 2—82b 所示；再由 P 和 Q 作直线与 NA 上每相隔一分点（如奇数点 1，3，5）相连并延长与外接圆交于 C、D、E、B、G、F 各点；最后顺序连接各顶点，即得七边形 $BCDENFG$，如图 2—82c 所示。

3）画中间线段。首先根据线段的连接关系找出圆心（定位尺寸）和一个连接点（切

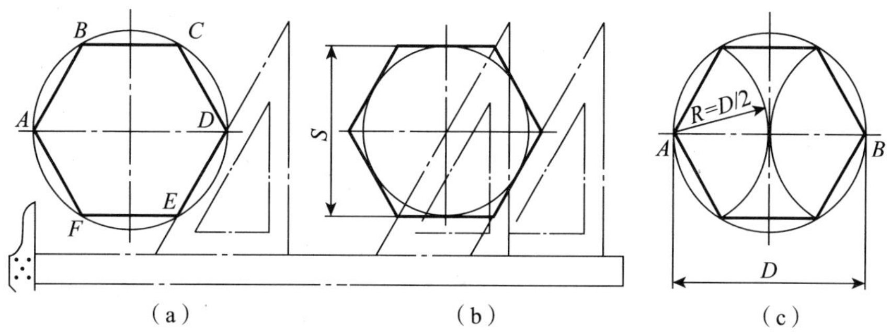

图 2—81　正六边形作法

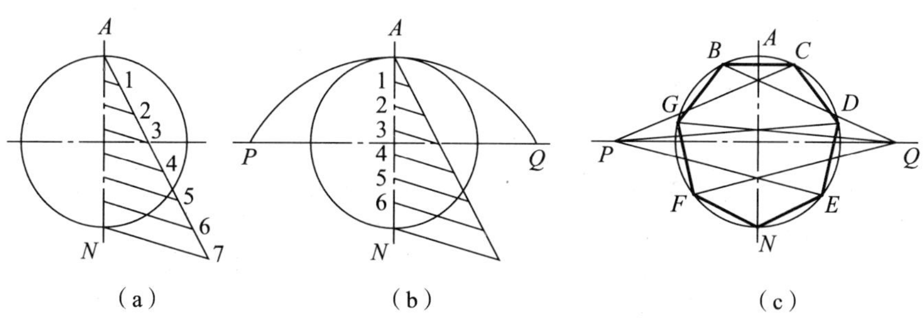

图 2—82　正七边形作法

点），然后画出中间线段，如图 2—80c 所示 $R12$、$R16$ 及与水平线成 45°、75°的直线。

4）画连接线段。首先根据线段的连接关系找出圆心和两个连接点，然后画出连接线段，如图 2—80d 所示。

画连接弧时，需要用到平面几何中以下两条原理，如图 2—83 所示：

第一，与已知直线相切且半径为 R 的圆弧，其圆心轨迹为与已知直线平行且距离为 R 的两直线，连接点为圆心向已知直线所作垂线的垂足，如图 2—83a 所示。

第二，与已知圆弧相切的圆弧，其圆心轨迹为已知圆弧的同心圆，其半径为：外切时，连接圆弧与已知圆弧的半径之和如图 2—83b 所示；内切时，连接圆弧与已知圆弧的半径之差，如图 2—83c 所示。连接点为：外切时，连心线与已知圆弧的交点；内切时，连心线的延长线与已知圆弧的交点。

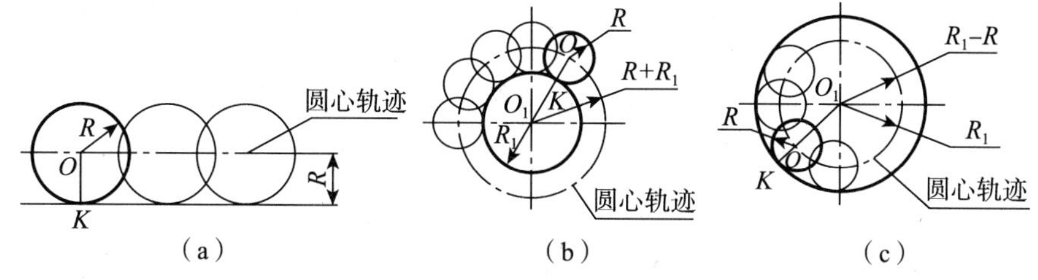

图 2—83　求连接圆弧的圆心和切点的作图原理

［例 2—27］　用半径为 R 的圆弧连接两直线 AB 和 BC，如图 2—84 所示。

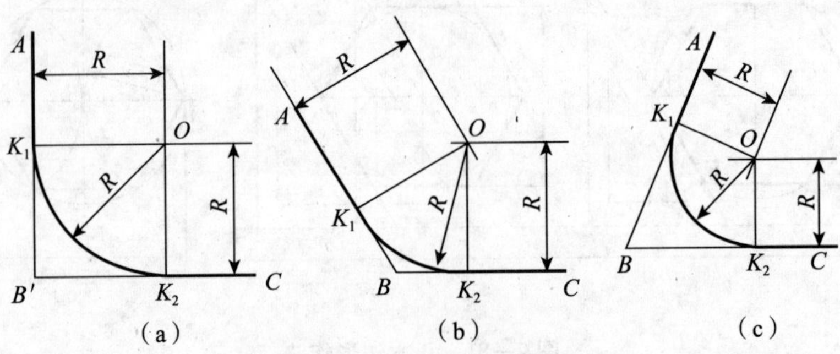

图 2—84 用圆弧连接两直线

作图：

(1) 求圆心。分别作与已知直线 AB、BC 相距为 R 的平行线，其交点 O 即为连接弧（半径 R）的圆心。

(2) 求切点。自点 O 分别向直线 AB 及 BC 作垂线，得到的垂足 K_1 和 K_2 即为切点。

(3) 画连接弧。以 O 为圆心，R 为半径，自点 K_1 至 K_2 画圆弧，即完成作图。

[例 2—28] 用半径为 R 的圆弧连接已知直线 AB 和圆弧（半径 R_1），如图 2—85 所示。

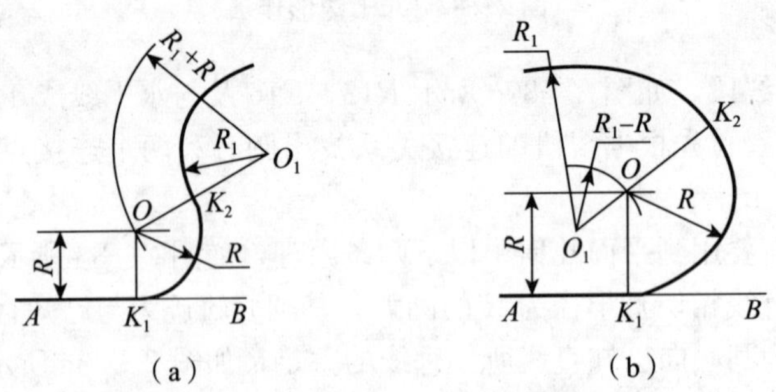

图 2—85 用圆弧连接直线和圆弧

作图：

(1) 求圆心。作与已知直线 AB 相距为 R 的平行线。再以已知圆弧（半径 R_1）的圆心 O_1 为圆心，R_1+R（外切时，如图 2—85a 所示）或 R_1-R（内切时，如图 2—85b 所示）为半径画弧，此弧与所作平行线的交点 O 即为连接弧（半径 R）的圆心。

(2) 求切点。自点 O 向直线 AB 作垂线，得垂足 K_1；再作两圆心连线 O_1O（外切时）或两圆心连线 O_1O 的延长线（内切时），与已知圆弧（半径 R_1）相交于点 K_2，则 K_1、K_2 即为切点。

(3) 画连接弧。以 O 为圆心、R 为半径，自点 K_1 至 K_2 画圆弧，即完成作图。

[例 2—29] 用半径为 R 的圆弧连接两已知圆弧（R_1、R_2），如图 2—86 所示。

作图：

(1) 求圆心：分别以 O_1、O_2 为圆心，R_1+R 和 R_2+R（外切时，如图 2—86a 所示）

或 $R-R_1$ 和 $R-R_2$（内切时，如图 2—86b 所示）或 R_1-R 和 R_2+R（内、外切，如图 2—86c 所示）为半径画弧，得交点 O，即为连接弧（半径 R）的圆心。

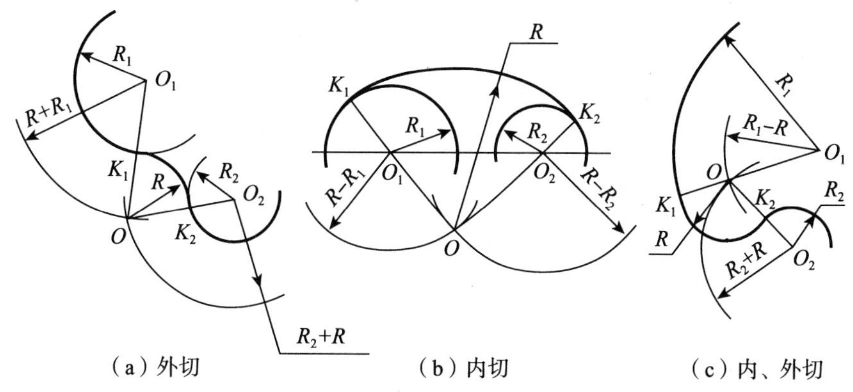

（a）外切　　（b）内切　　（c）内、外切

图 2—86　用圆弧连接两圆弧

（2）求切点：作两圆心连线 O_1O、O_2O 或 O_1O、O_2O 的延长线，与两已知圆弧（半径 R_1、R_2）相交于点 K_1、K_2，则 K_1、K_2 即为切点。

（3）画连接弧：以 O 为圆心，R 为半径，自点 K_1 至 K_2 画圆弧，即完成作图。

（4）尺寸标注。标注平面图形的尺寸要求是：正确、完整、清晰。设计好尺寸线、尺寸界线的标注位置，使之有层次，达到尺寸标注清晰。画好尺寸箭头，填好尺寸数字，做到尺寸标注完整和正确。要做到平面图形尺寸标注完整和正确，应根据平面图形的画法来标注尺寸。即首先确定尺寸基准，然后在已知线段上标注定形尺寸和两个方向的定位尺寸，在中间线段上标注定形尺寸和一个方向的定位尺寸，连接线段上只标注定形尺寸，如图 2—80 所示。

（5）检查描深。描深以前，必须检查底稿，把画错的线条及作图辅助线用软橡皮轻轻擦净。描深时按先曲后直、先细后粗、先小后大、先上后下、先左后右、先横后竖再斜的顺序进行。加深后的图纸应整洁、没有错误，线型层次清晰，线条光滑、均匀并浓淡一致，如图 2—79 所示。

（6）填写标题栏。描深后再一次全面检查全图，确认无误后，填写标题栏，完成全图。

2.7.2　基本体投影的画法与尺寸标注

1. 训练目的

（1）掌握截切体三视图与轴测图的作图方法。

（2）掌握截切体三视图的尺寸的标注方法。

2. 训练内容

画出图 2—87 所示的截切体的三视图与轴测图，并在三视图上标注尺寸。

3. 训练要求

（1）用 A3 图幅，横放，留装订边，比例自选，尺寸从图中量取后圆整。

图 2—87　截切体的轴测图

（2）轴测图放置在俯视图的正右方、左视图的正下方。

（3）布图匀称、图形正确、线型与尺寸符合国标。

（4）填写标题栏，其中的名称为“截切体”。

4. 训练指导

（1）根据在已知的轴测图上测量的尺寸画出三视图。

（2）在三视图上标注尺寸。首先标注基本体的定形尺寸，然后标注各截平面位置的定位尺寸。标注定位尺寸时，先确定尺寸基准，再标注定位尺寸。

（3）根据三视图上的尺寸画出轴测图。首先画出基本体的轴测图，再按形体形成过程逐一切去多余的部分而得到轴测图。

第3单元 组合体

◎ 本单元学习内容

(1) 组合体三视图的画图方法。

(2) 组合体三视图的尺寸标注。

(3) 组合体三视图的读图方法。

(4) 叠加类组合体正等轴测图的画法。

(5) 绘图技能训练——组合体三视图绘制及尺寸标注。

3.1 组合体三视图的画图方法与步骤

问题导入

如何看懂支架图 3—1a 所示的轴测图，绘制出图 3—1b 所示的三视图?

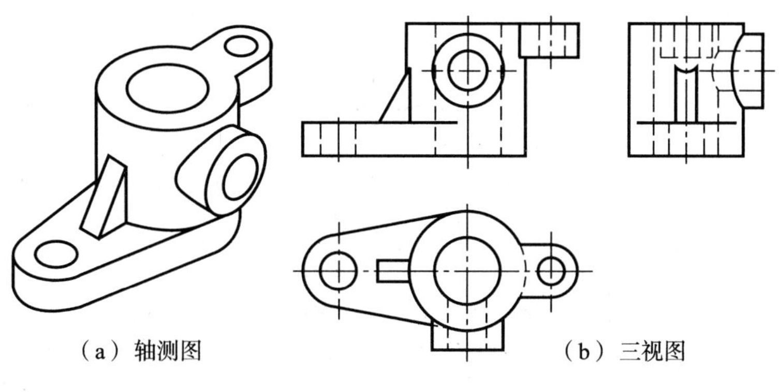

(a) 轴测图　　(b) 三视图

图 3—1　支架

3.1.1 组合体的组合形式分析及其投影特征

大多数零件都可以看作是由一些基本形体经过结合、切割、穿孔等方式组合而成的组合体。这些基本形体可以是一个完整的几何体（如棱柱、棱锥、圆柱、圆锥、球等），也可以是一个不完整的几何体或是它们的简单组合。

常见组合体的组合形式如图 3—2 所示。

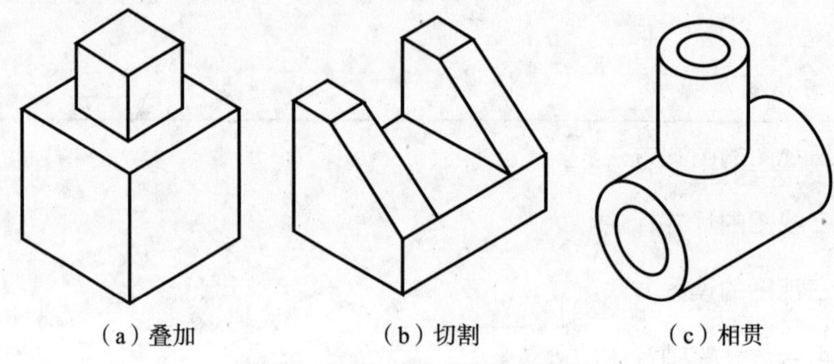

图 3—2 组合体的组合体形式

再如图 3—3 所示：长方体 A 与半圆柱体 B 两个基本体可以组成四种不同的组合体。

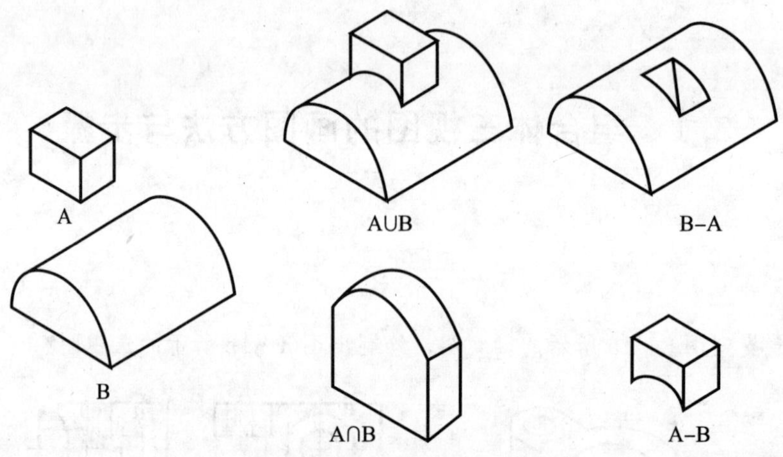

图 3—3 组合体的组合体形式

组合体中各基本体的组合方式不同，在空间会形成不同的形体特征，并且相邻表面间会形成不同的连接关系，画图时要注意其投影关系以及表面连接画法。

1. 相切

如图 3—4 所示，立体上两相邻表面相切时形成光滑过渡关系无交线，画图时轮廓线延长到切点处，切点处无交线。

2. 相交

如图 3—5 所示，相交时轮廓线延长到交点处，在交点处有交线，在视图上要画出交线的投影。

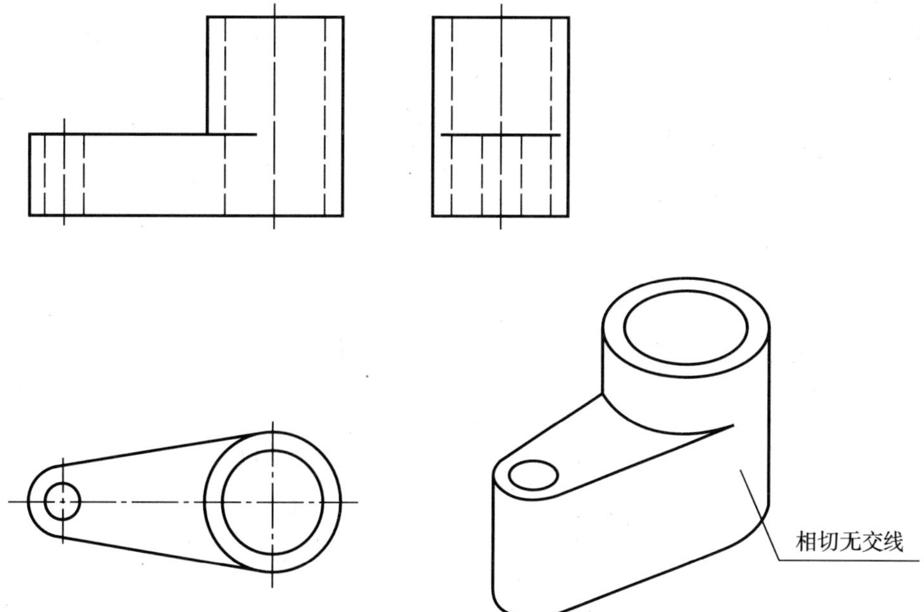

图 3—4 组合体相邻表面相切

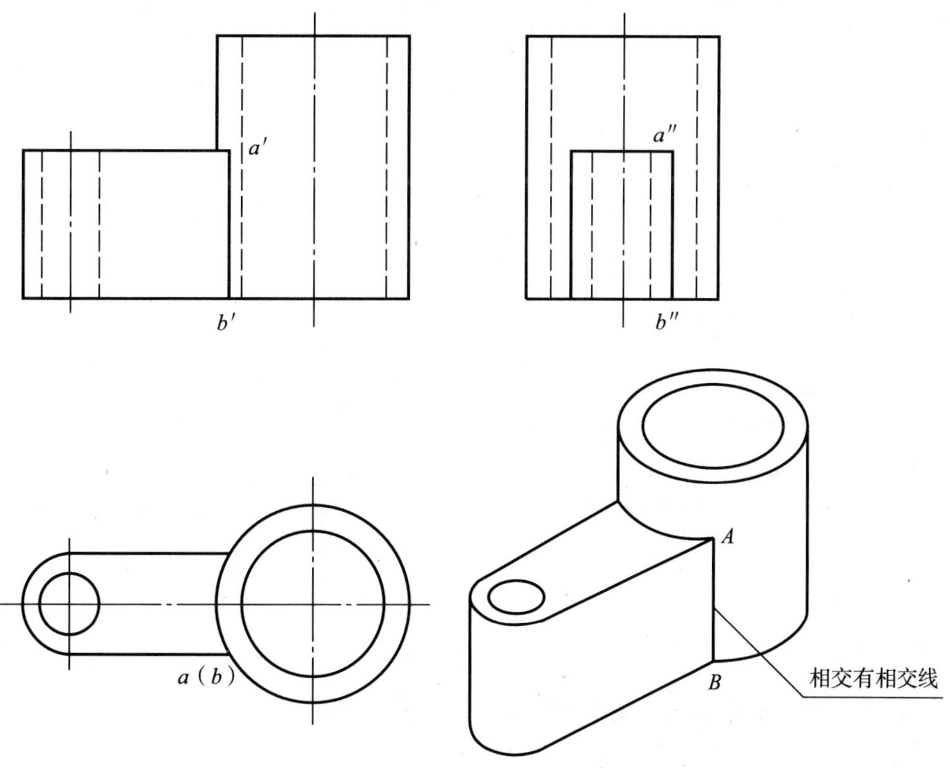

图 3—5 组合体相邻表面相交

3. 表面平齐

如图 3—6 所示，形体前后表面平齐，两面无交线，故主视图分界处无线。

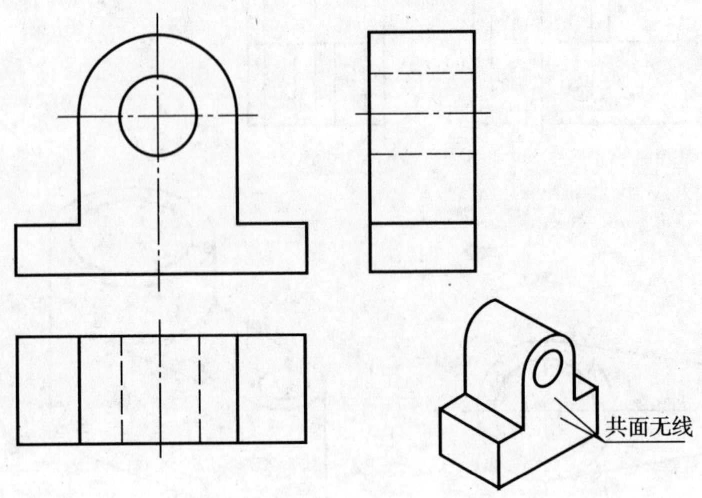

图 3—6 组合体相邻表面平齐

4. 表面不平齐

如图 3—7 所示，形体前后表面不平齐，两面有交线，故主视图分界处画线。

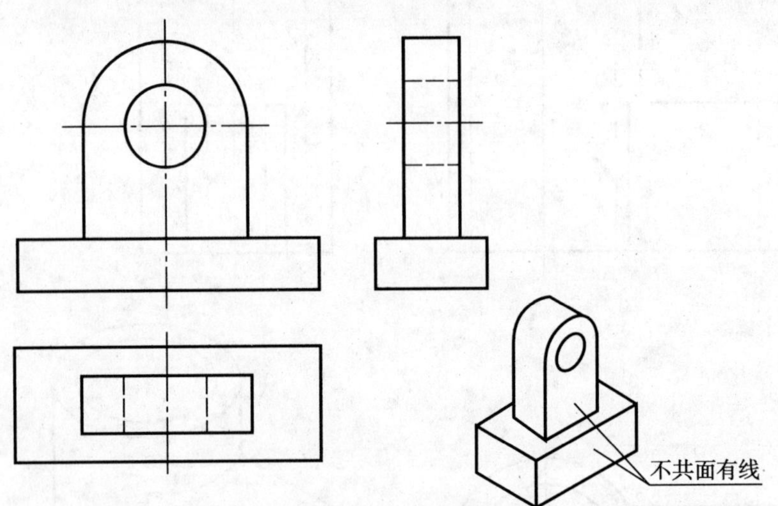

图 3—7 组合体相邻表面不平齐

3.1.2 组合体三视图的画图方法与步骤

根据立体图画出其三视图的过程，是运用正投影原理，对组合体进行形体分析，将物体假想分解成若干部分，按其相互位置及表面连接关系画出三视图的过程，是由物到图的转化过程。要正确绘制出组合体三视图，必须按照以下几个步骤进行。

1. 形体分析

所谓形体分析法，就是把组合体假想分解成一些简单的基本形体并进一步确定它们之间组合形式的一种思维方法。今后画图、看图和标注尺寸的学习中，经常要运用形体分析法。

以图 3—8 所示组合体为例，先将其分解成若干个基本形体，并分析基本形体之间的相对位置关系及组合形式。

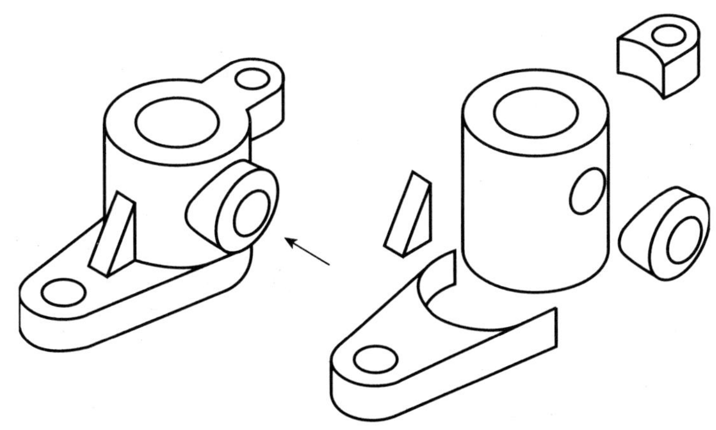

图 3—8　组合体的形体分析

2. 选择主视图

选择主视图时通常将物体放正，即物体主要平面（或轴线）平行或垂直于投影面，一般选取最能反映物体结构形状特征的这一视图作为主视图，如图 3—8 所示。主视图选择要求：

（1）安放位置：符合自然安放位置。

（2）投射方向：能明显反映物体的形状特征，主要平面与投影面平行，反映实形，同时考虑俯视图和左视图的需要。

3. 画三视图（见图 3—9）

（1）选择适当的比例和图幅。

（2）布置视图的位置，画中心线、轴线或对称平面。

（3）按三视图投影规律逐个画出各形体的视图。

（4）搞清组合形式，正确处理相邻表面过渡关系。

（5）检查。

（6）按规定的线型加深。

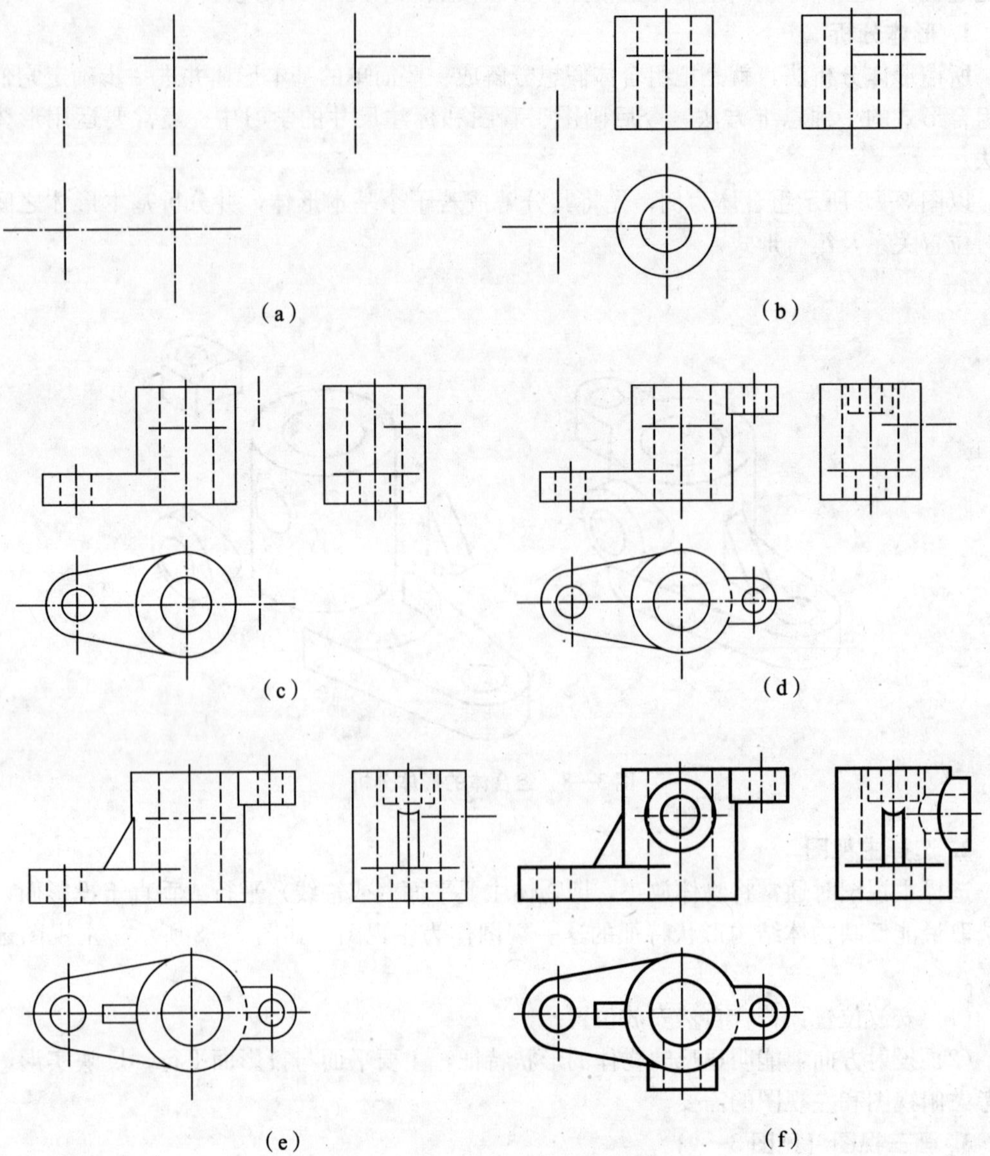

(a)

(b)

(c)

(d)

(e)

(f)

图 3—9 组合体（支架）的绘图步骤

3.2 组合体尺寸标注

问题导入

如何正确标注图 3—13 所示组合体的尺寸？

3.2.1 标注尺寸的基本要求

视图只能表达机件的形状，而不能反映机件的真实大小。机件的真实大小是根据图样上所注的尺寸确定的，加工时也是按照图样上的尺寸来制造。

1. 视图上的尺寸标注要求

组合体的尺寸包括确定各个基本形体形状大小的定形尺寸和确定各基本形体之间的相对位置的定位尺寸。标注尺寸的基本要求是：

（1）正确　尺寸注法要符合国家标准规定，尺寸数值要正确。

（2）完整　所注尺寸应能使组合体中各基本形体大小和相对位置唯一确定，即尺寸完整、不遗漏、不重复。

（3）清晰　标注尺寸清晰，就是尺寸布局合理，尺寸的安排应适当，以便于看图、寻找尺寸。

（4）合理　即所标注尺寸要符合设计要求、工艺要求和检测要求。

2. 尺寸基准和尺寸分类

（1）尺寸基准。

确定尺寸位置的几何元素（点、直线、平面）称为尺寸基准。基准一般选择组合体的对称平面、底面、重要端面、回转体的轴线等。

（2）尺寸分类。

1）定形尺寸　确定组合体各组成部分形状大小的尺寸。

2）定位尺寸　确定各基本形体之间的相对位置的尺寸。

3）总体尺寸　组合体的总长、总宽、总高。

3. 标注尺寸应注意的问题

（1）尺寸应尽量标注在表达该形体特征最明显的视图上，同一形体的定形尺寸和定位尺寸应尽量集中标注，（尺寸集中标注原则）以便读图，如图 3—10 所示。

（2）尺寸应尽量标注在视图的外部，与两个视图有关的尺寸应标注在有关视图之间。如图 3—11 所示（尺寸就近标注原则）。

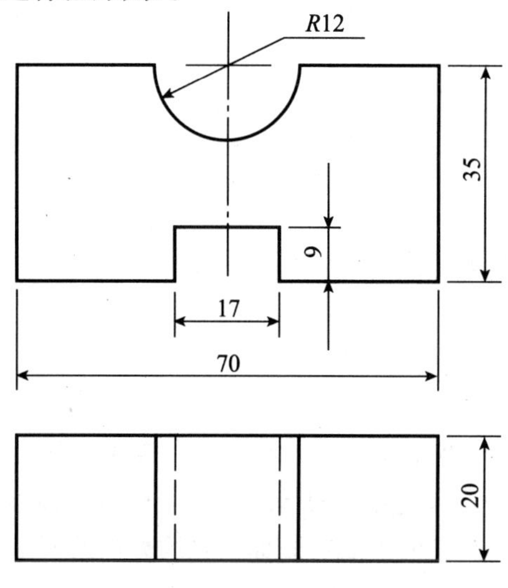

图 3—10　组合体尺寸标注（一）

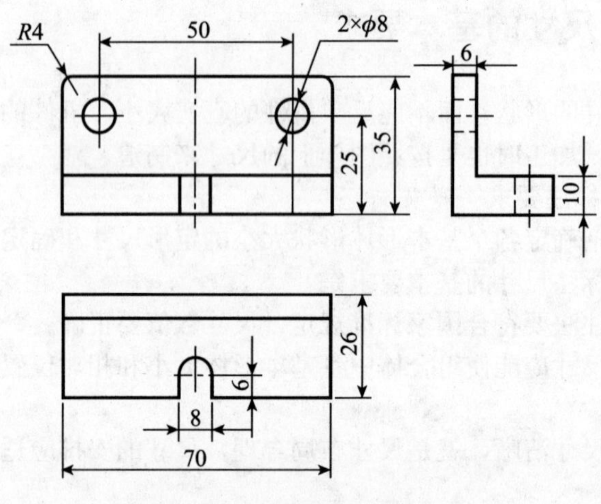

图 3—11　组合体尺寸标注（二）

（3）同轴回转体的各径向尺寸一般注在非圆视图上，圆弧半径应注在投影为圆弧的视图上，如图 3—12 所示（尺寸标注在非圆原则）。

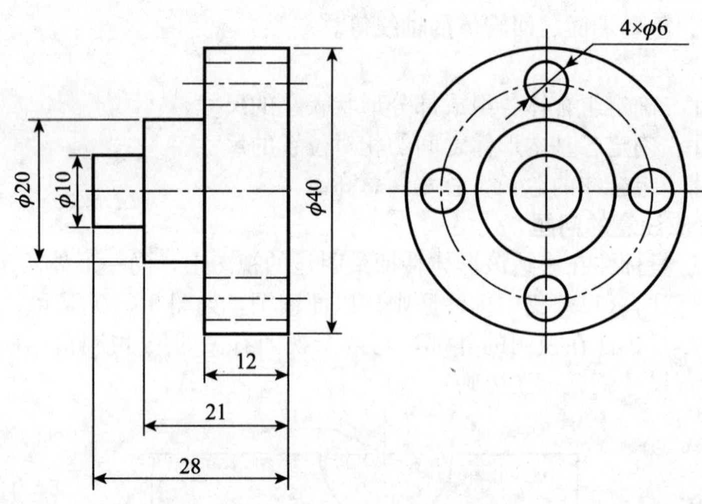

图 3—12　组合体尺寸标注（三）

3.2.2　组合体尺寸标注方法

以图 3—13 为例，标注组合体尺寸。

1. 形体分析，选择基准

通过形体分析，选择长、宽、高三个方向的尺寸基准如图 3—13 所示，支架的尺寸基准是：以空心圆柱的上顶面为高度方向的基准；以主视图空心圆柱的中轴线为长度方向的基准；以俯视图底板与空心圆柱的前后对称面为宽度方向的基准。

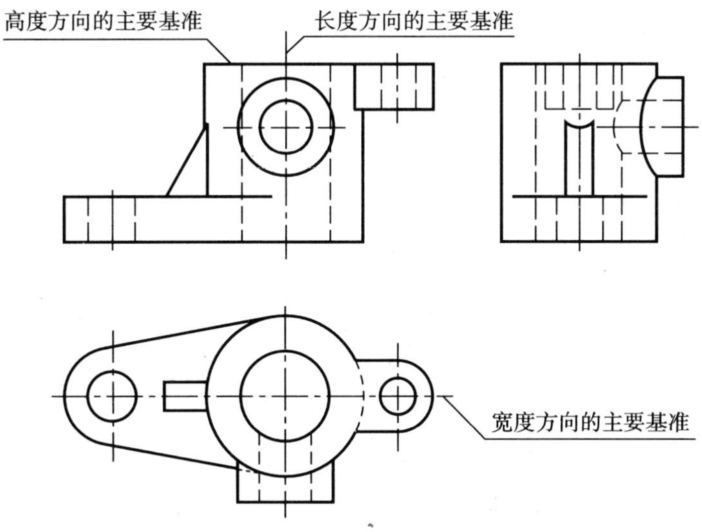

图 3—13　支架定形尺寸基准

2. 标注各形体的定形尺寸

如图 3—14 所示，支架分为五部分，分别标注出各形体的定形尺寸。

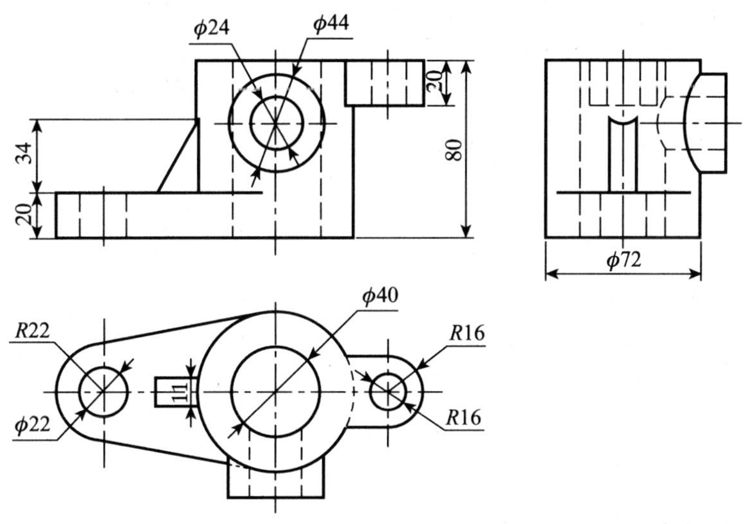

图 3—14　支架定形尺寸标注

3. 标注各形体的定位尺寸

为便于确定机件各部分的空间相互位置，在确定了各个方向的主要基准以后，一般应标注出长、宽、高三个方向的定位尺寸。如图 3—15 所示主视图，底板通孔的中心线与直立空心圆柱的定位尺寸是 80，肋板与直立空心圆柱中心线之间的定位尺寸是 56，直立空心圆柱中心线与耳板中心线之间的定位尺寸是 52。

如图 3—15 所示左视图，在高度方向上标注出φ44 空心圆柱离直立空心圆柱上表面的定位尺寸 28；在前后方向再标出φ44 空心圆柱离直立空心圆柱中轴线的定位尺寸 48。

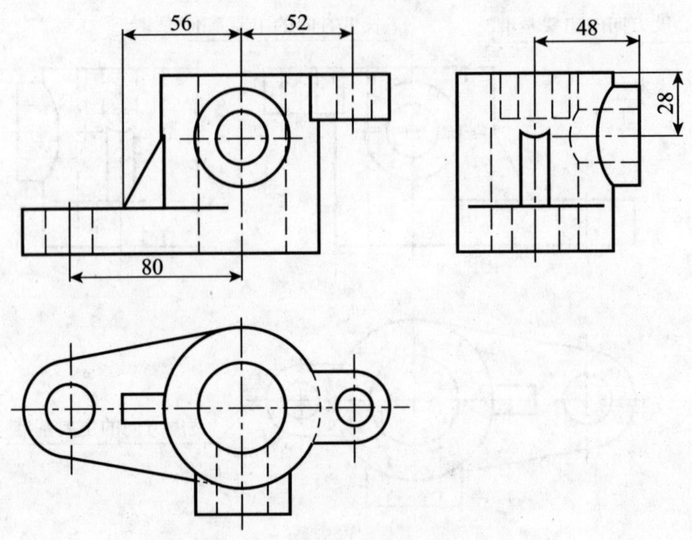

图 3—15　支架定位尺寸标注

4. 综合调整相关尺寸，注出整体尺寸

根据物体的具体情况，在保证尺寸完整、清晰、合理，符合尺寸标注原则（特征明显标注原则、集中标注原则、圆在非圆标注原则、就近避虚标注原则）的前提下，统筹安排，合理布局。调整尺寸后注出整体尺寸，如图 3—16 所示。

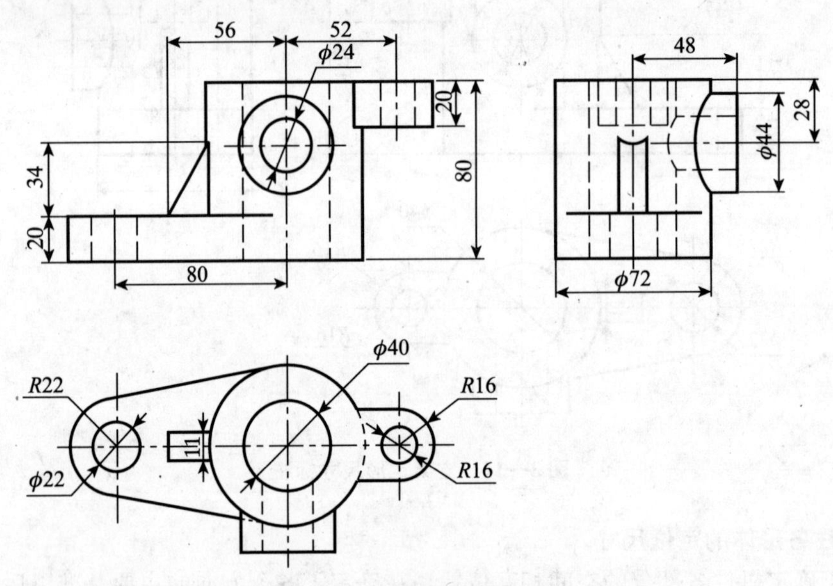

图 3—16　支架整体尺寸标注

注意：

（1）标注尺寸时一定要在形体分析的基础上，正确选择尺寸基准。

（2）逐个标出各形体的定形尺寸和定位尺寸。

（3）标注总体尺寸时不能出现封闭的尺寸链。

3.3　读组合体视图的方法

问题导入

（1）如何读懂图 3—19 所示叠加类组合体并绘制出其正等轴测图？

（2）如何读懂图 3—21 所示切割类组合体二视图并绘制出其正等轴测图？

（3）如何读图懂图 3—22、图 3—24 所示二视图并补画出第三视图？

（4）如何读懂图 3—27 及补画出遗漏的图线？

前面学习的画三视图是将物体按正投影方法表达在图纸上，将空间物体以平面图形的形式反映出来，即根据正投影的原理与三视图的投影规律画出三视图，是由物到图的转化过程。但是工程图都是平面图，要求工程技术人员必须看懂视图，想象出机件的立体形状，才能加工出合格的零件。能够正确读图是学习制图的目的之一。

要正确、迅速地读懂视图，只有掌握读图的基本方法和步骤，不断培养和提高空间想象能力，通过不断的实践才能达到。

3.3.1　读组合体视图基本知识

读图是根据三视图的投影规律，分析视图上的线框和图线，想象出物体的空间形状、读图是画组合体三视图的逆过程，是由图到物的转化过程。

1. 一个视图的不确定性

如图 3—17 所示，主视图为两个同心圆，左视图各不相同，所以一个视图不能反映物体的确切形状，故读图时不可孤立地只看一个视图。

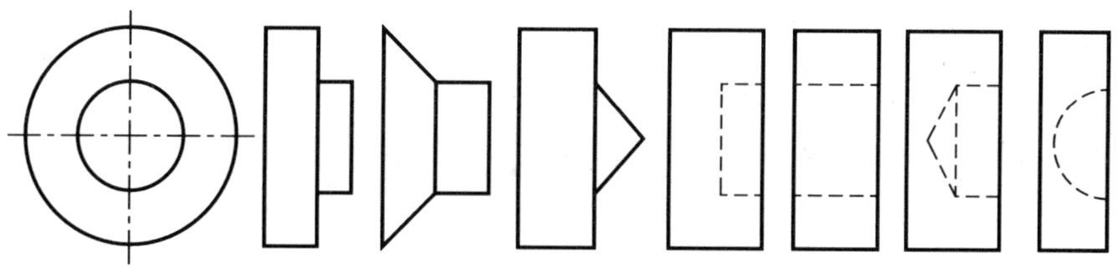

图 3—17　一个视图不能确定物体的形状

2. 两个视图的不确定性

如图 3—18 所示，两个视图有时也不能完全反映物体的确切形状，虽然主视图、俯视图相同，但不能确定唯一的形状。故读图时不可只凭两个视图就确定物体形状，应将三个视图对应着看才可完全确定其形状。

3. 看图时需要注意的几个问题

（1）要熟悉各种基本几何体的投影特性。

（2）要明确投影图中每一条线和每个封闭线框的含义。

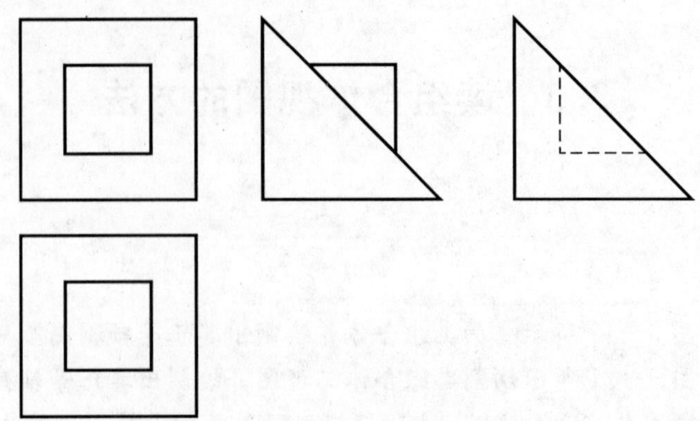

图 3—18　两个视图不能确定物体的形状

一条线可能是面的积聚线（平面或曲面垂直于投影面，积聚成线）、两表面的交线（两平面的交线、平面与曲面的交线、两曲面的交线）和曲面的转向轮廓线。

每个封闭线框可能是物体上不同位置平面、曲面或通孔的投影。

(3) 必须将几个视图联系起来，相互对照，进行分析，才能正确地想象出物体的形状。

归纳起来就是将三视图对应起来，先仔细分析其中各线条及线框的含义，再确定各部分的结构形状，最后想象出整体的形象。

3.3.2　常用的读图方法

1. 形体分析法

形体分析法就是根据物体的形状特征，在特征明显的视图中，假想将视图分解为若干个线框，逐步构想每一个线框对应的空间形状，最后按各基本形体的相对位置及组合形式，将各线框装配在一起，综合想象出物体的空间形体的过程。

[例 3—1]　用形体分析法读图 3—19 所示组合体三视图，分析形状，画出其正等轴测图。

读图：

形体由四部分叠加而成，属于叠加类组合体。

(1) 概括了解：根据各基本形体的投影特性，确定物体是由哪些基本形体所组成的，观察视图找特征。

图示立体用了三个视图，以特征明显的左视图为主，结合其他视图，初步了解物体大概形状由四部分组成。

(2) 对线框、分形体、想形状：综合三视图，搞清楚各基本形体的相对位置及组合形式，分析线条，以投影比较简洁、反映形体形状特征和位置特征明显的视图为基础，将几个视图联系起来阅读，并在结构关系明显的左视图上划分线框想形状。然后用正投影的投影规律，对线框，找出各线框在其他视图中的投影，把组成组合体的简单形体或基本形体分离出来，根据每一线框所对应的投影关系，逐个想出它们的空间形状。如图 3—20 所示为机件读图方法与步骤。

(3) 综合起来想象出整体形状。将分析所得形体的形状，对照组合体的各视图所给定

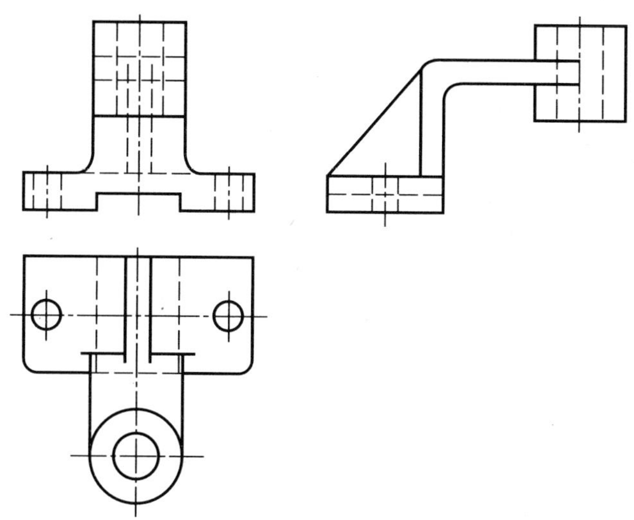

图 3—19　读支架图

的相互位置关系，综合想象出组合体的空间立体形状。

图 3—20 所示的机件以底板为基础，上加肋板、弯板与空心圆柱三个形体，其中肋板在正中间且与弯板相切、空心圆柱与弯板相切，由此想出组合体的空间形状，绘制出其正等轴测图，如图 3—20e 所示。

2. 线面分析法

对切割类组合体，当形体被多个平面切割，形体形状不规则，不便将其分解为若干个基本体时，需要运用线、面投影理论来分析物体的表面形状、面与面的相对位置以及面与面之间的交线，再对照各种线面的投影特征，综合想象物体形状。这种分析方法是线面分析法。

［**例 3—2**］　运用线面分析法，读图 3—21a 所示组合体二视图，分析形状，画出其正等轴测图。

作图：

分析图 3—21a 所示的物体，它的基本形体是长方体。主视图中有两个线框 1′、2′，俯视图中与线框 1′长对正的投影一个是三角形 1，另一个是矩形 4。显然，矩形 4 不是类似形，所以线框 1′应对应俯视图上的三角形 1，为一侧垂面。根据物体上平面多边形的投影要么是一个边数相同的多边形，要么积聚为一段直线，即“若无类似形，必定积聚成线”的原理，与俯视图中小矩形 4 相对应的应为主视图中的一条水平直线段 4′，为一水平面，俯视图中的线框 3 对应主视图中的斜线 3′，为一正垂面。根据以上分析，想象物体的形状，绘制出其正等轴测图如图 3—21b 所示。

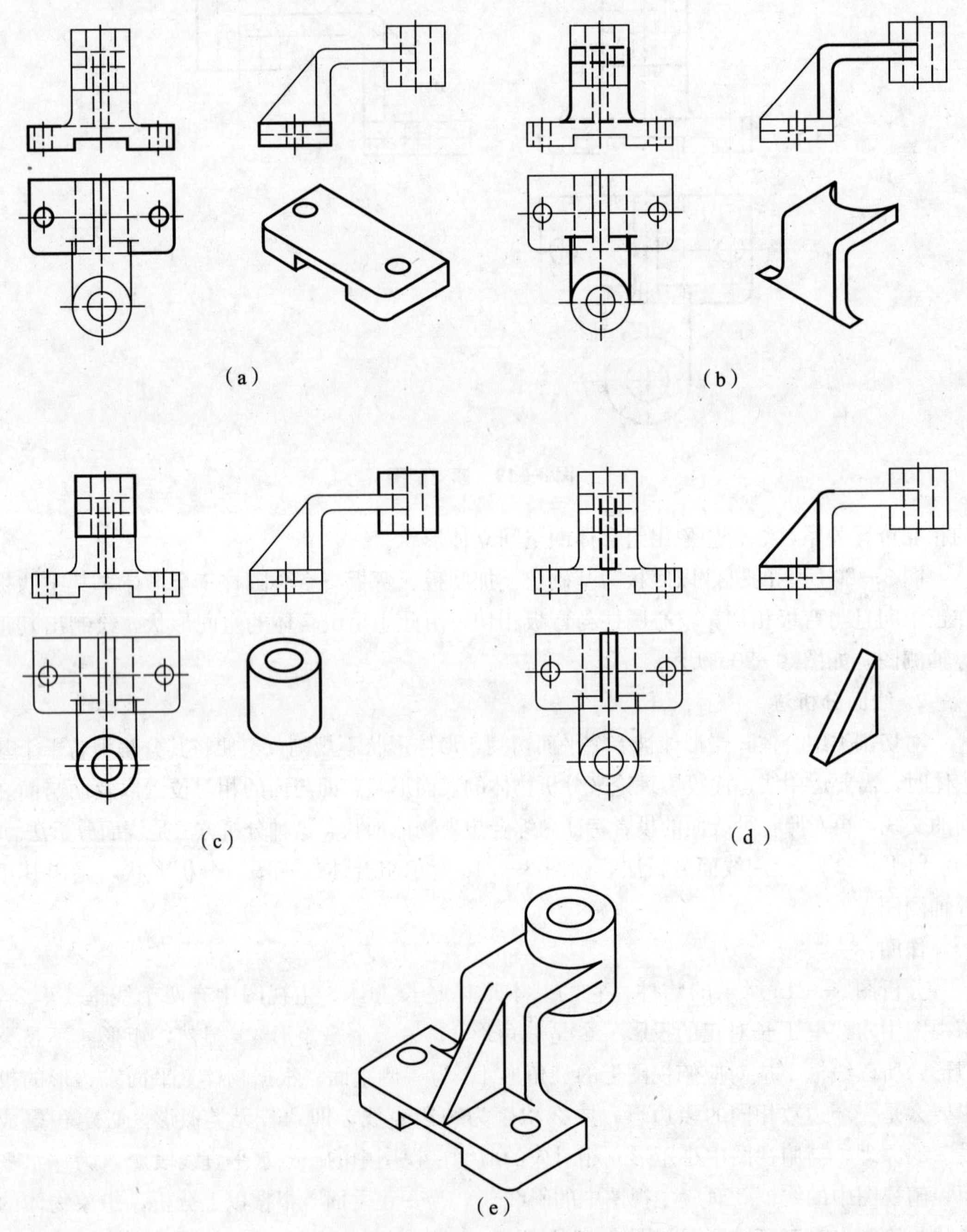

图 3—20　机件读图方法与步骤

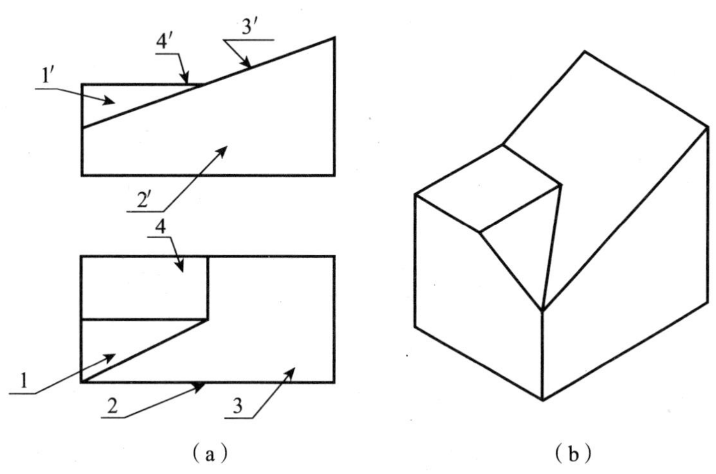

图 3—21　线面分析法读图

3.3.3　读图经验

1. 加画立体图法或制作模型法

画立体图或制作模型都是读图中行之有效的检验是否读懂组合体三视图的一种辅助方法。边读图、边构思、边动手绘图或用土豆、萝卜、橡皮泥等作出模型，使读出的立体成果成为看得见的实体。实际操作中可边读图、边绘图、边制作立体模型（要掌握绘制斜二等轴测图与正等轴测图方法），还可随时更改，直到构思与视图完全吻合。如［例3—1］、［例 3—2］就是采用的加画立体图法或制作模型法。

2. 补视图法

补视图是培养学生读图能力和检验是否读懂组合体三视图的又一种有效手段。补视图的主要方法是形体分析法。由两个已知视图补画第三视图时，根据每一封闭线框的对应投影，按照基本几何体的投影特性，想出已知线框的空间形体，就可补画出所求视图。

对于形体形状不规则或在某视图中形体结构的投影关系重叠的问题，运用形体分析法往往难于读懂。这时，需要运用线面分析方法分析物体的表面形状、面与面的相对位置以及面与面之间的表面交线，并借助立体的概念来想象物体的形状，从而达到正确补画第三视图的目的。

补图的一般顺序是先画外形，再画内腔；先画叠加部分，再画切割部分。

［例 3—3］　如图 3—22 所示，根据两视图，分析形状，补画左视图，并画出其正等轴测图。

分析：

图 3—22 所示支座的主视图可分为四个封闭线框 1′、2′、3′、4′。运用三视图投影规律长对正，可找出俯视图上与主视图四个封闭线框对应的投影，分析后可画出支座的左视图。

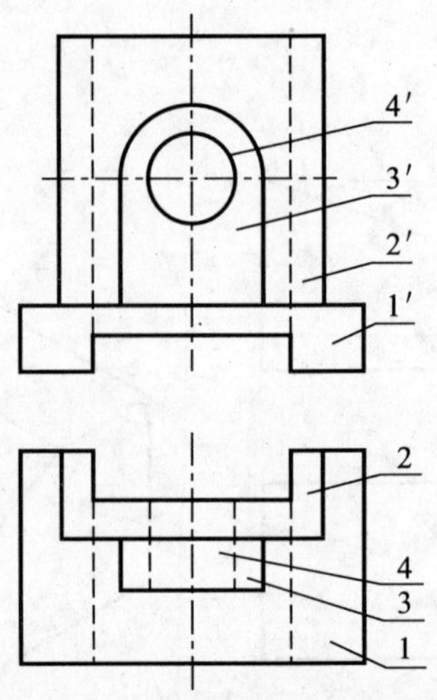

图 3—22 用形体分析法加画视图

作图：

(1) 线框 1′是支座的底板，在主、俯视图中都是长方形线框，其形状为长方体，所以左视图是长方形，如图 3—23a 所示。

(2) 线框 2′是支座的竖板。在主、俯视图中都是长方形线框，其形状也为长方体，并竖放在底板上后部中间位置。所以在左视图中，它应在底板之上并与底板后部平齐，如图 3—20b 所示。

(3) 线框 3′是半圆头棱柱。它在主视图上是上圆下方的线框，且放在底板之上竖板之前，在俯视图上是长方形线框。其形状是半圆柱与长方块的圆滑结合体。所以它的左视图还是带半圆头的长方体。应画在底板之上，靠紧竖板，如图 3—23c 所示。

(4) 由支座的主、俯视图可知，底板的中间从前到后开一通槽；底板和竖板的后端面有一长方形缺口从上表面通到底面，其缺口长度与底板通槽长度相等。竖板与半圆头棱柱有一圆孔穿通，所以在左视图中应用虚线表达出来。

最后校对左视图，加深轮廓线，完成作图，如图 3—23d 所示。

(5) 绘制其正等轴测图如图 3—23e 所示。

[例 3—4] 根据如图 3—24 所示两视图，想象立体形状，并补画俯视图。

作图：

(1) 首先看懂两视图。主、左视图联合读图，其左视图特征比较明显，根据主、左视图高平齐投影规律知，其形体是由一长方体挖切而成的。

(2) 根据两视图外形轮廓看，是由一长方体从左到右中间开一通槽，如图 3—25a 所示。

(3) 根据主视图中间的圆弧与左视图对应的虚线，可知在前后板上挖去一圆弧形槽，如图 3—25b 所示。

(4) 根据主、左视图可知，支撑块底部中间开一通槽，如图 3—25c 所示。

(5) 主视图中间有一虚线圆与左视图对应可知，后板中间有一小圆孔。最后可综合想象出支撑板的整体形状，如图 3—25d 所示。

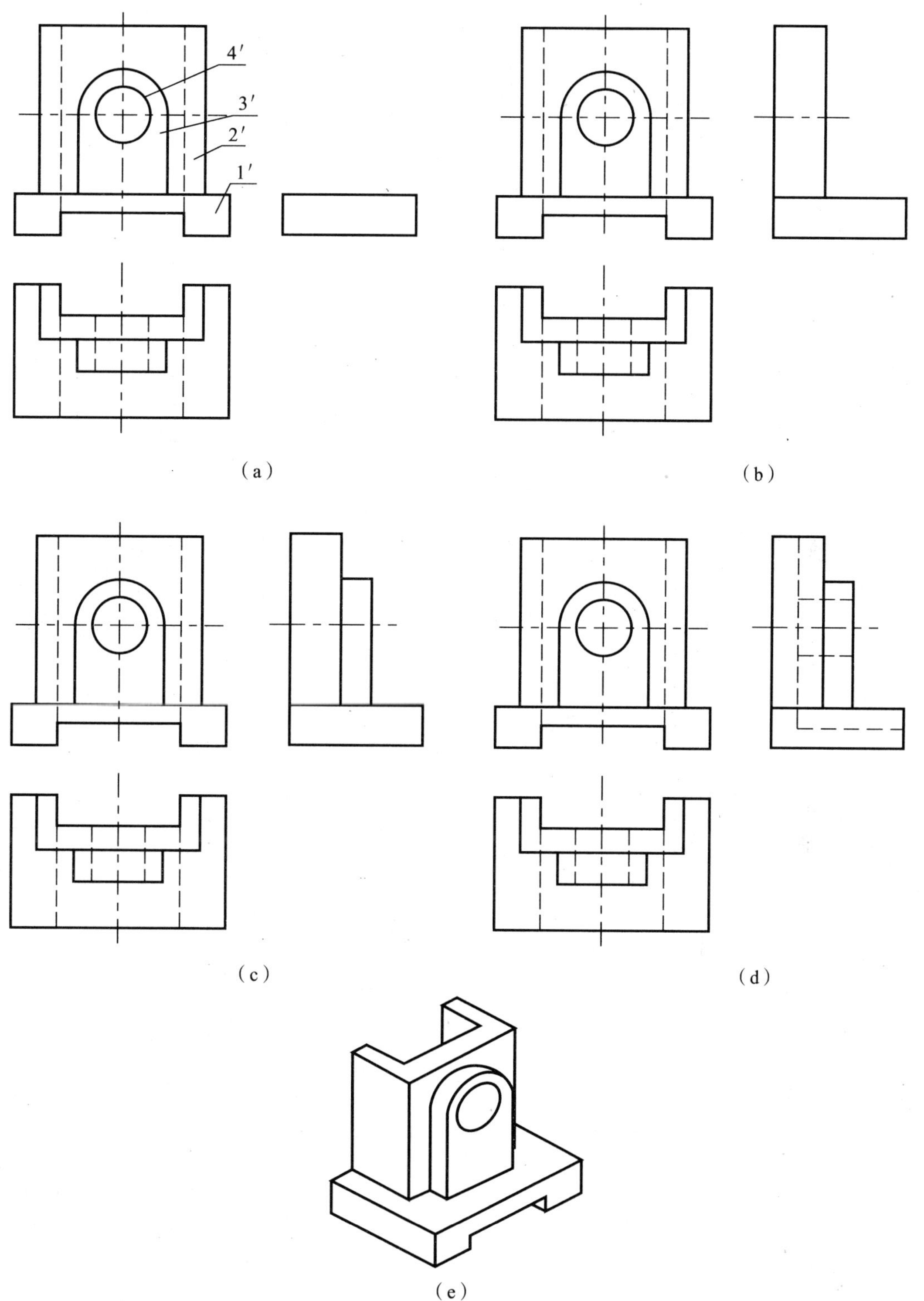

图 3—23　用形体分析法加画视图

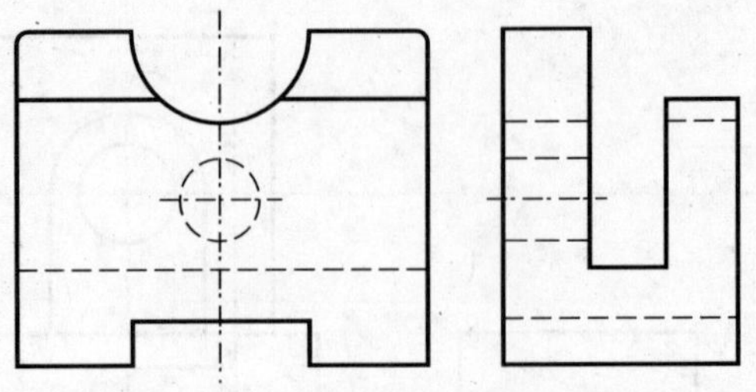

图 3—24　用形体分析法加画视图

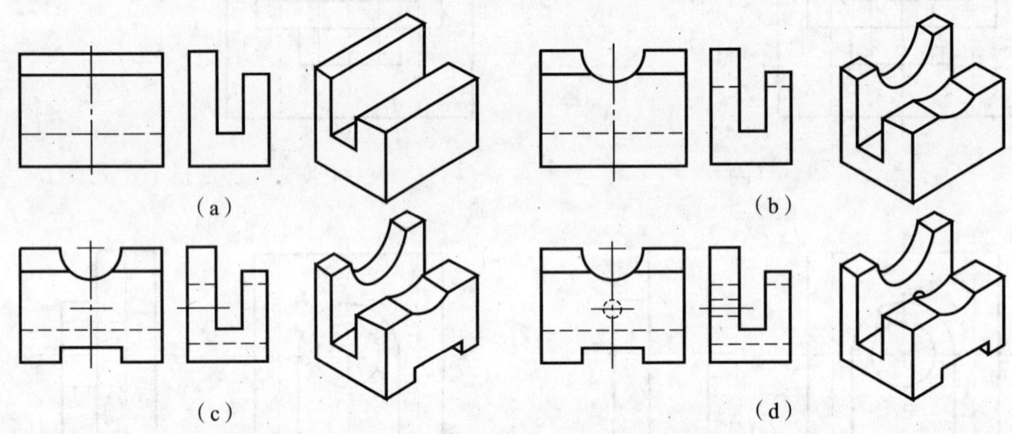

图 3—25　形体分析的步骤

(6) 补画俯视图。

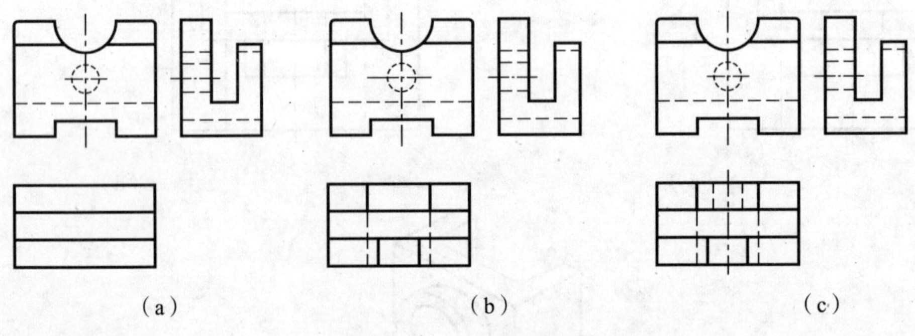

图 3—26　读图步骤

3. 补画视图缺线法

补画视图中的缺线是培养学生读图能力和检验是否读懂组合体三视图的另一种有效手段。补画视图中的缺线，主要是利用形体分析法和线面分析法，分析已知视图补全图中遗漏的图线，使视图表达正确、完整。

[例 3—5]　补全图 3—27 中所缺图线。

作图：

(1) 通过分析主、俯视图，想象出如图 3—27 所示组合体的整体形状为一梯形四棱

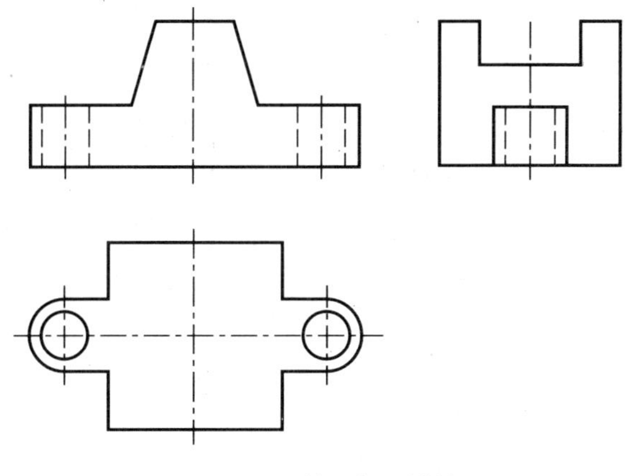

图 3—27　补画视图缺线

柱，左右对称分布两个带圆孔的方圆板。再由左视图可知，四棱柱上部左右方向开一矩形通槽，综合想象出立体形状如图 3—28a 所示。

（2）四棱柱的前面和方圆板的前面不平齐，补画出主视图所缺的四棱柱左、右棱面具有积聚性的投影——两段斜线。补画出俯视图漏画的四棱柱的两条棱线的投影，方圆板顶面与四棱柱棱面交线的投影如图 3—28b 所示。

（3）补画出四棱柱上部矩形槽的主、俯视图漏画的投影。画俯视图矩形槽时，先在左视图上定出点 a''、b''、c''、d''，在主视图上找出 $a'(d')$、$c'(b')$，再求出水平投影 a、b、c、d，完成矩形槽的俯视图如图 3—28c 所示。

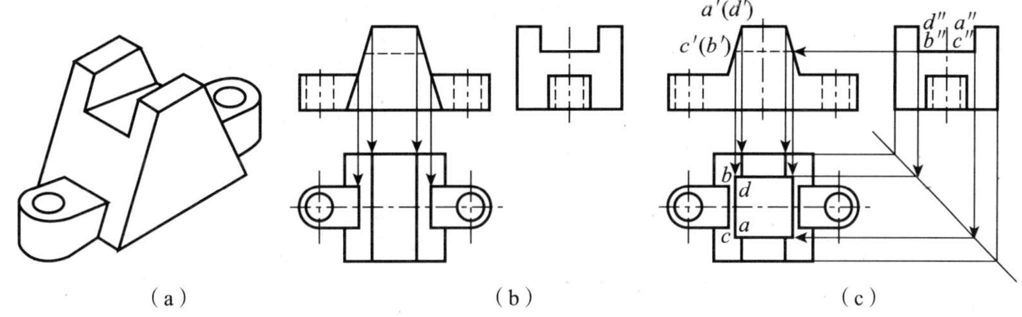

图 3—28　补画视图缺线步骤

3.4　技能训练

问题导入

（1）如何绘制图 3—29 所示正等轴测图?

（2）如何绘制图 3—31a、b 所示的组合体三视图并标注尺寸?

3.4.1　正等轴测图的绘制

1. 训练目的

熟练掌握组合体正等轴测图的画图方法。

2. 训练内容

根据图 3—29 所示组合体的三视图，绘制出正等轴测图。

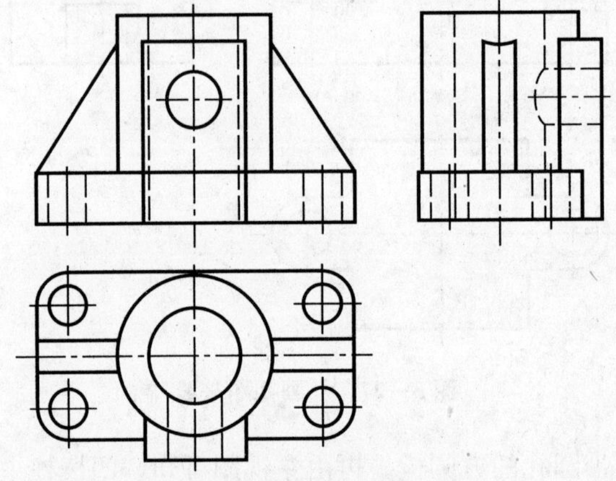

图 3—29　组合体三视图

3. 训练要求

(1) 用 A3 图幅、横放、留装订边、比例自选。

(2) 布图匀称、图形正确、线型与尺寸符合国标。

(3) 填写标题栏，其中的名称为“组合体正等轴测图”。

4. 训练指导

首先确定轴间角和轴向伸缩系数，其次按照逐个形体叠加的顺序画图，如图 3—30 所示。

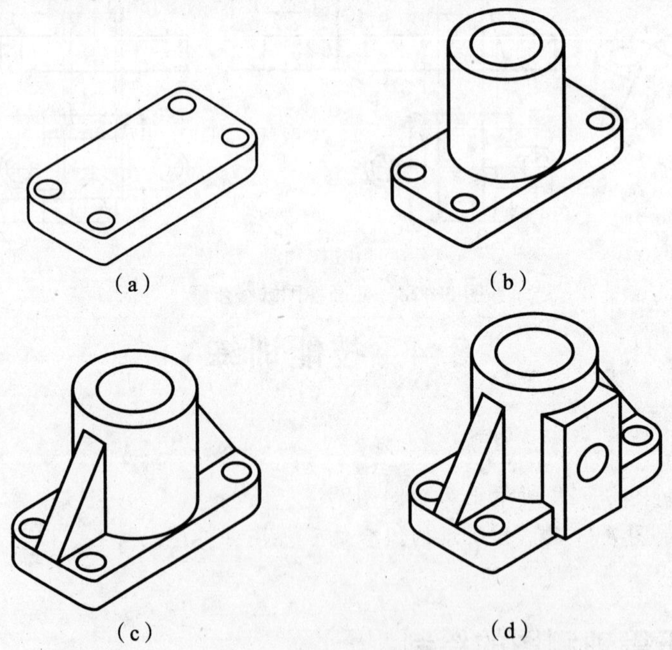

图 3—30　叠加类组合体正等轴测图的画图步骤

3.4.2　组合体三视图绘制

1. 训练目的

（1）熟练掌握绘制组合体三视图的方法。

（2）熟练掌握组合体三视图尺寸标注的方法。

2. 训练内容

根据立体图 3—31a、b 绘制组合体三视图，并标注尺寸。

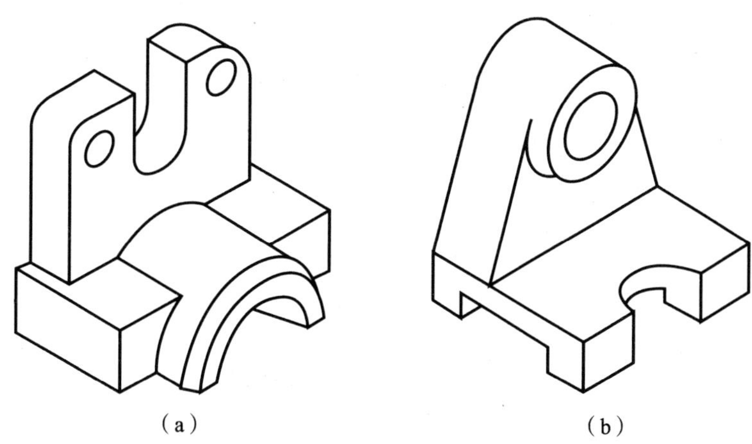

（a）　　（b）

图 3—31　组合体三视图绘制

3. 训练要求

（1）用 A3 图幅、横放、留装订边、比例自选。

（2）布图匀称、图形正确、线型与尺寸符合国标。

（3）填写标题栏，其中的名称为“组合体三视图”。

4. 训练指导

绘图方法和步骤如下：

（1）绘图准备。分析立体图的组合形式及相互位置关系，确定比例、选择图幅、固定图纸，拟定具体的作图顺序。

（2）绘制底稿。画图时应先选择主视图投影方向，再按三视图投影规律逐个画出各形体的三视图，尺寸从视图中量取并取整。

（3）检查描深。在铅笔描深以前，必须检查底稿，将画错的线条用软橡皮轻轻擦净。加深后的图纸应整洁、没有错误，线型层次清晰，线条光滑、均匀并浓淡一致。

描深时按圆形→圆弧→水平线→垂直线→斜线的顺序进行。

（4）填写标题栏。

第 4 单元

机件的基本表示法

◎ 本单元学习内容

(1) 掌握各种视图、剖视图、断面图、局部放大图简化表示法的基本概念、画法、标注、使用条件及应用范围。

(2) 熟练各种表达方法的综合应用。

(3) 绘图技能训练——机件的表达方法。

本单元涉及的国家标准有:

- GB/T 17451—1998《技术制图　图样画法　视图》
- GB/T 17452—1998《技术制图　图样画法　剖视图和断面图》
- GB/T 17453—2005《技术制图　图样画法　剖面区域的表示法》
- GB/T 16675.1—1996《机械制图　简化表示法　第1部分:图样画法》
- GB/T 4457.4—2002《机械制图　图样画法　图线》
- GB/T 4457.5—1984《机械制图　剖面符号》
- GB/T 4458.1—2002《机械制图　图样画法　视图》
- GB/T 4458.4—2003《机械制图　尺寸注法》
- GB/T 4458.6—2002《机械制图　图样画法　剖视图和断面图》

机械零件的形状是多种多样的，其复杂程度差别很大。为使机件的结构形状表达得正确、完整，图形表达得清晰、简练，国家标准《技术制图》、《机械制图》中的“图样画法”部分规定了绘制机械图样的方法——视图、剖视图、断面图、局部放大图和简化表示法。

机件图样的表示方法
- 视图（表达外形）
  - 基本视图（6个）
  - 向视图（任意配置的基本视图）
  - 局部视图（表达局部形状，是基本视图的一部分）
  - 斜视图（表达倾斜结构实形）
- 剖视图（表达内形）
  - 全剖视图（表达内形复杂、外形简单的机件）
  - 半剖视图（表达内外形状均复杂且对称的机件）
  - 局部剖视图（表达内外形状均复杂且不对称的机件）
- 断面图（表达断面形状）
  - 移出断面图
  - 重合断面图
- 局部放大图（表达局部的细小结构，既可画成视图，又可画成剖面图或断面图）
- 简化表示法（可以减少绘图工作量）

4.1　视图

问题导入

（1）如图 4—1 所示的机件采用了四个视图的表达方法，这种表达方法有何特点，如何绘制？主视图保留了虚线，而其他视图为何略去虚线？

（2）如图 4—3 所示的视图布局有何不足，如何解决？

（3）如图 4—5 所示的表达方法中 A 向、B 向视图的表达方法有何特点？

（4）如图 4—8 所示压紧杆，其部分结构相对投影面是倾斜的，俯、左视图为类似形，如何反映其真实形状？

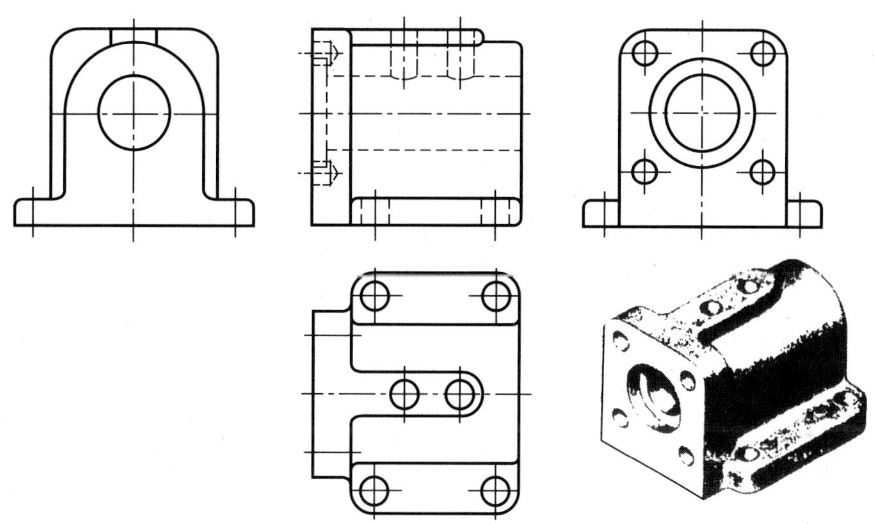

图 4—1　阀体的视图和轴测图

4.1.1　基本视图

1. 基本视图的形成

将机件向基本投影面投射所得的视图称为基本视图。在原有三投影面的基础上，再增设三个相互垂直的投影面，构成一个正六面体，六面体的六个面称为基本投影面，如图 4—2 所示。机件分别由前、后、上、下、左、右六个方向，向六个基本投影面投射，即可得到六个基本视图。增设的三个基本投影面上的视图为：右视图——由右向左投影所得的视图、仰视图——由下向上投影所得的视图、后视图——由后向前投影所得的视图。

2. 基本视图的配置

投影面按图 4—2 所示展开在同一平面上后，基本视图的配置关系如图 4—3 所示。在同一绘图纸内按图 4—3 配置视图时，可不标注视图名称。

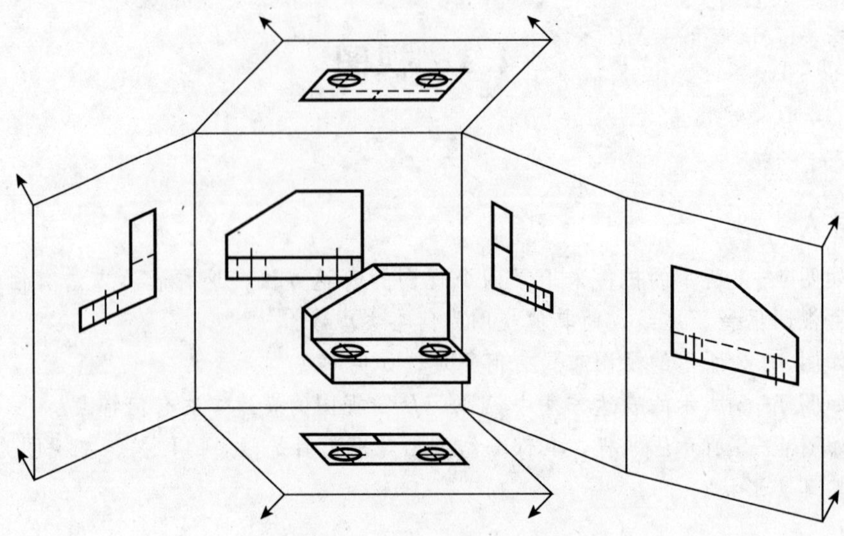

图 4—2　基本投影面及其展开

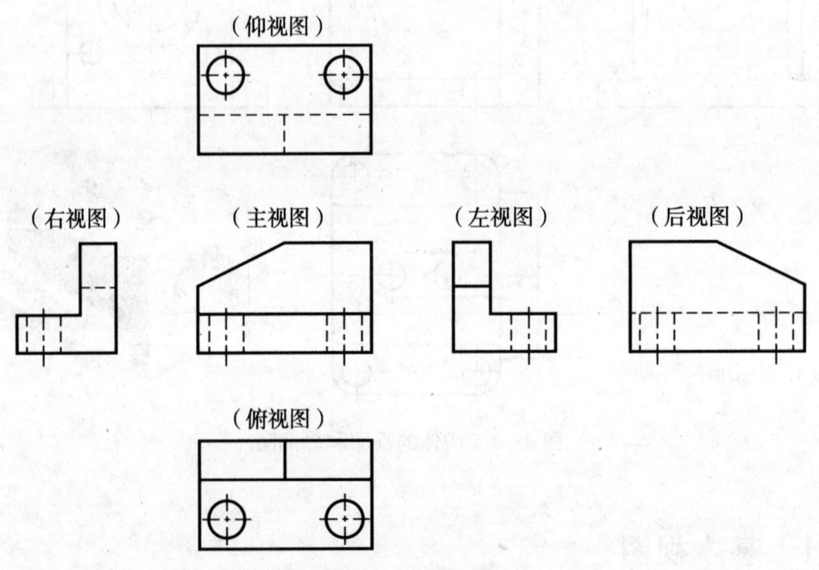

图 4—3　基本视图配置

3. 基本视图的投影规律

（1）投影关系。

六个基本视图之间仍然符合长对正、宽相等、高平齐的投影规律。即主、俯、仰（后）视图长对正；俯、左、仰、右视图宽相等；右、主、左、后视图高平齐。从图中还可以看出，左视图和右视图的形状是左右颠倒，主视图和后视图也是左右颠倒，俯视图和仰视图的形状上下颠倒。

（2）方位关系。

从视图中还可以看出机件前后、左右、上下的方位关系，除了后视图外，远离主视图的面为前面。机械制图国标规定了六个基本视图后，给表达机件带来了方便，增加了灵活性，但不等于任何机件都要用六个基本视图来表达。相反将机件结构、形状表示清楚并考虑读图方便的前提下，视图数量应尽可能少，以便作图。视图一般只画机件的可见部分，必要时才画出其不可见部分。六个基本视图中，最常用的是主、俯、左三个视图，各视图的采用应根据机件形状特征而定。

4. 视图分析

下面对图 4—1 所示机件进行视图分析。

(1) 将图 4—1 所示的阀体，按自然位置即工作位置安放，选定比较能够全面反映阀体各部分主要形状特征和相对位置的视图作为主视图。由于阀体左右两侧面的形状不同，故而为了减少左视图的虚线在表达时增加一个右视图。这样四个基本视图就能完整清晰地表达这个阀体。

(2) 在主视图中用虚线画出了阀体的内腔结构以及各个孔的不可见投影，由于将这四个视图对照起来阅读，已能清晰、完整的表达出阀体的结构和形状，所以在其他三个视图中不可见投影应省略。

4.1.2　向视图

向视图是可自由配置的视图。为便于读图，应在向视图的上方用大写拉丁字母标出该向视图的名称（如 *A*、*B*、*C* 等），并在相应的视图附近用箭头指明投射方向，注上相同的字母。

在实际制图时，如不能按图 4—3 所示配置视图或各视图不画在同一绘图纸上时，可采用向视图表达。根据实物、图纸大小及比例选择情况，各视图在图纸中的合理布局如图 4—4 所示。一般主视图、左视图、俯视图仍按原有位置配置，只允许改变右视图、仰视图、后视图的放置位置。一般在主视图上用箭头指明投影方向，只有后视图在其他视图上指明方向。

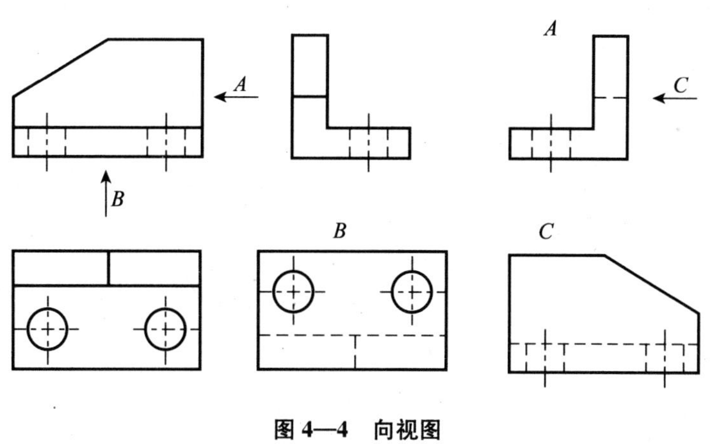

图 4—4　向视图

4.1.3 局部视图

1. 局部视图的概念和特点

将机件的某一部分向基本投影面投射所得到的视图称为局部视图。局部视图是不完整的基本视图，利用局部视图，可以减少基本视图的数量，补充基本视图尚未表达清楚的部分。

2. 局部视图的配置、标注及画法

(1) 局部视图分析。将图 4—5 所示的机件，以自然位置即工作位置放置，选择主、俯两个基本视图表达主体形状。唯有两侧凸台和左侧肋板的厚度未表达清楚，若用左视图和右视图表达，则显得烦琐和重复，但若采用 A 和 B 两个局部视图来表达两个凸缘形状，就可以省去两个基本视图，既简练又突出重点，可节省画图工作量。

(2) 局部视图的位置应尽量配置在投影方向上，并与原视图保持投影关系，如图 4—5 中的 A 向。有时为合理布置图面，也可将局部视图放在其他适当位置，如图 4—5 中的 B 向。

(3) 局部视图用带字母的箭头标明所表达的部位和投射方向，并在局部视图的上方标注相应的字母。当局部视图按投影关系配置，中间又没有其他的视图时，可省略标注，如图 4—5 中的 A 向局部视图的箭头、字母均可省略（为了方便叙述，图中未省略）。

(4) 局部视图的断裂边界用波浪线或双折线表示，如图 4—5 中的 A 向局部视图。但当所表示的局部结构是完整的，其图形的外轮廓线封闭时，波浪线可省略不画，使重点更突出，如图 4—5 中的局部视图 B。

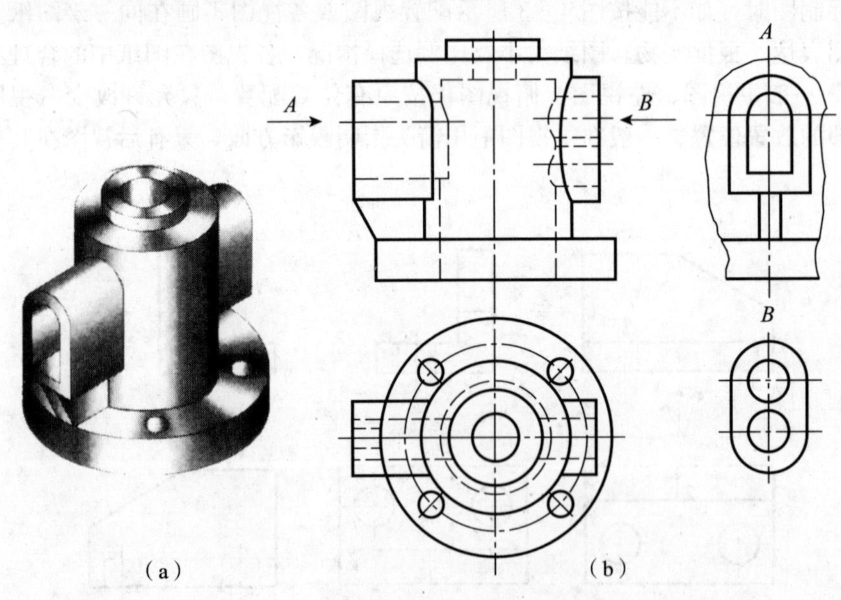

图 4—5 局部视图

(5) 用波浪线作为断裂边界线时，波浪线不应超过断裂机件的轮廓线，应画在机件的实体上，不可画在机件的中空处。图 4—6 所示是一块用波浪线断开的空心圆板的正误对比画法。

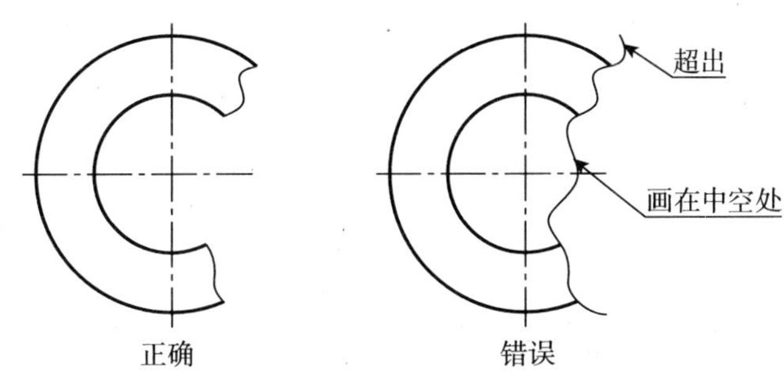

图 4—6　波浪线的正误画法

（6）对称机件的视图可只画一半或四分之一，并在对称中心线的两端画两条与其垂直的平行细实线，如图 4—7 所示。这种简化画法是局部视图的一种特殊画法，即用细点画线代替波浪线作为断裂边界线。

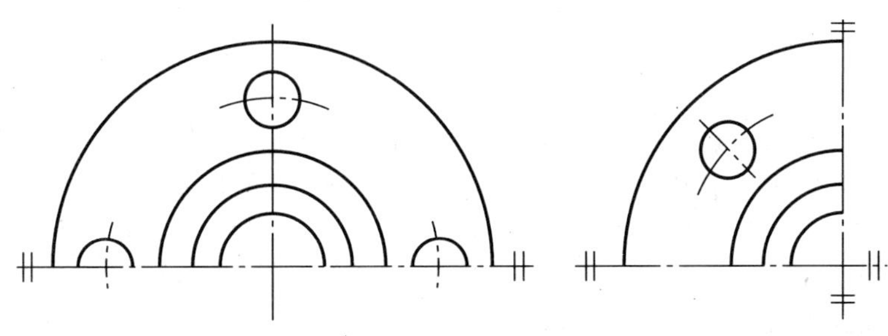

图 4—7　对称机件的局部视图

4.1.4　斜视图

1. 斜视图的概念

当机件上有倾斜于基本投影面的结构时，为了表达倾斜部分的真实形状，可设置一个与倾斜部分平行的辅助投影面，再将倾斜结构向投影面投射，这种方式获得的视图称为斜视图。

2. 斜视图的配置、标注及画法

（1）斜视图分析。

图 4—8a 是压紧杆的三视图，由于压紧杆的耳板是倾斜的，所以它的俯视图和左视图都不反映实形，表达不够清楚，画图比较困难，读图也不方便。下面以两种局部视图方案来表达压紧杆。

图 4—9a 采用一个基本视图（主视图）、*B* 向局部视图（代替俯视图）、*A* 向斜视图和凸台局部视图来表达压紧杆的结构。为了使图面更加紧凑，又便于画图，可将 *C* 向局部视图按投影关系画在主视图右边，同时可将 *A* 向斜视图抽出转正画出，如图 4—9b 所示。

（2）标注斜视图时，必须在视图的上方标出视图的名称“*X*”，在相应的视图附近用箭头指明投射方向，并注上同样的大写拉丁字母“*X*”，如图 4—9a 所示的“*A*”。斜视图大多数是局部的，不可省略标注。

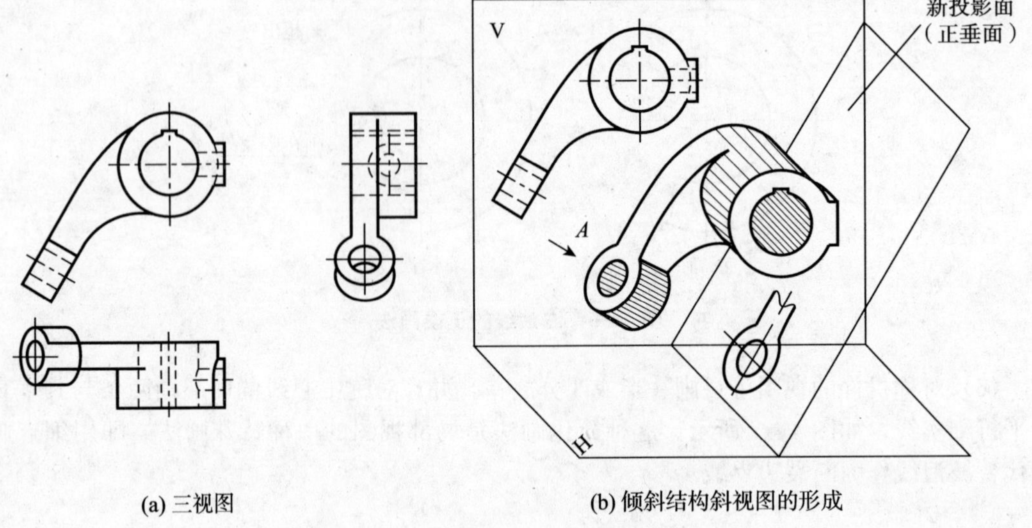

(a) 三视图　　(b) 倾斜结构斜视图的形成

图 4—8　压紧杆的三视图及斜视图的形成

（3）斜视图一般按投影关系的配置，如图 4—9a 所示，必要时也可配置在其他适当的位置，如图 4—9b 所示。通常以最小角度旋转，且旋转角度不得大于 90°，旋转符号的箭头指向应与旋转方向一致，标注形式为“↷X”或“X↶”，旋转符号为半圆形，半径等于字体高度。表示该斜视图名称的大写拉丁字母应靠近旋转符号的箭头端（如图 4—9b 所示），也允许将旋转角度标注在字母之后。

（4）画出倾斜结构的斜视图后，通常用波浪线断开，不画其他视图中已表达清楚的部分，如图 4—9 所示。

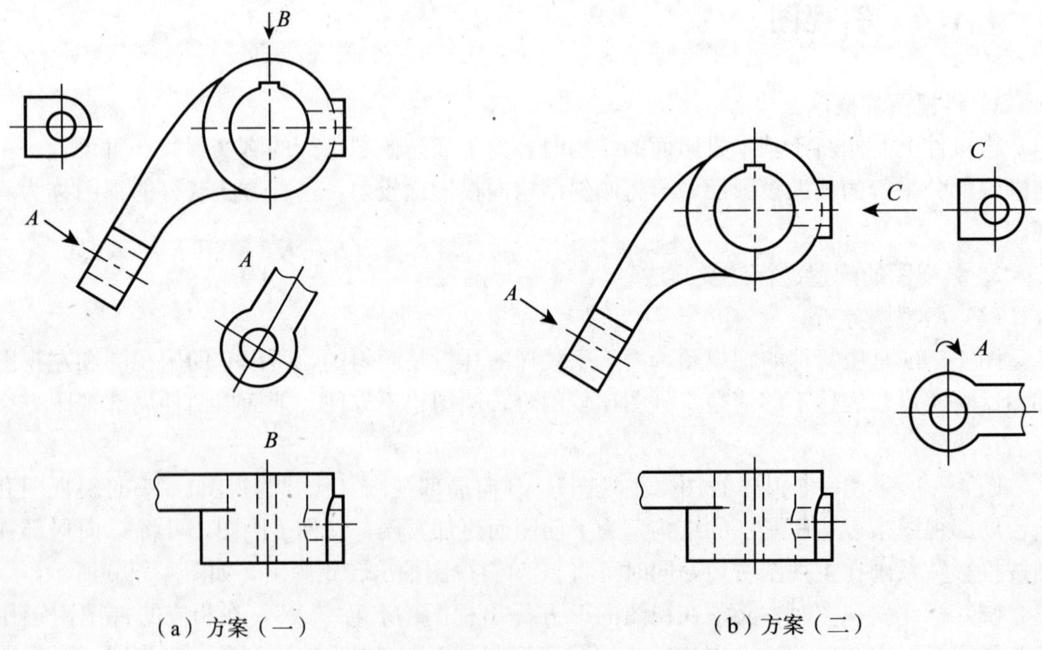

（a）方案（一）　　（b）方案（二）

图 4—9　压紧杆的斜视图和局部视图的表达方案

4.2　剖视图

问题导入

(1) 如图 4—17 所示的结构图较复杂、主视图虚线较多，采用何种剖切方式比较恰当？

(2) 如图 4—19 所示结构，若采用全剖视图表达，不利于反映外形特征，如何表达效果会更好？

(3) 如图 4—24 所示，结构的上、下，左、右，前、后都不对称，采用何种表达方法能更好地反映其内外形状？

(4) 如图 4—31 所示，B—B 视图的画法有何特点？

(5) 如图 4—33 所示结构中，孔、槽对称平面不重合，如何剖切？孔、槽为重复结构是否要全部剖开表达？

(6) 如图 4—39、图 4—40 所示结构用两相交平面剖切，这种剖切有何特点，如何绘制其剖视图？

(7) 如图 4—44、图 4—45 所示结构的表达用了多种剖切方式，这种表达有何特点，怎样选择恰当的表达方式，绘图及标注时应注意哪些事项？

4.2.1　剖视图概述

用视图表达机件的结构形状时，机件内部不可见的部分是用细虚线来表示的。当机件内部结构复杂时，视图上会出现许多虚线，使图形不清晰，给看图和标注尺寸带来困难。为了将内部结构表达清楚，同时又避免出现虚线，可采用剖视图的方法来表达。

1. 剖视图的画法

如图 4—10 所示，用假想的剖切面将机件剖开，将处在观察者与剖切面之间的部分移去，而将其余部分向投影面投射所得到的图形，称为剖视图，简称剖视。

画剖视图时应该注意下列几点：

(1) 剖切位置要适当。剖切面应尽量通过较多的内部结构（孔、槽等）的轴线或对称平面，并平行于选定的投影面，如图 4—11 所示。

(2) 内外轮廓要画齐。机件剖开后，处在剖切平面之后的所有可见轮廓都应画齐，不得遗漏。应特别注意空腔中线、面的投影，如图 4—12a 所示。

(3) 画剖视图时将机件剖开是假想，并不是真把机件切掉一部分，因此除了剖视图之外，并不影响其他视图的完整性，即不应出现图 4—12b 中俯视图只画出一半的错误。

(4) 剖视图中，凡是已表达清楚的结构，虚线应省略不画。

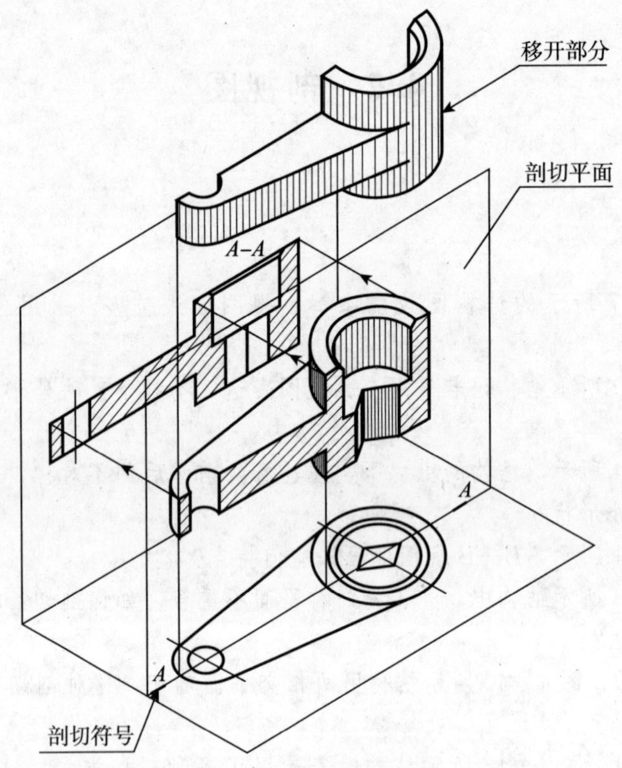

图 4—10 剖视图的概念

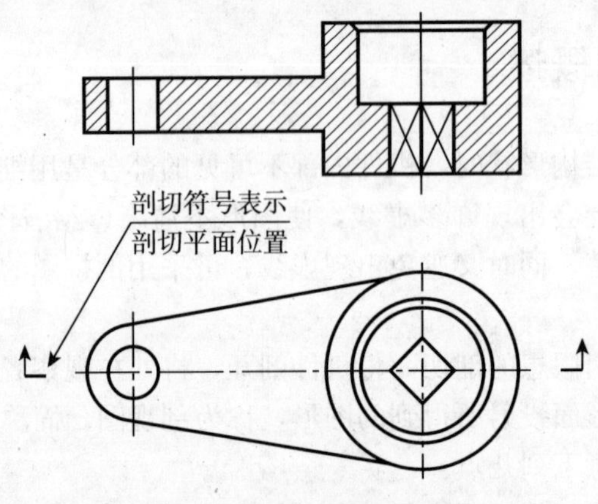

图 4—11 剖视图的画法

（5）剖视符号要画好。剖视图中，剖切面与机件相交的实体剖面区域应画出剖面符号。因机件材料不同，剖面符号也不相同。画机械图样时应采用国家标准 GB/T 17453—1998 所规定的剖面符号，机械图样中常见材料的剖面符号如表 4—1 所示。

在机械图样中，使用最多的金属材料用互相平行的细实线表示，这种剖面符号通常称为剖面线。剖面线应以适当角度绘制，一般与主要轮廓或剖面区域的对称线成 45°角，如图 4—13 所示。对于同一零件来说，在同一张图样的各剖视图和断面图中，剖面线倾斜方向应一致，间隔要相同。

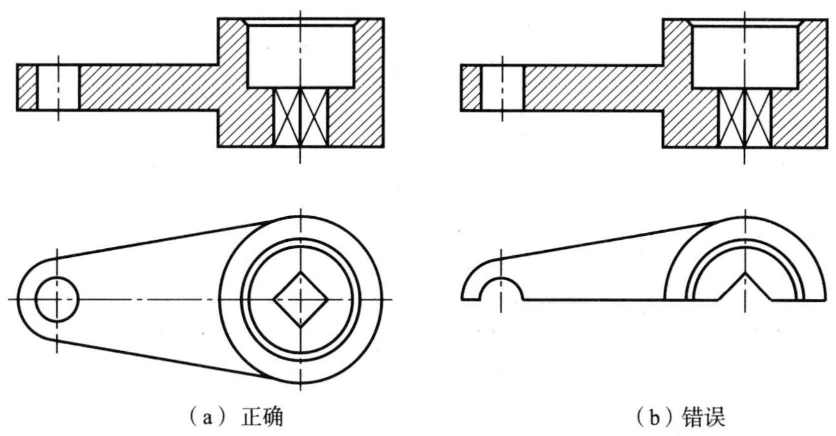

（a）正确　　　　（b）错误

图 4—12　剖视图的常见错误

表 4—1　剖面符号

材料	剖面符号	材料	剖面符号
金属材料（已有规定剖面符号者除外）		木质胶合板	
线圈绕组元件		基础周围的泥土	
转子、电枢、变压器和电抗器等的叠钢片		混凝土	
非金属材料（已有规定剖面符号者除外）		钢筋混凝土	
型砂、填砂、粉末冶金、砂轮、陶瓷刀片、硬合金刀片等		砖	
玻璃及供观察用的其他透明材料			
木材　纵剖面		格网（筛网、过滤网等）	
木材　横剖面		液体	

注：1. 剖面符号仅表示材料的类别，材料的代号和名称必须另行注明。

2. 叠钢片的剖面线方向，应与束装中叠钢片的方向一致。

3. 液面用细实线绘制。

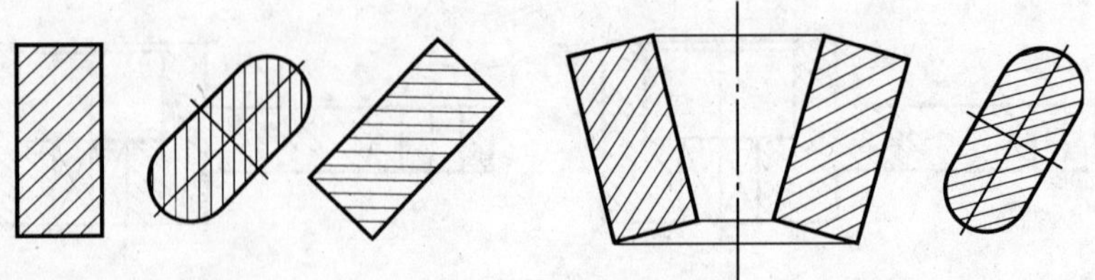

图 4—13　剖面线的画法

2. 剖视图的标注

为了说明剖视图与有关视图间的对应关系，剖视图一般要加以标注。现以图 4—14 为例，说明标注的内容和方法：

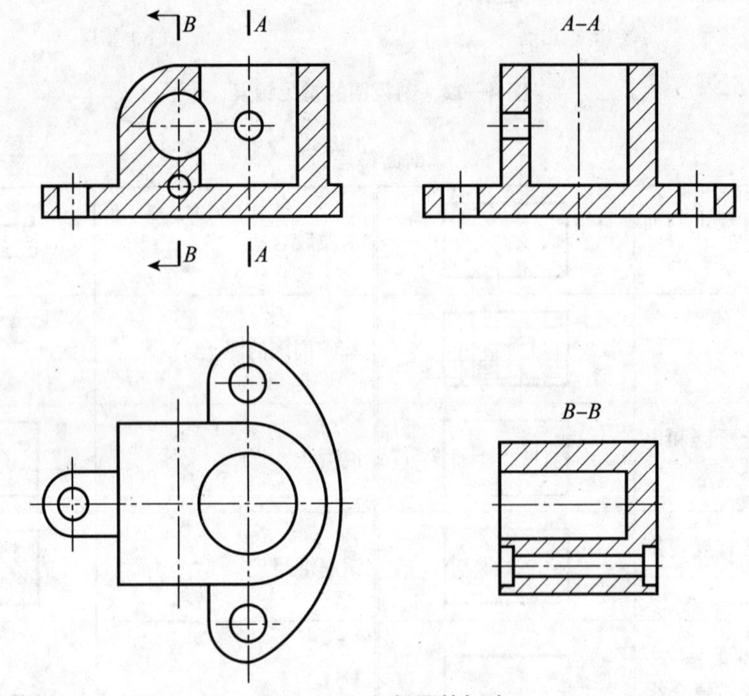

图 4—14　剖视图的标注

(1) 剖切位置线（也称剖切符号）。剖视图在剖切平面的起、迄和转折位置，用剖切位置线（宽 1b～1.5b、长约 5～10mm 的粗实线）表示剖切位置，剖切位置不要与图形的轮廓线相交。如图 4—14 中的 A—A、B—B 剖视位置所示。

(2) 投影方向。在剖切位置的两端，用箭头表示剖视投影方向，如图 4—14 所示。

(3) 剖视图名称。在剖切位置线与箭头外侧，用相同的大写字母拼音标注，并在相应的剖视图上方标出“X—X”字母。在同一张图纸上，同时有几个剖视图时，则其名称应按字母顺序排列，不得重复，如图 4—14 中的“A—A”、“B—B”。

为了简便起见，在下述情况下时，剖视图的标注，可以简化或省略：

(1) 当剖视图按投影关系配置，而中间又没有其他图形隔开时，允许省略箭头，如图 4—14 中的左视图。

(2) 当剖切平面与机件的对称面重合，并且剖视图按投影关系配置，中间又没有其他图形隔开时，可以不加任何标注，如图 4—14 所示的主视图；当单一剖切面的剖切位置明确时，局部剖视图不必标注，如图 4—15 所示的主视图。

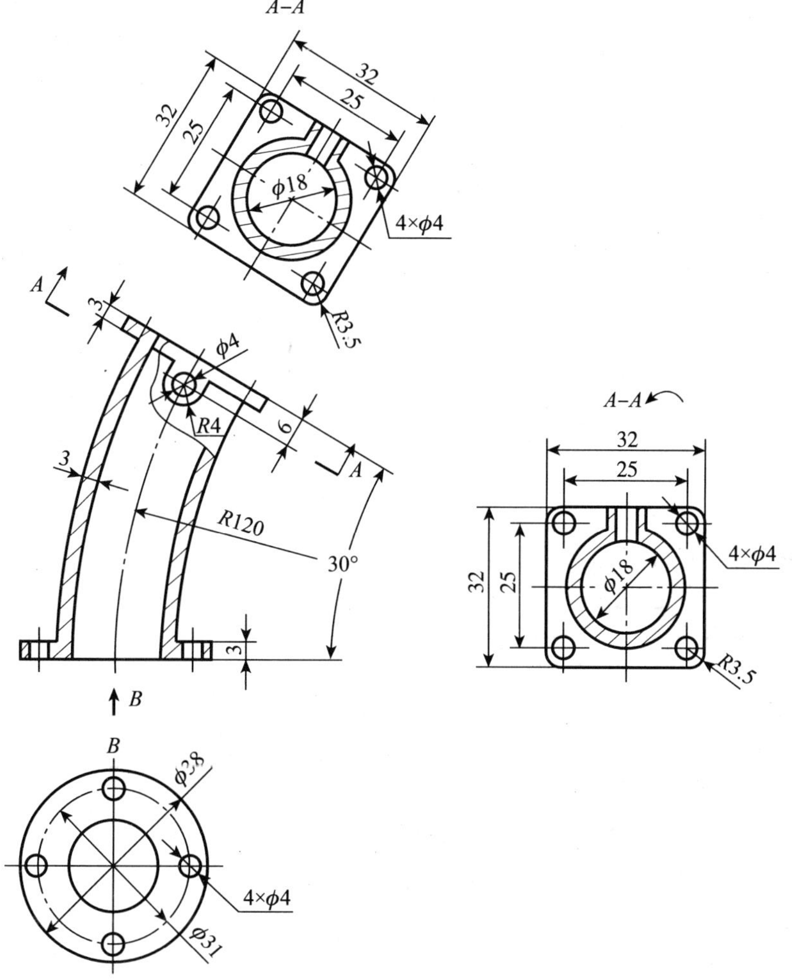

图 4—15　弯管的剖视图

4. 2. 2　剖视图的剖切方法

根据形体结构形状不同，可采用不同数量和不同位置的剖切平面进行剖切，从而得到各种剖视图，具体如图 4—16 所示。

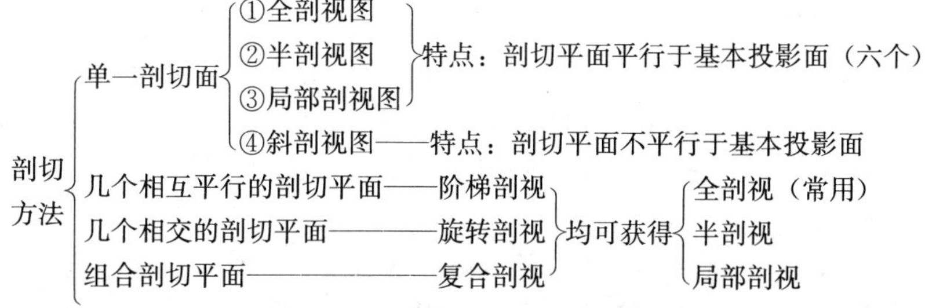

图 4—16　剖视图的剖切方法

1. 全剖视图

（1）全剖视图的概念。

用剖切平面（一般为平面，也可为柱面）完全地剖开机件所得到的剖视图，称为全剖视图，可简称为全剖视，如图 4—17 所示。全剖视可以由单一剖切平面或其他几种剖切面剖切获得。

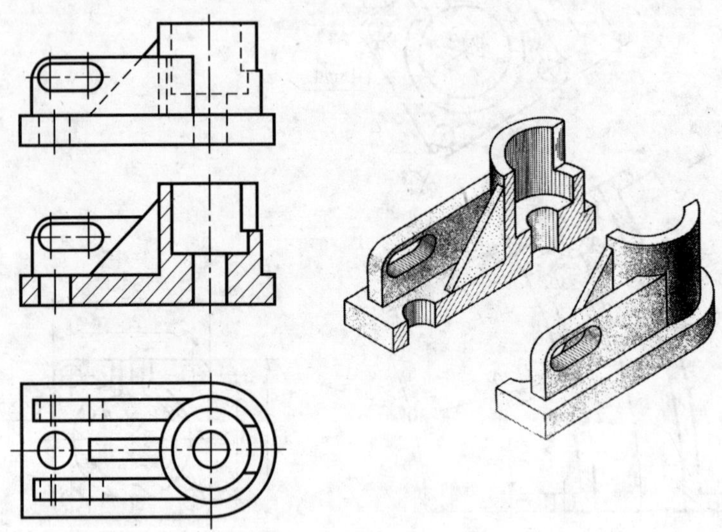

图 4—17　全剖视图

（2）全剖视图的应用范围。

● 用于外形简单，内部结构较复杂的对称机件、不对称机件。

● 对于内外形状较复杂的不对称机件，用全剖表达内部结构，用视图表达外形。

● 空心回转机件（能使图形清晰，便于标注）。

（3）全剖视图的标注。

● 全剖视图应用剖切符号、箭头及字母标注出剖切位置、投影方向、剖视图名称及对应关系。

● 当全剖视图按投影关系配置，中间无其他图形隔开时，可省略表示投影方向的箭头。

● 当全剖视图按投影关系配置，中间又无其他图形隔开，而剖切平面位置又与机件的对称平面重合时，可以不加标注，如图 4—17 所示。

（4）全剖视图的表达分析。

图 4—17 所示机件内部结构较复杂，主视图上出现许多虚线，使图形不清晰，不便绘图、识图、标注尺寸。如沿前后对称面完全剖开，图形轮廓就可以由虚变实，将难变易。

［例 4—1］　将机件的主视图在指定位置改画成全剖视图，如图 4—18a 所示。

分析：

（1）如图 4—18b 所示，分析视图，可将机件分解为四部分。形体Ⅱ、Ⅲ、Ⅳ在Ⅰ上叠加，Ⅱ和Ⅲ，Ⅱ和Ⅳ分别叠加，并外表面相交，有交线。Ⅰ、Ⅱ、Ⅲ部分俯视图反映其形状特征，主视图反映其高度。Ⅰ是左圆右方的底板，它的左边又被挖切了一个 U 形槽，右边前后有钻通的两个小圆孔；Ⅱ是空心圆柱体；Ⅲ是左圆右方的柱体，由上向下挖切一个圆柱孔；Ⅳ是一个三棱柱肋板。从俯视图线框 p 对应主视图虚线 p' 可知，Ⅱ和Ⅲ中间被两正平面和水平面 P 挖切了一个凹槽，该槽与Ⅱ内圆孔相交，表面有交线，与Ⅲ内圆孔相切，表面无分界线。

（2）如图 4—18c 所示，将主视图画成全剖视图。可以用单一剖切平面通过机件前后对称平面将机件全部剖切，反映Ⅰ、Ⅱ、Ⅲ、Ⅳ内部孔，槽（除Ⅰ右边的两小圆孔）及肋板的结构。

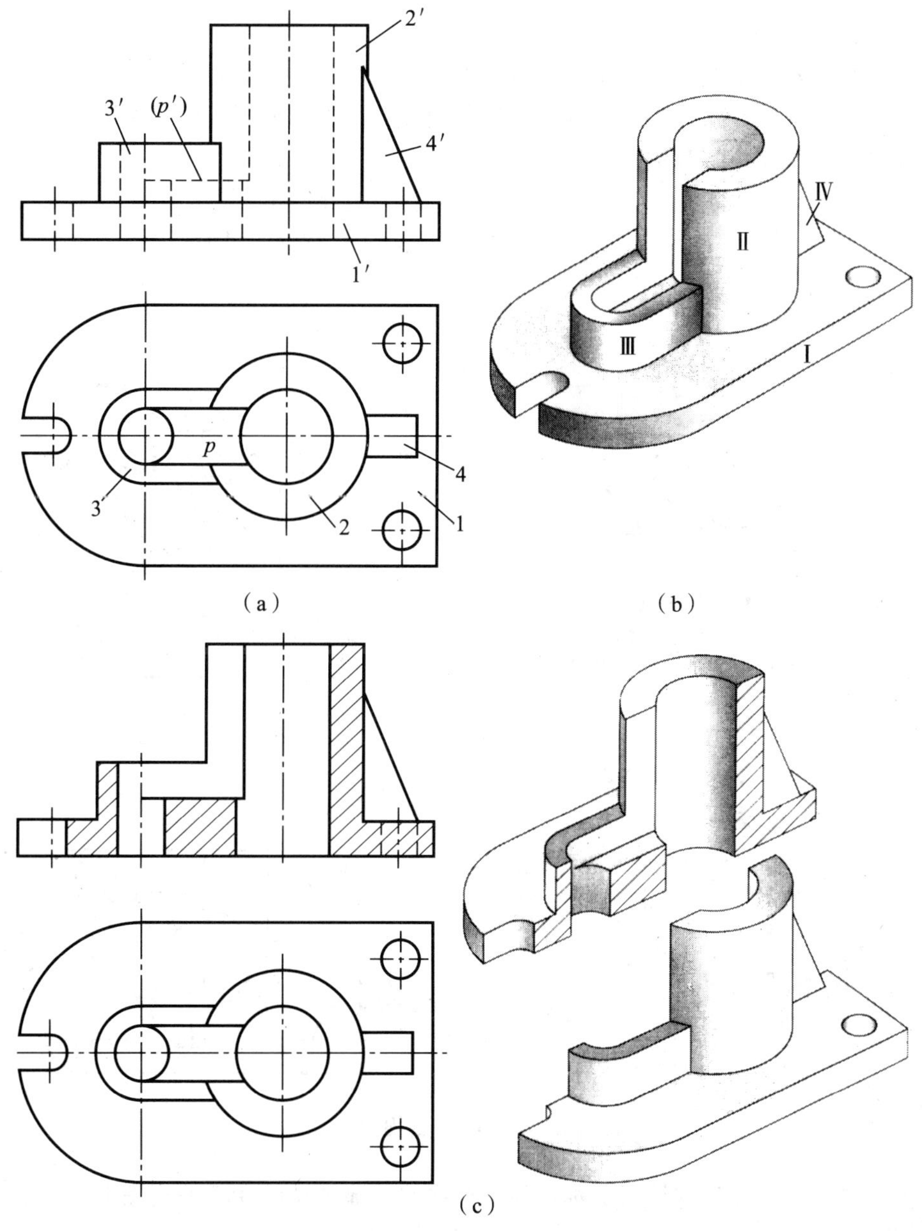

图 4—18　全剖视图

作图：

（1）如图 4—18c 所示，画出剖切平面剖切的内部形状和外形轮廓，再画出剖切后可见轮廓线。对已经表达清楚地结构，其虚线省略不画，即视图中的虚线画成粗实线，右边的两小圆孔未剖切上，它仍为虚线，并去掉多余的外轮廓线。在剖切平面与机件实体相交的断面内画上剖面线。按规定，肋板被纵向剖切，故剖切面上不画剖面线，并用粗实线与相邻部分隔开。

（2）由于该机件前后对称，全剖视图可省略标注。

2. 半剖视图

（1）半剖视图的概念。

当机件具有对称平面，且向垂直于对称平面的投影面上投射时，可以以对称中心线为界，一半画成剖视图，另一半画成视图，这种图形叫做半剖视图，可简称为半剖视。

（2）半剖视图的应用范围。

● 半剖视图既表达了机件的外形，又表达了它的内部结构，适用于内外形状都需要表达的对称机件。如图 4—19 所示的机件，左右对称，前后对称，因此主视图和俯视图都可以画成半剖视图。

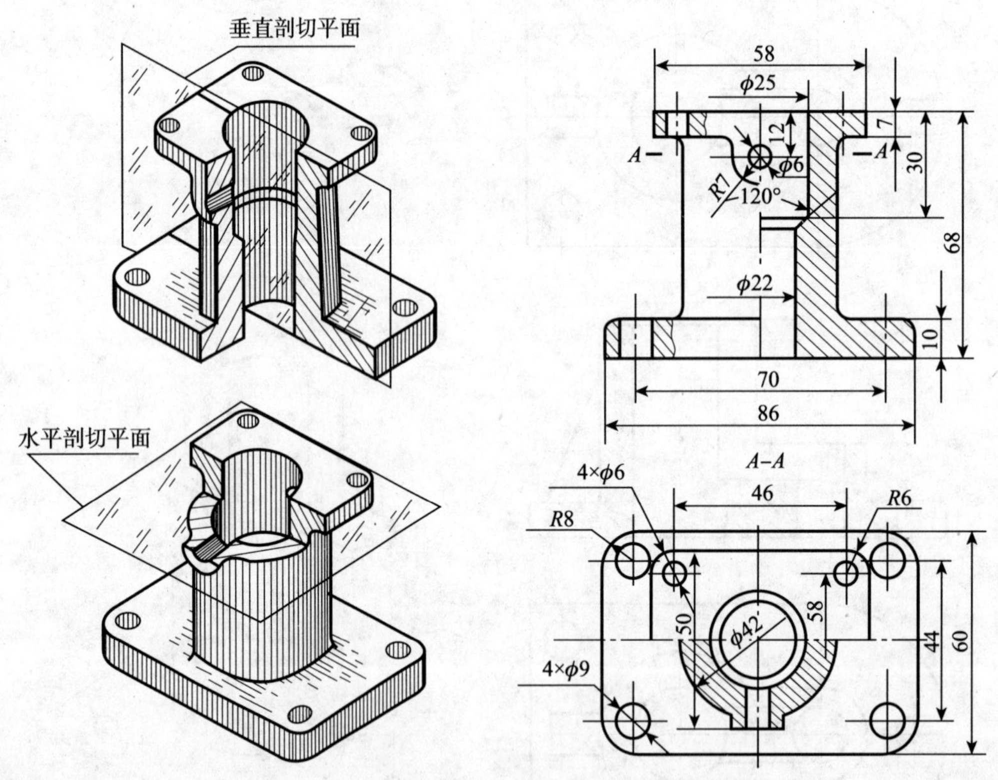

图 4—19　半剖视图

● 半剖视图适用于机件接近对称，且不对称的局部结构已在其他视图上表达清楚的机件，如图 4—20 所示。

（3）半剖视图的画法与标注。

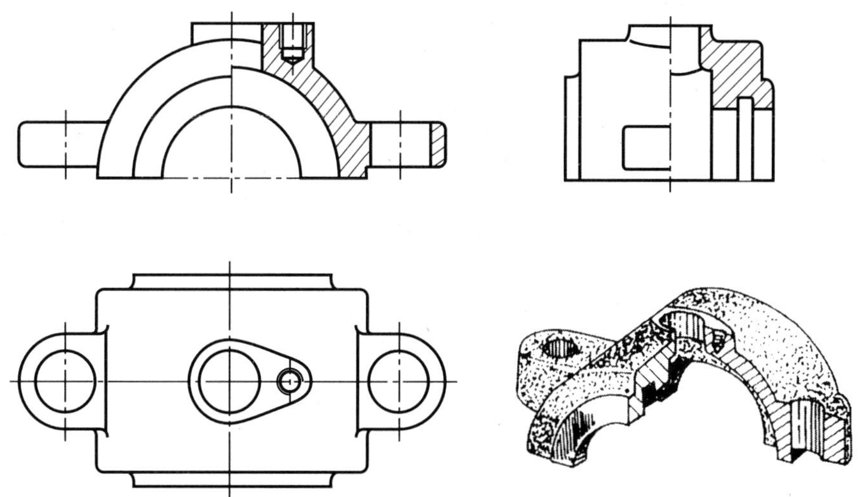

图 4—20　用半剖视图表示基本对称的机件

●只有当物体对称时，才能在其形状对称的视图上作半剖视图。但当物体基本对称并且对称的部分已在其他的视图中表达清楚时，也可以画成半剖视图。如图 4—20 所示的机件除顶部凸台外，其左右是对称的，而凸台的形状在俯视图中已表达清楚，所以主视图仍可画成半剖视图。

● 在表示外形的半个视图和表达内形的半个视图中，一般不画细虚线，但对于孔或槽等，应画出中心线位置。

● 半个剖视图和半个视图必须以细点画线分界，即应用中心线，而不应画成粗实线，也不应与粗实线重合。如果机件的轮廓线恰好和细点画线重合，则不能采用半剖视图。此时应采用局部剖视图，如图 4—21 所示。

● 半剖视部分，一定要放置在垂直轴线的右边或水平轴线的下边。

● 半剖视图中某些部分只画一半，标注尺寸时只画一端箭头，另一端只需超过中心线，不画箭头，如图 4—19 中ϕ25、ϕ22、120°、ϕ42、58 等。

● 半剖视的标注，仍符合剖视图的标注规定，即同全剖视的标注。

（4）表达分析。

图 4—19 所示的机件内外结构复杂程度相当，均需表达且对称，采取半剖视可在一面视图上同时表达内外结构，可以一举两得。

［例 4—2］　将主、俯视图改画成半剖视图，如图 4—22a 所示。

分析：

（1）分析视图可知，该机件由Ⅰ、Ⅱ、Ⅲ、Ⅳ四部分叠加而成。从Ⅰ、Ⅱ、Ⅲ俯视图反映的形状特征对应主视图的矩形线框可知，Ⅰ为两边有槽口的大圆柱，Ⅱ为小圆柱，Ⅲ为如俯视图中线框 3 所示形状的凸台，Ⅰ、Ⅱ、Ⅲ部分同轴线叠加，并在Ⅰ、Ⅱ、Ⅲ中间由上而下挖切有三个层次的同轴阶梯孔，又在Ⅲ左右两边挖切有两个小圆柱孔与阶梯孔中的大孔相通。由主视图的同心圆对应俯视图的圆框可知，Ⅳ部分为空心圆柱，它与Ⅱ的内、外圆柱表面相贯，有相贯线。如图 4—22b 所示。

（2）该机件左右对称，可用单一正平面将机件全部剖开，以主视图的点画线为界，左边画成视图，外部结构仍保留，右边画成剖视图，剖开后Ⅰ、Ⅱ、Ⅲ内部孔、槽结构均已

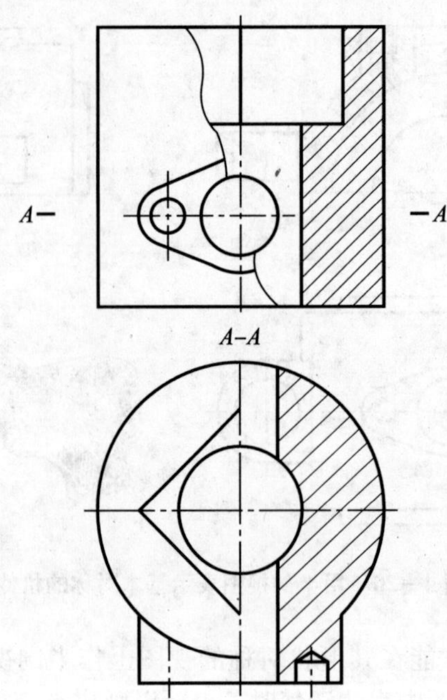

图 4—21　内轮廓线与中心线重合，不宜作半剖视图

表达清楚。如图 4—22b 所示。

(3) 由于机件前后不对称，左右对称，可采用单一水平面将机件全部剖开，以俯视图的点画线为界，左边画成视图，外部结构仍保留；右边画成剖视图，剖开后Ⅱ、Ⅳ的内部孔结构及相互关系均表达清楚。如图 4—22c 所示。

作图：

作图过程如图 4—22c 所示。

(1) 画出半剖的主视图。以点画线为界，右边画出剖切平面剖切到的内部形状和外形轮廓，再画出剖切平面后可见的轮廓线，即视图中的虚线画成了粗实线，并去掉多余的外轮廓线，在剖切平面与机件实体相交的断面内画上剖面符号。左边的视图仍保留，由于内部结构已经表达清楚，故虚线不画。

(2) 画出半剖的俯视图。以点画线为界，右边画出剖切平面剖到的内部形状和外形轮廓，再画出剖切平面后可见的轮廓线，即视图中的虚线画成了粗实线，并去掉多余外轮廓线，并在剖切平面与机件实体相交的断面内画上剖面符号。左边的视图仍保留，由于内部结构已经表达清楚，故虚线不画。

(3) 主视和俯视的半剖视图剖切平面都没有通过机件对称面，应加以标注，但剖切符号两端表示投射方向的箭头可省略。

[例 4—3]　改正剖视图中的错误，如图 4—23a 所示。

分析：

由俯视图可将机件的投影划分为 1、2、3、4、5 五个图框，它们分别对应主视图中的 1′、2′、3′、4′、5′，由此可知，机件是由带圆角及圆柱孔的底板Ⅰ、半圆柱Ⅱ、空心半圆柱凸台Ⅲ、带台阶圆柱孔的圆柱凸台Ⅳ所组成，在半圆柱Ⅱ底部正中挖切了一半圆柱槽Ⅴ。底板Ⅰ、半圆柱Ⅱ前后端面及底面均共面，空心半圆柱凸台Ⅲ位于半圆柱Ⅱ的正前方且底面共面，圆柱凸台Ⅳ位于半圆柱Ⅱ的上方中部。其空间形状如图 4—23b 所示。

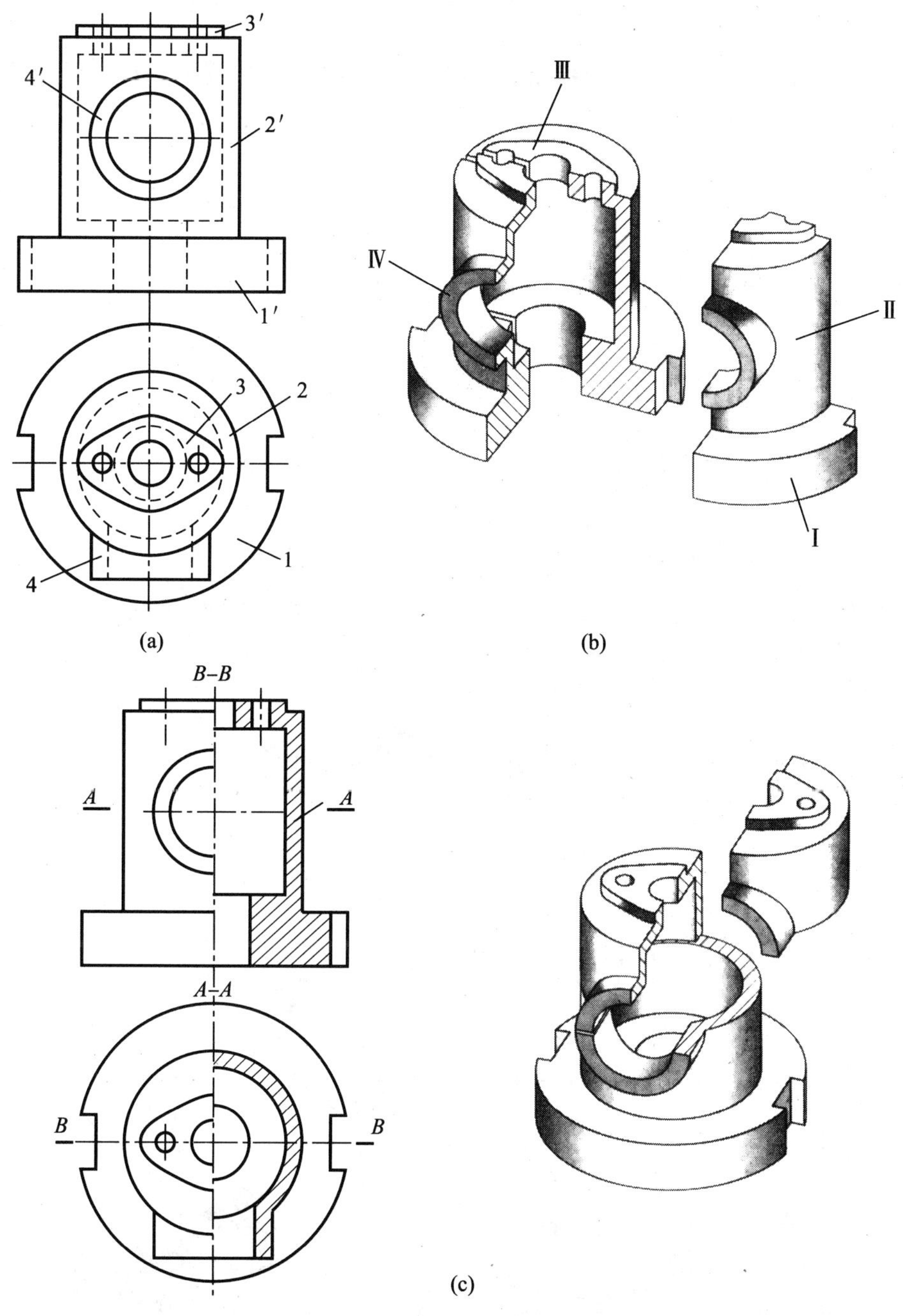

图 4—22　半剖视图

(1) 该机件采用半剖视的表达方法是正确的，但在画法上和标注上都出现了错误。在剖视与视图之间不能用粗实线分界，而必须用点画线分界。

(2) 在右半个剖视图中，漏画了剖切平面后面的可见投影（底平面的积聚投影）；多画了底板上圆柱孔的投影（因为前面的孔已剖走，后面的孔不可见）。

(3) 在左半个视图中，漏画了半圆孔后部底平面的积聚投影，多画了中部半圆槽Ⅴ的积聚投影；为了表示清楚底板上的四个圆柱孔，应在半个视图中采用局部剖视画出孔的投影。

（4）在剖视的标注上，错误地标注了剖切位置（应按全部剖视的剖切位置进行标注），漏注了字母和剖视名称。

改错：

（1）在右半个剖视图中，补画漏画的底平面投影，去掉小圆柱孔的投影，将分界处的粗实线改成点画线。

（2）在左半个视图中，补画漏掉的投影，去掉多画的投影，补画出小孔的局部剖视图。

（3）按剖视图的标注要求进行标注。改正后的剖视图如图 4—23c 所示。

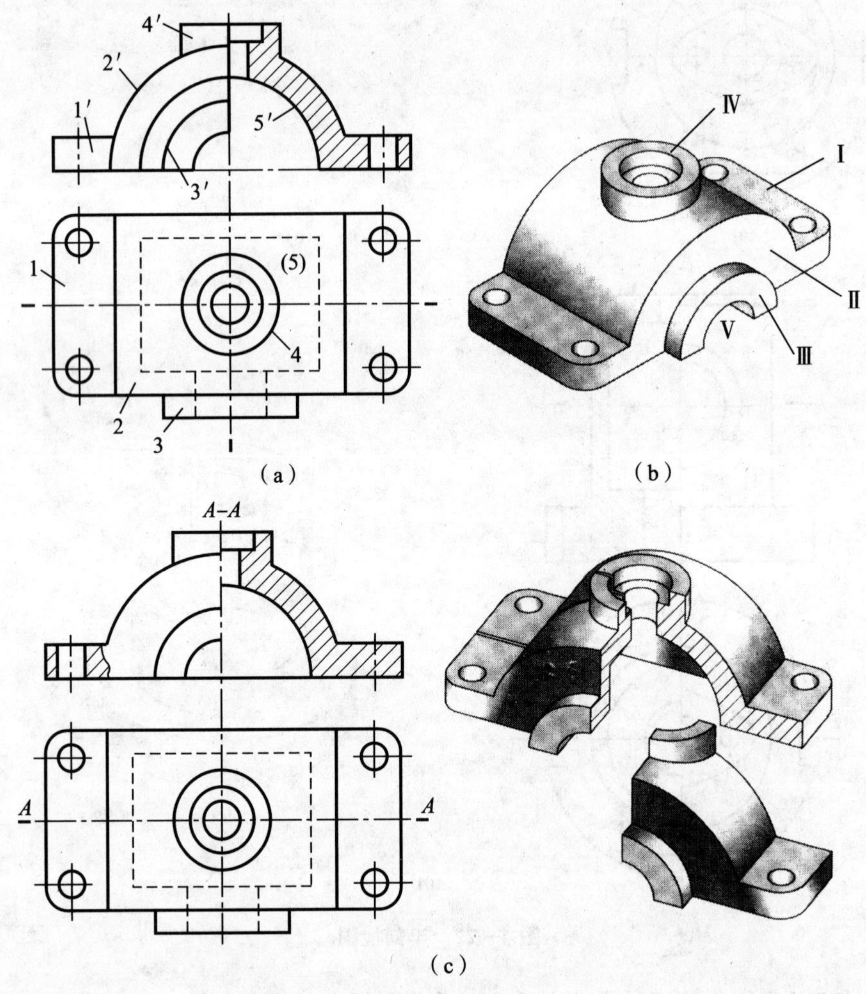

图 4—23　改正半剖视图中的错误

3. 局部剖视图

（1）局部剖视图的概念。

用剖切面局部地剖开机件所得的剖视图，称为局部剖视图。作局部剖视图时，剖切平面的位置与范围，根据机件的需要而决定，它是一种比较灵活的表达方法。

（2）局部剖视图的应用范围。

● 只需要表达机件上局部结构的内部形状，不必或不宜采用全剖视图时，采用局部剖视图，如图4—24所示。

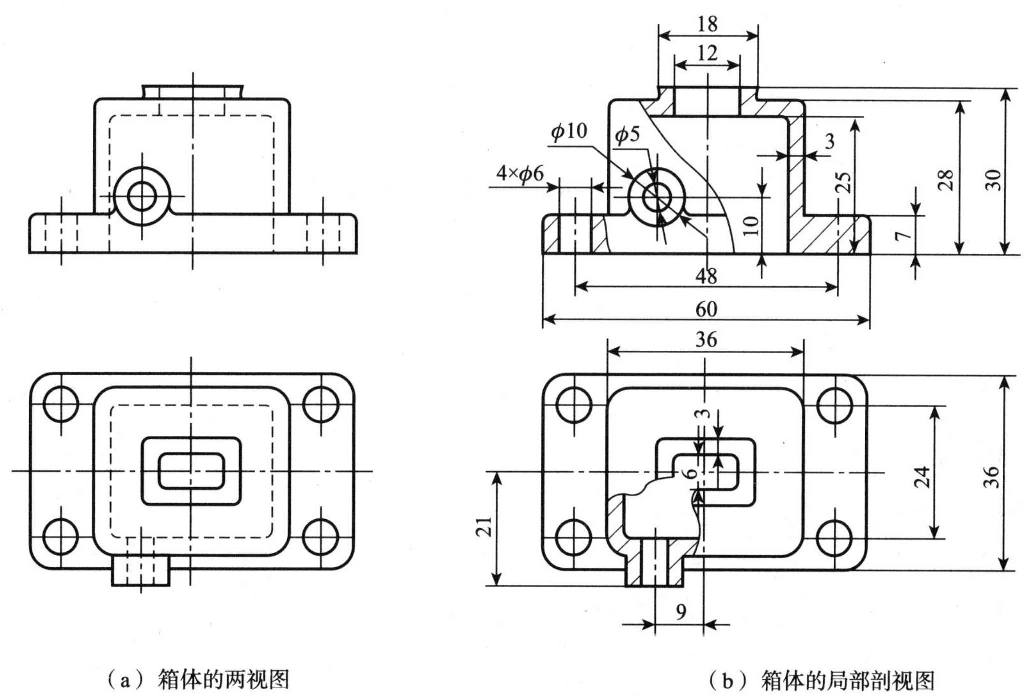

（a）箱体的两视图

（b）箱体的局部剖视图

图 4—24　局部剖视图的画法示例

● 对称的机件，但其图形的对称中心线正好与轮廓线重合而不宜采用半剖视图时，采用局部剖视图，如图 4—21 所示。

● 不对称的机件，既需表达其内部形状，又需保留其外形时，采用局部剖视图，如图 4—24 所示。

● 表达机件底板等结构上的孔或槽，采用局部剖视图，如图 4—24 所示。

● 表达实心杆上的孔、槽，以避免剖切实心部分时，采用局部剖视图，如图 4—25 所示。

（3）局部剖视图的画法与标注。

● 局部剖视图一般应配置在原来的视图上，剖开部分与原视图之间用波浪线或双折线分开。画波浪线时，不应与其他图线重合。若遇到可见的孔、槽等空洞结构，则不应使波浪线穿空而过，也不能画到外轮廓线之外，如图 4—26 所示。

● 当被剖切的结构为回转体时，允许将该结构的中心线作为局部剖视图与视图的分界线，如图 4—27 所示。

● 局部剖视图是一种比较灵活的表达方法，但在一个视图中，局部剖视图的数量不宜过多，以免使图形过于破碎，反而不清晰。

● 局部剖视图的标注应符合剖视图的标注规定，但剖切位置明显时，可省略标注，如

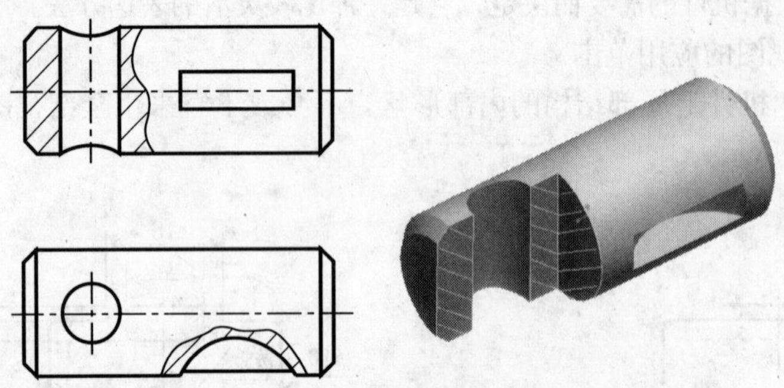

图 4—25　杆件上孔、槽的局部剖视图

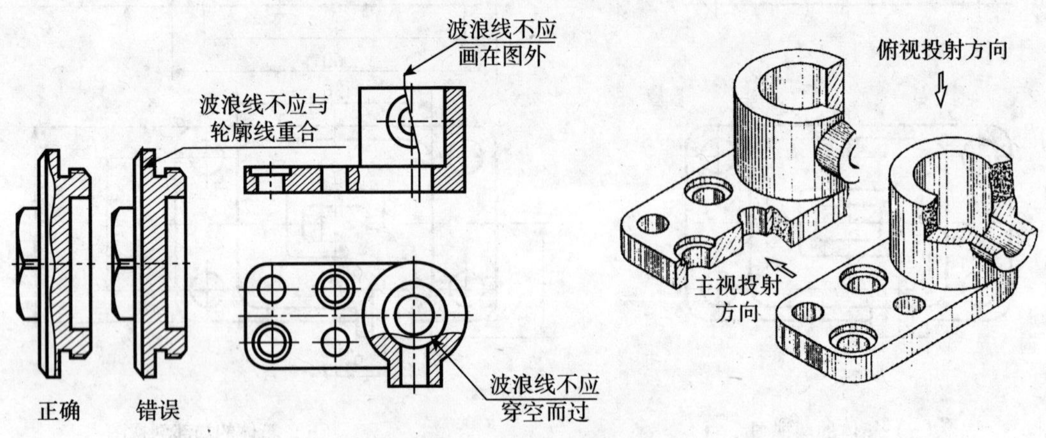

图 4—26　波浪线的错误画法

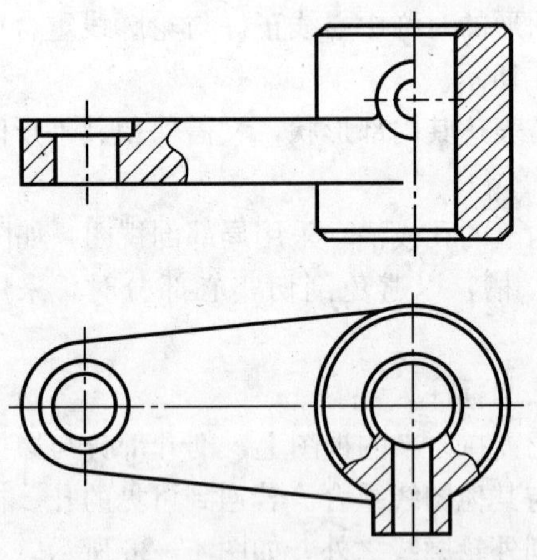

图 4—27　回转结构的局部剖视图

图 4—28 所示。

● 根据需要，可允许在剖视图中再作一次简单的局部剖视。采用这种画法时，两者的剖面线应同方向，同间隔，但要互相错开，一般需要用引出线标注其名称，如图 4—29 所示。

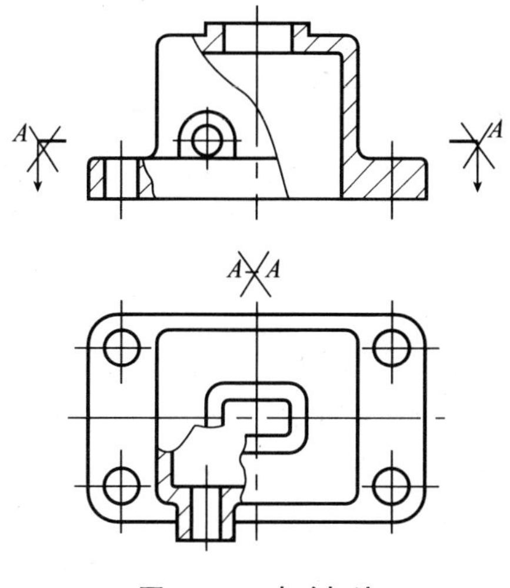

图 4—28　省略标注

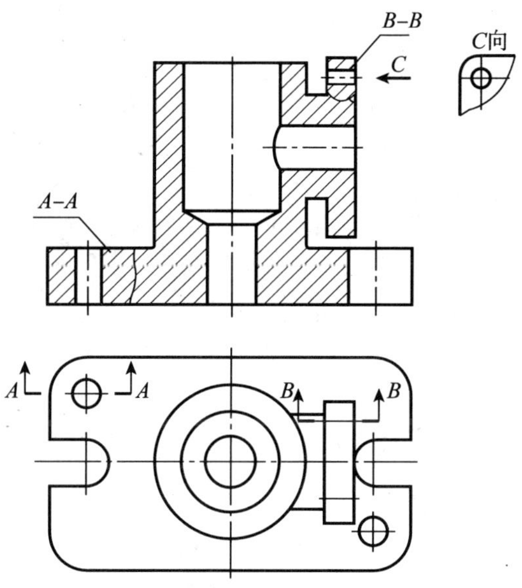

图 4—29　剖视图中再作一次局部剖

（4）局部剖视图的表达分析。

图 4—24a 为箱体的两视图。通过箱体的形状结构可以看出：顶部有一个矩形孔，底部是一块具有四个安装孔的底板，左下方有一个轴承孔。从箱体的两个视图可以看出：上下、左右、前后都不对称。为了使箱体的内部和外部都能表达清楚，它的两视图既不宜用全剖视图表达，也不能用半剖视图表达，而以局部剖表达这个箱体为好，这样既能表达清楚内部结构又能保留部分外形，如图 4—24b 所示。

［例 4—4］　将主、俯视图画成适当的剖视，如图 4—30a 所示。

分析：

（1）投影分析。按形状分析法，可将视图分解为 1′、2′、3′三个图框，由对应俯视图中的图框 1、2、3 可知，该机件是由三个部分组成。形体 I 是带圆角及 U 形槽的底板；形体Ⅱ是一个形状如主视图所示，宽度方向如俯视图所示的形体；形体Ⅲ是一个空心圆柱凸台。三个部分的相互位置是：形体Ⅰ在最下部，形体Ⅱ位于形体Ⅰ的正中上方，形体Ⅲ位于形体Ⅱ的前端面。由俯视图中的大虚线框并对应主视图可知，在整个机件的底部，由下向上挖切了一个与形体Ⅱ形状类似的空腔。在形体Ⅱ的左上侧挖切了一个窗口。机件的空间形状如图 4—30b 所示。

(2) 表达分析。该机件的主、俯视图中都出现了较多的虚线，对画图、看图及标注尺寸都不方便，根据机件的结构形状，可将机件画成适当的局部剖视。为避免主视图中的虚线，可将机件用一正平面通过机件内腔的对称平面将其需要表达的内形部分剖开，保留住需要表达的外部结构，将主视图画成局部剖视。为避免俯视图中的虚线，可将机件用一水平面通过圆柱凸台的轴线将其部分地剖开，剖切出需要表达的内部结构，保留住需要表达的外部结构（窗口），将俯视图画成局部剖视。如图 4—30c 所示。

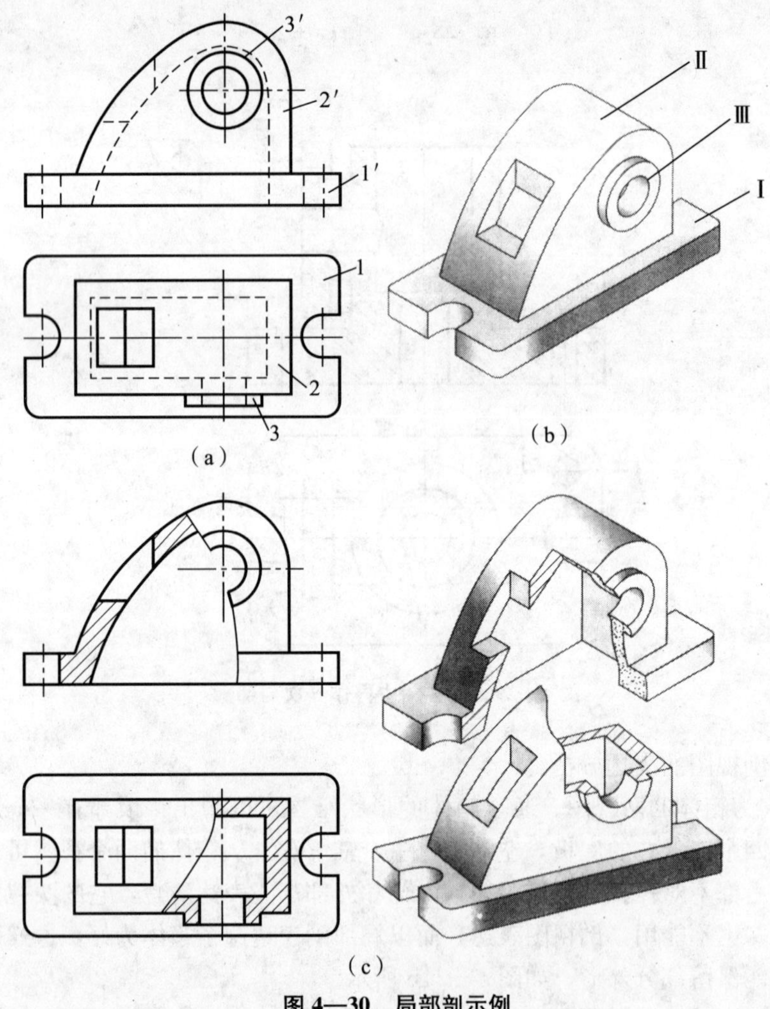

图 4—30　局部剖示例

作图：

(1) 画出局部剖的视图。将 U 形槽口、窗口及内腔按剖开画成剖视，以表达内形；将凸台全部或部分保留画成视图，以表达圆柱凸台的形状和位置。注意：视图与剖视图分界处，应按实际剖切的范围画出分界线（波浪线），并注意波浪线的画法。如图 4—30c 所示。

（2）画出局部剖的俯视图。将凸台中的圆柱孔及内腔画成剖视图，将窗口面的投影依然画成视图，如图 4—30c 所示。

（3）剖视的标注。两剖视图均为单一平面剖切，且剖切位置明确，故标注可全部省略。

4. 斜剖视

（1）斜剖视图的概念。用不平行于任何基本投影面的剖切平面，剖开机件所得的剖视图称为斜剖视图，如图 4—31 所示。

（2）斜剖视图的应用范围。不平行基本面的内部结构需要表达时一般采用斜剖视图。

（3）斜剖视图的画法及标注。

● 斜剖视的画法与斜视图的画法基本相同，剖视图一般应配置在箭头所指的方向，并与基本视图保持相应的投影关系，以便于读图。

● 有时为了满足图纸布局的要求，可把斜剖视图平移至图纸的适当位置。

● 剖视若配置在其他位置，在不致引起误解时，允许图形以最小角度转平，放正到与标题栏没有倾斜的位置，以便于作图，但必须标注“*X*—*X* ↶”或↷*X*—*X*，如图 4—31 中的“*B*—*B* ↶”剖视图。

（4）斜剖视图的表达分析。

如图 4—31 所示，弯管顶部凸台、凸缘和通孔为不平行于六个基本面的斜体，为使反映斜体实形，采用斜剖视表达，配置如图所示。

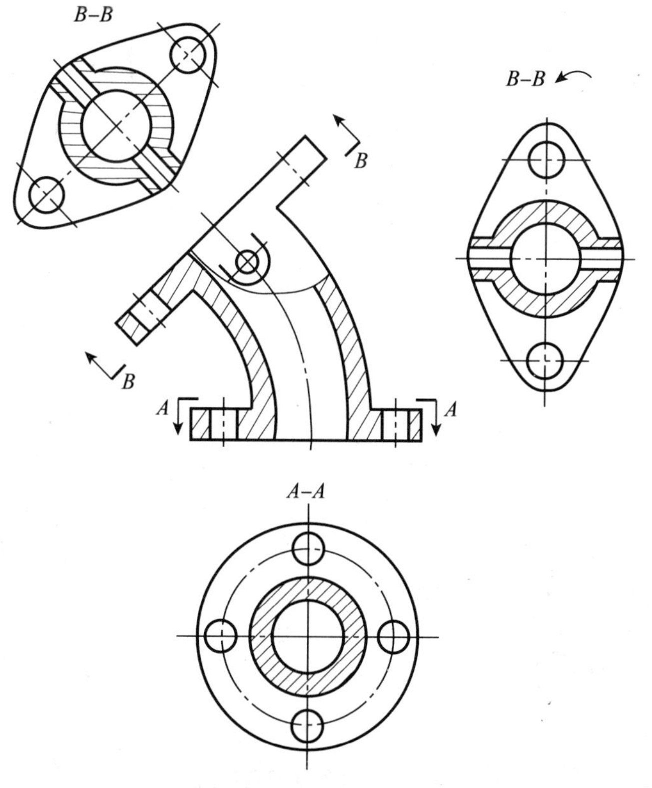

图 4—31　弯管的剖视图

[**例 4—5**] 用单一剖切平面，画出 *A*—*A*、*B*—*B* 全剖视图，如图 4—32a 所示。

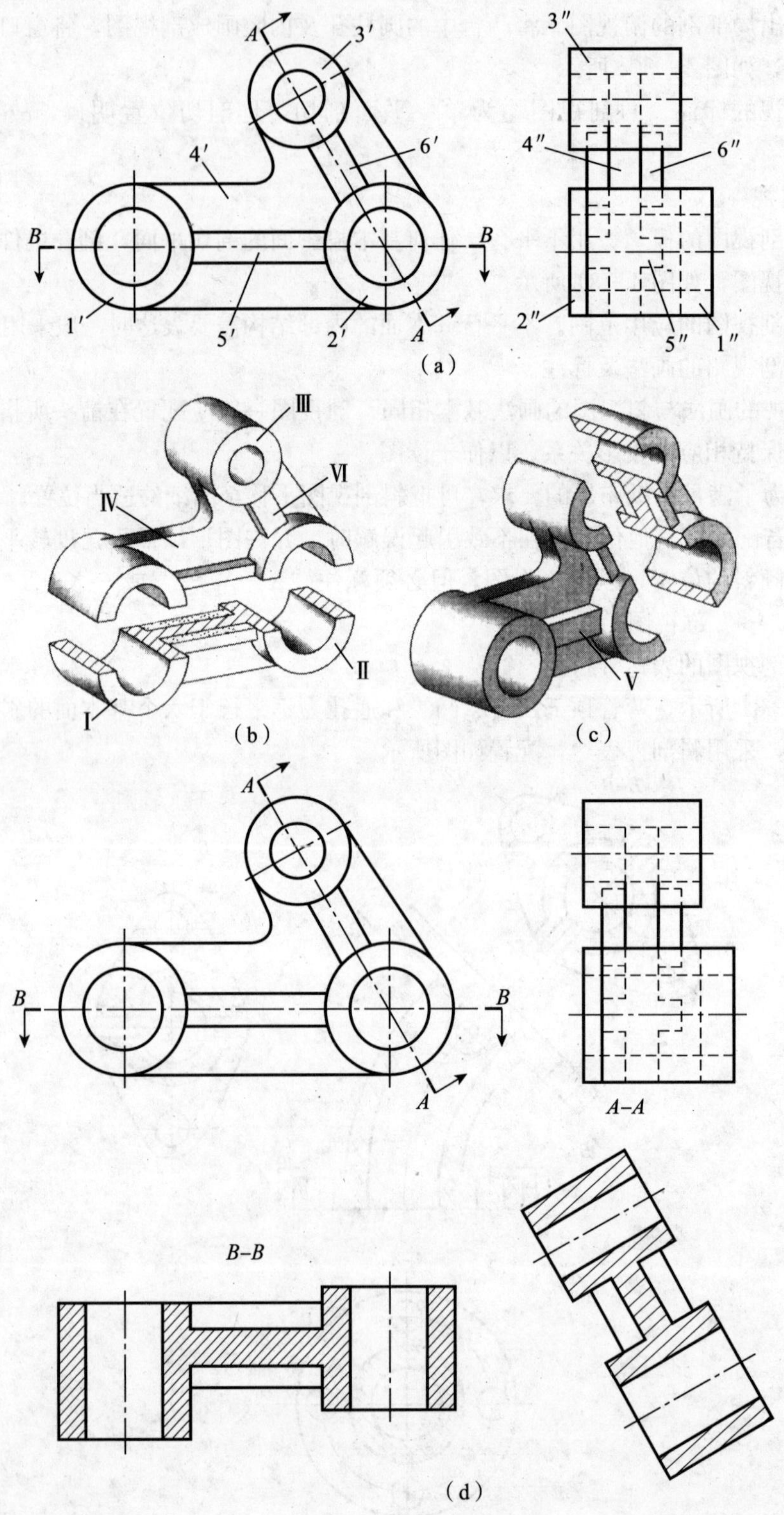

图 4—32 斜剖视图举例

分析：

（1）由已知视图可知，该机件由形体Ⅰ、Ⅱ、Ⅲ、Ⅳ、Ⅴ、Ⅵ叠加而成。形体Ⅰ、Ⅱ、Ⅲ均为空心圆柱体，且形体Ⅰ、Ⅱ等宽。形体Ⅳ为连接板，形体Ⅴ、Ⅵ均为肋板，其中形体Ⅵ与形体Ⅰ、Ⅱ、Ⅲ均相切，左视图上形体Ⅳ的前后端面应画至切点。形体Ⅴ与形体Ⅰ、Ⅱ相交，有截交线（左视图上不可见）。形体Ⅵ与形体Ⅱ、Ⅲ相交，有截交线。

（2）为了表达机件内部结构，沿给定的剖切位置分别剖切，并按要求的方向进行投影，可得到 *A*—*A*、*B*—*B* 全剖视图。如图 4—32b、c 所示。

作图：

作图过程如图 4—32d 所示。

（1）作出 *A*—*A* 全剖视图。按投影规律分别画正垂面剖切后形体Ⅱ、Ⅲ、Ⅳ、Ⅵ及其圆柱孔的可见投影，并在剖切面和实体相交的断面处画上剖面符号。注意形体Ⅵ的剖面线不画，但应用粗实线画出与其邻接部分的分界线。由于机件不对称，应标注剖视名称“*A*—*A*”。

（2）作出 *B*—*B* 全剖视图。按三等规律“长对正、宽相等”分别画水平面剖切后形体Ⅰ、Ⅱ、Ⅳ、Ⅴ及其圆柱孔的可见投影，并在剖切平面和实体相交的断面处画上剖面符号，但形体Ⅴ的剖面线不画，而应用粗实线画出与其连接部分的分界线。由于机件不对称，应标注剖视名“*B*—*B*”。

5. 阶梯剖视

（1）阶梯剖视的概念。用几个互相平行的剖切平面（见图 4—33）剖开机件所得的剖视图称为阶梯剖视图。

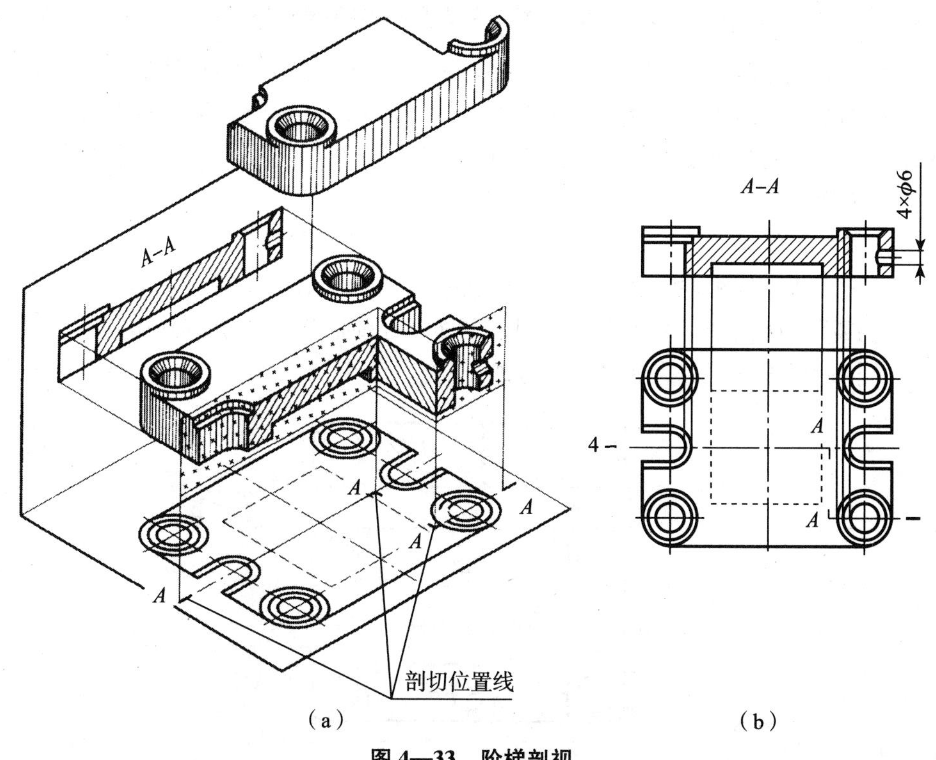

（a）　　　　（b）

图 4—33　阶梯剖视

（2）阶梯剖视的应用范围。两个或几个平行平面内部结构需要表达的机件常采用阶梯剖视。

（3）阶梯剖视的画法及标注。

● 画阶梯剖视图时，应把几个平行的剖切平面作为一个剖切平面考虑，被切到的结构要素也应被认为位于一个平面，所以在阶梯剖视图上，各剖切平面转折处的棱线不应画出。剖切平面应以直角转折，不能迂回，亦不可与视图中的实线和虚线重合，如图 4—33a 所示。

● 不应出现不完整的结构要素，如图 4—34b 所示。只有当不同的孔、槽在剖视图中具有共同的对称中心线或轴线时，才允许剖切平面在孔槽中心线或轴线处转折，如图 4—35所示，不同的孔、槽各画一半，二者以共同的中心线分界。

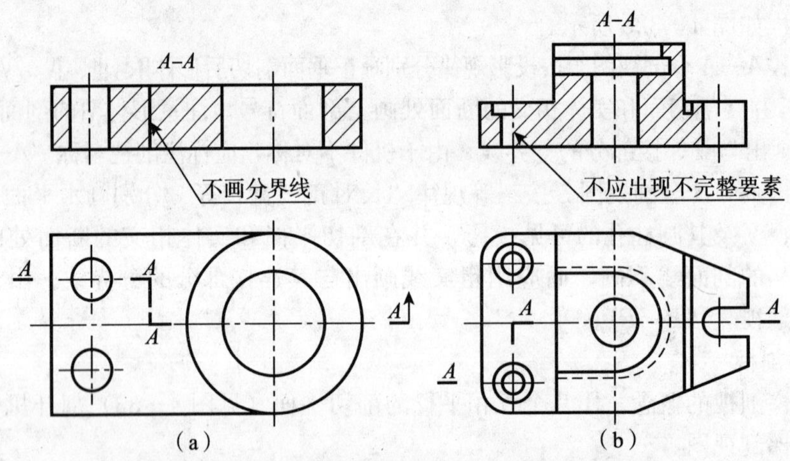

图 4—34　用几个平行的剖切平面剖切时常见的错误

● 必须注全项内容。剖切符号在剖切位置线（起始、转折、终止处）的转折处不允许与图上的轮廓线重合。在转折处因位置有限，且不致引起误解时，可以不注写字母。

● 箭头。当剖视图按投影关系配置，中间又无其他图形隔开时，可省略箭头。

● 剖视名称为“X—X”。

（4）阶梯剖视的表达分析。

如图 4—35 所示的机件，圆孔和中心方孔平行排列，用单一剖切面不能将所有的孔同时剖到，可按图中所示采用两个平行的剖切平面，分别把圆孔和中心方孔剖开，再向投影面投射，这样就可很简明地表达这两部分的结构。

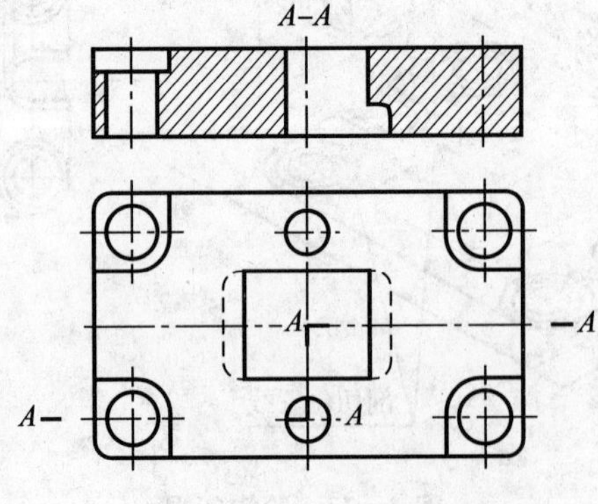

图 4—35　模板的剖视图

注意：相同结构要素只需剖到一处即可。

［**例 4—6**］　将主视图改画成用几个平行剖切平面剖切的全剖视图，如图 4—36a 所示。

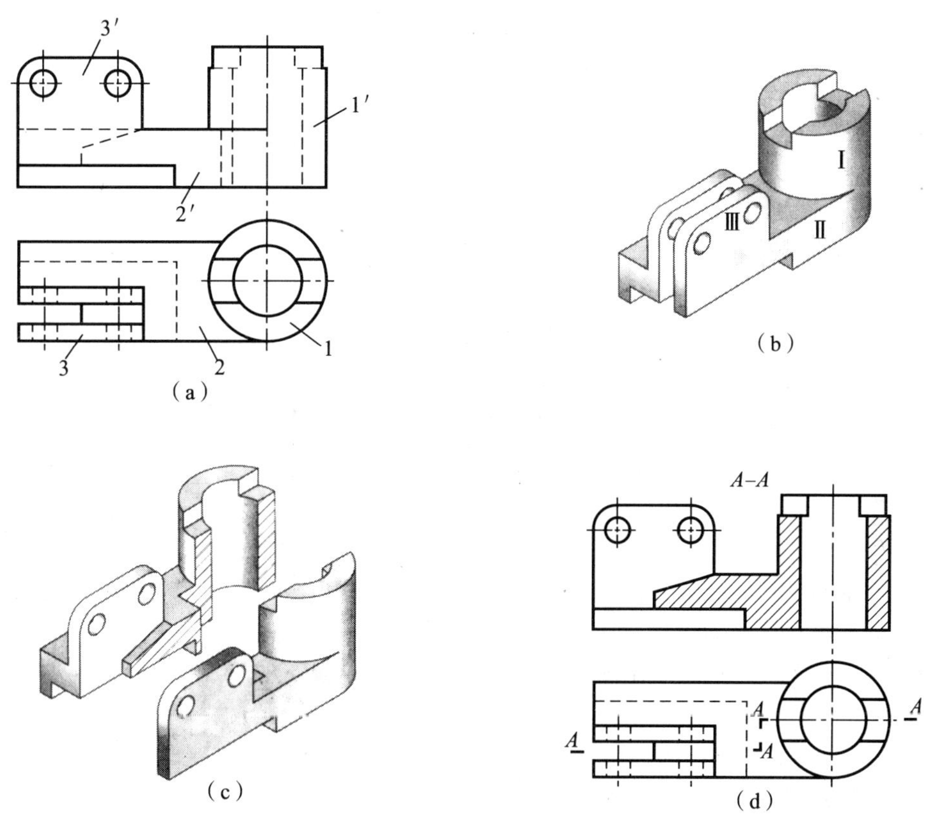

图 4—36　阶梯剖的全剖视图

分析：

(1) 该机件可分解为三个部分，如图 4—36b 所示。Ⅰ是空心圆柱体，Ⅱ是长方形底板，Ⅲ是带两个圆柱孔和圆角的长方体立板。Ⅰ与Ⅱ共底面，前面相切，后面相交。Ⅲ和Ⅱ叠加，前面共面。Ⅰ被两个正平面和水平面挖切出一个左右相通的方形槽。截切面与空心圆柱内、外面都有截交线；Ⅱ左下面被挖切出一个不通的方槽；Ⅲ中间被两正平面、正垂面和侧平面挖切出一个斜槽，与形体Ⅱ左下方的方槽相通。

(2) 该机件的外形简单，内部结构复杂，且不在一个剖切平面上，所以需要用两个平行的剖切平面剖切。如图 4—36c 所示。

作图：

作图过程如图 4—36d 所示。

(1) 画剖视图。先画出剖切平面剖到的内部形状和外形轮廓，再画出剖切平面后可见的轮廓线。**注意**：两个平行的剖切平面中间不画分界线，每个剖切平面剖切的内部结构必须完整，两剖切平面转折处不能与任何轮廓线重合。

(2) 用多个剖切平面剖切的剖视图必须标注剖切位置和名称，但剖切符号两端表示投影方向的箭头可省略。

［例 4—7］ 作阶梯剖半剖视图，如图 4—37 所示。

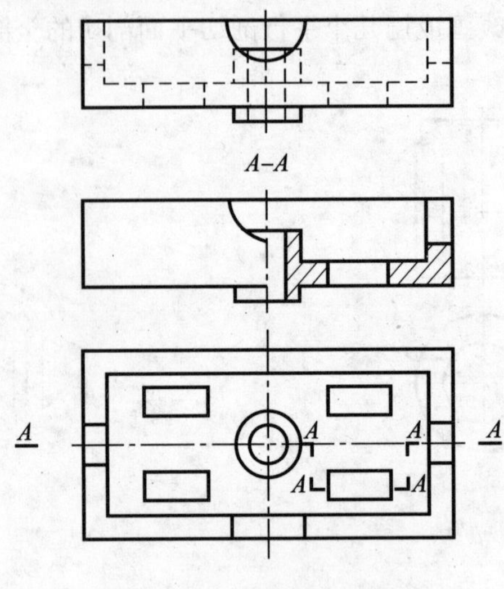

图 4—37 阶梯剖半剖视图

分析：

由已知视图可知，该形体内、外形均对称，内部结构不处于同一剖切平面内，选择阶梯剖的半剖视图表达更为合理。

［例 4—8］ 将主视图改画成用两个相互平行平面剖切的局部剖视图，如图 4—38a 所示。

分析：

（1）由已知视图可知，该机件由形体Ⅰ、Ⅱ、Ⅲ、Ⅳ叠加而成。形体Ⅰ为左方右圆的柱体，其上挖切了具有两个缺口的 U 形槽。形体Ⅱ是一个形状如图框 2 所示的底板，它与形体Ⅰ的半圆柱相切，其上表面的正面投影应画至切点。形体Ⅲ是一个圆柱体，叠加在形体Ⅱ的右上方。在形体Ⅱ、Ⅲ上又自上而下挖切了一个阶梯通孔。形体Ⅳ为前后两个 U 形凸台，它与形体Ⅲ的上表面平齐，水平投影无分界线，它与形体Ⅲ的圆柱面相交。在形体Ⅲ、Ⅳ的上方从前向后挖切了一个 U 形槽，该 U 形槽与空心圆柱体的内圆柱面相交。实体如图4—38b所示。

（2）由于机件前后左右均不对称，为了表达机件的内外形状，同时保证机件结构的完整（前方凸台），分别沿形体Ⅰ和形体Ⅲ的前后对称面（两个正平面）剖切，将主视图画成局部剖视图。如图 4—38c 所示。

作图：

（1）作出 A—A 局部剖视图。先画出视图与局部剖视图的分界线（波浪线）；按投影规律分别画出剖切后各形体及孔、槽等的可见投影，虚线省略不画，并在剖切平面和实体相交的断面上画出剖面符号。**注意：**在剖切平面之间不能画分界线，如图 4—38c 所示。

（2）标注该局部视图。几个平面剖切得到的剖视图应标注，但主、俯视图按投影关系配置，可省略箭头。

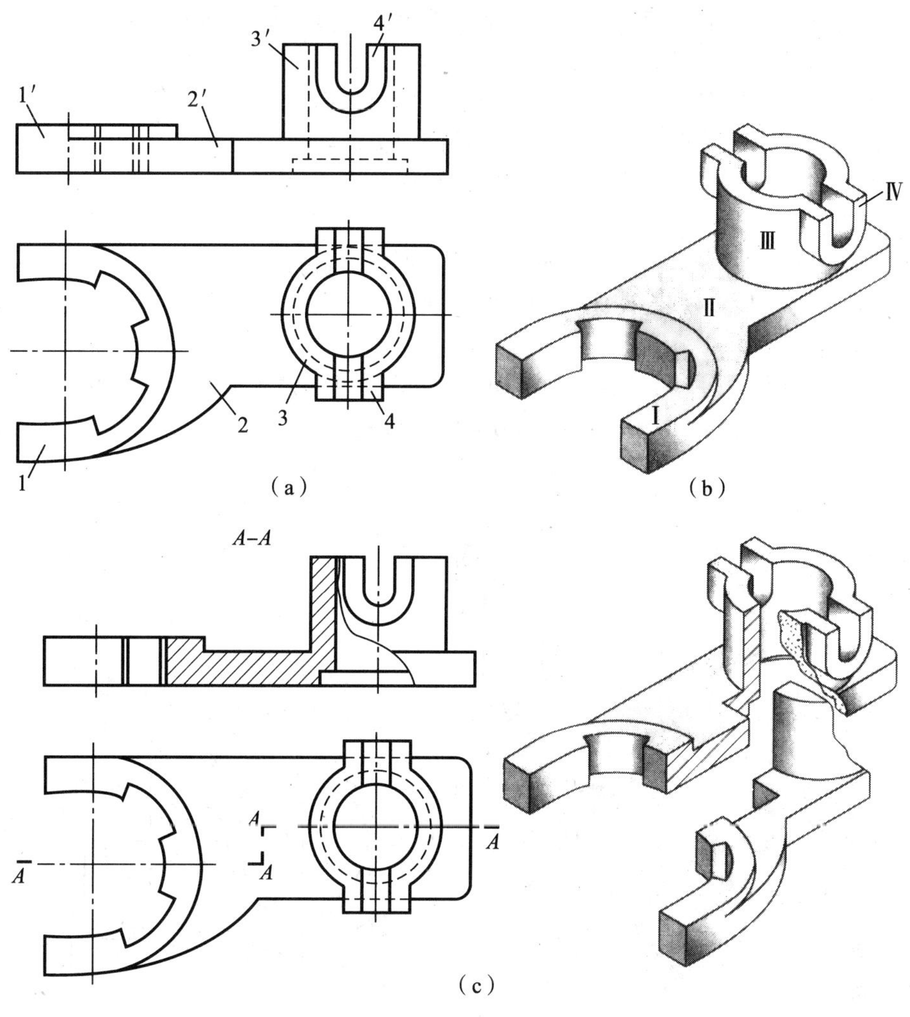

图 4—38　阶梯剖的局部剖视图

6. 旋转剖视

(1) 旋转剖视的概念。

用两相交的剖切平面（交线垂直于基本投影面）剖开机件，然后，将倾斜的剖切平面剖开的部分绕两剖切平面的交线旋转到与选定的投影面平行后，再进行投影，这样所得的剖视图称为旋转剖视图。

(2) 旋转剖视的应用范围。

● 旋转剖视用来表示机件上分布在两个相交平面上的内部结构。

● 旋转剖视用来表示盘类零件（如盘、端盖等），如图 4—39 所示；也可用来表示具有一个回转中心的非回转体，如具有公共旋转轴线的摇臂类零件，如图 4—40 所示。

(3) 旋转剖视的画法及标注。

● 旋转剖视通常用于具有较明显旋转轴的机件。设置剖切平面时，应使两剖切平面的交线与机件上的旋转轴线重合，其中使一个剖切平面平行于某基本投影面，将另一个倾斜的剖切平面旋转至与基本投影面平行，这样画出的剖视图才不会失真。

● 倾斜的剖面，必须旋转到与选定的基本投影面平行，使投影表达实形，剖面后的结构，应按原来位置画它的投影，如图 4—40 中的小孔。

● 在剖切时，如出现不完整要素，习惯上应将剖到部分按未剖到作图，如图 4—41 中的凸耳，这样在看图不致误解的情况下，可使图形更清晰。

● 必须全项标注内容，标注方法与阶梯剖相同。

（4）旋转剖视的表达分析。

如图 4—39 所示的盘类机件，为使中间及靠近外部台阶孔的内形表达清楚，需采用相交的两剖切平面剖切表达，为使倾斜剖切面反映实形，需将剖切面旋转到与选定的基本面（侧平面）平行再投影。

如图 4—40 所示的摇臂，为使左边结构形状和右边倾斜悬臂表达清楚，反映实形，采用两相交的剖切平面剖切表达，并将倾斜部分旋转到与基本投影面（水平面）平行再投影。

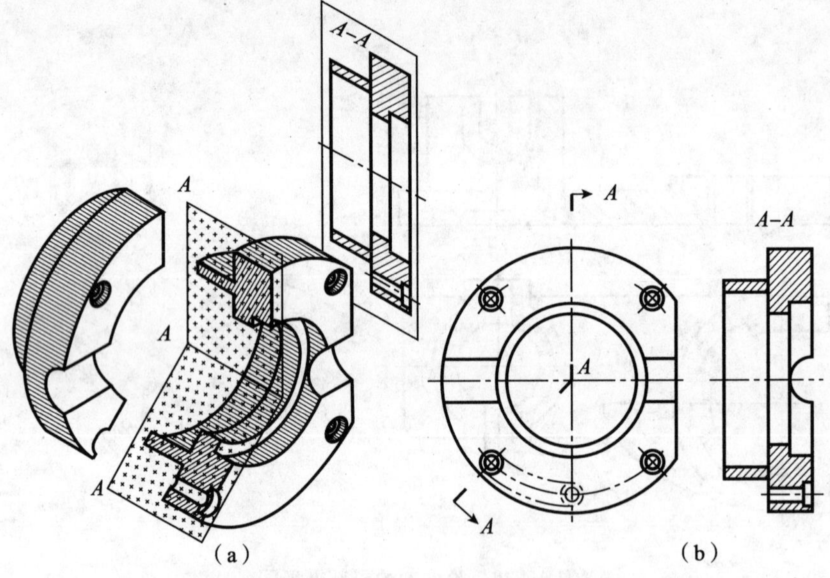

图 4—39　两相交的剖切平面（一）

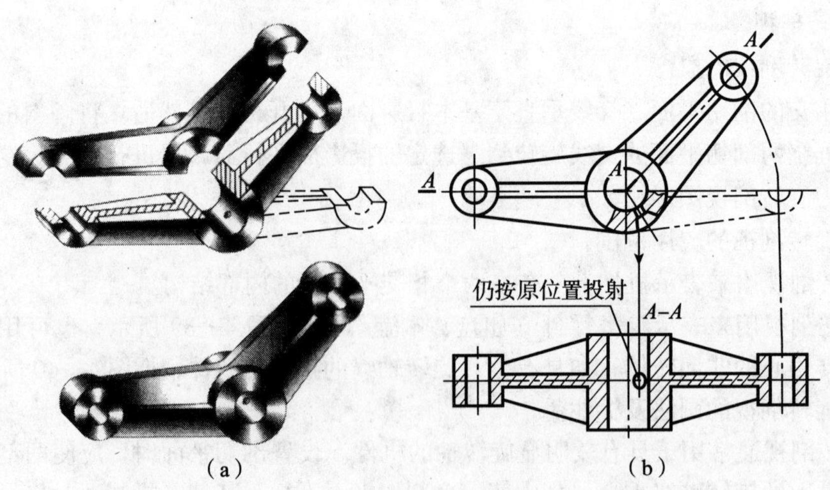

图 4—40　两相交的剖切平面（二）

［**例 4—9**］ 将机件的主视图改画成用两个相交平面剖切的全剖视图，如图 4—41a 所示。

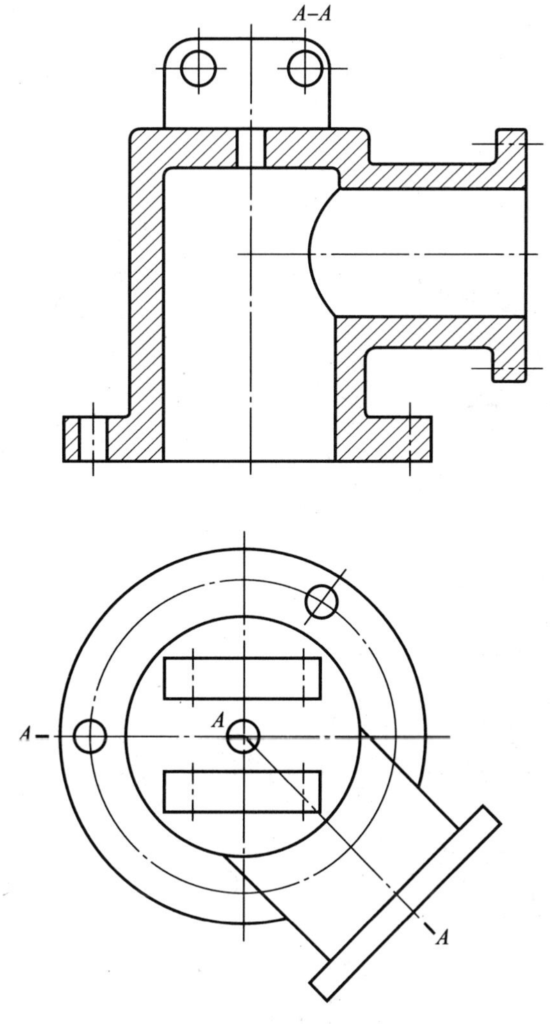

图 4—41　旋转剖视示例

分析：

由主、俯视图不难看出，该机件由Ⅰ、Ⅱ、Ⅲ三个形体五个部分组合而成。形体Ⅰ为底板，其上有一个圆柱孔。形体Ⅱ形状如俯视图中图框 2 所示，高度如主视图 2′所示；由主视图中的虚线矩形图框对应俯视图可知，在形体Ⅰ、Ⅱ上挖切了一个台阶圆柱孔和一个圆柱通孔。形体Ⅲ为三棱柱肋板，它们的前后、左右位置关系如俯视图所示，上下位置关系如主视图所示。机件空间结构形状如图 4—42b 所示。

该机件的内部结构不处于同一剖切平面内，不能用单一的剖切平面剖切，但该机件在整体上具有回转轴线，故可用相交的一个正平面和一个铅垂面分别剖切该机件，将其主视图画成全剖视图，如图 4—42c 所示。

作图：

作图过程如图 4—42c 所示。

（1）确定两剖切平面的位置。剖切平面应分别通过所要剖切的内部结构中心，且两剖切面的交线要与回转轴线重合，如图 4—42c 中标注的剖切位置。

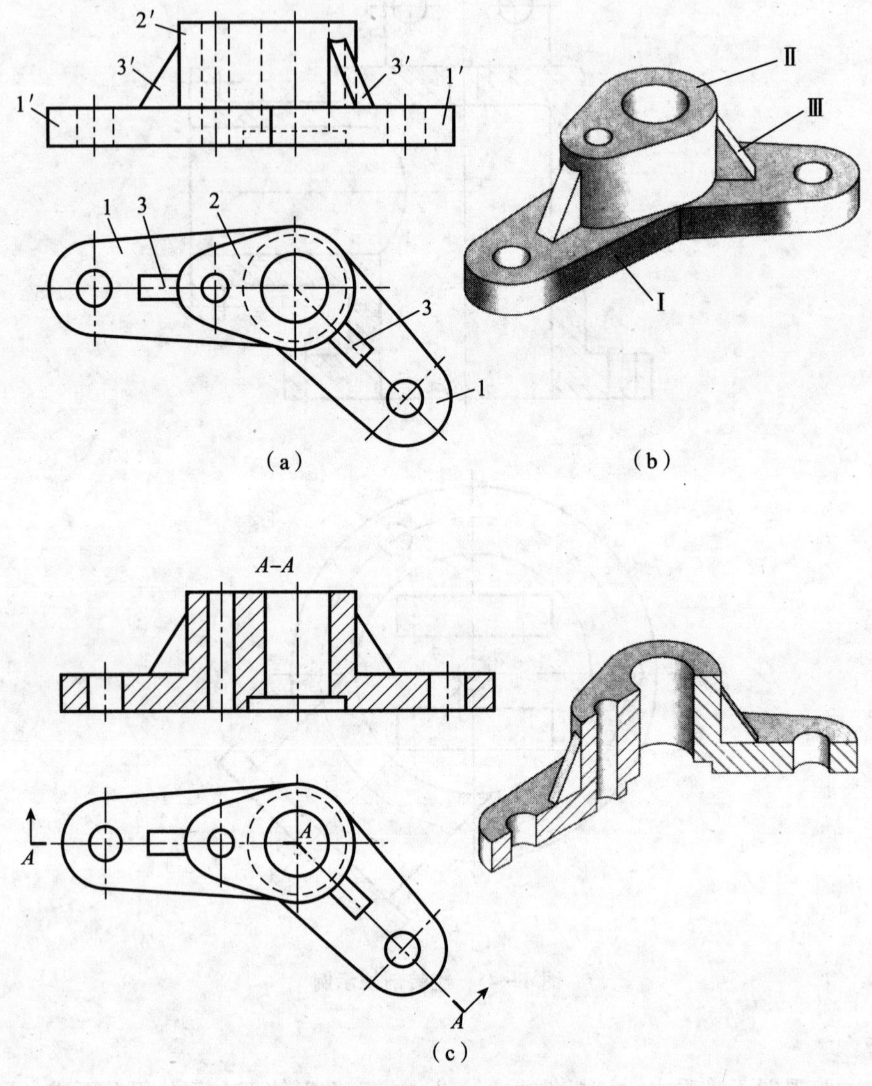

图 4—42　旋转剖全剖视图

（2）画出正平面和铅垂面剖切而得的剖视图。将铅垂面剖切后的断面及有关部分旋转至正平面位置，再将其投影，并在剖切平面和实体相交的断面处画上剖面符号。

（3）对剖视图进行标注。几个平面剖切得到的剖视图应标注，在剖切平面的起止和相交处，均应标注剖切位置符号及大写字母，在剖视图的正上方标注剖视名称。

［**例 4—10**］　将机件的主视图改画成旋转剖的局部剖视图，如图 4—43 所示。

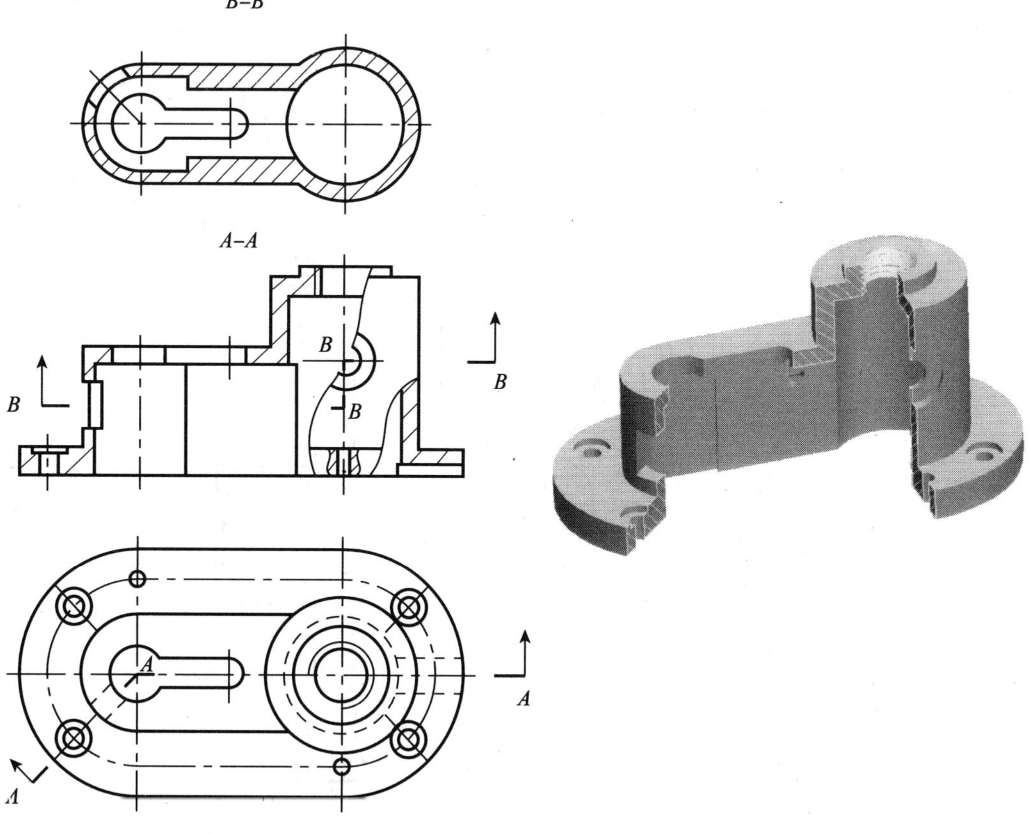

图 4—43　改画主视图为局部剖

7. 复合剖视

(1) 复合剖视图的概念。用几个平行或相交的组合剖切平面剖切机件所得的剖视图称为复合剖视图。

(2) 复合剖视的应用范围。当零件不能单纯用阶梯或旋转剖视，而必须用几个剖切平面剖切时，常采用复合剖视图。复合剖的常见形式有：

● 单一剖＋旋转剖；

● 旋转剖＋阶梯剖。

(3) 复合剖视的画法及标注。

● 作复合剖视时，应把各剖切平面理解为一个平面来作图。

● 复合剖视常采用展开画法，这时应表明“*X*—*X* 展开”字样，如图 4—44 所示的“*A*—*A* 展开”。

● 标注与阶梯及旋转剖相同，全项标注，当转折处空间有限且不会引起误解时允许省略字母。

(4) 复合剖视的表达分析。如图 4—44、图 4—45 所示的机件，单纯用阶梯剖视或旋转剖视均不理想，可采用既有阶梯剖视，又有旋转剖视的复合剖切方法。

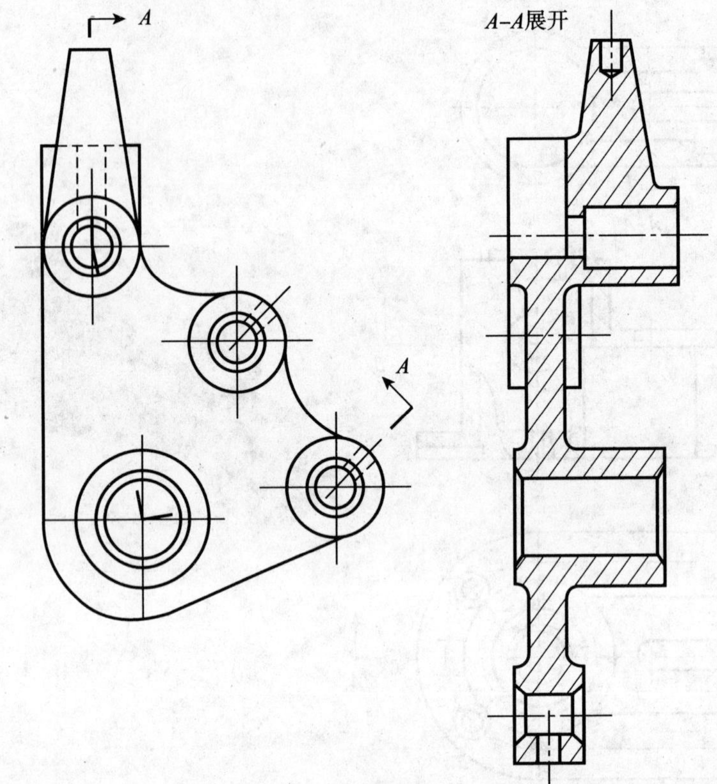

图 4—44　复合剖视（一）

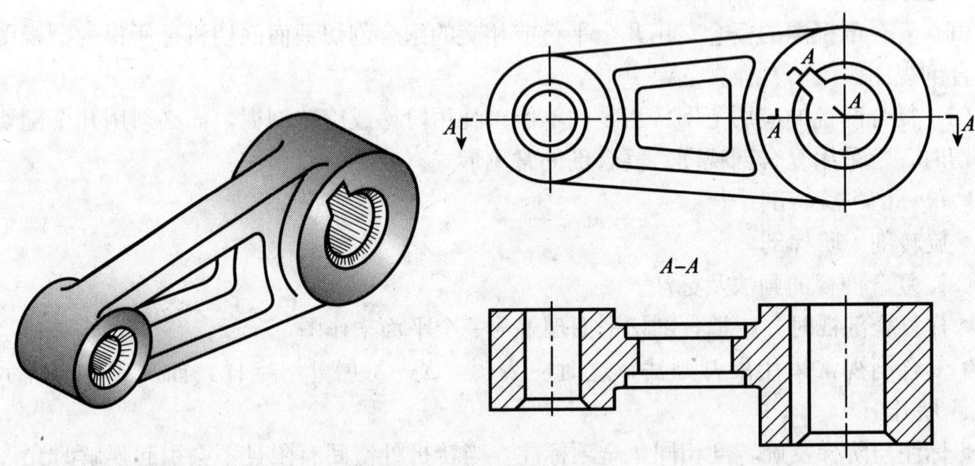

图 4—45　复合剖视（二）

［**例 4—11**］ 根据主视图画全剖视图（用几个相交的剖切面剖切），采用单一剖＋旋转剖，如图 4—46 所示。

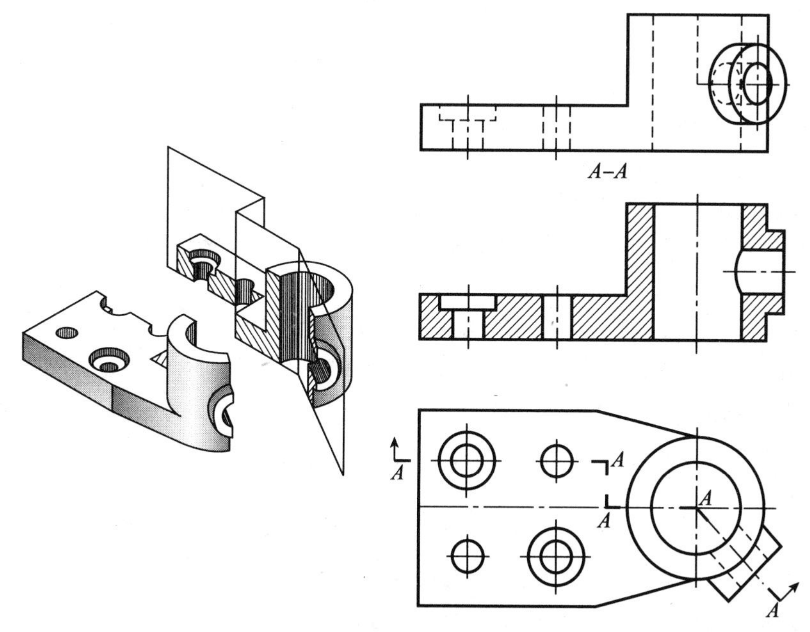

图 4—46　单一剖＋旋转剖

［**例 4—12**］ 将图 4—47 所示的主视图画成全剖视图，采用阶梯剖＋旋转剖。

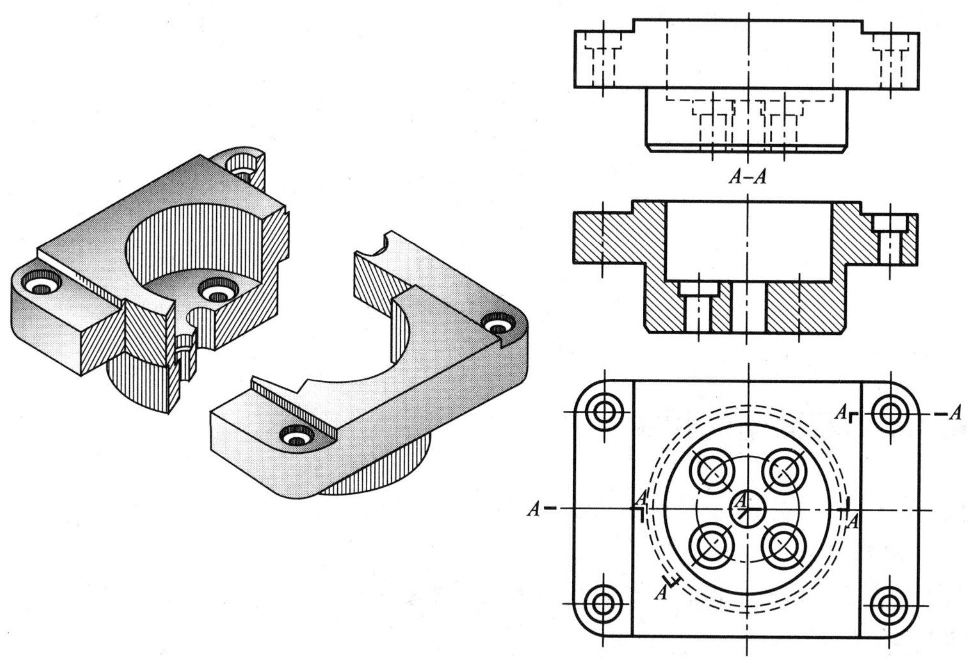

图 4—47　阶梯剖＋旋转剖

4.3 断面图

4.3.1 断面图的概念

为了表达机件上某一断面形状，例如机件上的肋板、轮辐或孔槽等，可假想用剖切平面将机件的这一部分切断表示。将反映机件截断后形状的图形称为断面图，简称断面，如图 4—48 所示。

用断面图表达机件上某些结构的断面时，可使表达重点突出，清晰。

画断面图时，应特别注意断面图与剖视图之间的区别。断面图只画出物体被切出的断面形状，而剖视图除了画出其断面形状之外，还必须画出断面之后所有的可见轮廓。图 4—48a 表示出剖视图和断面图之间的区别。

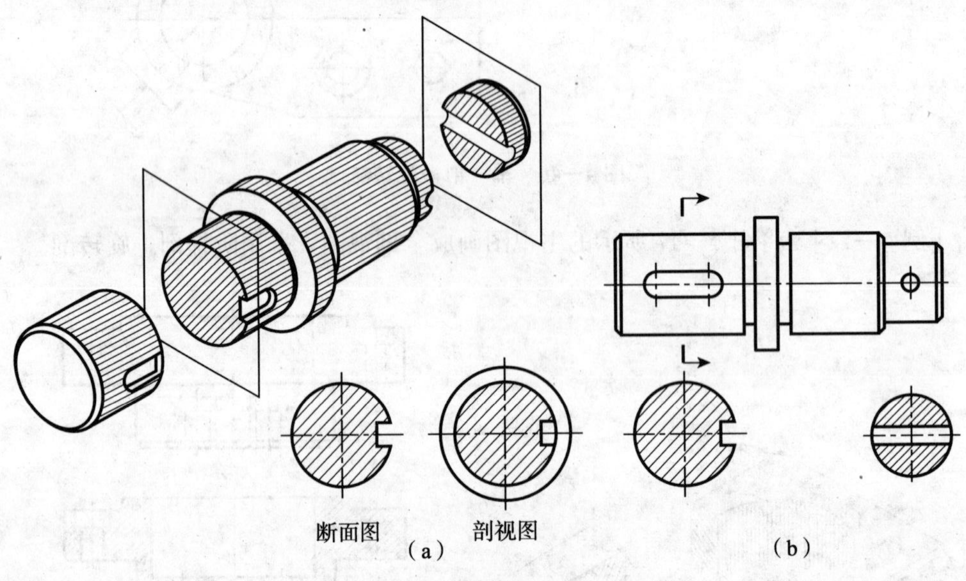

图 4—48 断面图与剖视图的区别

4.3.2 断面图的种类

断面图可分为移出断面图和重合断面图。

1. 移出断面图

画在视图之外的断面图，称为移出断面图，如图 4—48 所示。画移出断面图时，应注意以下几点：

(1) 移出断面图的轮廓线用粗实线绘制，断面上画出断面符号。

(2) 为了读图方便，移出断面图尽可能画在剖切线的延长线上（见图 4—48b），必要时可画在其他适当位置，如图 4—49 中的 *A*—*A* 断面。

（3）当剖切平面通过由回转面形成的孔或凹坑等结构的轴线时，这些结构应按剖视图画出，如图 4—49a、b 所示。

（4）剖切平面一般应垂直于被剖切部分的主要轮廓线。当遇到如图 4—50 所示的肋板结构时，可用两个相交的剖切平面，分别垂直于左右肋板进行剖切。这时所画的断面图，中间一般应断开。

（5）当剖切平面通过非回转面，会导致出现完全分离的剖面时，这些结构也应按剖视画出，如图 4—51 所示。

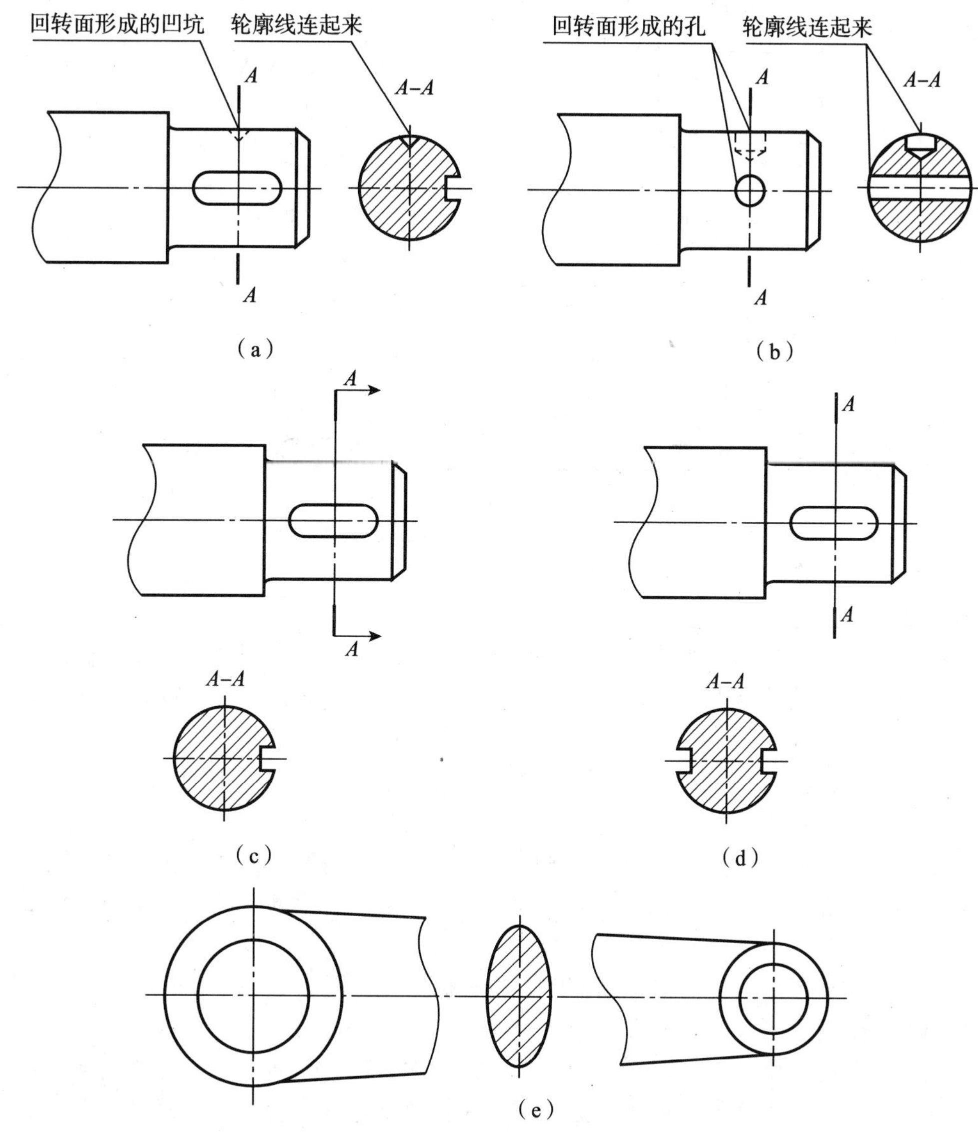

图 4—49　移出断面图的画法

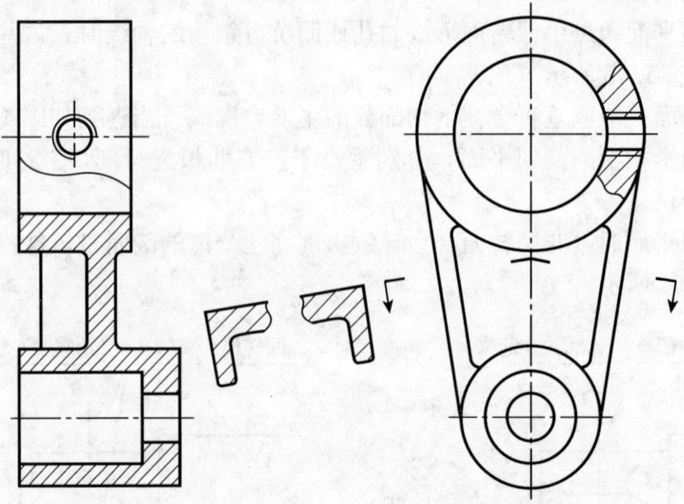

图 4—50　两个相交的剖切平面剖切出的移出断面图

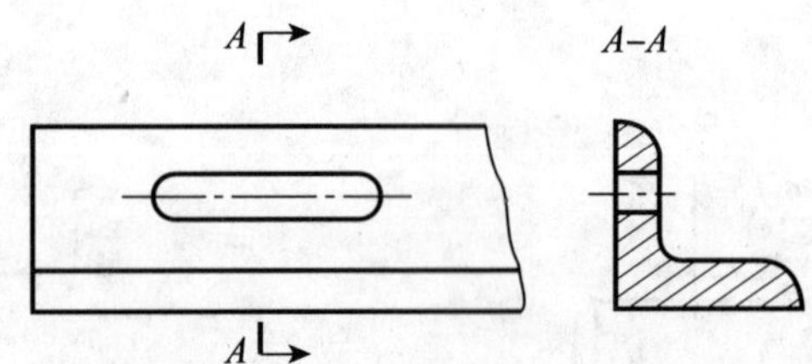

图 4—51　剖面分离时的画法

移出断面图的标注，应掌握以下要点：

(1) 当断面图画在剖切线的延长线上时，如果断面图是对称图形，则不必标注，如图 4—48b 右部所示；若断面图图形不对称，则须用剖切符号表示剖切位置和投影方向，不标字母，如图 4—48b 左部所示。

(2) 当断面按投影关系配置，无论断面图对称与否，均不必标注箭头，如图 4—49a、b 所示。

(3) 当断面图配置在其他位置时，若断面图形对称，则不必标注箭头；若断面图形不对称时，应画出剖切符号（包括箭头），并用大写字母标注断面图名称，如图 4—49c 所示。

(4) 配置在视图中断处的对称断面图，不必标注，如图 4—49c、d 所示。

2. 重合断面图

剖切后将断面图重叠在视图上得到的断面图，称为重合断面图。重合的轮廓线规定用细实线绘制，以区别于原来的视图。当视图中的轮廓线与重合断面图重叠时，视图中的轮廓线仍应连续画出，不可间断。重合断面图若为对称图形，不必标注，如图4—52所示。当断面图形不对称时，须注上剖切位置线，并加上箭头，指明投影方向（剖切平面翻转方向），如图 4—51 所示；若图形不对称，当不致引起误解时也可省略标注，如图 4—53 所示。

重合断面图是重叠画在视图上的，为了重叠后不致影响图形的清晰程度，一般多用在断面形状简单的情况下。

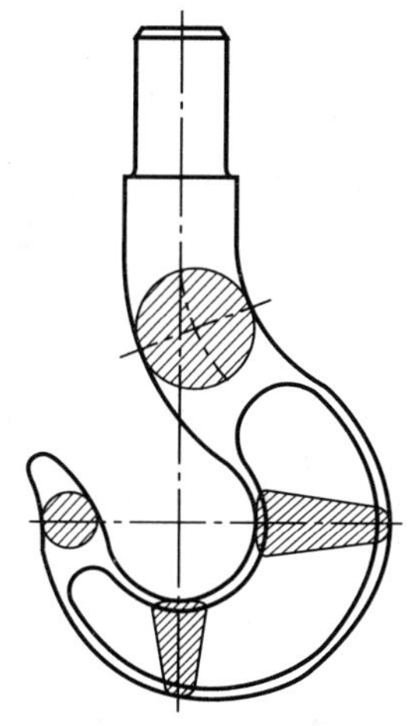

图 4—52　吊钩的重合断面图

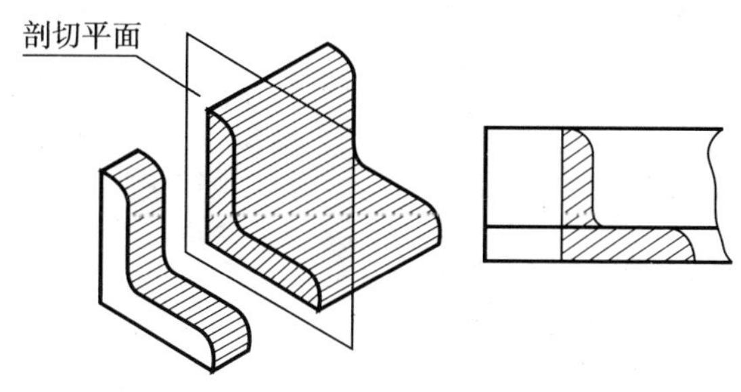

图 4—53　重合断面图的省略画法

［例 4—13］ 根据已给视图及剖视图，画出 *A*—*A* 的断面图，如图 4—54a 所示。

分析：

（1）由俯视图两边的圆对应全剖视图的主视图可知，该机件左边为空心圆柱，右边为空心半圆柱，两边的空心圆柱底面平齐。俯视图的大小两矩形对应主视的两线框，下线框有剖面线表明下面的是连接板，与左边的空心圆柱相切，与右边的空心圆柱相交；无剖面线的线框表明上面的是肋板，与两边的空心圆柱相交。如图 4—54b 所示。

（2）用相交的正垂面和侧平面分别垂直于连接板和肋板的棱面剖切，画出断面图。如图 4—54c 所示。

作图：

（1）画出断面图。可画在如图 4—54c 所示位置，也可画在剖切面延长线上。两相交面间应用波浪线断开，但必须画在一起。

（2）该断面图为对称图形，应标注名称 *A*—*A*，箭头可省略，如果画在剖切面延长线上时可省略标注。

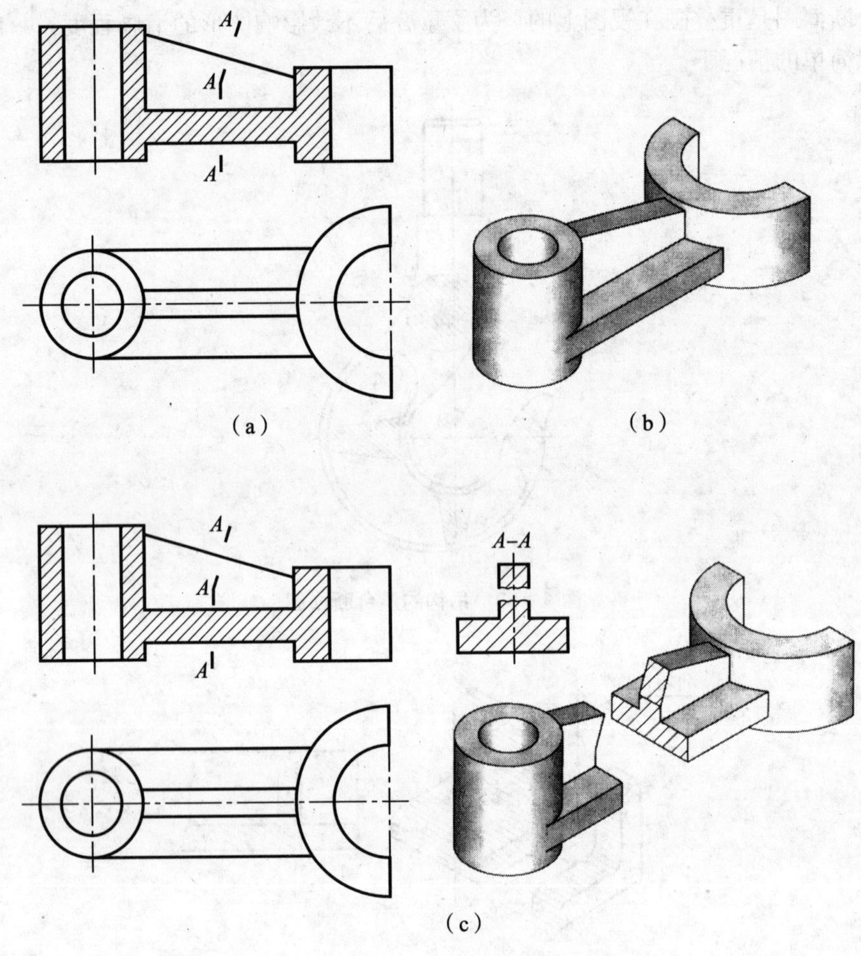

图 4—54　画断面图举例

4.4　局部放大图与简化画法

问题导入

(1) 如何用不同于全图的比例表达机件的局部结构?

(2) 如何用简洁的画法和标注方法能既清晰表达机件的结构尺寸又提高绘图效率?

4.4.1　局部放大图

机件上有些结构太细小，在视图中表达不够清晰，同时也不便于标注尺寸。对这种细小结构，可用大于原图形所采用的比例画出，并将它们配置在图纸的适当位置，这种图称为局部放大图。

（1）局部放大图可画成视图、剖视图或断面图。它与被放大部分的表示法无关。局部放大图应尽量配置在被放大部位的附近。

（2）局部放大图必须标注，其方法是：在视图中，将需要放大的部位画上细实线圆，然后在局部放大图的上方注写绘图比例。当需要放大的部位不止一处时，应在视图中对这些部位用罗马数字编号，并在局部放大图的上方注写相应编号，如图 4—55 所示。如果放大部位仅有一处，则不必编号。

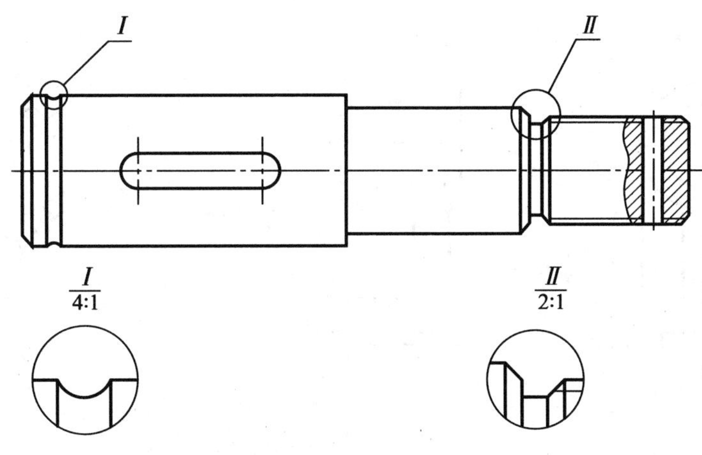

图 4—55　局部放大图

（3）同一机件上不同部位的局部放大图，当图形相同或对称时只需要画出一个，必要时可用几个图形表达同一被放大部分结构，如图 4—56 所示。

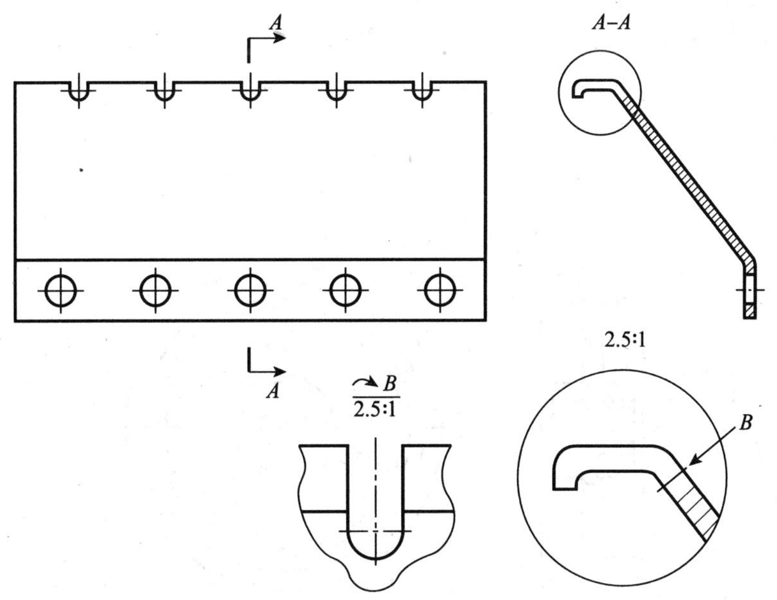

图 4—56　用几个局部放大图表达一个放大结构

4.4.2 简化画法

(1) 对于机件的肋、轮辐及薄壁等，如按纵向剖切，这些结构都不画剖面符号，而用粗实线将它们与邻接部分分开。但剖切平面横向剖切这些结构时，则应画出剖面符号，如图 4—57、图 4—58 所示。

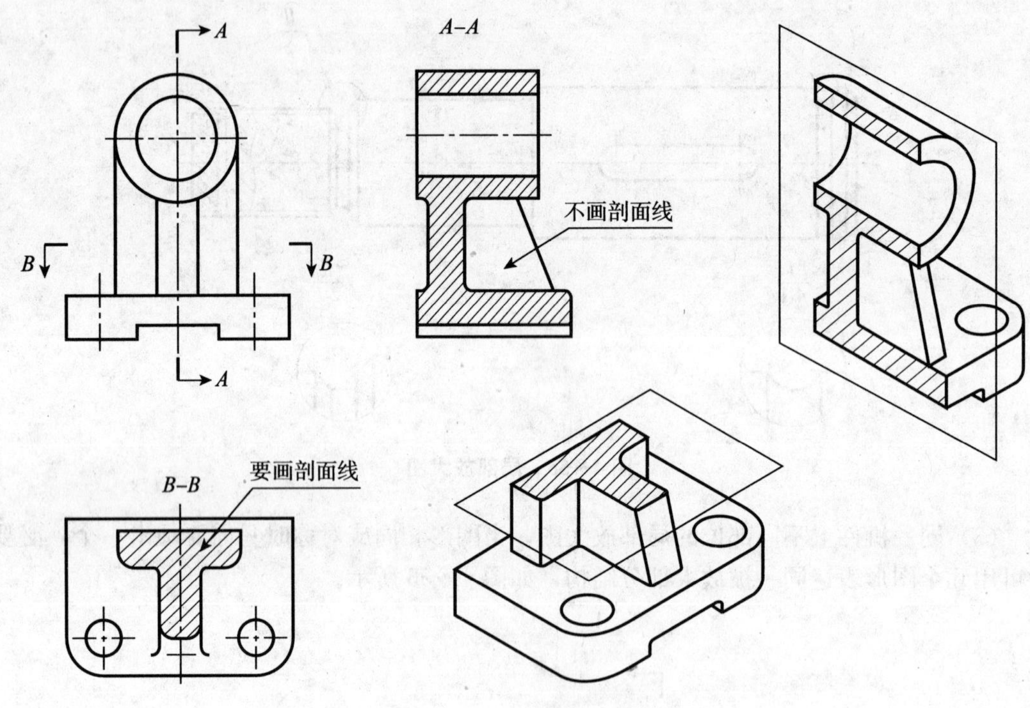

图 4—57　肋的规定画法

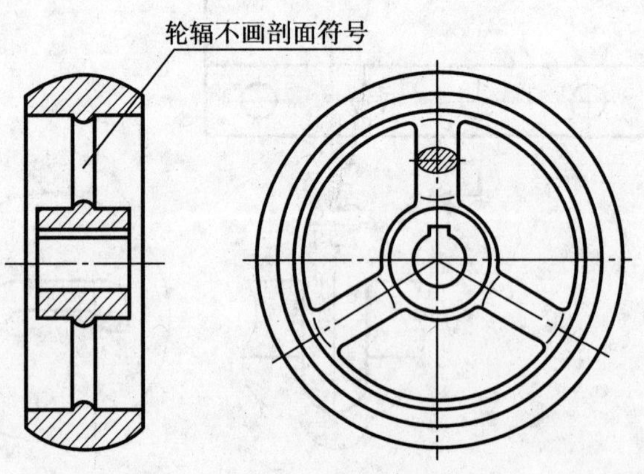

图 4—58　轮辐的规定画法

(2) 当回转体上均匀分布的肋、轮辐、孔等结构不处于剖切平面时，可将这些结构旋转到剖切平面上画出，如图 4—58、图 4—59、图 4—60 所示。

(3) 当不致引起误解时，允许省略剖面符号，如图 4—61 所示，但剖切位置和剖面图的标注必须按规定方法标出。

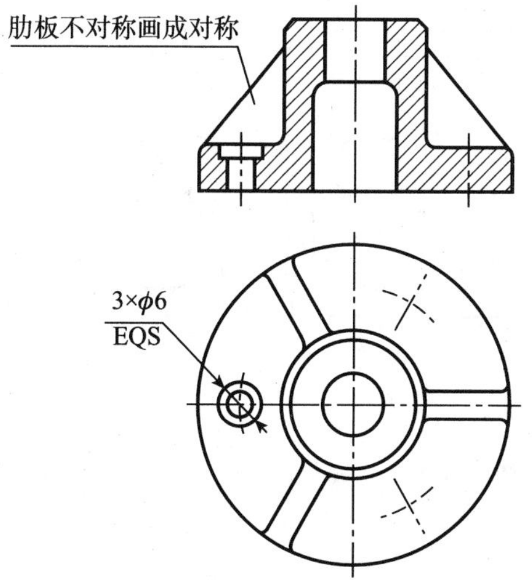

图 4—59　均布孔、肋及简化画法（一）

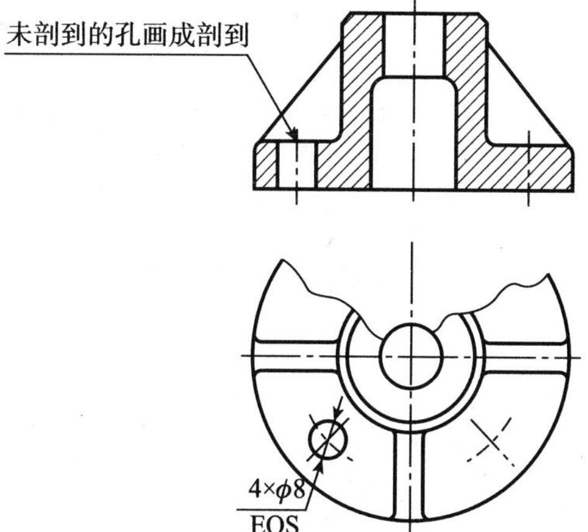

图 4—60　均布孔、肋及简化画法（二）

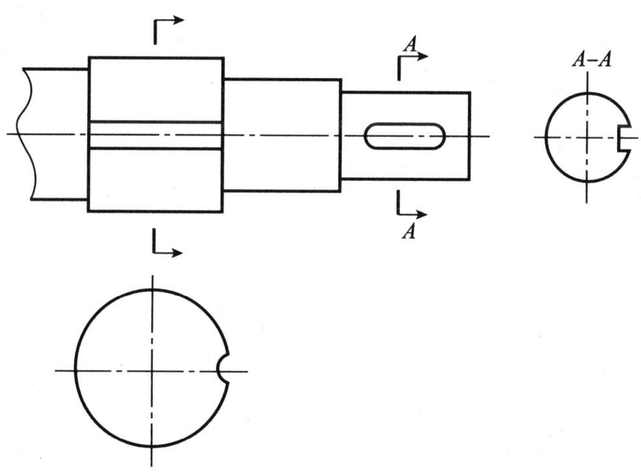

图 4—61　移出断面中省略剖面符号

(4) 当机件具有多个相同结构要素（如孔、槽、齿等）并且按一定规律分布时，只需画出几个完整的结构，其余用细实线连接，或画出它们的中心线，然后在图中注明它们的总数，如图 4—62a、b 所示。

对于厚度均匀的薄片零件，往往采用图 4—62a 中所注 *t*2 的形式表示圆片的厚度。这种标注可减少视图个数。

(5) 较长的机件（轴、杆、型材、连杆等）沿长度方向的形状一致或按一定规律变化时，可断开后缩短绘制，如图 4—63 所示。这种画法便于使细长的机件采用较大的比例画图，并使图面紧凑。

注意：机件采用断开画法后，尺寸仍应按机件的实际长度标注。

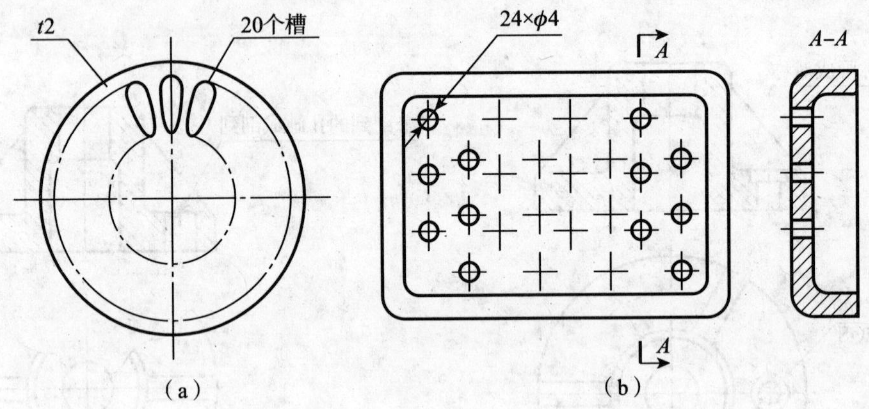

图 4—62　相同结构要素的简化画法

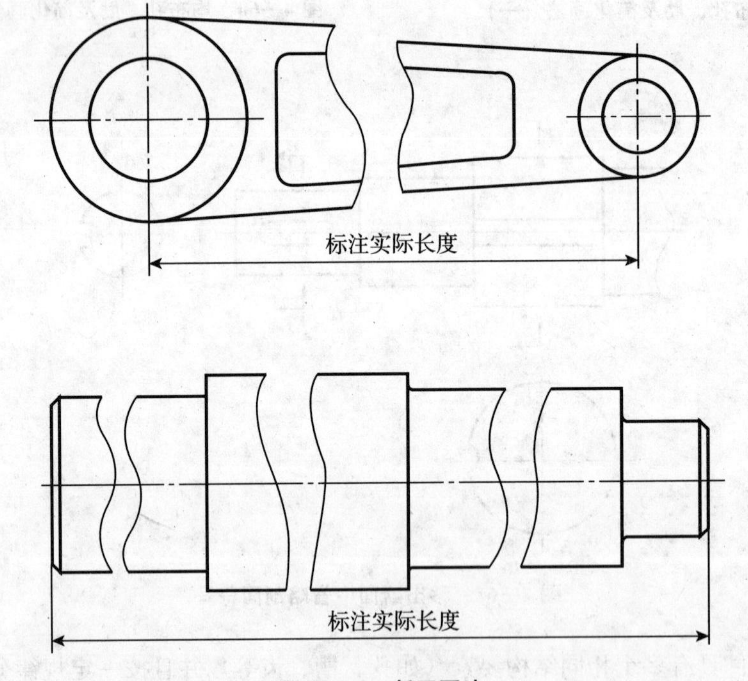

图 4—63　断开画法

(6) 与投影面倾斜角度小于或等于 30°的圆或圆弧，其投影可用圆或圆弧代替，而不必画出椭圆，如图 4—64 所示。

(7) 在不致引起误解时，过渡线、相贯线允许简化，可用圆弧或直线代替非圆曲线，并可采用模糊画法表示相贯线，如图 4—65 所示。

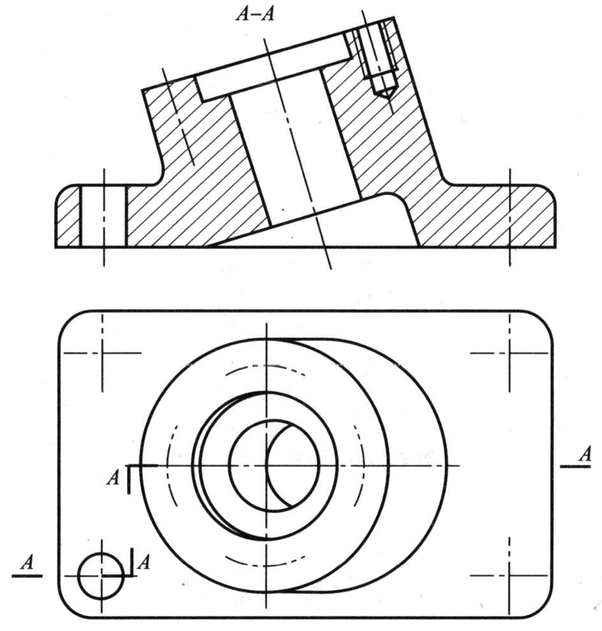

图 4—64 较小倾斜角度的圆的简化画法

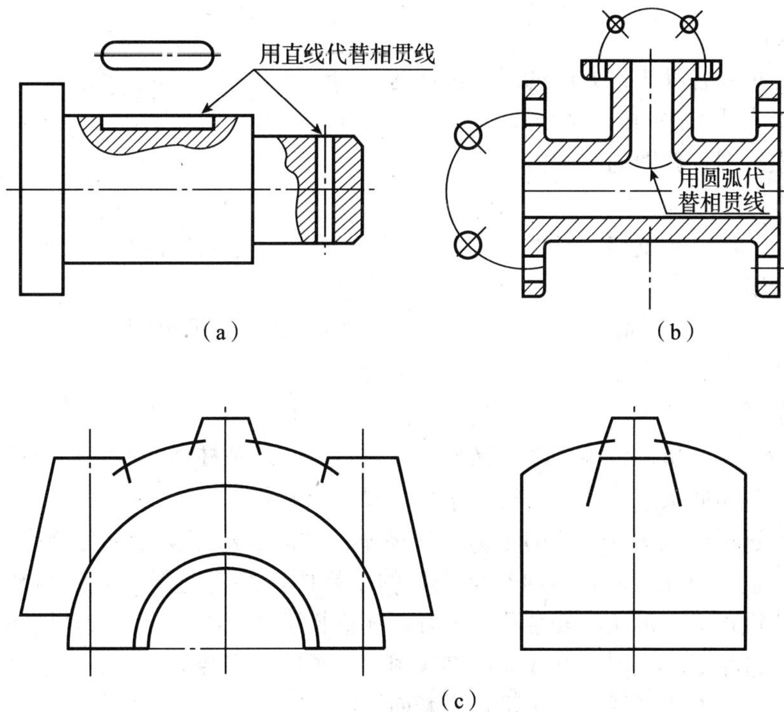

图 4—65 相贯线的简化画法

（8）当图形不能充分表达平面时，可用平面符号（相交的两细实线）表示，如图4—66所示。

（9）圆柱形法兰和类似零件上均匀分布的孔，可按图 4—65b 所示方法表示。在 GB/T 16675.1—1996 中规定了 43 条简化画法，详细情况可查阅国标。

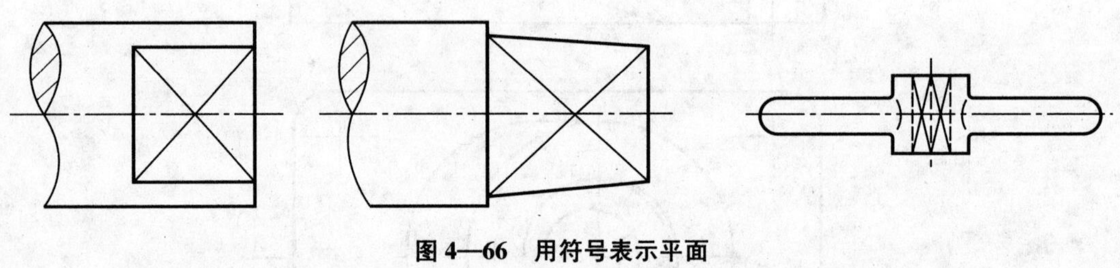

图 4—66　用符号表示平面

4.5　技能训练

4.5.1　支架的综合表达

1. 训练目的

（1）掌握巩固各种表达方法的画法及标注。

（2）培养表达方法的运用能力。

（3）加强绘图、读图的综合能力。

2. 内容

根据图 4—67 所示支架的立体图选择恰当的表达方式绘制所需视图及尺寸。

3. 训练要求

（1）使用 A3 图幅、横放、留装订边、比例自选、尺寸从图中获取。

（2）布图匀称、图形正确、线型与尺寸符合国标。

4. 训练指导

（1）结构形状分析。该零件属于叉架类零件，由水平圆柱筒和垂直半圆柱筒组成，其间有拱形板和三角肋板连接，另外还有平键槽和四个光孔。

（2）视图选择。从图 4—67 的正前方来观察，最能显示支架各部分结构及相对位置，且符合工作位置，因此，以此方向选做支架的主视图，并作全剖视表示内孔、通槽和壁厚。为了表达拱形板的形状和安装孔的位置，还选择了左视图，为了表达清楚垂直半圆柱筒的形状，又选用了俯视图，并作局部剖视图表达了四个安装通孔，为了表达清楚三角板的截断面形状，又在主视图中画出了重合断面。

(3) 尺寸标注。

● 由于右侧板确定支架的安置位置，选择右侧板的右端面作为长度方向的主要尺寸基准，注出了拱形板和水平圆柱筒的位置尺寸 20。

● 支架前后对称，因此，选择支架前后对称平面作为宽度方向的尺寸基准，注出安置孔的定位尺寸 50。

● 支架高度方向的尺寸基准选择水平圆柱筒的中心轴线。由此注出了高度方向的定位尺寸 100、10 和 15。

定形尺寸的标注按形体分析法进行，在此不再赘述。

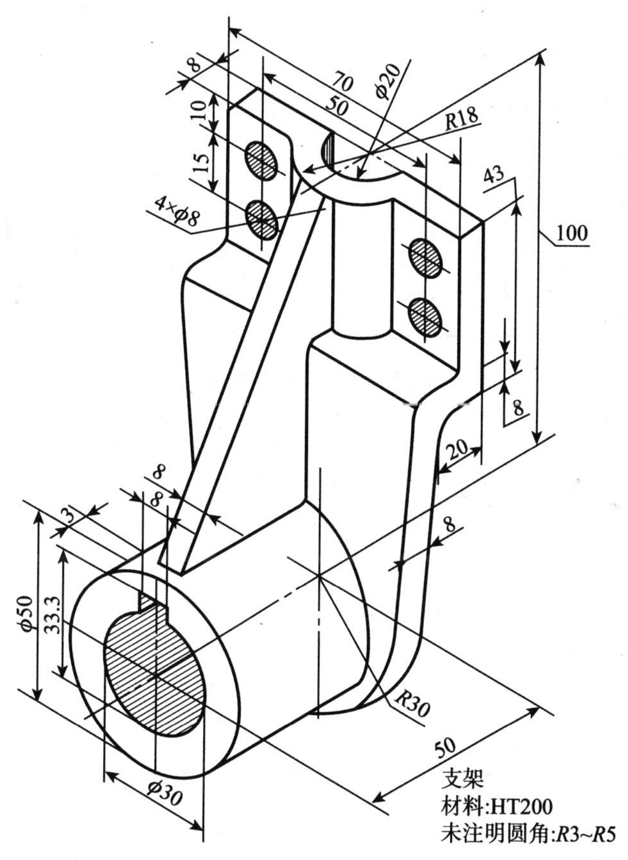

图 4—66 支架

(4) 确定技术要求。后继课程学习。

(5) 填写标题栏。完成后的支架零件图如图 4—68 所示。

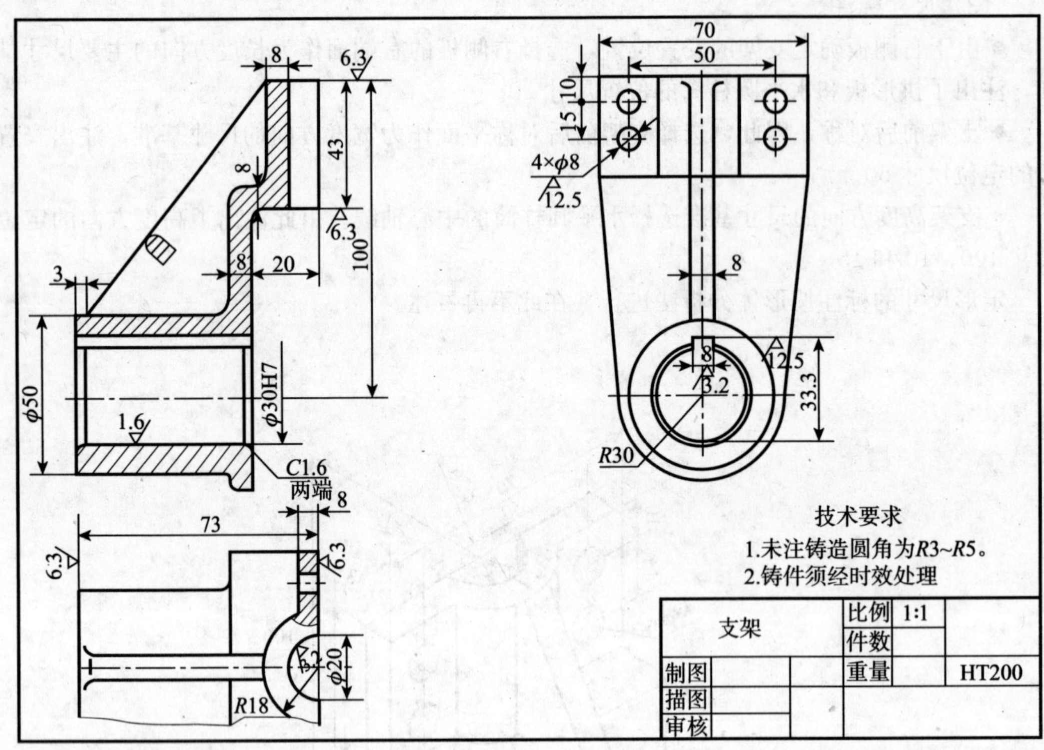

图 4—68 支架零件图

4. 5. 2 读懂壳体的零件图

1. 训练目的

(1) 根据零件图想象壳体的空间形状。

(2) 培养读图方法及运用能力。

(3) 加强绘图、读图的综合能力。

2. 训练内容

读懂图 4—69 所示壳体的零件图，想象空间形体，思考其他表达方案。

3. 训练要求

运用形体分析法逐个分析各基本体的形状、相对位置及尺寸标注，综合起来对整体进行分析。

4. 训练指导

(1) 读标题栏，概括了解。

零件的名称是壳体，属于箱体类零件，其作用是包容支撑其他零件，该零件结构较为复杂。由材料栏的 ZL102，参阅材料牌号可知，该零件的材料是铸造铝合金，这个零件是铸件。若有装配图，还可由零件图的图号参阅装配图，进一步了解该零件各结构的具体作用。

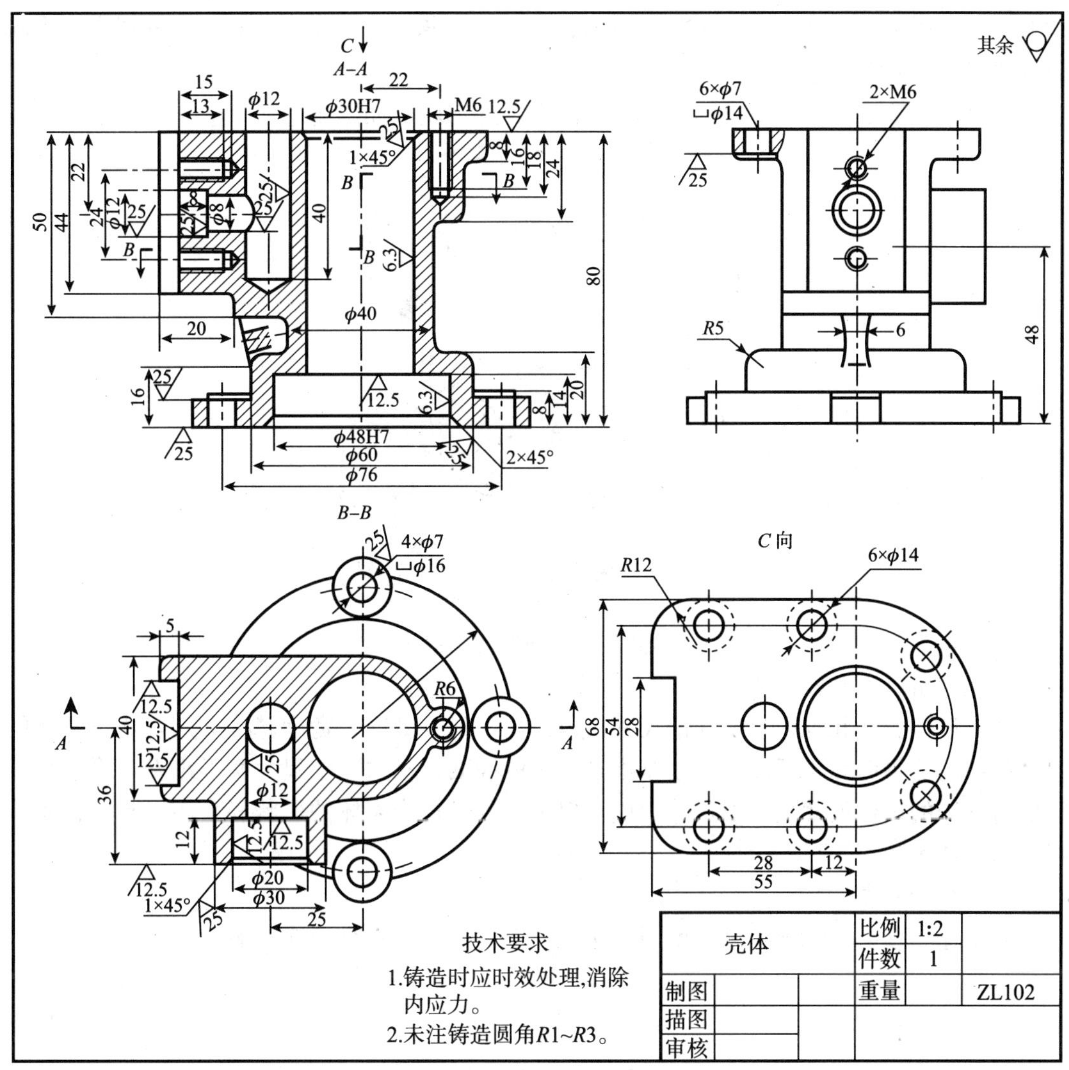

图 4—69　壳体零件图

（2）分析视图，想象零件形状。

该壳体较为复杂，采用了三个基本视图（都按需采用了适当的剖视）和一个局部视图表达它的内外形状。主视图采用单一的正平面剖切后所得到的 *A*—*A* 全剖视图表达内部形状。俯视图采用的 *B*—*B* 阶梯剖的全剖视图，同时表达了内部和底板的形状。局部剖的左视图以及 *C* 向局部视图主要表达外形及顶面形状。

由形体分析可知：壳体主要由上部的主体、下部的安装底板以及左面的凸块组成。除了凸块外，主体及底板基本上是回转体。

再看细部的结构：顶部有ϕ30H7 的通孔、ϕ12 的盲孔和 M16 的螺孔；底部有ϕ48H7 与主体上ϕ30H7 通孔连接的阶梯孔，底板上还有锪平 4×ϕ16 的安装孔 4×ϕ7。结合主、俯、左三视图看，左侧为带有凹槽 T 形凸块，在凹槽的左端面上有ϕ12、ϕ8 的阶梯孔，与顶部ϕ12 的圆柱孔相通。在阶梯孔的上方和下方，分别有一个螺孔 M16。在凸块前方的圆柱形凸缘（从外径ϕ30 可以看出）上，有ϕ20、ϕ12 的阶梯孔，向后也与顶部ϕ12 的圆柱孔相通。从采用局部剖视的左视图和 C 向视图可看出，顶部有六个安装孔$\phi7$，并在它们下端分别锪平成$\phi14$ 的平面。

通过以上分析读图，就可以想清壳体的内、外形状，如图 4—70 所示。

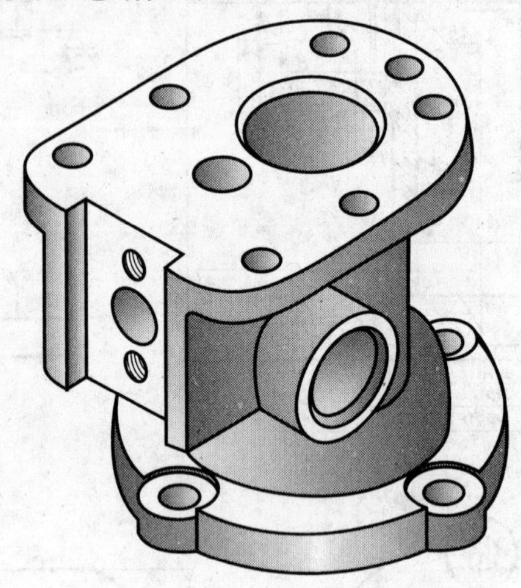

图 4—70　壳体立体图

(3) 分析尺寸和技术要求。

通过形体分析和视图上所注的尺寸可以看出：长度基准、宽度基准分别是通过壳体的主体轴线的侧平面和正平面；高度基准是底板的底面。从这三个尺寸基准出发，再进一步看懂各部分的定位尺寸和定形尺寸，就可以完全读懂这个壳体的形状和大小。有关技术指标在后继课程学习。

(4) 综合考虑。

将上述各项内容综合起来，就对这个壳体零件有了一个全面地了解。

第 5 单元

常用件和标准件的特殊表示法

◎ 本单元学习内容

（1）常用件及标准件的结构特征、几何参数及相关计算、查表方法。

（2）常用件及标准件的规定画法。

（3）标准件的标注方法。

任何一台机器（或部件）都是由若干个零件根据功能要求装配而成的。在机器中广泛应用的螺栓、螺母、齿轮、键、销、滚动轴承、弹簧等机件统称为常用件。其中，将结构及尺寸全部标准化的零部件称为标准件，例如螺栓、螺母、键、销、滚动轴承等。

在常用件中大都含有重复出现的、已经标准化了的结构要素，如螺纹、轮齿、花键齿等，如按其真实投影作图，则非常烦琐；另外，这些机件一般都用专用机床和专用刀具，由工厂专门大量生产，没有必要将其形状按投影法真实地画出来。为了提高绘图效率，简化作图，国家标准对其结构要素规定了特殊的简化表示法及相关标注方法。

5.1 螺纹及螺纹紧固件

问题导入

（1）如何描述图 5—1 所示螺纹的结构及尺寸？

（2）如何绘制图 5—2 所示螺纹紧固件及其形成的连接的视图？

（3）如何在螺纹的相关图样上进行规格及尺寸标注？

5.1.1 螺纹

1. 螺纹概述

（1）螺旋线的形成。

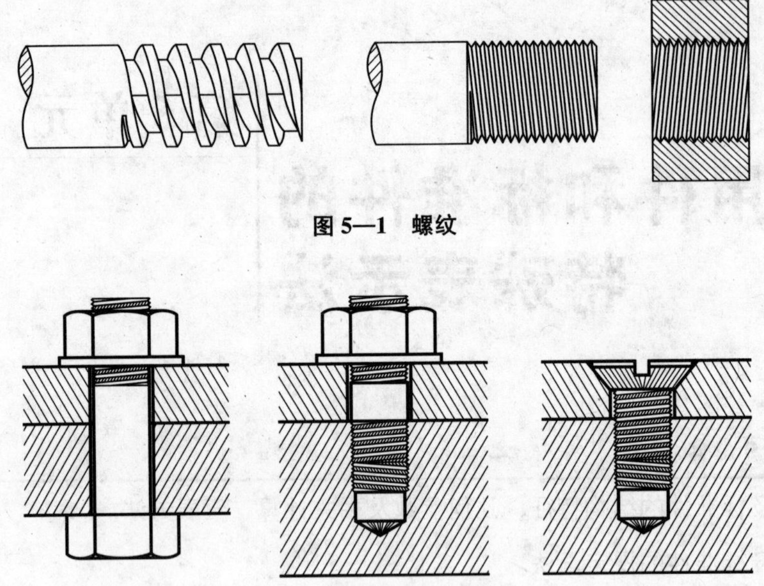

图 5—1　螺纹

图 5—2　螺纹紧固件及其连接

如图 5—3a 所示，动点 A 沿圆柱面的母线匀速上升，而该母线又同时绕圆柱轴线做匀速转动，此时 A 点的运动轨迹即为圆柱螺旋线。

如图 5—3b 是螺旋线的展开图。其中 β 是螺旋线的螺旋角，ϕ 是螺旋线的升角，P_h 是母线转动一周，动点 A 沿轴向移动的距离，称为螺旋线的导程。

(2) 螺纹的形成。

如图 5—3c 所示，如将动点换成一个与轴线共面的平面图形（如三角形、梯形、矩形等），使其沿圆柱表面绕螺旋线运动，就形成了具有相同断面的连续的凸起和沟槽，称为螺纹。凸起部分的顶部即为螺纹的牙顶，沟槽部分的底部即为螺纹的牙底。

在圆柱外表面形成的螺纹叫做外螺纹，在圆柱内表面形成的螺纹叫做内螺纹。

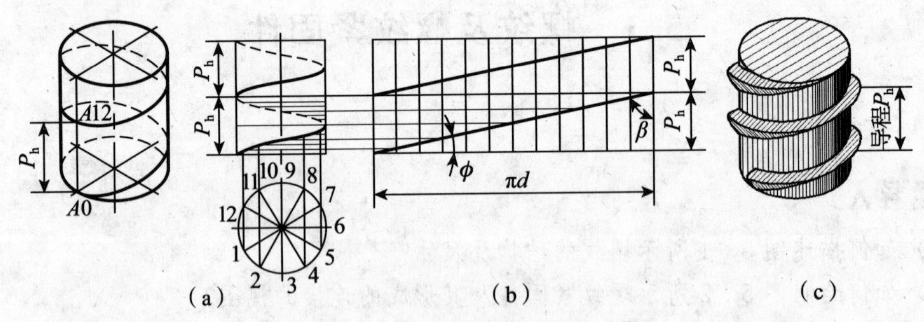

图 5—3　螺纹的形成

(3) 螺纹的加工。

螺纹件可在车床上车削而成。使工件做匀速转动，同时使车刀沿车床主轴轴线做匀速移动，即可加工出螺纹，如图 5—4 所示。对于直径较小的螺纹，可用板牙或丝锥加工，如图 5—5 所示。

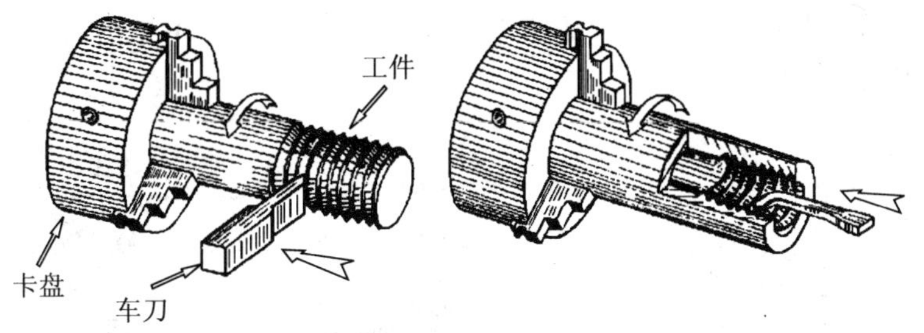

图 5—4　车削螺纹

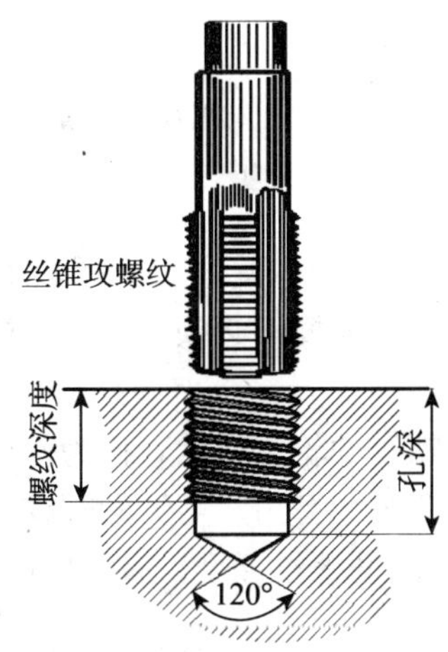

图 5—5　加工较小直径的螺纹

2. 螺纹的工艺结构

(1) 螺纹孔底结构。

加工不通的螺纹孔时，需选用钻头钻孔，然后在孔的内壁加工出螺纹。由于钻头端部是顶角为 120°的圆锥面，因此孔底结构也为与钻头端部相同的锥面，如图 5—5 所示。

(2) 螺纹端部结构。

为防止螺纹起始圈损坏和便于装配，通常将螺纹的起始处加工为一定型式的端部，如图 5—6 所示。常见的螺纹端部是在内、外螺纹的起始端加工出一小部分圆锥面，称为倒角。有效螺纹长度包括倒角在内。

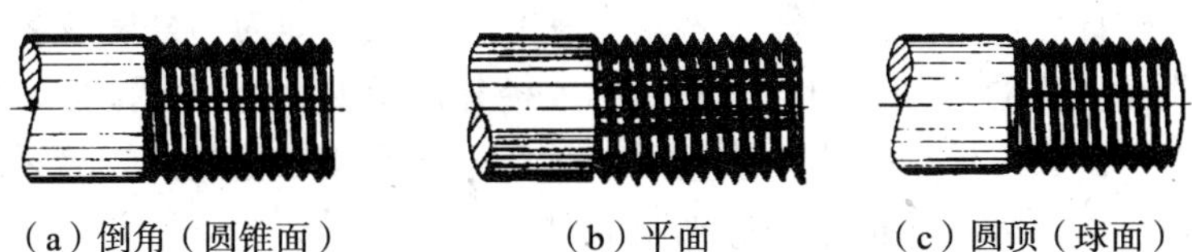

(a) 倒角 (圆锥面)　　(b) 平面　　(c) 圆顶 (球面)

图 5—6　螺纹端部

(3) 螺尾和退刀槽。

加工螺纹时，由于退刀，在螺纹末端形成的一小段螺纹渐浅部分称为螺尾，如图 5—7a所示。有效螺纹长度不包括螺尾。

为了不产生螺尾和便于退刀，常在工件上预先制作一个环形槽（如图 5—7b、c 所示），称为退刀槽。

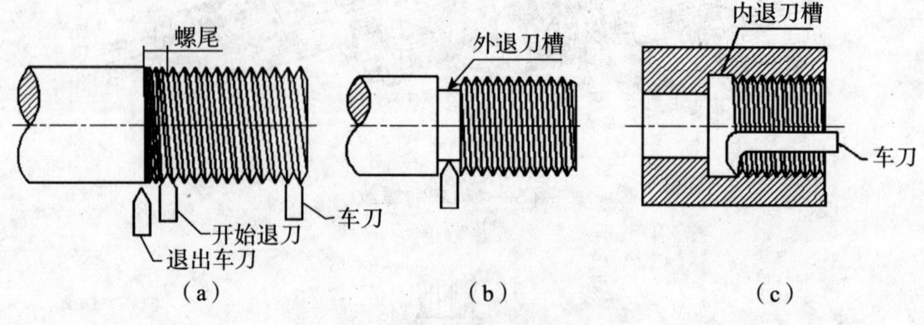

图 5—7　螺尾及退刀槽

3. 螺纹的基本要素

牙型、直径、线数、螺距（或导程）、旋向称为螺纹的五要素，它们确定了螺纹的结构和尺寸。内外螺纹配合时，两者的五要素必须相同，才能正常旋合。

（1）螺纹牙型。

在通过螺纹轴线的断面上，螺纹的轮廓形状，称为螺纹牙型，它由牙顶、牙底和两牙侧组成，相邻两牙侧面间的夹角称为牙型角。常见的螺纹牙型有三角形、梯形、锯齿形和矩形等多种，如图 5—8 所示。不同的螺纹牙型，有不同的用途。

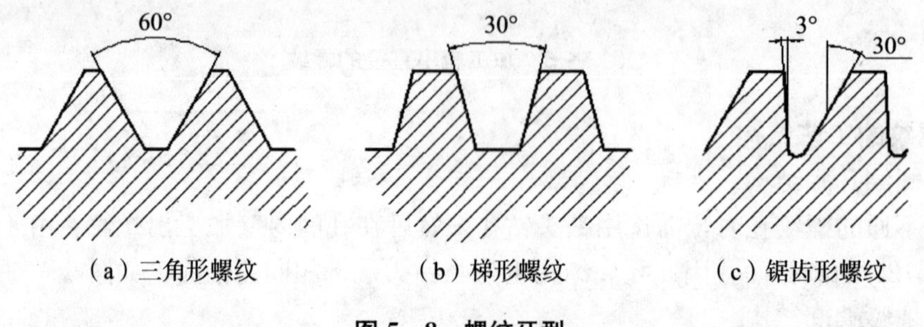

（a）三角形螺纹　（b）梯形螺纹　（c）锯齿形螺纹

图 5—8　螺纹牙型

（2）螺纹直径。

螺纹直径有大径、中径、小径之分，如图 5—9 所示。

● 大径（公称直径）　大径是螺纹牙型上最大的直径，即为与外螺纹牙顶或内螺纹牙底相重合的假想圆柱面的直径。内、外螺纹的大径分别用 D 和 d 表示。

● 小径　小径是螺纹牙型上的最小直径，即为与外螺纹牙底或内螺纹牙顶相重合的假想圆柱面的直径。内、外螺纹的小径分别用 D_1 和 d_1 表示。

● 中径　在大径与小径圆柱面之间有一假想圆柱，该圆柱的母线被牙型的沟槽和凸起截得的宽度相等，即 $P=2s$，此假想圆柱称为中径圆柱，其直径称为中径。内、外螺纹的中径分别用 D_2 和 d_2 表示。

内螺纹的小径 D_1 和外螺纹的大径 d 统称为顶径，内螺纹的大径 D 和外螺纹的小径 d_1 统称为底径。

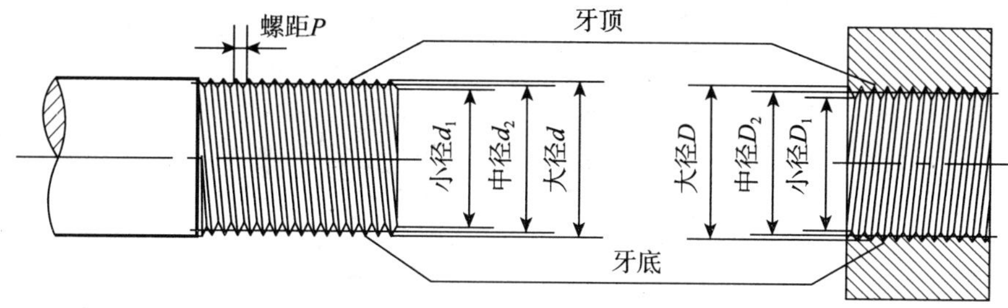

图 5—9　内外螺纹直径

(3) 螺纹线数（又称头数）。

形成螺纹的螺旋线的条数，用 n 表示。螺纹有单线和多线之分，沿一条螺旋线形成的螺纹为单线螺纹；沿轴向等距分布的两条或两条以上的螺旋线所形成的螺纹为多线螺纹。

(4) 螺距（P）和导程（P_h）。

螺纹相邻两牙在中径线上对应的两点间的轴向距离，称为螺距。同一条螺纹线上相邻两牙在中径线上对应的两点间的轴向距离，称为导程。由图 5—10 可知螺距和导程的关系：单线螺纹：$P=P_h$；多线螺纹：$P_h=nP$。

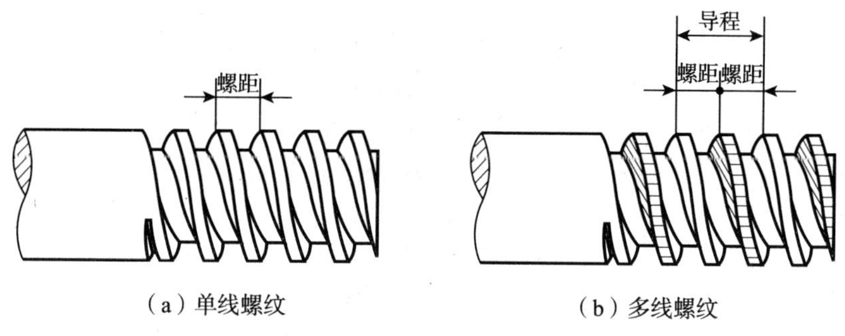

(a) 单线螺纹　　(b) 多线螺纹

图 5—10　螺纹线数与螺距、导程

(5) 旋向。

螺纹分右旋和左旋两种，如图 5—11 所示。沿轴线方向看顺时针旋转时旋入的螺纹，称为右旋螺纹；逆时针旋转时旋入的螺纹，称为左旋螺纹。判断螺纹旋向时，也可将螺杆垂直放置，若螺旋线左低右高，则为右旋螺纹；反之，若左高右低，则为左旋螺纹。

4. 螺纹的分类

(1) 按标准化程度分类。螺纹按其参数的标准化程度分为标准螺纹、特殊螺纹和非标准螺纹。其中，牙型、公称直径和螺距三个要素（称为螺纹三要素）均符合国家标准的螺纹称为标准螺纹；只有牙型符合国家标准的螺纹称为特殊螺纹；凡牙型不符合国家标准的螺纹均称为非标准螺纹。

(2) 按用途分类。螺纹按用途不同可分为传动螺纹和连接螺纹（包括紧固螺纹、管螺纹和专门用途螺纹等）。前者用于传递动力和运动，后者起连接作用。

螺纹的具体分类情况如图 5—12 所示。

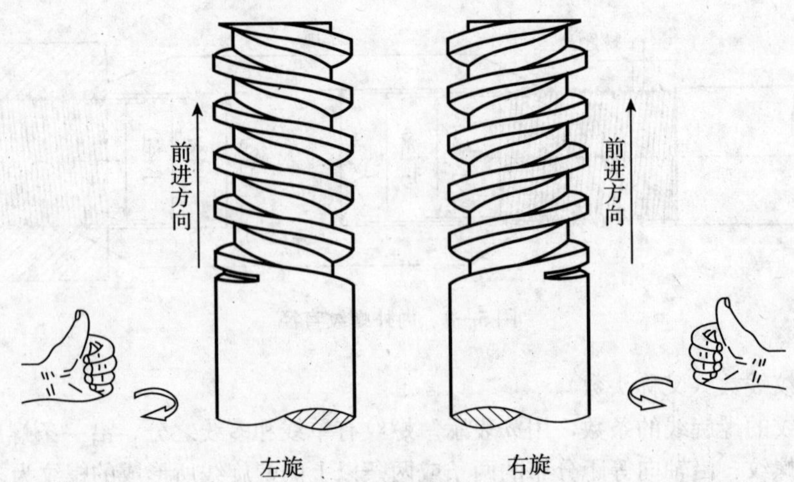

图 5—11　螺纹旋向

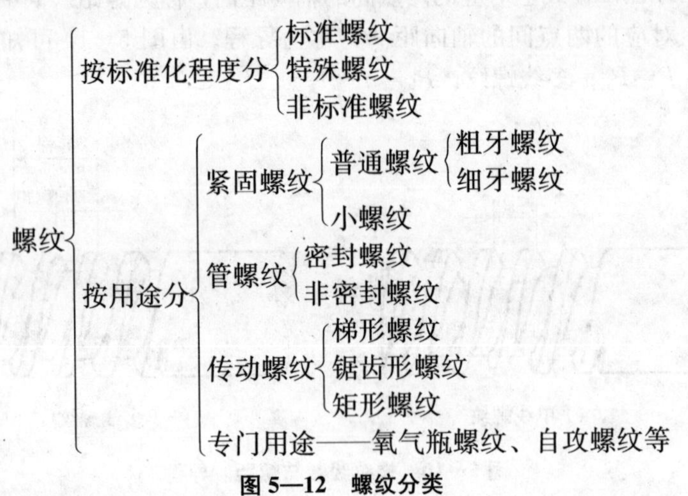

图 5—12　螺纹分类

5. 螺纹的规定画法

GB/T 4459.1—1995《机械制图　螺纹及螺纹紧固件表示法》对螺纹画法作了详细的规定。

(1) 外螺纹的画法。

如图 5—13 所示，螺纹牙顶（大径）及螺纹终止线用粗实线表示，牙底（小径）用细实线表示（并画进螺杆头部的倒角或倒圆内）。画图时小径尺寸近似地取 $d_1 \approx 0.85d$。螺杆的倒角或倒圆部分也应画出。在螺纹投影为圆的视图中，表示牙底的细实线圆只画约 3/4圈，倒角省略不画。

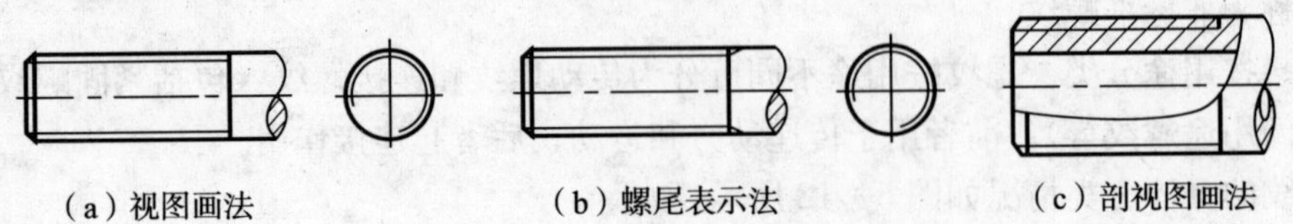

图 5—13　外螺纹画法

画剖视图或断面图时，螺纹终止线只画一小段粗实线到小径处，剖面线必须画到粗实线。

（2）内螺纹的画法。

如图 5—14 所示，在剖视图中，小径及螺纹的终止线用粗实线表示，大径用细实线表示，剖面线画到粗实线处。在投影为圆的视图上，大径圆用只画约 3/4 圈的细实线表示，倒角圆省略不画。绘制不穿通的螺纹时应将螺纹孔和钻孔深度分别画出，一般钻孔应比螺纹孔深约 4 倍的螺距，钻孔底部的锥角应画成 120°。

在不剖的视图中，表示不可见螺纹的所有图线均画成虚线。

（3）螺尾的画法。

螺尾部分一般不必画出，当需要表示螺尾时，该部分用与轴线成 30°的细实线画出。如图 5—14 所示。

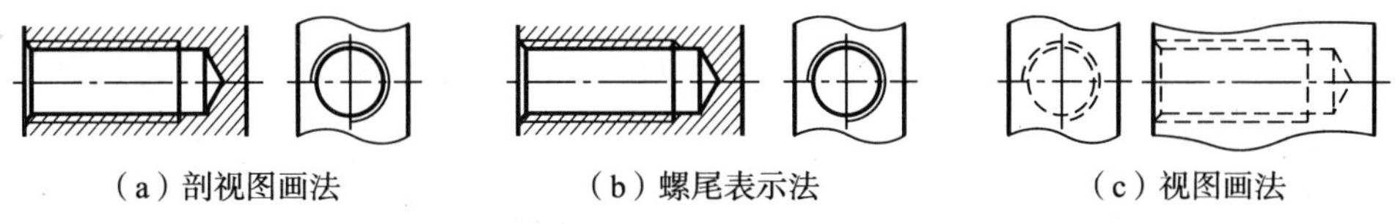

（a）剖视图画法　（b）螺尾表示法　（c）视图画法

图 5—14　内螺纹画法

（4）螺纹孔相交的画法。

螺纹孔相交时，只画出钻孔的交线，如图 5—15 所示。

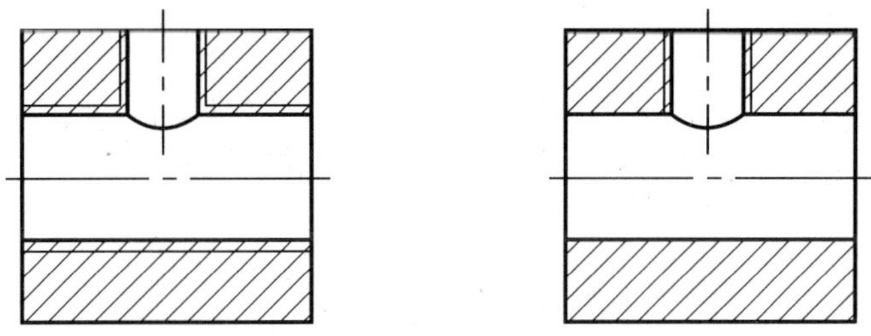

图 5—15　螺纹孔相交的画法

（5）内、外螺纹连接的画法。

以剖视图表示内、外螺纹连接时，如图 5—16 所示，其旋合部分按外螺纹的画法绘制，其余部分仍按各自的规定画法表示。对实心螺杆，当剖切平面通过轴线时，螺杆按不剖绘制。要注意的是内、外螺纹的大径线和小径线必须对齐，剖面线应画到粗实线。当两零件相邻接时，在同一剖视图中，其剖面线的倾斜方向相反或方向一致但间隔距离不同。

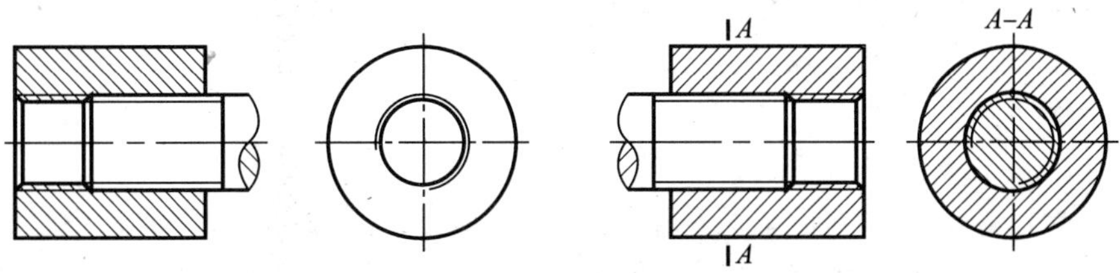

图 5—16　内、外螺纹连接的画法

6. 螺纹牙型的表示法

螺纹牙型一般不在图形中表示，当需要表示螺纹牙型时，可按如图 5—17 所示的形式绘制。

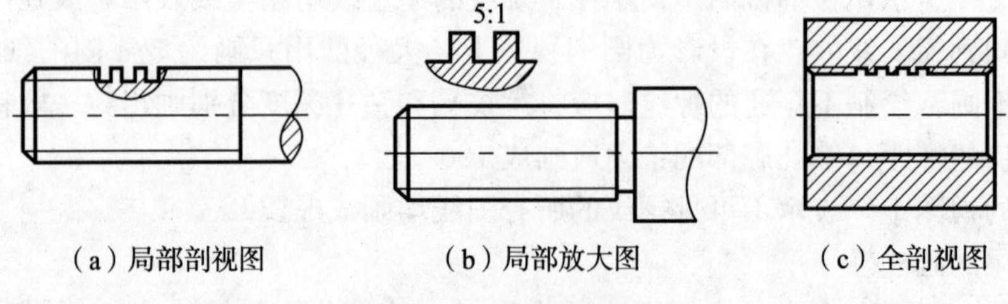

（a）局部剖视图　（b）局部放大图　（c）全剖视图

图 5—17　牙型表示法

7. 常用螺纹的标注

各种螺纹都按同一规定画法画出后，为加以区别，需要进行标注，需要标明牙型、公称直径、螺距、线数和旋向等要素及精度。螺纹的尺寸标注包括螺纹的标记、长度、工艺结构及相关尺寸等。下面分别介绍不同类型螺纹的标记。

(1) 普通螺纹。

普通螺纹的牙型角为 60°，有粗牙和细牙之分，即在相同的大径下，有几种不同规格的螺距，螺距最大的一种，为粗牙普通螺纹，其余为细牙普通螺纹。

完整的普通螺纹标记由螺纹特征代号、尺寸代号、公差带代号、旋合长度代号和旋向代号组成，其格式为：

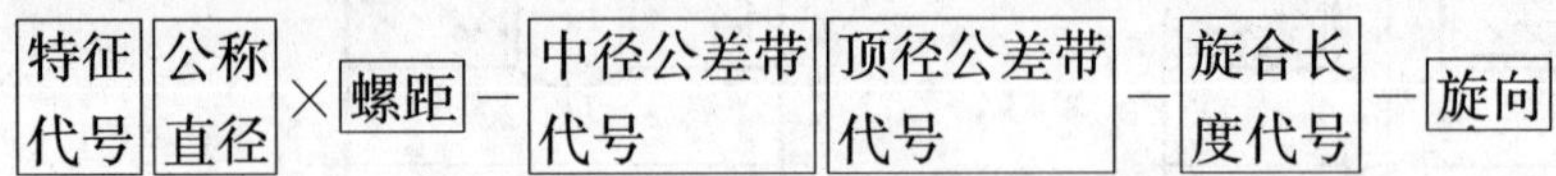

● 特征代号。特征代号用字母“M”表示。

● 尺寸代号。单线螺纹用“公称直径×螺距”表示，多线螺纹用“公称直径×P_h（导程）P（螺距）”表示。对粗牙螺纹可省略标注其螺距项。

● 公差带代号。普通螺纹公差带代号包括中径公差带代号和顶径公差带代号。当两者相同时，合注为一个公差带代号。代号中的字母，外螺纹用小写，内螺纹用大写。表示内外螺纹旋合时，内螺纹公差带在前，外螺纹公差带在后，中间用斜线“/”分开。

● 旋合长度和旋向。旋合长度是指内外螺纹旋合在一起的有效长度，分为短、中、长三种，分别用 S、N、L 表示。对短旋合长度组和长旋合长度组的螺纹，在公差带代号后分别标注“S”和“L”代号，中等旋合长度组螺纹不标注旋合长度代号“N”。

对左旋螺纹，在旋合长度代号之后标注“LH”代号，右旋螺纹则不标注旋向代号。

● 尺寸代号、公差带代号、旋合长度代号、左旋代号之间用“—”号分隔。

标记示例：

M20×1.5—5g6g—S—LH

其含义为：普通螺纹（M），公称直径为 20mm，细牙螺距为 1.5mm；中径、顶径公差带代号分别为 5g、6g；短旋合长度（S）；左旋螺纹（LH）；外螺纹。

M14×Ph6P2—7H—L—LH

其含义为：普通螺纹（M），公称直径为 14mm，导程（Ph）为 6mm，螺距（P）为 2mm，即线数为 3；中径、顶径公差带代号为 7H；长旋合长度（L）；左旋螺纹（LH）；内螺纹。

M10

其含义为：公称直径为 10mm 的普通粗牙右旋螺纹（螺距、公差带代号、旋合长度代号和旋向代号被省略）。

（2）传动螺纹。

传动螺纹主要是梯形螺纹和锯齿形螺纹，完整的螺纹标注形式如下：

特征代号	公称直径	×	螺距	旋向	—	中径公差带代号	顶径公差带代号	旋合长度代号

标注螺纹标记时，如符合下列情形，应省略有关标注：

- 中径、顶径公差带相同时，只标注一次；
- 右旋螺纹不标注旋向；
- 中等旋合长度时省略不注。

标记示例：

Tr40×14（P7）LH—8e—L

其含义为：梯形螺纹（Tr），公称直径 40mm，导程 14mm，螺距 7mm；左旋；公差带代号为 8e；长旋合长度（L）；内螺纹。

B40×7—7A

其含义为：锯齿形螺纹（B），公称直径 40mm，螺距 7mm；公差带代号为 7A（旋向代号、旋合长度代号被省略）；外螺纹。

（3）管螺纹。

在水管、油管、煤气管的管道连接中常用管螺纹。管螺纹分为非螺纹密封的内、外管螺纹和用螺纹密封的管螺纹。管螺纹应标注螺纹特征代号和尺寸代号；非螺纹密封的外管螺纹还应标注公差等级。标记形式为：

螺纹代号	—	尺寸代号	—	公差等级代号	—	旋向

标注时注意：尺寸代号不是管子的外径，也不是螺纹的大径，其大、小径等参数可从相关标准中查取；外螺纹公差等级代号分 A、B 两级标注，内螺纹不标记；右旋螺纹的旋向不标注，左旋螺纹标注“LH”。管螺纹在图样上一律标注在引出线上，引出线应由大径引出。

（4）螺纹尺寸标注示例，如图 5—18 所示。

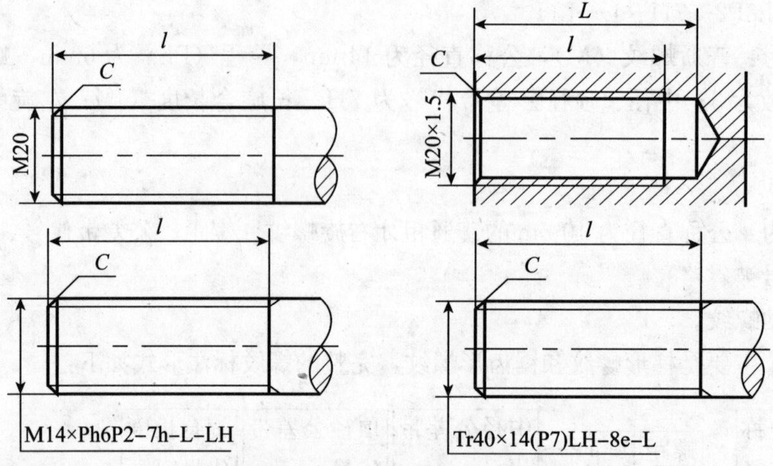

图 5—18　螺纹尺寸的标注

5.1.2　常用螺纹紧固件及其连接的画法

1. 常用螺纹紧固件

螺纹连接就是运用一对内、外螺纹的连接作用来装配一些零部件。将内、外螺纹结构加工在一些零件上，用来连接和紧固其他零件的零件称为螺纹紧固件。常用的螺纹紧固件有螺栓、螺柱（亦称双头螺柱）、螺钉、螺母和垫圈等。这类零件结构和尺寸都已标准化，并由标准件厂大量生产和供应，需要时可按规格直接向市场采购而不必自行生产。设计机器时，根据螺纹紧固件的规定标记，它们的结构形式和尺寸，可在相应的标准中查出。因此符合标准的螺纹紧固件，不需再画出它们的零件图，通常只需用简化画法画出并标注出它们的规定标记。

2. 常用螺纹紧固件的画法

螺纹紧固件都是标准件，根据它们的标记，在有关标准中可以查到它们的结构形式和全部尺寸。为了便于作图，在画图时一般不按实际尺寸作图，而是采用按比例画图的简化画法。所谓比例画法是指除公称长度 L 需经计算并查表选择标准值外，其余各部分尺寸都按与螺纹公称直径（d、D）的比例关系计算得到，之后绘制视图。

此法作图方便，画连接图常用。图 5—19、图 5—20 所示为常用的螺栓、螺母和垫圈的比例画法，图中注明了近似比例关系。螺栓头部和螺母因 30°倒角而产生截交线，此截交线为双曲线，作图时，常用圆弧近似代替双曲线的投影。

3. 螺纹紧固件连接装配图的画法

（1）螺栓连接。

螺栓连接如图 5—21 所示，所用螺纹紧固件有螺栓、螺母、垫圈，一般适用于两个不太厚并允许钻成通孔的零件连接。画螺栓连接图的已知条件是螺栓的形式规格，螺母、垫圈的标记，被连接件的厚度等。

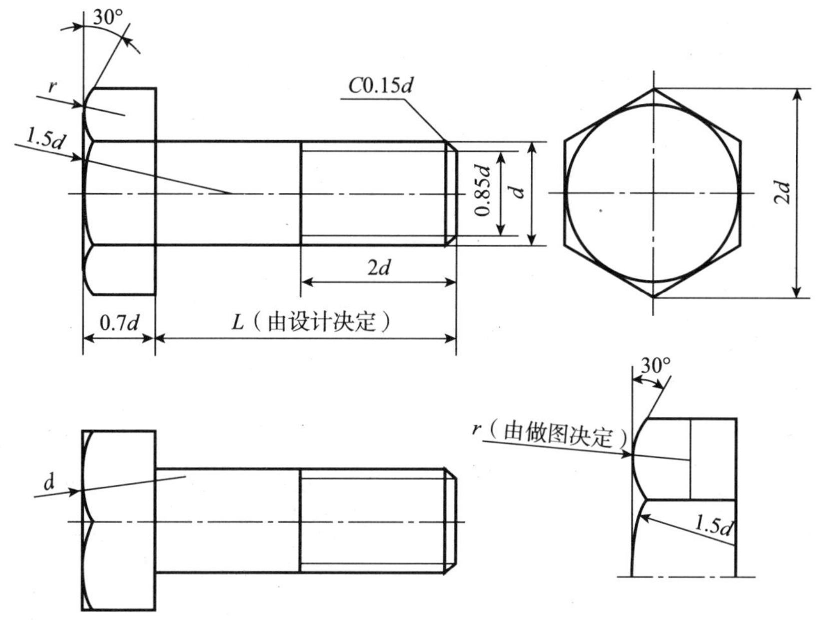

图 5—19　六角头螺栓的比例画法

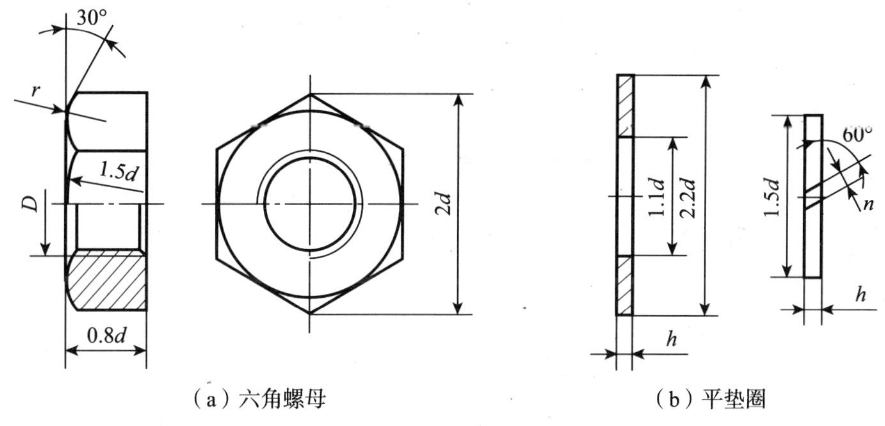

图 5—20　六角螺母、平垫圈的比例画法

图 5—21　螺栓连接件及螺栓连接

连接前，先在两被连接件上钻出通孔，如图 5—22 所示，通孔直径一般取 1.1d（d 为螺栓公称直径），将螺栓从一端插入孔中，另一端再加上垫圈，拧紧螺母，即完成了螺栓连接。

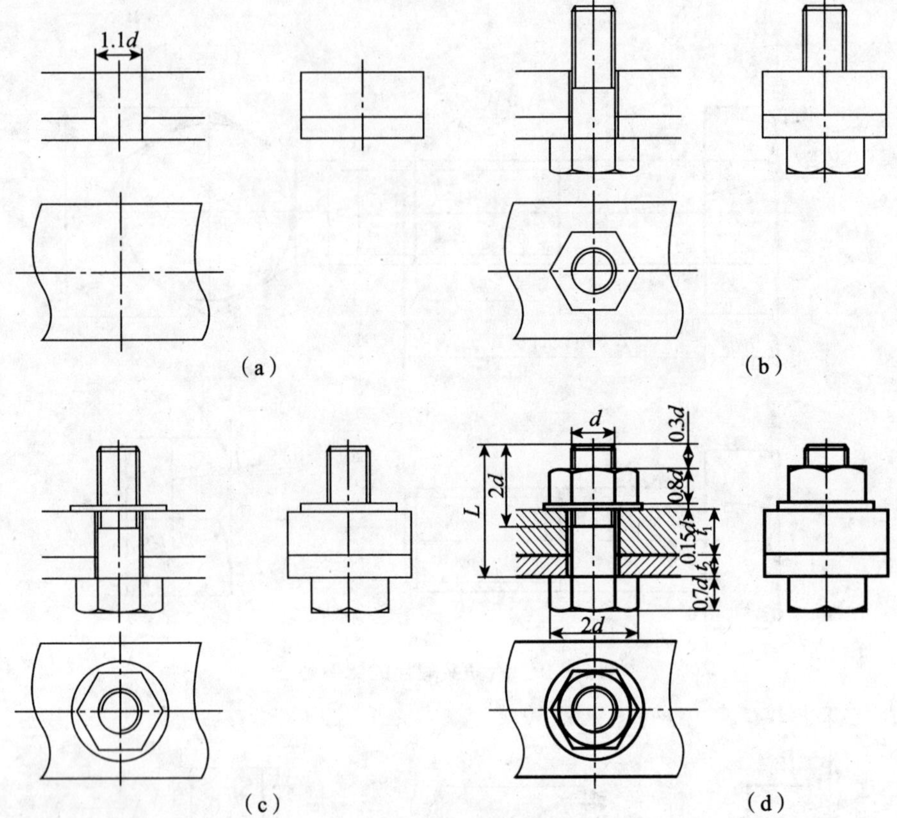

图 5—22　螺栓连接画图步骤

为了适应连接不同厚度的零件，螺栓有各种长度的规格。螺栓长度 L 可按下式估算：

$$L \approx t_1 + t_2 + h + m + a$$

式中：t_1、t_2 为被连接件的厚度；

$m=0.8d$，为螺母厚度；

$a \approx (0.2d \sim 0.3d)$，为螺栓伸出螺母的长度；

$h=0.15d$，为垫圈厚度。

h、m、a 均为以 d 为参考数值按比例画出。螺栓公称长度 L 的估算值，对照有关手册选取与估算值相近的标准值作为 L 的值。

绘制螺纹紧固件连接装配图，应遵守下列基本规定：

● 凡不接触的相邻表面，或两相邻表面基本尺寸不同，不论其间隙大小（如螺杆与通孔之间），需画两条轮廓线（间隙过小可夸大化出）。两零件接触表面处只画一条轮廓线。

● 在剖视图、断面图中，相邻两零件的剖面线，应画成不同方向或同向而不同间隔加以区别。但同一零件在各个剖视图、断面图中，其剖面线方向和间隔必须相同。

● 当连接图画成如图 5—22 所示的剖视图，即剖切平面通过螺杆的轴线时，对螺栓、螺母及垫圈等均按未剖切绘制，即仍画其外形。

● 在装配图中，螺栓连接也可采用如图 5—23 所示的简化画法，即螺栓、螺母、螺杆上螺纹端面的倒角省略不画。

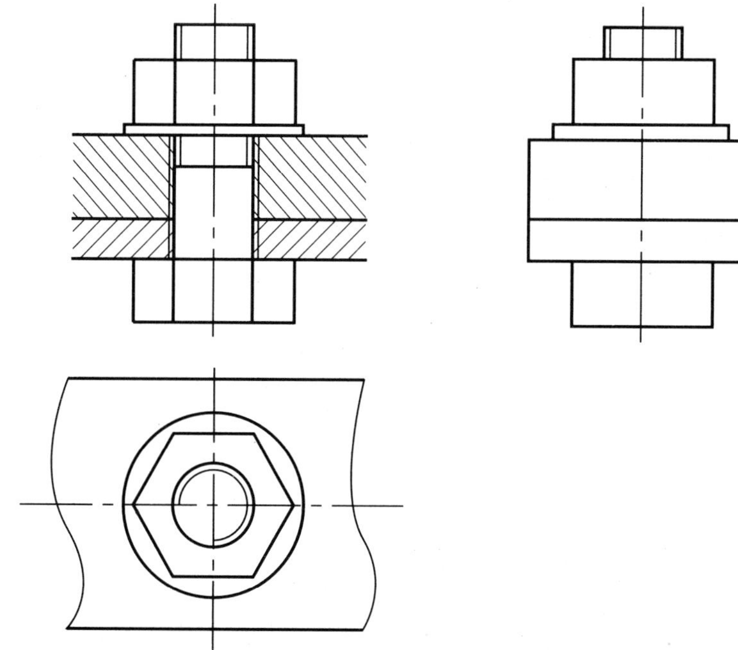

图 5—23　螺栓连接简化画法

（2）螺柱连接。

当被连接两零件之一较厚，不允许钻成通孔而难于采用螺柱连接；或因拆装频繁，又不宜采用螺钉连接时，可采用螺柱连接，如图 5—24 所示。螺柱的两端都制有螺纹，连接前，先在较厚的零件上加工出螺纹，在另一较薄的零件上加工出通孔（孔径≈1.1d），然后将双头螺柱的一端（旋入端）旋紧在螺孔内，再在双头的另一端（紧固端）套上带通孔的被连接零件，加上垫圈，拧紧螺母，即完成了螺柱连接。

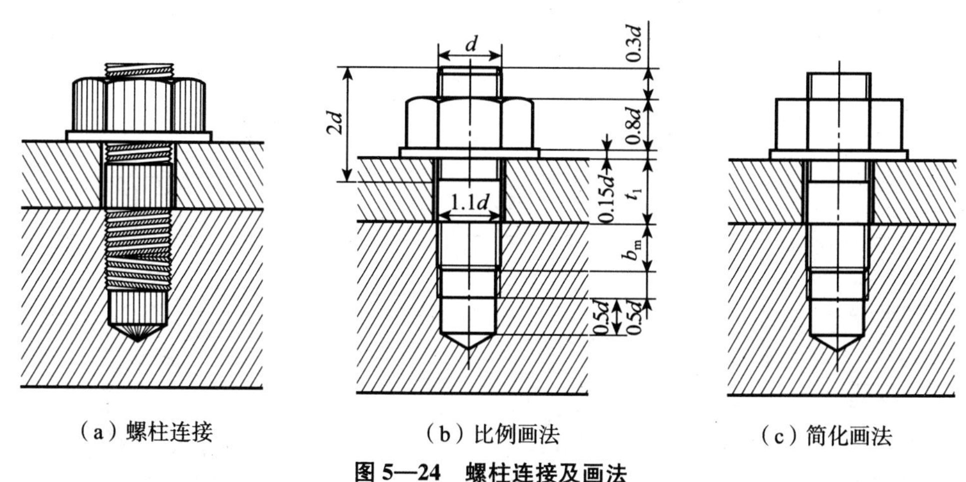

（a）螺柱连接　（b）比例画法　（c）简化画法

图 5—24　螺柱连接及画法

螺柱连接中的有关尺寸确定如下：

● 为保证连接牢固，双头螺柱旋入端的长度 b_m 随旋入零件（机体）材料的不同而不同。钢或青铜：$b_m=d$，铸铁：$b_m=1.25$ 或 $1.5d$，铝合金：$b_m=2d$。

● 螺孔与钻孔深度。机体上螺孔的深度应大于旋入端螺纹长度，一般取 $b_m+0.5d$；钻孔深度取 b_m+d。

● 螺柱的公称长度 L 可通过计算选定：

$$L \approx t_1+h+m+a$$

式中：t_1 为通孔零件厚度；

h 为垫圈厚度；

m 为螺母厚度；

a 为螺柱伸出螺母的长度。

螺柱公称长度 L 可对照有关手册选取与估算值相近的标准值确定。

画螺柱连接时，还应注意以下几点：

● 连接图中，螺柱旋入端的螺纹终止线应与结合面齐平，表示旋入端全部拧入，足够拧紧。

● 弹簧垫圈用作防松，外径比普通垫圈小，以保证紧压在螺母底面范围之内。弹簧垫圈开槽的方向应是阻止螺母松动方向，在图中应画成与水平线成 60°向左上倾斜的两条线（或一条加粗线），两线间距为 n。其作图比例见图 5—20。

在装配图中，螺柱连接也可用如图 5—24c 所示类似螺栓连接的简化画法。

（3）螺钉连接。

螺钉按用途可分为连接螺钉和紧定螺钉两类。螺钉根据头部形状有多种形式，如图 5—25 所示。螺钉连接一般用于受力不大不需经常拆装的零件连接中。它的两个被连接件中，较厚的零件加工出螺孔，较薄的零件加工出通孔（沉孔和通孔的直径分别稍大于螺钉头和螺杆的直径）。连接时不用螺母，直接将螺钉穿入通孔拧入螺孔中，如图 5—25 所示。其连接图，拧入螺孔端的画法与螺柱连接相似，穿过通孔端的画法与螺栓连接相似。

螺钉的公称长度 L，可按下式计算后在长度系列中选取标准值：

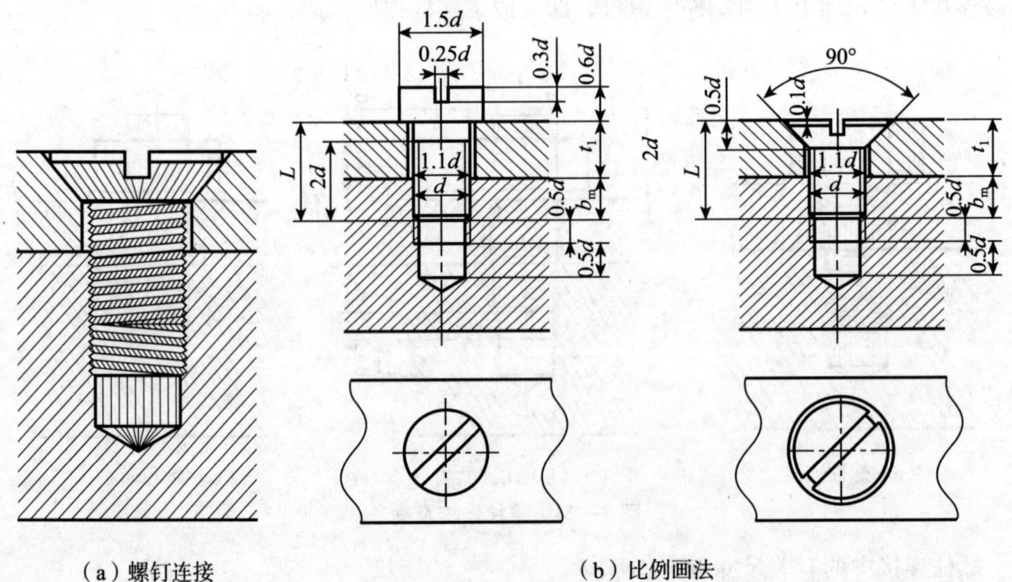

（a）螺钉连接 （b）比例画法

图 5—25 螺钉连接及画法

$$L \approx t_1 + b_m$$

上式中，t_1为零件厚度；b_m为螺纹的旋入深度，可根据被旋入零件（机体）的材料决定（同双头螺柱），钢或青铜：$b_m=d$，铸铁：$b_m=1.25d$ 或 $1.5d$，铝合金：$b_m=2d$。其余部分按图示比例值选取。

画螺钉连接图时要注意以下几点：

● 螺纹终止线应高于两零件的结合面，表示螺钉有拧紧余地，以保证连接紧固。

● 螺钉与通孔间分别都有间隙，应画两条轮廓线。

● 螺钉头部的一字槽，在主视图中放正画在中间位置；俯视图中规定画成与水平线倾斜成 45°角；如果画左视图，一字槽按规定也画在中间位置。槽的宽度可用加粗的粗实线简化表示。

紧定螺钉常用来固定两零件的相对位置，使它们不产生相对运动。如图 5—26 所示，可先在轮廓的适当部位加工出螺孔，以螺孔导向，在轴上钻出锥坑，最后拧入紧定螺钉，将轮、轴装配在一起。

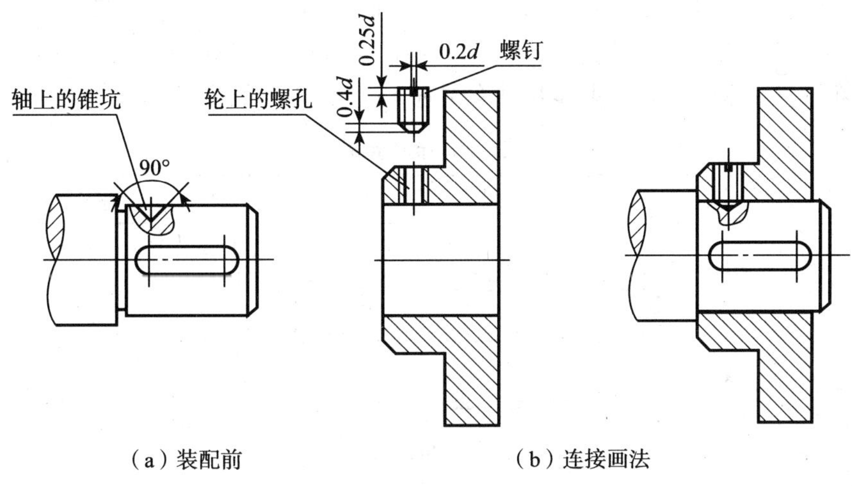

（a）装配前　　（b）连接画法

图 5—26　紧定螺钉连接及画法

5.2　键及其连接

问题导入

（1）如何绘制键及其相关连接结构的视图？

（2）如何标注图 5—27 所示键及其连接的结构和尺寸？

键主要用于轴和轴上零件（如齿轮、带轮）间的周向连接，以传递扭矩。如图 5—27 所示，在被连接的轴上和轮毂中加工出键槽，将键嵌入轴上的键槽内，再对准轮毂孔中的键槽（该键槽是穿通的），将它们装配在一起，便可达到连接的目的。

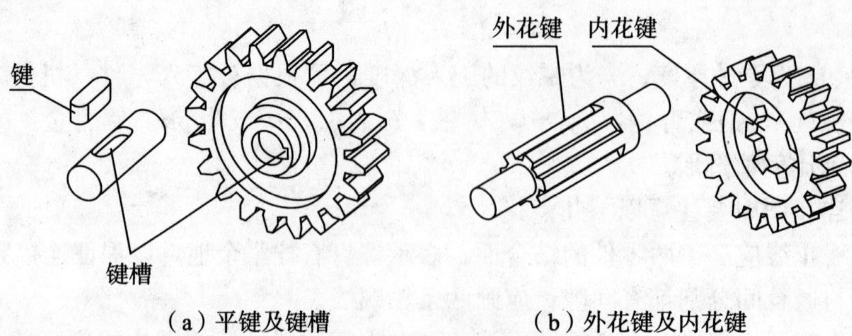

（a）平键及键槽　　（b）外花键及内花键

图 5—27　键及其连接

5.2.1　常用键及其标记

键是标准件，常用的键有普通平键、半圆键和钩头楔键。普通平键又有 A 型（圆头）、B 型（方头）和 C 型（单圆头）三种。表 5—1 列出了这几种键的标准号、形式及标记示例。其中平键的基本尺寸有键宽 b、键高 h、键长 L；半圆键的基本尺寸有键宽 b、键高 h、直径 D 和长度 L；钩头楔键的基本尺寸有键宽 b、键高 h 和长度 L。

表 5—1　　键及其标记示例

名称	图例	标记示例
普通平键 GB/T 1096—2003 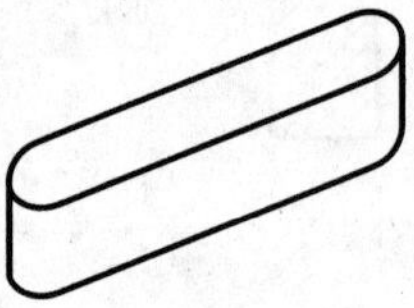	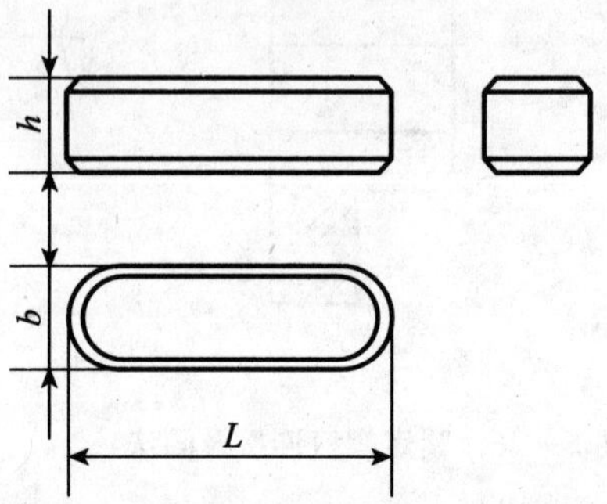	b=8、h=7、L=25 的普通平键（A 型）标记为： GB/T 1096　键 8×7×25
半圆键 GB/T 1099.1—2003 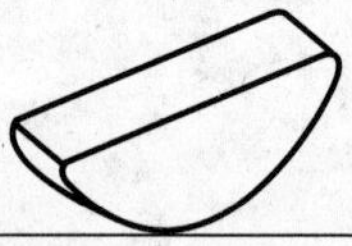	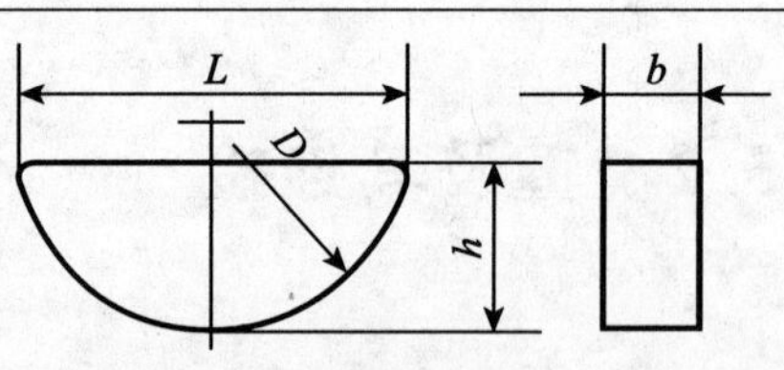	b=6、h=10、D=25 的半圆键标记为： GB/T 1099.1　键 6×10×25
钩头楔键 GB/T 1565—2003 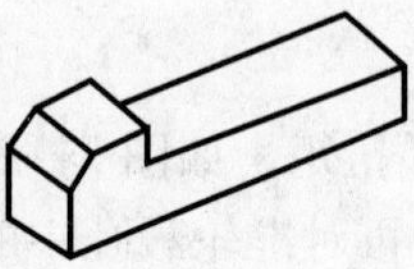	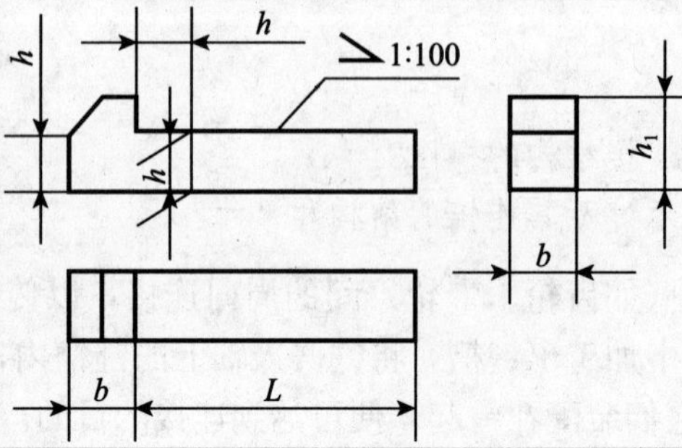	b=18、h=11、L=100 的钩头楔键标记为： GB/T 1564　键 18×100

5.2.2 键槽的画法和尺寸标注

设计或测绘中，键槽的宽度、深度和键的宽度、高度尺寸，可根据相连接的轴径在标准中查得。键长和轴上的键槽长，应根据轮宽，在键的长度标准系列中选用（键长不超过轮宽）。

键槽的图示和尺寸标注方法，如图 5—28 所示。

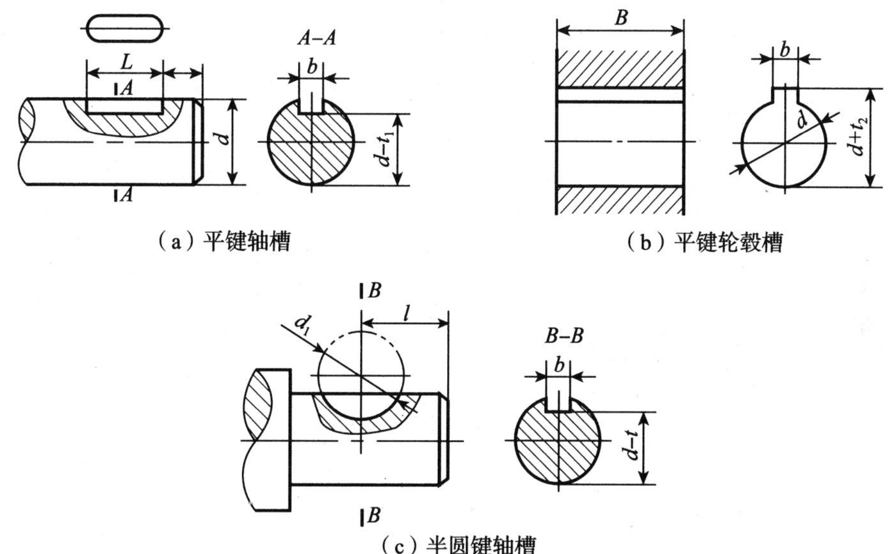

（a）平键轴槽　（b）平键轮毂槽

（c）半圆键轴槽

图 5—28　键槽的画法及尺寸标注

5.2.3 普通键连接及画法

1. 平键和半圆键连接

这两种键连接的作用原理相似，如图 5—29 所示。半圆键常用于载荷不大的传动轴上。

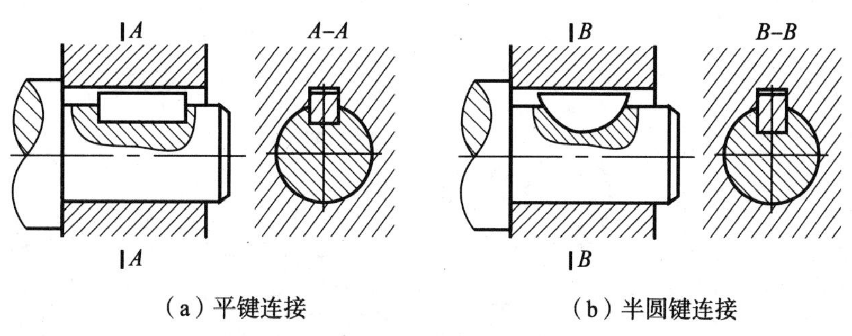

（a）平键连接　（b）半圆键连接

图 5—29　普通键连接的画法

（1）连接时，普通平键和半圆键的两侧面是工作面，它们与轴、轮毂键槽的两侧面相接触，分别只画一条线。

（2）键的上、下底面为非工作面，上底面与轮毂键槽底面之间留有一定的间隙，画两条线。

（3）在反映键长方向的剖视图中，键按不剖处理。

2. 钩头楔键连接

钩头楔键连接如图 5—30 所示。钩头楔键的上底面有 1∶100 的斜度。装配时，将键沿轴向打入键槽内，靠上、下底面在轴和轮毂槽之间接触挤压的摩擦力而连接，键的上、下底面是工作面，各画一条线。钩头供拆卸用，轴上的键槽常制在轴端，拆装方便。

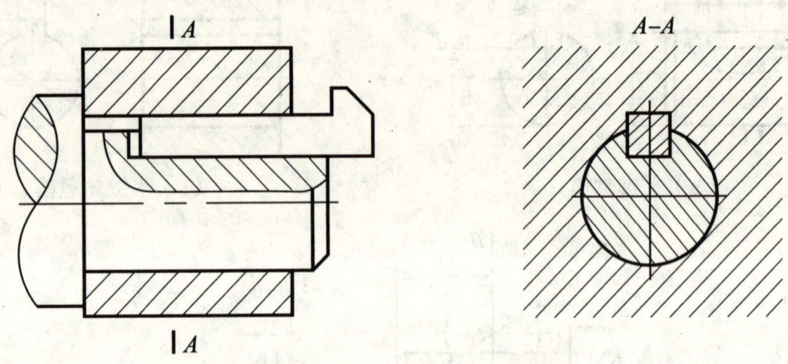

图 5—30　钩头楔键连接的画法

5.2.4　花键表示法

花键常与被连接件制成一体，能传递较大的扭矩。常用的花键有矩形花键、渐开线花键、三角形花键等。本节主要介绍矩形花键的画法及标注。

1. 外花键的画法及标注

外花键的画法和外螺纹相似，如图 5—31 所示。大径用粗实线绘制，小径用细实线绘制，且画入倒角内至轴端。大小径的终止线用细实线表示，键尾用与轴线成 30°的细实线表示。当采用剖视时，若剖切平面平行于键齿，键齿按不剖绘制，且大小径均采用粗实线画出。在反映圆的视图上，小径用细实线圆表示，倒角圆省略不画。在断面图中，可画一个齿形，也可全部画出。

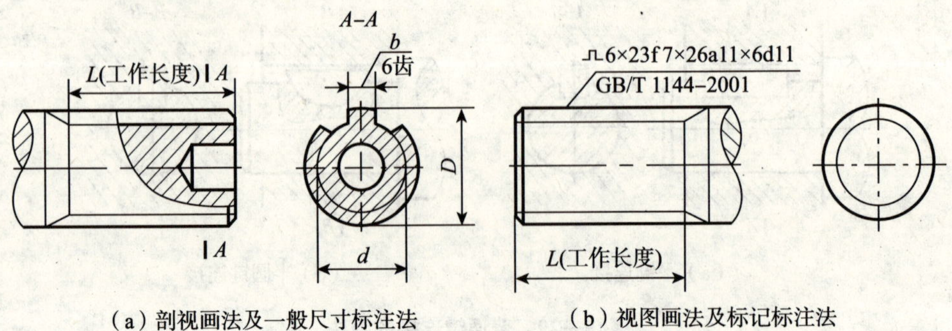

（a）剖视画法及一般尺寸标注法　　（b）视图画法及标记标注法

图 5—31　外花键的画法及标注

外花键的标注可采用一般尺寸标注法和标记标注法两种。一般尺寸标注法应标注出大径 D、小径 d、键宽 b（及齿数 N）和工作长度 L；用标记标注时，指引线应从大径引出，标记组成为：

类型符号	齿数	×	小径	小径公差带代号	×	大径	大径公差带代号	×	齿宽公差带代号

2. 内花键的画法及标注

内花键的画法如图 5—32 所示。在反映花键轴线的剖视图中，大、小径均用粗实线绘制，圆的视图用局部视图表示，且大径用细实线圆表示。标记标注时，指引线仍自大径引出，只是表示公差带的偏差代号用大写字母表示。

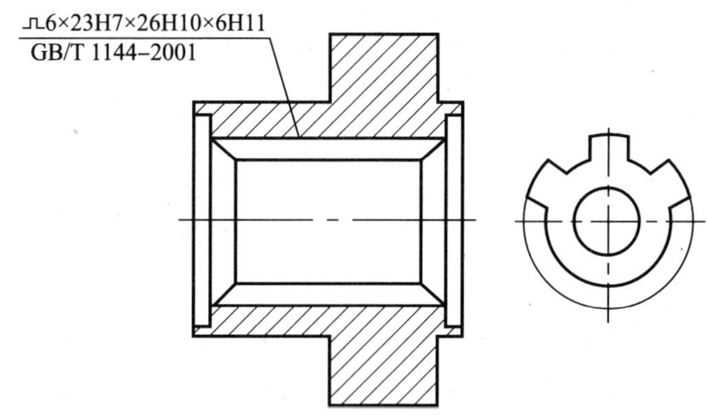

图 5—32　内花键的画法及标注

3. 花键连接的画法及标注

花键连接的画法和螺纹连接的画法相似，如图 5—33 所示。公共部分按外花键绘制，不重合部分按各自的规定画法绘制。

代号标注时，用配合代号代替内、外花键代号中相应的公差带代号。

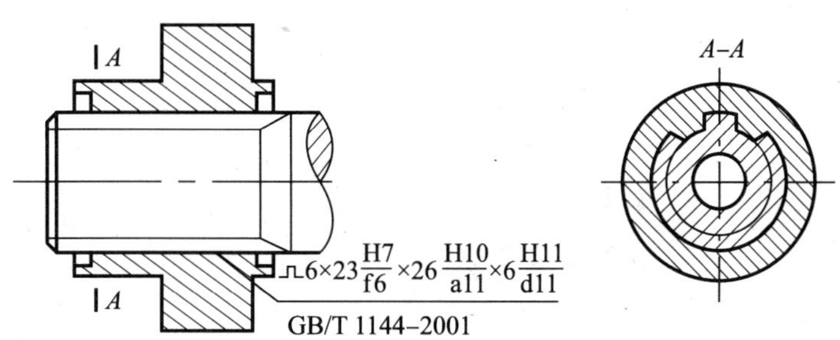

图 5—33　花键连接的画法及标注

5.3 销及其连接

销常用作连接、锁定零件或传递动力，有时也用于零件之间的相对定位。这种用销来连接或定位的结构称销连接。

5.3.1 销及其标记

常用的销有圆柱销、圆锥销和开口销等。圆柱销和圆锥销用作零件间的连接或定位；开口销用来防止连接螺母松动或固定其他零件。

销为标准件，国家标准对其结构形式、尺寸和标记都作了相应规定。规格、尺寸可从相关标准中查得。表 5—2 列出了三种销的标准号、形式和标记示例。

表 5—2 销及标记示例

名称	图例	标记示例
圆柱销 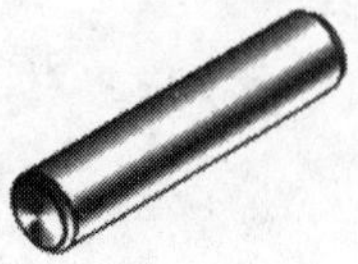	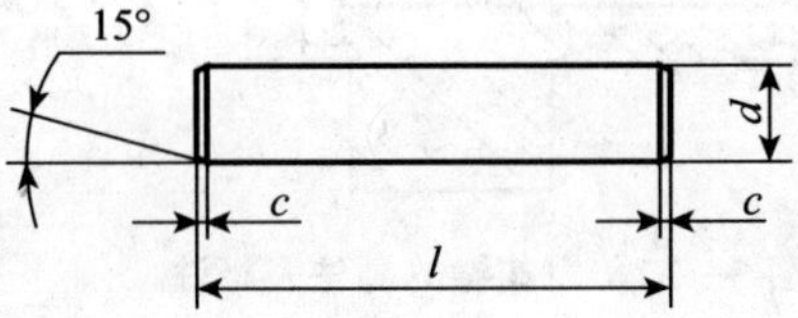 15° d c c l	销 GB/T 119—2000 A10 × 50（A 型，公称直径 $d=10$，长度 $l=50$）
圆锥销 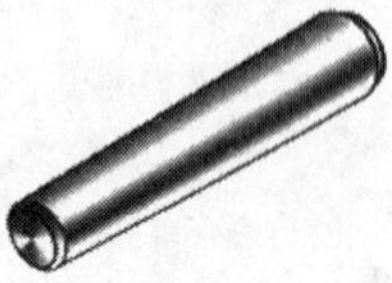	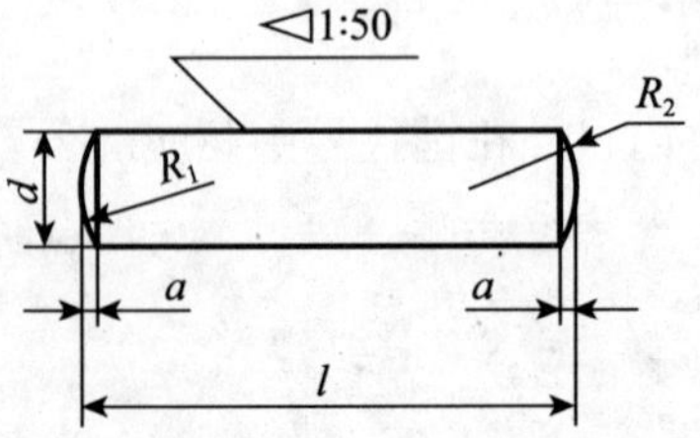 ◁1:50 R_2 d R_1 a a l	销 GB/T 117—2000 A10 × 60（A 型，公称直径 $d=10$，长度 $l=60$）
开口销 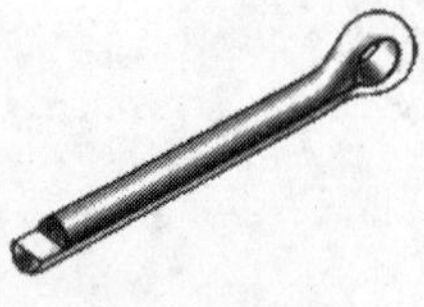	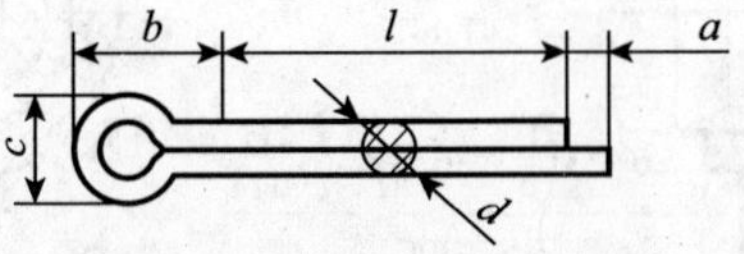 b l a c d	销 GB/T 91—2000 5×40（公称直径 $d=5$，长度 $l=40$）

5.3.2　销连接画法

圆柱销和圆锥销的连接画法如图 5—34 所示，开口销连接的画法如图 5—35 所示。

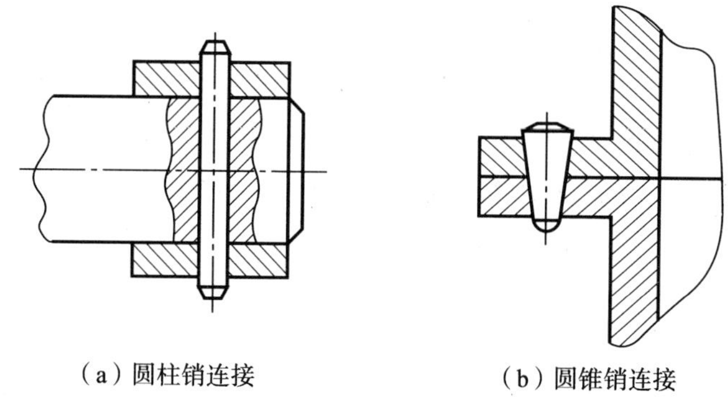

（a）圆柱销连接　（b）圆锥销连接

图 5—34　圆柱销、圆锥销连接画法

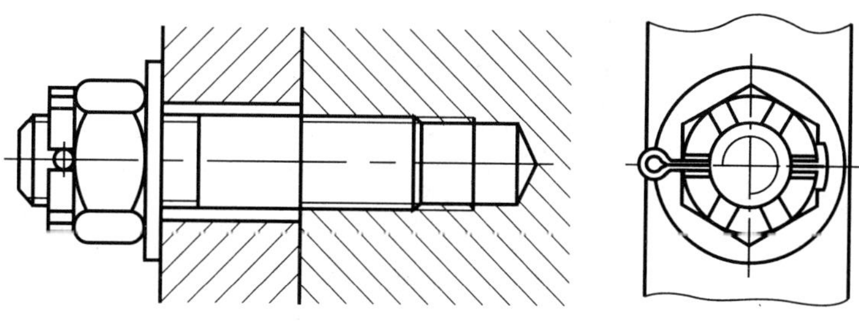

图 5—35　开口销连接画法

5.4　滚动轴承

问题导入

（1）滚动轴承为装配体（部件），如图 5—36 所示，其视图如何绘制？

（2）在简化的滚动轴承视图上，如何反映其不同的类型？

（3）如何标注滚动轴承的结构、尺寸、类型？

5.4.1　滚动轴承的结构及类型

轴承是用来支承轴的，分为滑动轴承和滚动轴承两类。滚动轴承由于摩擦阻力小、结构紧凑等优点，在机器中被广泛应用。

滚动轴承按其承受载荷的方向，可分为三类：

(1) 向心轴承——主要承受径向载荷，如深沟球轴承、圆柱滚子轴承。

(2) 推力轴承——主要承受轴向载荷，如推力球轴承。

(3) 向心推力轴承——可同时承受径向载荷和轴向载荷，如圆锥滚子轴承。

滚动轴承的结构一般由四部分组成，现以图 5—36 所示的球轴承来说明。

(1) 内圈——套装在轴上，随轴一起转动。

(2) 外圈——装在机座孔中，一般固定不动或偶作少许转动。

(3) 滚动体——装在内、外圈之间的滚道中。滚动体可作成球状（滚珠）或滚子状（圆柱、圆锥或针状），如图 5—37 所示。

(4) 保持架——用以均匀隔开滚动体，防止它们之间的摩擦和碰撞，故又称隔离圈。

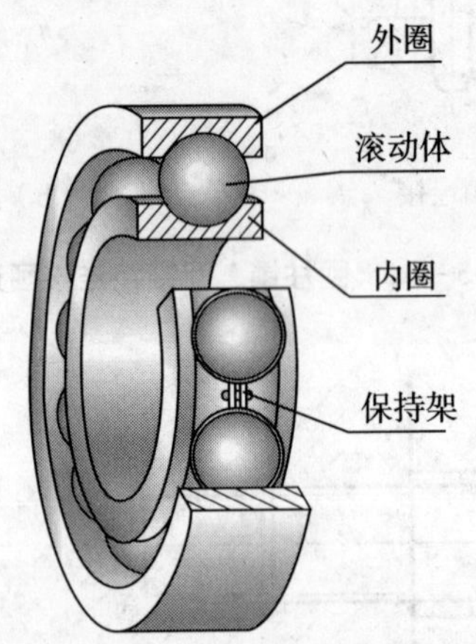

图 5—36　滚动轴承结构

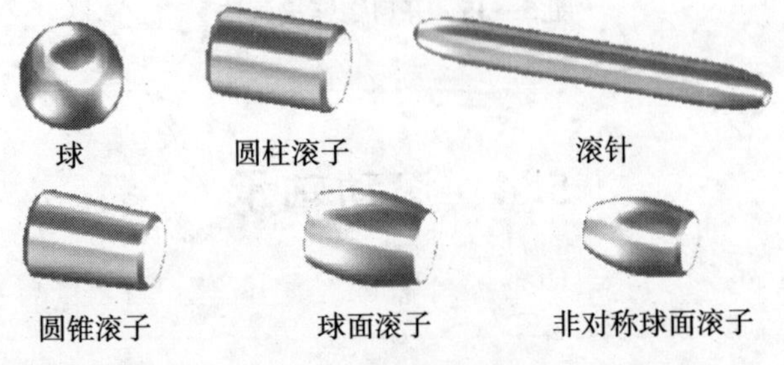

图 5—37　滚动体类型

5.4.2　滚动轴承的表示法

滚动轴承由专业工厂生产，需要时可根据轴承的型号选配。当需要表示滚动轴承时，可按不同场合分别采用简化画法及规定画法。简化画法又可分为通用画法和特征画法两种。

1. 通用画法

在剖视图中，当不需要确切地表示滚动轴承的外形轮廓、载荷特征、结构特征时，可用矩形线框及位于线框中央正立的十字形符号表示滚动轴承。矩形线框和十字形符号均用粗实线绘制，且轴的两侧画法相同。通用画法及尺寸比例如表 5—3 所列。

表 5—3　　滚动轴承通用画法及尺寸比例示例

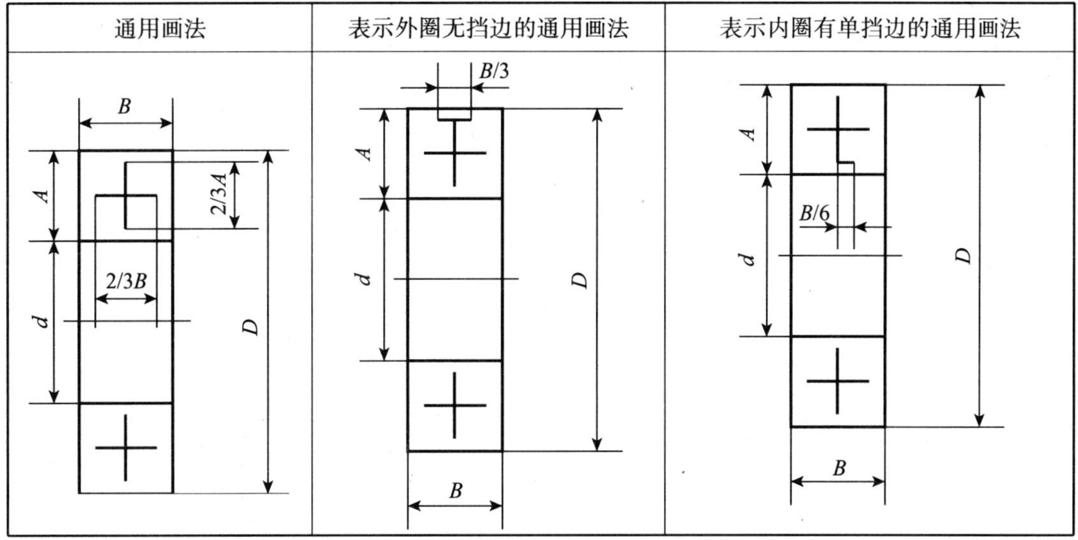

通用画法	表示外圈无挡边的通用画法	表示内圈有单挡边的通用画法

2. 特征画法

如需较形象地表示滚动轴承的结构特征和载荷特性，可采用特征画法，即在矩形线框内画出其结构要素符号。结构要素符号由长粗实线（或长粗圆弧线）和短粗实线组成。长粗实线表示不可调心轴承的滚动体的滚动轴线；长粗圆弧线表示调心轴承的调心表面或滚动体滚动轴线的包络线。短粗实线表示滚动体的列数和位置。长粗实线（或长粗圆弧线）与短粗实线相交成 90°，并通过滚动体的中心。特征画法的矩形线框也用粗实线绘制。

常用滚动轴承的特征画法及尺寸比例如表 5—4 所列。

表 5—4　　特征画法、规定画法及尺寸比例示例

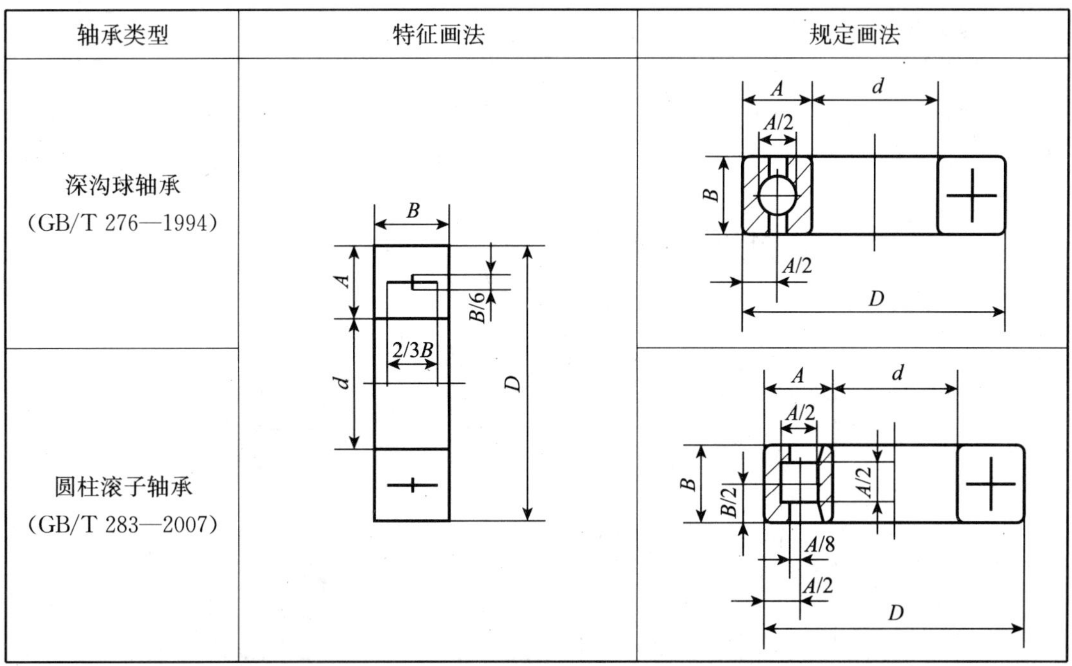

轴承类型	特征画法	规定画法
深沟球轴承 (GB/T 276—1994)		
圆柱滚子轴承 (GB/T 283—2007)		

续前表

轴承类型	特征画法	规定画法
角接触球轴承 (GB/T 292—2007)	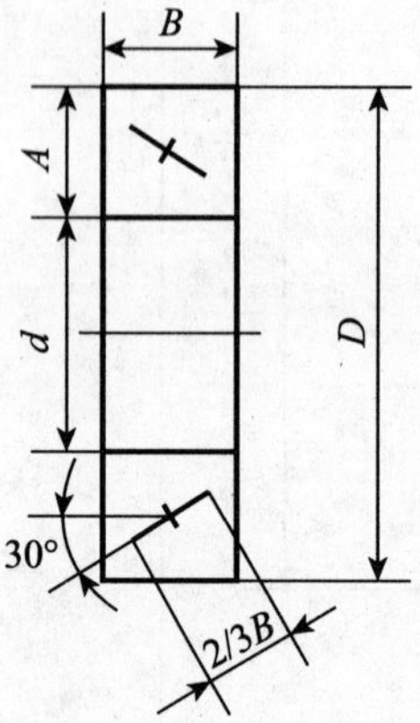	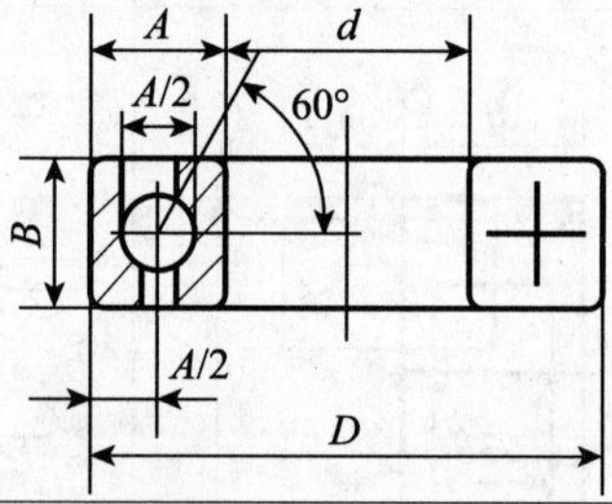
圆锥滚子轴承 (GB/T 297—1994)		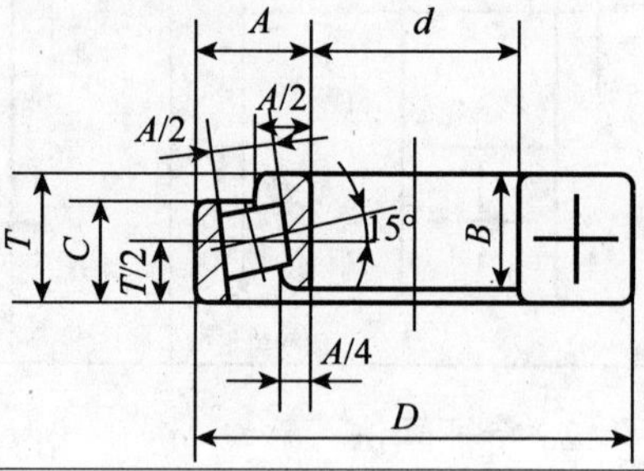
推力球轴承 (GB/T 301—1995)	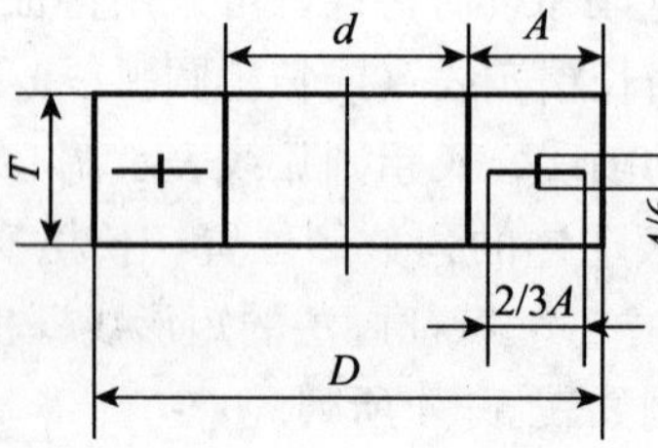	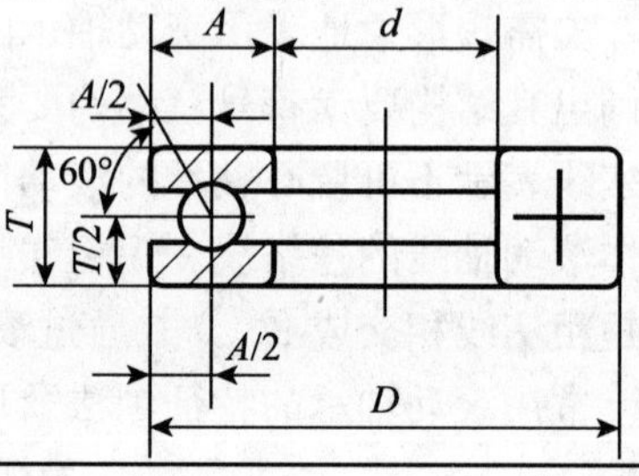

3. 规定画法

在滚动轴承的产品图样、样本、标准、用户手册和使用说明书中，必要时可采用表 5—4 所列的规定画法。图中滚动体不画剖面线，各套圈等可画成方向和间隔相同的剖面线，滚动轴承的保持架及倒角等可省略不画。规定画法绘制在轴的一侧，图形的另一侧，按通用画法绘制。

滚动轴承规定画法的作图步骤的示例如图 5—38 所示。

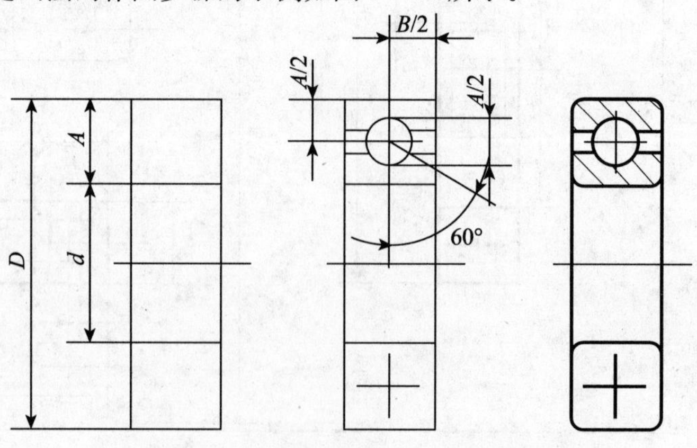

图 5—38　深沟球轴承规定画法的作图步骤

采用以上三种画法画图时，可根据轴承代号由相关国家标准查出数据，矩形线框应按外径 D、内径 d、宽度 B 等实际尺寸绘制，框内部分按图示比例绘制。

5.4.3　滚动轴承代号

滚动轴承代号是用字母和数字表示滚动轴承的结构、尺寸、公差等级、技术要求、技术性能等特征的产品符号。

滚动轴承代号由基本代号、前置代号和后置代号构成，其排列如下：

前置代号	基本代号	后置代号

前置代号和后置代号是轴承在结构形状、尺寸、公差、技术要求等有改变时添加的补充代号，具体内容可查阅相关的国家标准。现着重介绍基本代号。

基本代号表示滚动轴承的基本类型、结构和尺寸，是滚动轴承代号的基础。滚动轴承（除滚针轴承外）基本代号由轴承类型代号、尺寸系列代号、内径代号构成。

1. 类型代号

类型代号用阿拉伯数字或大写拉丁字母表示，其含义如表 5—5 所示。

表 5—5　　滚动轴承类型代号（摘自 GB/T 272—1993）

代号	轴承类型	代号	轴承类型
0	双列角接触球轴承	7	角接触球轴承
1	调心球轴承	8	推力圆柱滚子轴承
2	调心滚子轴承和推力调心滚子轴承	N	圆柱滚子轴承
3	圆锥滚子轴承	NN	双列或多列圆柱轴承
4	双列深沟球轴承	U	外球面球轴承
5	推力球轴承	QJ	四点接触球轴承
6	深沟球轴承		

2. 尺寸系列代号

尺寸系列代号用数字表示，由轴承的宽（高）度系列代号和直径系列代号组合而成，用两位阿拉伯数字来表示，它的主要作用是区别内径相同而宽度和外径不同的轴承。具体含义如表 5—6 所示。

表 5—6　　向心轴承、推力轴承尺寸系列代号（摘自 GB/T 272—1993）

直径系列代号	向心轴承								推力轴承			
	宽度系列代号								高度系列代号			
	8	0	1	2	3	4	5	6	7	9	1	2
	尺寸系列代号											
7	—	—	17	—	37	—	—	—	—	—	—	—
8	—	08	18	28	38	48	58	68	—	—	—	—
9	—	09	19	29	39	49	59	69	—	—	—	—

续前表

直径系列代号	向心轴承								推力轴承			
	宽度系列代号								高度系列代号			
	8	0	1	2	3	4	5	6	7	9	1	2
	尺寸系列代号											
0	—	00	10	20	30	40	50	60	70	90	10	—
1	—	01	11	21	31	41	51	61	71	91	11	—
2	82	02	12	22	32	42	52	62	72	92	12	22
3	83	03	13	23	33	—	—	—	73	93	13	23
4	—	04	—	24	—	—	—	—	74	94	14	24
5	—	—	—	—	—	—	—	—	—	95	—	—

3. 内径代号

内径代号表示轴承的公称内径，一般用两位阿拉伯数字表示。公称内径不同的滚动轴承的内径代号的表示法如表5—7所示。

表5—7　　滚动轴承内径代号（摘自GB/T 272—1993）

轴承公称内径/mm		内径代号	示例
0.6到10（非整数）		用公称内径直接表示，其与尺寸系列代号之间用“/”分开	深沟球轴承618/2.5 d=2.5mm
1到9（整数）		用公称内径毫米数直接表示，对深沟及角接触球轴承7、8、9直径系列，内径与尺寸系列代号之间用“/”分开	深沟球轴承625　618/5 d=5mm
10到17	10	00	深沟球轴承6200 d=10mm
	12	01	
	15	02	
	17	03	
20到480（22、28、32除外）		公称内径除以5的商数，商数为个数时，需在商数左边加“0”，如08	调心滚子轴承23208 d=40mm
大于等于500及22、28、32		用公称内径的毫米数直接表示，但与尺寸系列之间用“/”分开	调心滚子轴承230/500 d=500mm 深沟球轴承62/22 d=22mm

4. 滚动轴承规定标记

滚动轴承是标准件，要在图样上标注其代号。一般情况下标注基本代号，必要时，也要标注前置代号和后置代号。滚动轴承规定标记示例如下：

（1）滚动轴承6206　GB/T 276—1994

6——轴承类型代号（深沟球轴承）；

2——尺寸系列代号（02，宽度系列代号0省略，直径系列代号为2）；

06——内径代号（$d=5\times6=30$mm）。

(2) 滚动轴承 62/22　GB/T 276—1994

6——轴承类型代号（深沟球轴承）；

2——尺寸系列代号（02，宽度系列代号 0 省略，直径系列代号为 2）；

22——内径代号（$d=22$mm）。

(3) 滚动轴承 30303　GB/T 297—1994

3——轴承类型代号（圆锥滚子轴承）；

03——尺寸系列代号（宽度系列代号为 0，直径系列代号为 3）；

03——内径代号（$d=17$mm）。

(4) 滚动轴承 51312　GB/T 301—1994

5——轴承类型代号（推力球轴承）；

13——尺寸系列代号（高度系列代号为 1，直径系列代号为 3）。

12——内径代号（$d=5\times12=60$mm）。

5.5　弹簧

问题导入

(1) 弹簧为重复结构，如何用简单的视图表达其结构特点，有哪些表达方法？

(2) 弹簧为标准件，其在装配图中的表达有何特点，有哪些表达方法？

弹簧是机械、电器设备中常用的零件，具有功、能转换特性，主要用于缓冲、减震、储能、测力、压紧与复位、调节等多种场合。

弹簧种类很多，常见的有圆柱螺旋弹簧、板弹簧、平面涡卷弹簧等，如图 5—39 所示。其中圆柱螺旋弹簧最为常见。根据受力不同，圆柱螺旋弹簧可分为压缩弹簧、拉伸弹簧和扭转弹簧三种。本节主要介绍圆柱螺旋压缩弹簧的有关参数和规定画法。

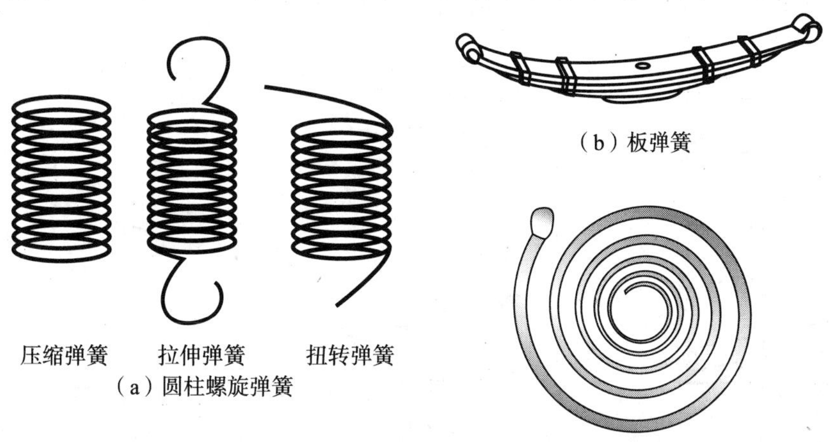

图 5—39　常见弹簧种类

5.5.1 圆柱螺旋压缩弹簧的参数及计算

(1) 簧丝直径 d　制造弹簧用的金属丝的直径。

(2) 弹簧外径 D　弹簧的最大直径。

(3) 弹簧内径 D_1　弹簧的最小直径，$D_1 = D_2 - 2d$。

(4) 弹簧中径 D_2　弹簧轴剖面中弹簧丝中心所在柱面的直径，$D_2 = (D + D_1)/2 = D_1 + d = D - d$。

(5) 支承圈数 n_z、有效圈数 n、总圈数 n_1　为了使压缩弹簧工作平稳、端面受力均匀，制造时需将弹簧两端 0.75～1.25 圈并紧磨平，这些并紧磨平的圈仅起支承作用，称为支承圈。支承圈数 n_z 一般为 1.5、2、2.5。其余保持相等节距且参与工作的圈数，称为有效圈数。支承圈数与有效圈数之和称为总圈数，即 $n_1 = n_z + n$。

(6) 节距 t　相邻两有效圈上对应点间的轴向距离。

(7) 自由高度 H_0　未受载荷时的弹簧高度（或长度）

$$H_0 = nt + (n_z - 0.5)d$$

等式右边第一项 nt 为有效圈的自由高度；第二项 $(n_z - 0.5)d$ 为支承圈的自由高度。

(8) 展开长度 L　制造弹簧时所需金属丝的长度。按螺旋线展开可得

$$L \approx n_1 \sqrt{(\pi D_2)^2 + t^2}$$

(9) 旋向　螺旋弹簧分为右旋和左旋两种。

5.5.2 弹簧的画法

1. 螺旋弹簧的规定画法

螺旋弹簧的画法如图 5—40 所示，有剖视、视图和示意画法。

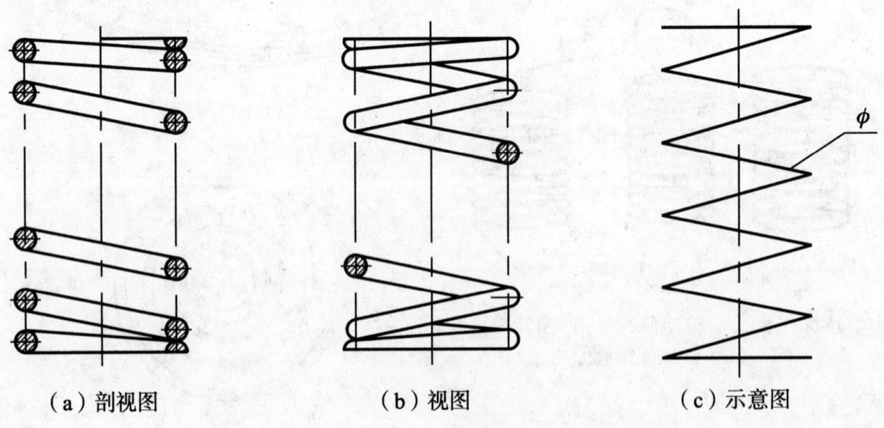

图 5—40　圆柱螺旋弹簧的表示方法

GB/T 4459.4—2003 对弹簧的画法作了如下规定：

(1) 在平行于螺旋弹簧轴线的投影面的视图中，各圈的轮廓应画成直线。

(2) 有效圈数在四圈以上的螺旋弹簧，可在每一端只画 1～2 圈（支承圈除外），中间只需用通过弹簧丝断面中心的细点画线连起来即可，且可适当缩短图形长度。

(3) 螺旋弹簧均可画成右旋，但左旋螺旋弹簧不论画成左旋或右旋，一律要注出旋向“左”字。

(4) 螺旋压缩弹簧如要求两端并紧且磨平时，不论支承圈数多少，末端贴紧情况如何，均按支承圈为 2.5 圈（有效圈是整数）的形式绘制。必要时，也可按支承圈的实际结构绘制。

2. 装配图中弹簧的简化画法

(1) 在装配图中，弹簧被看作实心形体，因而被弹簧挡住的结构一般不画出，可见部分应画至弹簧的外轮廓线或弹簧中径，如图 5—41a 所示。

(2) 在装配图中，被剖切后的弹簧丝直径小于 2mm 时，剖面可涂黑表示，且各圈的界线轮廓线不画，如图 5—41b 所示；也可用示意画法，如图 5—41c 所示。

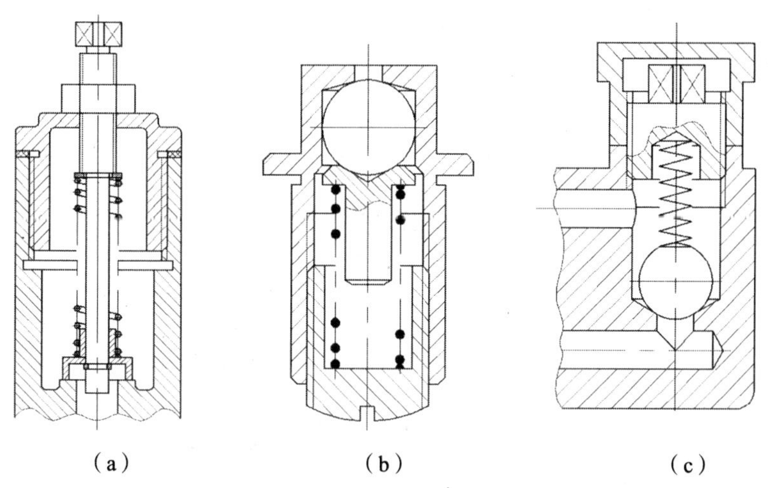

图 5—41　装配图中弹簧的简化画法

5.5.3　圆柱螺旋压缩弹簧的作图举例

已知一普通圆柱螺旋压缩弹簧，中径 $D_2=38$，材料直径 $d=6$，节距 $t=11.8$，有效圈数 $n=7.5$，支承圈数 $n_z=2.5$，右旋，试绘制该弹簧。

(1) 首先计算弹簧相关参数：

弹簧外径　$D=D_2+d=38+6=44$

自由高度　$H_0=nt+(n_z-0.5)d=7.5\times11.8+(2.5-0.5)\times6=100.5$

(2) 作图步骤：如图 5—42 所示。

- 根据 D_2 及 H_0 画出弹簧高度和中径线。
- 画出支承圈部分与弹簧丝直径相等的圆和半圆。

- 画出有效圈数部分与弹簧丝直径相等的圆和半圆。
- 按右旋方向作相应圆公切线及剖面线，完成作图。

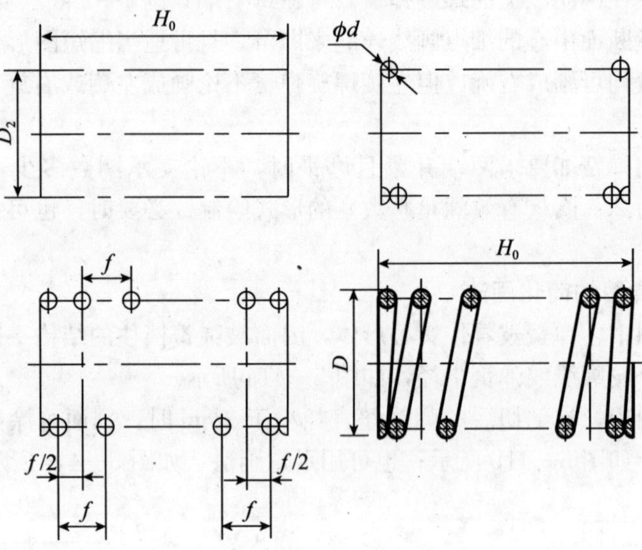

图 5—42　圆柱螺旋压缩弹簧的作图步骤

5.6　齿轮表示法

问题导入

(1) 齿轮的轮齿部分为重复结构，且结构、尺寸已标准化，如何绘制齿轮的视图？

(2) 实际中齿轮成对使用（啮合传动），啮合齿轮如何表示？

齿轮是常用件，广泛应用于机器中，作为传动零件用以传递动力和运动，并具有改变转速和转向的作用。例如车辆、机床变速、换向等都是由不同的齿轮传动实现的。

常见的齿轮传动按两轴的相对位置不同分为下列几种形式（见图 5—43）：

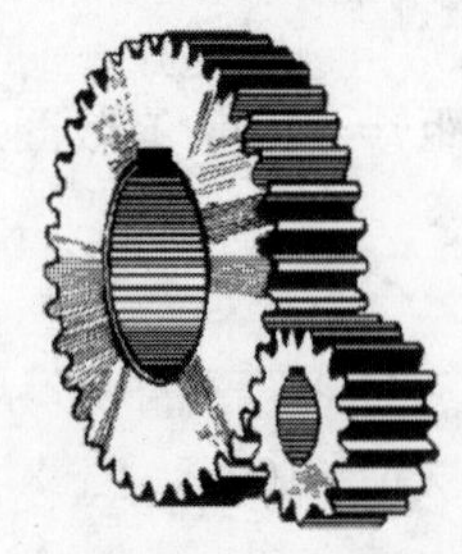

(a) 圆柱齿轮传动

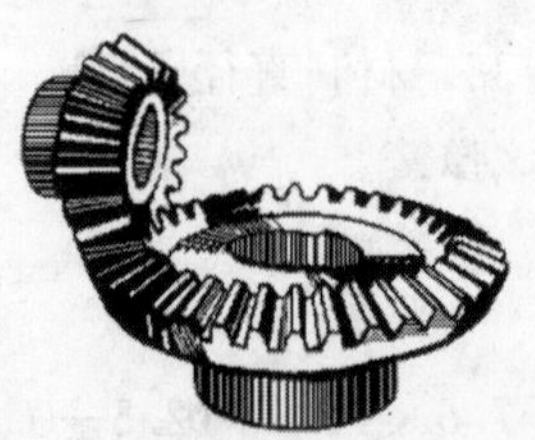

(b) 圆锥齿轮传动

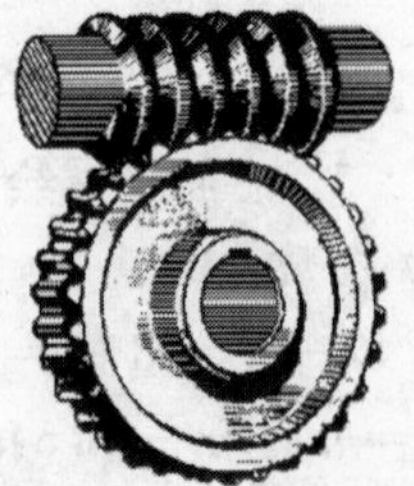

(c) 蜗轮蜗杆传动

(d) 齿轮齿条传动

图 5—43　常见齿轮传动

（1）圆柱齿轮传动——用于两平行轴之间的传动。

（2）圆锥齿轮传动——用于两相交轴之间的传动。

（3）蜗杆蜗轮传动——用于两交叉轴之间的传动。

（4）齿轮齿条传动（见图 5—43d）——用于转动和移动之间的运动转换。

常见的齿轮轮齿包括直齿和斜齿。齿轮又有标准齿和非标准齿之分，具有标准齿的齿轮称为标准齿轮。本书介绍渐开线标准圆柱齿轮、圆锥齿轮和蜗轮蜗杆的有关知识与规定画法。

5.6.1　直齿圆柱齿轮

1. 直齿圆柱齿轮各部分的名称及参数（见图 5—44）

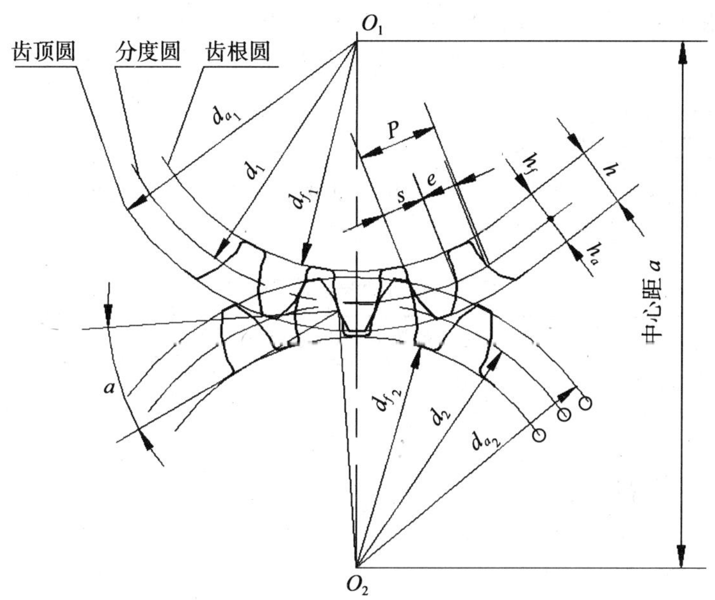

图 5—44　直齿圆柱齿轮的术语参数

（1）齿顶圆　通过轮齿顶部的圆，其直径以 d_a 表示。

（2）齿根圆　通过轮齿根部的圆，其直径以 d_f 表示。

（3）分度圆　齿轮设计和加工时计算尺寸的基准圆称为分度圆。它位于齿顶圆和齿根圆之间，是一个假想圆，在该圆上齿厚等于齿槽宽，即 $s=e$。分度圆的直径以 d 表示。

（4）齿高 h　轮齿在齿顶圆与齿根圆之间的径向距离。$h=h_a+h_f$。

（5）齿顶高 h_a　齿顶圆与分度圆之间的径向距离。

（6）齿根高 h_f　齿根圆与分度圆之间的径向距离。

（7）齿距 p、齿厚 s、齿槽宽 e　在分度圆上，相邻两齿廓对应点之间的弧长为齿距；一齿两侧齿廓在同一圆周上的弧长为齿厚；相邻两齿廓在同一圆周上的弧长为齿槽宽。标准齿轮中，分度圆上 $e-s$，$p-s+e$。

（8）中心距 a　两啮合齿轮轴线之间的距离为中心距，用 a 表示。

(9) 齿宽 b 沿齿轮轴线方向量得的轮齿的宽度。

(10) 齿数 齿轮上轮齿的个数，用 z 表示。

(11) 模数 由于齿轮的分度圆周长 $zp=\pi d$，则 $d=zp/\pi$，为计算方便，令 $m=p/\pi$，称为模数，则 $d=mz$。模数是设计制造齿轮的重要参数，为便于设计制造，其数值已标准化，如表 5—8 所列。相互啮合的两个齿轮，其模数必须相等。

表 5—8　渐开线圆柱齿轮模数（摘自 GB/T 1357—2008）

第一系列	1　1.25　1.5　2　2.5　3　4　5　6　8　10　12　16　20　25　32　40　50
第二系列	1.125　1.375　1.75　2.25　2.75　3.5　4.5　5.5　(6.5)　7　9　11　14　18　22　28　35　45

注：优先选用第一系列，其次是第二系列，括号内的数值尽量不用。

(12) 压力角 α 两啮合齿轮齿廓曲线在接触点处的受力方向与运动方向之间的夹角称为压力角。若接触点在分度圆上，则为两齿廓公法线与两分度圆公切线的夹角。国标规定，标准的压力角 $\alpha=20°$。

2. 直齿圆柱齿轮参数的计算

齿轮参数中，模数 m、齿数 z、压力角 α 为基本参数，齿轮轮齿各部分的尺寸都是根据基本参数确定的，计算关系如表 5—9 所示。

表 5—9　直齿圆柱齿轮参数计算公式

基本参数：模数 m、齿数 z、压力角 α			
序号	名称	符号	计算公式
1	分度圆直径	d	$d=mz$
2	齿顶圆直径	d_a	$d_a=m(z+2)$
3	齿根圆直径	d_f	$d_f=m(z-2.5)$
4	齿距	p	$p=\pi m$
5	齿顶高	h_a	$h_a=m$
6	齿根高	h_f	$h_f=1.25m$
7	齿高	h	$h=2.25m$
8	中心距	a	$a=m(z_1+z_2)/2$

3. 直齿圆柱齿轮的画法

(1) 单个齿轮的画法。

单个齿轮的画法如图 5—45 所示，按如下规定绘制。

- 齿顶圆和齿顶线用粗实线绘制。
- 分度圆和分度线用细点画线绘制（分度线应超出轮齿两端面 2～3mm）。
- 齿根圆和齿根线用细实线绘制，也可省略不画。
- 在剖视图中，齿根线用粗实线绘制。当剖切平面通过齿轮轴线时，轮齿一律按不剖处理，轮齿部分不画剖面线。

● 齿轮除了轮齿部分外，其余部分均按真实投影绘制。轮体的结构和尺寸，由设计要求确定。

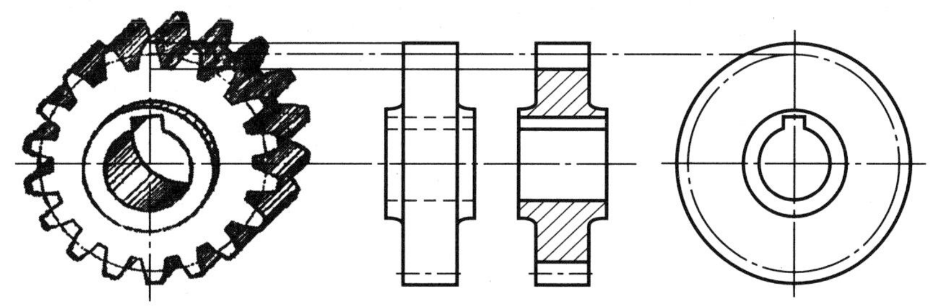

图 5—45　直齿圆柱齿轮的画法

● 尺寸标注。在零件图中，轮齿部分的径向尺寸仅标注出分度圆直径和齿顶圆直径。轮齿部分的轴向尺寸仅标齿宽和倒角。其余参数，注写在位于图纸右上角的参数表中。

(2) 圆柱齿轮啮合的画法。

两标准齿轮啮合时，分度圆处于相切位置，此时的分度圆又称节圆。画图时，除啮合区外，其余部分均按单个齿轮绘制。啮合部分的画法规定如下：

● 在垂直于齿轮轴线的投影面的视图（反映为圆的视图）中，两节圆应相切，齿顶圆均按粗实线绘制，如图 5—46a 左视图所示。在啮合区的齿顶圆部分可以省略不画，如图 5—46b 左视图所示。齿根圆全部省略不画。

● 在平行于齿轮轴线的投影面的视图（非圆视图）中，当采用剖视且剖切平面通过两齿轮轴线时（见图 5—46 主视图），在啮合区将一个齿轮的轮齿用粗实线绘制，另一个齿轮的轮齿按被遮挡处理，其齿顶线用细虚线绘制，也可省略不画。齿顶线和齿根线之间的间隙为 0.25m（m 为模数），如图 5—47 所示。

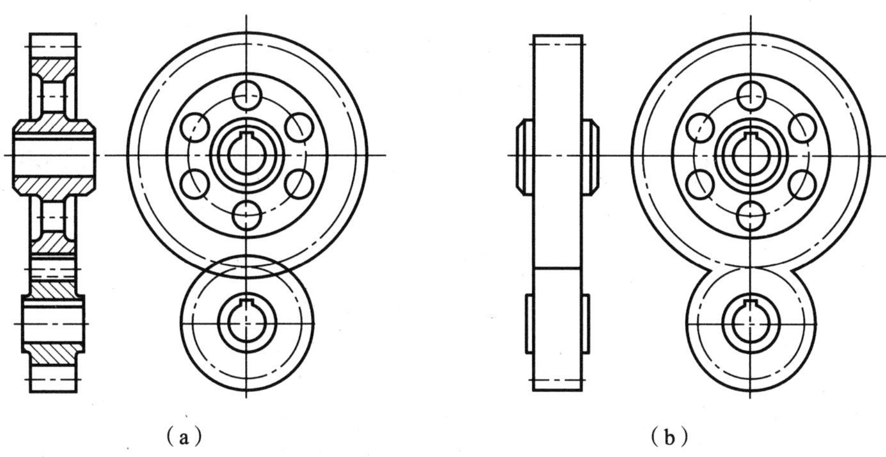

图 5—46　直齿圆柱齿轮啮合的画法

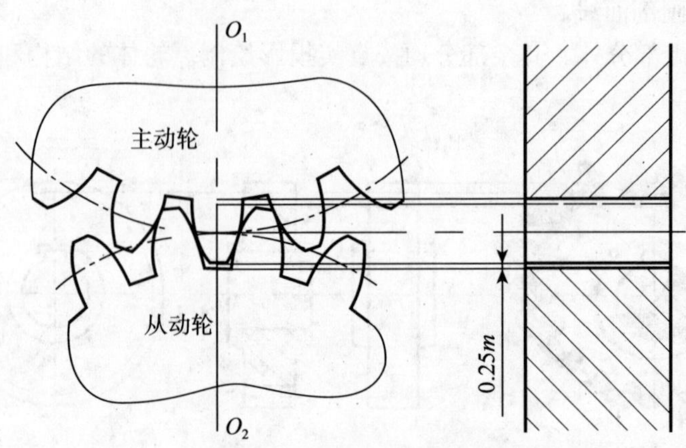

图 5—47 轮齿啮合区的画法

● 在平行于齿轮轴线的投影面的视图中，当不采用剖视时（见图 5—46b 主视图），啮合区的齿顶线不需画出，节线用粗实线绘制（但非啮合一侧的节线仍用细点画线绘制）；齿根线均不画出。

（3）斜齿圆柱齿轮的画法。

斜齿圆柱齿轮（简称斜齿轮），其齿向与轴线不平行。因此斜齿轮的端面齿形和垂直于轮齿方向的法向齿形不同，规定法向模数为标准值。

斜齿轮的画法和直齿轮相同。当需表示轮齿倾斜方向时，可用三条与齿向相同的细实线表示。斜齿轮画法如图 5—48 所示。

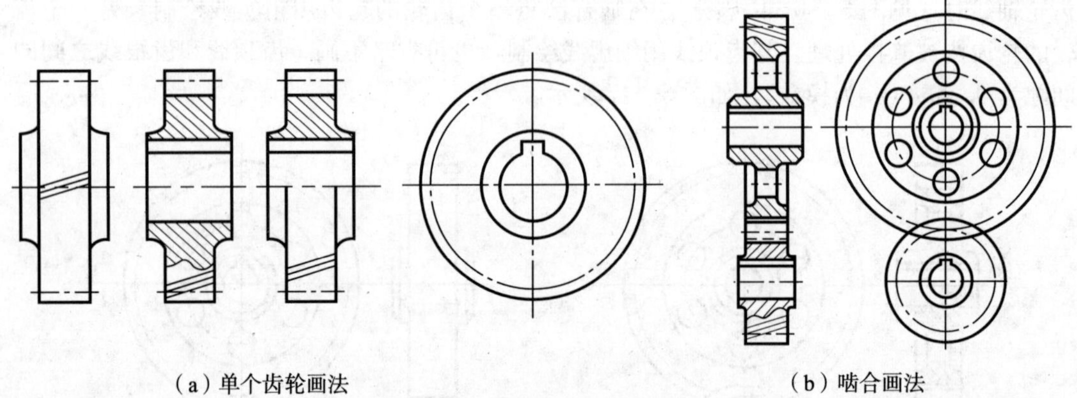

（a）单个齿轮画法　（b）啮合画法

图 5—48 斜齿圆柱齿轮的画法

（4）齿轮与齿条啮合的画法。

当齿轮直径无限大时，齿廓曲线变成了直线，其齿顶圆、齿根圆、分度圆也都变成了直线，这时齿轮就变成了齿条。啮合时，齿轮旋转，齿条做直线运动。

齿轮和齿条啮合的画法与两圆柱齿轮啮合的画法基本相同，画图时应使齿轮的节圆与齿条的节线相切。图 5—49 所示为齿轮齿条啮合画法。

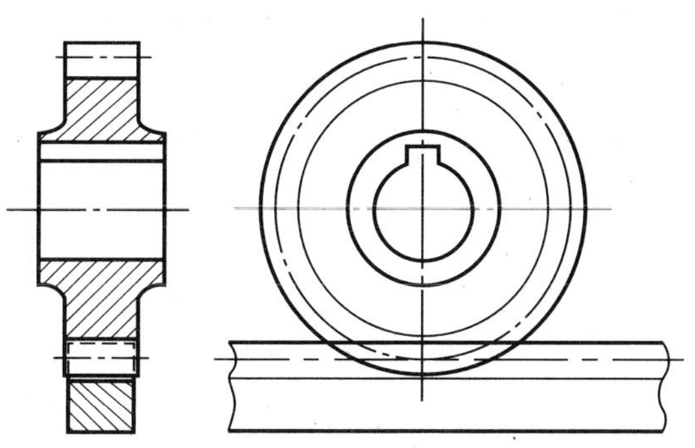

图 5—49　齿轮齿条啮合的画法

4. 直齿圆柱齿轮的测绘举例

根据齿轮实物，通过测量，计算确定其主要参数和各基本尺寸，并测量其余各部分尺寸，然后绘制齿轮零件图的过程，称为齿轮绘制。齿轮绘制除轮齿部分外，其余部分与轮盘类零件的绘制方法相同，而轮齿部分的绘制主要在于确定齿数 z 和模数 m 这两个基本参数。直齿圆柱齿轮测绘的一般步骤如下：

（1）确定齿数 z　数出被测齿轮的齿数。

（2）测量齿顶圆直径 d_a　当齿轮的齿数 z 为偶数时，可直接量得 d_a，如图 5—50a 所示；当齿数为奇数时，应先测出轴孔直径 D 和孔壁至齿顶的径向距离 H（见图 5—50b），然后算出 $d_a=D+2H$。

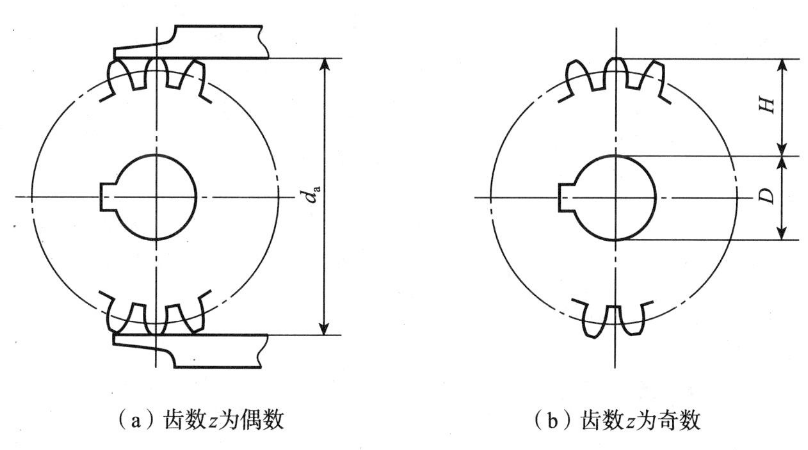

（a）齿数 z 为偶数　　（b）齿数 z 为奇数

图 5—50　齿顶圆直径 d_a 的测量方法

（3）确定模数　根据 $d_a=m(z+2)$，得 $m=d_a/(z+2)$。将 d_a 和 z 代入式中，可算出模数 m，并对照模数表 5—8 选取与其相近的标准模数值。

（4）计算各基本尺寸　根据确定的标准模数，用表 5—9 中的相应公式计算出各基本尺寸（注意，当取标准模数后，应重新核算 d_a，以修正或确定所测的 d_a 值）

（5）校对中心距 a　计算所得的尺寸要与实测的中心距核对，必须符合式 $a=1/2(d_1+d_2)=1/2m(z_1+z_2)$

（6）测量齿轮其他各部分尺寸。

（7）绘制直齿圆柱齿轮零件图　图 5—51 所示为直齿圆柱齿轮的零件图。

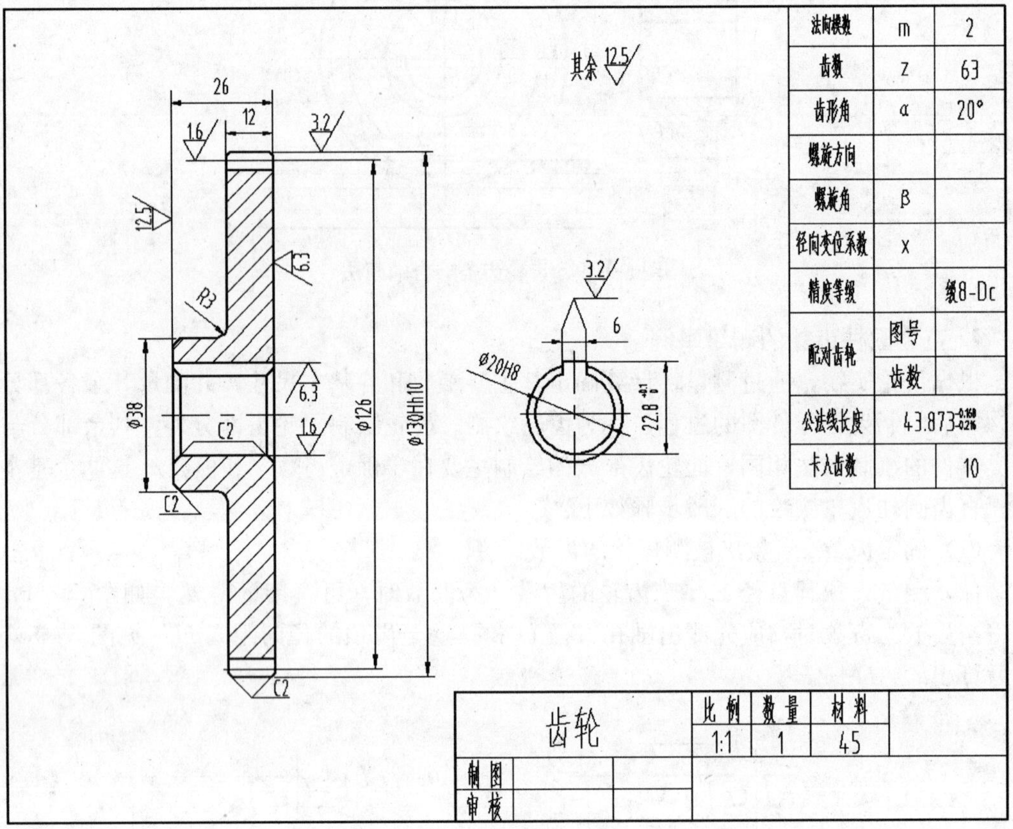

图 5—51　直齿圆柱齿轮零件图

在齿轮零件图中，除具有一般零件的内容外，齿顶圆直径、分度圆直径必须直接注出，齿根圆直径规定不注（因加工时该尺寸由其他参数控制）；并在图样右上角的参数栏中注写模数、齿数、齿形、齿形角等基本参数。

5.6.2　直齿圆锥齿轮

1. 直齿圆锥齿轮的结构和参数

直齿圆锥齿轮通常用于垂直相交两轴之间的传动。图 5—52 所示为锥齿轮轮坯，其主体结构由顶锥、前锥、背锥等组成。刀具顺着顶锥面切出直的轮齿后，即成直齿圆锥齿轮。直齿圆锥齿轮各部分名称如图 5—53 及表 5—10 所示。

由于锥齿轮的轮齿分布在圆锥面上，其齿形从大端到小端是逐渐收缩的，齿厚和齿高均沿着圆锥素线方向逐渐变化，故模数和直径也随之变化。为便于设计和制造，规定大端模数为标准值，法向齿形为标准齿形。在轴剖面内，大端背锥素线与分度圆锥素线垂直。圆锥齿轮轴线与分度圆锥素线间夹角 δ，称为分度圆锥角，它是圆锥齿轮的又一基本参数。圆锥齿轮各参数的计算如表 5—10 所示。

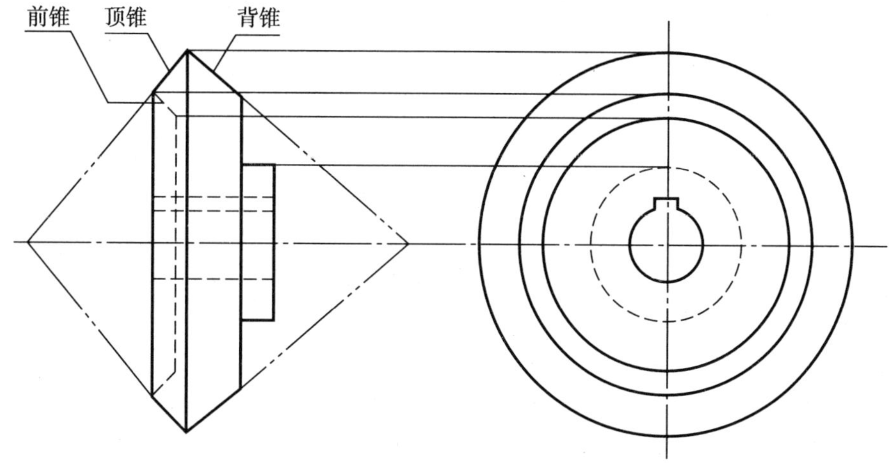

图 5—52　锥齿轮轮坯

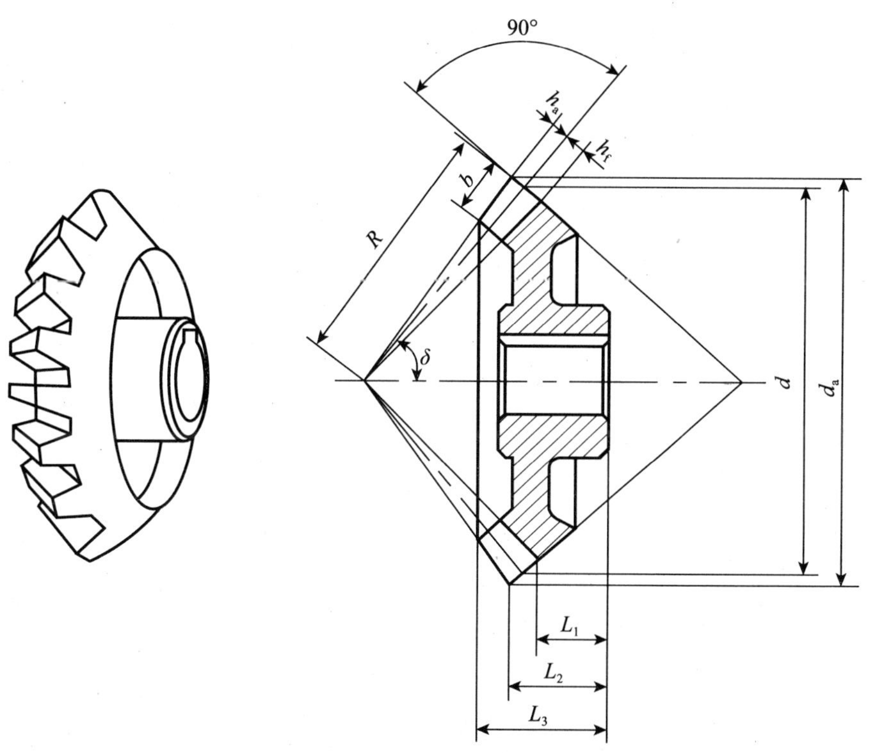

图 5—53　直齿圆锥齿轮的结构和参数

表 5—10　　直齿圆锥齿轮参数计算公式

基本参数：模数 m、齿数 z、压力角 α、分度圆锥角 δ			
序号	名称	符号	计算公式
1	分度圆直径	d	$d=mz$
2	齿顶圆直径	d_a	$d_a=m(z+2\cos\delta)$
3	齿根圆直径	d_r	$d_r=m(z-2.4\cos\delta)$

续前表

基本参数：模数 m、齿数 z、压力角 α、分度圆锥角 δ			
序号	名称	符号	计算公式
4	分度圆锥角	δ	当 $\delta_1+\delta_2=90°$时，$\tan\delta_1=z_1/z_2$
5	齿顶高	h_a	$h_a=m$
6	齿根高	h_f	$h_f=1.2m$
7	齿高	h	$h=2.2m$
8	锥距	R	$R=mz/2\sin\delta$

2. 单个圆锥齿轮的画法

（1）在投影为非圆的视图中，画法与圆柱齿轮类似，常采用剖视，其轮齿按不剖处理，用粗实线画出齿顶线和齿根线，用细点画线画出分度线。

（2）在投影为圆的视图中，轮齿部分只需用粗实线画出大端和小端的齿顶圆，用细点画线画出大端的分度圆，齿根圆不画。

单个圆锥齿轮的画图步骤如图 5—54 所示。

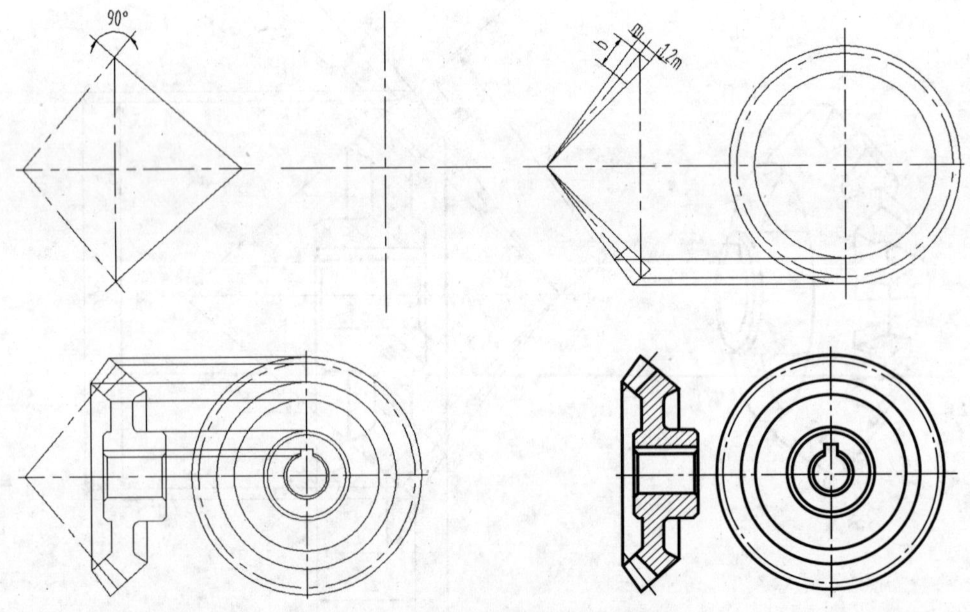

图 5—54　直齿圆锥齿轮的画图步骤

3. 圆锥齿轮啮合的画法

一对标准圆锥齿轮啮合时，它们的分度圆锥应相切，节线重合，锥顶交于一点，其啮合区的画法，与圆柱齿轮类似：

（1）在剖视图中，将一齿轮的齿顶线画成粗实线，另一齿轮的齿顶线画成虚线或省略。

（2）在外形视图中，一齿轮的节线与另一齿轮的节圆相切。

啮合的画图步骤如图 5—55 所示。

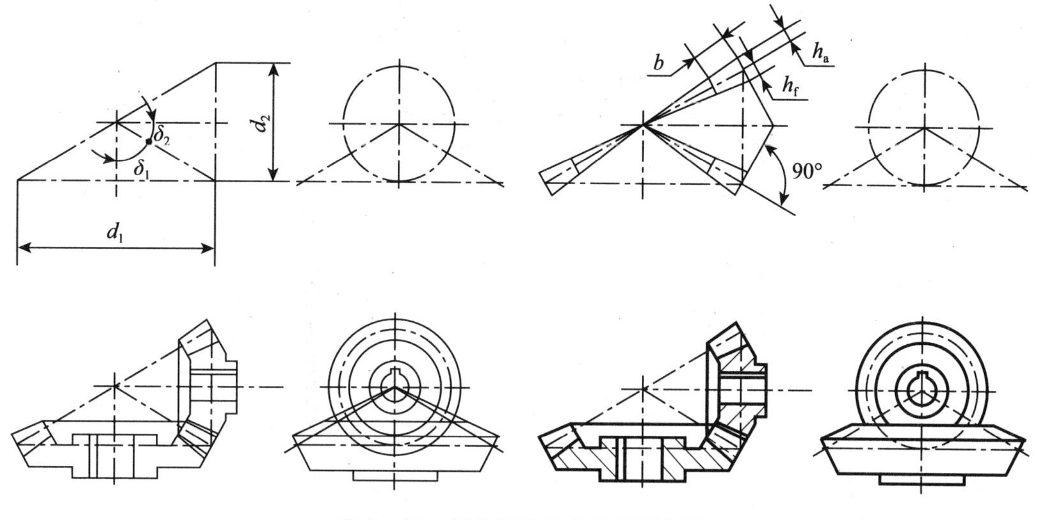

图 5—55　圆锥齿轮啮合的画图步骤

5.6.3　蜗杆、蜗轮

蜗杆、蜗轮用于两交叉轴（交叉角一般为直角）间的传动，通常蜗杆主动、蜗轮从动。用于减速，可获得较大的传动比，其结构紧凑、传动平稳，但效率低。

蜗杆、蜗轮传动中，最常用的蜗杆为圆柱形阿基米得蜗杆，如图 5—56 所示，其轴向齿廓是直线，轴向断面呈等腰梯形，与梯形螺纹相似。蜗杆的齿数称为头数，有单头、多头之分，常用单头或双头蜗杆。

蜗轮相当于斜齿圆柱齿轮，其轮齿分布在凹形圆环面上，从而增加了与蜗杆的接触面积。

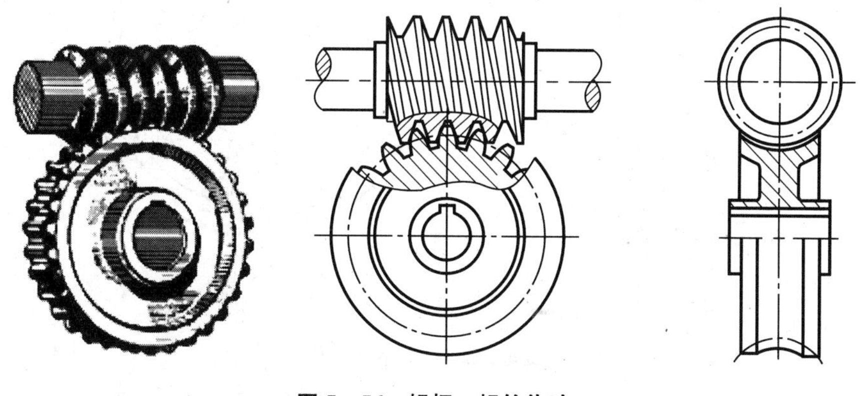

图 5—56　蜗杆、蜗轮传动

1. 蜗杆的规定画法

蜗杆一般选用一个视图，其齿顶线、齿根线和分度线的画法与圆柱齿轮相同，如图 5—57 所示。图中以细线表示的齿根线也可省略。齿形是顶角为 40°的等腰梯形，可用局部剖视图或局部放大图表示。

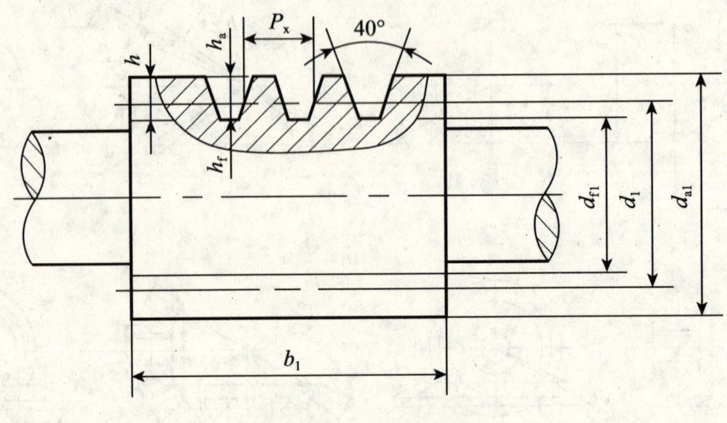

图 5—57　蜗杆的画法

2. 蜗轮的规定画法

蜗轮的画法与圆柱齿轮相似，如图 5—58 所示。

(1) 在投影为非圆的视图中常用全剖或半剖视图表示，并在其相啮合的蜗杆轴线位置画出细点画线圆（蜗杆分度圆）和对称中心线。

(2) 在投影为圆的视图中，只画出最大顶圆和分度圆，喉圆和齿根圆省略不画，投影为圆的视图也可用表达轴孔键槽的局部视图取代。

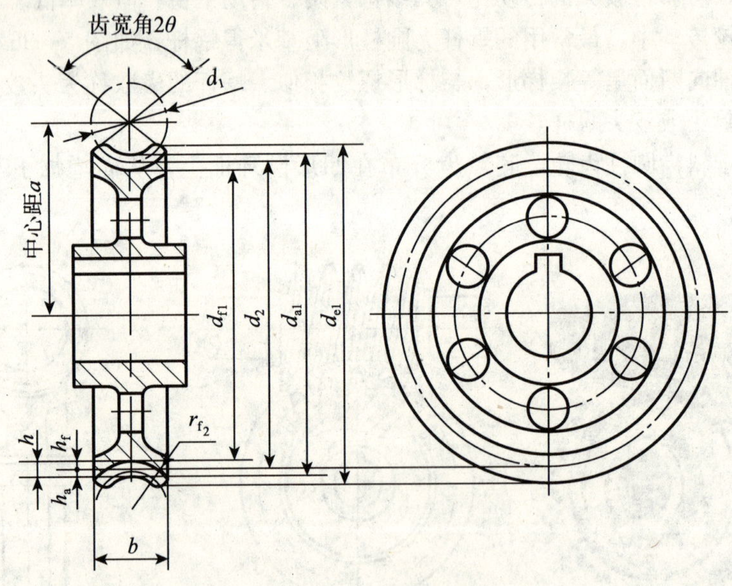

图 5—58　蜗轮的画法

3. 蜗杆、蜗轮啮合的画法

蜗杆、蜗轮啮合可用视图或剖视图表示。在蜗轮投影为非圆的视图上，蜗轮与蜗杆重合的部分，只画蜗杆不画蜗轮。在蜗轮投影为圆的视图上，蜗杆的节线与蜗轮的节圆画成相切。在剖视图中，其画法如图 5—59 所示。当剖切平面通过蜗杆的轴线时，齿顶圆或齿顶线均可省略不画。

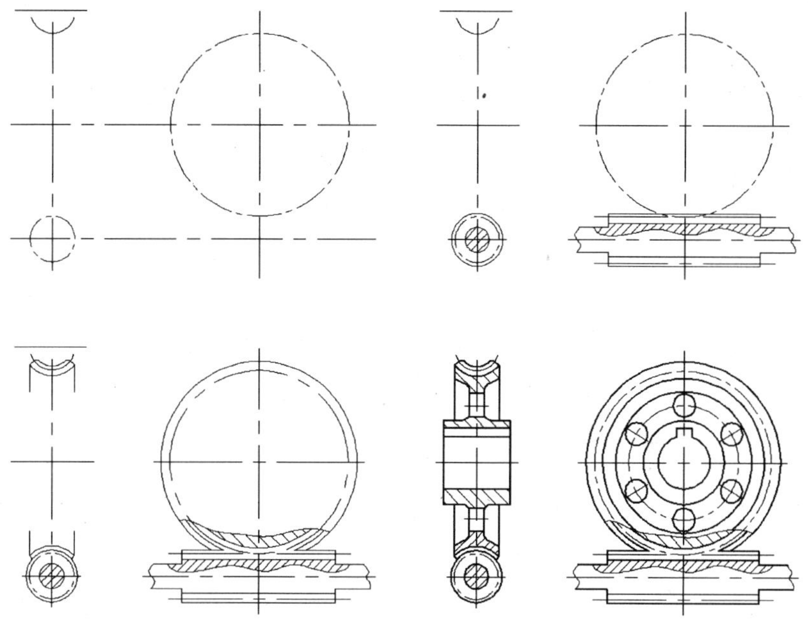

图 5—59　蜗杆、蜗轮啮合画法的画图步骤

5.7　技能训练

5.7.1　螺栓连接的比例画法

1. 训练目的

（1）掌握螺纹及螺纹连接件相关参数的查表方法。

（2）熟练掌握螺纹的表示法、螺纹连接件的标记方法及比例画法。

（3）熟练掌握螺柱连接的画法。

2. 训练内容

如图 5—60 所示，已知双头螺柱连接件的标记为：双头螺柱 GB/T 898—1988 M20，螺母 GB/T 6170—2000 M20，垫圈 GB/T 93—1987 20。被连接零件中，带通孔零件的厚度为 20mm，用于加工螺孔零件的材料为铸铁。查相关表格，确定所用螺柱的长度，用比例画法完成双头螺柱连接的三视图。

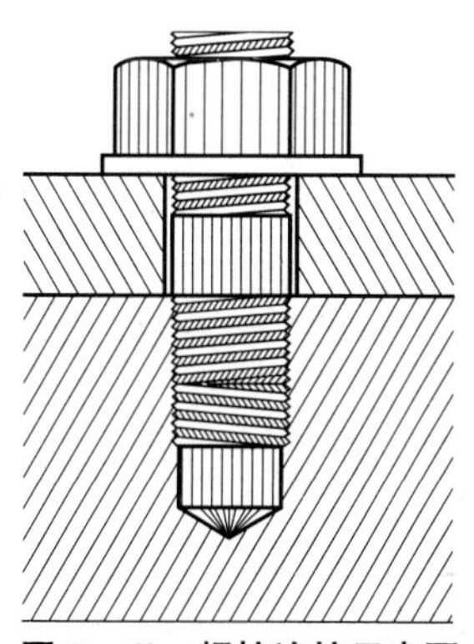

图 5—60　螺柱连接示意图

3. 训练要求

（1）使用 A3 图幅、横放、留装订边、比例自选。

（2）布图匀称、画法正确、线形规范。

（3）参照教材相关内容，主视图用全剖视图表示，俯、左视图只画外形。

（4）填写标题栏，其中的名称为“双头螺柱连接”。

4. 训练指导

(1) 绘图准备。

分析螺柱连接特点，确定比例，作基准线，拟定具体的作图顺序。

(2) 画底稿。

- 参照教材螺栓连接的画图步骤，计算所需螺柱长度 L，并查表取标准值。
- 画被连接件轮廓。
- 用比例画法画螺柱。
- 查表，确定垫圈类型，用比例画法画垫圈。
- 查表，确定螺母类型，用比例画法画螺母。

(3) 检查描深。

擦除多余线条，按照正确的描图顺序加深。

(4) 填写标题栏。

描深后再一次全面检查全图，确认无误后，填写标题栏，完成全图。

5.7.2 齿轮表示法及平键连接画法

1. 训练目的

(1) 掌握齿轮结构尺寸计算及齿轮表示法。

(2) 掌握平键标记含义、平键连接相关结构尺寸的查表方法。

(3) 掌握平键连接的画法。

2. 训练内容

画出图 5—61 所示平板齿轮与轴头用平键连接的主视图及 $A—A$ 断面图。

已知：齿轮宽度 $B=40\text{mm}$，模数 $m=5\text{mm}$，齿数 $z=30$，轴头直径为$\phi35\text{mm}$，键长$L=32\text{mm}$。

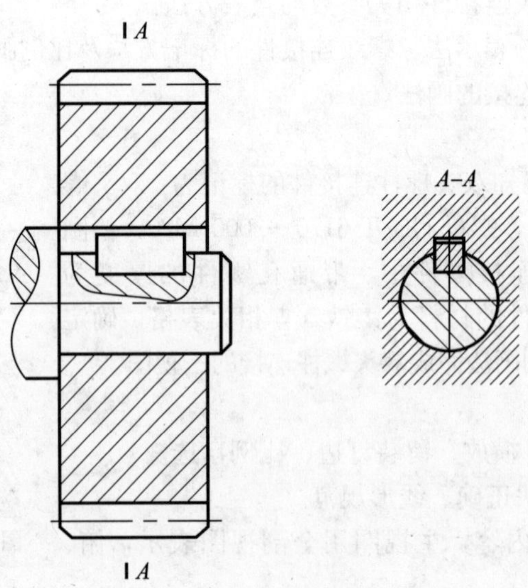

图 5—61 平键连接画法

3. 训练要求

（1）用 A3 图幅、横放、留装订边，比例自选。

（2）布图匀称、画法正确、线形符合国标要求。

（3）填写标题栏，其中的名称为“平键连接”。

4. 训练指导

（1）绘图准备。

● 根据齿轮的基本参数，计算齿轮相关几何尺寸：分度圆直径 d、齿顶圆直径 d_a、齿根圆直径 d_f。

● 根据轴径查相关表格，确定平键的规格；根据所选键的尺寸确定轴槽、轮毂槽的尺寸。

● 分析图形特点，确定比例，作基准线，拟定具体的作图顺序。

（2）画底稿。

● 画轴的轮廓线。

● 用规定画法画齿轮。

● 画键连接。

● 画剖面线。

（3）检查描深。

擦除多余线条，按照正确的描图顺序加深。

（4）填写标题栏。

描深后再一次全面检查全图，确认无误后，填写标题栏，完成全图。

第6单元

装配图

◎ *本单元学习内容*

- 装配图内容要求。
- 装配图国家标准规定画法。
- 装配图的读图方法。

我们研究机械制图的最终目的是建立一种工程语言，它是工程活动中一项重要技术文件。任何机器或产品都由若干的个体零件构成。例如：铣床上使用的机用虎钳（见图6—1），就是由固定钳身、活动钳身、固定护口板（钳口）、活动护口板（钳口）、螺杆、螺母、专用螺钉、紧固件及销钉等零件构成（见图6—2）。运用机械制图方式来正确表达出以上各个零件之间的装配关系、装配技术要求等得到的工程图称为装配图。

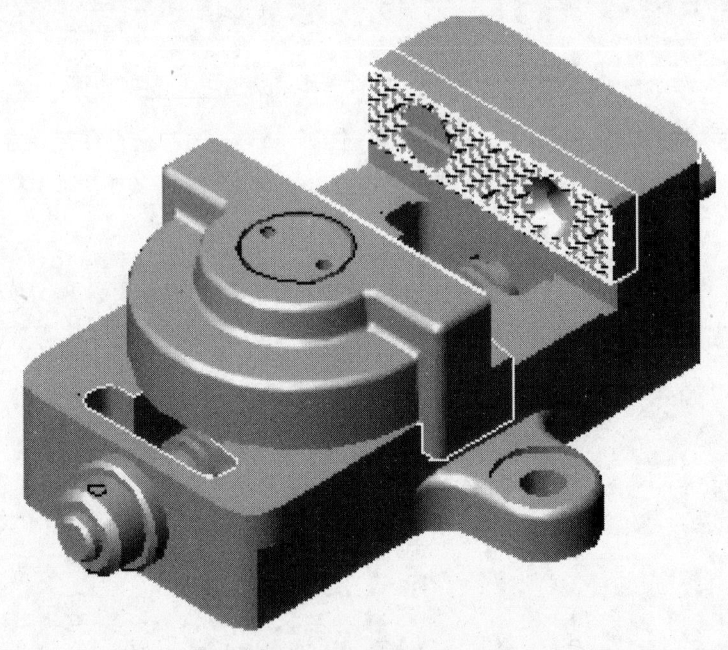

图6—1　机用虎钳外形图

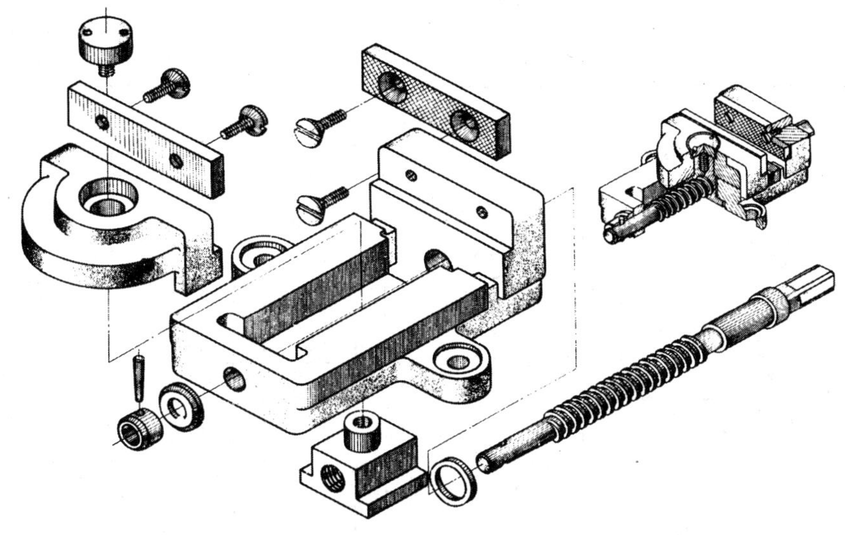

图 6—2　机用虎钳分解图

6.1　装配图的表达内容

要想正确画好装配体的装配图，在画装配图之前要首先了解装配体的功能及安装要求等；其次要认真研究装配体内部各个零件的功能及各个零件之间的关系、互相采取的配合等；然后根据有关规定知识选择适当的表达方法，最后形成装配图。例如图 6—1 所示机用虎钳，要画出其装配图，首先要研究虎钳的功能及安装要求：虎钳是利用螺杆或其他机构使两钳口做相对移动而夹持工件的工具，机用虎钳是一种机床附件，又称平口钳，一般安装在铣床、钻床、刨床等机床的工作台上。其次分析虎钳内部各个零件（例如螺杆）的功能及与其他零件的装配关系：零件螺杆（丝杠）与丝杠螺母为螺旋副配合，与固定钳身在ϕ36 和ϕ24 处为间隙配合，一端头与销钉配合，另一端头与扳手配合。模仿螺杆零件的分析方法将其他零件逐一进行分析研究。根据以上分析研究并运用恰当的表达方法画出机用虎钳的装配图（见图 6—3）。

从图 6—3 可以总结得出，一张完整的装配图应该包括以下几项内容：

（1）一组反映装配体各零件装配关系的视图，用来表达装配体的工作原理，零件之间的装配关系、连接方式及传动关系等。

（2）必要的尺寸。完整的装配图要求标注出表示装配体性能、规格及装配、安装、检验时需要的尺寸。

（3）必要的技术要求。利用国标规定的表达方式将装配体在装配、安装、检验、调试、使用和维护时需要遵循的技术要求表示在图中。

（4）完整的零件编号、明细栏、标题栏。在装配图上必须对每个零件按顺序编号，并在明细栏中依次填写零件的序号、名称、数量、材料等内容。标题栏中一般要注明装配体的名称、图号、绘图比例、质量等，同时设计单位、设计人员签名、审核人员签名及签字日期等也一同填写。

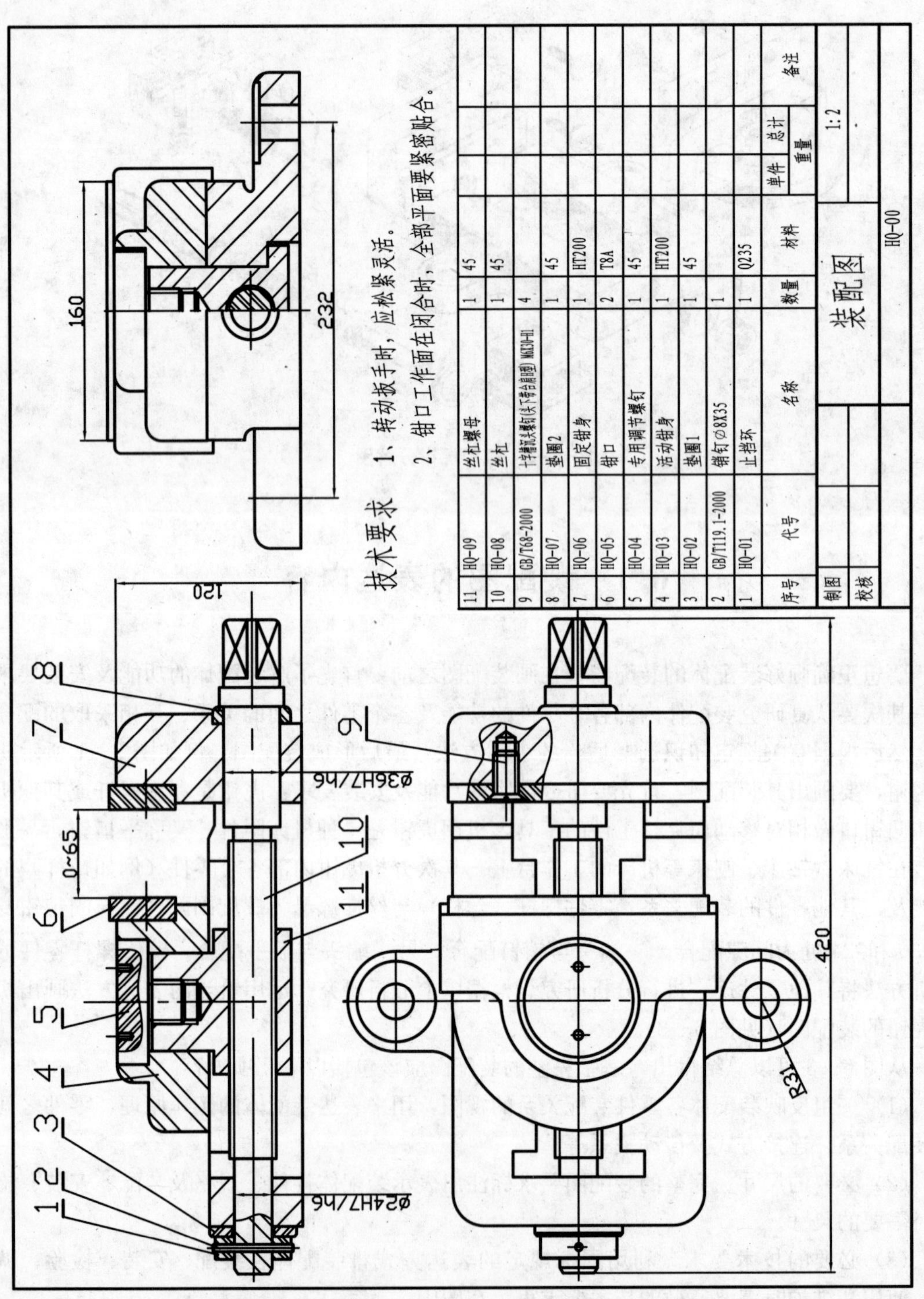

图6—3 机用虎钳装配图

6.2 国家标准对装配图画法的要求

6.2.1 装配图的规定画法

图样画法的主要内容在第四单元已作了介绍，这些方法同样适用于装配图，本节仅说明与装配图表达有关的内容。

1. 零件间接触面、配合面的画法

两相邻零件的接触面或配合面只用一条轮廓线表示，如图 6—4 中的①。而对于未接触的两表面、非配合面（基本尺寸不同），用两条轮廓线表示，如图 6—4 中的③。若间隙很小或狭小剖面区域，可以夸大表示，如图 6—4 中的⑦。

2. 剖面线的画法

相邻的两个金属零件，剖面线的倾斜方向应相反，或者方向一致而间隔不等以示区别，如图 6—4 中④处所示。同一零件在不同视图中的剖面线方向和间隔必须一致。剖面区域厚度小于 2mm 的图形可以以涂黑来代替剖面符号，如图 6—4 中的⑦。

3. 实心零件的画法

在装配图中，对于紧固件以及轴、连杆、球、键、销等实心零件，若按纵向剖切，且剖切平面通过其对称平面或轴线时，则这些零件均按不剖绘制，如图 6—4 中的⑤处所示。如果需要特别表明这些零件上的局部结构，如凹槽、键槽、销孔等，可用局部剖视表示，如图 6—4 中的②。

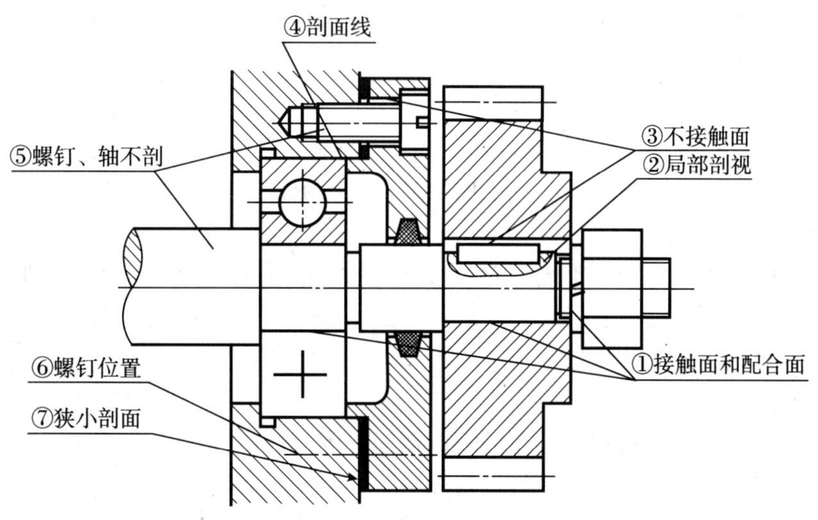

图 6—4 装配图的规定画法

6.2.2 装配图的特殊表达方法

1. 拆卸画法

在装配图中，可假想沿某些零件的结合面剖切，即将剖切平面与观察者之间的零件拆掉后再进行投射，此时在零件结合面上不画剖面线，但被切部分（如螺杆、螺钉等）必须画出剖面线。如图 6—5b 中的俯视图，为了表示轴瓦与轴承座的装配情况，图的右半部就是沿轴承盖与轴承座的结合面剖开画出的。

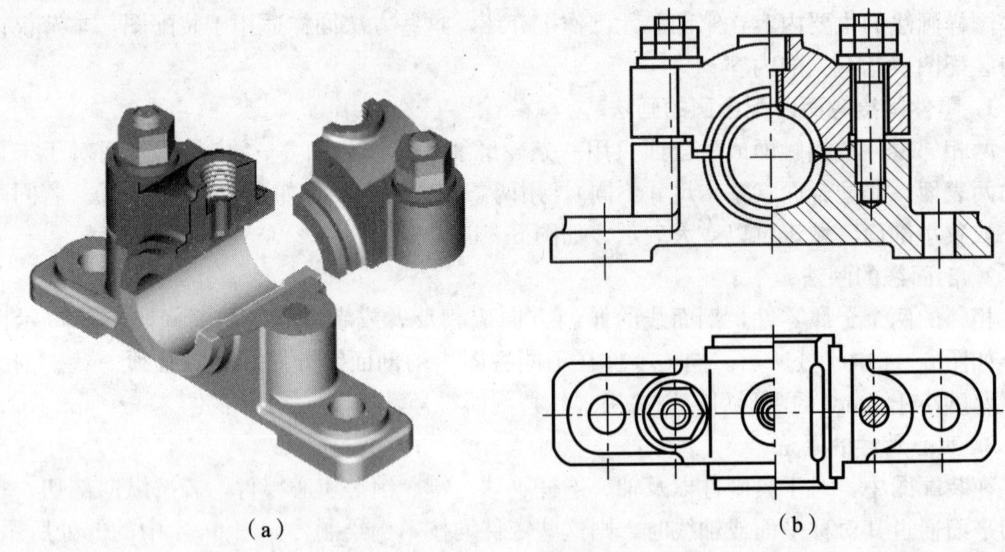

（a）　　　　（b）

图 6—5　轴承座

当装配体上某些零件，其位置和基本连接关系等在某个视图上已经表达清楚时，为了避免遮盖某些零件的投影，在其他视图上可假想将这些零件拆去不画。需要说明时，可在所得视图上方注出“拆去×××”字样。

2. 假想画法

部件中某些零件的运动范围和极限位置，可用细双点画线画出其轮廓。如图 6—6 所示，用细双点画线画出了车床尾座上手柄的另一个极限位置。

3. 夸大画法

凡装配图中直径、斜度、锥度或厚度小于 2mm 的结构，如垫片、细小弹簧、金属丝等，可以不按实际尺寸画，允许在原来的尺寸上稍微夸大画出。实际尺寸大小应在该零件的零件图上给出。

4. 简化画法

（1）对于重复出现且有规律分布的螺纹连接、键连接零件组等，可仅详细地画出一组或几组，其余只需用细点画线表示其位置即可，如图 6—7a 所示。

（2）零件的某些工艺结构，如圆角、倒角、退刀槽等在装配图中允许不画。螺栓头部和螺母也允许按简化画法画出，如图 6—7b 所示。

（3）在装配图中，可用粗实线表示带传动中的带，如图 6—7c 所示。用细点画线表示链传动中的链，如图 6—7d 所示。

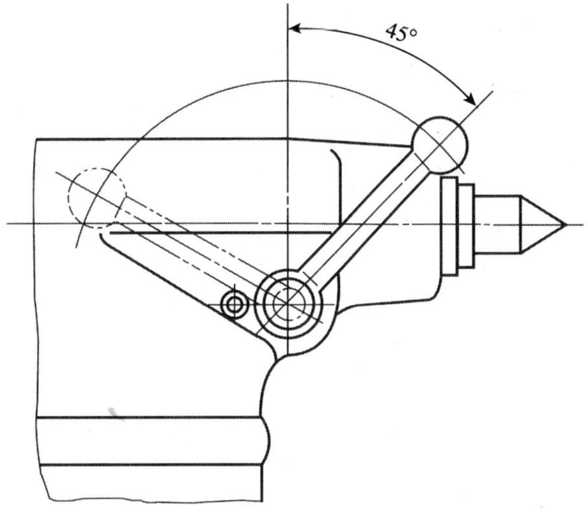

图 6—6　运动零件的极限位置

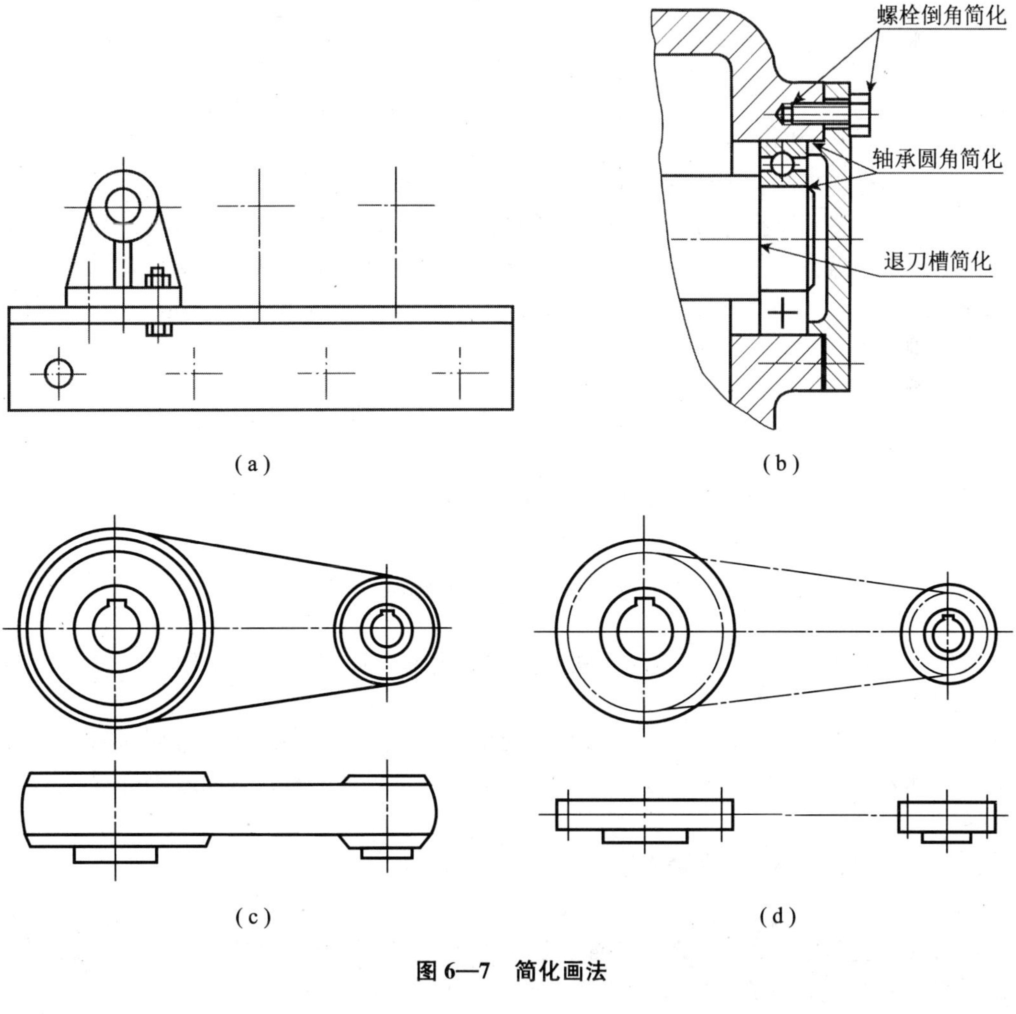

螺栓倒角简化
轴承圆角简化
退刀槽简化

(a)　(b)

(c)　(d)

图 6—7　简化画法

6.2.3 零、部件序号的编排方法

为了便于看图、管理图样和组织生产，装配图上需对不同的零、部件进行编号，这种编号称为零件序号。对于较复杂、较大的部件来说，所编序号应包括所属较小部件及直属较大部件的零件的序号。详细可参见 GB/T 4458.2—2003《机械制图　装配图中零、部件序号及其编排方法》。

(1) 装配图中零、部件序号的通用编写方法有以下两种：在指引线末的基准线（细实线）上或圆（细实线）内注写序号，序号字高比装配图中所注尺寸数字高度大一号或两号，如图 6—8a、图 6—8b 所示。

(2) 在指引线附近注写序号，序号字高比该装配图中所注尺寸数字高度大两号，如图 6—8c 所示。

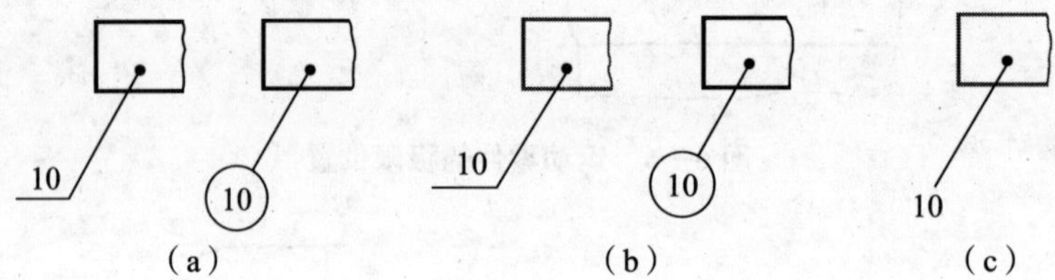

图 6—8　零、部件序号的表示方法

注意：同一装配图中编注序号的形式应一致。相同的零、部件用一个序号，一般只标注一次。对多处出现的相同的零、部件，必要时也可重复标注。

(3) 指引线应自所指零件投影的可见轮廓内引出，并在末端画一圆点。若所指零件的投影内不便画圆点（零件太薄或涂黑的剖面区域）时，可在指引线的末端画出箭头，并指向该部分的轮廓，如图 6—9 所示。当通过有剖面线的区域时，指引线不应与剖面线平行。指引线不能相交。

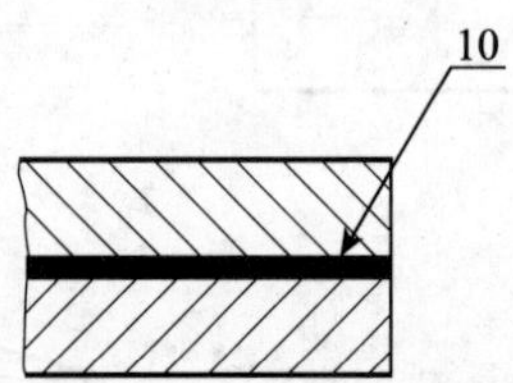

图 6—9　用箭头代替圆点

(4) 一组紧固件以及装配关系清楚的标准化组件（如油杯、滚动轴承、电动机等），可以采用公共指引线，如图 6—10 所示。

(5) 装配图中的序号应按水平或竖直方向排列整齐。序号的顺序应按顺时针或逆时针方向顺次排列，当在整个图上无法连续时，可只在每个水平或竖直方向顺次排列。

6.2.4 明细栏和标题栏

不同的企业在明细表和标题栏方面有自己的习惯规定，学习阶段明细栏及标题栏可按国家标准中推荐使用的格式绘制。

明细栏包括序号、代号、数量、名称、材料、质量、备注等，如图 6—11 所示。如果

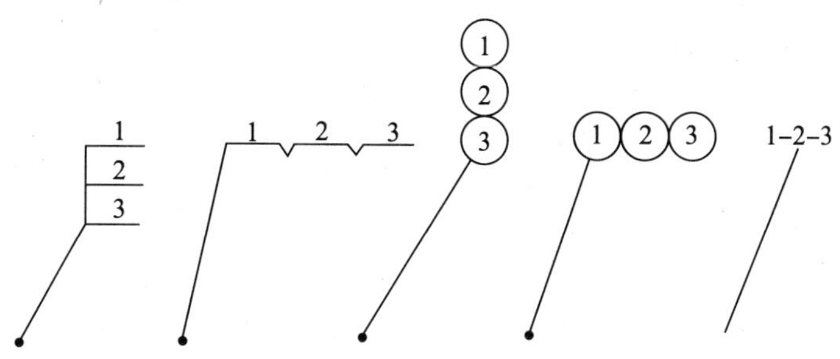

图 6—10 组件序号的表示法

位置不够，可紧靠标题栏的左边自下而上延续。

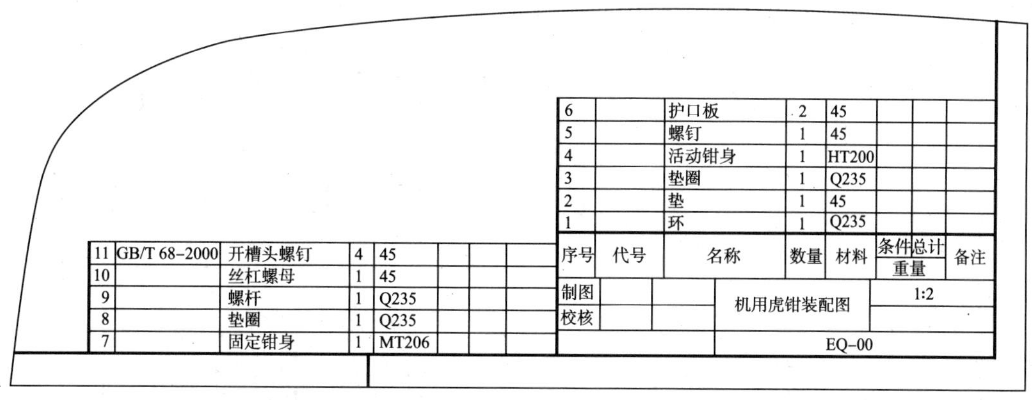

11	GB/T 68-2000	开槽头螺钉	4	45			
10		丝杠螺母	1	45			
9		螺杆	1	Q235			
8		垫圈	1	Q235			
7		固定钳身	1	MT206			

6		护口板	2	45			
5		螺钉	1	45			
4		活动钳身	1	HT200			
3		垫圈	1	Q235			
2		垫	1	45			
1		环	1	Q235			
序号	代号	名称	数量	材料	条件	总计 重量	备注
制图			机用虎钳装配图		1:2		
校核							
			EQ-00				

图 6—11 装配图明细栏与标题栏格式

6.3 读装配图的方法

读装配图是绘装配图的逆过程，根据一张装配图不仅要了解装配体内部各个零件的功能要求、安装方式及零件之间相互配合精度，同时还要分析出整个装配体的功能和安装要求等。

6.3.1 读装配图的方法及步骤

(1) 概括了解。通过看标题栏和说明书来了解零部件的名称、材料、数量、用途和工作原理等。

(2) 分析视图和各零件之间的装配关系。以主视图为中心，结合其他视图，明确各视图表达的主要内容，分析出各零件之间的装配关系及主要零件的结构形状。

(3) 分析尺寸。通过分析装配图上注出的尺寸，了解零部件的规格、零件之间的配合性质及装配体的外形大小等。

(4) 归纳总结，想象整体结构形状。进一步分析装配体的工作原理、各零件的传动路线和装配关系，进一步分析零件的拆装顺序、安装方法、装配图的视图表达特点及所注尺寸的意义等，以加深对整个装配体的整体认识。

6.3.2 装配图读图举例

例如图 6—12 是台虎钳的装配图，下面分几个步骤来读懂该图表达的内容：

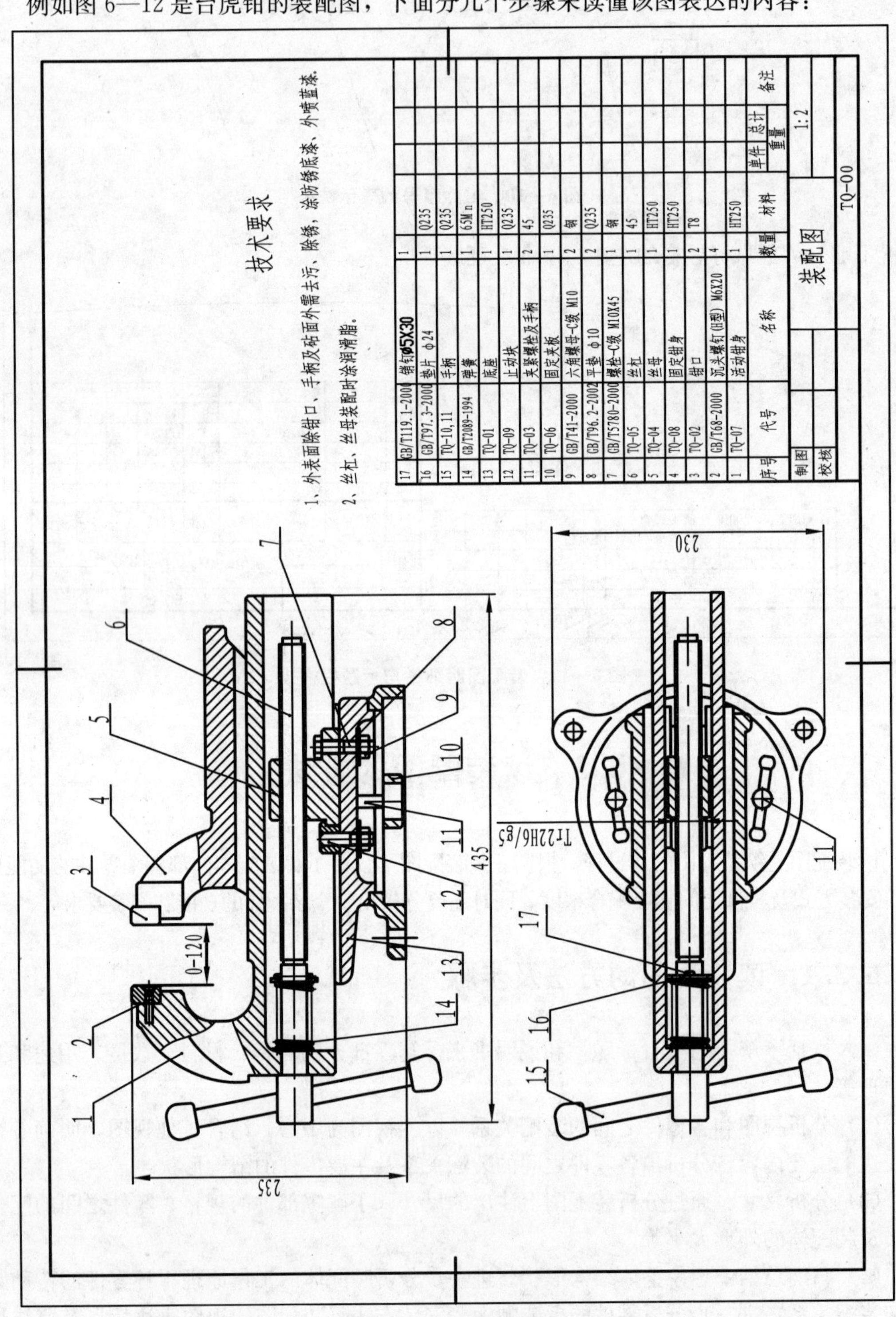

图 6—12 台虎钳装配图

（1）看标题栏和一些相应说明。从中了解到产品名称是台虎钳，由 16 个零件构成，其功能是利用螺杆使两钳口做相对移动而夹持工件的工具。它由底座、钳身、固定钳口、活动钳口以及使活动钳口移动的传动机构组成，通常安装在钳工工作台上，供钳工夹持工件以便进行锯、锉等加工。

（2）分析视图和各零件的关系。图 6—12 中使用了主视图和俯视图进行表达：主视图主要表达活动钳身、活动钳口、固定钳身、固定钳口、螺杆（丝杠）、丝杠螺母、底座等零件的安装方式和安装部位，其中螺杆与丝杠螺母为螺纹副配合、螺杆与活动钳身为转动副配合、丝杠螺母与固定钳身用螺栓固定。俯视图主要表达夹紧螺栓（共两处）、加力手柄、开口销弹簧等零件的安装位置。

（3）分析尺寸。该装配图尺寸比较简单，只有外形尺寸、规格尺寸和配合尺寸。外形尺寸为 230×235×435，规格尺寸：钳口开口范围为 0～120mm，螺纹副的配合尺寸为 Tr22 H6/g5。

（4）归纳总结。通过视图投影关系，尽量看懂重要零件的结构形状，一些标准件（螺栓、螺母、销钉、弹簧等）不必细看。然后分析工作原理，结合技术条件看懂装配和拆卸顺序、看懂运动零件的运动形式及范围等。

根据以上分析形成装配体的结构形状（如图 6—13 所示为台虎钳结构图）。

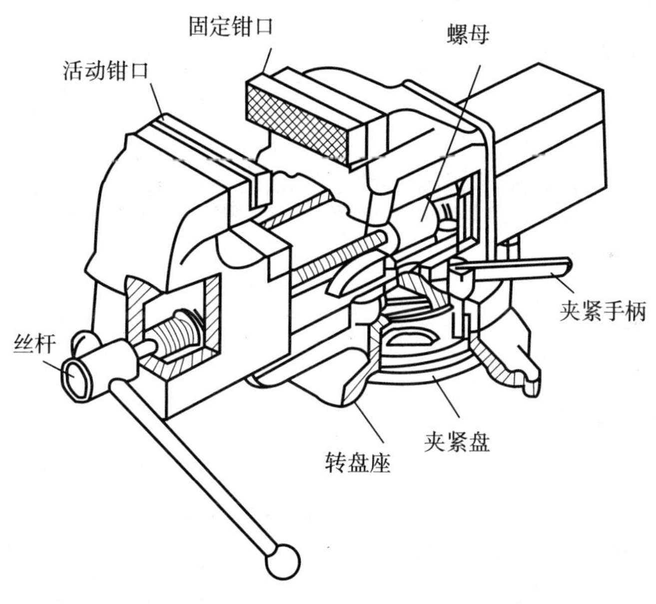

图 6—13　台虎钳结构图

6.4　技能训练

1. 训练目的

（1）掌握巩固装配图的表达方法。

（2）掌握国家标准在装配图中的有关规定。

2. 训练内容

(1) 虎钳是用来夹持工件的，图 6—14 所示为机用虎钳功能结构图，请画出其装配图。

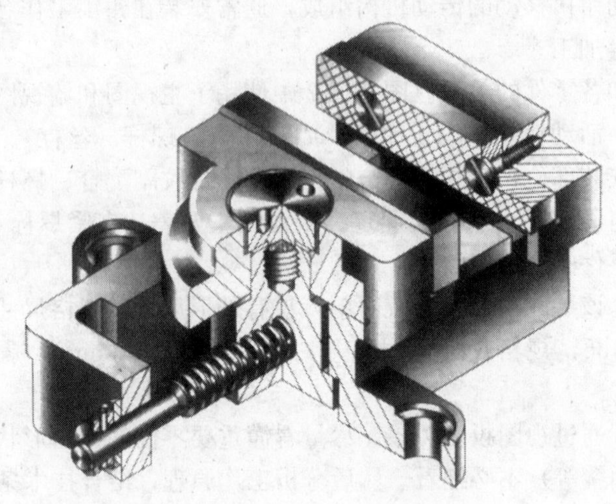

图 6—14 机用虎钳功能结构图

(2) 圆规在数学和制图里，是用来绘制圆或弦的工具，常用于尺规作图。圆规通常由金属制成，主要包括两部分，并由铰链连接，根据图 6—15 画出圆规的装配图。

图 6—15 圆规

(3) 球阀是控制液体流量的一种开关装置，根据图 6—16 所示的功能结构图和图 6—17所示的解剖图画出其装配图。

3. 训练要求

(1) 用合适的图幅、留装订边、比例自选、尺寸自定或参照实物。

(2) 布图匀称、图形正确、线型与尺寸符合国家标准。

(3) 正确选择视图表达，合理标注尺寸、技术要求等。

(4) 正确填写标题栏和明细栏。

4. 训练指导

在进行以上三个练习时，建议按以下步骤进行：

(1) 结构形状及功能分析；

(2) 视图选择（要求符合国家标准）；

(3) 装配图尺寸标注；

(4) 根据工作原理及安装要求确定技术要求；

(5) 正确填写标题栏及明细表。

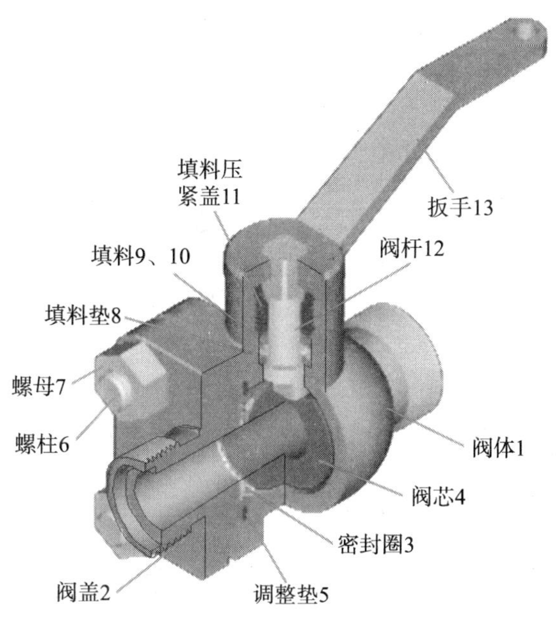

图 6—16　球阀功能结构图

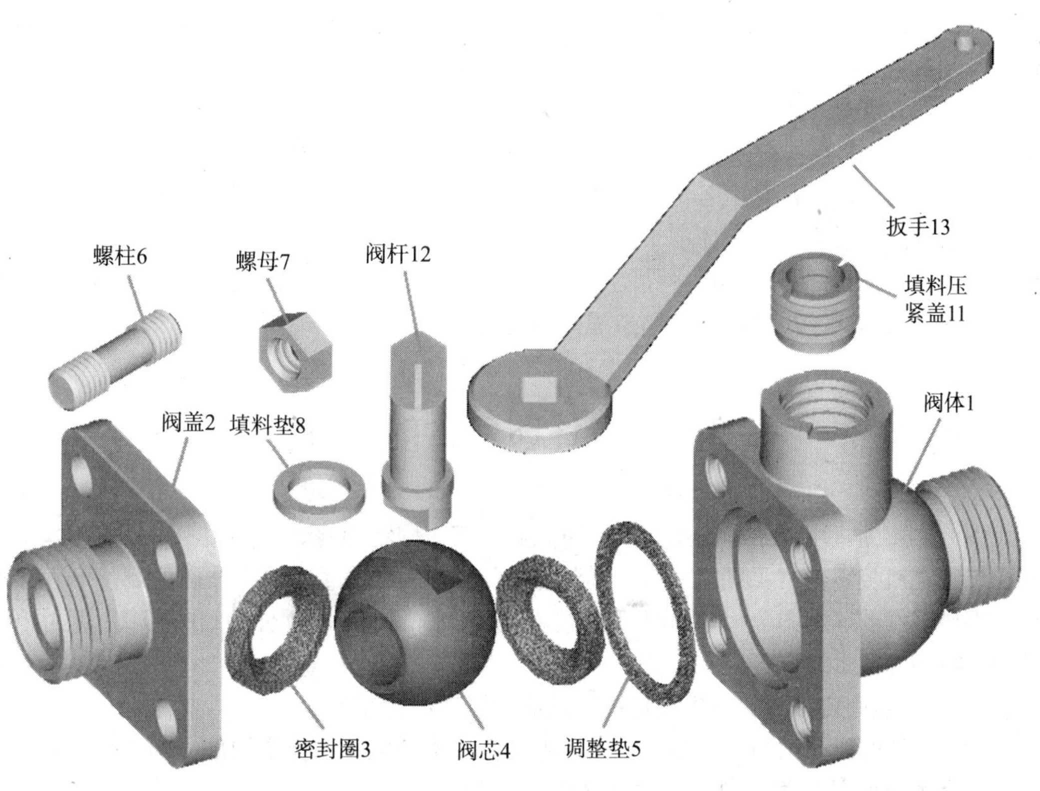

图 6—17　球阀解剖图

第7单元 零件图

◎ 本单元学习内容

(1) 零件图要求的内容。

(2) 国家标准在零件图中的规定画法。

(3) 零件图的读图方法。

本单元涉及的标准有：

● GB/T 131—2006《产品几何技术规范（GPS） 技术产品文件中表面结构的表示法》

● GB/T 1031—2009《产品几何技术规范（GPS） 表面结构 轮廓法 表面粗糙度参数及其数值》

● GB/T 1182—2008《产品几何技术规范（GPS） 几何公差 形状、方向、位置和跳动公差标注》

任何机器或产品都是由若干个零件构成，各个零件在制造中，仅只有装配图是无法满足各个零件制造过程中的具体要求的，必须由零件图来指导零件的生产。因此零件图同样也是重要技术文件之一，是在零件制造和检验过程中必须遵循的依据。零件图能详尽地反映零件的结构形状、尺寸和有关制造零件的技术要求。

7.1 零件图包含的内容

图6—14为机用虎钳解剖图，从中可以看出其由固定钳身、活动钳身、螺杆等零件构成。以固定钳身零件（见图7—1）为例，为了让其在制造过程中有准确的制造和检验依据，需要零件图（见图7—2）作为重要技术文件，详尽地反映零件的结构形状、尺寸和有关制造零件的技术要求等。

图7—2是固定钳身的完整零件图，从中可以看出：

(1) 零件的形状结构由主视图、俯视图、侧视图表达。各个结构部分的大小有具体尺寸标注，例如固定钳身长317mm、宽294mm、高120mm。

(2) 各配合表面的尺寸公差、几何公差、表面粗糙度等精度要求分别标出，如ϕ24、ϕ36、左视图160等尺寸处属于高精度加工部位。

图 7—1　固定钳身立体图

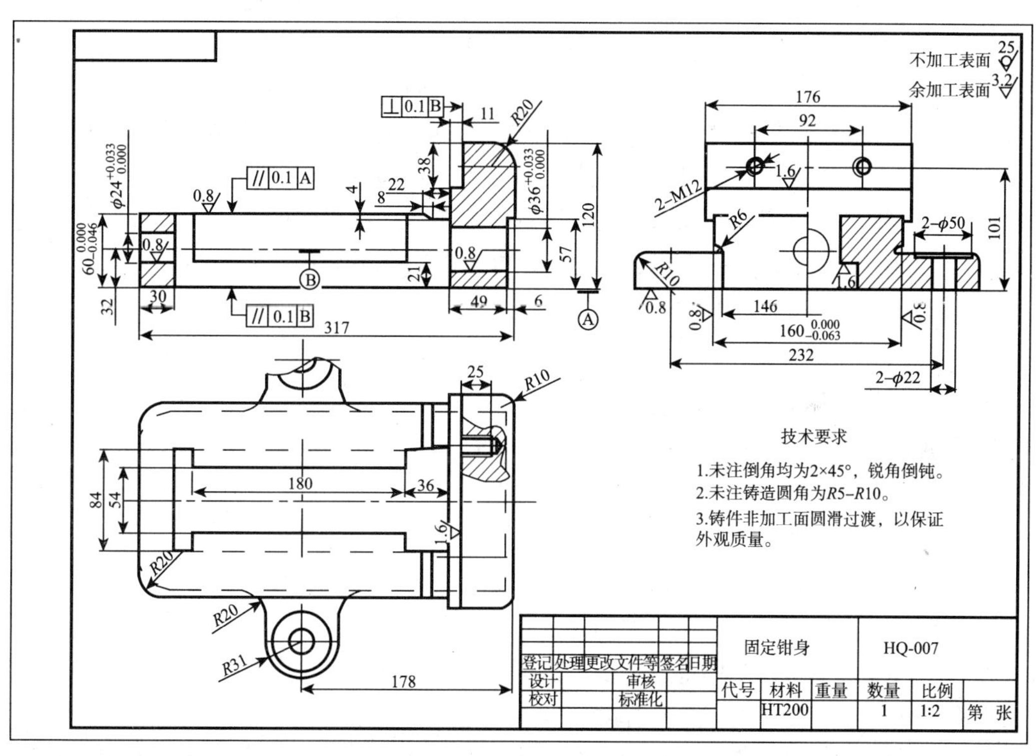

图 7—2　固定钳身零件图

(3) 技术要求标出“未注倒角 2×45°、锐角倒钝”，“未注圆角 $R5 \sim R10$”等特殊要求。

(4) 标题栏部分标出零件名称为固定钳身、材料为 HT200、制图比例为 1∶2、零件数量为 1 件、图号为 HQ-007 等。

由固定钳身零件图 7—2 分析得出，零件图应该包含以下内容：

(1) 能完整、清晰地表达出零件结构形状的一组视图，包括基本视图、剖视图、断面图等。

（2）标注出符合零件设计和工艺要求的全部尺寸，包括定形尺寸（如外形尺寸317、左视图的176等）、定位尺寸（像俯视图的178、左视图的92等）、配合尺寸（主视图中ϕ24、ϕ36等）。

（3）注写出制造和检验零件所必需的各项技术要求，如：尺寸公差、表面粗糙度、几何公差、热处理、表面修饰、检验方法和其他特殊要求等。

（4）标题栏用以说明零件的名称、材料、比例、图号、数量等信息。

7.2　零件图中尺寸标注及技术要求的合理性

合理地标注尺寸，是指所注尺寸既要符合设计要求，又要满足工艺要求（便于加工和测量）。要想达到合理标注尺寸，既要研究该零件在产品中所起的作用，又要考虑该零件将如何加工以及如何检验等。

虎钳是利用螺杆及相应机构使两钳口做相对移动而夹持工件的工具，机用虎钳钳口宽而低、夹紧力大、精度要求高。固定钳身（见图7—1）是虎钳中的重要零件之一，它的强度、刚性直接影响着虎钳的质量，它分别与活动钳身、固定钳口、丝杠、螺母等零件配合构成产品。根据以上对虎钳功能的分析，结合固定钳身在虎钳中的作用并考虑其在加工和测量过程中的影响因素，最终得出合理标注尺寸需要遵循的原则：

- 合理选择尺寸基准原则；
- 合理选择尺寸原则；
- 合理选择尺寸精度原则；
- 合理选择表面粗糙度原则；
- 合理标注特殊技术要求原则。

如图7—2所示尺寸60（主视图中）的两个表面、尺寸160（左视图）的两个表面、尺寸ϕ24（主视图）和ϕ36（主视图）的表面都是配合表面，应设计成精加工尺寸和精加工表面，也就是尺寸公差、表面粗糙度的要求相比要高。基准方面，高度方向以底面（A基准）为基准，宽度方向以对称轴为基准，长度方向以零件右侧为基准，考虑加工和测量的方便，有一些尺寸（如：主视图中壁厚30、49、11、38、22、8、4等）采用了辅助基准标注。被设计零件毛坯是铸件，针对铸件提出了一些特殊的技术要求，如：不加工表面粗糙度要求、未注加工表面粗糙度要求、未注圆角要求和未注倒角要求等。

7.3　国家标准对零件图的要求

图样画法、视图选择、尺寸标注等在前面已作了介绍，这些规定同样适用，本节仅说明在国家标准中，关于零件图上有关技术要求的规定标注方法。另外，本节涉及内容为2008年和2009年新国标，鉴于目前仍处于过渡期，因此书中，除本节外，其余章节例图仍暂采用 1996 年旧国标。

7.3.1　表面粗糙度

有关表面粗糙度的基本概念、基本评定参数及如何选用，在“公差配合与技术测量”及“金属加工工艺”等课程里有详细且系统地讲解，下面仅对粗糙度的符号和意义、粗糙度如何在零件图中标注进行分析，详细内容见 GB/T 1031—2009。

（1）表面粗糙度的符号及其意义如图 7—3 和表 7—1 所示。

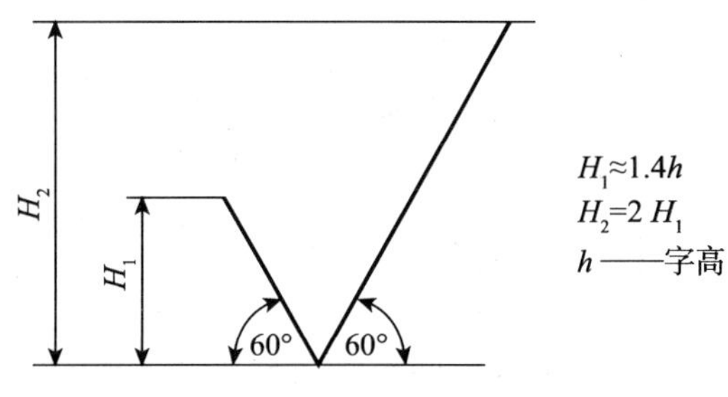

图 7—3　基本符号（一般不单独使用）

表 7—1　　表面粗糙度的符号及其意义

符号	意义及说明
	用任何方法获得的表面（单独使用无意义）
	用去除材料的方法获得的表面
	用不去除材料的方法获得的表面
	横线上用于标注有关参数和说明
	表示所有表面具有相同的表面粗糙度要求

（2）表面粗糙度代号在零件上的标注方法如图 7—4 所示。

7.3.2　尺寸公差与配合

有关尺寸公差与配合中的一些基本概念及选用原则在“公差配合与技术测量”课程里有详细且系统地讲解，这里只对如何在零件图中标注进行分析。

对有公差配合要求的尺寸，应在尺寸数字后面加以标注。在零件图中，常常采用在尺寸后面直接标注偏差数值的方法（见图 7—5），有时也用到直接加注代号或既加代号又加偏差值的方法（见图 7—6a、b）。在装配图中常采用标注配合代号的形式（见图 7—7）。

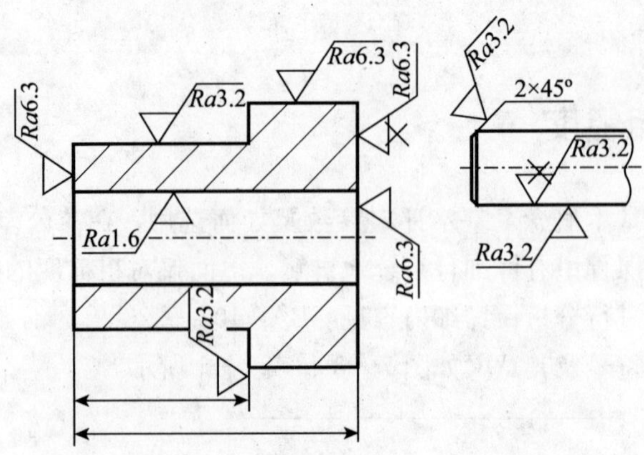

图 7—4　表面粗糙度示例（带×处为标注错处）

注：符号的尖端必须从材料外指向被标注的表面。

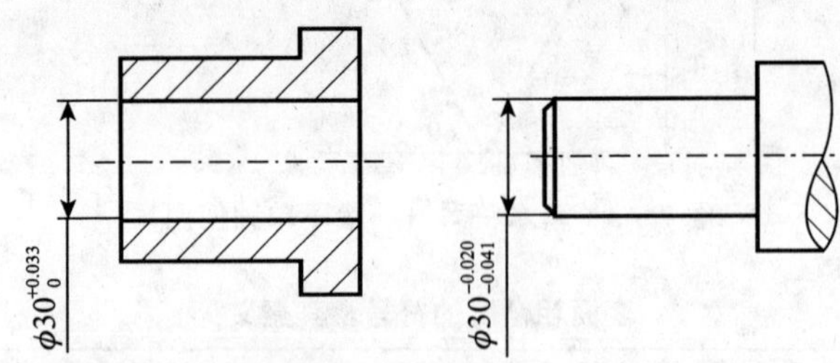

图 7—5　在零件图上标注尺寸公差（一）（最常用）

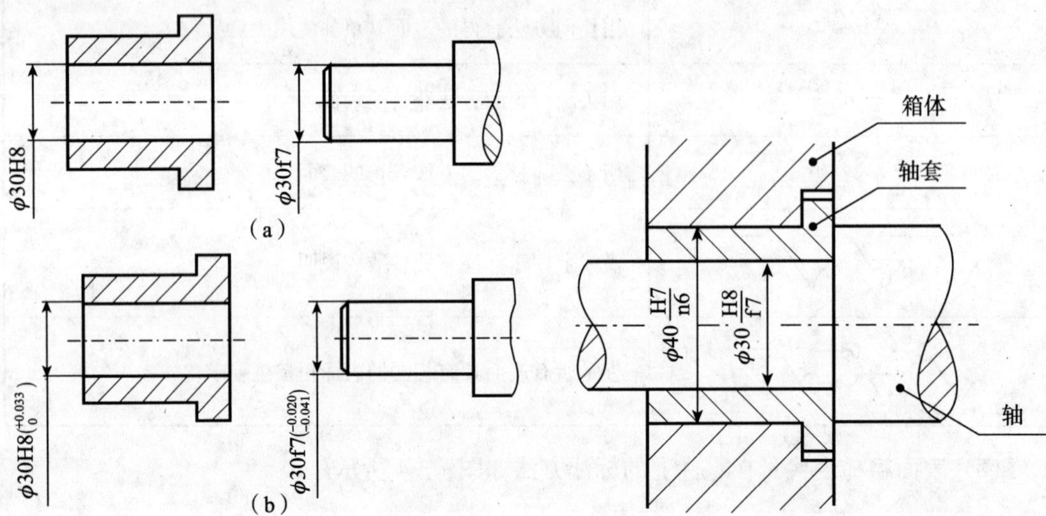

图 7—6　在零件图上标注尺寸公差（二）

图 7—7　在装配图上标注尺寸公差

7.3.3　几何公差

有关几何公差的一些基本概念及选用原则，在“公差配合与技术测量”课程里有详细且系统地讲解，这里仅对几何公差的分类、符号和名称、几何公差在零件图中的标注进行分析，详细内容见 GB/T 1182—2008。

(1) 几何公差的分类、符号和名称如表 7—3 所示。

表 7—3　　几何公差的分类、符号和名称（摘自 GB/T 1182—2008）

公差类型	几何特征	符号	有无基准
形状公差	直线度	—	无
	平面度	⏥	无
	圆度	○	无
	圆柱度	⌭	无
	线轮廓度	⌒	无
	面轮廓度	⌓	无
方向公差	平行度	//	有
	垂直度	⊥	有
	倾斜度	∠	有
	线轮廓度	⌒	无
	面轮廓度	⌓	无
	位置度	⌖	有或无
	同心度 （用于中心点）	◎	有
	同轴度	◎	有

（2）几何公差代号及其注法。各种基本标注及特殊标注方法分别如图 7—8 所示，标注示例如图 7—13 所示。

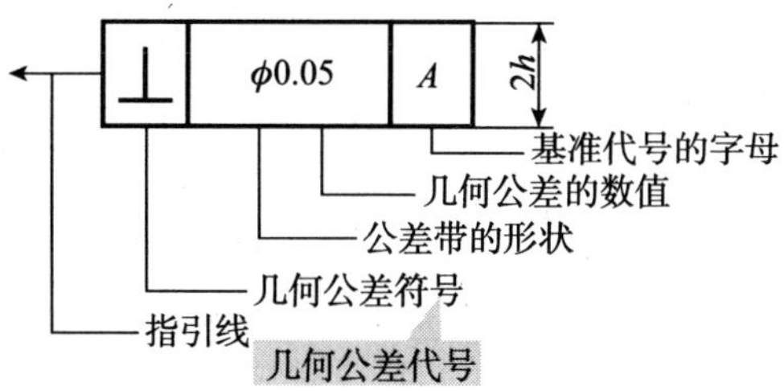

图 7—8　基本符号画法

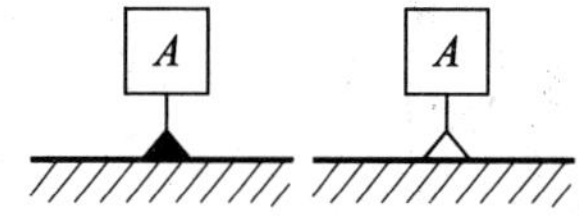

图 7—9　基准代号标注方法

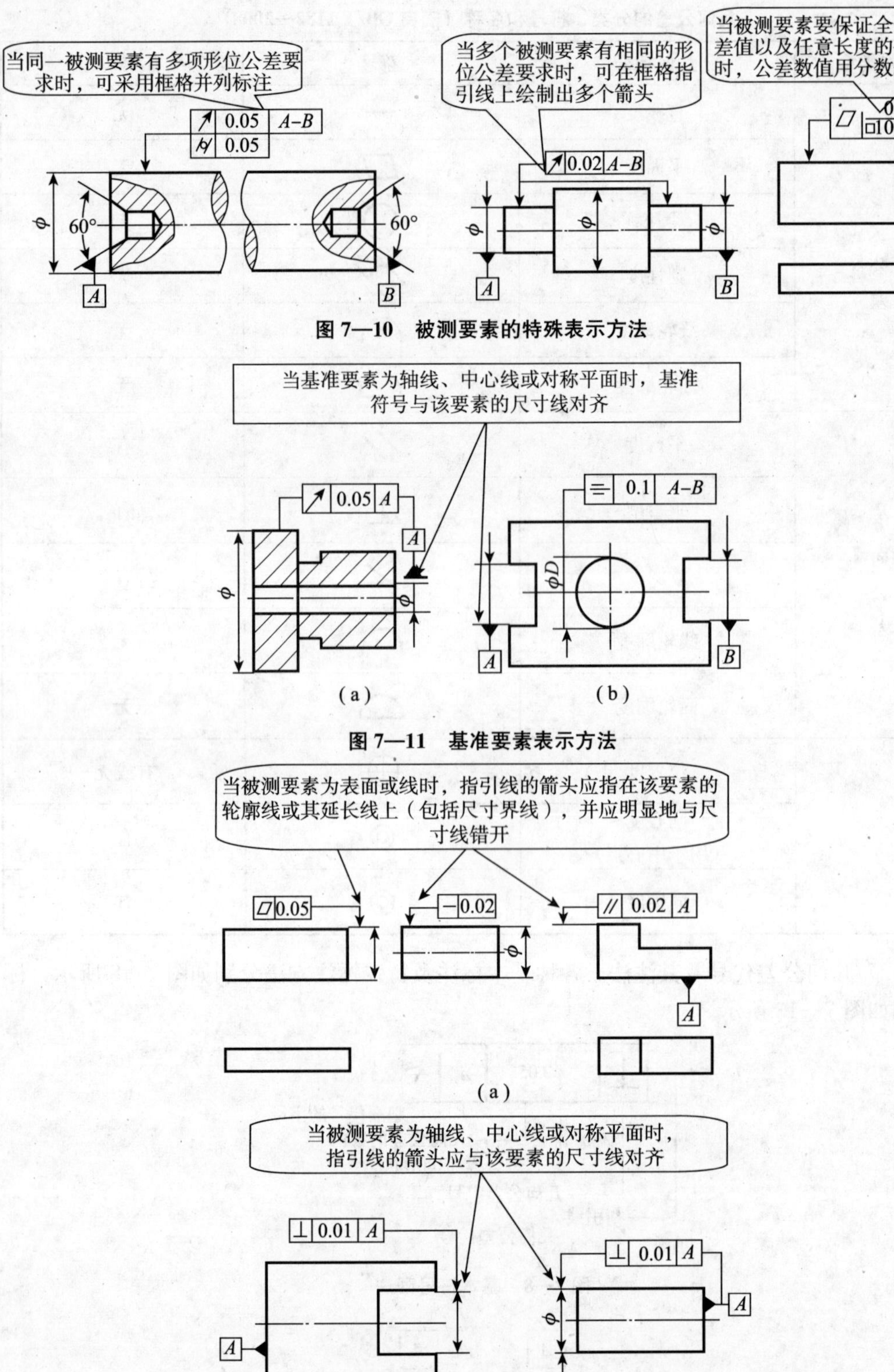

图 7—10 被测要素的特殊表示方法

图 7—11 基准要素表示方法

图 7—12 不同被测要素表示方法

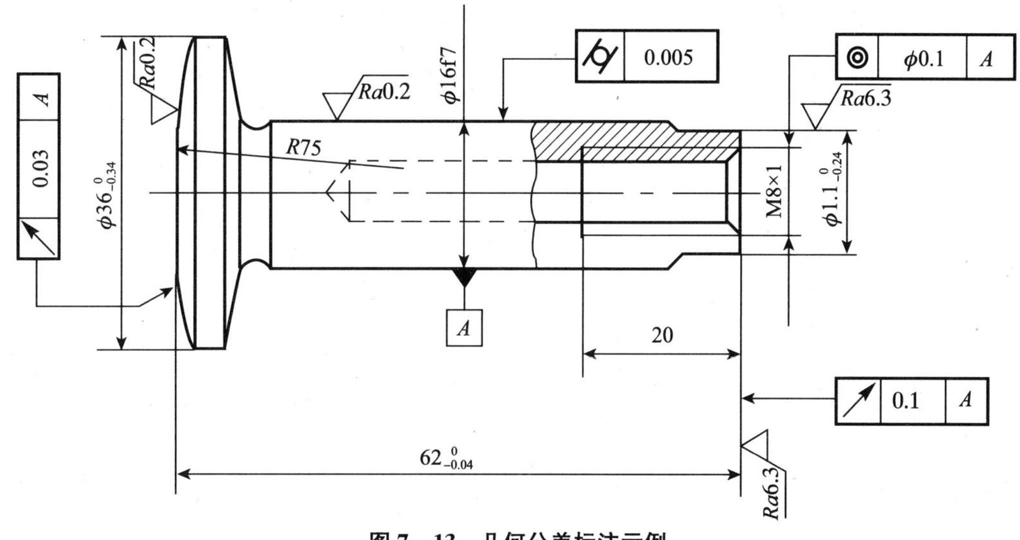

图 7—13　几何公差标注示例

7.4　读零件图的方法

读零件图的目的就是要求根据零件图，想象出零件的结构形状，了解零件的尺寸和各项技术要求等，便于在制造零件时，采取合理的制造加工方法，来达到图样所提出的要求，以保证产品质量。

下面以图 7—14 台虎钳活动钳身的零件图为例讨论如何正确读图：

首先看标题栏，对零件进行一般性的了解。零件名称是活动钳身，由此知道它是台虎钳的一个零件，装配后与固定钳身在一定的间隙配合下能进行相对运动；零件材料为 HT250，其毛坯通常为铸造件；比例为1∶2；图号是 TD－07；铸件非加工面圆弧过渡、未注圆角 $R2$、未注倒角 2×45°。

其次根据前面学习的视图投影关系，通过观察四个视图之间的联系，构想出零件的结构形状。

接着分析图中尺寸长、宽、高各方向的尺寸基准、尺寸公差、几何公差、粗糙度等，以便了解重要尺寸及零件精加工位置。从 A—A 视图中可以看出尺寸 76、85 两处为精加工，尺寸公差、表面粗糙度都有较高要求；主视图有三处粗糙度为 1.6，其表面需要半精加工；主视图中有三处几何公差要求，对应处应为精加工。

最后综合起来分析读出活动钳身的完整信息。

通过以上例题的分析，得到读图的一般方法和步骤如下：

(1) 一般了解。利用标题栏了解零件的名称、材料、比例等，并大致了解零件的用途和形状。

(2) 视图分析。首先找出主视图及其他基本视图、局部视图等，了解各视图之间的相互关系及其所表达的内容，找到剖视、剖面的剖切位置、投影方向等。接着根据视图特征，把它分解为几个部分，找出相应视图上对应的图形，把这些图形联系起来，进行投影分析和结构分析，得出各个部分的空间形状。然后综合各部分形状，弄清它们的相对位置，想象出零件的整体结构形状。一般先看主要部分，后看次要部分，先外形后内形。

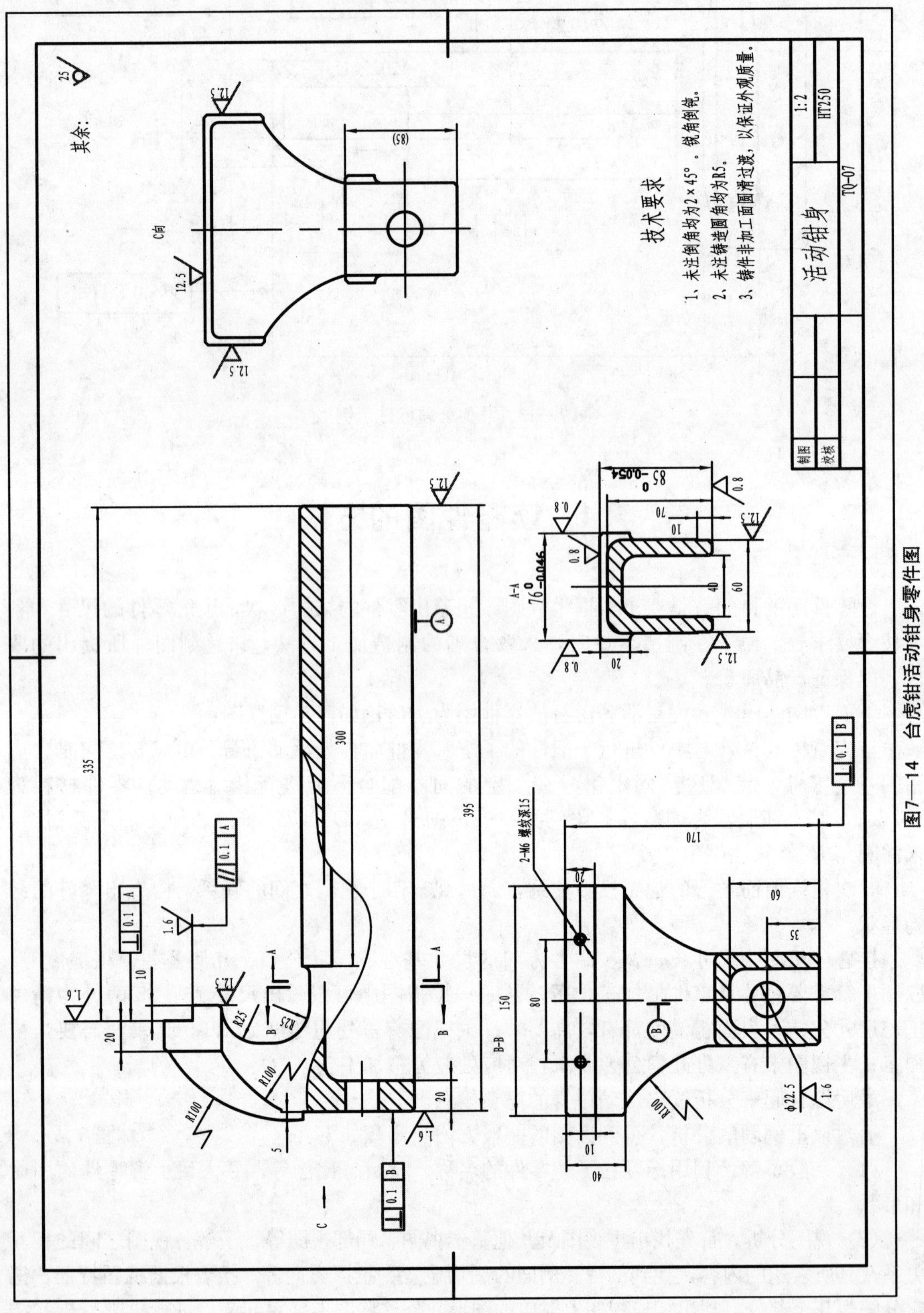

图7—14 台虎钳活动钳身零件图

(3) 尺寸分析。首先找出尺寸基准，再按形体分析在图样上标注的各个尺寸，弄清哪些是零件的主要尺寸。

(4) 技术要求了解。联系零件的结构形状和尺寸，仔细分析图样上各项技术要求。

(5) 总结。通过上面的分析，把视图、尺寸、技术要求综合起来考虑，看有否遗漏或错误，进一步考虑零件的结构和工艺合理性等。

7.5　技能训练

1. 训练目的

(1) 掌握巩固零件图的视图表达方法。

(2) 掌握合理标注尺寸、标注技术要求的方法。

2. 训练内容

(1) 图 7—15 是机用虎钳中的丝杠螺母，请用正确的视图表达其结构，并合理地标注尺寸及技术要求，最终完成零件图。

(2) 根据实物画出台虎钳固定钳身的零件图。

图 7—15　丝杠螺母

3. 训练要求

(1) 用 A3 或 A2 图幅、留装订边、比例自选、尺寸从图中量取或测量实物。

(2) 布图匀称、图形正确、线型与尺寸符合国标。

(3) 正确选择视图表达，合理标注尺寸、技术要求等。

4. 训练指导

训练参考方案如图 7—16 和图 7—17 所示。

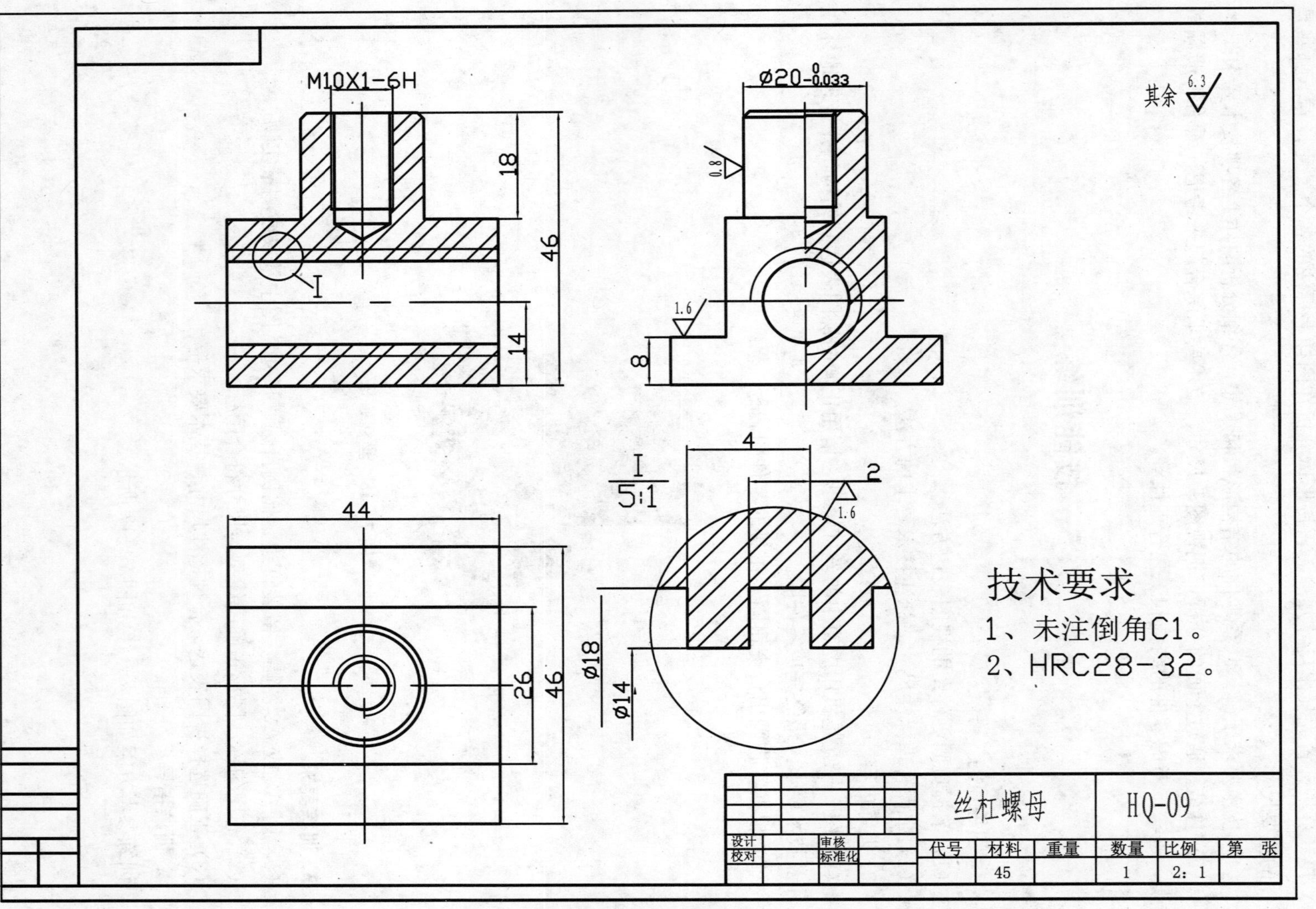

图7—16 丝杠螺母零件图

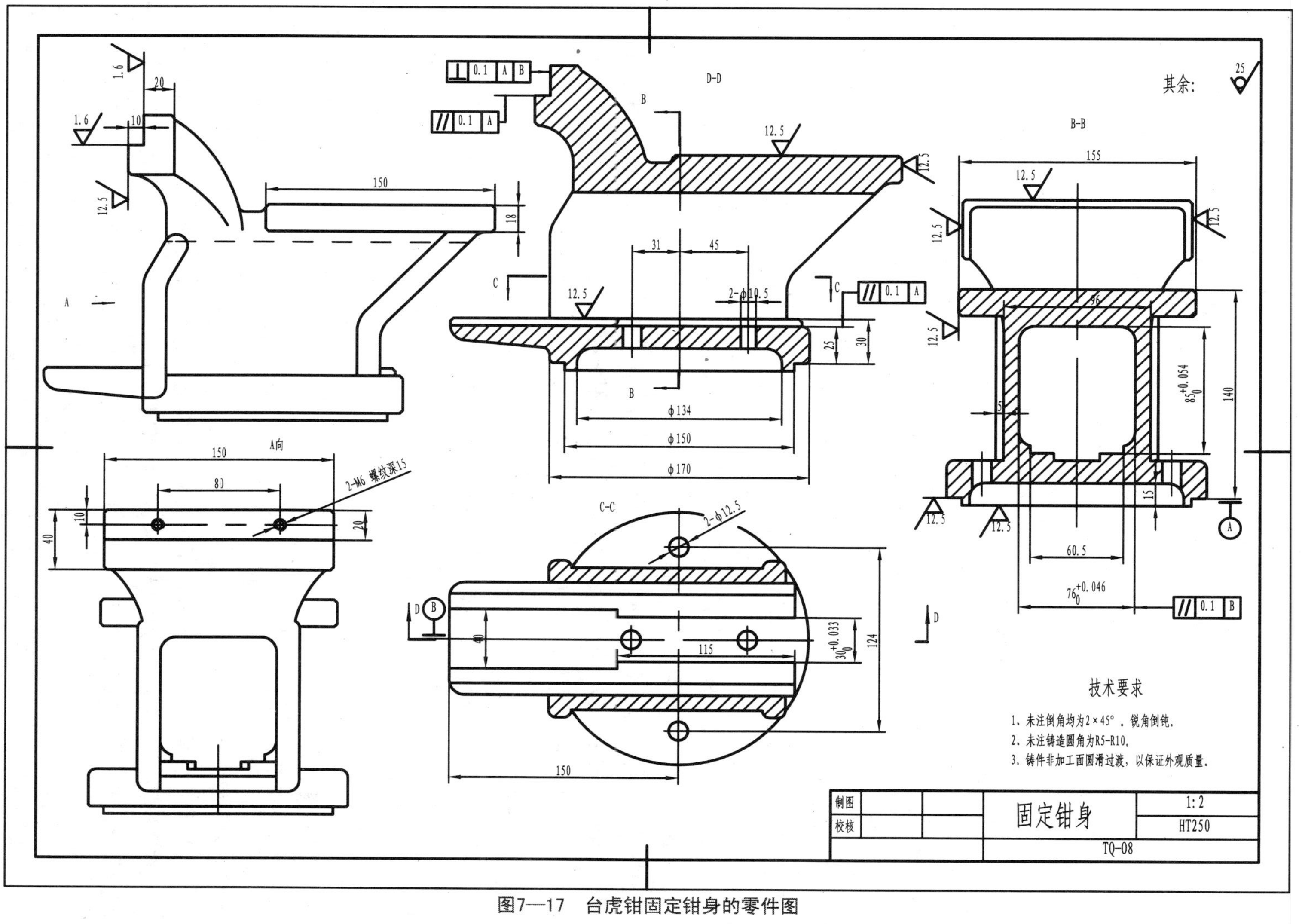

图7—17　台虎钳固定钳身的零件图

第8单元
零部件测绘

◎ 本单元学习内容

(1) 测绘常用量具及其使用方法。

(2) 测量零件尺寸的常用方法。

(3) 画测绘图的步骤和应注意事项。

“机械制图”课程是研究机械图样的绘制与识读规律的一门实践性很强的技术基础课程。为加强实践性教学环节，更好地使理论与实际相结合，应进行制图测绘训练。测绘就是根据现有部件，通过查阅有关资料、测量实物等方法来画出该部件的装配图和零件工作图。在生产实践中，设计新产品、引进新技术、仿制某种产品、对原有设备进行技术改造或修配时，都会遇到测绘工作。因此掌握测绘技能具有很重要的意义。

8.1 零部件的测量

问题导入

(1) 如何获得图8—1所示齿轮油泵各个部分的尺寸、所用材料、加工面的粗糙度、精度等必要的资料?

(2) 如何根据所获尺寸及资料完成该部件的装配图和零件图?

在测绘图上，必须完备地记入尺寸、所用材料、加工面的粗糙度、精度以及其他必要的资料。因此，要完成零部件的测绘，首先要解决零部件的测量问题。

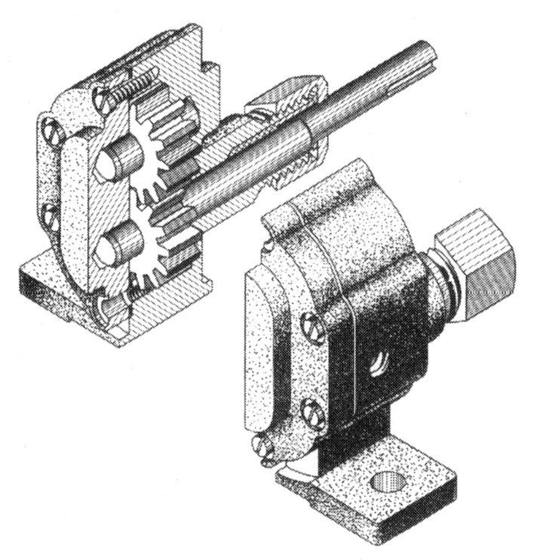

图 8—1　齿轮油泵轴测图

8.1.1　测绘常用量具及使用方法

所有零件的尺寸，都是用量具在零部件的各个表面上测量出来的。因此，要完成零部件测绘，首先要了解测绘常用量具及其使用方法。

1. 常用量具

测绘最常用的量具有钢板尺、卡钳、游标卡尺、千分尺等，其外形如图 8—2 所示。

2. 常用量具的使用方法

(1) 钢板尺、卡钳的使用方法。

钢板尺是应用最广泛的一种测量工具。一般来讲，长度尺寸都是用钢板尺测量的（见图 8—3）。

卡钳以外卡钳和内卡钳用得最广。其中外卡钳用来测量零件的轴径和平面的长度，内卡钳用来测量孔径和凹槽的长度。它们本身都不能直接读出测量结果，而是把测量的尺寸，在钢板尺上进行读数，具体使用方法如图 8—4 所示。

还有一种两用卡钳，用它来测量零件的外径和内径都非常方便。因为卡钳上下两幅卡脚的长度相等，所以用内（外）卡钳量出的内（外）径尺寸，就等于外（内）卡钳在钢板尺上所量的距离。在测量孔壁的尺寸时，使用两用卡钳来量比较方便，具体使用方法如图 8—5 所示。还有一种同边卡钳，一般用来测量塔轮和阶梯轴的各段长度，具体使用方法如图 8—6 所示。

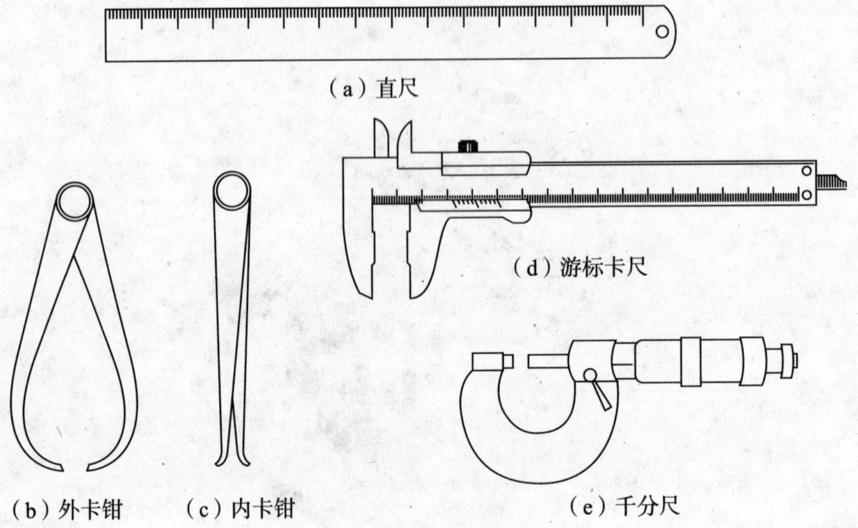

图 8—2　常用量具

图 8—3　长度尺寸的测量

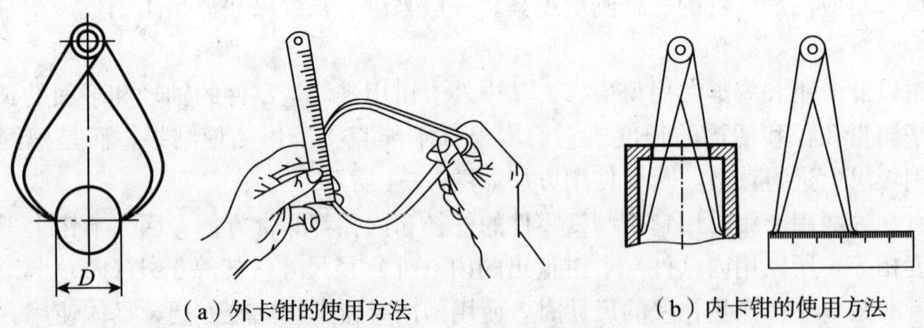

（a）外卡钳的使用方法　　（b）内卡钳的使用方法

图 8—4　内外卡钳的使用方法

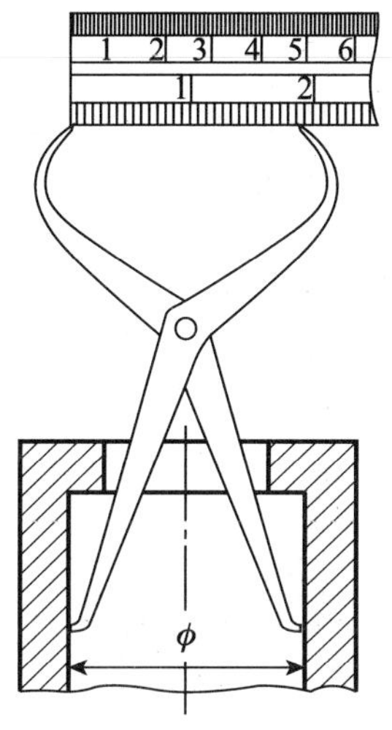

图 8—5 两用卡钳的使用方法

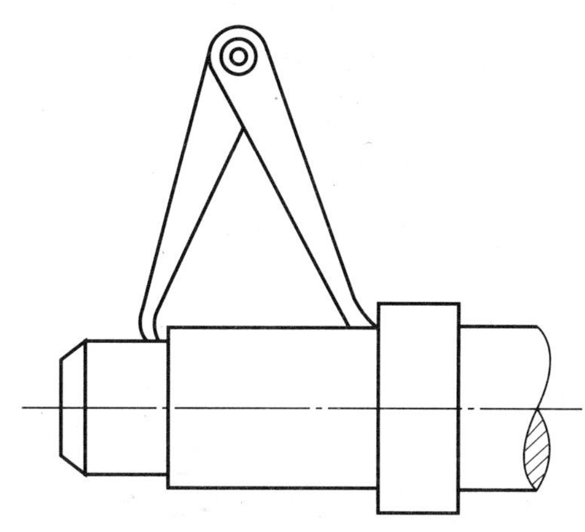

图 8—6 同边卡钳的使用

（2）游标卡尺的使用方法。

用钢板尺以及卡尺进行测量，方法比较简单，但精度不高。如果要求测量的精度很高，就需要用精密的量具或者卡尺。如图 8—7 所示为一种常用的公制卡尺（又叫游标卡尺），由尺身和游标组成。中间可来回游动的部分叫做游标，除游标外的部分叫做尺身；左边上下突出的部分叫做量爪，上面的叫做内测量爪，用来测量工件轴的沟槽等，下面的叫做外测量爪，用来测量轴的直径、长度等尺寸；量爪旁边的叫做紧固螺钉；尺身末端伸出的部分叫做深度尺，可用来测量孔的深度。游标卡尺的具体使用方法如图 8—8 所示。

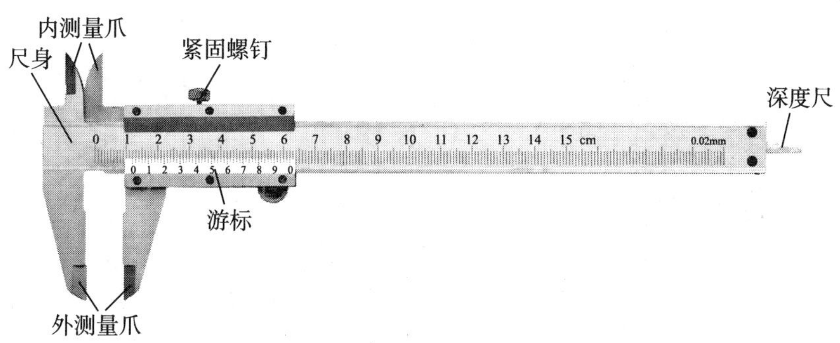

图 8—7 游标卡尺的构造

用游标卡尺测量工件时，读数分三个步骤：

● 读出游标卡尺上零线左面尺身的毫米整数（如游标零线在尺身 19～20mm 中间，那么尺身对应的毫米整数就为 19mm）；

● 读出游标上哪一条刻度线与尺身的刻度线对齐（如游标上第 6 条刻度线与尺身刻度线对齐，则小数部分为 0.6mm）；

● 最后把尺身和游标上的尺寸加起来即为测得尺寸。

（3）其他测量工具。

除了以上所说的普通量具和常用的精密量具外，还有测量螺纹螺距的螺纹规，测量圆

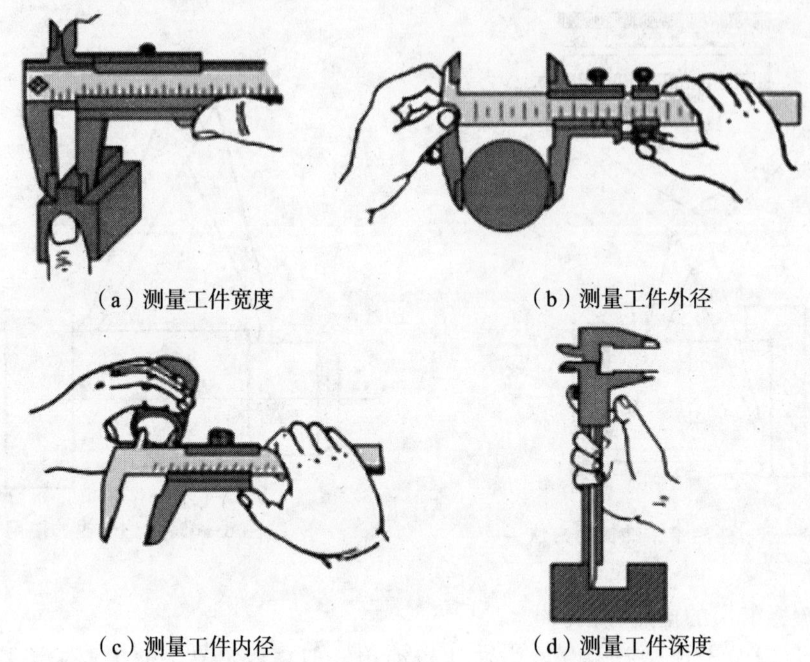

（a）测量工件宽度　　（b）测量工件外径

（c）测量工件内径　　（d）测量工件深度

图 8—8　游标卡尺的使用方法

角的半径规，测量两个装配零件中间空隙的厚薄规（塞尺）以及测量角度用的分角规、量角器、组合角尺等，如图 8—9 所示。

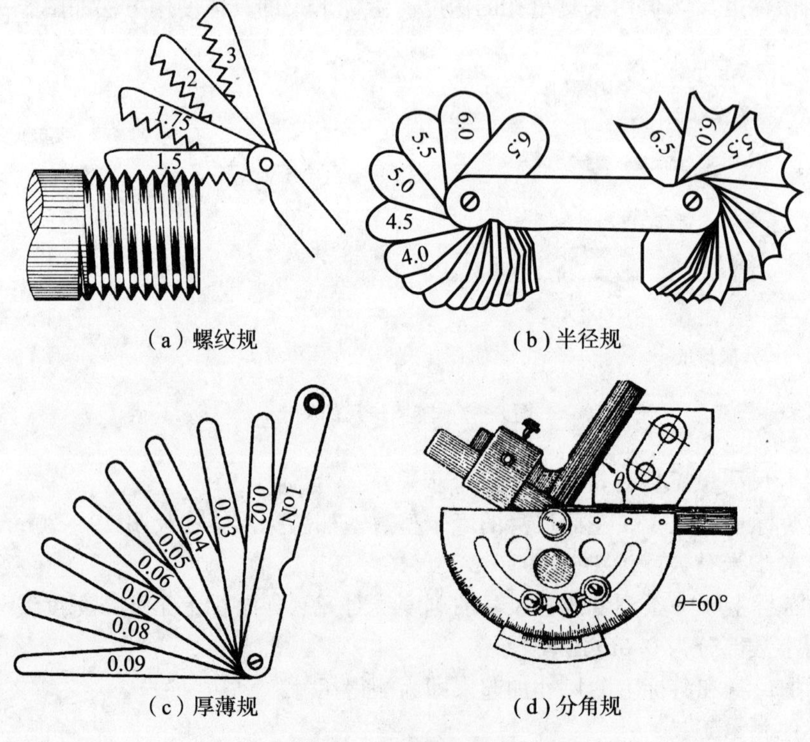

（a）螺纹规　　（b）半径规

（c）厚薄规　　（d）分角规

图 8—9　其他测量工具

8.1.2　测量零件尺寸的常用方法

在具体测量零件尺寸的过程中，往往会遇到一些尺寸，无法用量具直接测得，对于这些用现有量具不能直接量得的尺寸，要善于根据零件的结构特点，考虑用比较准确而又简便的测量方法。有的重要尺寸，如两齿轮啮合中心距，还要通过计算获得。对零件的键槽、退刀槽、孔深等标准结构的尺寸，应查阅有关标准确定。下面将介绍几种常用的零件尺寸的测量。

1. 直线尺寸的测量

测量零件的直线尺寸，可使用钢板尺、游标卡尺、深度规等量具，如图 8—10 所示。

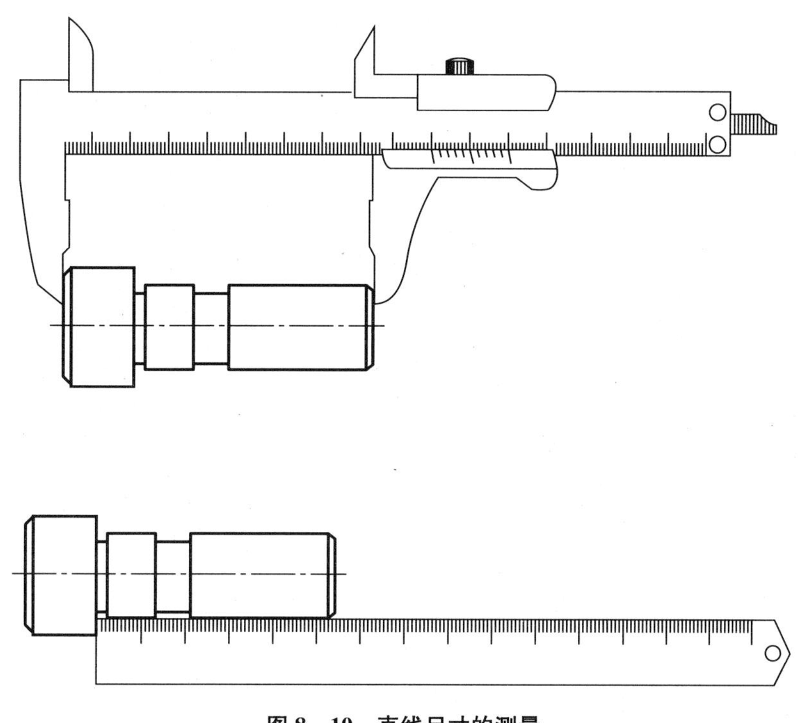

图 8—10　直线尺寸的测量

2. 直径尺寸的测量

测量零件的直径尺寸，可使用内外卡钳、游标卡尺、螺旋测微器等量具。测量时应注意使两测量点的连线与回转面的轴线垂直相交，以保证测量精度，如图 8—11 所示。

在测量阶梯孔的直径时，会遇到外孔小、内孔大的情况，此时用游标卡尺无法测量大内孔的直径，这个时候，就可以用内卡钳或两用卡钳进行测量，其中，用两用卡钳进行测量最为方便，如图 8—12 所示。

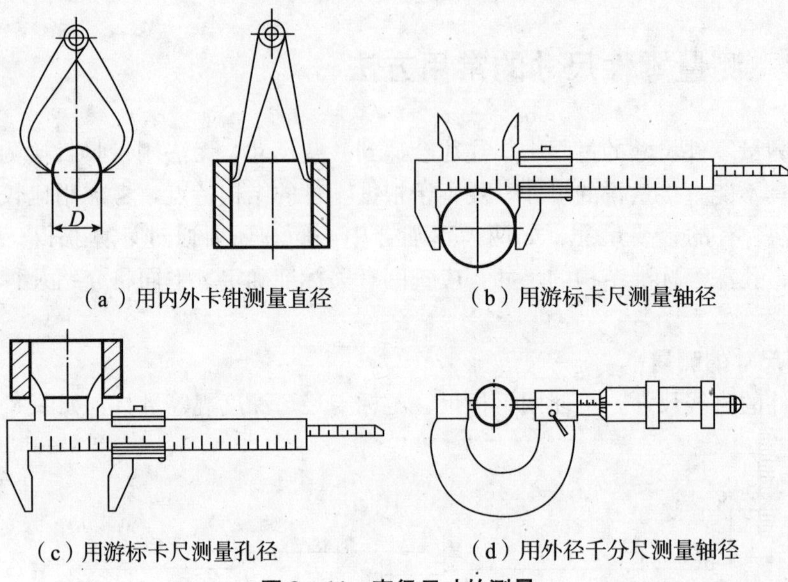

（a）用内外卡钳测量直径

（b）用游标卡尺测量轴径

（c）用游标卡尺测量孔径

（d）用外径千分尺测量轴径

图 8—11　直径尺寸的测量

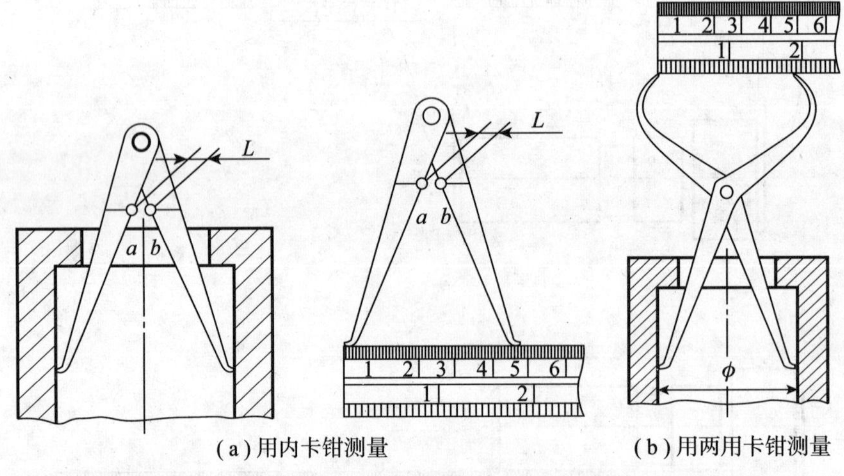

(a)用内卡钳测量

(b)用两用卡钳测量

图 8—12　测量阶梯孔的内径

3. 壁厚尺寸的测量

如图 8—13 所示为壁厚尺寸的测量过程。

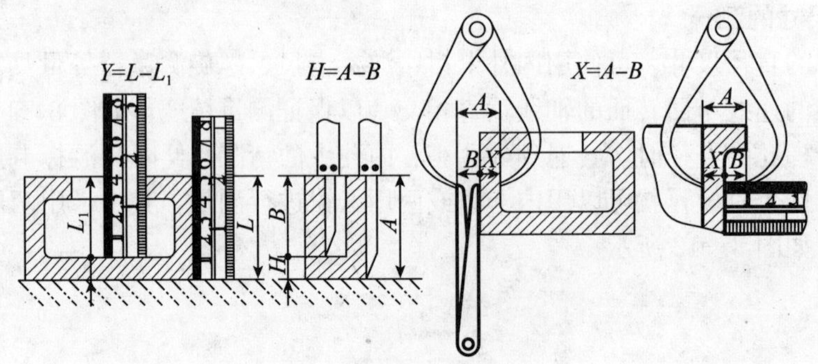

图 8—13　壁厚尺寸的测量

4. 端面到圆孔中心距离的测量

要测出图 8—14 所示零件支管圆孔中心到端面的距离 H，可以先用钢板尺量出距离 h，再用外卡钳量出法兰盘内径 D，最后计算得：$H=h+D/2$

5. 两孔中心距的测量

如图 8—15 所示，要测量零件两孔中心距，可以先用外卡钳测量两孔内壁之间的距离 X，再用内卡钳或两用卡钳测量出孔径，即可得到：$A=X+D_1/2+D_2/2$

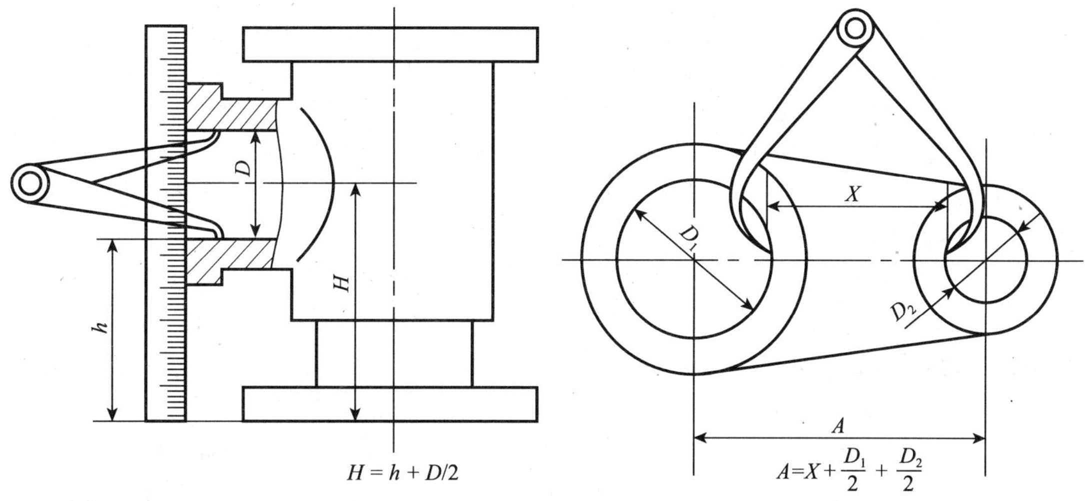

图 8—14　测量端面到圆孔中心距

图 8—15　测量两孔中心距

6. 齿轮外径的测量

齿轮的测量大概分以下几步：

● 齿轮测绘时，首先应数出其齿数 Z。

● 测量出齿轮的齿顶圆直径 D_a：当齿数是偶数时，可用游标卡尺直接量出 D_a；若为奇数齿时，可参照图 8—16 所示方法量出，$D_a=2e+D$。

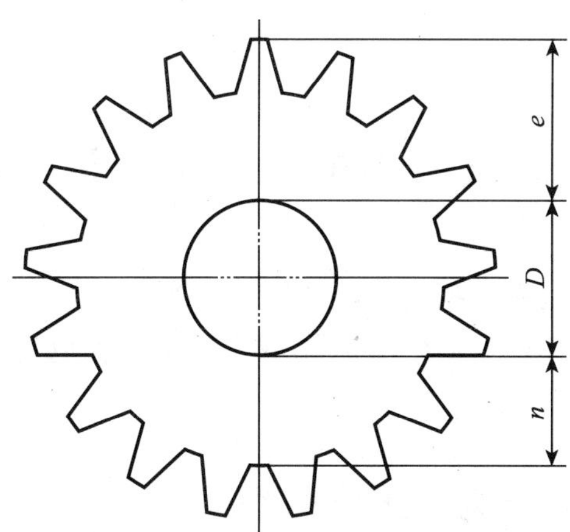

图 8—16　奇数齿轮顶圆的测量

● 计算模数 m。

● 从标准模数（GB/T 1357—2008）中选取相近似的数值，使模数 m 标准化。

● 根据模数 m、齿数 z 和有关公式 $m=\frac{D_a}{z+2}$，重新计算出齿顶圆、齿根圆和分度圆的直径及其他尺寸。

● 测量出其他各部分的结构尺寸。

● 经整理加工后，绘出工作图。

7. 曲面的测量

零件的曲线外形，使用一般量具很难测量，通常要用高度规测量。这种量具是利用坐标的方法，把曲线上各点的纵向长度和横向长度测量出来，所求的点越多，曲线的外形就越准确。曲线外形上各点的位置，是由横向和纵向两个长度来决定的。当没有高度规的时候，也可以用直尺和三角板来量出曲面上各点的坐标，在图上画出曲线或求出曲率半径，如图 8—17 所示。

还有一种测量曲面的方法——拓印法，用来拓印一些零件的曲线。方法是：将一张薄纸放在曲线部分上，用手指沿着零件的棱边轻轻地来回抹上一两遍，曲线的轮廓线就可清楚地印出，然后根据印出的曲线来求出半径 R。如图 8—18 所示。

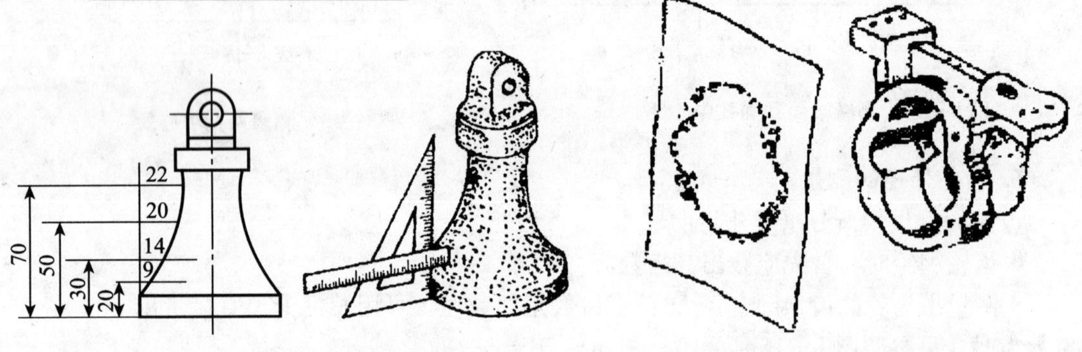

图 8—17 使用直尺和三角板测量曲面　　**图 8—18 拓印法测量曲面**

8.2 画测绘图的步骤和应注意事项

制图测绘的一般步骤是先根据实物，分析其工作原理、画装配示意图、进行零件测绘、画出零件草图，然后由零件草图整理画出装配图。下面以齿轮油泵为例，讲述具体的测绘步骤。

8.2.1 分析部件结构及工作原理

要进行部件测绘，首先要了解部件的用途、性能、工作原理、结构特点和零件间的装配关系。

齿轮油泵是机床等设备润滑系统的供油泵，它主要由泵体、泵盖、齿轮、压盖、螺钉等零件组成。齿轮油泵的示意图如图 8—1 所示，泵体内容纳一对吸油和压油齿轮，当一对齿轮在泵体内做啮合传动时，啮合区内一边空间的压力降低而产生局部真空，使油池内的油在大气压力的作用下进入油泵吸油口，随着齿轮的转动，齿槽中的油不断被带至另一边的压油口被压出，被送至机器需要润滑的部分。

8.2.2　画装配示意图

装配示意图用以表示部件中各零件的相互位置和装配关系，并作为零件被拆卸后重新装配成部件和画装配图的依据。如图 8—19 所示为齿轮油泵的装配示意图，端盖和泵体支承着齿轮轴 1，齿轮轴 1 旋转带动一对齿轮做旋转运动。泵体与端盖用螺钉 6 连接。为了防止泵体与端盖结合面处以及传动轴伸出端泄漏，分别用垫片 5、填料 7、压盖 8、压紧螺母 9 密封。

画装配示意图需要注意以下几点：

(1) 假想把部件看成是透明体，以便同时看到部件的内外零件的轮廓和装配关系。

(2) 只用简单的符号和线条表达各零件的大致形状和装配关系，一般只画一个图形(表达不完全也可增加图形)。

(3) 一般零件可用简单的图形画出大致轮廓，有些零件画法可按国标规定的符号来画。

(4) 相邻零件的接触面或配合面之间应留有间隙，以便于区别（注意和画装配图不同)。

(5) 全部零件进行编号并列表注明名称、数量、材料等，标准件需注明规定标记。

8.2.3　拆卸部件

在初步了解部件的基础上，依次拆卸各零件，这样可以进一步搞清齿轮油泵中各零件的装配关系、结构和作用，弄清零件间的配合关系和配合性质。

拆卸部件时需要注意以下几点：

(1) 拆卸前应先测量一些重要的装配尺寸，如零件间的相对位置尺寸，两轴中心距、极限尺寸和装配间隙等。

(2) 注意拆卸顺序。对于精密的或主要零件，不要使用粗笨的重物敲击，对于精密度较高的过盈配合零件应尽量不拆，以免损坏零件。

(3) 拆卸后要按装配示意图对零件用扎标签的方法分别编号。

(4) 各零件要妥善保管，以免丢失、混乱、损坏。

8.2.4　绘制零件草图

绘制齿轮油泵（标准件除外）所有零件的草图。对于齿轮油泵标准件，只需测得几个主要尺寸，然后从标准中确定其规定标记就可以了。绘制零件草图的具体步骤如下：

1. 确定零件的视图表达方案

选择视图时，基本原则是：在完整、清晰地表达零件内、外形状结构的前提下，尽量减少图形数量，以便画图和看图。在齿轮油泵的所有零件中，泵体的结构最为复杂，下面

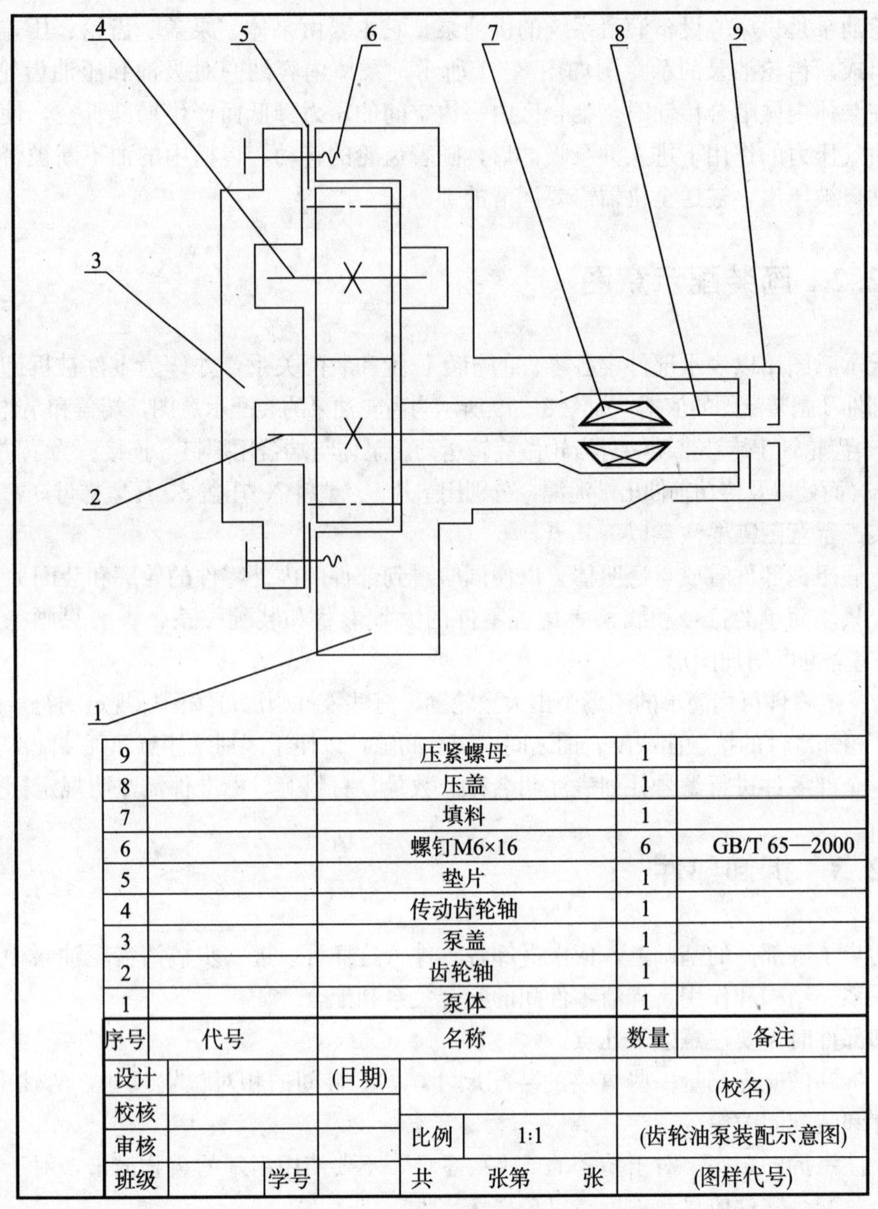

9		压紧螺母	1	
8		压盖	1	
7		填料	1	
6		螺钉M6×16	6	GB/T 65—2000
5		垫片	1	
4		传动齿轮轴	1	
3		泵盖	1	
2		齿轮轴	1	
1		泵体	1	
序号	代号	名称	数量	备注

设计		(日期)			(校名)
校核					
审核			比例	1:1	(齿轮油泵装配示意图)
班级		学号	共　张第　张		(图样代号)

图 8—19　齿轮油泵装配示意图

以泵体为例，确定该零件的视图表达方案。

(1) 确定主视图。主视图是表达零件的最主要的视图。在选择主视图时应考虑两个方面，一是零件的安放位置要尽量符合零件的主要加工位置和工作（安装）位置，二是零件主视图的投射方向应最能明显地反映零件形状和结构特征以及各组成形体之间的相互关系。泵体属于箱体类零件，且内部有齿轮轴孔等复杂结构，所以主视图采用全剖视，表达两齿轮轴孔的相对位置及各形体的相互位置，如图 8—20 所示。

(2) 确定其他视图。主视图选定以后，应采用左视图及右视图表达泵体左右端面的外形结构，*A*—*A* 剖视图主要表达了底座及连接部分的厚度，如图 8—20 所示。

2. 徒手画零件草图，并完成尺寸标注

零件表达方案确定后，徒手目测完成零件草图。然后画出尺寸界线和尺寸线，边测量边填写尺寸数值。图 8—20 至图 8—24 为齿轮油泵主要零件的零件草图。

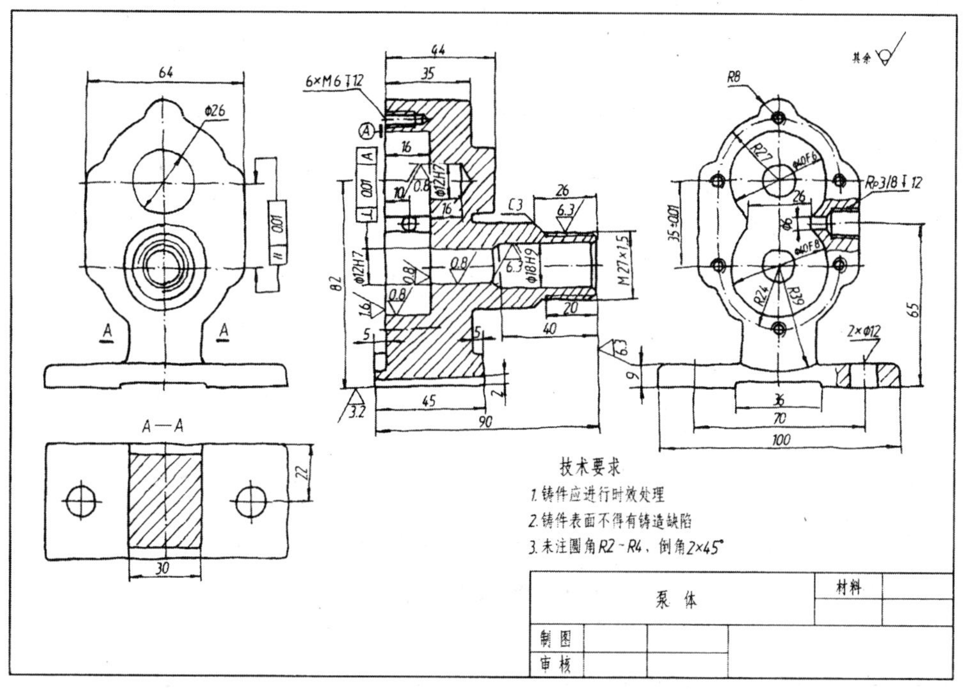

图 8—20　泵体零件草图

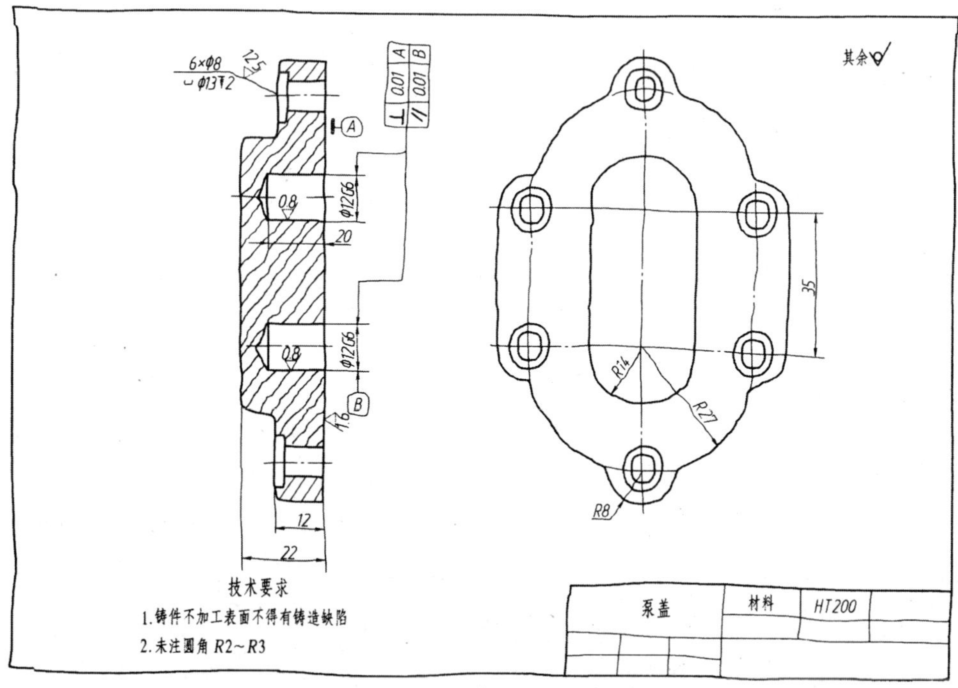

图 8—21　泵盖零件草图

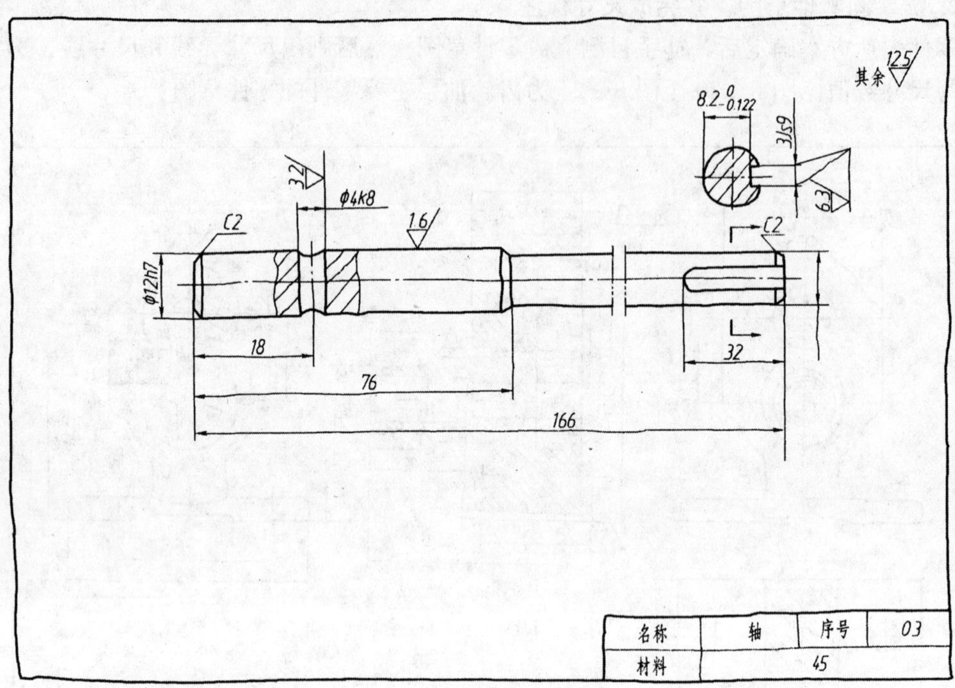

图 8—22 轴零件草图

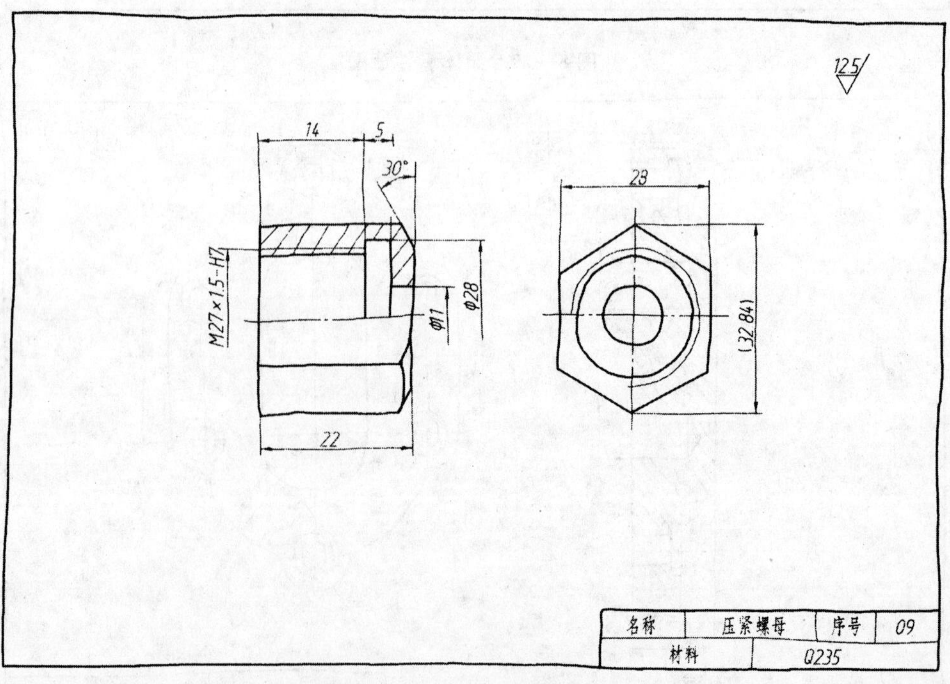

图 8—23 压紧螺母零件草图

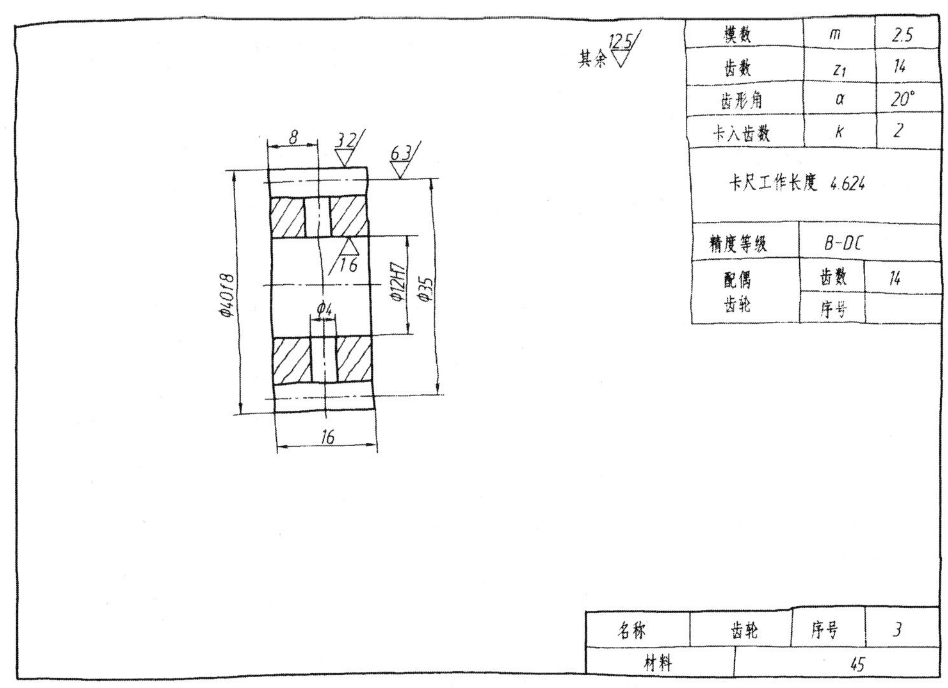

图 8—24　齿轮零件草图

画零件草图需要注意以下几点：

(1) 零件草图要尽量保持零件各部分的大致比例关系，尽量按 1∶1画。必要时可以放大或缩小。

(2) 草图不能理解为潦草的图，绘制草图要求线型分明，图面整洁，表达清楚、简练。

(3) 具体画图时先画图框和标题栏。画视图时要注意在视图之间留出标注尺寸的位置，然后根据选定的表达方案画全各个视图和剖视等（零件草图所采用的表达方法、内容和要求与零件工作图一致）。

(4) 绘图时要注意保持零件各部分的比例关系及各部分的投影关系。

(5) 零件的制造缺陷，如刀痕、砂眼、气孔及长期使用造成的磨损，不必画出。

(6) 零件上因制造、装配需要的工艺结构，如倒角、倒圆、退刀槽、铸造圆角、凸台、凹坑等，必须画出。

标注尺寸需要注意以下几点：

(1) 零件图上的尺寸标注，要做到完整、清晰、符合标准，且能满足设计要求和工艺要求。

(2) 两零件配合尺寸，测量其中一个即可。但应同时注在两个零件草图上，不应产生矛盾。

(3) 部件中两零件有联系的部分，尺寸基准应统一。

(4) 重要尺寸有的要计算，如齿轮油泵中的齿轮啮合中心距。有的测量数值应取标准值，对于不重要的尺寸如为小数时可取整数。

(5) 对于标准结构，如螺纹、退刀槽、齿轮，应把测量结果与标准核对，采用标准值。

(6) 与标准件配合的尺寸（如轴承）可通过标准部件查表确定。

8.2.5 初步确定材料、表面粗糙度、公差配合等技术要求

1. 材料

零件材料的确定，可根据实物结合有关标准、手册，初步分析确定。常用的金属材料有碳钢、铸铁、铜、铅及其合金。

2. 表面粗糙度

零件表面粗糙度等级可根据各个表面的工作要求及精度等级来确定，可以参考同类零件的粗糙度要求或使用粗糙度样板进行比较确定。表面粗糙度等级确定时可考虑下面几点因素：

（1）一般情况下，零件的接触表面比非接触表面的粗糙度要求高。

（2）零件表面有相对运动时，相对速度越高，所受单位面积压力越大，粗糙度要求也越高。

（3）间隙配合的间隙越小，表面粗糙度要求越高。过盈配合为了保证连接的可靠性亦应有较高要求的粗糙度。

（4）在配合性质相同的条件下，零件尺寸越小则粗糙度要求越高，轴比孔的粗糙度要求高。

（5）要求密封、耐腐蚀或装饰性的表面粗糙度要求高。

（6）受周期载荷的表面粗糙度要求应较高。

3. 几何公差

标注几何公差时参考同类型零件，用类比法确定，无特殊要求时一律不标注，可参阅有关手册。

4. 公差配合的选择

参考同类部件的公差配合，通过分析比较来确定。在测绘的齿轮油泵中，齿轮轴与轴孔之间，齿轮与箱体孔之间都有配合要求，选择时可参考有关手册。

5. 技术要求

凡是用符号不便于表示，而在制造时或加工后又必须保证的条件和要求都可注写在“技术要求”中，其内容参阅有关资料手册，用类比法确定。

8.2.6 绘制部件装配图

根据零件草图和装配示意图画出部件装配图。在画装配图时，要及时改正草图上的错误，零件的尺寸大小一定要画得准确，装配关系不能搞错，这是很重要的一次校对工作，必须认真仔细。具体步骤如下：

1. 确定表达方案

由于装配图不仅表达了部件的工作原理，各零件的装配关系，而且反映了主要零件的形状结构，所以我们应根据已学过的装配图的各种表达方法（包括一些特殊的表达方法，如拆卸画法、夸大画法、简化画法等），选用适合的表达方法，较好地反映部件装配关系、工作原理和主要零件的结构形状。

根据前面对齿轮油泵的分析，确定的表达方案为：以能表达油泵的形状结构和安装情

况的一面作为主视图，并采用全剖视，把油泵的主要零件之间的相对位置、装配关系及连接方式等表达出来。由于结构对称，所以左视图采用了沿结合面剖切的半剖视图，这就清楚地表达了齿轮油泵的工作原理和螺钉的分布情况。此外，左视图还采用了局部剖视，分别表达吸油口的形状结构及安装孔的形状。如图 8—26 所示。

2. 画装配图

（1）合理布局。需要确定合理的视图。

（2）装配图的表达方法确定后，应根据具体部件真实大小及其结构的复杂程度，确定合适的比例和图幅，选定图幅时不仅要考虑到视图所需的面积，而且要把标题栏、明细表、零件序号、标注尺寸和注写技术要求的位置一并计算在内，确定图纸幅面后即可着手合理地布置图面。通常先画出各主要视图的作图基准线，如在齿轮油泵主视图上先画出泵体的外轮廓线以及两根轴线，这样就决定了主视图的高低，再画左视图泵体轴线等。

（3）画出部件的主要结构部分。如齿轮油泵的装配图可先画主视图上的泵体和泵盖的结构，再依次画出其他一系列零件。在将零件逐个画在装配图上时，要考虑零件的相对位置和装配顺序。

在画部件的主要结构时，一般是在每个视图分别作图，但应注意各视图间的投影关系。有些零件如有条件在各个视图上同时画时，应尽可能一起画出以节约时间。

（4）画出部件的次要结构部分。如齿轮油泵上的螺钉连接、填料、压盖、压紧螺母等结构。

（5）检查校核。除了检查零件的主要结构外，特别要注意视图上细节部分的投影是否遗漏或错误。由于装配图图形复杂、线条较多、容易漏画部分投影，所以应认真检查，发现错误及时修改。

（6）完成全图。

（7）检查底稿后加深图线并画剖面代号；注写必要的尺寸、公差配合和技术要求；标注序号，填写标题栏及明细表。最后完成齿轮油泵的装配图。

3. 尺寸标注

装配图主要是设计和装配机器或部件时用的图样，因此不必注出零件的全部尺寸，只需标出一些必要的尺寸。如特征尺寸、装配尺寸、安装尺寸、外形尺寸和其他重要尺寸等，具体参阅有关手册。

4. 技术要求及性能

不同性能的机器或部件，其技术要求也不同，一般可以从以下几个方面来考虑：

（1）装配要求。装配后必须保证的准确度、装配时的要求以及在装配时的加工说明。

（2）检验要求。基本性能的检验方法和要求、装配后必须保证达到的准确度、关于检验方法的说明、其他检验要求等。

（3）使用要求。对产品维护、保养的要求以及使用操作时的注意事项等。

上述各项内容，并不要求装配图全部注写，要根据具体情况而定，如已在零件图上提出的技术要求在装配上一般可以不必注写。

技术要求一般写在明细表上方或图纸下方的某空白处，也可以另编技术文件，附于图纸。图 8—26 所示为齿轮油泵的装配图。

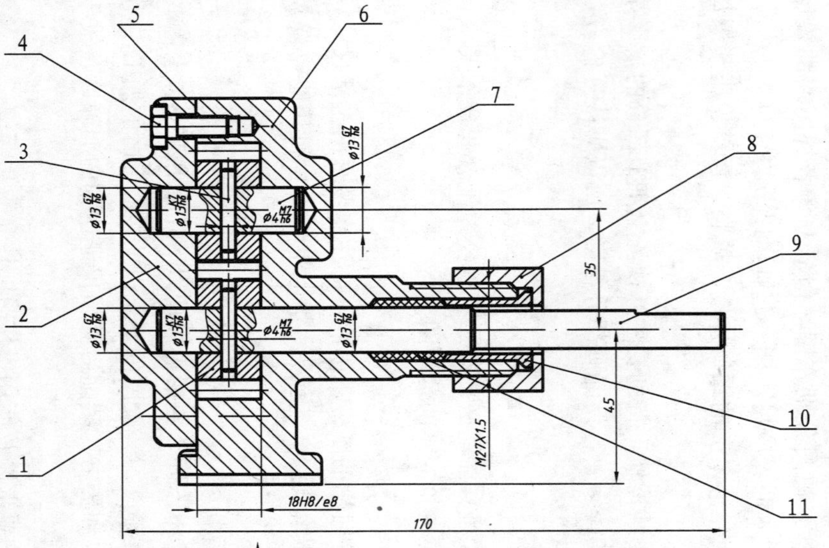

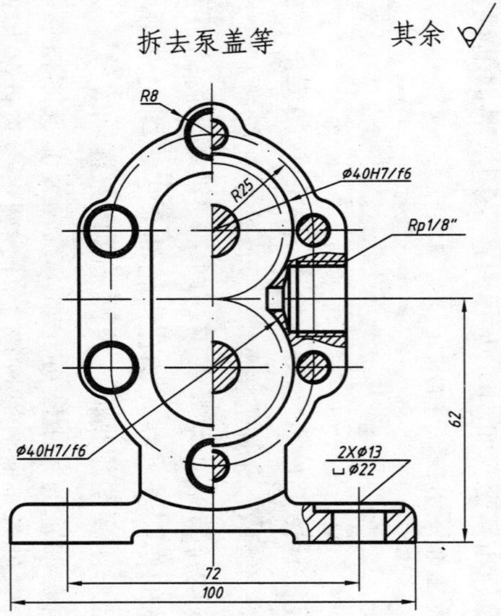

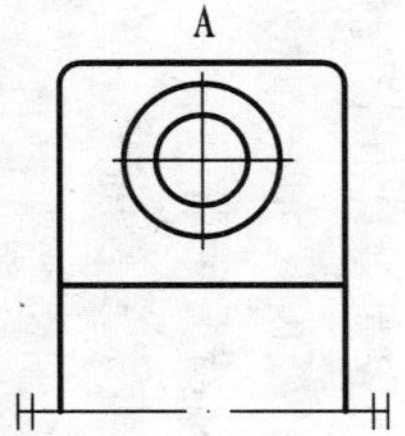

拆去泵盖等

其余

技术要求：

1. 装好后油泵成对齿轮的齿合面占齿长的75%以上。
2. 齿轮装妥后，用手转动主动轴时应能灵活转动。
3. 泵盖与泵体装配时，调整垫片厚度保证齿轮的侧面与泵盖的间隙0.04-0.09毫米。
4. 装配时齿轮顶圆与泵体的内圆表面间隙不得小于0.025-0.080毫米。

序号	名称	数量	材料	备注
11	填料	1	石棉绳	
10	填料压套	1	Q235	GB75-85
9	主动轴	1	45	
8	压紧螺母	1	Q235	
7	从动轴	1	45	
6	泵体	1	HT200	
5	衬垫	1	耐油纸板	
4	螺钉M6×20	6	Q235	GB65-85
3	销A4×24	2	45	GB119-86
2	泵盖	1	HT200	
1	齿轮	1	45	

L型油泵	比例	1:1	图号
	数量	1	
制图	重量		材料
描图			
审核			

图8—26　齿轮油泵装配图

5. 注意事项

(1) 合理选择装配工艺结构，参阅有关手册。

(2) 采用画法几何及机械制图国家标准中的简化画法。

(3) 为表达清楚起见，采用 1∶1绘制。

8.2.7　绘制零件工作图

由于测绘是在现场进行的，所画的草图不一定是很完善的，所以在画零件工作图之前，要对草图进行全面审查、核对，对测量所得的尺寸，要参照标准直径、标准长度系列贴近、圆整。对于标准结构要素的尺寸，应从有关标准中查对校正。有的问题需重新考虑，如表达方案、尺寸标注等。经过复查、补充、修改后，再进行零件图的绘制工作。

画零件工作图的步骤：

(1) 定比例：根据零件的复杂程度和尺寸大小，确定画图比例。

(2) 选图幅：根据表达方案及所选定的比例，估计各图形布置所占的面积，对所需标注的尺寸留有余地，选择合理的图幅。

(3) 画底稿：先定出各视图的基准线，再画图。

(4) 检查、描深。

(5) 标注尺寸，注写技术要求，填写标题栏。

图 8—27 至图 8—29 所示为齿轮油泵主要零件的零件图。

8.2.8　图纸折叠

为了便于保存和携带，画好的图纸应按国标 A4 纸幅面尺寸 210×297 折叠，装订好后连同草图一起装入资料袋内。

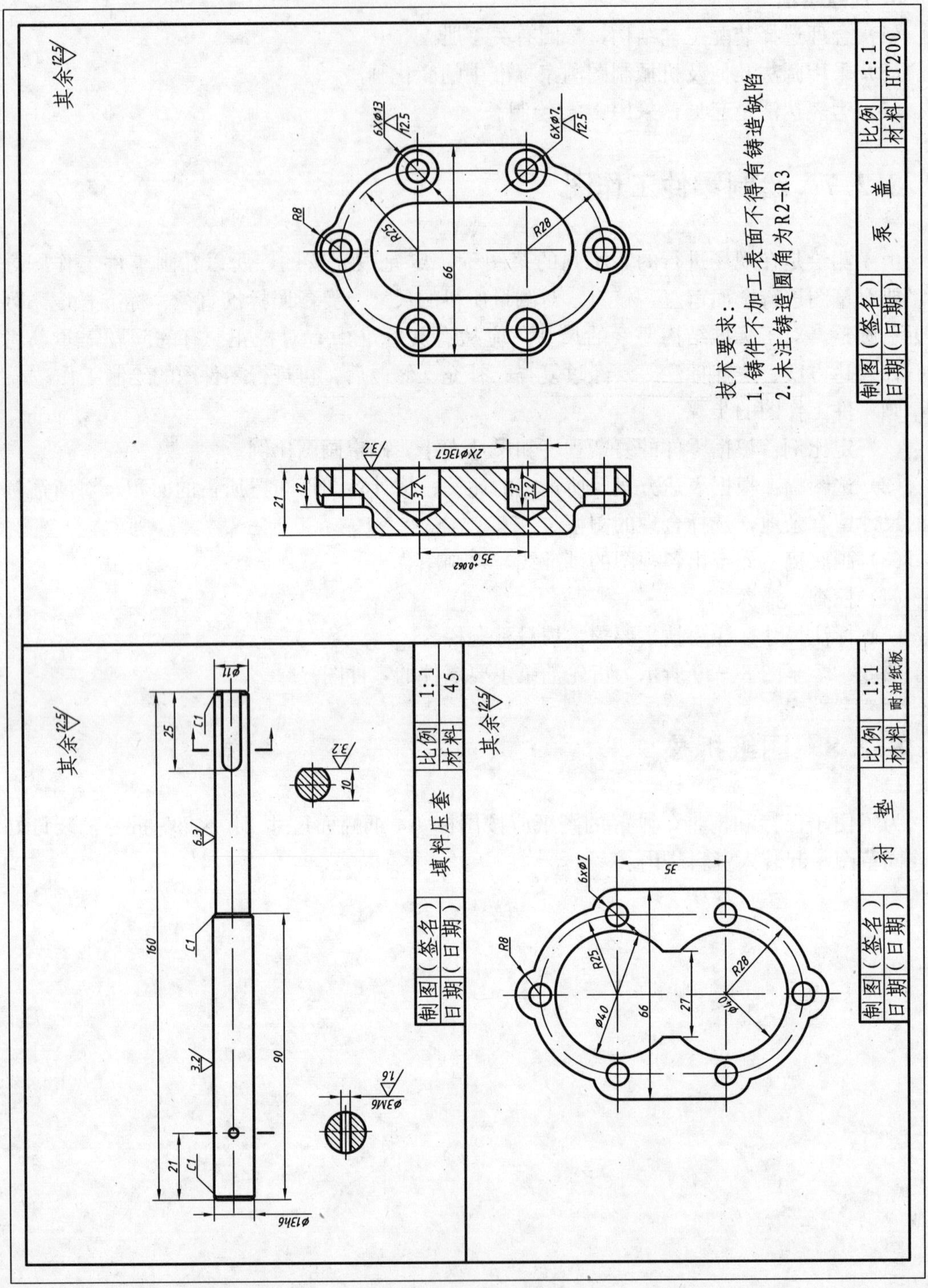
其余12.5
6×Ø13
12.5
6×Ø7
12.5
R8
R25
R28
66
2×Ø13G7
3.2
12
21
13
35+0.062 0
技术要求：
1.铸件不加工表面不得有铸造缺陷
2.未注铸造圆角为R2-R3
制图（签名）
日期（日期）
泵盖
比例 1:1
材料 HT200
其余12.5
Ø11
25
C1
160
6.3
C1
3.2
90
21
C1
Ø13f6
3.2
10
1.6
Ø3H6
制图（签名）
日期（日期）
填料压套
比例 1:1
材料 45
其余12.5
6×Ø7
35
R8
R25
R28
Ø40
66
27
Ø40
制图（签名）
日期（日期）
衬垫
比例 1:1
材料 耐油纸板

图8—27 泵盖等零件图

其余 12.5
C2
φ22
φ14
φ18
120°
2
25
制图 (签名)
日期 (日期)
填料压套
比例 2:1
材料
30°
C2
22
16
M27X1.5-6H
6.3
25
31
压紧螺母
18
C1
φ40f6
φ35
3.2
2xφ4H7
1.6
9
φ13F8
技术要求：
热处理：正火
齿轮
40
20
C2
φ13h6
0.8
φ4H7
从动轴

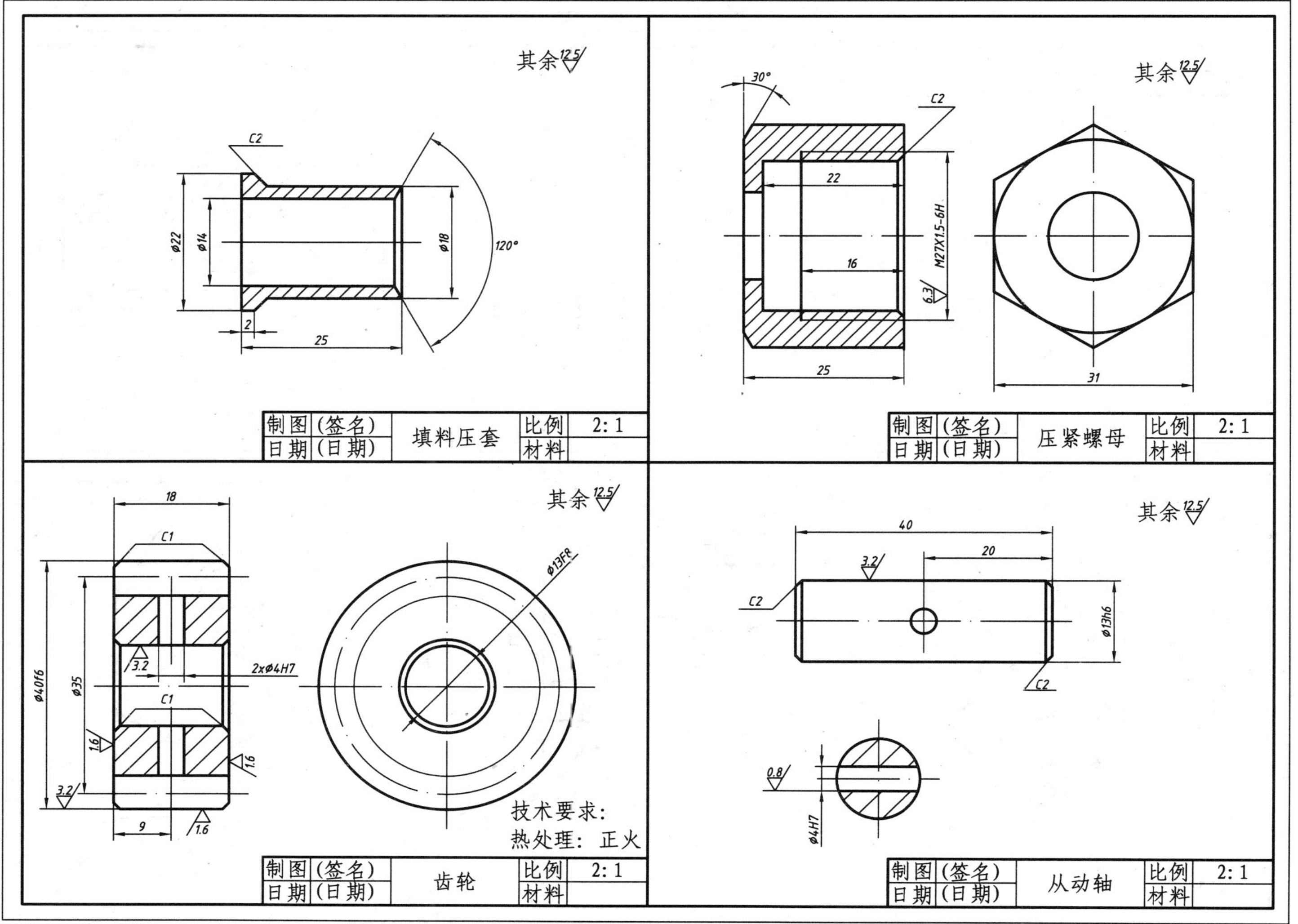

图8—28　齿轮等零件图

其余
66
Φ30
A
A
6XM6-6H
28
10
16
12
1.6
0.01 A
Φ13G7
3.2
12
35
10
Φ13J7
3.2
45
5
18H8
12.5
C2
25
Φ30
12.5
Φ18
28
32
40
45°
6.3
M27X1.5-6g
6.3
R8
R25
Φ40H7
2XRp1/8"T12
T14
6.3
2XΦ6
6.3
27
R27
R36
1.6
1.6
36
12.5
2XΦ13
⌴Φ22
12.5
62
10
40
A-A
100
40
72
技术要求:
1. 未注圆角为R2-R3。
2. 铸件不得有气孔、缩孔、砂眼以及其他影响铸件强度的任何缺陷。
3. 铸件须经人工时效处理。
制图 (签名)
日期 (日期)
泵 体
比例 1:1
材料 HT200

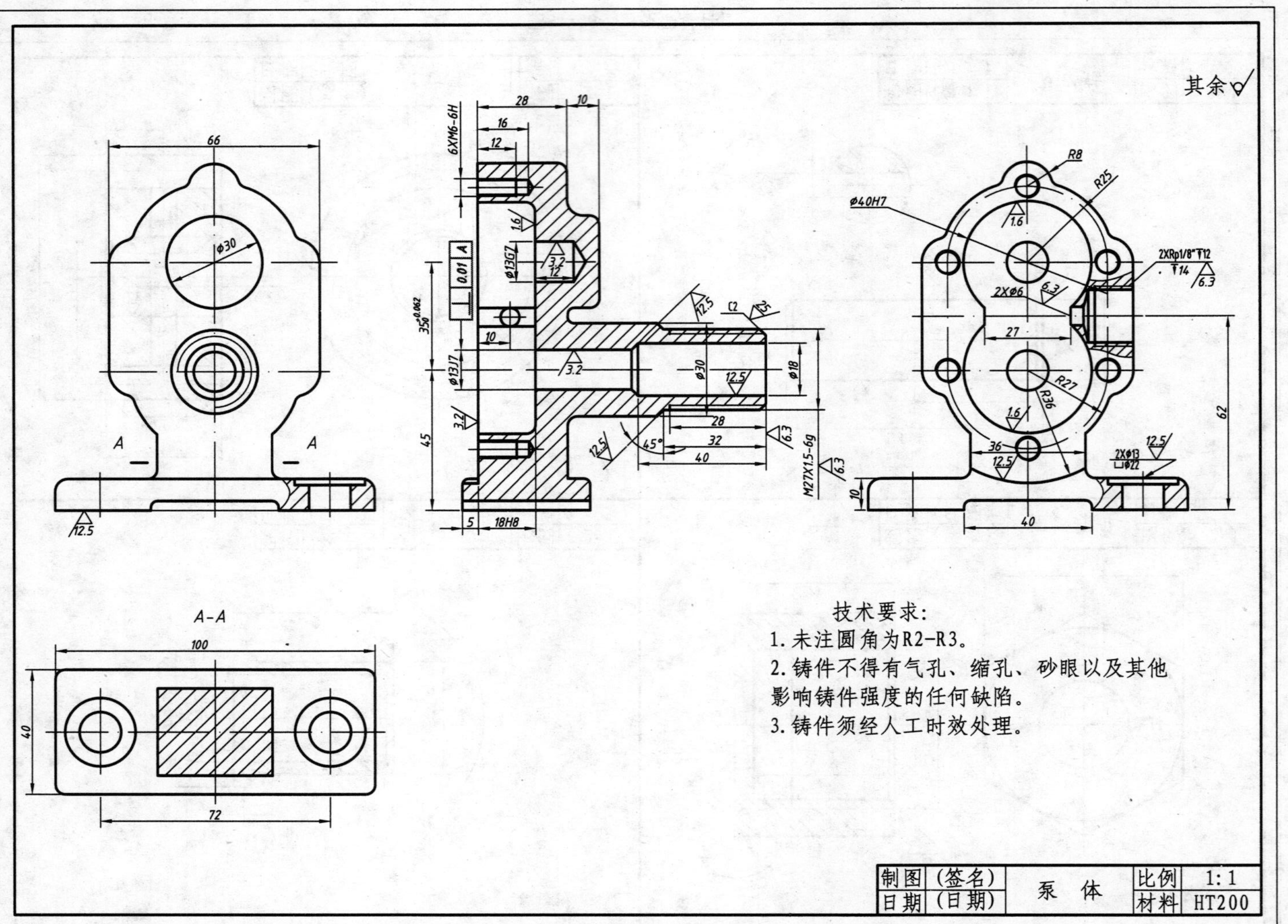

图8—29 泵体零件图

附　　录

一、螺纹

1. 直径与螺距

附表 1—1　　　　普通螺纹　直径与螺距系列（摘自 GB/T 193—2003） mm

公称直径 D、d			螺　距　P	
第一系列	第二系列	第三系列	粗牙	细牙
3			0.5	0.35
	3.5		0.6	0.35
4			0.7	0.5
	4.5		0.75	0.5
5			0.8	0.5
6			1	0.75
	7		1	0.75
8			1.25	1　0.75
		9	1.25	1　0.75
10			1.5	1.25　1　0.75
12			1.75	1.5　1.25　1
	14		2	1.5　1.25*　1
16			2	1.5　1
	18		2.5	2　1.5　1
20			2.5	2　1.5　1
	22		2.5	2　1.5　1
24			3	2　1.5　1
	27		3	2　1.5　1
		28		2　1.5　1
30			3.5	(3)　2　1.5　1
	33		3.5	(3)　2　1.5
36			4	3　2　1.5
	39		4	3　2　1.5
42			4.5	4　3　2　1.5
	45		4.5	
48			5	
	52		5	
56			5.5	
	60		5.5	
64			6	
	68		6	

注：1. 螺纹直径应优先选用第一系列，其次是第二系列，最后选用第三系列。

2. M14×1.25 仅用于火花塞。

2. 牙型

附表 1—2　　普通螺纹　基本牙型（摘自 GB/T 192—2003）　　mm

基本牙型应符合下图的规定，图中粗实线代表基本牙型：

D——内螺纹的基本大径（公称直径）；

d——外螺纹的基本大径（公称直径）；

D_2——内螺纹的基本中径；

d_2——外螺纹的基本中径；

D_1——内螺纹的基本小径；

d_1——外螺纹的基本小径；

H——原始三角形高度；

P——螺距。

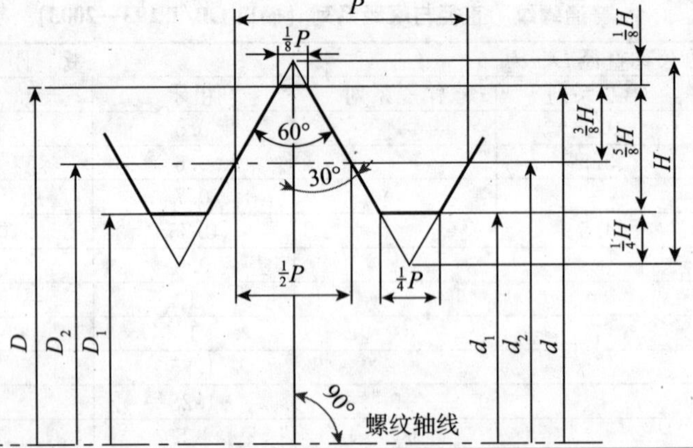

P	H	$\frac{5}{8}H$	$\frac{3}{8}H$	$\frac{H}{4}$	$\frac{H}{8}$
0.2	0.173 205	0.108 253	0.064 952	0.043 301	0.021 651
0.25	0.216 506	0.135 316	0.081 190	0.054 127	0.027 063
0.3	0.259 808	0.162 380	0.097 428	0.064 952	0.032 476
0.35	0.303 109	0.189 443	0.113 666	0.075 777	0.037 889
0.4	0.346 410	0.216 506	0.129 904	0.086 603	0.043 301
0.45	0.389 711	0.243 570	0.146 142	0.097 428	0.048 714
0.5	0.433 013	0.270 633	0.162 380	0.108 253	0.054 127
0.6	0.519 615	0.324 760	0.194 856	0.129 904	0.064 952
0.7	0.606 218	0.378 886	0.227 332	0.151 554	0.075 777
0.75	0.649 519	0.405 949	0.243 570	0.162 380	0.081 190
0.8	0.692 820	0.433 013	0.259 808	0.173 205	0.086 603
1	0.866 025	0.541 266	0.324 760	0.216 506	0.108 253
1.25	1.082 532	0.676 582	0.405 949	0.270 633	0.135 316
1.5	1.299 038	0.811 899	0.487 139	0.324 760	0.162 380
1.75	1.515 544	0.947 215	0.568 329	0.378 886	0.189 443
2	1.732 051	1.082 532	0.649 519	0.433 013	0.216 506
2.5	2.165 063	1.353 165	0.811 899	0.541 266	0.270 633
3	2.598 076	1.623 798	0.974 279	0.649 519	0.324 760
3.5	3.031 089	1.894 431	1.136 658	0.757 772	0.378 886
4	3.464 102	2.165 063	1.299 038	0.866 025	0.433 013
4.5	3.897 114	2.435 696	1.461 418	0.974 279	0.487 139

续前表

P	H	$\frac{5}{8}H$	$\frac{3}{8}H$	$\frac{H}{4}$	$\frac{H}{8}$
5	4.330 127	2.706 329	1.623 798	1.082 532	0.541 266
5.5	4.763 140	2.976 962	1.786 117	1.190 785	0.595 392
6	5.196 152	3.247 595	1.948 557	1.299 038	0.649 519
8	6.928 203	4.330 127	2.598 076	1.732 051	0.866 025

3. 梯形螺纹

附表 1—3　　　　梯形螺纹　第 3 部分：基本尺寸（摘自 GB/T 5796.3—2005） mm

设计牙型

a_c——牙顶间隙；

D_4——设计牙型上的内螺纹大径；

D_2——设计牙型上的内螺纹中径；

D_1——设计牙型上的内螺纹小径；

d——设计牙型上的外螺纹大径（公称直径）；

d_2——设计牙型上的外螺纹中径；

d_3——设计牙型上的外螺纹小径；

H_1——基本牙型高度；

H_4——设计牙型上的内螺纹牙高；

h_3——设计牙型上的外螺纹牙高；

P——螺距；

$D_1=d-2H_1=d-P$；

$D_4=d+2a_c$；

$d_3=d-2h_3=d-P-2a_c$；

$d_2=D_2=d-H_1=d-0.5P$。

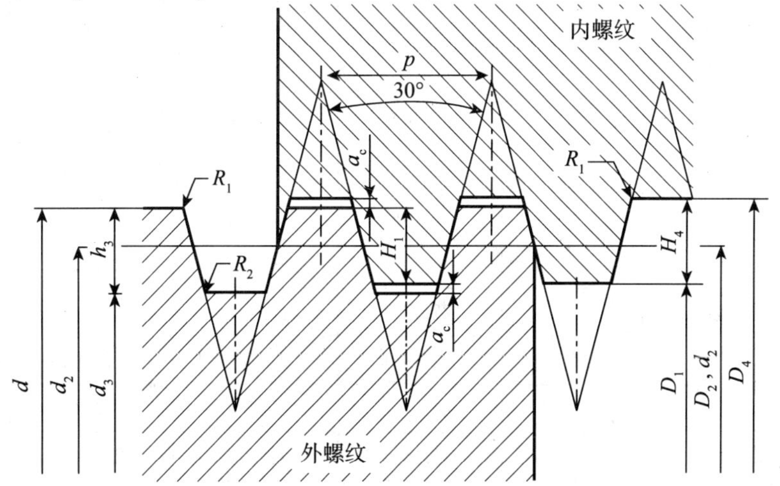

公称直径 d		螺距	中径	大径	小径	
第一系列	第二系列	P	$d_2=D_2$	D_4	d_3	D_1
8		1.5	7.250	8.300	6.200	6.500

续前表

公称直径 d		螺距	中径	大径	小径	
第一系列	第二系列	P	$d_2=D_2$	D_4	d_3	D_1
	9	1.5	8.250	9.300	7.200	7.500
		2	8.000	9.500	6.500	7.000
10		1.5	9.250	10.300	8.200	8.500
		2	9.000	10.500	7.500	8.000
	11	2	10.000	11.500	8.500	9.000
		3	9.500	11.500	7.500	8.000
12		2	11.000	12.500	9.500	10.000
		3	10.500	12.500	8.500	9.000
	14	2	13.000	14.500	11.500	12.000
		3	12.500	14.500	10.500	11.000
16		2	15.000	16.500	13.500	14.000
		4	14.000	16.500	11.500	12.000
	18	2	17.000	18.500	15.500	16.000
		4	16.000	18.500	13.500	14.000
20		2	19.000	20.500	17.500	18.000
		4	18.000	20.500	15.500	16.000
	22	3	20.500	22.500	18.500	19.000
		5	19.500	22.500	16.500	17.000
		8	18.000	23.000	13.000	14.000
24		3	22.500	24.500	20.500	21.000
		5	21.500	24.500	18.500	19.000
		8	20.000	25.000	15.000	16.000
	26	3	24.500	26.500	22.500	23.000
		5	23.500	26.500	20.500	21.000
		8	22.000	27.000	17.000	18.000
28		3	26.500	28.500	24.500	25.000
		5	25.500	28.500	22.500	23.000
		8	24.000	29.000	19.000	20.000

续前表

公称直径 d		螺距	中径	大径	小径	
第一系列	第二系列	P	$d_2=D_2$	D_4	d_3	D_1
	30	3	28.500	30.500	26.500	27.000
		6	27.000	31.000	23.000	24.000
		10	25.000	31.000	19.000	20.000
32		3	30.500	32.500	28.500	29.000
		6	29.000	33.000	25.000	26.000
		10	27.000	33.000	21.000	22.000
	34	3	32.500	34.500	30.500	31.000
		6	31.000	35.000	27.000	28.000
		10	29.000	35.000	23.000	24.000
36		3	34.500	36.500	32.500	33.000
		6	33.000	37.000	29.000	30.000
		10	31.000	37.000	25.000	26.000
	38	3	36.500	38.500	34.500	35.000
		7	34.500	39.000	30.000	31.000
		10	33.000	39.000	27.000	28.000
40		3	38.500	40.500	36.500	37.000
		7	36.500	41.000	32.000	33.000
		10	35.000	41.000	29.000	30.000
	42	3	40.500	42.500	38.500	39.000
		7	38.500	43.000	34.000	35.000
		10	37.000	43.000	31.000	32.000
44		3	42.500	44.500	40.500	41.000
		7	40.500	45.000	36.000	37.000
		12	38.000	45.000	31.000	32.000
	46	3	44.500	46.500	42.500	43.000
		8	42.000	47.000	37.000	38.000
		12	40.000	47.000	33.000	34.000
48		3	46.500	48.500	44.500	45.000
		8	44.000	49.000	39.000	40.000
		12	42.000	49.000	35.000	36.000

3. 普通螺纹收尾、肩距、退刀槽和倒角

附表 1—4 外螺纹收尾和肩距（摘自 GB/T 3—1997） mm

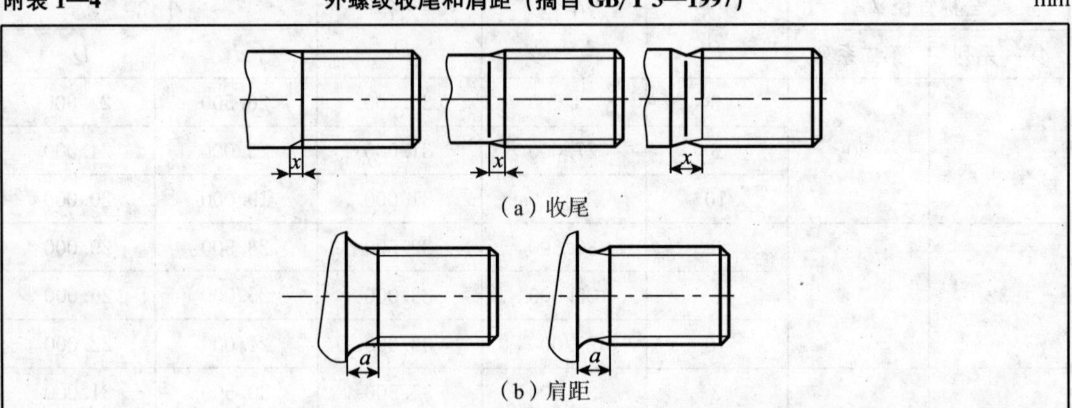

(a) 收尾
(b) 肩距

螺距 P	收尾 x(max)		肩距 a(max)		
	一般	短的	一般	长的	短的
0.2	0.5	0.25	0.6	0.8	0.4
0.25	0.6	0.3	0.75	1	0.5
0.3	0.75	0.4	0.9	1.2	0.6
0.35	0.9	0.45	1.05	1.4	0.7
0.4	1	0.5	1.2	1.6	0.8
0.45	1.1	0.6	1.35	1.8	0.9
0.5	1.25	0.7	1.5	2	1
0.6	1.5	0.75	1.8	2.4	1.2
0.7	1.75	0.9	2.1	2.8	1.4
0.75	1.9	1	2.25	3	1.5
0.8	2	1	2.4	3.2	1.6
1	2.5	1.25	3	4	2
1.25	3.2	1.6	4	5	2.5
1.5	3.8	1.9	4.5	6	3
1.75	4.3	2.2	5.3	7	3.5
2	5	2.5	6	8	4
2.5	6.3	3.2	7.5	10	5
3	7.5	3.8	9	12	6
3.5	9	4.5	10.5	14	7
4	10	5	12	16	8
4.5	11	5.5	13.5	18	9

续前表

螺距 P	收尾 x(max)		肩距 a(max)		
	一般	短的	一般	长的	短的
5	12.5	6.3	15	20	10
5.5	14	7	16.5	22	11
6	15	7.5	18	24	12
参考值	≈2.5P	≈1.25P	≈3P	=4P	=2P
应优先选一般长度的收尾和肩距，短收尾和短肩距仅用于结构受限制的螺纹件上，产品等级为 B 或 C 级的螺纹紧固件可采用长肩距。					

附表 1—5　　外螺纹退刀槽　　mm

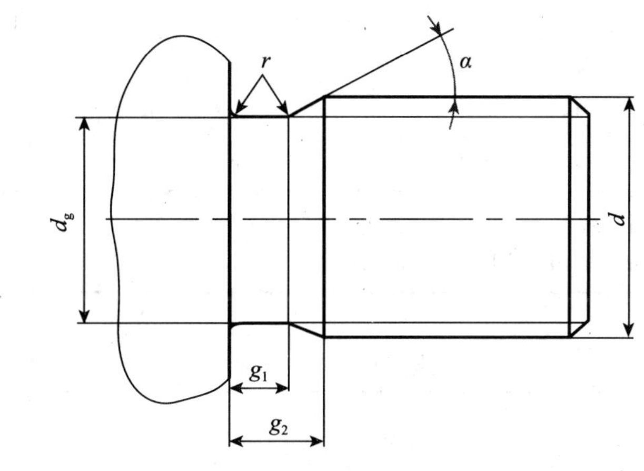

螺距 P	g_2(max)	g_1(min)	d_g	r≈
0.25	0.75	0.4	d—0.4	0.12
0.3	0.9	0.5	d—0.5	0.16
0.35	1.05	0.6	d—0.6	0.16
0.4	1.2	0.6	d—0.7	0.2
0.45	1.35	0.7	d—0.7	0.2
0.5	1.5	0.8	d—0.8	0.2
0.6	1.8	0.9	d—1	0.4
0.7	2.1	1.1	d—1.1	0.4
0.75	2.25	1.2	d—1.2	0.4
0.8	2.4	1.3	d—1.3	0.4
1	3	1.6	d—1.6	0.6

续前表

螺距 P	g_2（max）	g_1（min）	d_g	$r\approx$
1.25	3.75	2	d−2	0.6
1.5	4.5	2.5	d−2.3	0.8
1.75	5.25	3	d−2.6	1
2	6	3.4	d−3	1
2.5	7.5	4.4	d−3.6	1.2
3	9	5.2	d−4.4	1.6
3.5	10.5	6.2	d−5	1.6
4	12	7	d−5.7	2
4.5	13.5	8	d−6.4	2.5
5	15	9	d−7	2.5
5.5	17.5	11	d−7.7	3.2
6	18	11	d−8.3	3.2
参考值	≈3P	—	—	—

1. d 为螺纹公称直径代号。

2. d_g 公差为：h13（d>3mm），h12（$d\leqslant$3mm）。

附表 1—6　　内螺纹的收尾和肩距　　mm

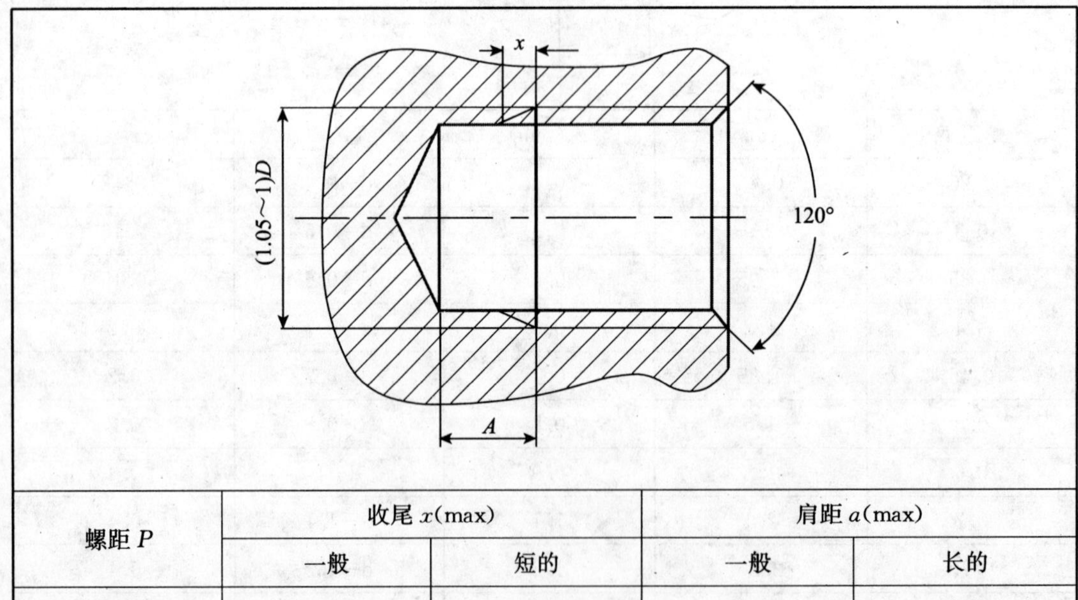

螺距 P	收尾 x(max)		肩距 a(max)	
	一般	短的	一般	长的
0.2	0.8	0.4	1.2	1.6

续前表

螺距 P	收尾 x(max)		肩距 a(max)	
	一般	短的	一般	长的
0.25	1	0.5	1.5	2
0.3	1.2	0.6	1.8	2.4
0.35	1.4	0.7	2.2	2.8
0.4	1.6	0.8	2.5	3.2
0.45	1.8	0.9	2.8	3.6
0.5	2	1	3	4
0.6	2.4	1.2	3.2	4.8
0.7	2.8	1.4	3.5	5.6
0.75	3	1.5	3.8	6
0.8	3.2	1.6	4	6.4
1	4	2	5	8
1.25	5	2.5	6	10
1.5	6	3	7	12
1.75	7	3.5	9	14
2	8	4	10	16
2.5	10	5	12	18
3	12	6	14	22
3.5	14	7	16	24
4	16	8	18	26
4.5	18	9	21	29
5	20	10	23	32
5.5	22	11	25	35
6	24	12	28	38
参考值	$=4P$	$=2P$	$\approx 6-5P$	$\approx 8-6.5P$

应优先选用“一般”长度的收尾和肩距；结构受限制时可选用“短”收尾，容屑需要较大空间时可选用“长”肩距。

附表 1—7　　**内螺纹的退刀槽**　　mm

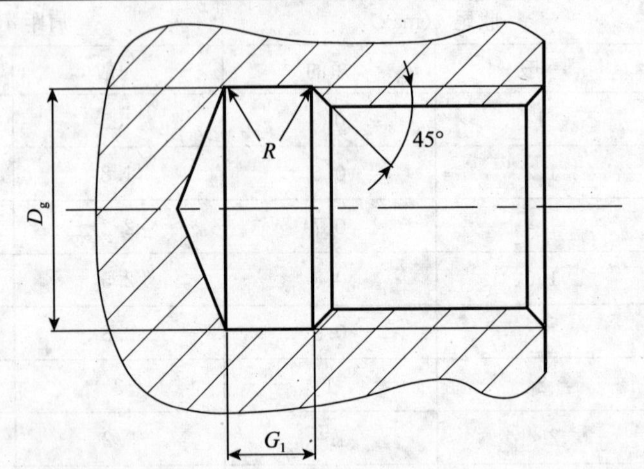

螺距 P	G_1		D_g	$R\approx$
	一般	短的		
0.5	2	1	$D+0.3$	0.2
0.6	2.4	1.2		0.3
0.7	2.8	1.4		0.4
0.75	3	1.5		0.4
0.8	3.2	1.6		0.4
1	4	2	$D+0.5$	0.5
1.25	5	2.5		0.6
1.5	6	3		0.8
1.75	7	3.5		0.9
2	8	4		1
2.5	10	5		1.2
3	12	6		1.5
3.5	14	7		1.8
4	16	8		2
4.5	18	9		2.2
5	20	10		2.5
5.5	22	11		2.8
6	24	12		3
参考值	$=4P$	$=2P$	—	$\approx 0.5P$

1. “短”退刀槽仅在结构受限制时采用。
2. D_g 公差为 H13。
3. D 为螺纹公称直径代号。

二、螺纹紧固件

附表 2—1 **六角头螺栓（摘自 GB/T 5782—2000）** mm

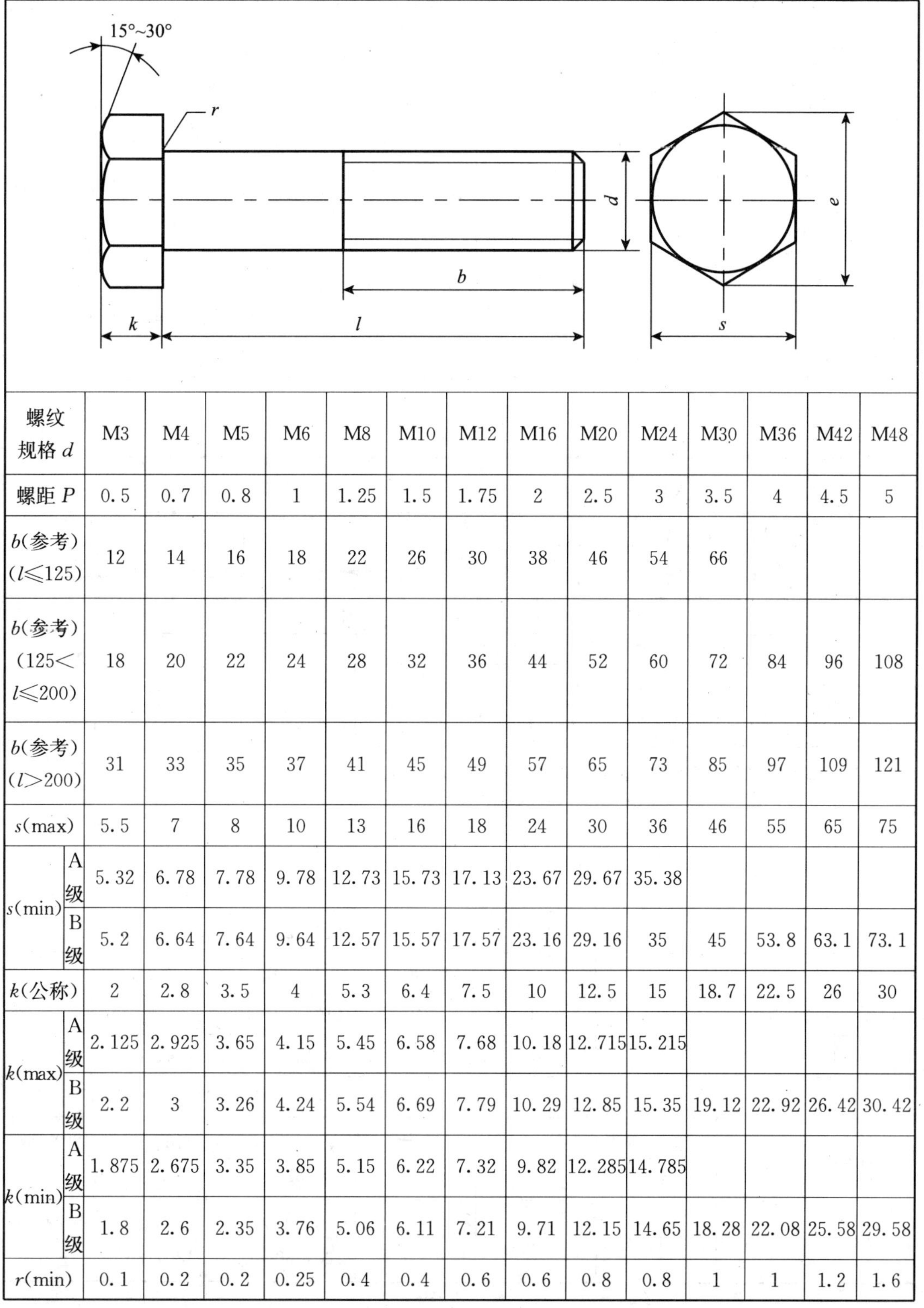

螺纹规格 d		M3	M4	M5	M6	M8	M10	M12	M16	M20	M24	M30	M36	M42	M48
螺距 P		0.5	0.7	0.8	1	1.25	1.5	1.75	2	2.5	3	3.5	4	4.5	5
b(参考)($l \leqslant 125$)		12	14	16	18	22	26	30	38	46	54	66			
b(参考)($125 < l \leqslant 200$)		18	20	22	24	28	32	36	44	52	60	72	84	96	108
b(参考)($l > 200$)		31	33	35	37	41	45	49	57	65	73	85	97	109	121
s(max)		5.5	7	8	10	13	16	18	24	30	36	46	55	65	75
s(min)	A级	5.32	6.78	7.78	9.78	12.73	15.73	17.13	23.67	29.67	35.38				
	B级	5.2	6.64	7.64	9.64	12.57	15.57	17.57	23.16	29.16	35	45	53.8	63.1	73.1
k(公称)		2	2.8	3.5	4	5.3	6.4	7.5	10	12.5	15	18.7	22.5	26	30
k(max)	A级	2.125	2.925	3.65	4.15	5.45	6.58	7.68	10.18	12.715	15.215				
	B级	2.2	3	3.26	4.24	5.54	6.69	7.79	10.29	12.85	15.35	19.12	22.92	26.42	30.42
k(min)	A级	1.875	2.675	3.35	3.85	5.15	6.22	7.32	9.82	12.285	14.785				
	B级	1.8	2.6	2.35	3.76	5.06	6.11	7.21	9.71	12.15	14.65	18.28	22.08	25.58	29.58
r(min)		0.1	0.2	0.2	0.25	0.4	0.4	0.6	0.6	0.8	0.8	1	1	1.2	1.6

续前表

螺纹规格 d		M3	M4	M5	M6	M8	M10	M12	M16	M20	M24	M30	M36	M42	M48
e(min)	A级	6.01	7.66	8.79	11.05	14.38	17.77	20.03	26.75	33.53	39.98				
	B级	5.88	7.5	8.63	10.89	14.2	17.59	19.85	26.17	32.95	39.55	50.85	60.79	71.3	82.6
l(max)		20	25	25	30	40	45	50	65	80	100	120	140	180	200
l(min)		30	40	50	60	80	100	120	160	200	240	300	360	420	480
l系列		12，16，20，25，30，35，40，45，50，55，60，65，70，80，90，100，110，120，130，140，150，160，180，200，240，260，280，300，320，340，360，380，400，420，440，460，480，500													

附表 2—2 双头螺柱 mm

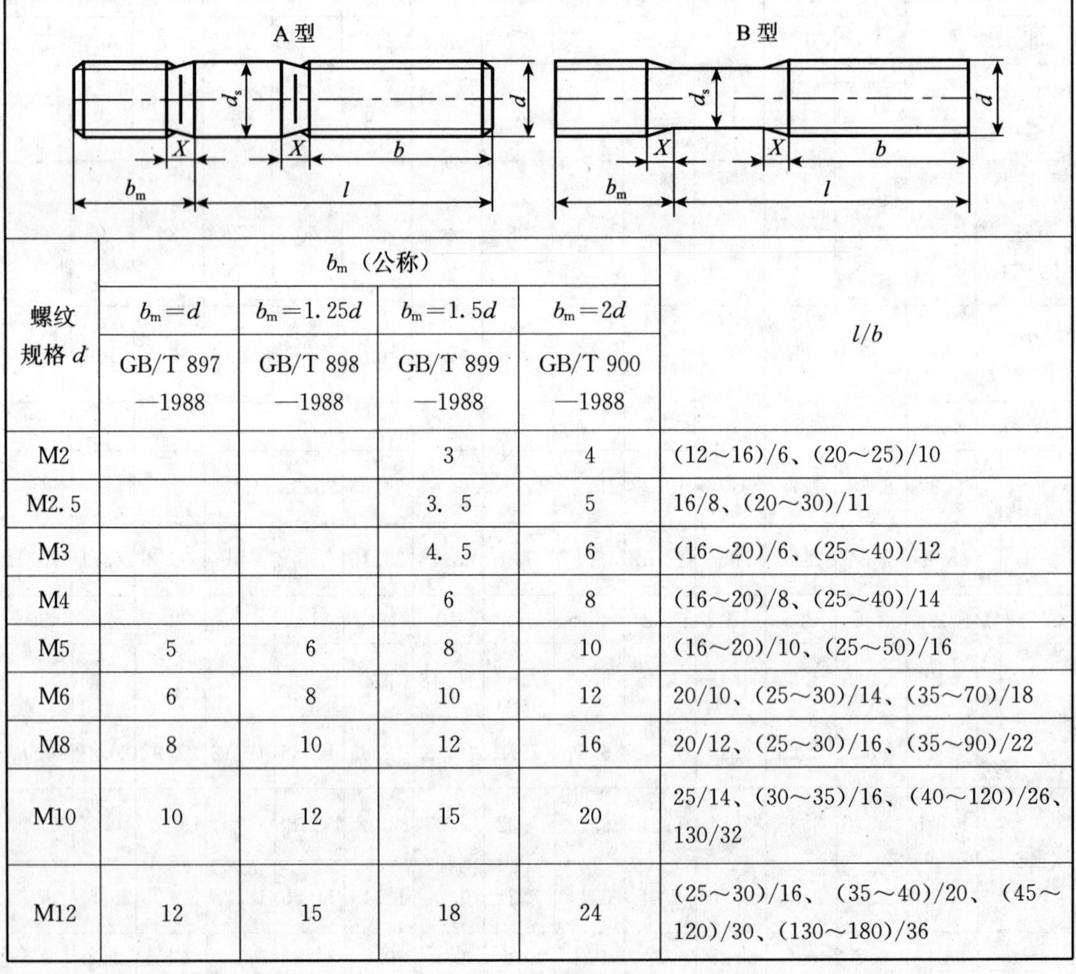

螺纹规格 d	b_m（公称）				l/b
	$b_m=d$	$b_m=1.25d$	$b_m=1.5d$	$b_m=2d$	
	GB/T 897—1988	GB/T 898—1988	GB/T 899—1988	GB/T 900—1988	
M2			3	4	(12～16)/6、(20～25)/10
M2.5			3.5	5	16/8、(20～30)/11
M3			4.5	6	(16～20)/6、(25～40)/12
M4			6	8	(16～20)/8、(25～40)/14
M5	5	6	8	10	(16～20)/10、(25～50)/16
M6	6	8	10	12	20/10、(25～30)/14、(35～70)/18
M8	8	10	12	16	20/12、(25～30)/16、(35～90)/22
M10	10	12	15	20	25/14、(30～35)/16、(40～120)/26、130/32
M12	12	15	18	24	(25～30)/16、(35～40)/20、(45～120)/30、(130～180)/36

续前表

螺纹规格 d	b_m（公称）				l/b
	$b_m=d$	$b_m=1.25d$	$b_m=1.5d$	$b_m=2d$	
	GB/T 897—1988	GB/T 898—1988	GB/T 899—1988	GB/T 900—1988	
M16	16	20	24	32	(30～35)/20、(40～50)/30、(60～120)/38、(130～200)/44
M20	20	25	30	40	(35～40)/25、(45～60)/35、(70～120)/46、(130～200)/52
M24	24	30	36	48	(45～50)/30、(60～70)/45、(80～120)/54、(130～200)/60
M30	30	38	45	60	60/40、(70～90)/50、(100～120)/66、(130～200)/72、(210～250)/85
M36	36	45	54	72	70/45、(80～110)/60、120/78、(130～200)/84、(210～300)/97
M42	42	52	63	84	(70～80)/50、(90～110)/70、120/90、(130～200)/96、(210～300)/109
M48	48	60	72	96	(80～90)/60、(100～110)/80、120/102、(130～200)/108、(210～300)/121
l(系列)	12、16、20、25、30、35、40、45、50、60、70、80、90、100、110、120、130、140、150、160、170、180、190、200、210、220、230、240、250、260、280、300				

附表 2—3　　1 型六角螺母（摘自 GB/T 6170—2000）　　mm

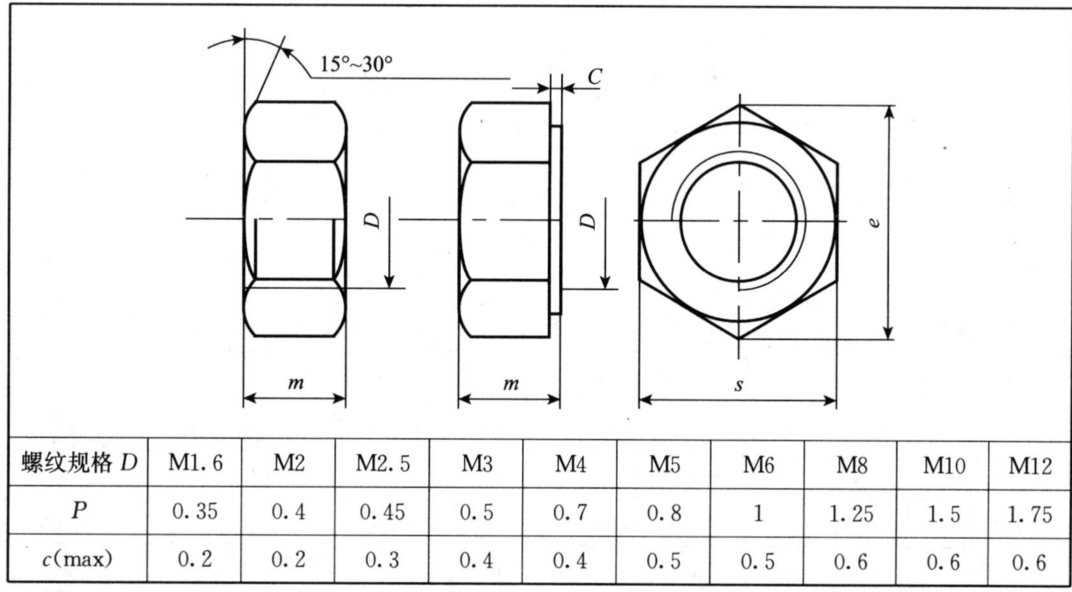

螺纹规格 D	M1.6	M2	M2.5	M3	M4	M5	M6	M8	M10	M12
P	0.35	0.4	0.45	0.5	0.7	0.8	1	1.25	1.5	1.75
c(max)	0.2	0.2	0.3	0.4	0.4	0.5	0.5	0.6	0.6	0.6

续前表

螺纹规格 *D*	M1.6	M2	M2.5	M3	M4	M5	M6	M8	M10	M12
c(min)	0.1	0.1	0.1	0.15	0.15	0.15	0.15	0.15	0.15	0.15
e(min)	3.41	4.32	5.45	6.01	7.66	8.79	11.05	14.38	17.77	20.03
s(max)	3.2	4	5	5.5	7	8	10	13	16	18
s(min)	3.02	3.82	4.82	5.32	6.78	7.78	9.78	12.73	15.73	17.73
m(max)	1.3	1.6	2	2.4	3.2	4.7	5.2	6.8	8.4	10.8
m(min)	1.05	1.35	1.75	2.15	2.9	4.4	4.9	6.44	8.04	10.37

螺纹规格 *D*	M16	M20	M24	M30	M36	M42	M48	M56	M64
P	2	2.5	3	3.5	4	4.5	5	5.5	6
c(max)	0.8	0.8	0.8	0.8	0.8	1	1	1	1
c(min)	0.2	0.2	0.2	0.2	0.2	0.3	0.3	0.3	0.3
e(min)	26.75	32.95	39.55	50.85	60.79	71.3	82.6	93.56	104.86
s(max)	24	30	36	46	55	65	75	85	95
s(min)	23.67	29.16	35	45	53.8	63.1	73.1	82.8	92.8
m(max)	14.8	18	21.5	25.6	31	34	38	45	51
m(min)	14.1	16.9	20.2	24.3	29.4	32.4	36.4	42.4	49.1

附表 2—4　　1 型六角开槽螺母—A 和 B 级（摘自 GB/T 6178—1986）　　mm

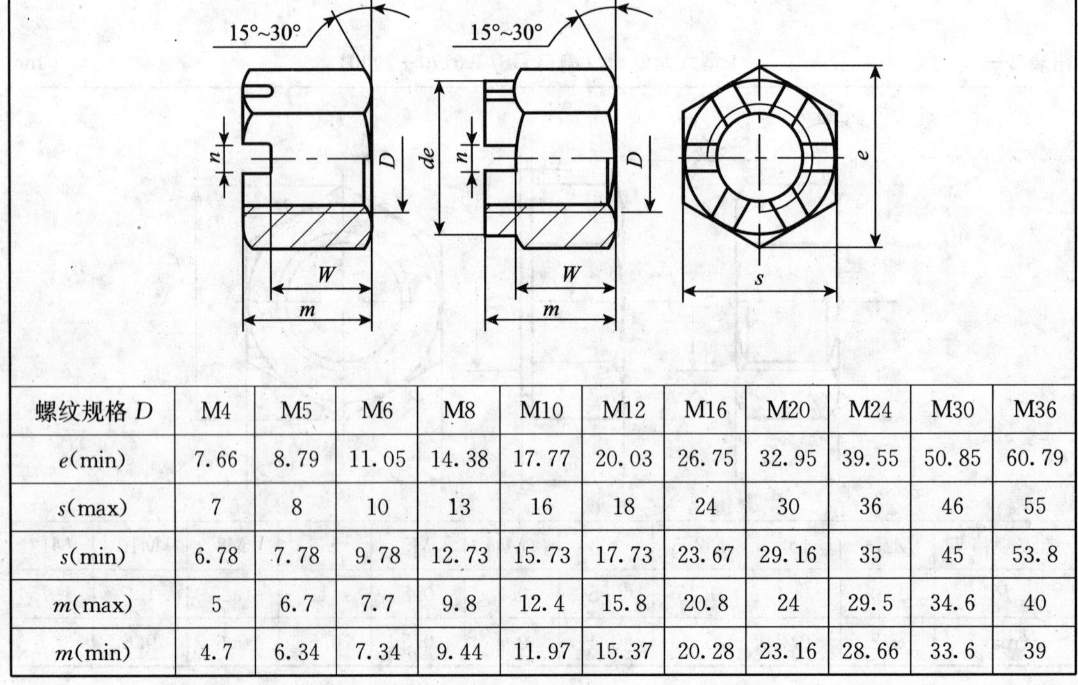

螺纹规格 *D*	M4	M5	M6	M8	M10	M12	M16	M20	M24	M30	M36
e(min)	7.66	8.79	11.05	14.38	17.77	20.03	26.75	32.95	39.55	50.85	60.79
s(max)	7	8	10	13	16	18	24	30	36	46	55
s(min)	6.78	7.78	9.78	12.73	15.73	17.73	23.67	29.16	35	45	53.8
m(max)	5	6.7	7.7	9.8	12.4	15.8	20.8	24	29.5	34.6	40
m(min)	4.7	6.34	7.34	9.44	11.97	15.37	20.28	23.16	28.66	33.6	39

续前表

螺纹规格 D	M4	M5	M6	M8	M10	M12	M16	M20	M24	M30	M36
d_e(max)								28	34	42	50
d_e(min)								27.16	33	41	49
n(min)	1.2	1.4	2	2.5	2.8	3.5	4.5	4.5	5.5	7	7
n(max)	1.8	2	2.6	3.1	3.4	4.25	5.7	5.7	6.7	8.5	8.5
w(max)	3.2	4.7	5.2	6.8	8.4	10.8	14.8	18	21.5	25.6	31
w(min)	2.9	4.4	4.9	6.44	8.04	10.37	14.37	17.3	20.66	24.76	30

附表 2—5　　大垫圈　A 级（摘自 GB/T 96.1—2002）　　mm

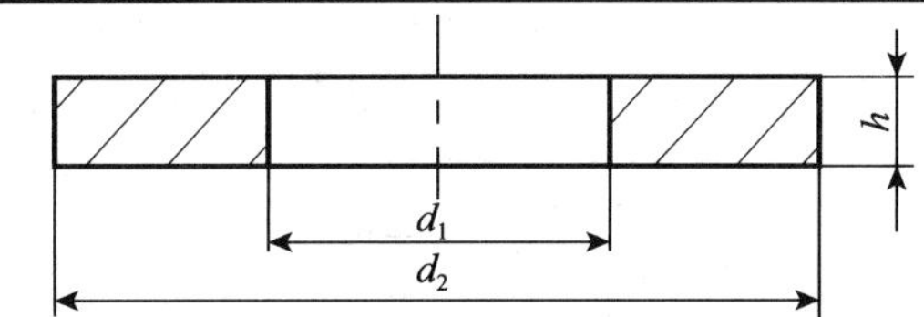

优选尺寸							
公称规格（螺纹大径 d）	内径 d_1		外径 d_2		厚度 h		
	公称(min)	max	公称(max)	min	公称	max	min
3	3.2	3.38	9	8.64	0.8	0.9	0.7
4	4.3	4.48	12	11.57	1	1.1	0.9
5	5.3	5.48	15	14.57	1	1.1	0.9
6	6.4	6.62	18	17.57	1.6	1.8	1.4
8	8.4	8.62	24	23.48	2	2.2	1.8
10	10.5	10.77	30	29.48	2.5	2.7	2.3
12	13	13.27	37	36.38	3	3.3	2.7
16	17	17.27	50	49.38	3	3.3	2.7
20	21	21.33	60	59.26	4	4.3	3.7
24	25	25.52	72	70.8	5	5.6	4.4
30	33	33.62	92	90.6	6	6.6	5.4
36	39	39.62	110	108.6	8	9	7
非优选尺寸							
公称规格（螺纹大径 d）	内径 d_1		外径 d_2		厚度 h		
	公称（min）	max	公称（max）	min	公称	max	min
3.5	3.7	3.88	11	10.57	0.8	0.9	0.7
14	15	15.27	44	43.38	3	3.3	2.7

续前表

公称规格（螺纹大径 d）	内径 d_1		外径 d_2		厚度 h		
	公称(min)	max	公称(max)	min	公称	max	min
18	19	19.33	56	55.26	4	4.3	3.7
22	23	23.52	66	64.8	5	5.6	4.4
27	30	30.52	85	83.6	6	6.6	5.4
33	36	36.62	105	103.6	6	6.6	5.4

附表 2—6　　平垫圈　A 级（摘自 GB/T 97.1—2002）　　mm

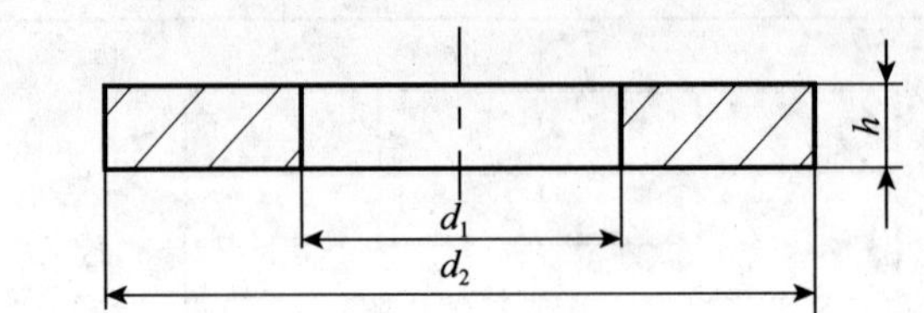

公称规格（螺纹大径 d）	内径 d_1		外径 d_2		厚度 h		
	min	公称（min）	max	公称（max）	min	公称	max
1.6	1.7	1.84	4	3.7	0.3	0.35	0.25
2	2.2	2.34	5	4.7	0.3	0.35	0.25
2.5	2.7	2.84	6	5.7	0.5	0.55	0.45
3	3.2	3.38	7	6.64	0.5	0.55	0.45
4	4.3	4.48	9	8.64	0.8	0.9	0.7
5	5.3	5.48	10	9.64	1	1.1	0.9
6	6.4	6.62	12	11.57	1.6	1.8	1.4
8	8.4	8.62	16	15.57	1.6	1.8	1.4
10	10.5	10.77	20	19.48	2	2.2	1.8
12	13	13.27	24	23.48	2.5	2.7	2.3
16	17	17.27	30	29.48	3	3.3	2.7
20	21	21.33	37	36.38	3	3.3	2.7
24	25	25.33	44	43.38	4	4.3	3.7
30	31	31.39	56	55.26	4	4.3	3.7
36	37	37.64	66	64.8	5	5.6	4.4
42	45	45.62	78	76.8	8	9	7
48	52	52.74	92	90.6	8	9	7
56	62	62.74	105	103.6	10	11	9
64	70	70.74	115	113.6	10	11	9

附表 2—7　　**标准型弹簧垫圈（摘自 GB/T 93—1987）**　　mm

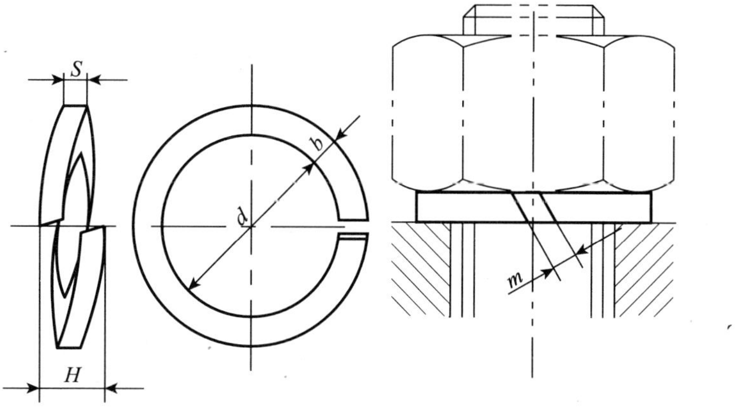

规格（螺纹大径 d）	d		$S(b)$			H		$m\leqslant$
	min	max	公称	min	max	min	max	
2	2.1	2.35	0.5	0.42	0.58	1	1.25	0.25
2.5	2.6	2.85	0.65	0.57	0.73	1.3	1.63	0.33
3	3.1	3.4	0.8	0.7	0.9	1.6	2	0.4
4	4.1	4.4	1.1	1	1.2	2.2	2.75	0.55
5	5.1	5.4	1.3	1.2	1.4	2.6	3.25	0.65
6	6.1	6.68	1.6	1.5	1.7	3.2	4	0.8
8	8.1	8.68	2.1	2	2.2	4.2	5.25	1.05
10	10.2	10.9	2.6	2.45	2.75	5.2	6.5	1.3
12	12.2	12.9	3.1	2.95	3.25	6.2	7.75	1.55
(14)	14.2	14.9	3.6	3.4	3.8	7.2	9	1.8
16	16.2	16.9	4.1	3.9	4.3	8.2	10.25	2.05
(18)	18.2	19.04	4.5	4.3	4.7	9	11.25	2.25
20	20.2	21.04	5	4.8	5.2	10	12.5	2.5
(22)	22.5	23.34	5.5	5.3	5.7	11	13.75	2.75
24	24.5	25.5	6	5.8	6.2	12	15	3
(27)	27.5	28.5	6.8	6.5	7.1	13.6	17	3.4
30	30.5	31.5	7.5	7.2	7.8	15	18.75	3.75
(33)	33.5	34.7	8.5	8.2	8.8	17	21.25	4.25
36	36.5	37.7	9	8.7	9.3	18	22.5	4.5
(39)	39.5	40.7	10	9.7	10.3	20	25	5
42	42.5	43.7	10.5	10.2	10.8	21	26.25	5.25
(45)	45.5	46.7	11	10.7	11.3	22	27.5	5.5
48	48.5	49.7	12	11.7	12.3	24	30	6

附表 2—8　　开槽沉头螺钉（摘自 GB/T 68—2000） mm

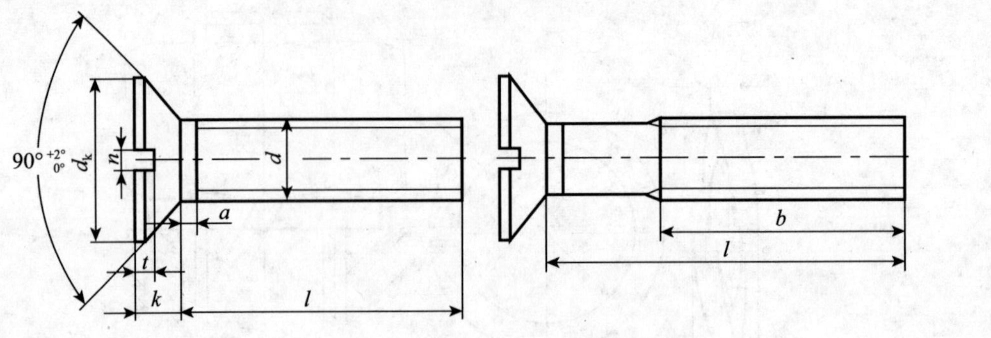

螺纹规格 d	M1.6	M2	M2.5	M3	(M3.5)	M4	M5	M6
螺距 P	0.35	0.4	0.45	0.5	0.6	0.7	0.8	1
a(max)	0.7	0.8	0.9	1	1.2	1.4	1.6	2
b(min)	25	25	25	25	38	38	38	38
d_k(理论)	3.6	4.4	5.5	6.3	8.2	9.4	10.4	12.6
d_k(max)	3	3.8	4.7	5.5	7.3	8.4	9.3	11.3
d_k(min)	2.7	3.5	4.4	5.2	6.94	8.04	8.94	10.87
k(max)	1	1.2	1.5	1.65	2.35	2.7	2.7	3.3
n(公称)	0.4	0.5	0.6	0.8	1	1.2	1.2	1.6
n(max)	0.6	0.7	0.8	1	1.2	1.51	1.51	1.91
n(min)	0.46	0.56	0.66	0.86	1.06	1.26	1.26	1.66
t(max)	0.5	0.6	0.75	0.85	1.2	1.3	1.4	1.6
t(min)	0.32	0.4	0.5	0.6	0.9	1	1.1	1.2
l(商品)	2～16	3～20	3～25	4～30	5～35	5～40	6～50	8～60
l 系列	2，3，4，5，6，8，10，12，(14)，16，20，25，30，35，40，45，50，(55)，60，(65)，70，(75)，80							

注：1. $d \leqslant 3$、$l \leqslant 30$ 或 $d > 3$、$l \leqslant 45$ 制出全螺纹。

2. 尽可能不采用括号内的规格。

附表 2—9　　内六角凹端紧定螺钉（摘自 GB/T 80—2000） mm

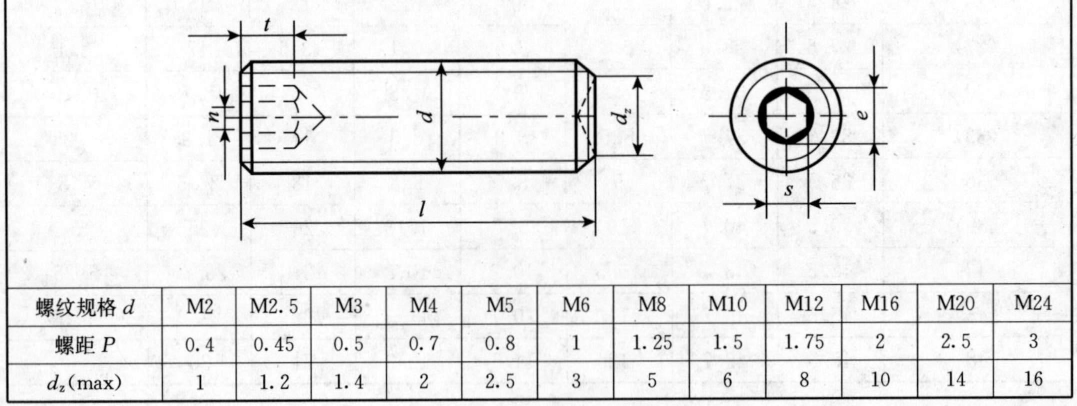

螺纹规格 d	M2	M2.5	M3	M4	M5	M6	M8	M10	M12	M16	M20	M24
螺距 P	0.4	0.45	0.5	0.7	0.8	1	1.25	1.5	1.75	2	2.5	3
d_z(max)	1	1.2	1.4	2	2.5	3	5	6	8	10	14	16

续前表

螺纹规格 d	M2	M2.5	M3	M4	M5	M6	M8	M10	M12	M16	M20	M24
d_t（min）	0.75	0.95	1.15	1.75	2.25	2.75	4.7	5.7	7.64	9.64	13.57	15.57
e（min）	1.003	1.427	1.73	2.3	2.87	3.44	4.58	5.72	6.86	9.15	11.43	13.72
s（公称）	0.9	1.3	1.5	2	2.5	3	4	5	6	8	10	12
s（max）	0.902	1.295	1.545	2.045	2.56	3.071	4.084	5.084	6.095	8.115	10.115	12.142
s（min）	0.889	1.27	1.52	2.02	2.52	3.02	4.02	5.02	6.02	8.025	10.025	12.032
t(min)（$l \leqslant l_0$）	0.8	1.2	1.2	1.5	2	2	3	4	4.8	6.4	8	10
t(min)（$l > l_0$）	1.7	2	2	2.5	3	3.5	5	6	8	10	12	15
l_0	2.5	3	4	5	5	6	8	10	12	16	20	25
l（商品）	2～10	2～12	2.5～16	3～20	4～25	5～30	6～40	8～50	10～60	12～60	16～60	20～60
l 系列	2，2.5，3，4，5，6，8，10，12，16，20，25，30，35，40，45，50，55，60											

附表 2—10　　开槽平端紧定螺钉（摘自 GB/T 73—1985）　　mm

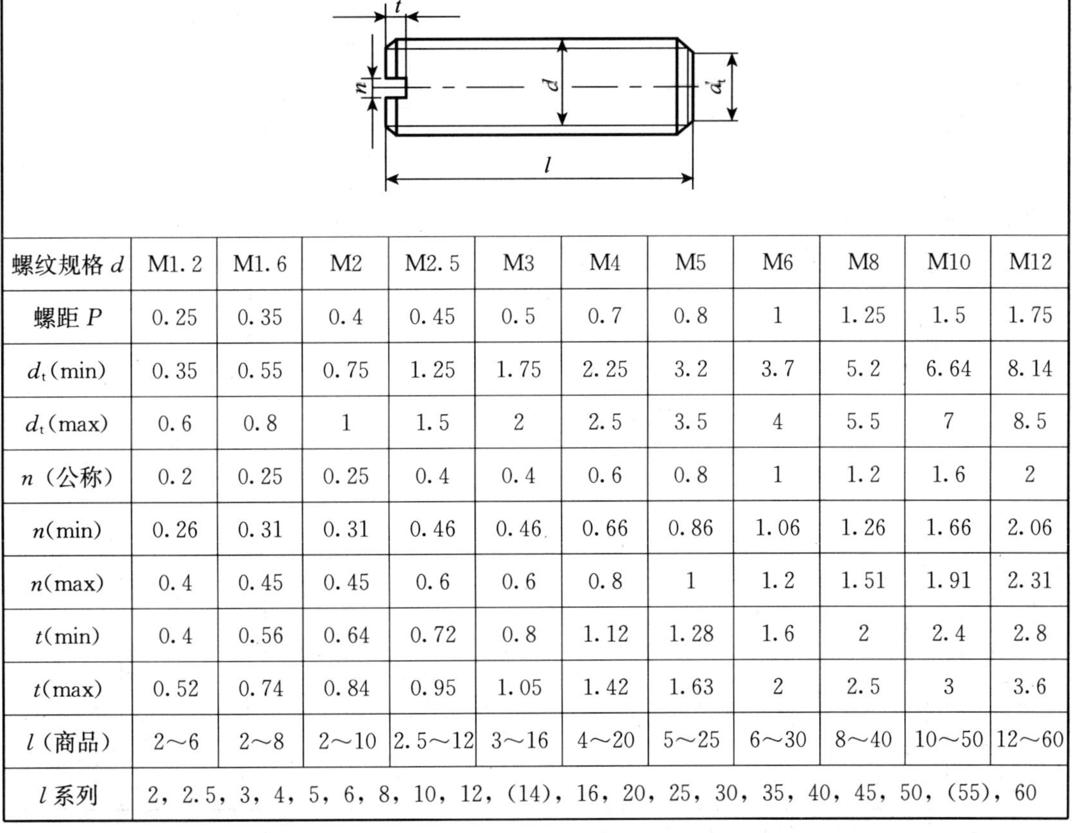

螺纹规格 d	M1.2	M1.6	M2	M2.5	M3	M4	M5	M6	M8	M10	M12
螺距 P	0.25	0.35	0.4	0.45	0.5	0.7	0.8	1	1.25	1.5	1.75
d_t(min)	0.35	0.55	0.75	1.25	1.75	2.25	3.2	3.7	5.2	6.64	8.14
d_t(max)	0.6	0.8	1	1.5	2	2.5	3.5	4	5.5	7	8.5
n（公称）	0.2	0.25	0.25	0.4	0.4	0.6	0.8	1	1.2	1.6	2
n(min)	0.26	0.31	0.31	0.46	0.46	0.66	0.86	1.06	1.26	1.66	2.06
n(max)	0.4	0.45	0.45	0.6	0.6	0.8	1	1.2	1.51	1.91	2.31
t(min)	0.4	0.56	0.64	0.72	0.8	1.12	1.28	1.6	2	2.4	2.8
t(max)	0.52	0.74	0.84	0.95	1.05	1.42	1.63	2	2.5	3	3.6
l（商品）	2～6	2～8	2～10	2.5～12	3～16	4～20	5～25	6～30	8～40	10～50	12～60
l 系列	2，2.5，3，4，5，6，8，10，12，(14)，16，20，25，30，35，40，45，50，(55)，60										

三、键

附表 3—1　　平键　键槽的剖面尺寸（摘自 GB/T 1095—2003）　　mm

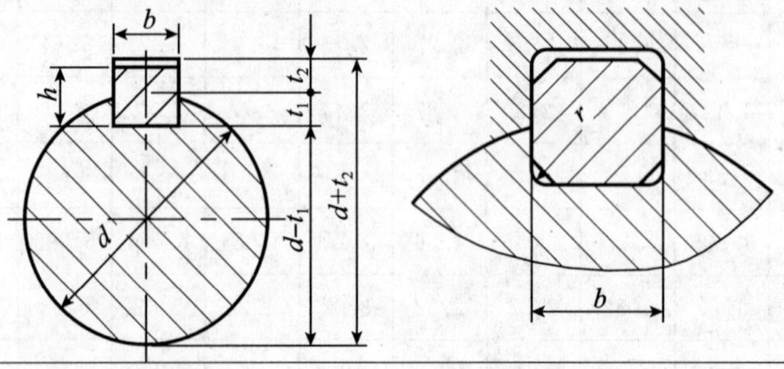

轴的直径 d	键尺寸 $b\times h$	键槽											
		宽度 b						深度				半径 r	
		基本尺寸	极限偏差					轴 t_1		毂 t_2			
			正常连接		紧密连接	松连接		基本尺寸	极限偏差	基本尺寸	极限偏差		
			轴 N9	毂 JS9	轴和毂 P9	轴 H9	毂 D10					min	max
6～8	2×2	2	−0.004 −0.029	±0.0125	−0.006 −0.031	+0.025 0	+0.060 +0.020	1.2	+0.1 0	1	+0.1 0	0.08	0.16
>8～10	3×3	3						1.8		1.4			
>10～12	4×4	4	0 −0.030	±0.015	−0.012 −0.042	+0.030 0	+0.078 +0.030	2.5		1.8			
>12～14	5×5	5						3		2.3		0.16	0.25
>17～22	6×6	6						3.5		2.8			
>22～30	8×7	8	0 −0.036	±0.018	−0.015 −0.051	+0.036 0	+0.098 +0.040	4	+0.2 0	3.3	+0.2 0		
>30～38	10×8	10						5		3.3			
>38～44	12×8	12	0 −0.043	±0.0215	−0.018 −0.061	+0.043 0	+0.120 +0.050	5		3.3		0.25	0.40
>44～50	14×9	14						5.5		3.8			
>50	16×10	16						6		4.3			
>58～65	18×11	18						7		4.4			
>65～75	20×12	20	0 −0.052	±0.026	−0.022 −0.074	+0.052 0	+0.149 +0.065	7.5		4.9		0.40	0.60
>75～85	22×14	22						9		5.4			
>85～95	25×14	25						9		5.4			
>95～110	28×16	28						10		6.4			

注：轴的直径不在本标准所列，此处仅供参考。

附表 3—2　　普通型 平键（摘自 GB/T 1096—2003）　　mm

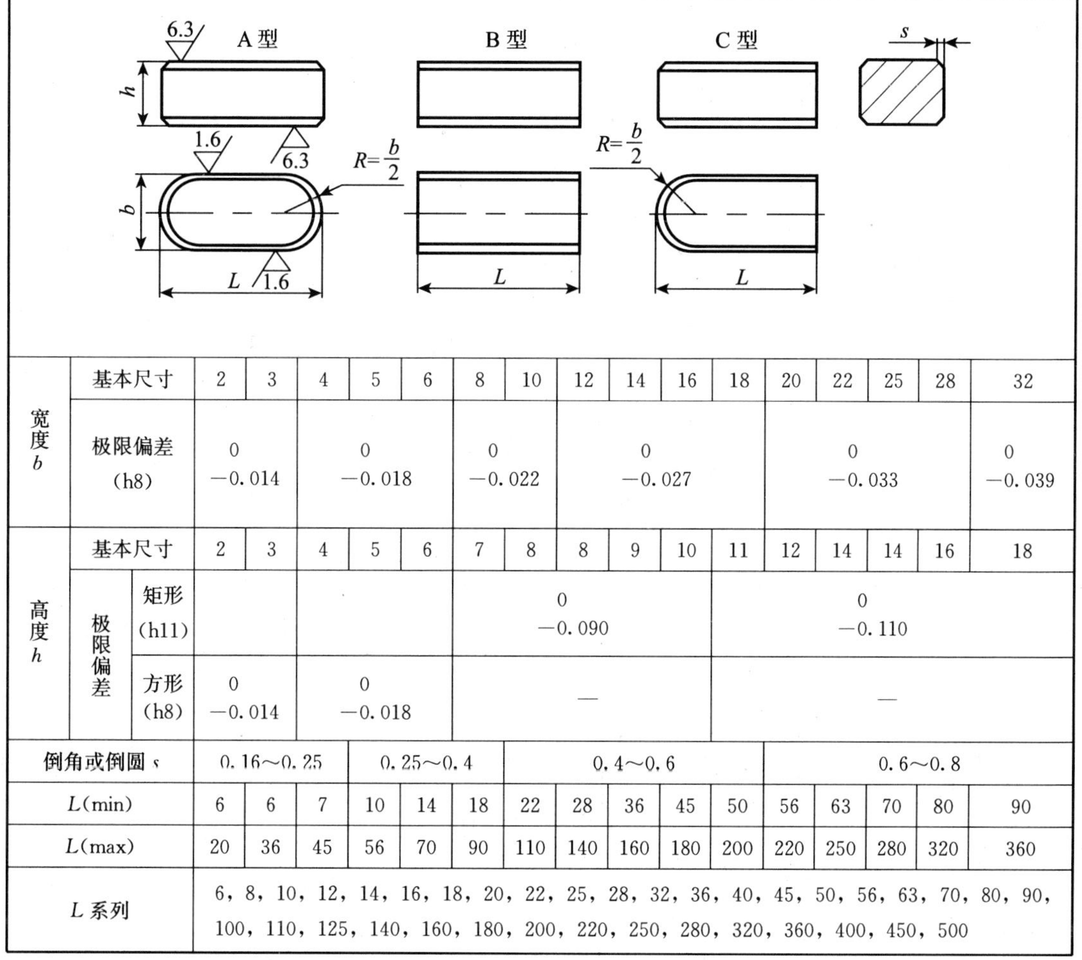

宽度 b	基本尺寸		2	3	4	5	6	8	10	12	14	16	18	20	22	25	28	32
	极限偏差（h8）		0 −0.014		0 −0.018			0 −0.022		0 −0.027				0 −0.033				0 −0.039
高度 h	基本尺寸		2	3	4	5	6	7	8	8	9	10	11	12	14	14	16	18
	极限偏差	矩形（h11）						0 −0.090						0 −0.110				
		方形（h8）	0 −0.014		0 −0.018			—						—				
倒角或倒圆 s			0.16～0.25			0.25～0.4			0.4～0.6					0.6～0.8				
L(min)			6	6	7	10	14	18	22	28	36	45	50	56	63	70	80	90
L(max)			20	36	45	56	70	90	110	140	160	180	200	220	250	280	320	360
L 系列			6，8，10，12，14，16，18，20，22，25，28，32，36，40，45，50，56，63，70，80，90，100，110，125，140，160，180，200，220，250，280，320，360，400，450，500															

注：1. 普通型平键的技术条件应符合 GB/T 1568 的规定。

2. 键槽的尺寸应符合 GB/T 1095 的规定。

3. 当键长大于 500mm 时，其长度应按 GB/T 321 的 $R20$ 系列选取，为减小由于直线度而引起的问题，键长应小于 10 倍的键宽。

4. 键长极限偏差按 h14 选取。

5. 标记示例：

宽度 b=16mm、高度 h=10mm、长度 L=100mm 普通 A 型平键的标记为：

GB/T 1096　键 16×10×100

宽度 b=16mm、高度 h=10mm、长度 L=100mm 普通 B 型平键的标记为：

GB/T 1096　键 B16×10×100

宽度 b=16mm、高度 h=10mm、长度 L=100mm 普通 C 型平键的标记为：

GB/T 1096　键 C16×10×100

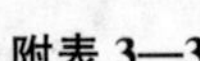

附表 3—3　　半圆键　键槽的剖面尺寸（摘自 GB/T 1098—2003）　　mm

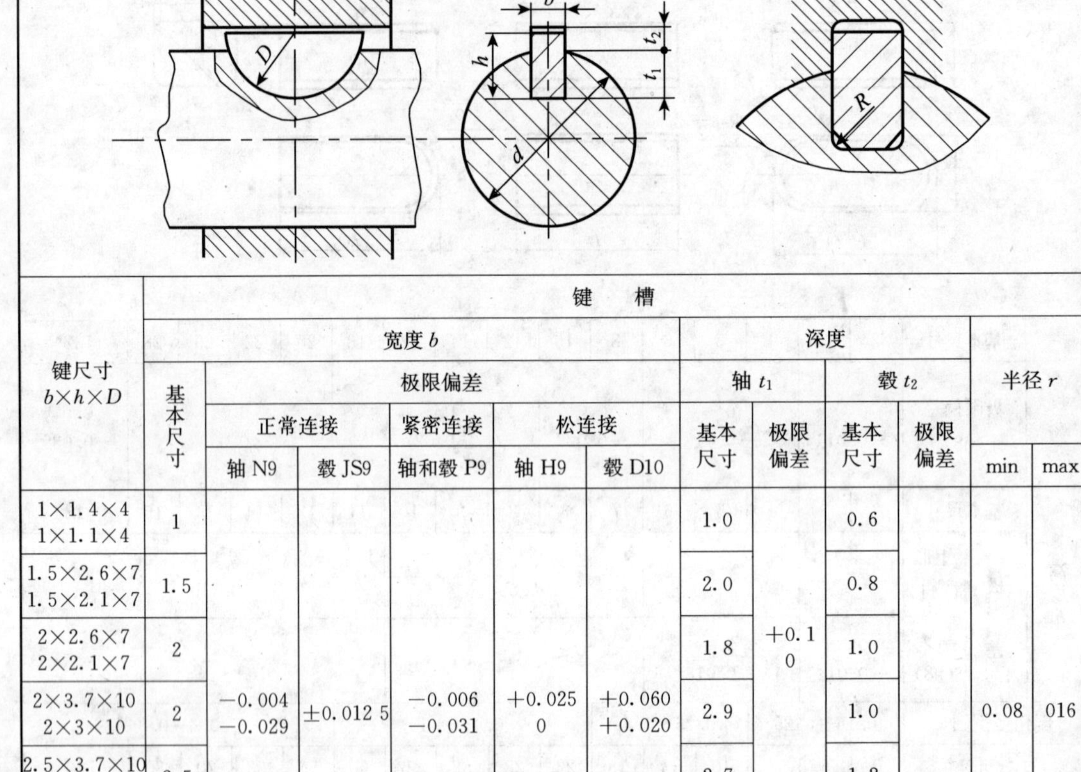

键尺寸 $b\times h\times D$	键槽											
	宽度 b						深度				半径 r	
	基本尺寸	极限偏差					轴 t_1		毂 t_2			
		正常连接		紧密连接	松连接		基本尺寸	极限偏差	基本尺寸	极限偏差		
		轴 N9	毂 JS9	轴和毂 P9	轴 H9	毂 D10					min	max
1×1.4×4 1×1.1×4	1						1.0		0.6			
1.5×2.6×7 1.5×2.1×7	1.5						2.0		0.8			
2×2.6×7 2×2.1×7	2						1.8	+0.1 0	1.0			
2×3.7×10 2×3×10	2	−0.004 −0.029	±0.012 5	−0.006 −0.031	+0.025 0	+0.060 +0.020	2.9		1.0		0.08	016
2.5×3.7×10 2.5×3×10	2.5						2.7		1.2			
3×5×13 3×4×13	3						3.8		1.4	+0.1 0		
3×6.5×16 3×5.2×16	3						5.6		1.4			
4×6.5×16 4×5.2×16	4						5.0	+0.2 0	1.8			
4×7.5×19 4×6×19	4						6.0		1.8			
5×6.5×16 5×5.2×19	5	0 −0.030	±0.015	−0.012 −0.042	+0.030 0	+0.078 +0.030	4.5		2.3		0.16	0.25
5×7.5×19 5×6×19	5						5.5		2.3			
5×9×22 5×7.2×22	5						7.0	+0.3 0	2.3			
6×9×22 6×7.2×22	6						6.5		2.8			

注：1. 普通型半圆键的尺寸应符合 GB 1099.1 的规定。

2. 平底型半圆键的尺寸应符合 GB 1099.2 的规定。

3. 轴槽及轮毂槽的宽度 b 对轴及轮毂轴心线的对称度，一般可按 GB 1184－1996 表 B4 中对称度公差 7～9 级选取。

附表 3—4　　普通型 半圆键（摘自 GB/T 1099.1—2003）　　mm

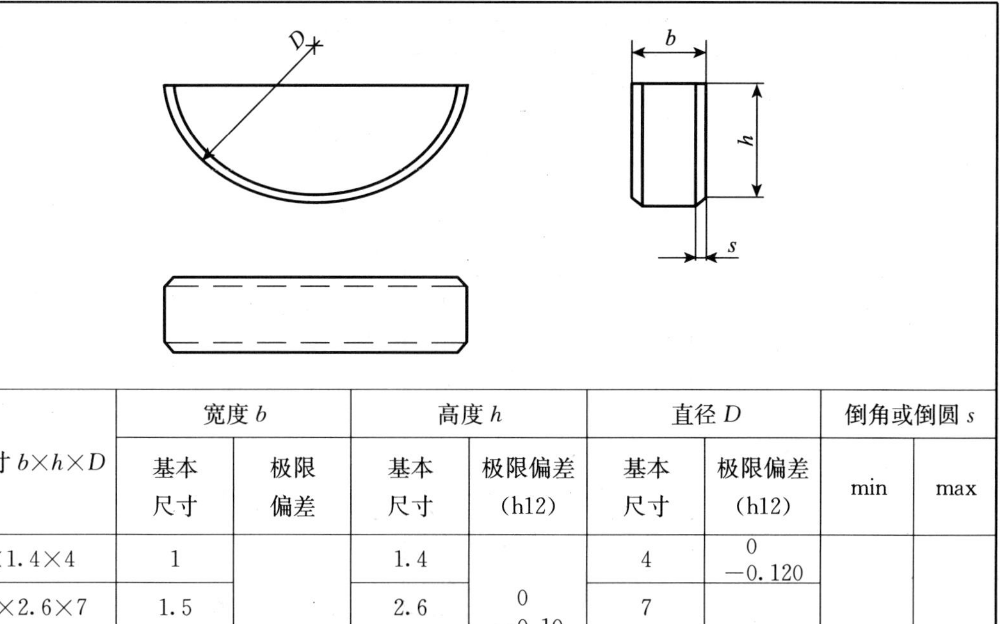

<table>
<tr><th rowspan="2">键尺寸 b×h×D</th><th colspan="2">宽度 b</th><th colspan="2">高度 h</th><th colspan="2">直径 D</th><th colspan="2">倒角或倒圆 s</th></tr>
<tr><th>基本尺寸</th><th>极限偏差</th><th>基本尺寸</th><th>极限偏差（h12）</th><th>基本尺寸</th><th>极限偏差（h12）</th><th>min</th><th>max</th></tr>
<tr><td>1×1.4×4</td><td>1</td><td rowspan="16">0
−0.025</td><td>1.4</td><td rowspan="3">0
−0.10</td><td>4</td><td>0
−0.120</td><td rowspan="7">0.16</td><td rowspan="7">0.25</td></tr>
<tr><td>1.5×2.6×7</td><td>1.5</td><td>2.6</td><td>7</td><td rowspan="4">0
−0.150</td></tr>
<tr><td>2×2.6×7</td><td>2</td><td>2.6</td><td>7</td></tr>
<tr><td>2×3.7×10</td><td>2</td><td>3.7</td><td rowspan="3">0
−0.12</td><td>10</td></tr>
<tr><td>2.5×3.7×10</td><td>2.5</td><td>3.7</td><td>10</td></tr>
<tr><td>3×5×13</td><td>3</td><td>5</td><td>13</td><td rowspan="3">0
−0.180</td></tr>
<tr><td>3×6.5×16</td><td>3</td><td>6.5</td><td rowspan="8">0
−0.15</td><td>16</td></tr>
<tr><td>4×6.5×16</td><td>4</td><td>6.5</td><td>16</td><td rowspan="7">0.25</td><td rowspan="7">0.40</td></tr>
<tr><td>4×7.5×19</td><td>4</td><td>7.5</td><td>19</td><td>0
−0.210</td></tr>
<tr><td>5×6.5×16</td><td>5</td><td>6.5</td><td>19</td><td>0
−0.180</td></tr>
<tr><td>5×7.5×19</td><td>5</td><td>7.5</td><td>19</td><td rowspan="5">0
−0.210</td></tr>
<tr><td>5×9×22</td><td>5</td><td>9</td><td>22</td></tr>
<tr><td>6×9×22</td><td>6</td><td>9</td><td>22</td></tr>
<tr><td>6×10×25</td><td>6</td><td>10</td><td>25</td></tr>
<tr><td>8×11×28</td><td>8</td><td>11</td><td rowspan="2">0
−0.18</td><td>28</td><td rowspan="2">0.40</td><td rowspan="2">0.60</td></tr>
<tr><td>10×13×32</td><td>10</td><td>13</td><td>32</td><td>0
−0.250</td></tr>
</table>

注：1. 半圆键的技术条件应符合 GB/T 1568 的规定。

2. 键槽的尺寸应符合 GB/T 1098 的规定。

3. 标记示例。宽度 b=6mm、高度 h=10mm、直径 D=25mm 普通型半圆键的标记为：GB/T 1099.1 键 6×10×25

四、滚动轴承

附表 4—1　　滚动轴承　深沟球轴承　外形尺寸（摘自 GB/T 276—1994）　　mm

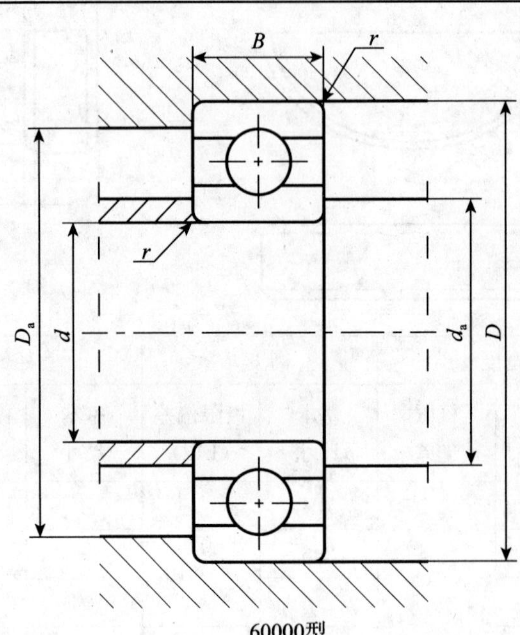

60000型

内径 d/mm	外径 D/mm	宽度 B/mm	圆角 r/mm	轴承代号	内径 d/mm	外径 D/mm	宽度 B/mm	圆角 r/mm	轴承代号
6	17	6	0.3	606	20	42	8	0.3	16004
6	19	6	0.3	626	20	42	12	0.6	6004
7	19	6	0.3	607	20	47	14	1	6204
7	22	7	0.3	627	22	50	14	1	62/22
8	22	7	0.3	608	20	52	15	1.1	6304
8	24	8	0.3	628	20	72	19	1.1	6404
9	24	7	0.3	609	22	44	12	0.6	60/22
9	26	8	0.3	629	25	37	7	0.3	61805
10	15	3	0.1	61700	25	42	9	0.3	61905
10	15	4.5	0.1	63700	25	47	8	0.3	16005
10	19	6	0.3	62800	25	47	12	0.6	6005
10	22	8	0.3	62900	25	52	15	1	6205
10	19	5	0.3	61800	28	58	16	1	62/28
10	22	6	0.3	61900	25	62	17	1.1	6305
10	26	8	0.3	6000	25	80	21	1.5	6405
10	30	9	0.6	6200	28	52	12	0.6	60/28
10	35	11	0.6	6300	30	42	7	0.3	61806

续前表

内径 d/mm	外径 D/mm	宽度 B/mm	圆角 r/mm	轴承代号	内径 d/mm	外径 D/mm	宽度 B/mm	圆角 r/mm	轴承代号
12	21	5	0.3	61801	30	47	9	0.3	61906
12	24	6	0.3	61901	30	55	9	0.3	16006
12	28	7	0.3	16001	30	55	13	1	6006
12	28	8	0.3	6001	30	62	16	1	6206
12	32	10	0.6	6201	30	72	19	1.1	6306
12	37	12	1	6301	30	90	23	1.5	6406
15	24	5	0.3	61802	32	58	13	1	60/32
15	28	7	0.3	61902	32	65	17	1	62/32
15	32	8	0.3	16002	35	47	7	0.3	61807
15	32	9	0.3	6002	35	55	10	0.6	61907
15	35	11	0.6	6202	35	62	9	0.3	16007
15	42	13	1	6302	35	62	14	1	6007
17	26	5	0.3	61803	35	72	17	1.1	6207
17	30	7	0.3	61903	35	80	21	1.5	6307
17	35	8	0.3	16003	35	100	25	1.5	6407
17	35	10	0.3	6003	40	52	7	0.3	61808
17	40	12	0.6	6203	40	62	12	0.6	61908
17	47	14	1	6303	40	68	9	0.3	16008
17	62	17	1.1	6403	40	68	15	1	6008

参考文献

[1] 李文，文若森．机械制图教程．北京：清华大学出版社，2004
[2] 山颖．现代工程制图．北京：中国农业出版社，2004
[3] 刘力．机械制图，2 版．北京：高等教育出版社，2004
[4] 王幼龙．机械制图（机械类），2 版．北京：高等教育出版社，2005
[5] 周明贵．机械绘图与识图．北京：化学工业出版社，2006
[6] 高玉芬．机械绘图，2 版．大连：大连理工大学出版社，2006

图书在版编目（CIP）数据

机械制图/张洲，王技德主编
北京：中国人民大学出版社，2010
21世纪高职高专机械类实训教材
ISBN 978-7-300-11548-1

Ⅰ.①机…
Ⅱ.①张…②王…
Ⅲ.①机械制图-高等学校：技术学校-教材
Ⅳ.①TH126

中国版本图书馆CIP数据核字（2009）第222209号

21世纪高职高专机械类实训教材
机械制图
主　编　张　洲　王技德
参　编　王志慧　何育慧
　　　　郝利梅　杨新田
　　　　王　艳
主　审　王永仁

出版发行 中国人民大学出版社
社　　址 北京中关村大街31号　　**邮政编码** 100080
电　　话 010－62511242（总编室）　010－62511398（质管部）
　　　　　010－82501766（邮购部）　010－62514148（门市部）
　　　　　010－62515195（发行公司）　010－62515275（盗版举报）
网　　址 http://www.crup.com.cn
　　　　　http://www.ttrnet.com（人大教研网）
经　　销 新华书店
印　　刷 北京宏伟双华印刷有限公司
规　　格 185 mm×260 mm　16开本　　**版　　次** 2010年5月第1版
印　　张 29.5　　**印　　次** 2010年5月第1次印刷
字　　数 450 000　　**定　　价** 39.00元

教师反馈表

为了更好地为您服务，提高教学质量，中国人民大学出版社愿意为您提供全面的教学支持，期望与您建立更广泛的合作关系。请您填好下表后以电子邮件或信件的形式反馈给我们。

<table>
<tr><td>您使用过或正在使用的我社教材名称</td><td colspan="2"></td><td>版次</td><td></td></tr>
<tr><td>您希望获得哪些相关教学资料</td><td colspan="4"></td></tr>
<tr><td>您对本书的建议（可附页）</td><td colspan="4"></td></tr>
<tr><td>您的姓名</td><td colspan="4"></td></tr>
<tr><td>您所在的学校、院系</td><td colspan="4"></td></tr>
<tr><td>您所讲授课程名称</td><td colspan="4"></td></tr>
<tr><td>学生人数</td><td colspan="4"></td></tr>
<tr><td>您的联系地址</td><td colspan="4"></td></tr>
<tr><td>邮政编码</td><td></td><td>联系电话</td><td colspan="2"></td></tr>
<tr><td>电子邮件（必填）</td><td colspan="4"></td></tr>
<tr><td>您是否为人大社教研网会员</td><td colspan="4">□是 会员卡号：________
□不是，现在申请</td></tr>
<tr><td>您在相关专业是否有主编或参编教材意向</td><td colspan="4">□ 是 □ 否
□ 不一定</td></tr>
<tr><td>您所希望参编或主编的教材的基本情况（包括内容、框架结构、特色等，可附页）</td><td colspan="4"></td></tr>
</table>

我们的联系方式：

北京市海淀区中关村大街 31 号

中国人民大学出版社教育分社

邮政编码：100080

电话：010-62515210

网址：http://www.crup.com.cn/jiaoyu/

E-mail：jyfs_2007@126.com

21世纪高职高专机械类实训教材

机械制图习题集

主　编　杨新田　王技德
主　审　何育慧

中国人民大学出版社
·北京·

目　录

1.1 三视图基础：为各立体图选择正确的三视图

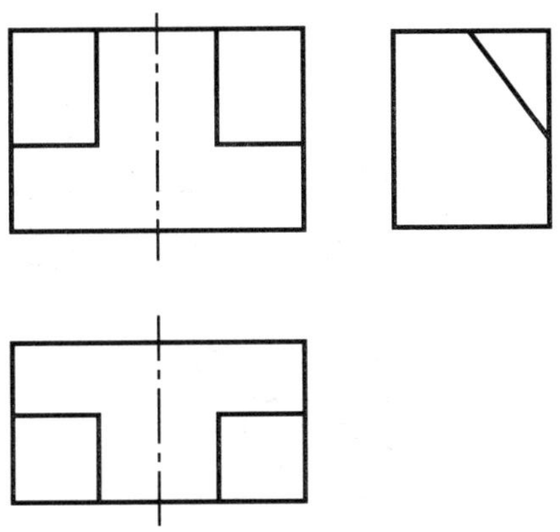

( ) ( ) ( )

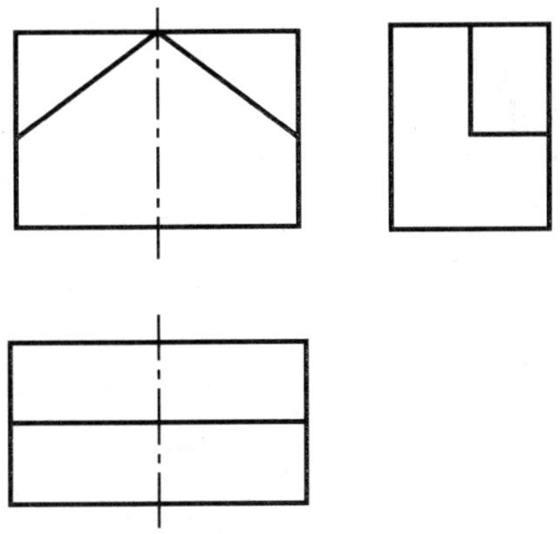

( ) ( ) ( )

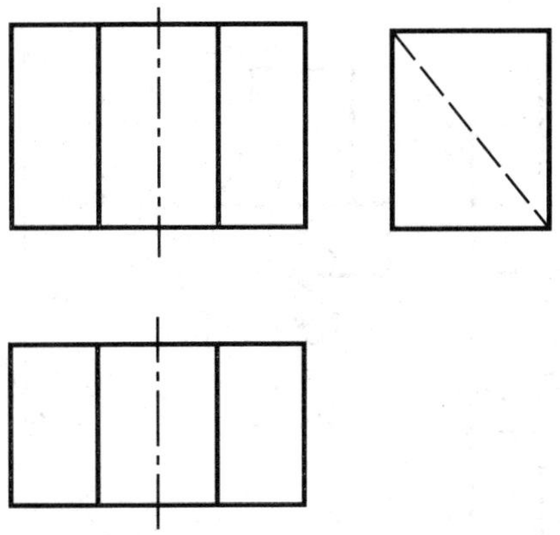

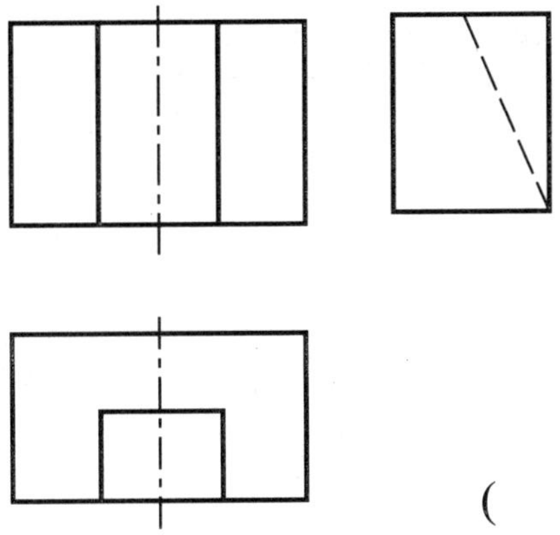

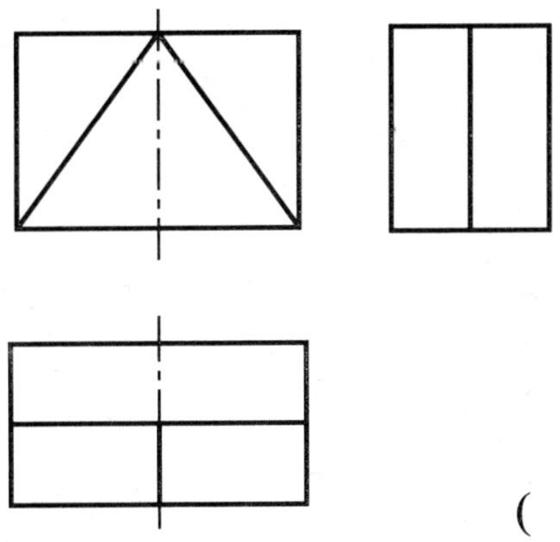

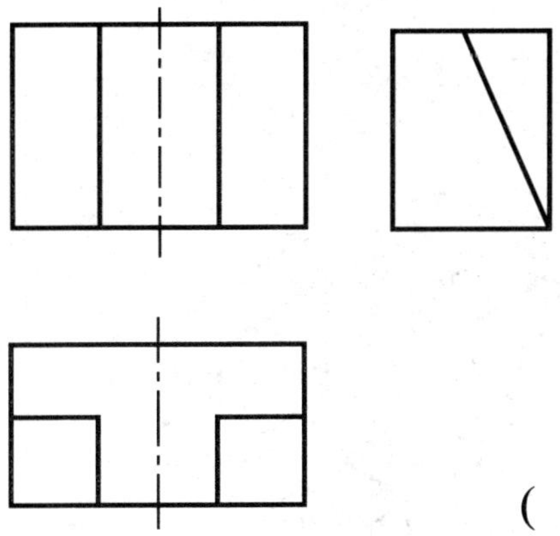

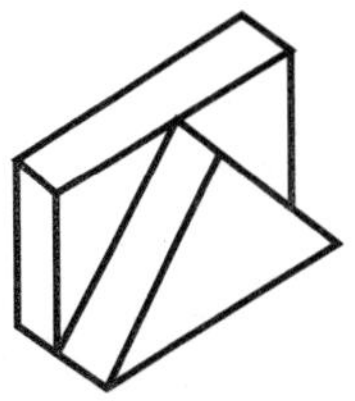

1 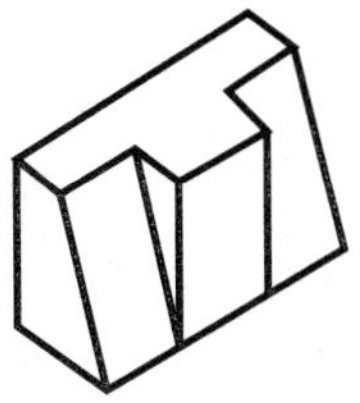 2 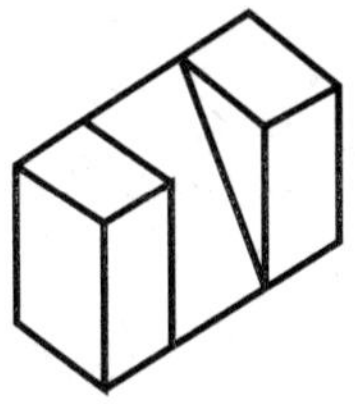 3 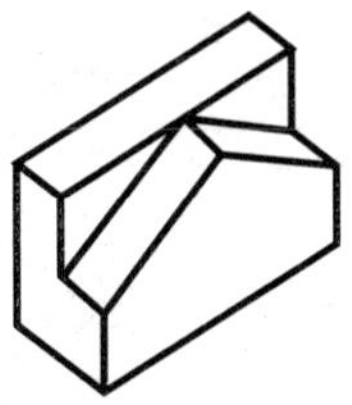 4 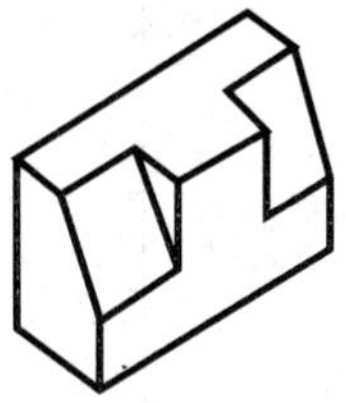 5 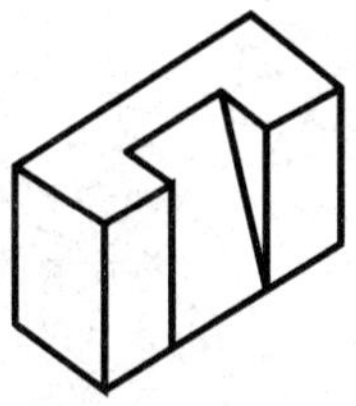 6

1.2　三视图基础：为三视图选择正确的立体图

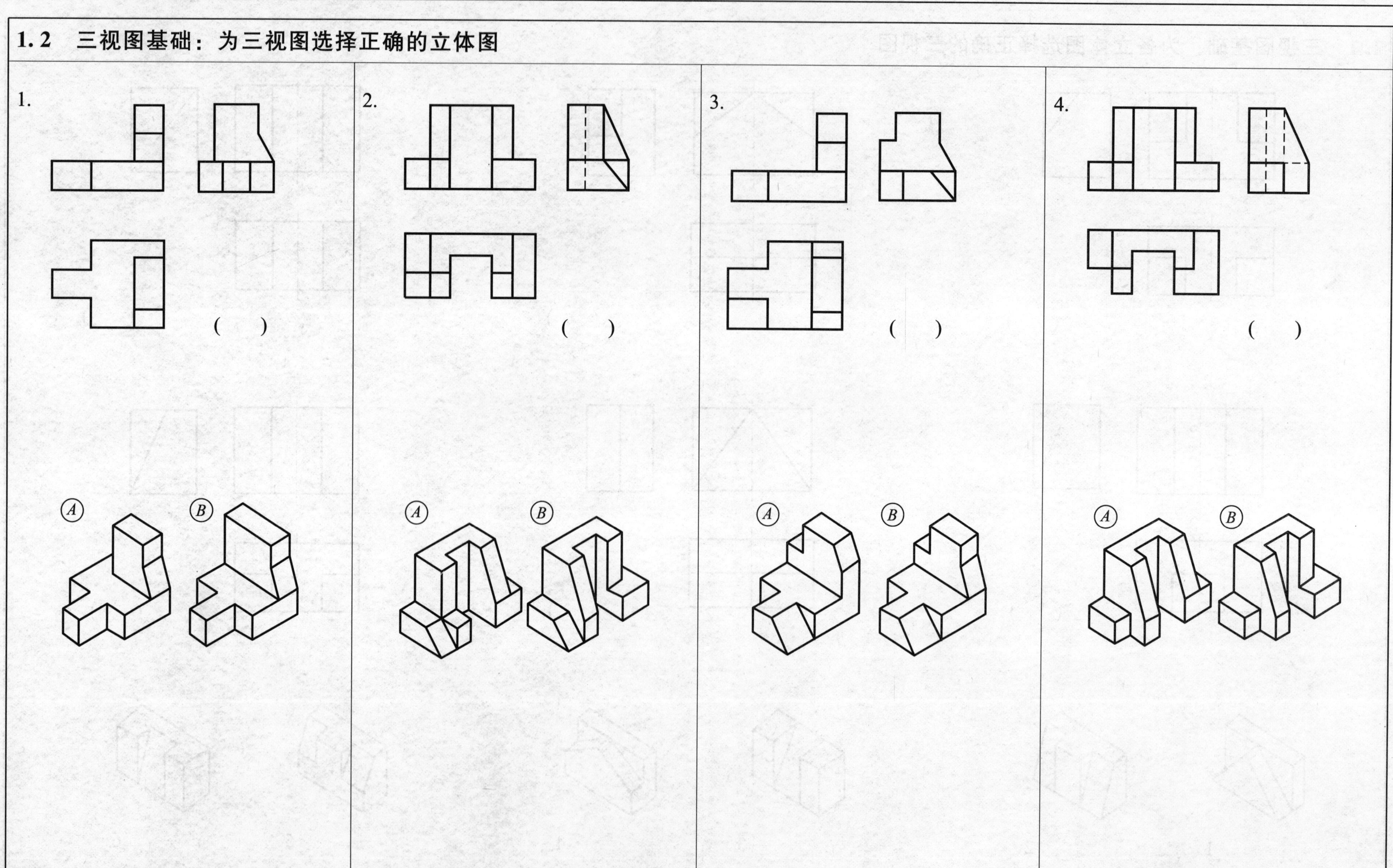

1.3　正投影与三视图

1. 根据主、左视图和轴测图补画俯视图。

(1)

(2)

2. 根据主、俯视图和轴测图补画左视图。

3. 根据俯视图完成主、左视图（形状自定）。

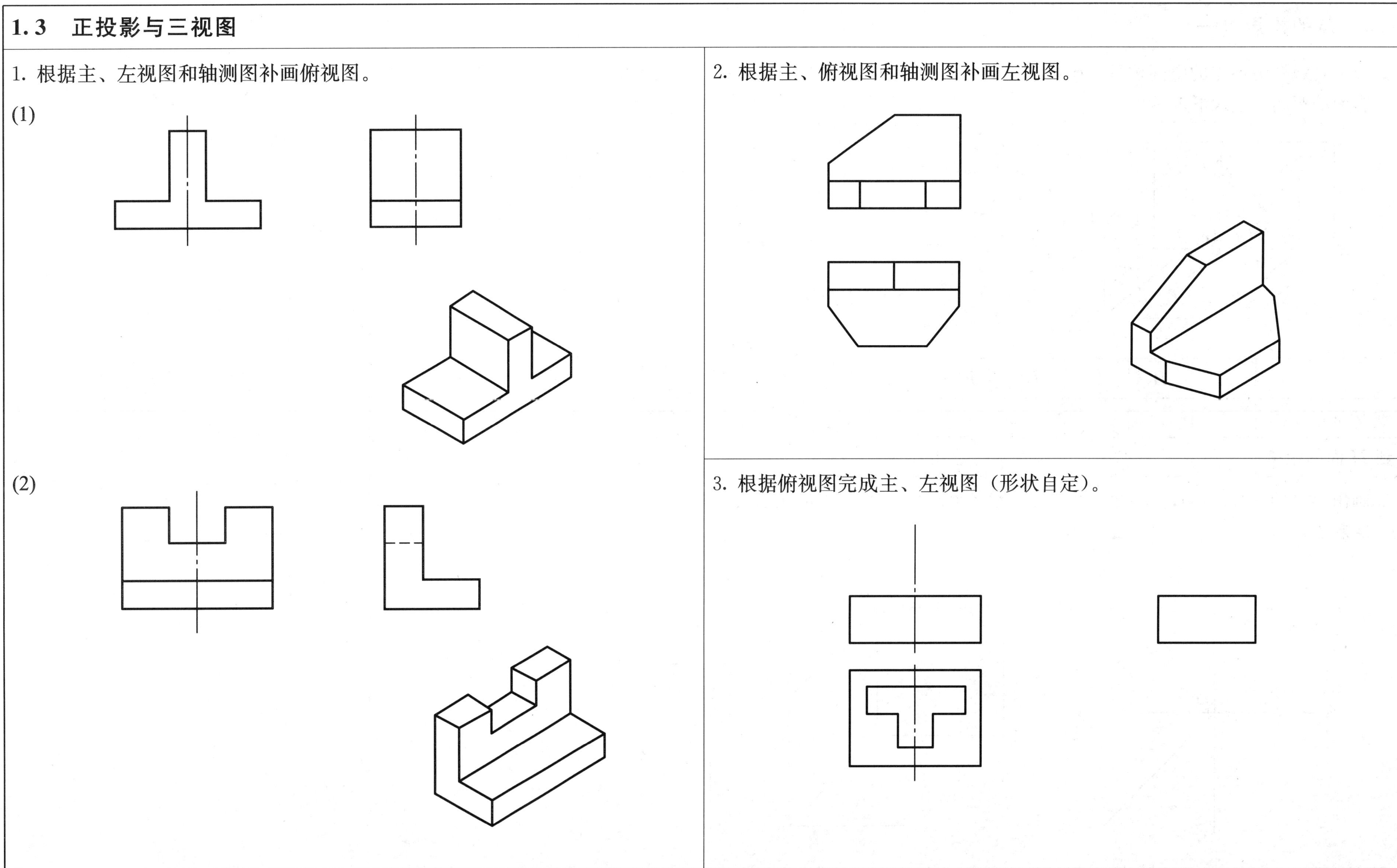

1.4　点的投影（一）

1. 根据直观图中各点的空间位置，画出它们的两面投影图，并量出各点到投影面的距离，填入下表。

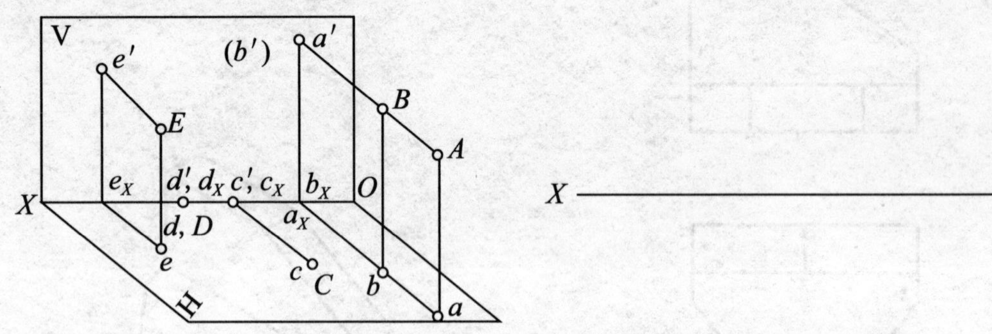

	A	B	C	D	E
到V面的距离					
到H面的距离					

3. 画出A（10，35，15），B（20，35，0），C（30，0，25）三点的三面投影图和直观图。

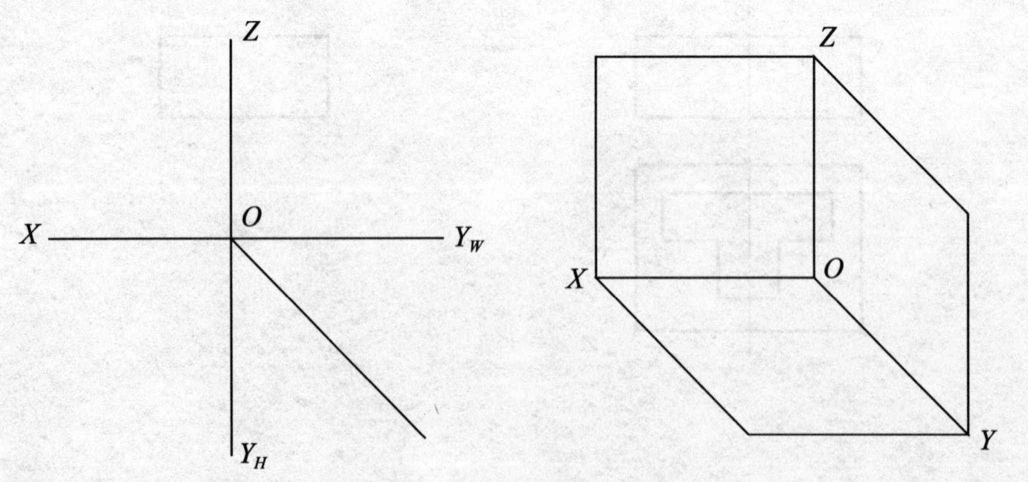

2. 已知A、B、C三点到投影面的距离，画出它们的投影图。

	距W面	距V面	距H面
A	25	10	15
B	30	15	0
C	15	0	15

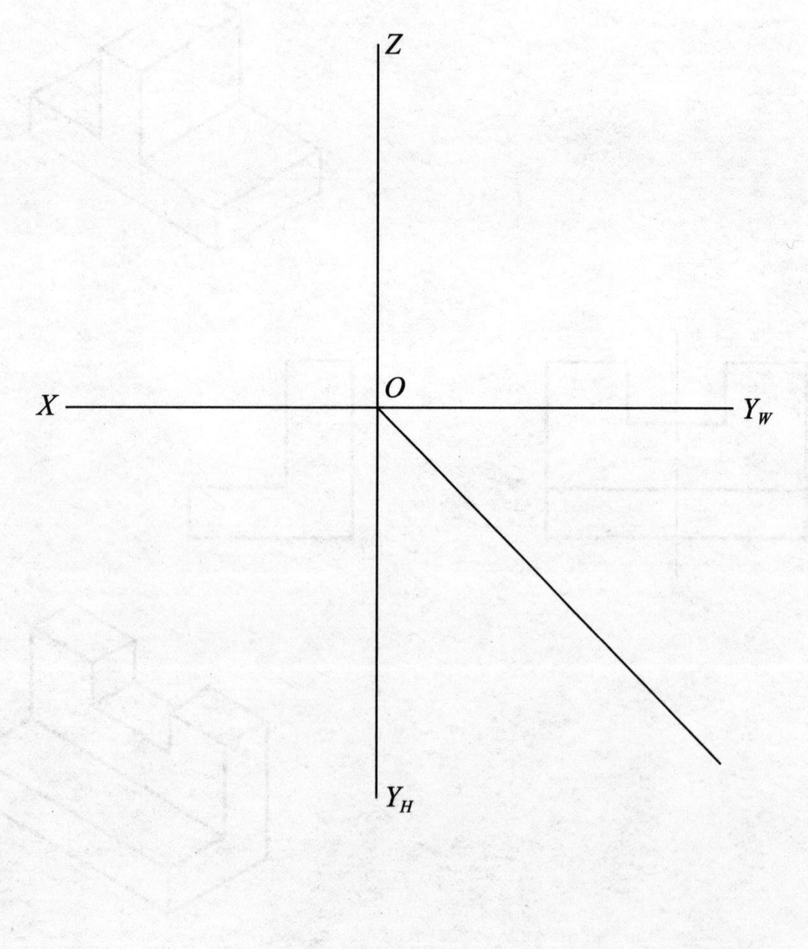

1.5　点的投影（二）

1. 已知各点的两面投影，画出它们的第三投影和直观图，并从投影图中量出各点的坐标值，填入下面的括弧内。

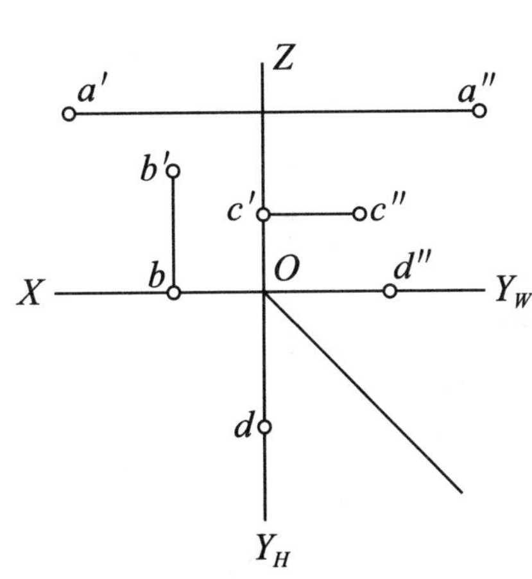

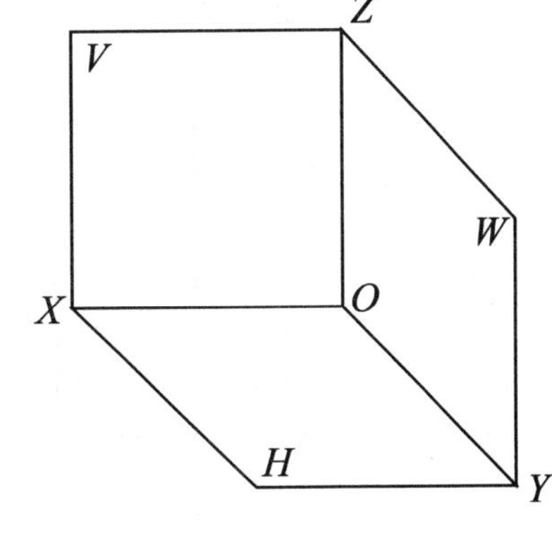

A（　　）　B（　　）　C（　　）　D（　　）

2. 判别 A、B 两点的相对位置。

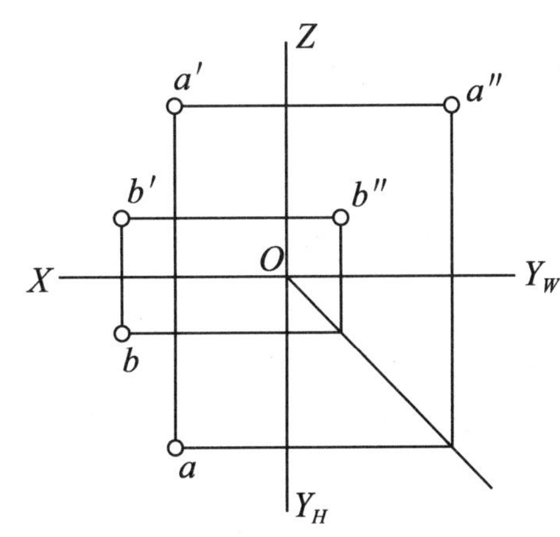

B 点在 A 点的______、______、______方。

3. 已知 B 点在 A 点的左方 25mm，前方 10mm，上方 10mm 处；又知 C 点与 B 点同高，并且 C 点的坐标 X=Y=Z；而 D 点在 C 点的正下方 16mm 处，试画出各点的三面投影图。

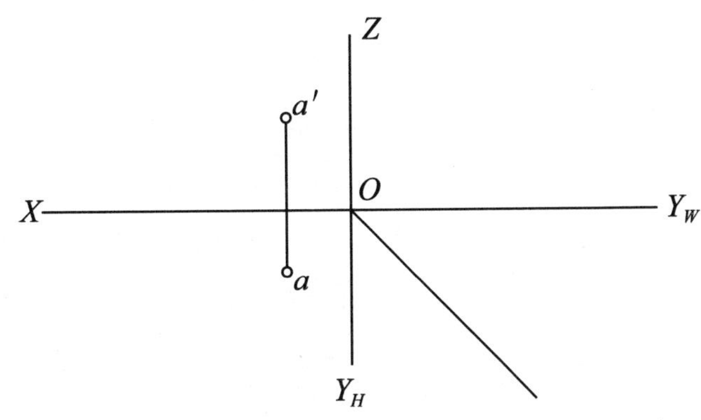

4. 在物体的投影图中指出 A、B、C 三点的三面投影。

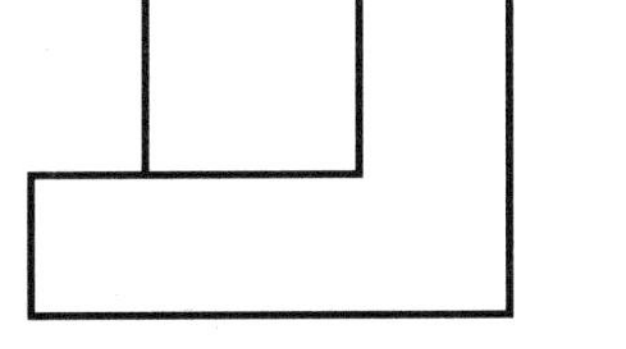

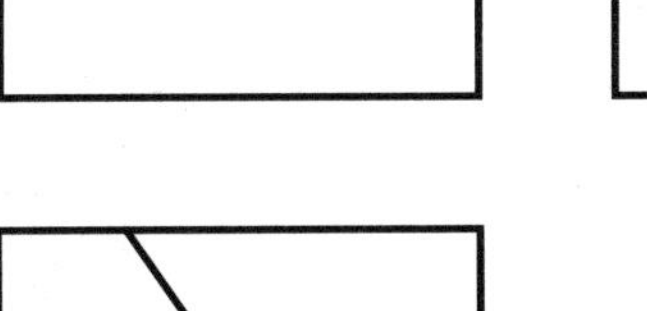

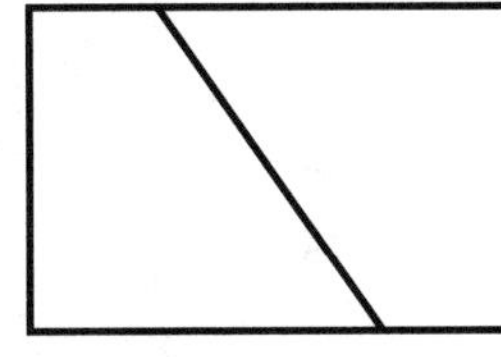

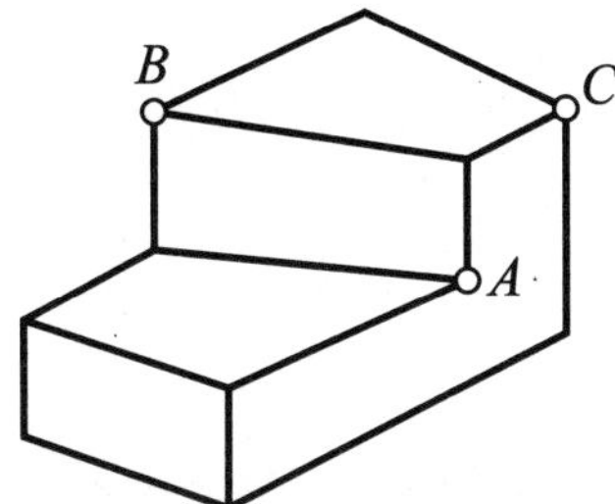

1.6　直线的投影（一）

1. 补画出下列各直线的第三面投影，并说明它们各是什么位置直线。

(1)

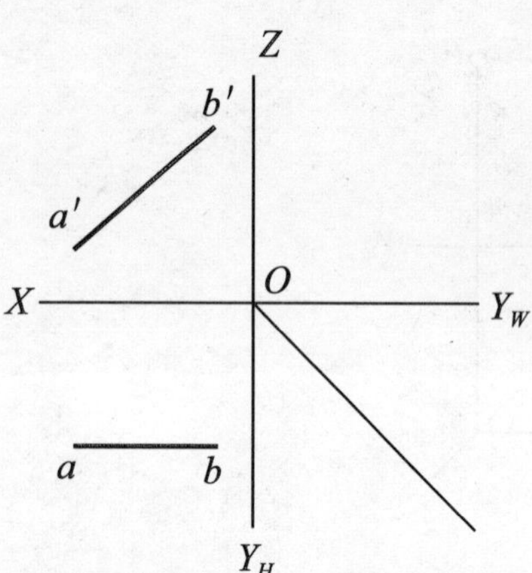

AB 是＿＿＿＿＿＿＿＿

(2)

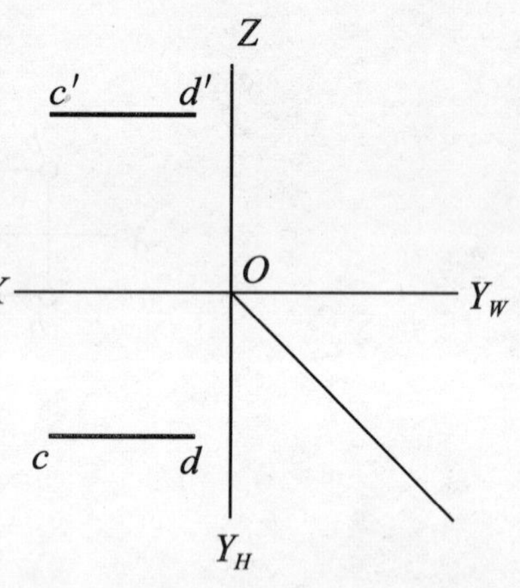

CD 是＿＿＿＿＿＿＿＿

(3)

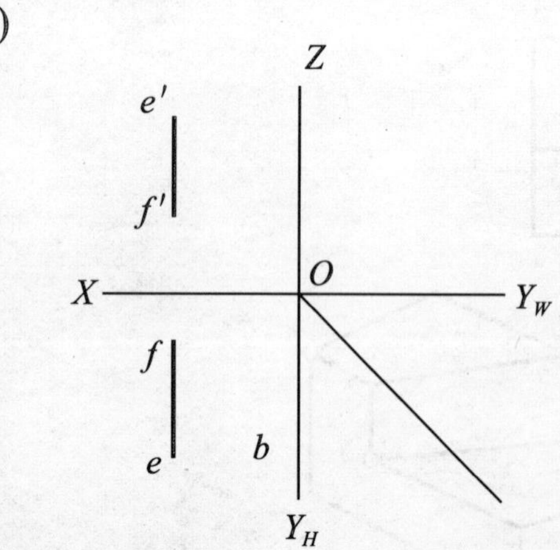

EF 是＿＿＿＿＿＿＿＿

(4)

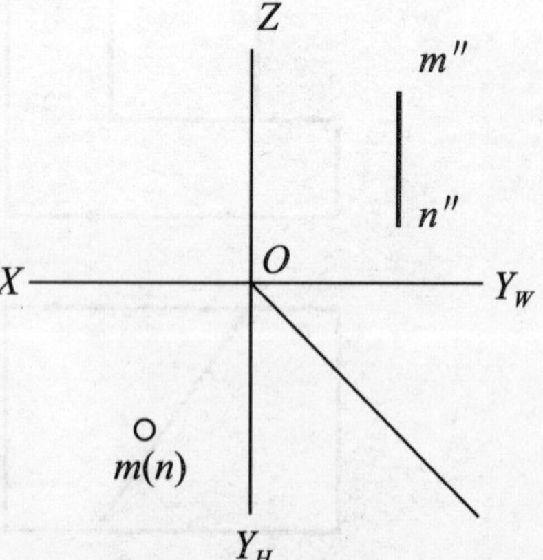

MN 是＿＿＿＿＿＿＿＿

2. 根据立体图，在物体的投影图中标出 AB、BC、CD、DE 线段的三面投影，并说明它们各是什么位置直线。

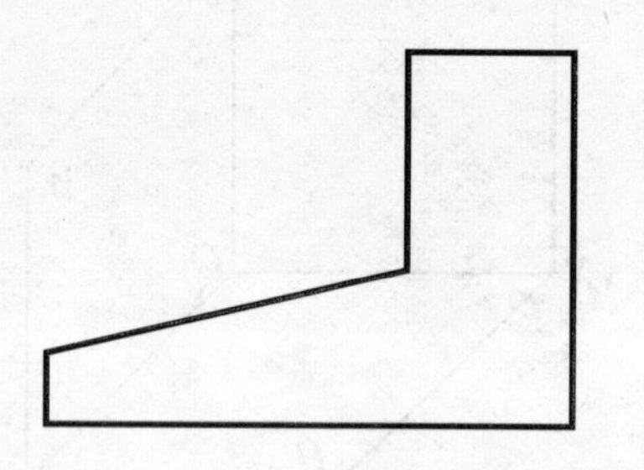

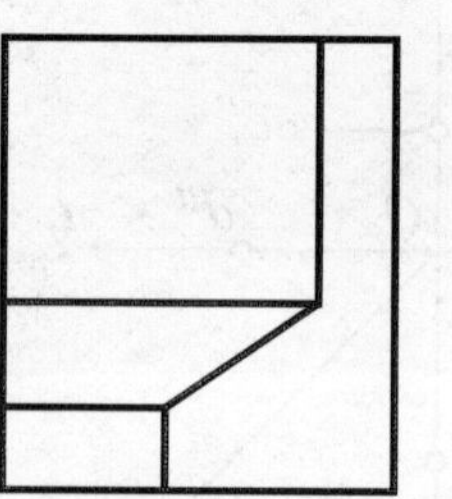

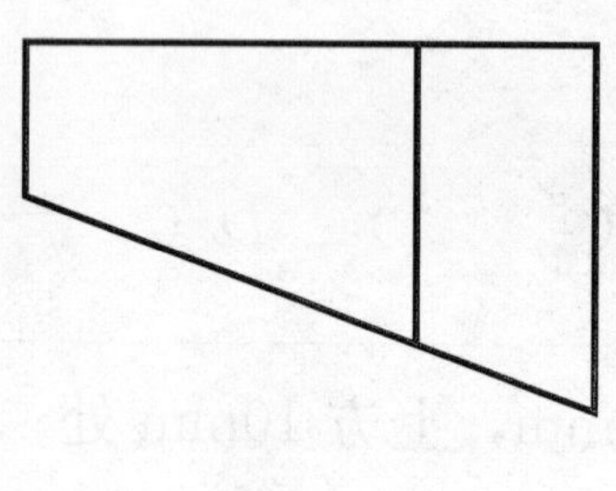

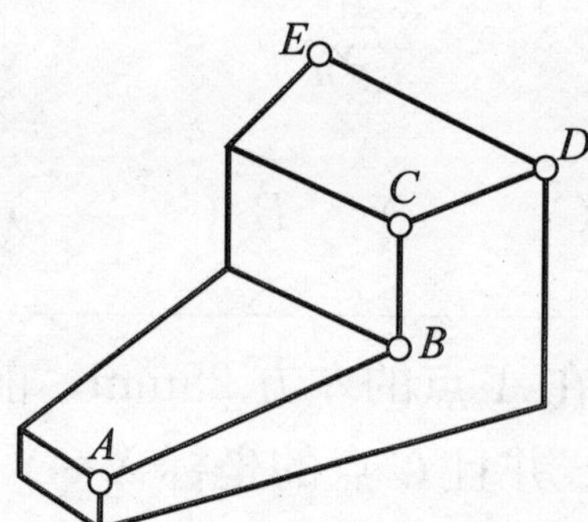

AB 是＿＿＿＿＿＿＿＿＿＿＿＿

BC 是＿＿＿＿＿＿＿＿＿＿＿＿

CD 是＿＿＿＿＿＿＿＿＿＿＿＿

DE 是＿＿＿＿＿＿＿＿＿＿＿＿

1.7　直线的投影（二）

1. 已知 A 点（30，20，20），AB 实长为 20mm，求作正平线 AB（$\alpha=30°$）及 AB 与 W 面的倾角 γ。

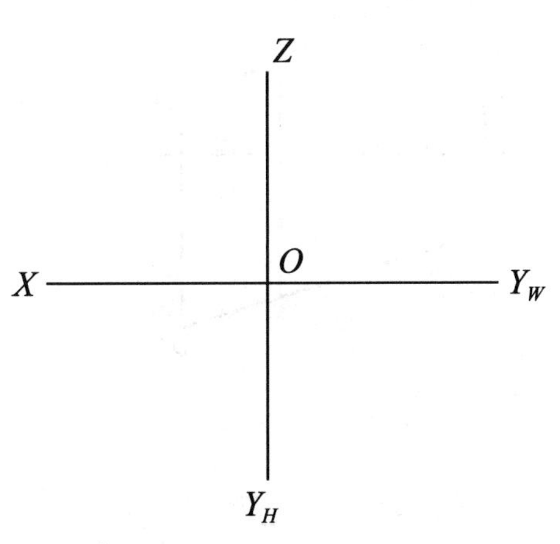

2. 求作 ab，判断 AB 的空间位置，并在图上标出它与 V 面的夹角 β。

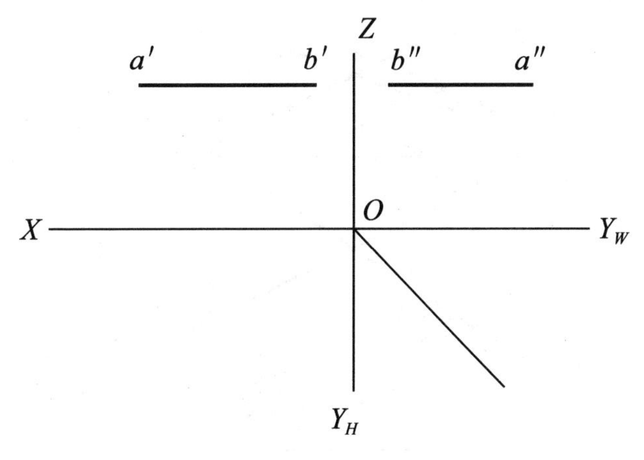

直线 AB 是__________线。

3. 自 A 点作正垂线 AB，AB 的实长为 12mm。

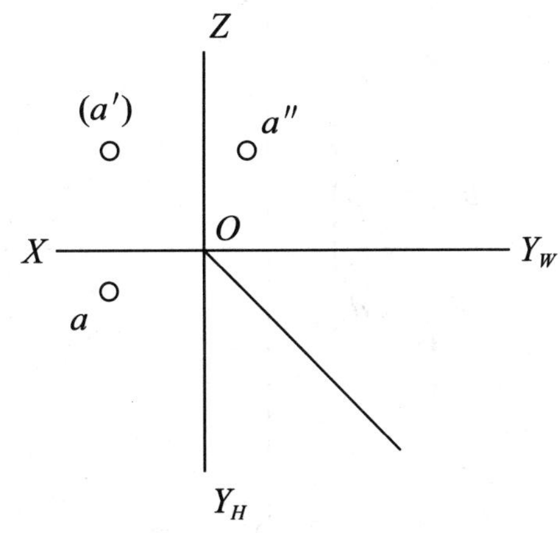

4. 求侧垂线 EF 的三面投影，已知 EF 长 30mm、距 V 面 18mm、距 H 面 15mm，端点 E 距 W 面为 40mm。

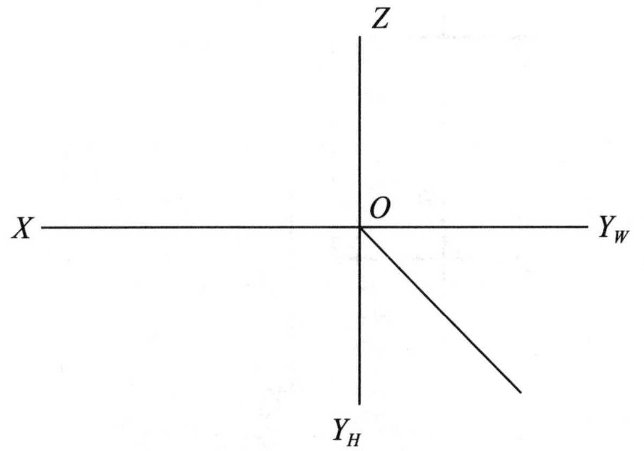

5. 作直线 EF 与已知直线 AB、CD 相交。

（1）EF 为正平线且在 V 面前方 15mm 处。

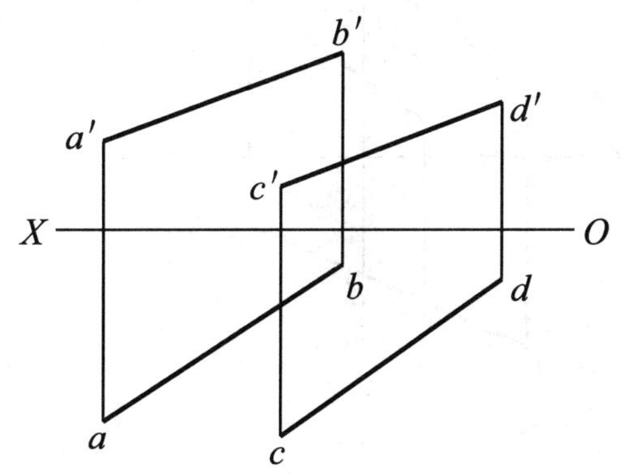

（2）EF 为水平线且在 H 面上方 10mm 处。

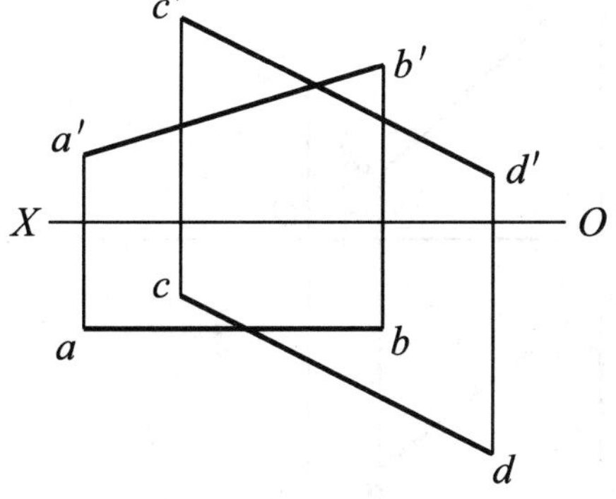

1.8　直线的投影（三）

试判断下列两直线的相对位置（平行、相交、交叉），若有重影点，应辨别可见性。第（4）～（6）题应作出侧面投影。

(1)

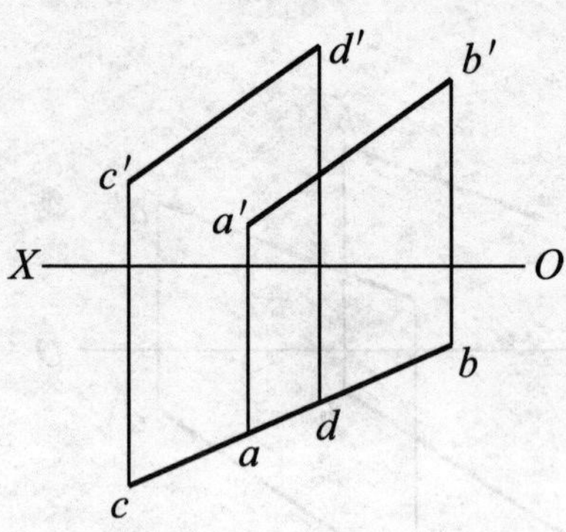

(2)

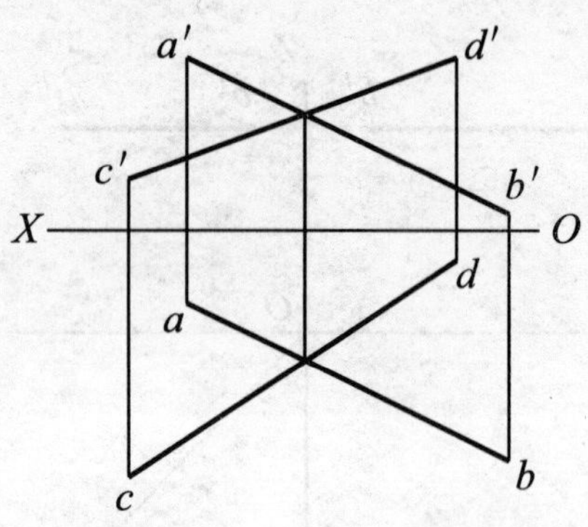

(3)

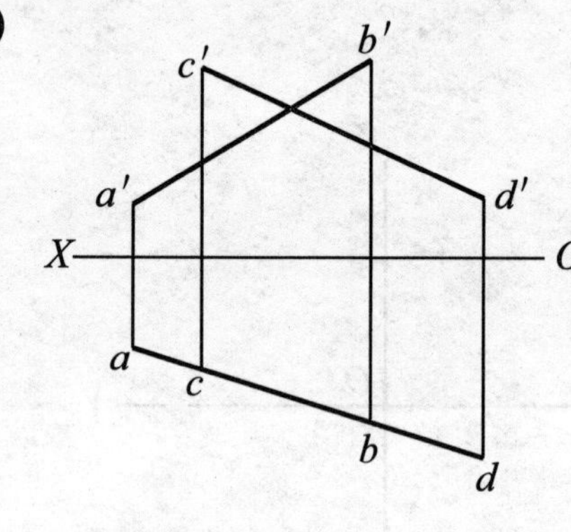

(4)

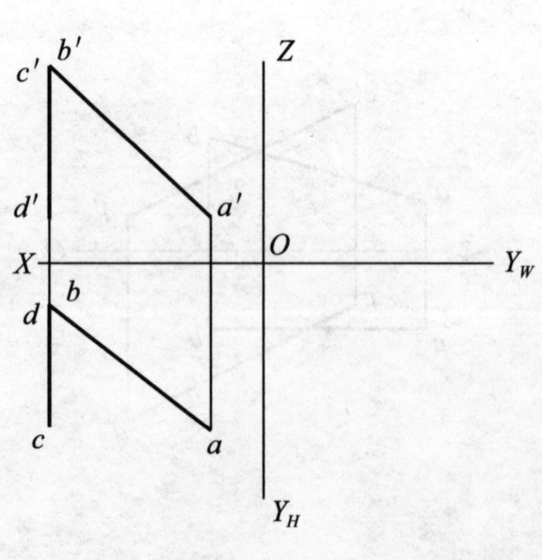

(5)

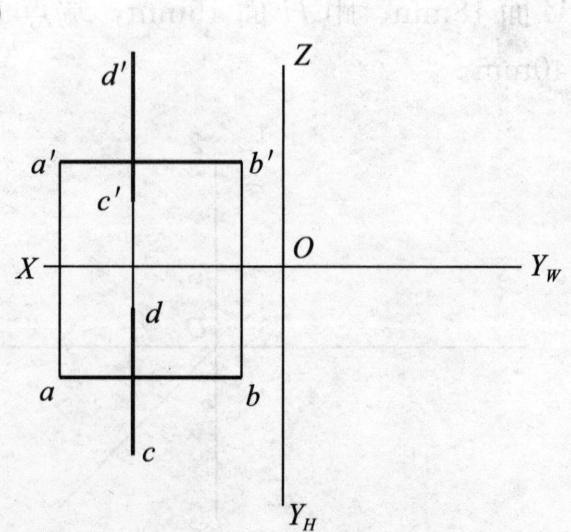

(6)

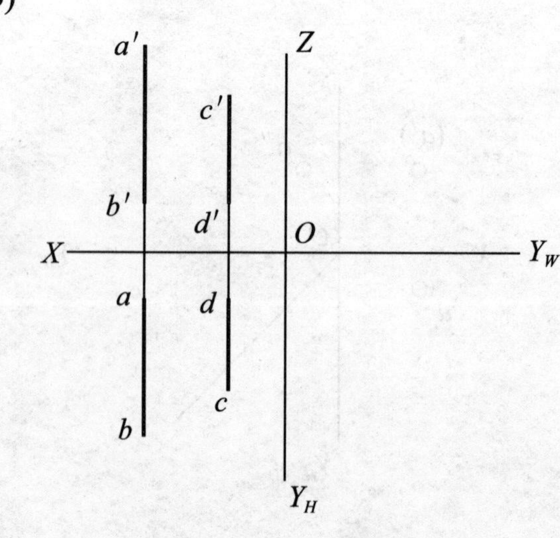

1.9　平面的投影（一）

1. 求平面的第三面投影，并判断它们的空间位置。

(1)

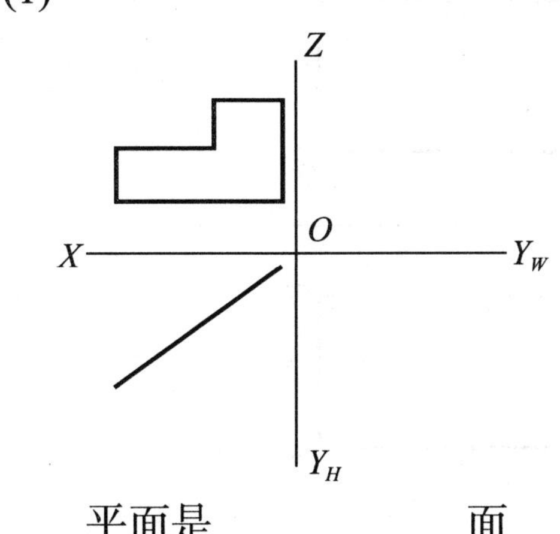

平面是______面

(2)

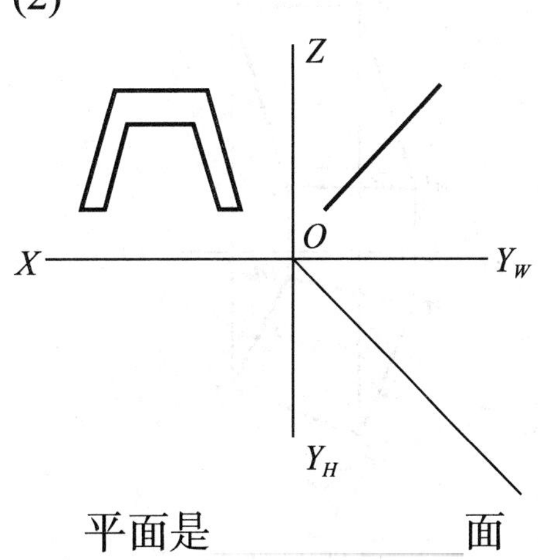

平面是______面

(3)

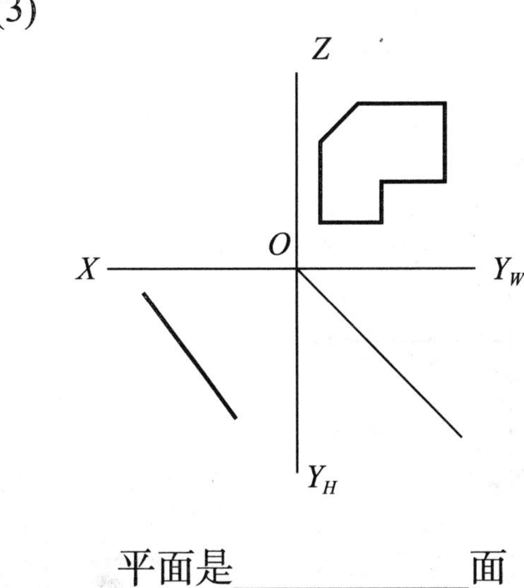

平面是______面

(4)

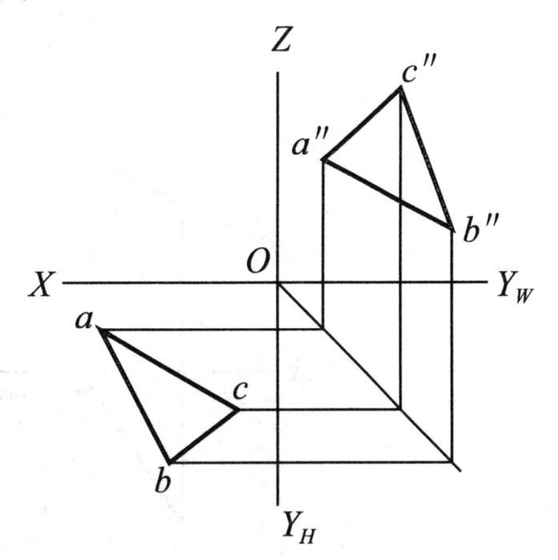

*ABC*平面是______面

2. 判断 *A*、*B*、*C*、*D* 是否在同一平面上。

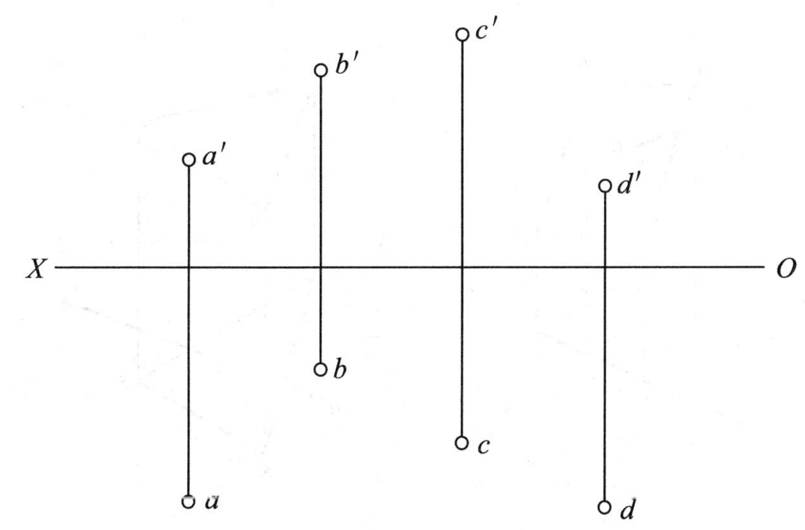

3. 作出平面 *ABCD* 上的三角形 *EFG* 的水平投影。

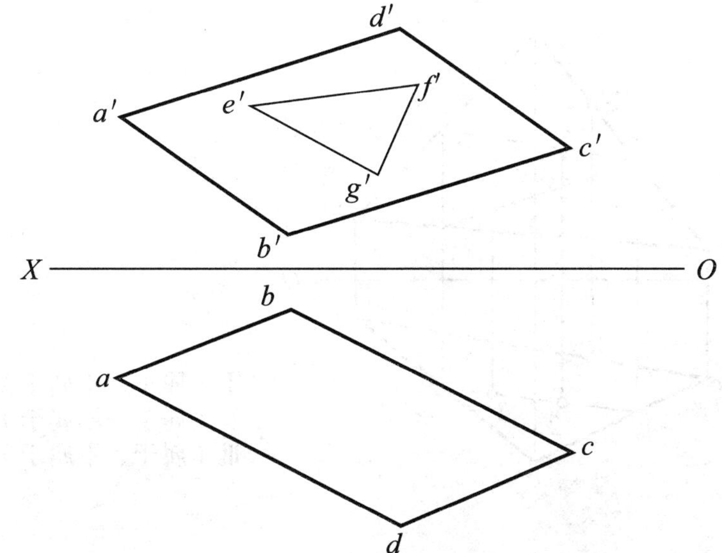

1.10 平面的投影（二）

1. 直线 MN 属于已知平面 $ABCD$ 和已知平面 EFG，作出直线的另一面投影。

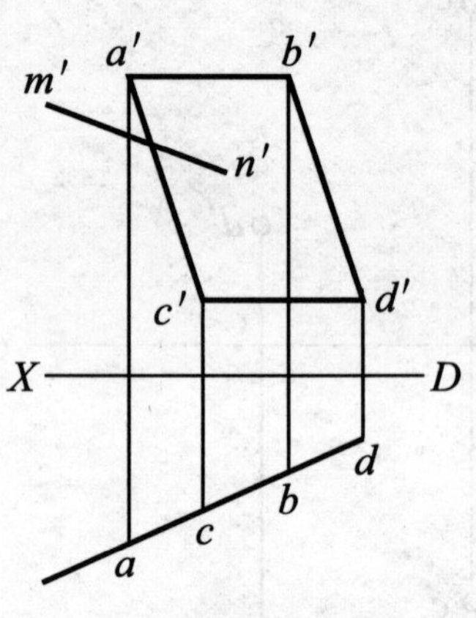

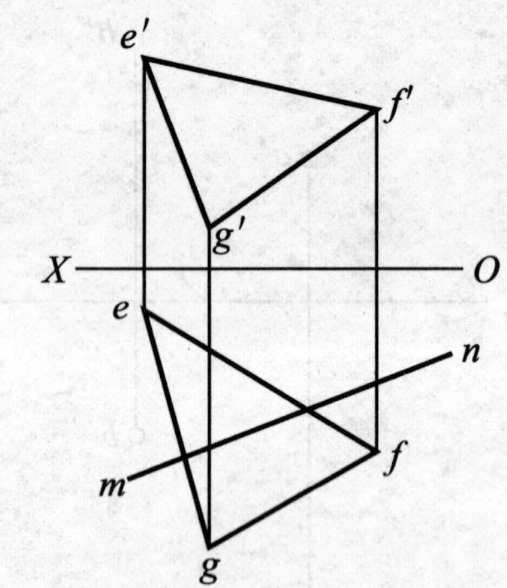

2. E 和 F 两点在 $KLMN$ 平面内，作出它们的另一面投影。

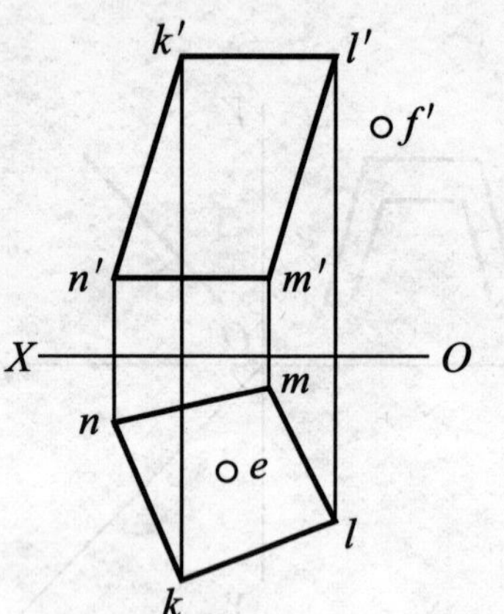

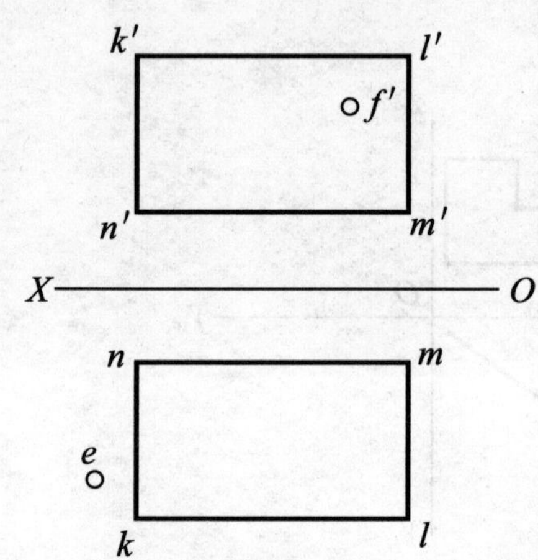

3. 判断点Ⅰ、Ⅱ、Ⅲ是否属于平面 ABC。

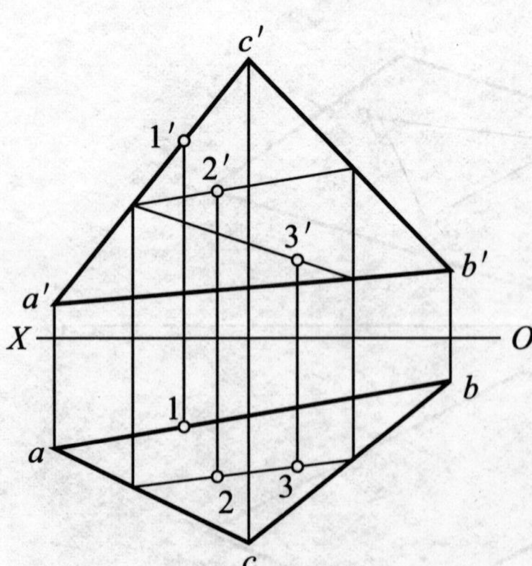

Ⅰ（属于、不属于）
Ⅱ（属于、不属于）
Ⅲ（属于、不属于）

4. 画全 $ABCDE$ 平面的两投影。

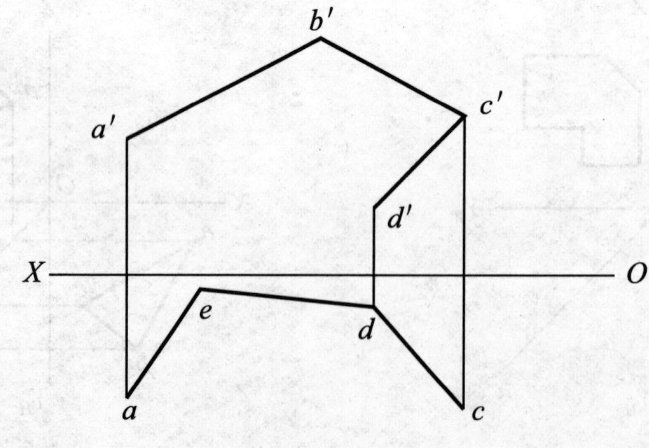

2.1　棱柱

补全棱柱的三视图及表面上点的另两面投影，并画出其正等轴测图。

1.

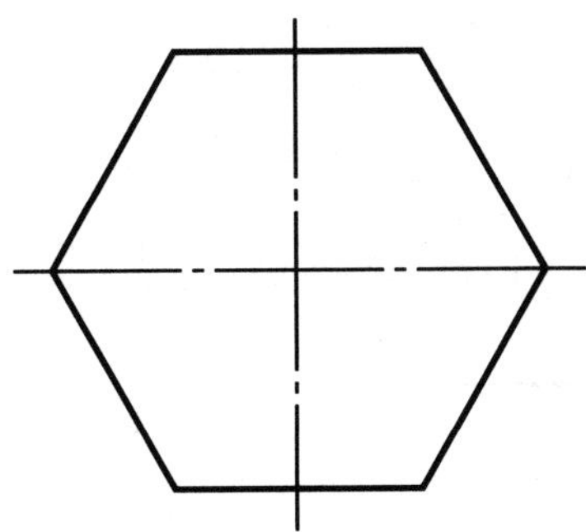

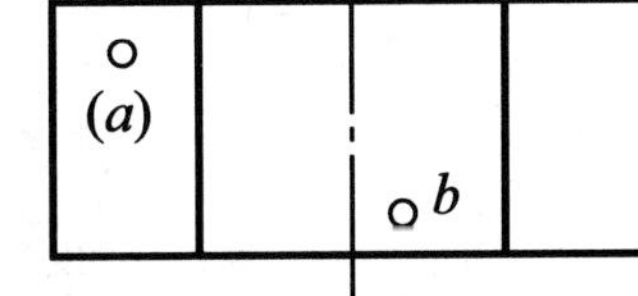

2.

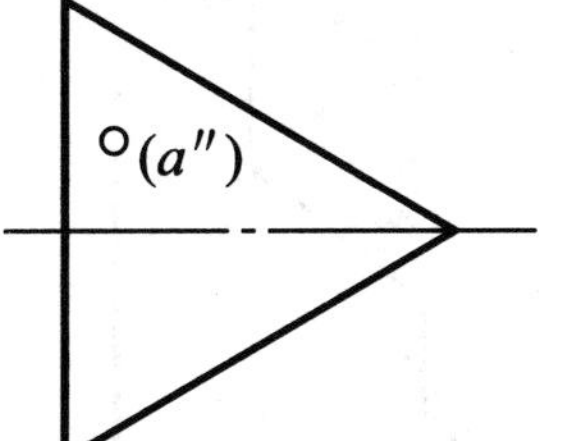

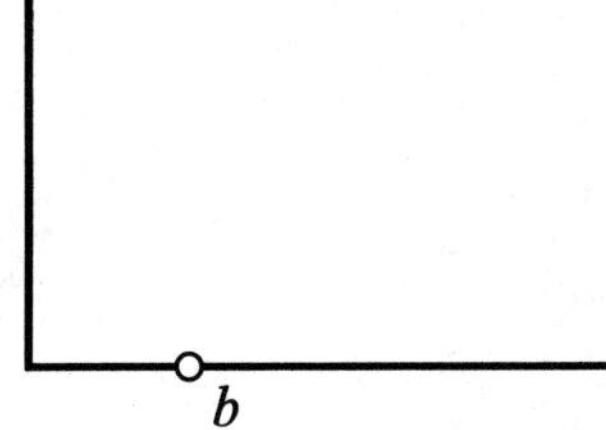

2.2　棱柱的截交线

根据给定的两视图，想象出物体形状，补画出第三视图。

1.

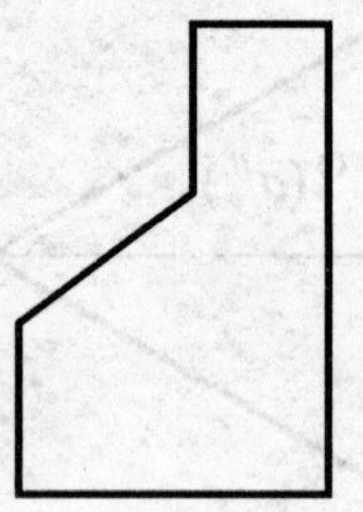

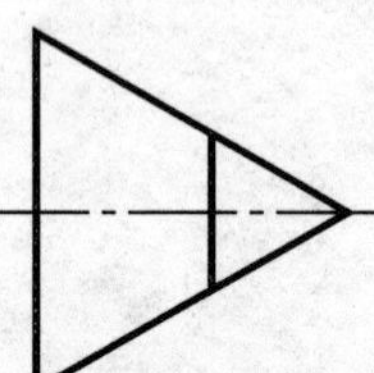

2.

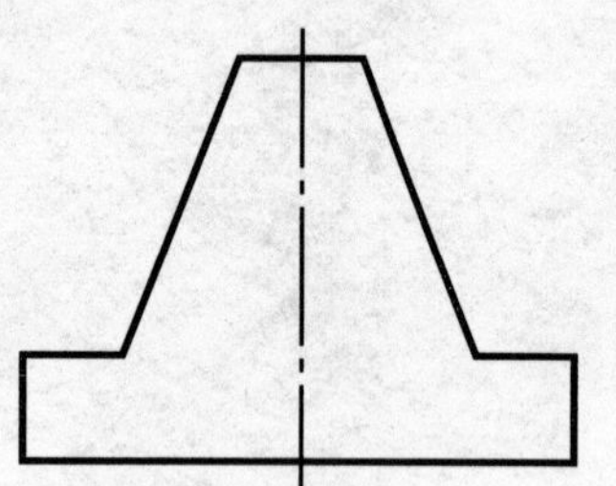

3.

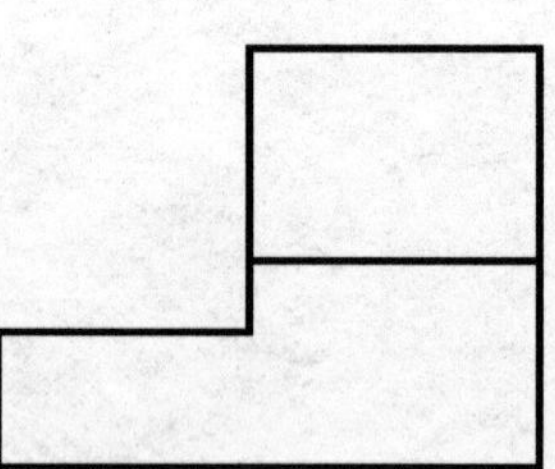

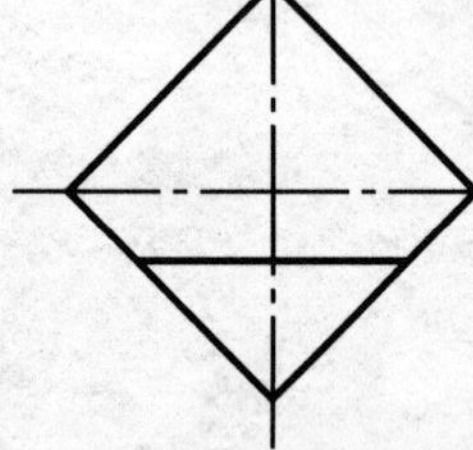

4.

2.3　棱锥

补全棱锥的三视图及表面上点的另两面投影，并画出其正等轴测图。

1.

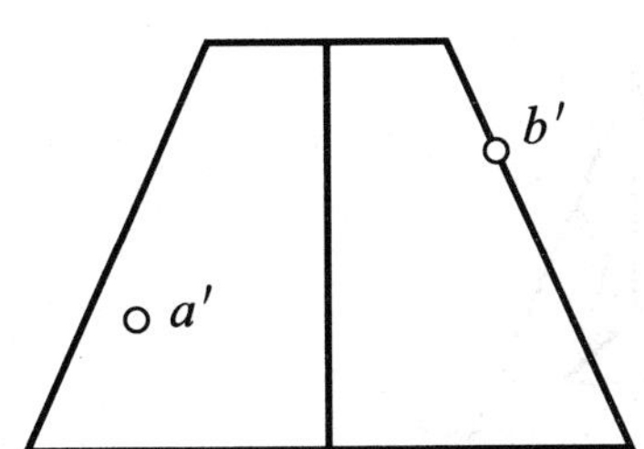

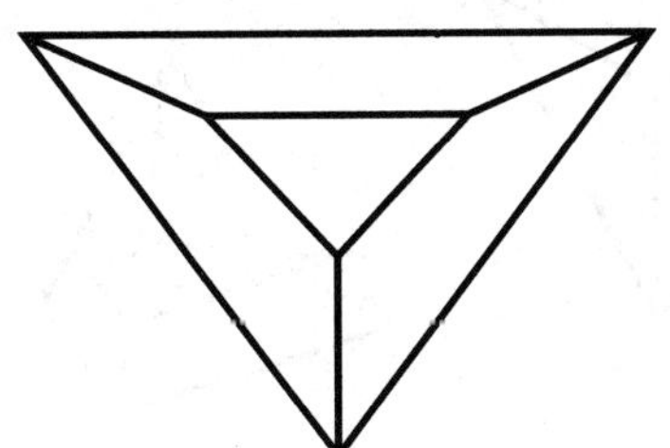

2.

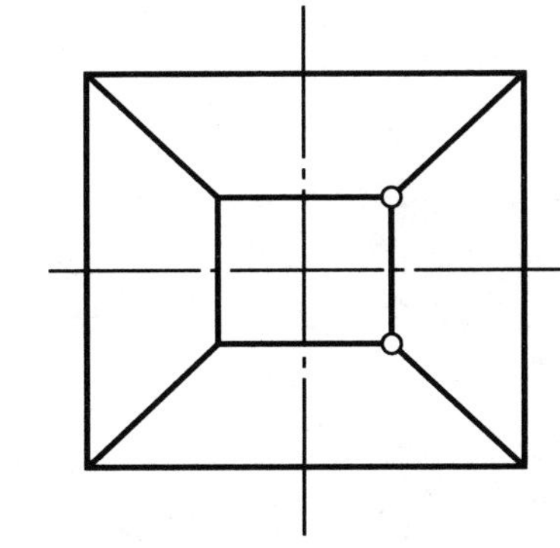

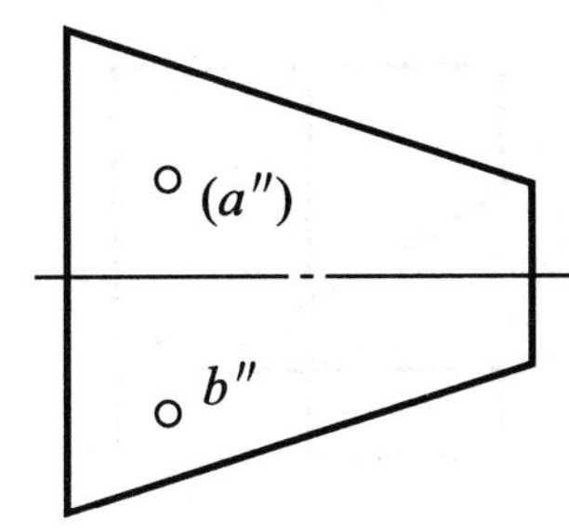

2.4　棱锥的截交线

1. 根据轴测图，画出第三视图或完成截交线的投影。

(1)

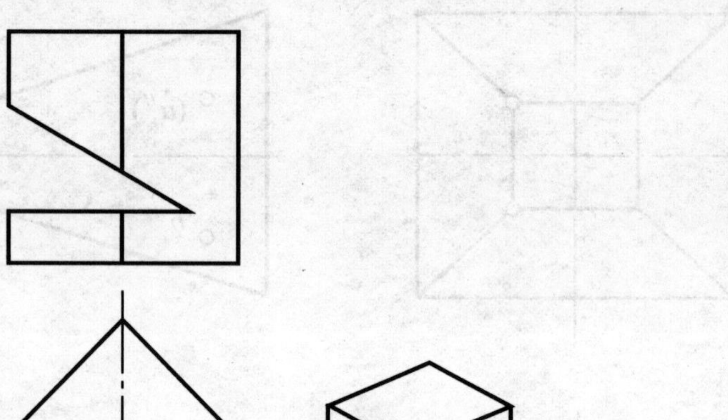

(2)

(3)

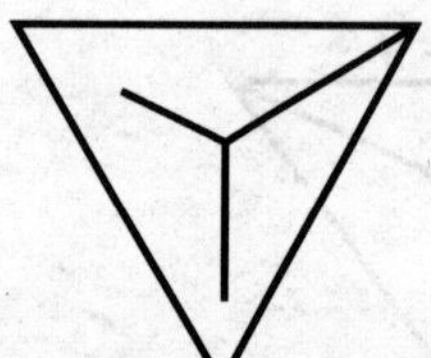

2. 画出第三视图或完成截交线的投影，并画出其正等轴测图（尺寸从图中量取后圆整）。

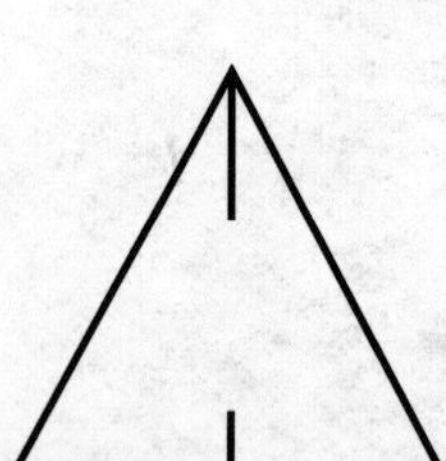

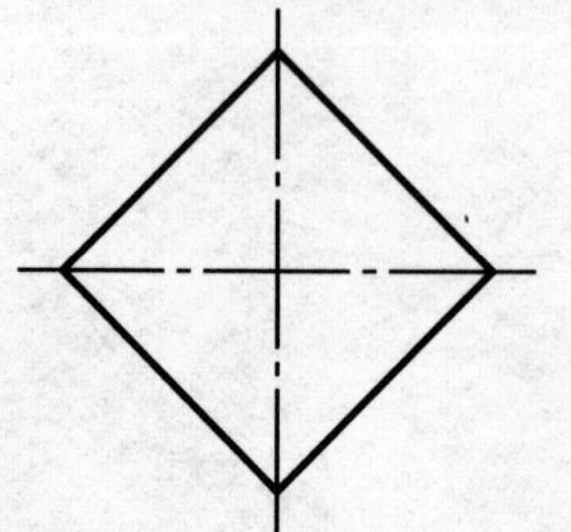

2.5　圆柱

1. 补全圆柱的三视图及表面上点的另两面投影，并画出其正等轴测图。

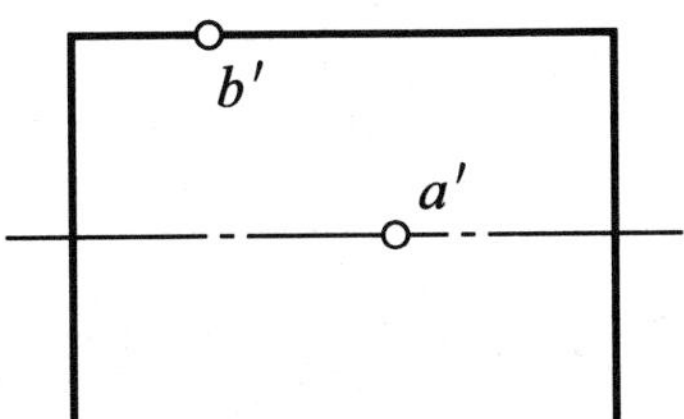

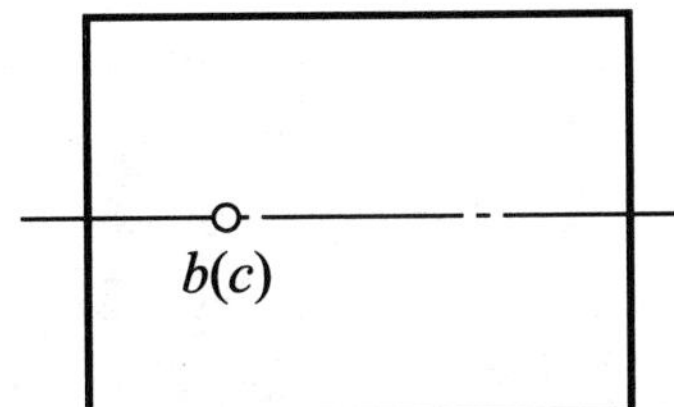

点A在最前素线上；
点B在 ______ 素线上；
点C在 ______ 素线上。

2. 根据两视图画正等轴测图。

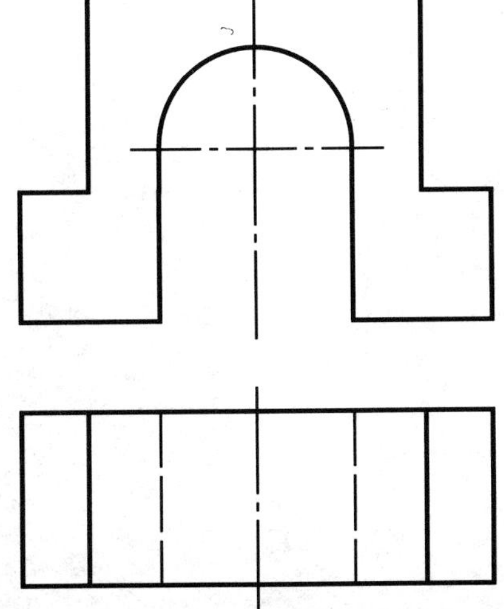

3. 根据两视图画斜二等轴测图。

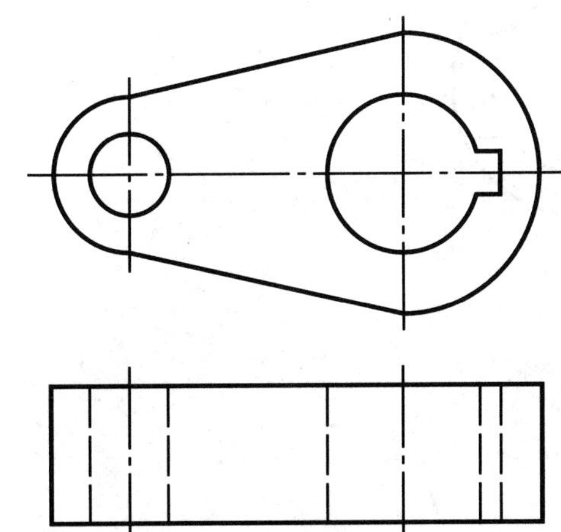

2.6　分析圆柱的截交线，补全第三视图

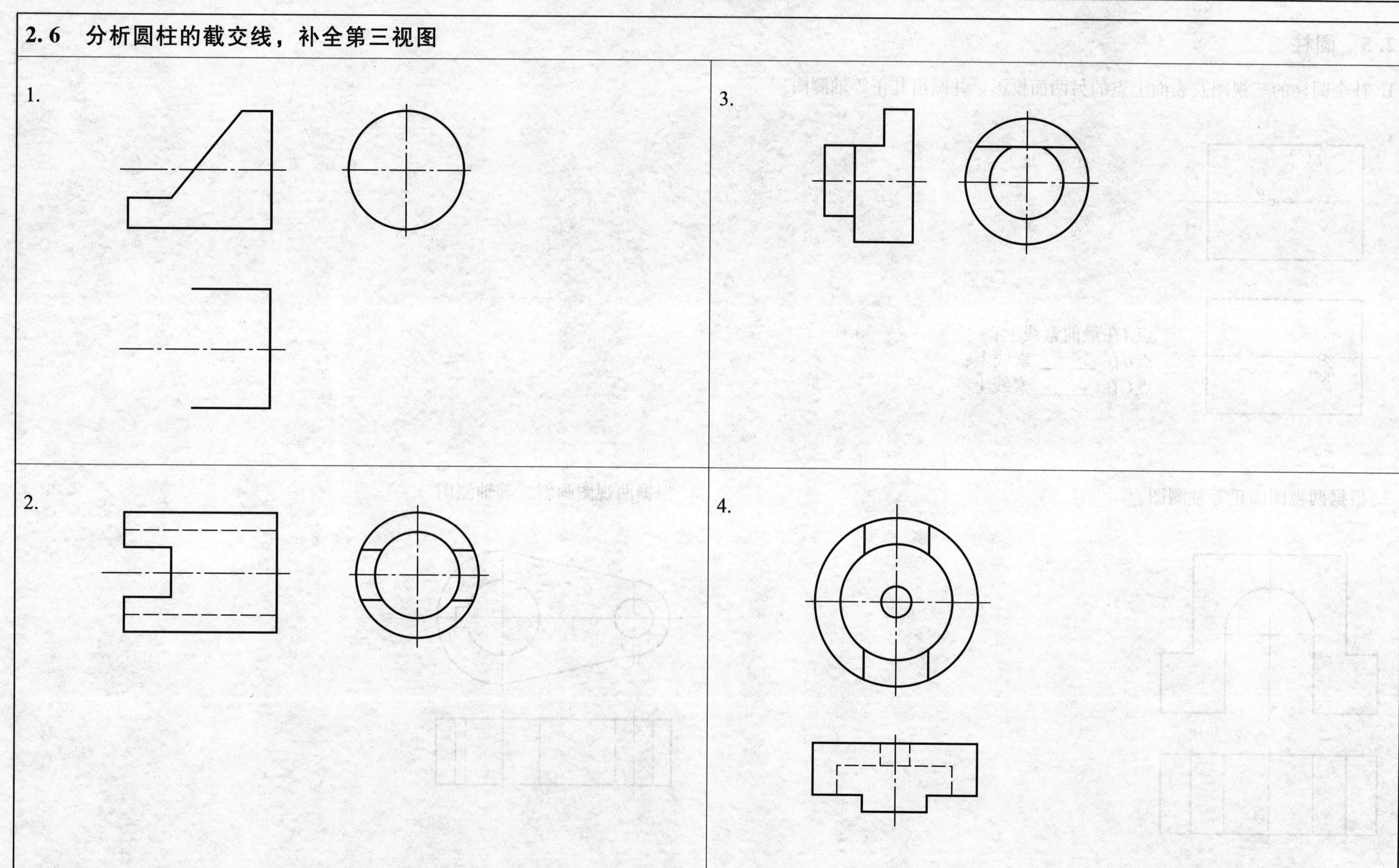

2.7　圆柱的相贯线（一）

分析圆柱的相贯线，补画出下列视图中的缺线。

1.

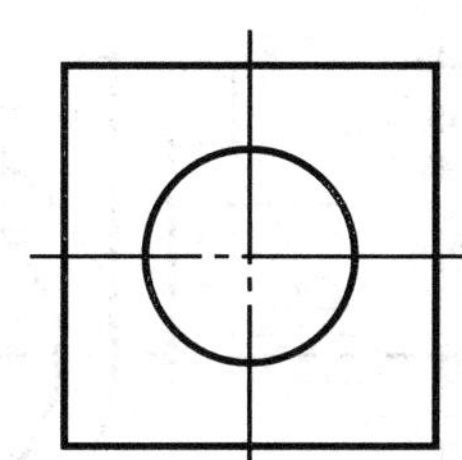

2.

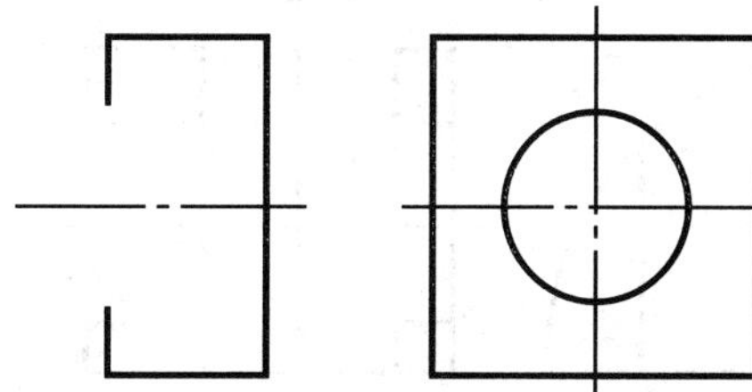

3.

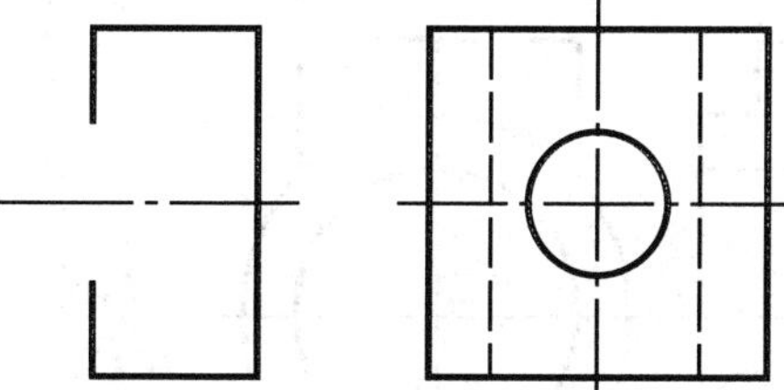

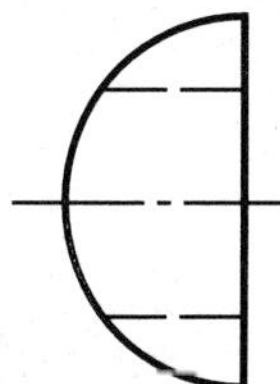

4.

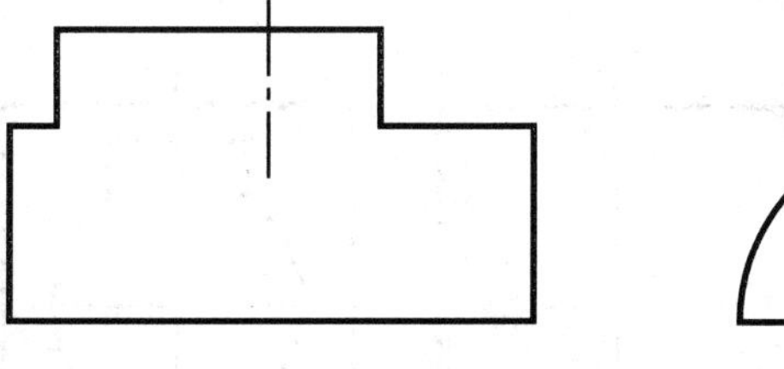

5.

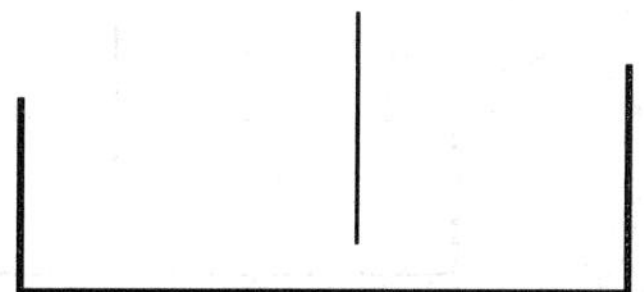

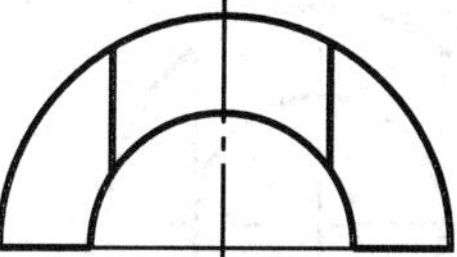

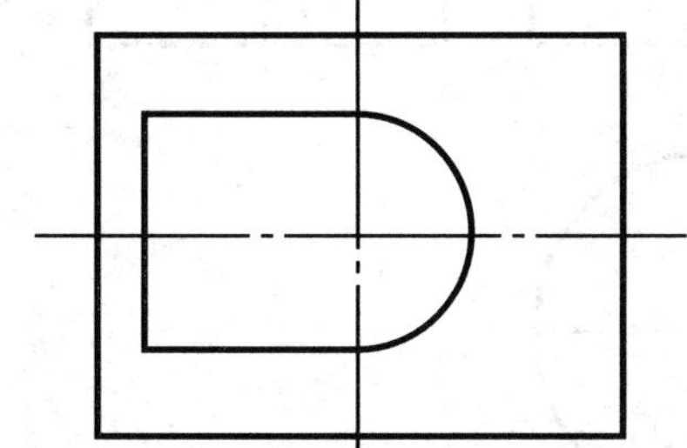

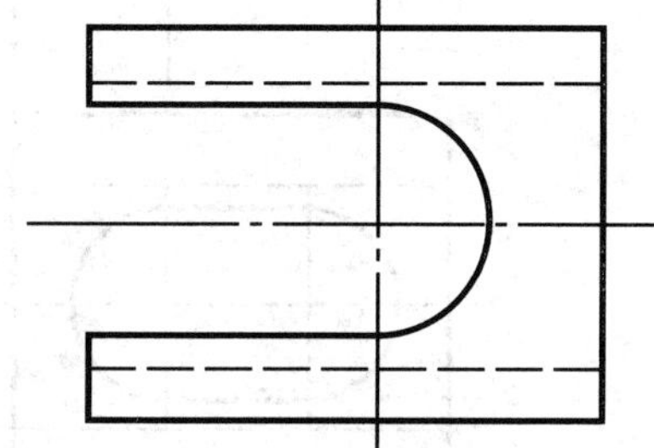

2.8　圆柱的相贯线（二）

分析圆柱的相贯线，补画出下列视图中的缺线。

1.

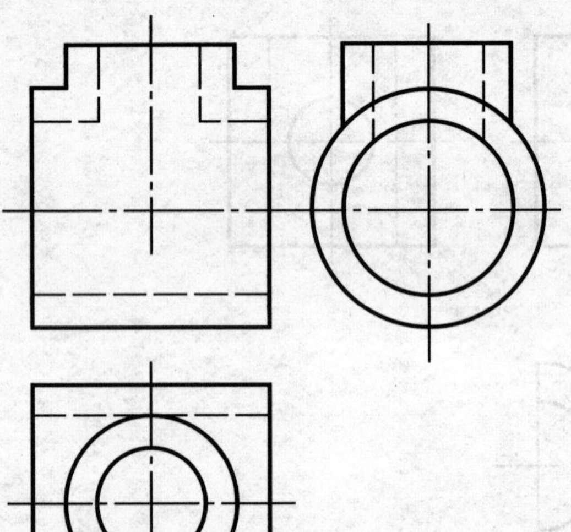

2.

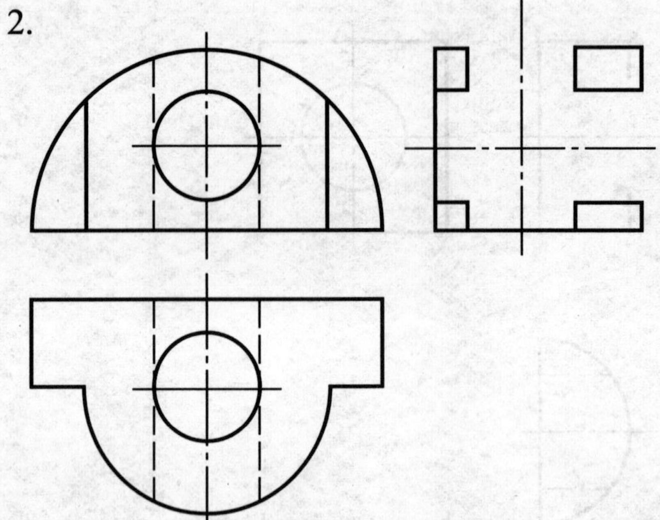

3.

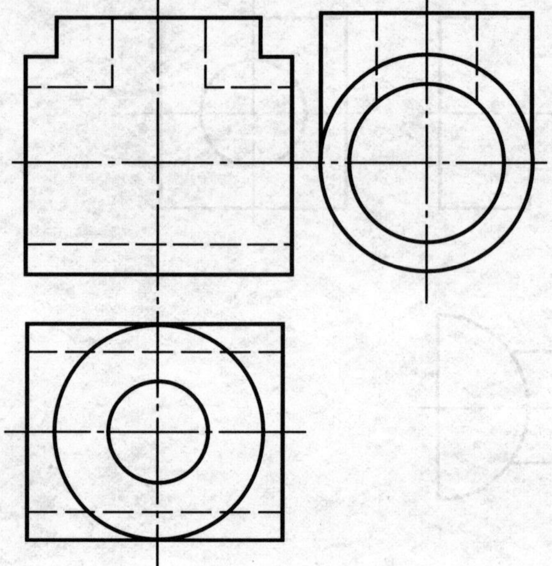

4.

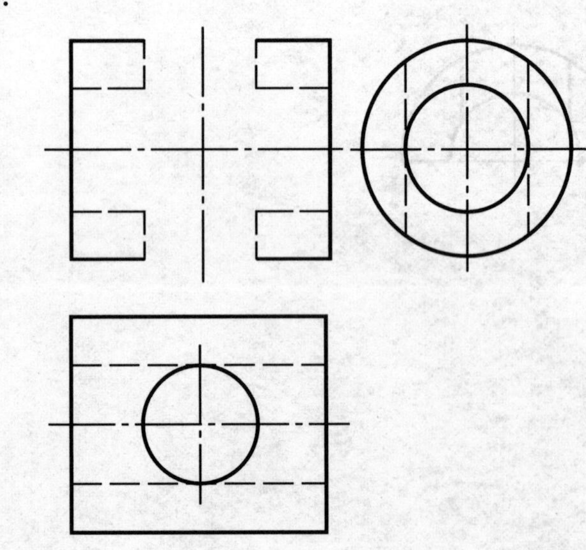

5.

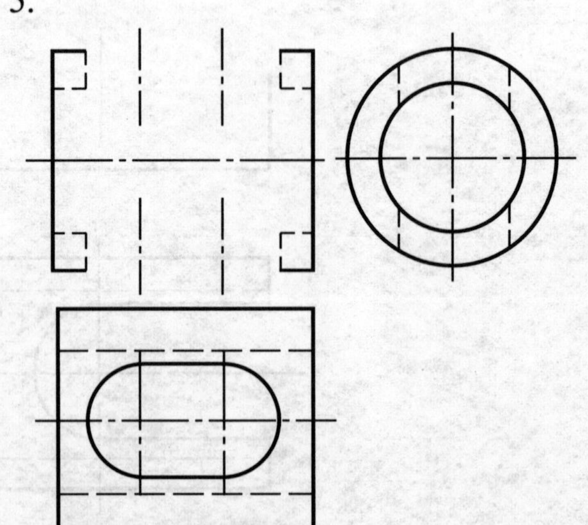

6.

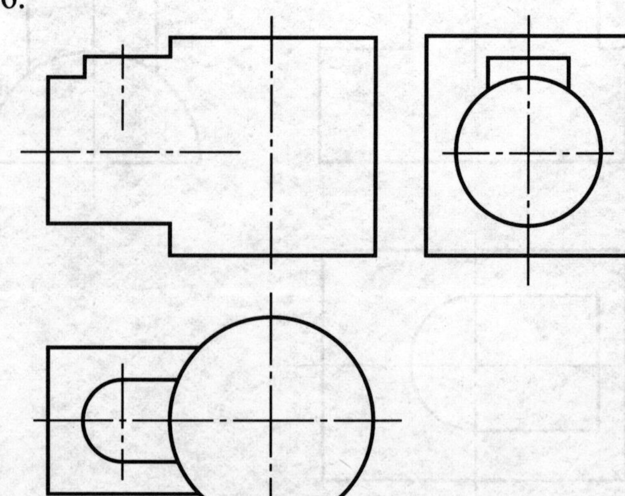

2.9　圆锥及其截交线

1. 补全圆锥的三视图及表面上点的另两面投影，并画出其正等轴测图。

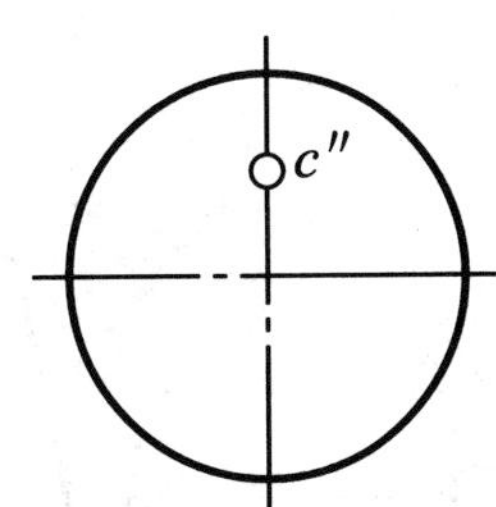

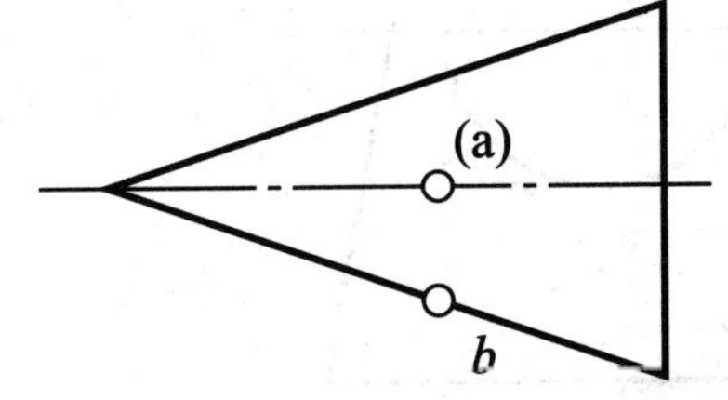

点A在 ______ 素线上；
点B在 ______ 素线上；
点C在 ______ 素线上。

2. 分析圆锥截交线并补全其投影。

(1)

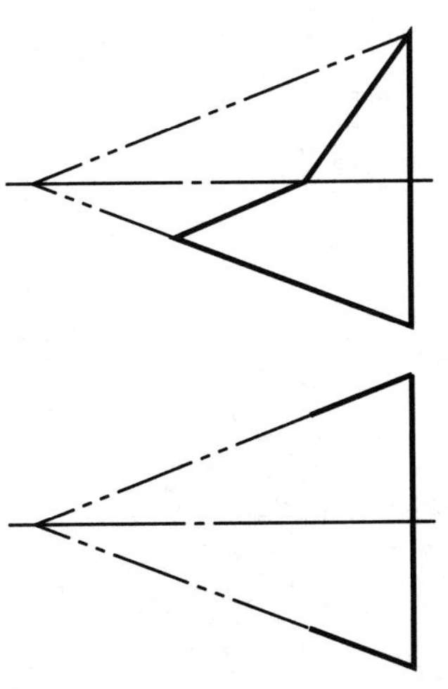

(2)

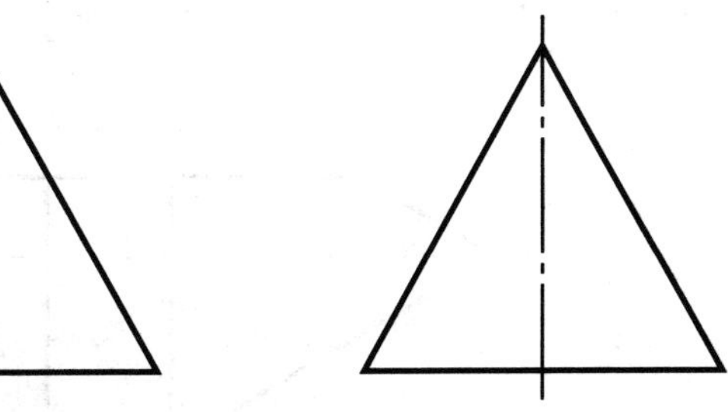

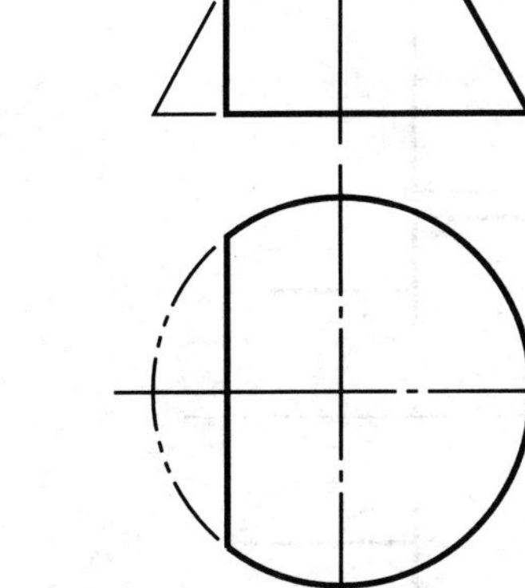

2.10　圆锥的截交线与相贯线

1. 分析圆锥截交线并补全其投影。

(1)

(2)

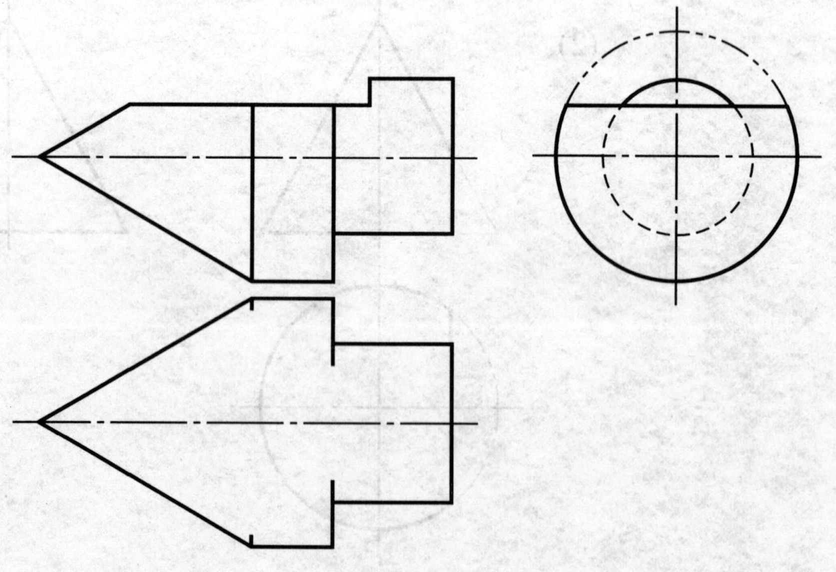

2. 应用辅助平面法求作圆柱与圆台的相贯线。

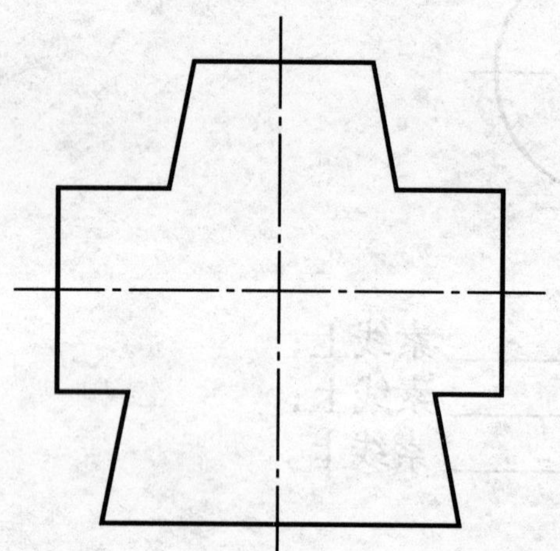

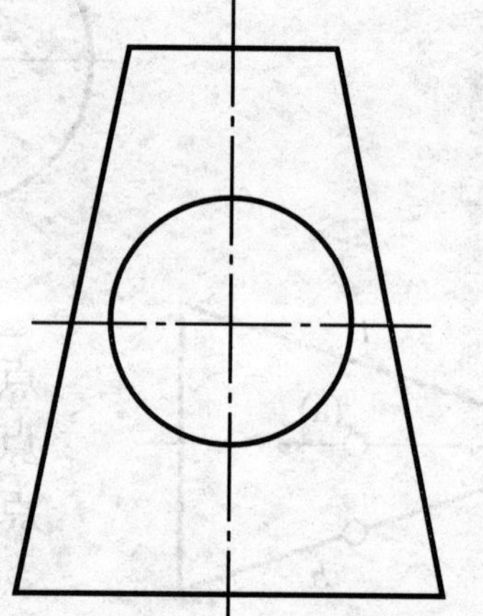

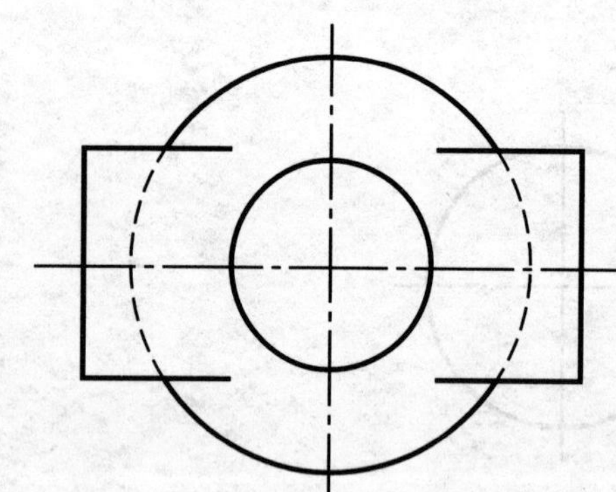

2.11　圆球及其截交线

1. 补全圆球表面上的点的另两面投影，并画出其正等轴测图。

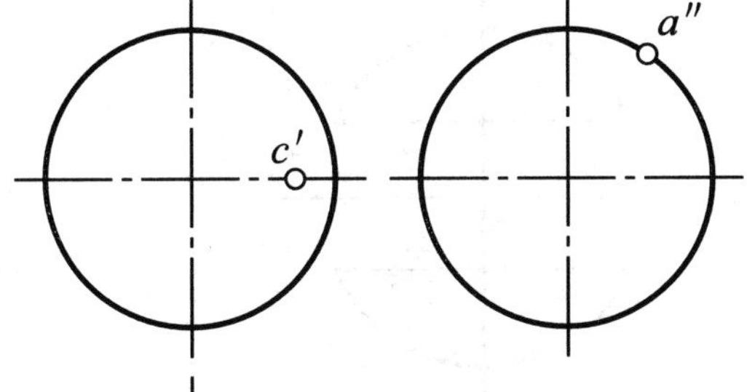

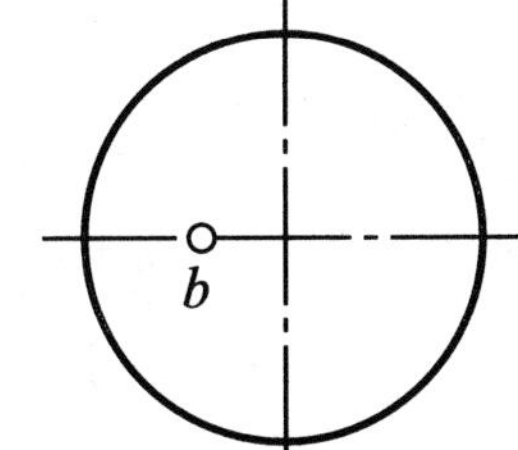

点A在平行 ______ 面的圆素线上；
点B在平行 ______ 面的圆素线上；
点C在平行 ______ 面的圆素线上；

2. 分析圆球截交线并补全其投影。

(1)

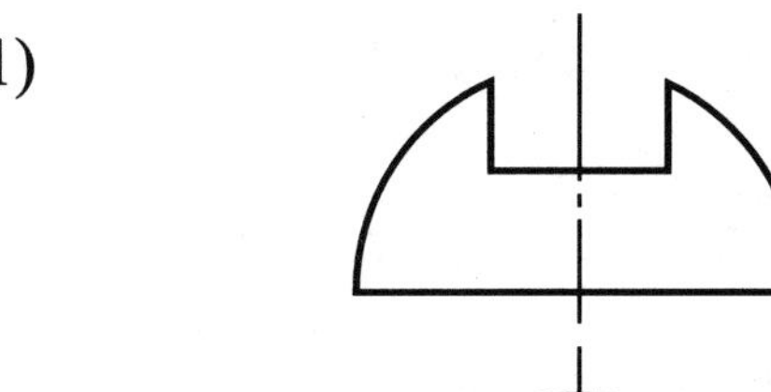

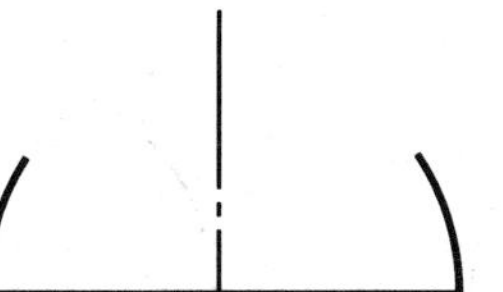

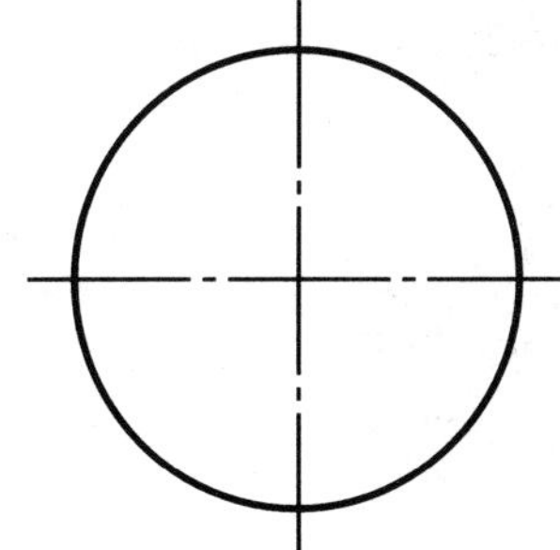

(2)

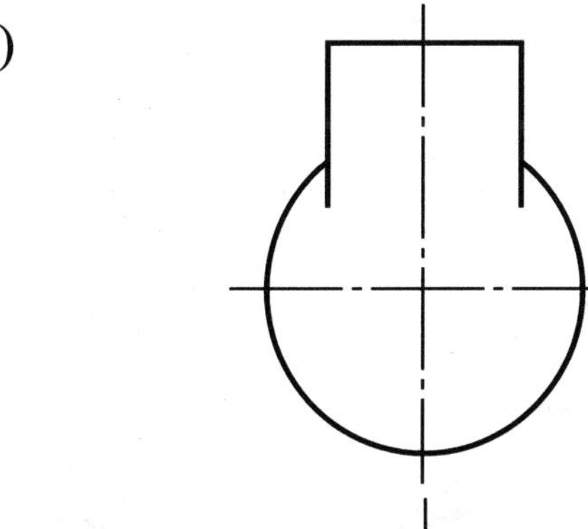

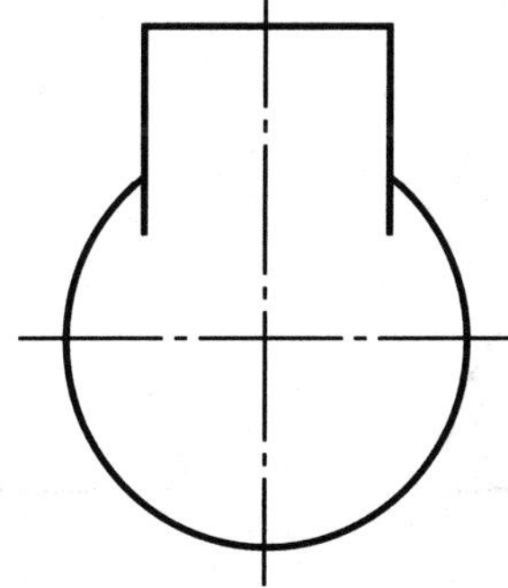

2.12　圆球的截交线

分析圆球截交线并补全其投影。

1.

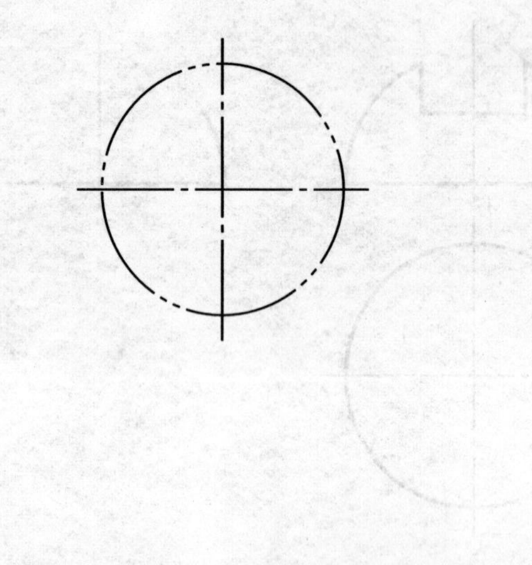

2.

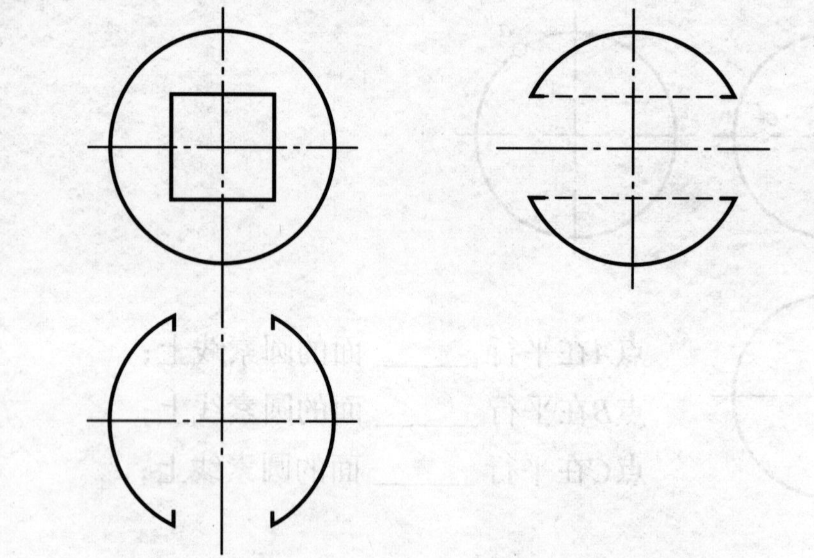

3.

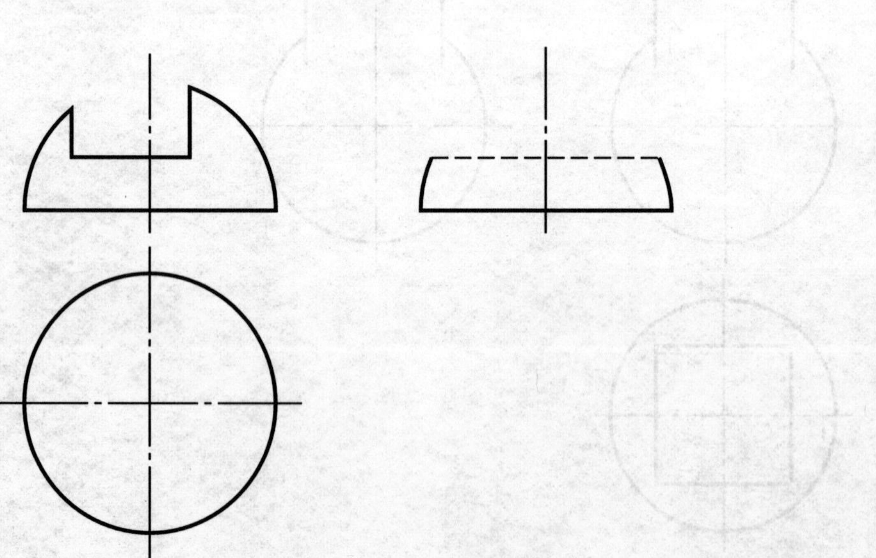

4.

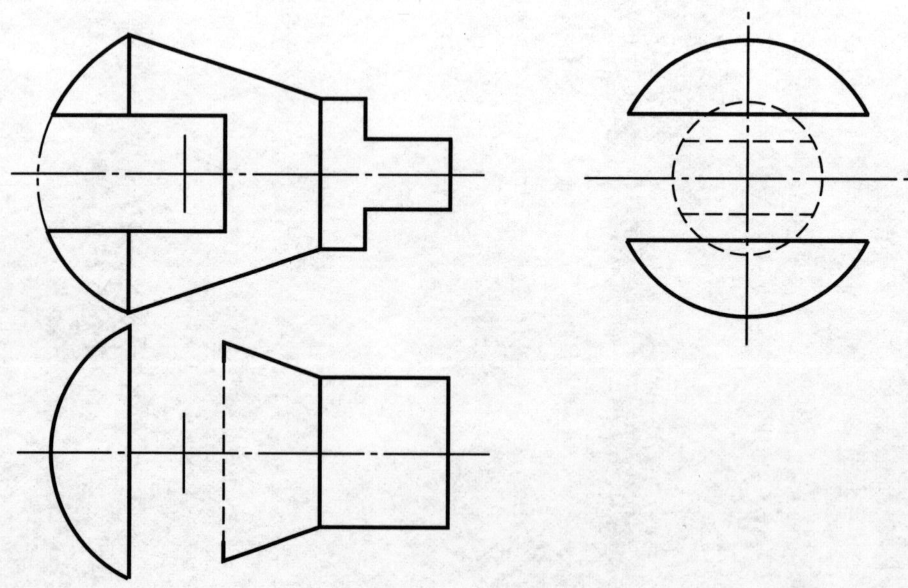

2.13　圆球的相贯线

分析圆球的相贯线，补画出下列视图中的缺线。

1.

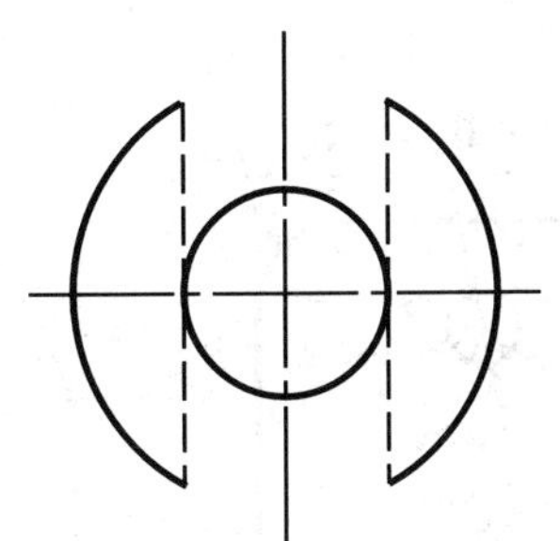

2.

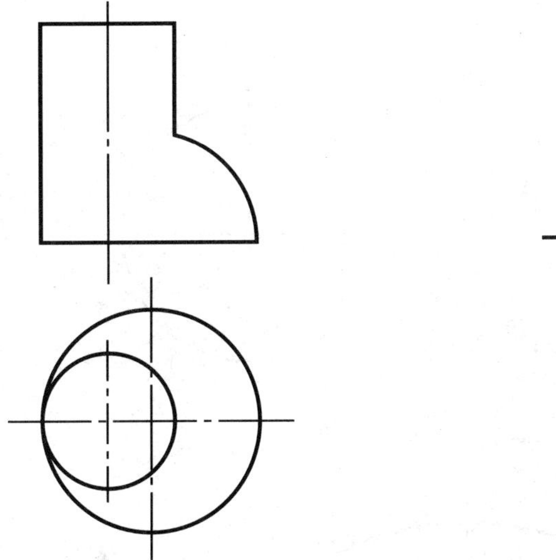

3.

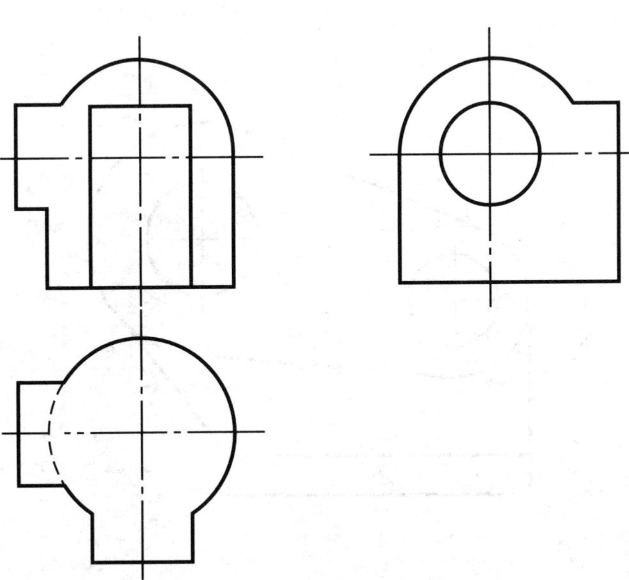

4.

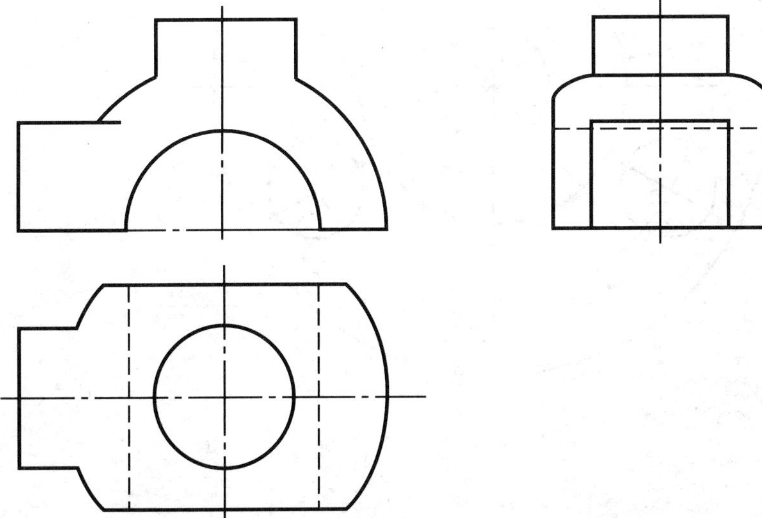

2.14　尺寸注法（一）

1. 在给定的尺寸线上画出箭头，填写尺寸数字（尺寸数值按1∶1从图上量取，取整数）。

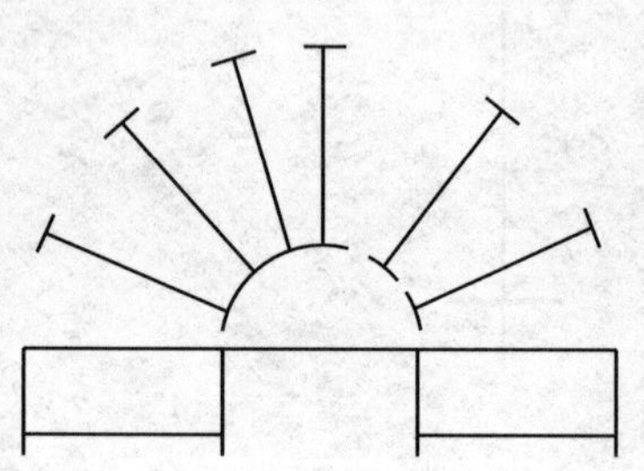

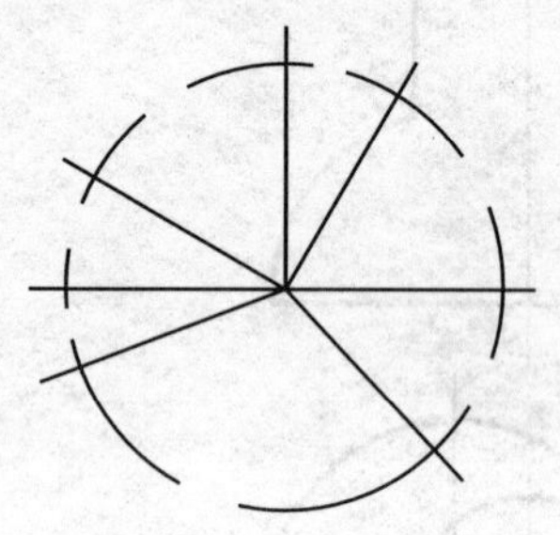

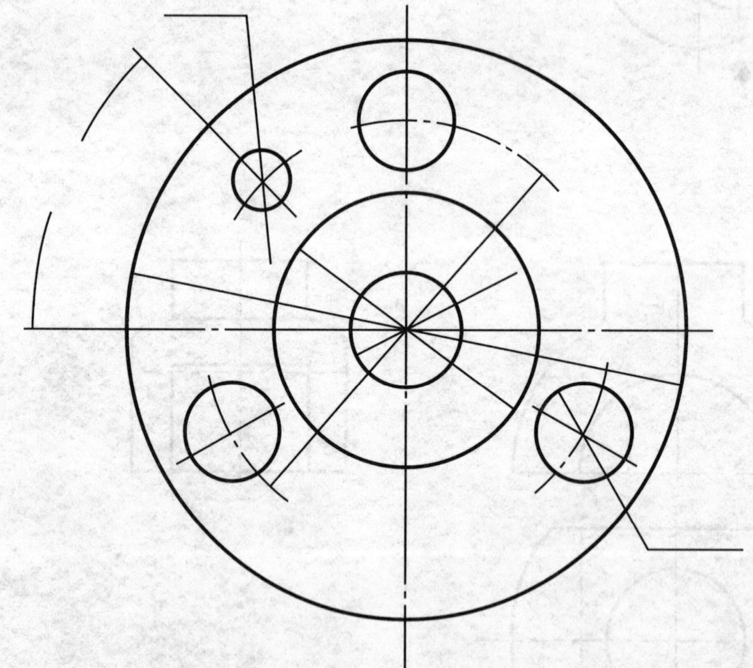

2. 尺寸注法改错：查出尺寸标注的错误，并在右边空白图上正确标注。

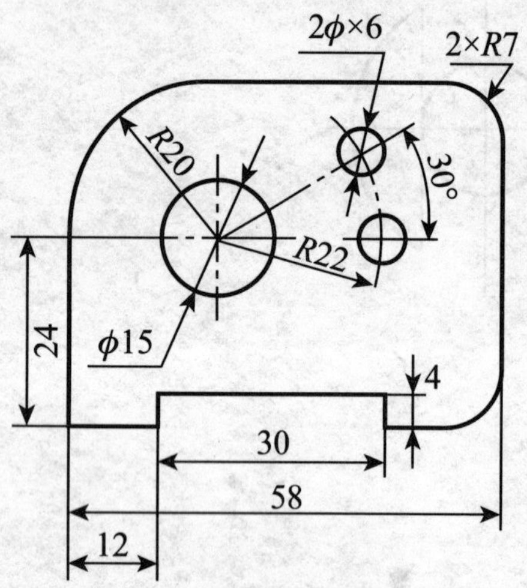

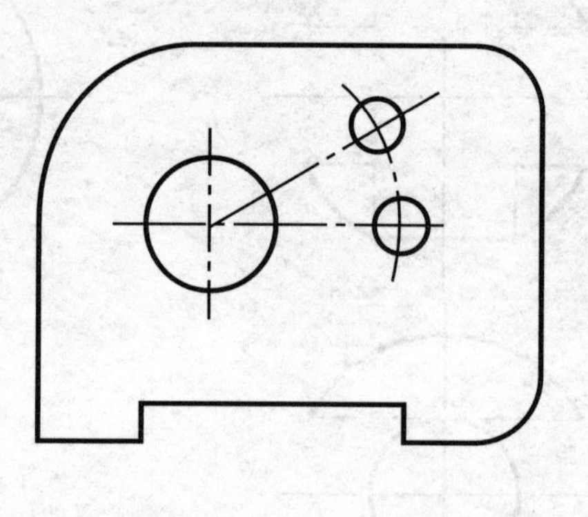

3. 分析下列平面图形并标注尺寸。

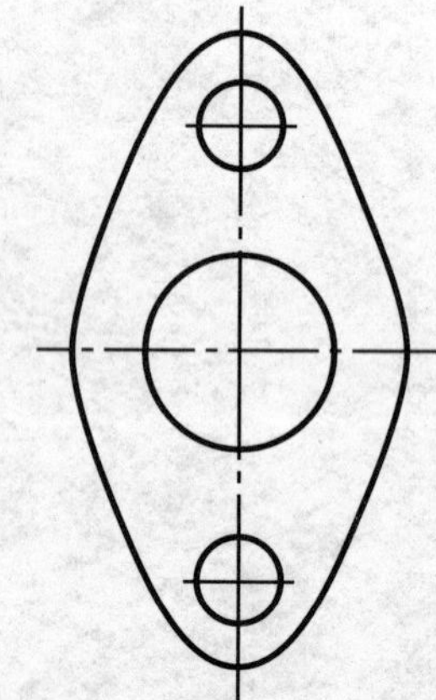

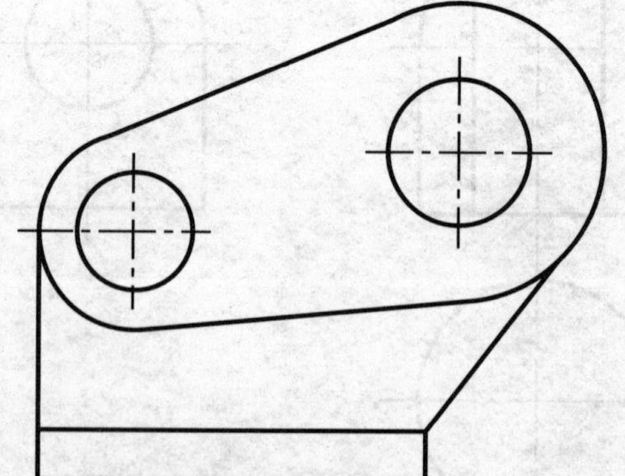

2.15　尺寸标注（二）

判断视图中尺寸标注上的错误（在错的尺寸处打“╳”）并补全正确的尺寸标注。

1.

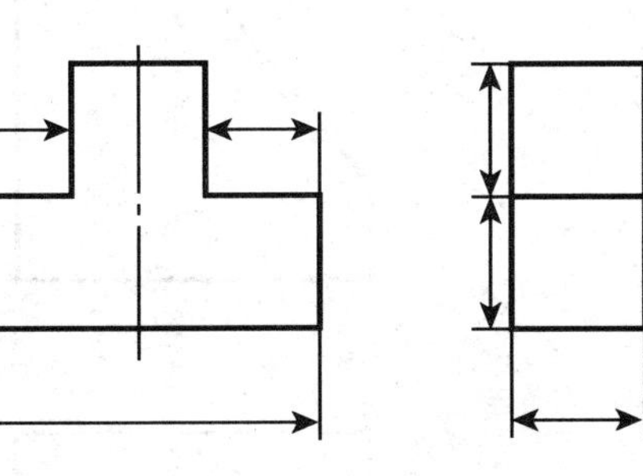

2.

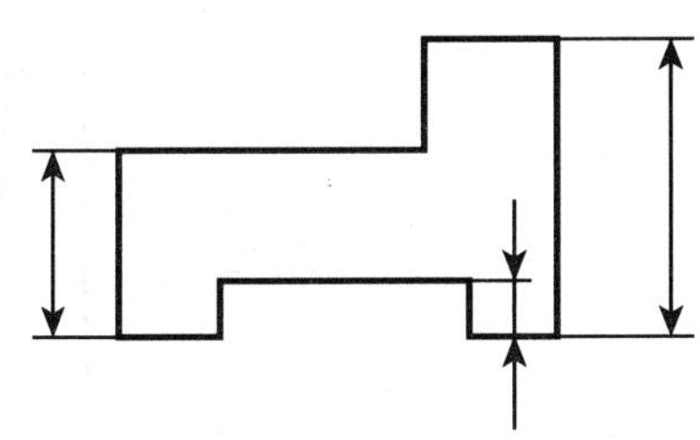

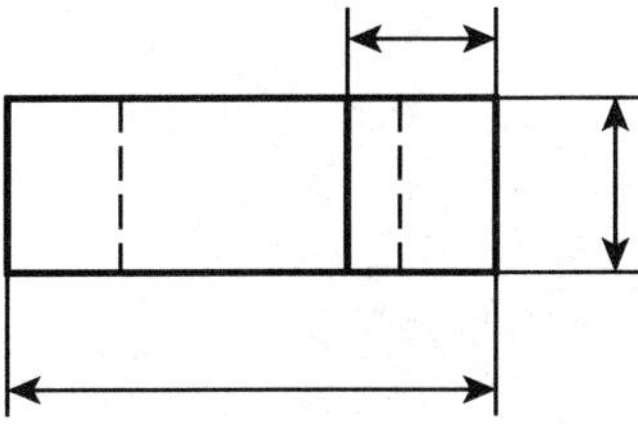

3.

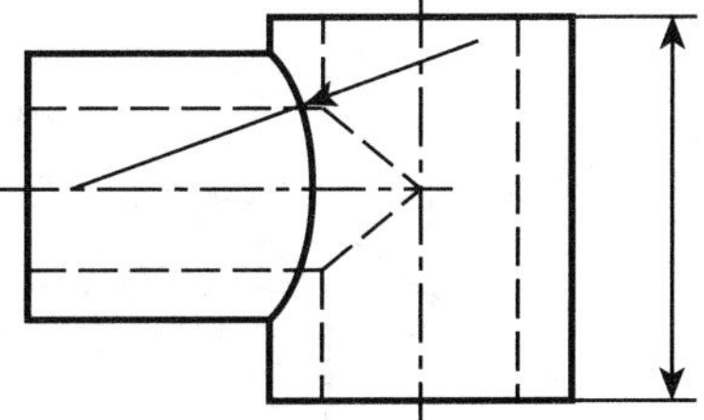

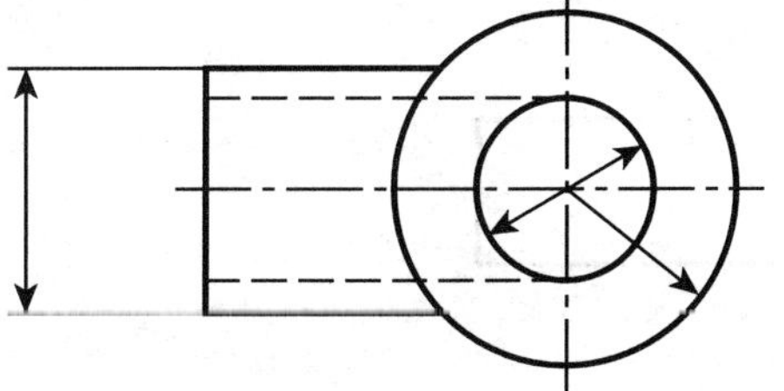

4.

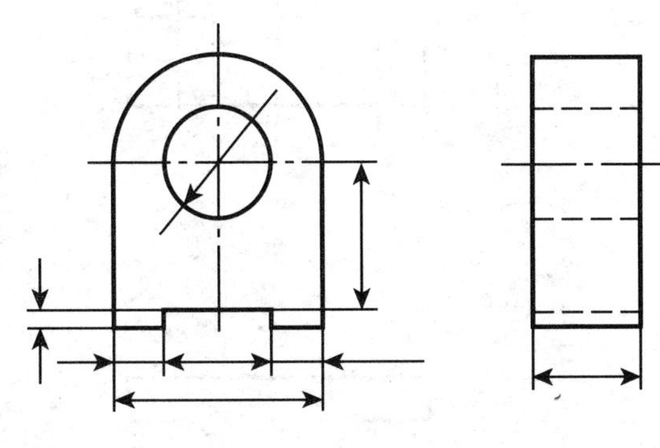

5.

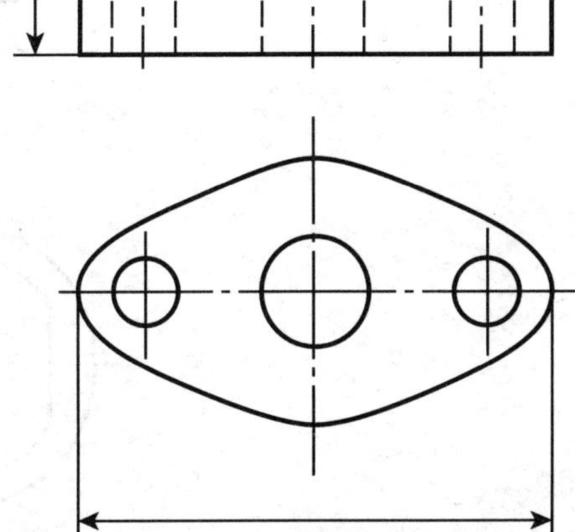

6.

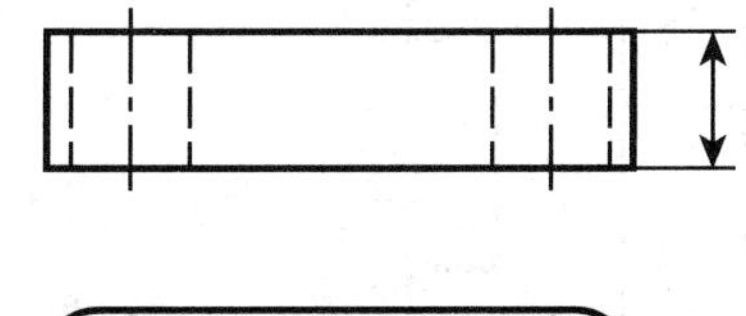

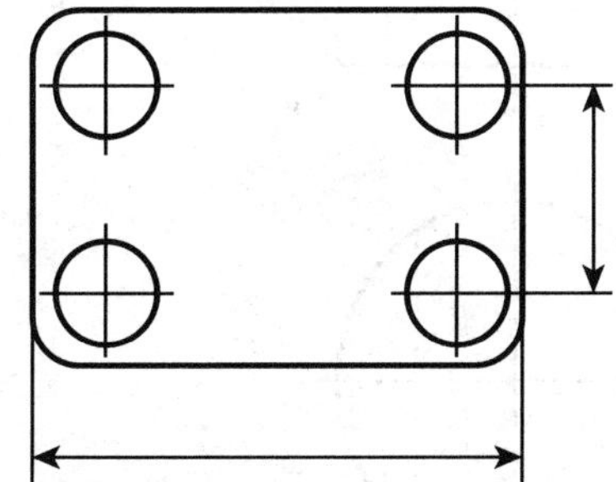

2.16　尺寸标注（三）

看懂视图，标注尺寸，尺寸大小从图上量取，取整数。

1.

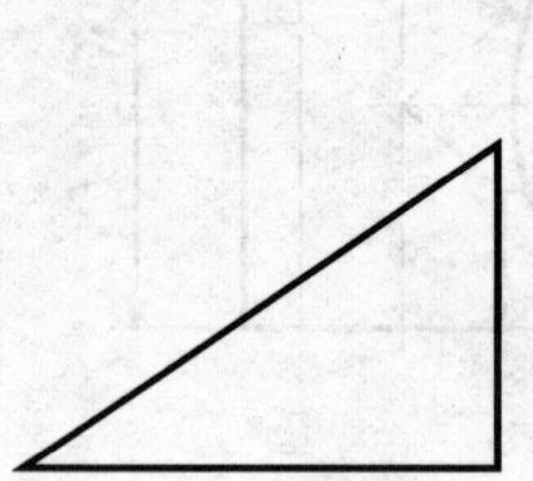

2.

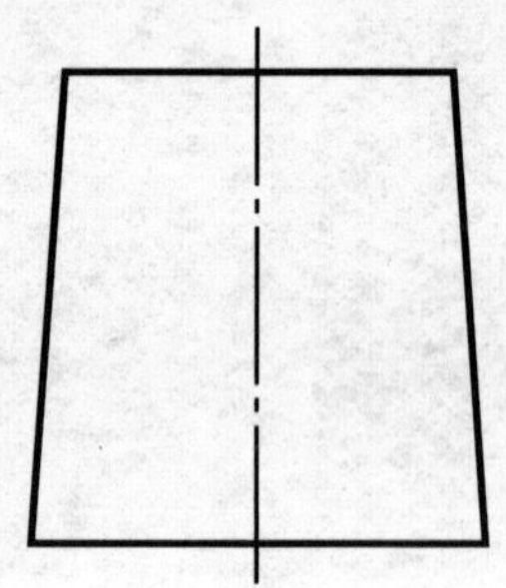

3.

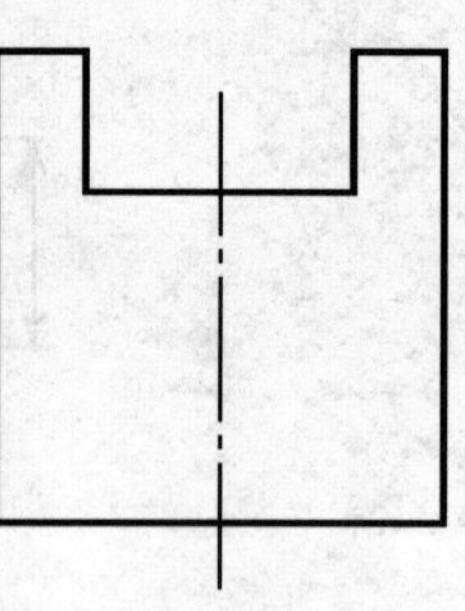

4.

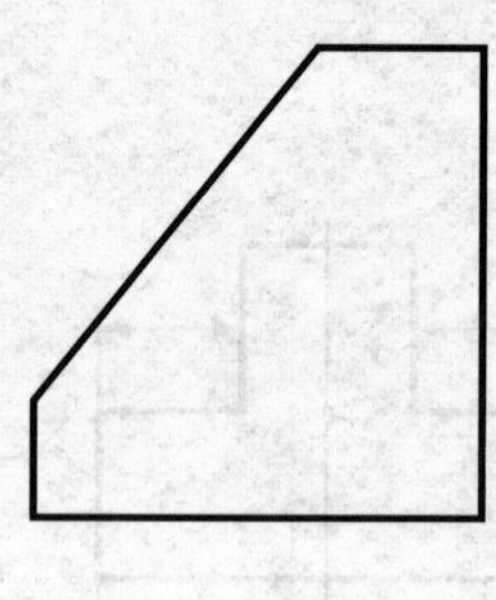

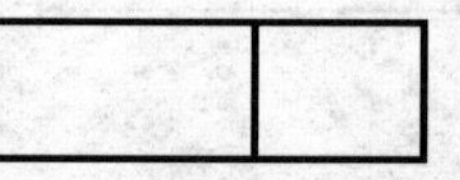

5.

6.

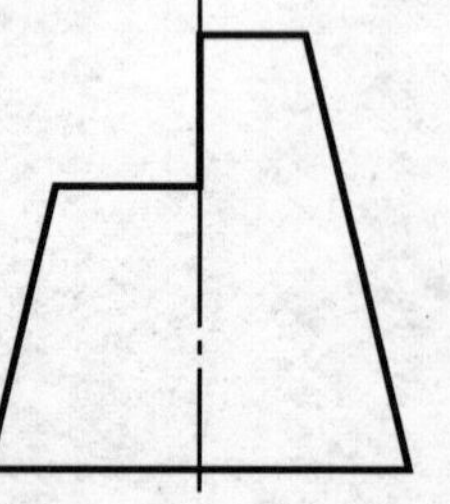

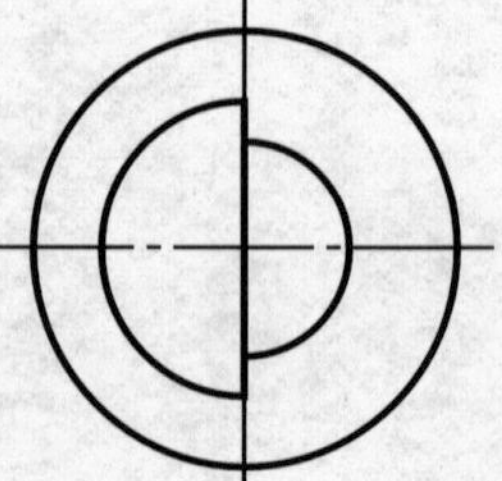

7.

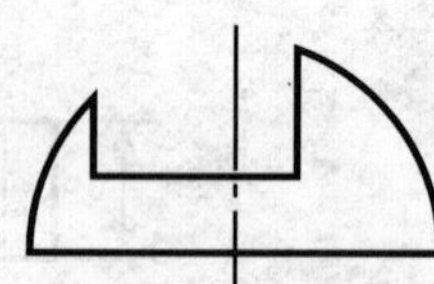

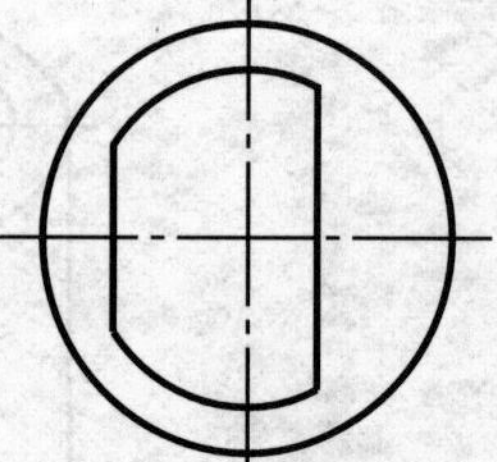

8.

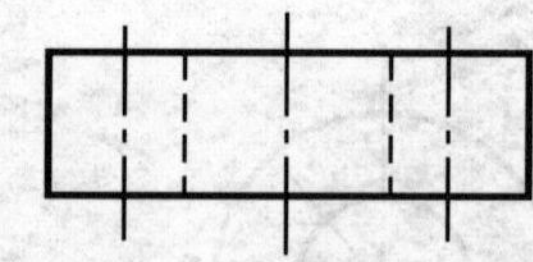

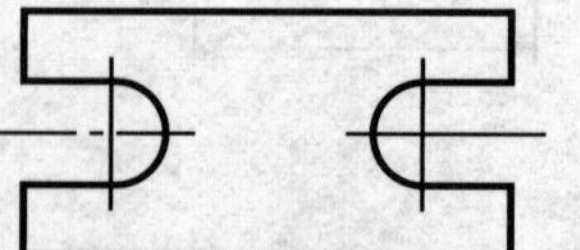

2.17　根据所给尺寸，按比例 1∶1 抄画下图

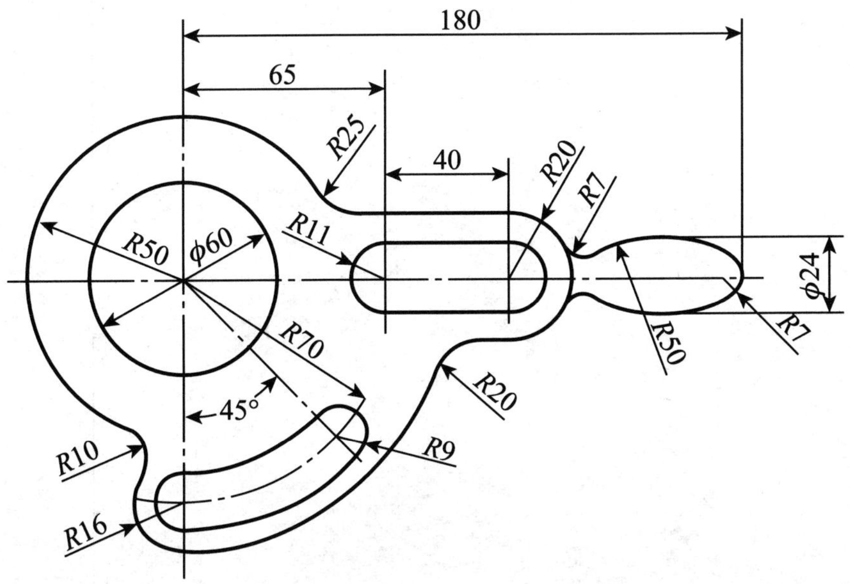

3.1 形体分析法（一）：分析形体组成，画出各基本体的立体图，并画出组合体三视图

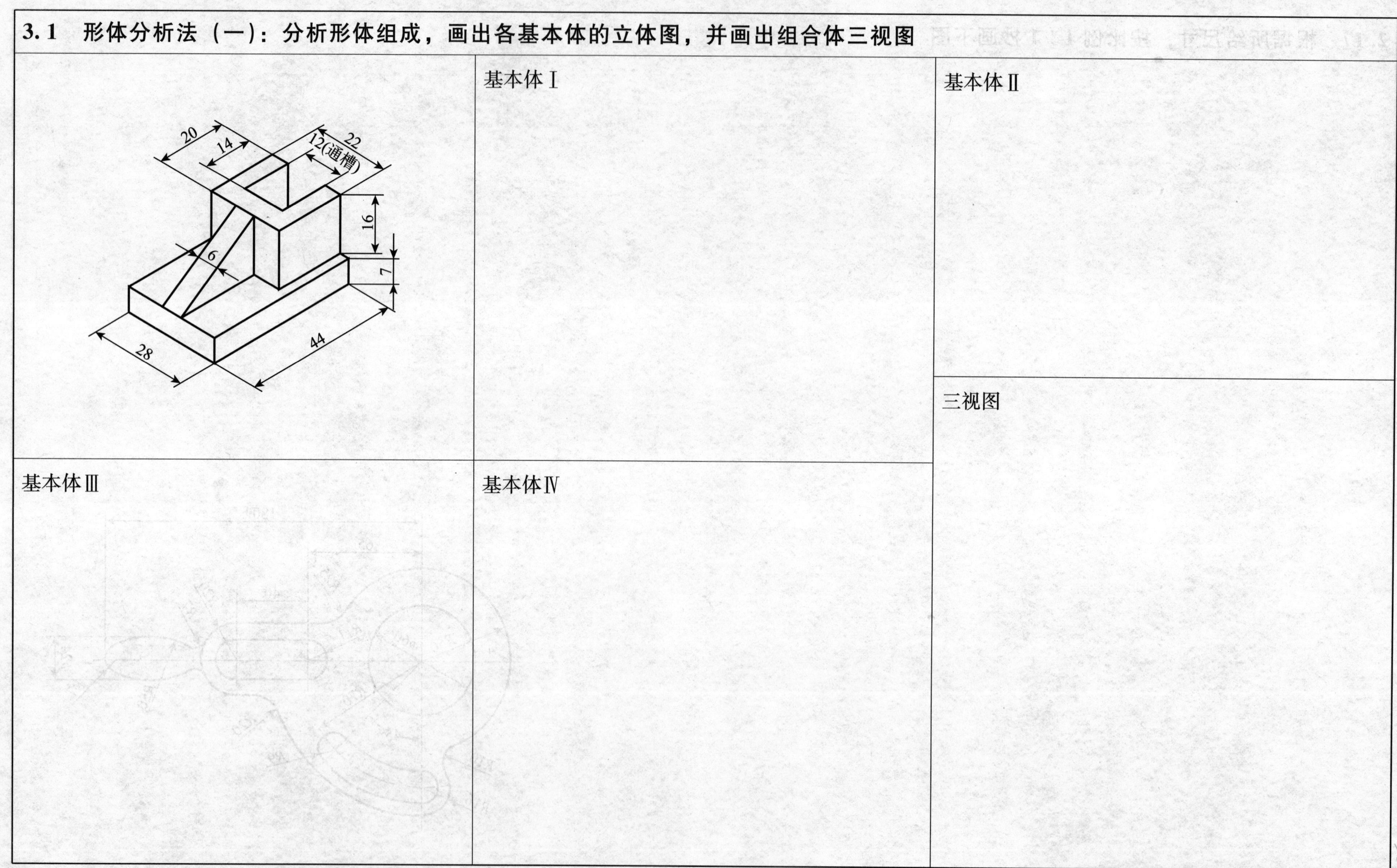

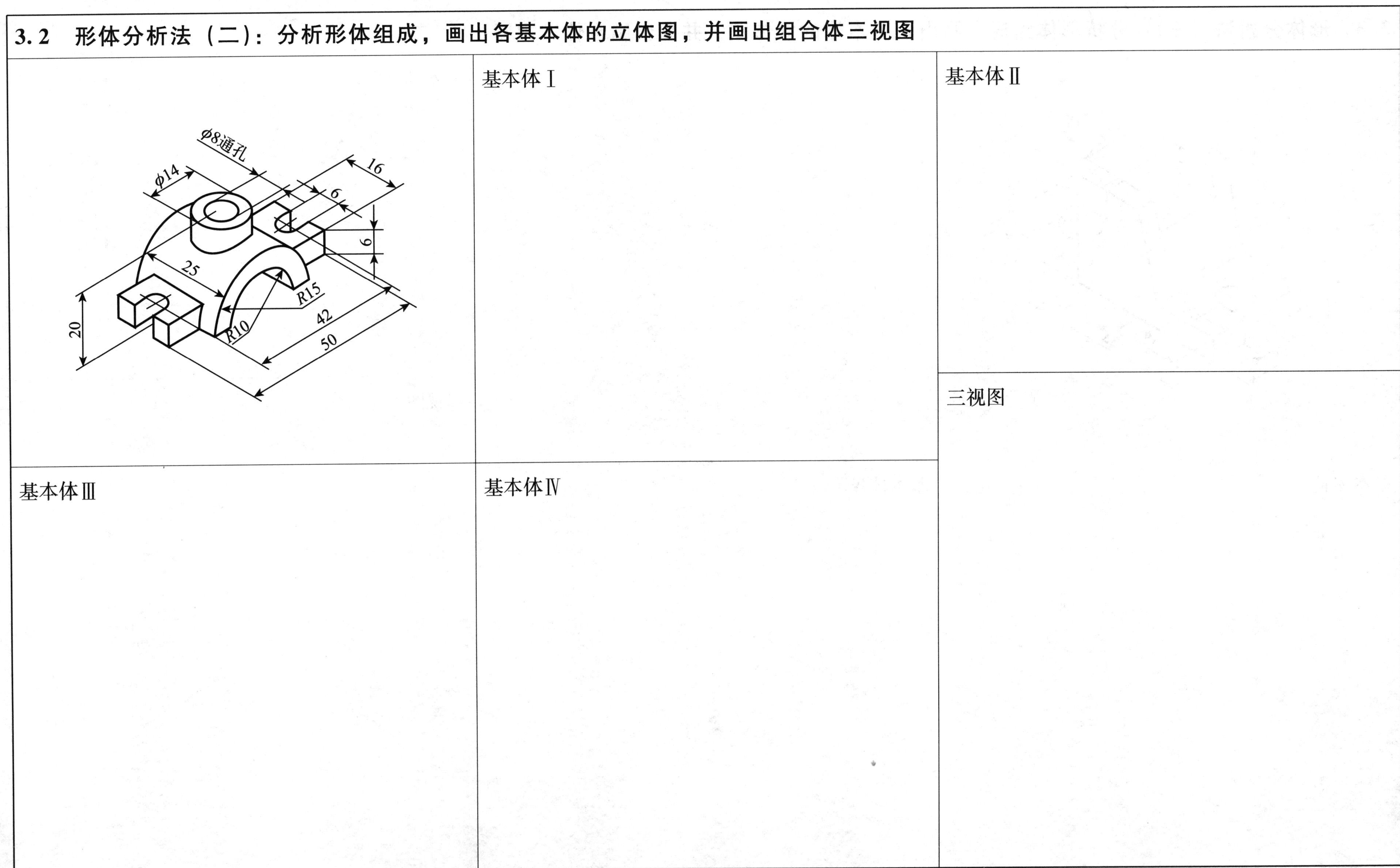

3.2　形体分析法（二）：分析形体组成，画出各基本体的立体图，并画出组合体三视图

基本体Ⅰ

基本体Ⅱ

三视图

基本体Ⅲ

基本体Ⅳ

3.3 形体分析法（三）：分析形体组成，画出各基本体的立体图，并画出组合体三视图

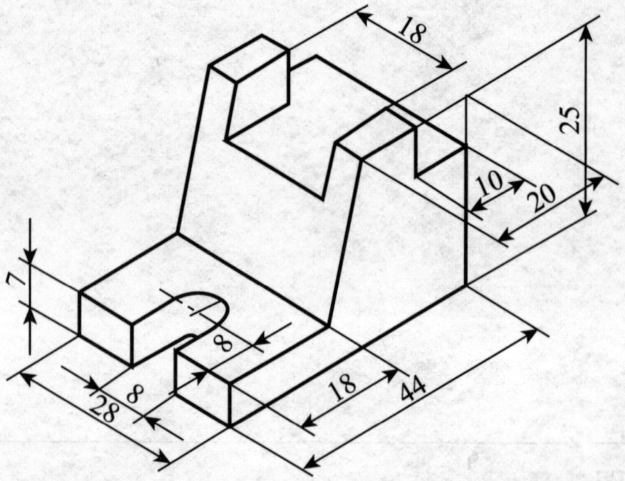

18
25
10
20
7
8
8
28
18
44

基本体Ⅰ

基本体Ⅱ

三视图

基本体Ⅲ

基本体Ⅳ

3.4　形体分析法（四）：根据立体图，分析组合体的组合方式，补画视图中所缺的线

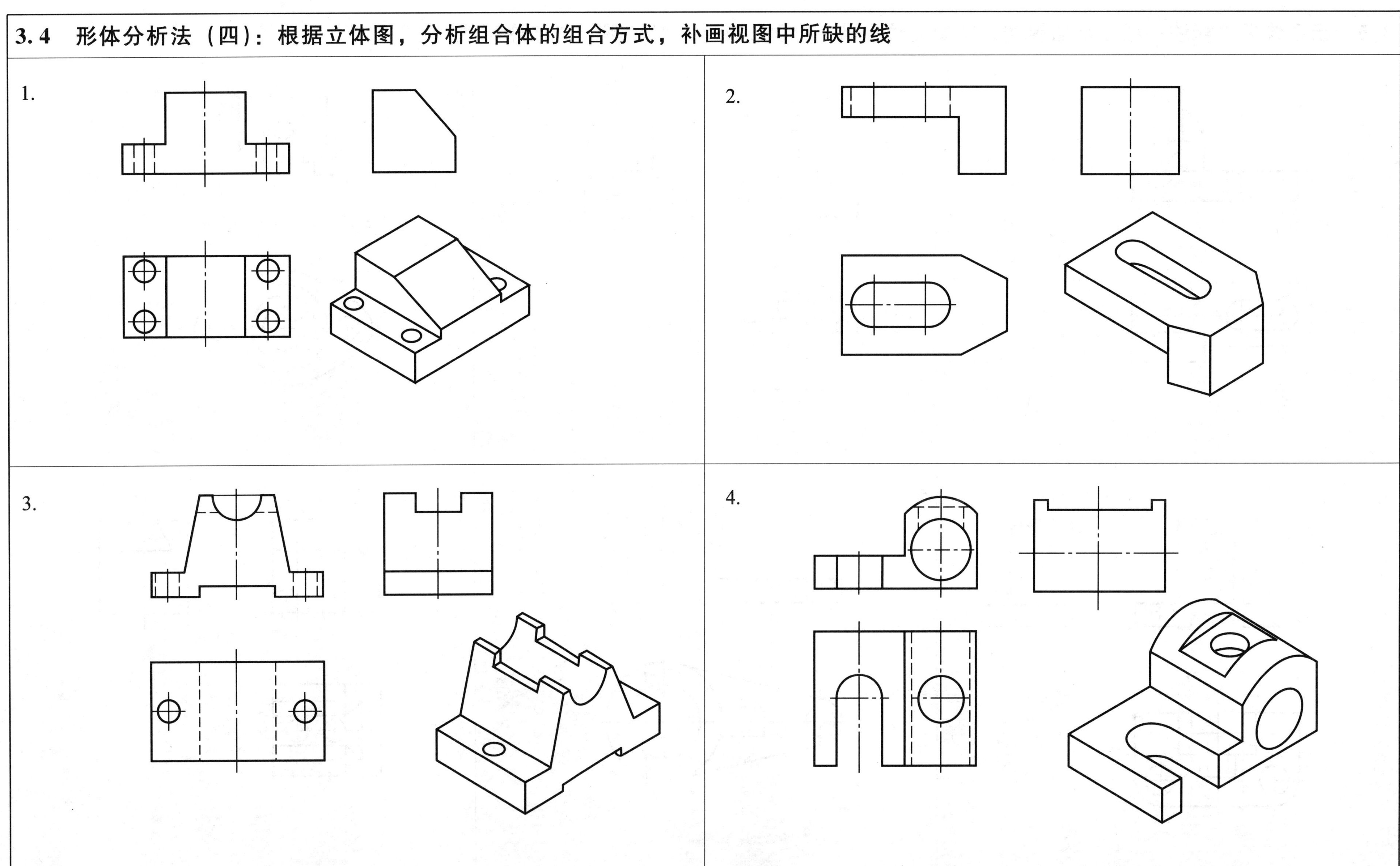

3.5　组合体尺寸标注：根据所给视图，想象立体形状，补画视图中所缺的线，并标注尺寸

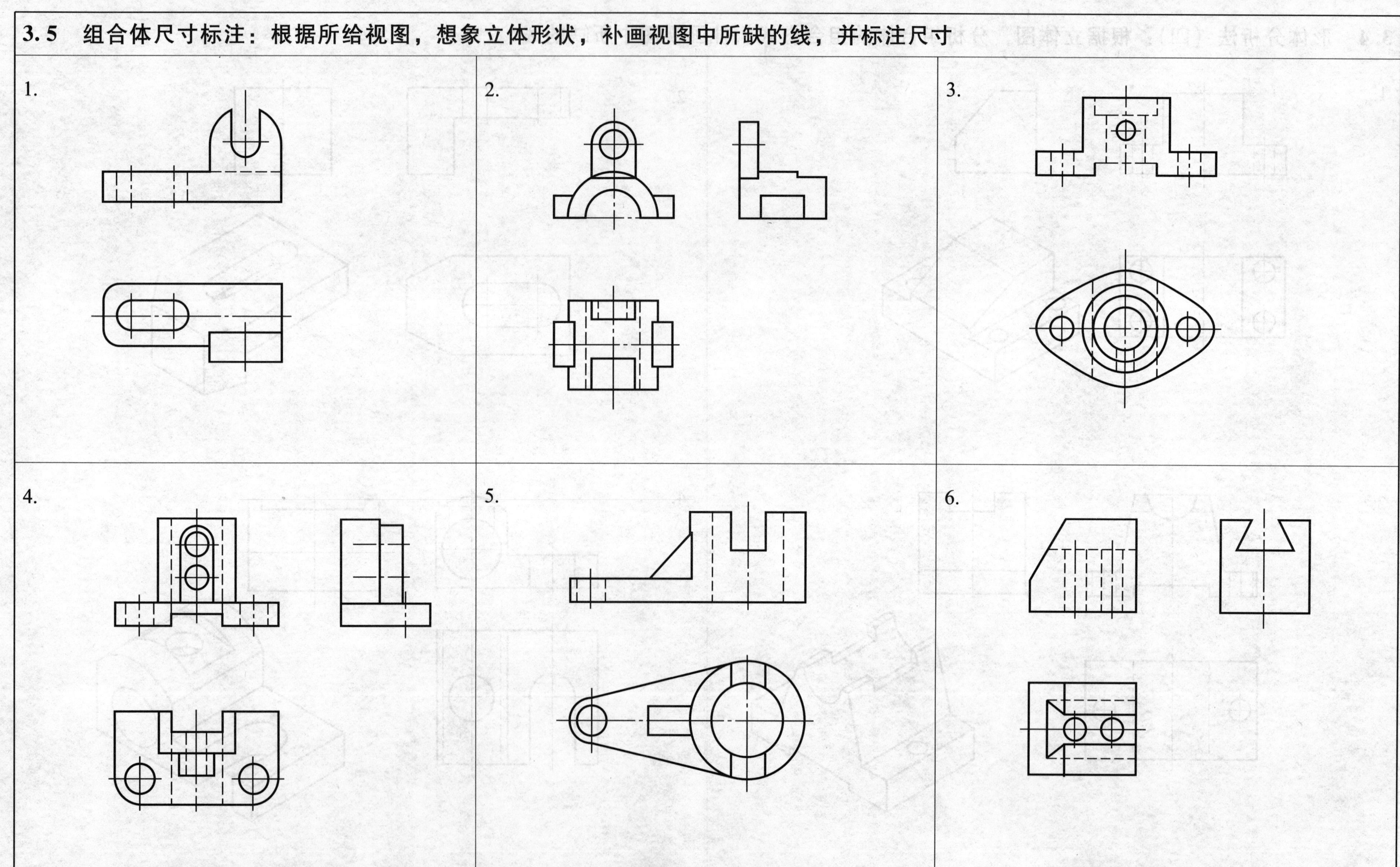

3.6 读图（一）：已知两视图，想象立体形状，选择正确的左视图，并画立体的正等测图

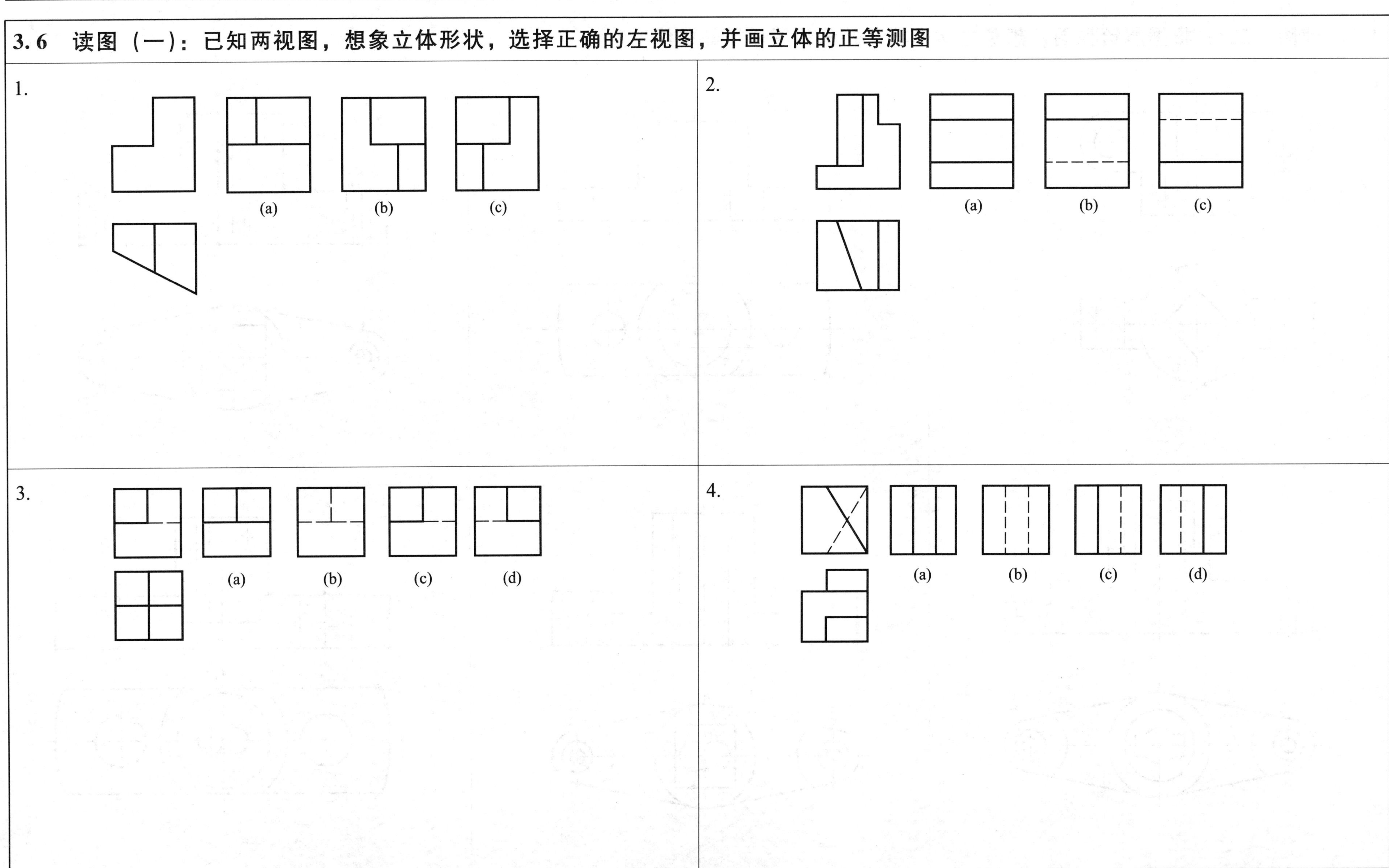

3.7 读图（二）：根据所给视图，想象立体形状，补画视图中所缺的线

1.

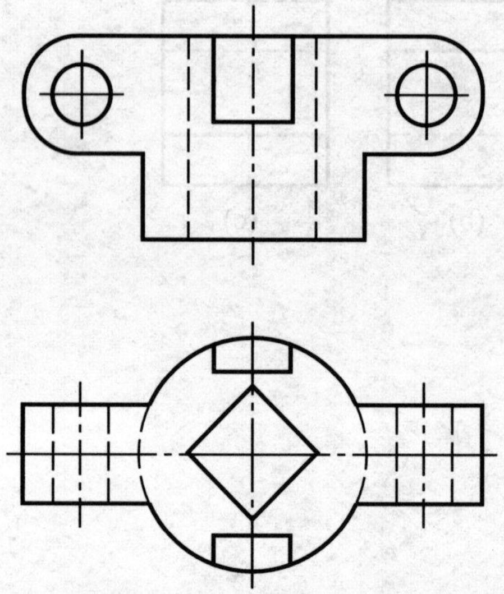

2.

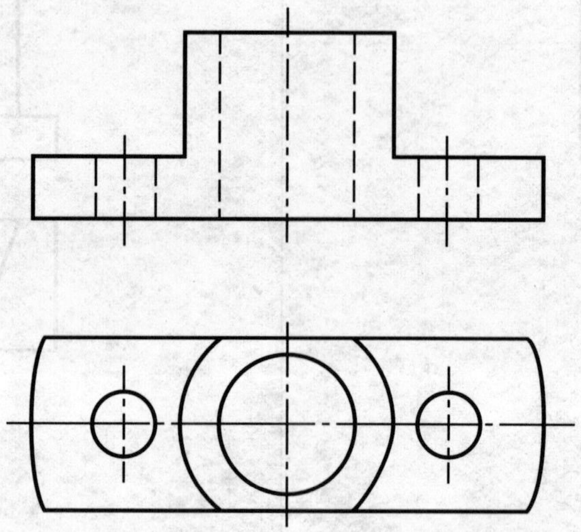

3.

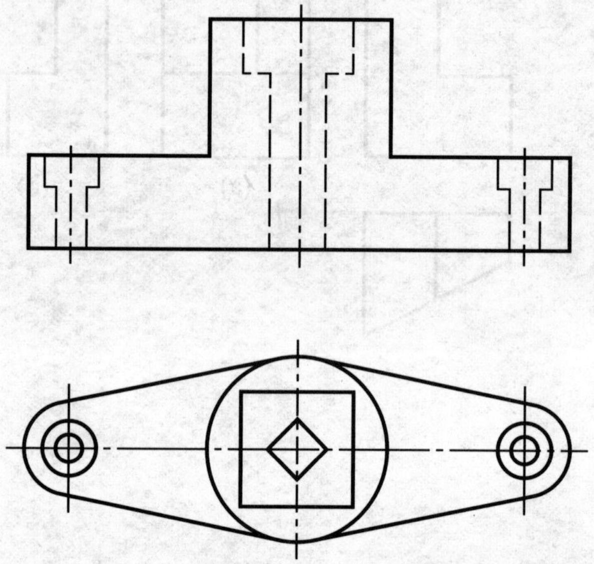

4.

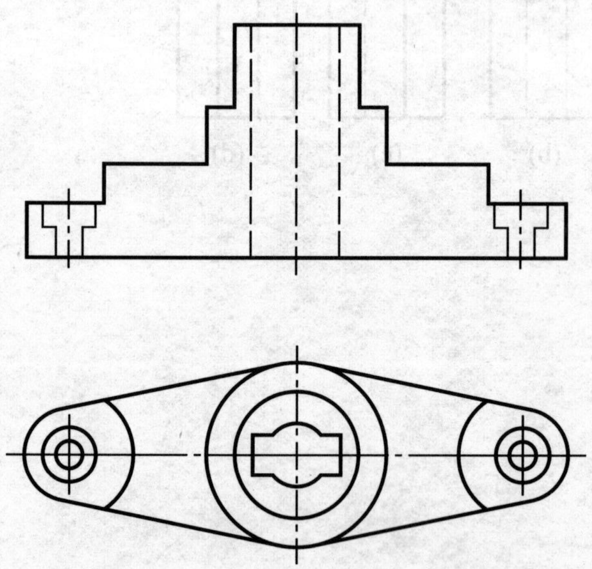

5.

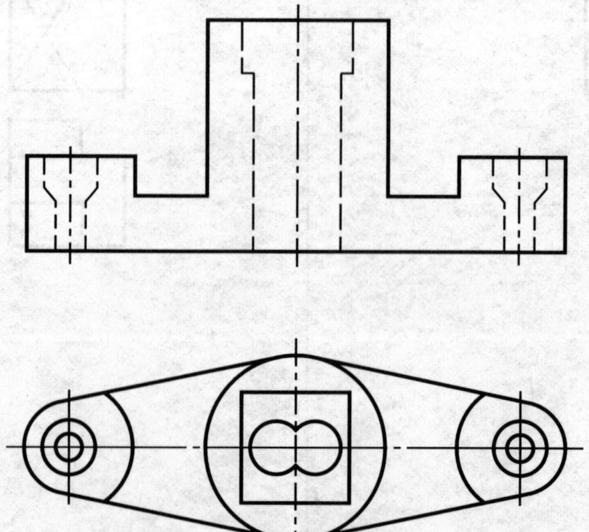

6.

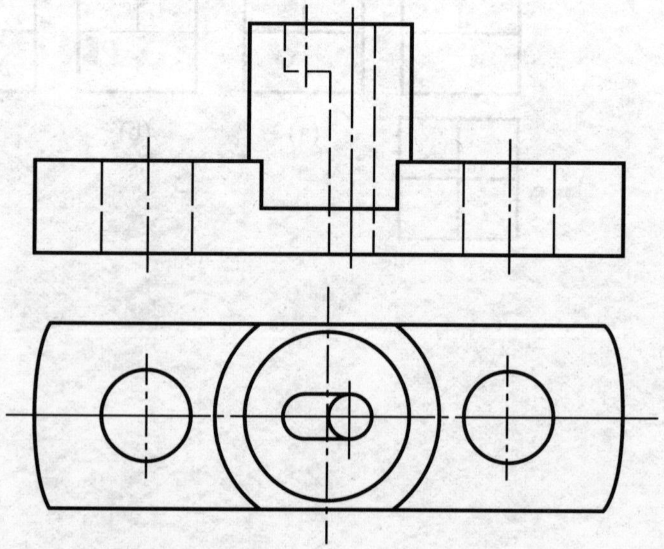

3.8 读图（三）：根据所给视图，想象立体形状，补画视图中所缺的线

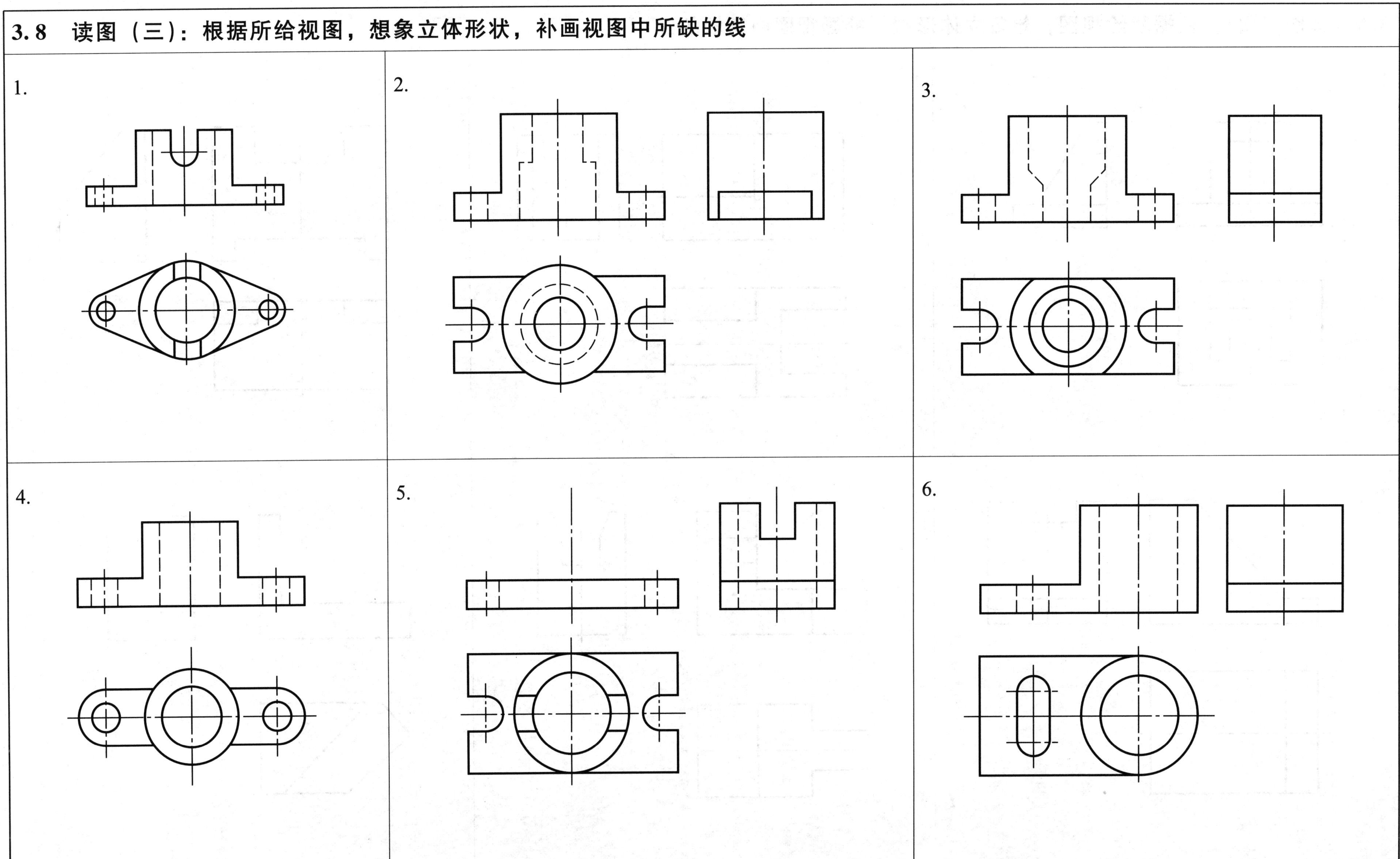

3.9　读图（四）：根据所给视图，想象立体形状，补画视图中所缺的线

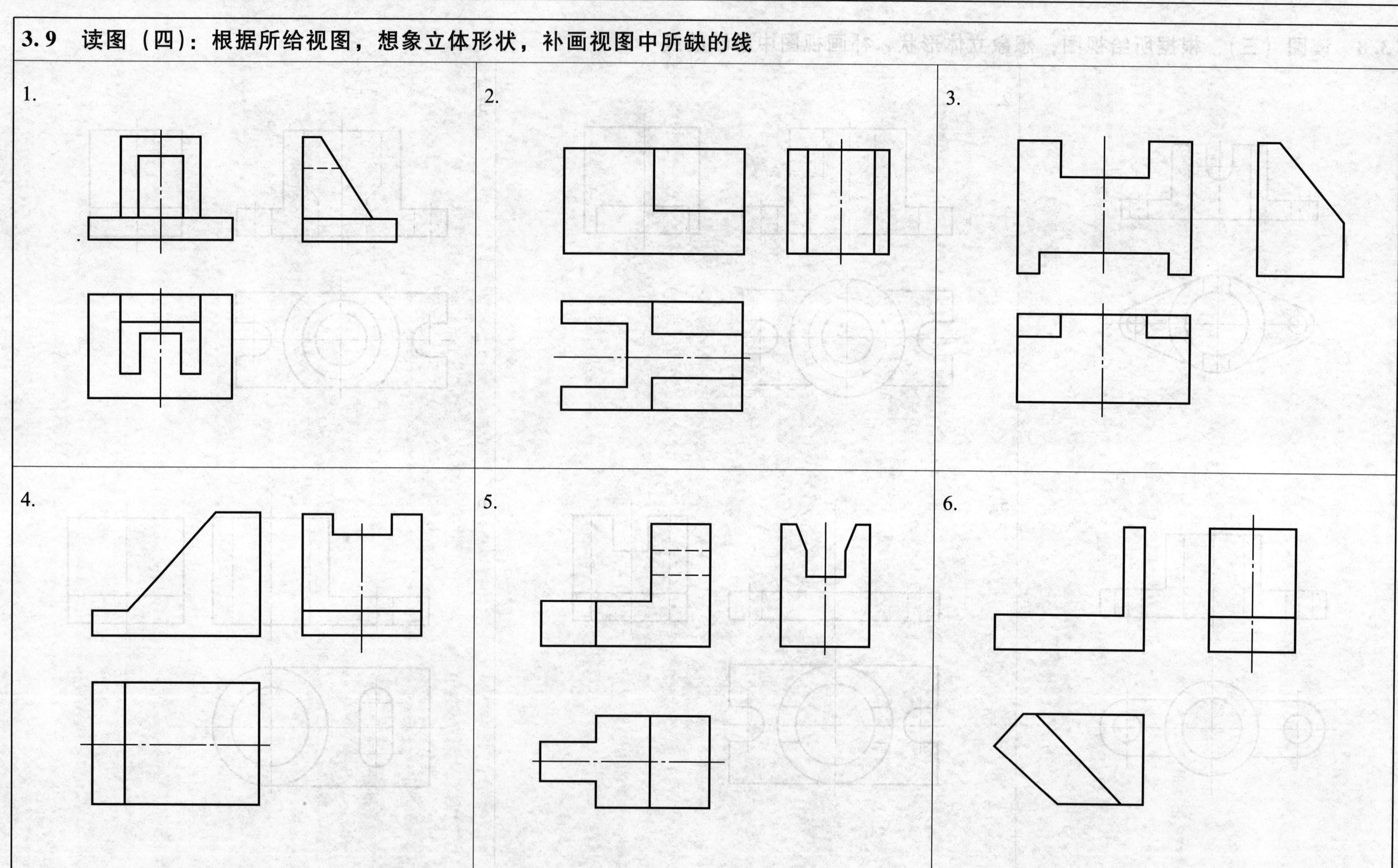

3.10　读图（五）：根据所给视图，想象立体形状，补画视图中所缺的线

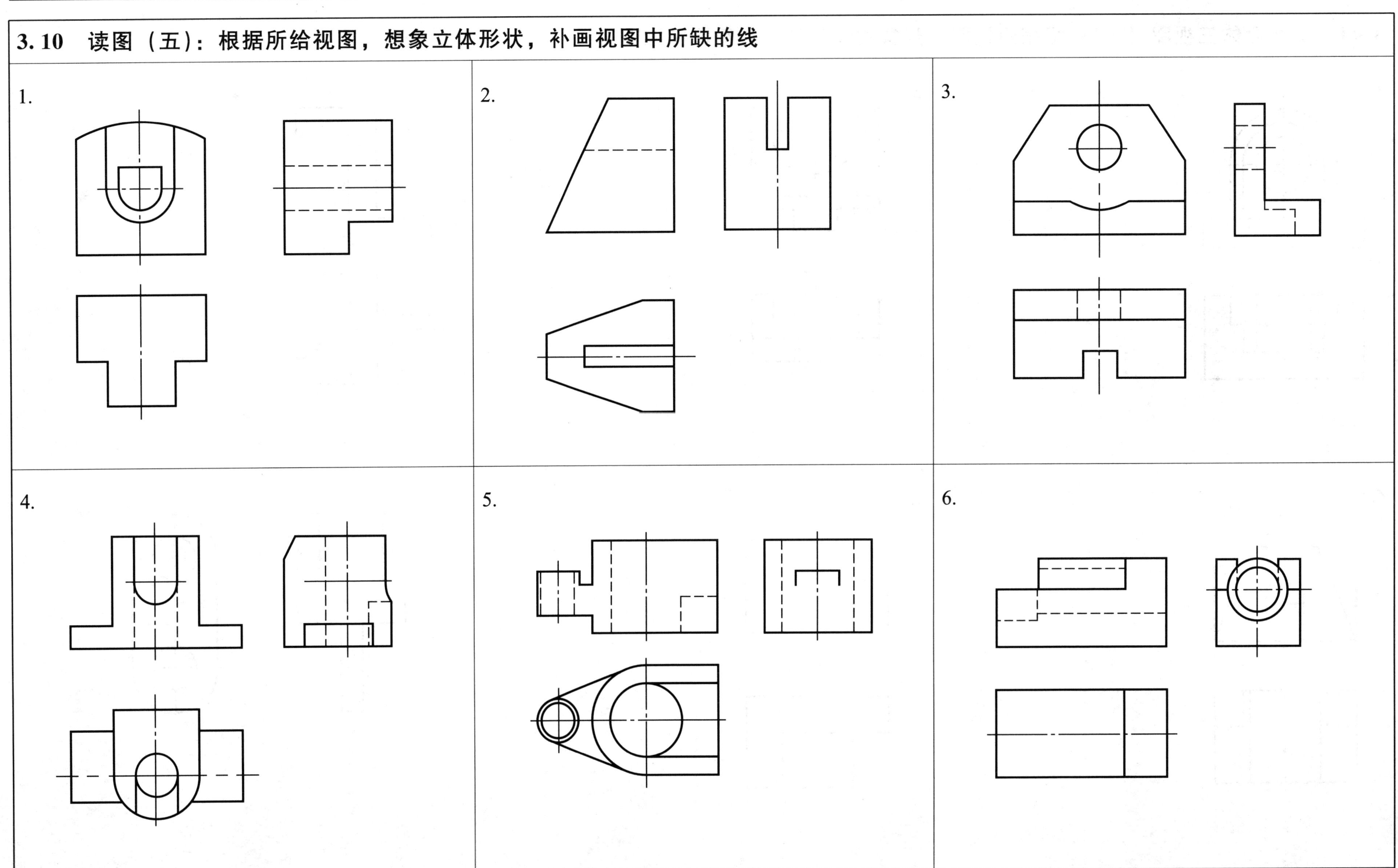

3.11 读组合体三视图（一）：根据两视图，想象立体形状，补画第三视图

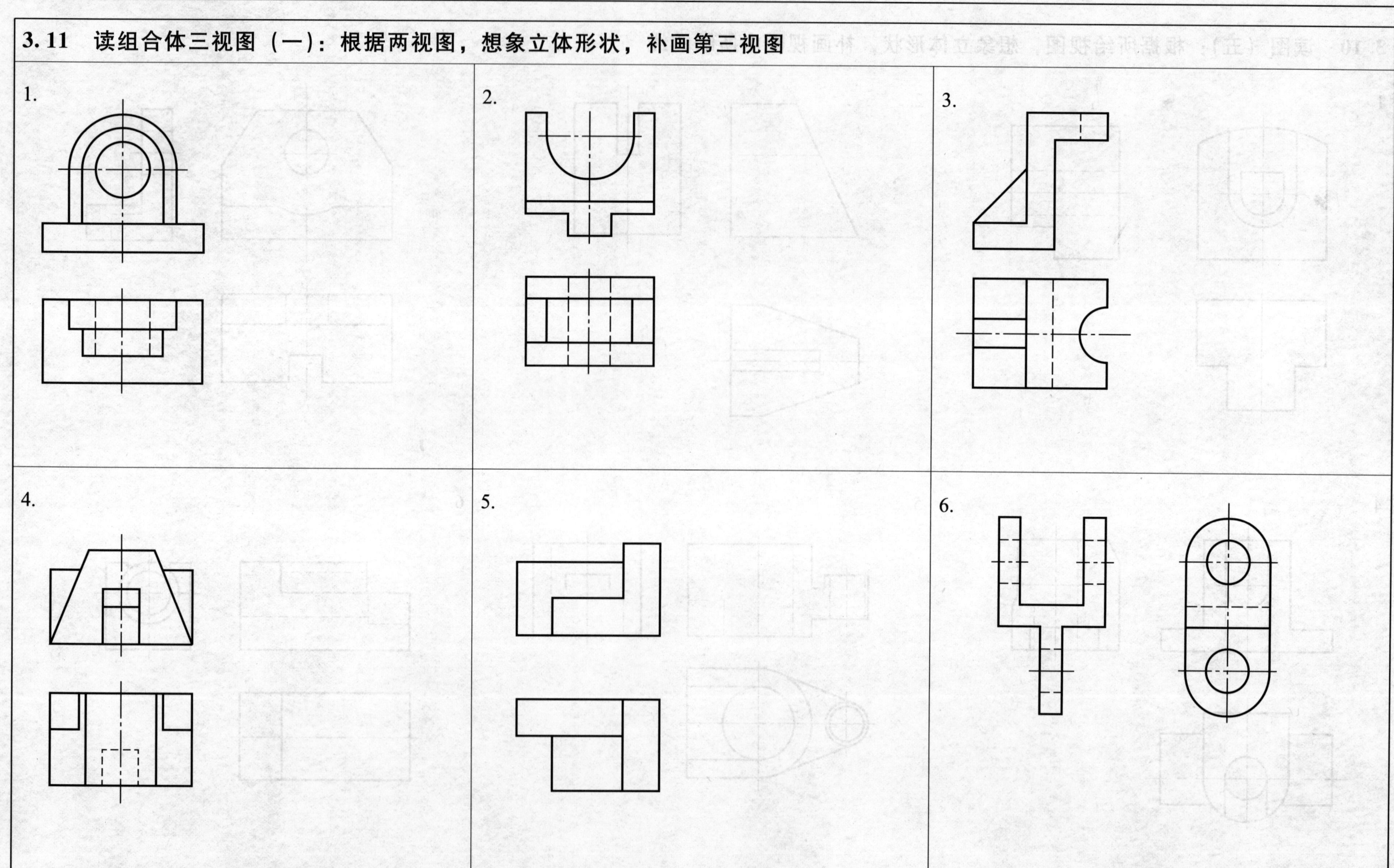

3.12 读组合体三视图（二）：根据两视图，想象立体形状，补画第三视图

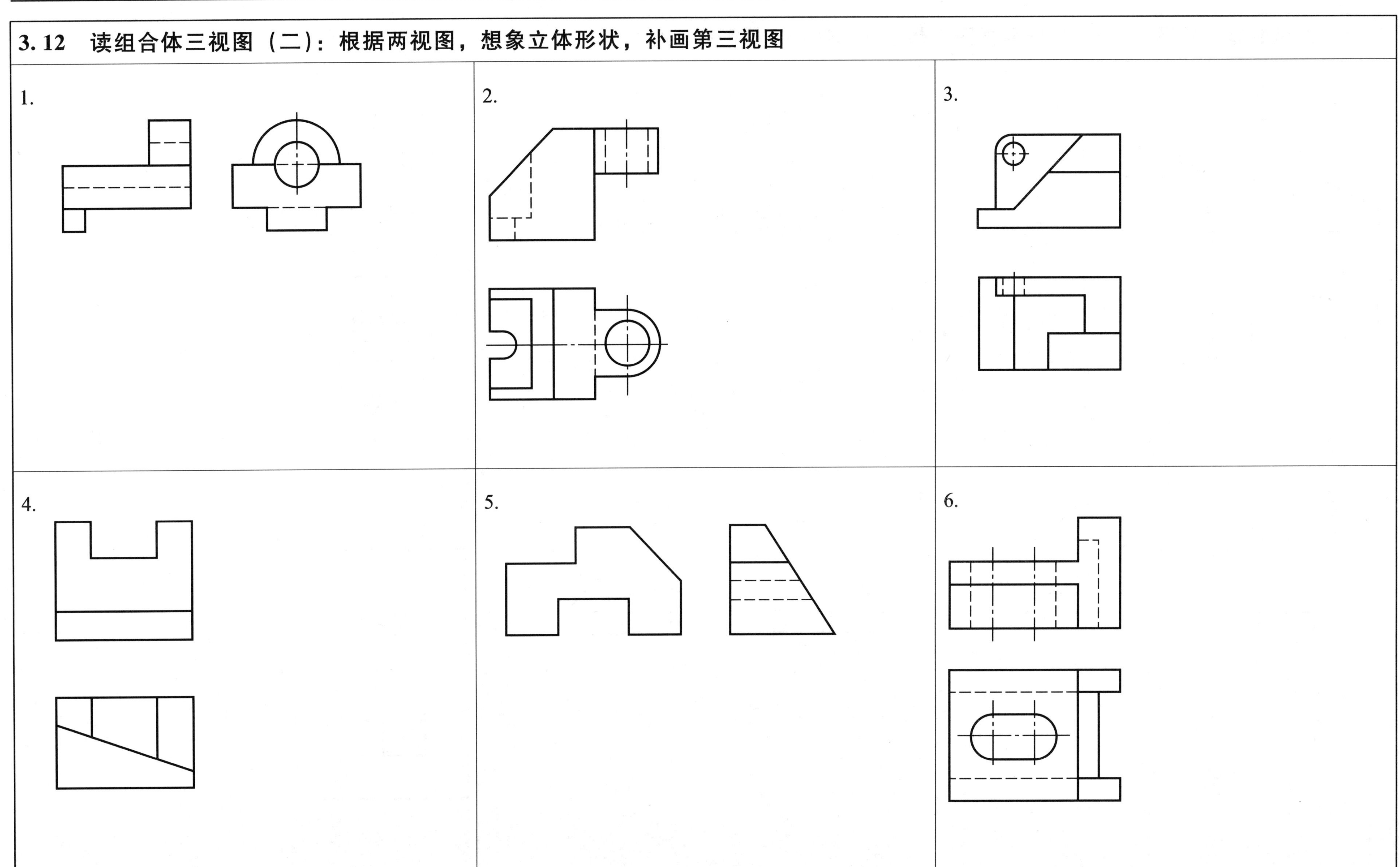

3.13　读组合体三视图（三）：根据两视图，想象立体形状，补画第三视图

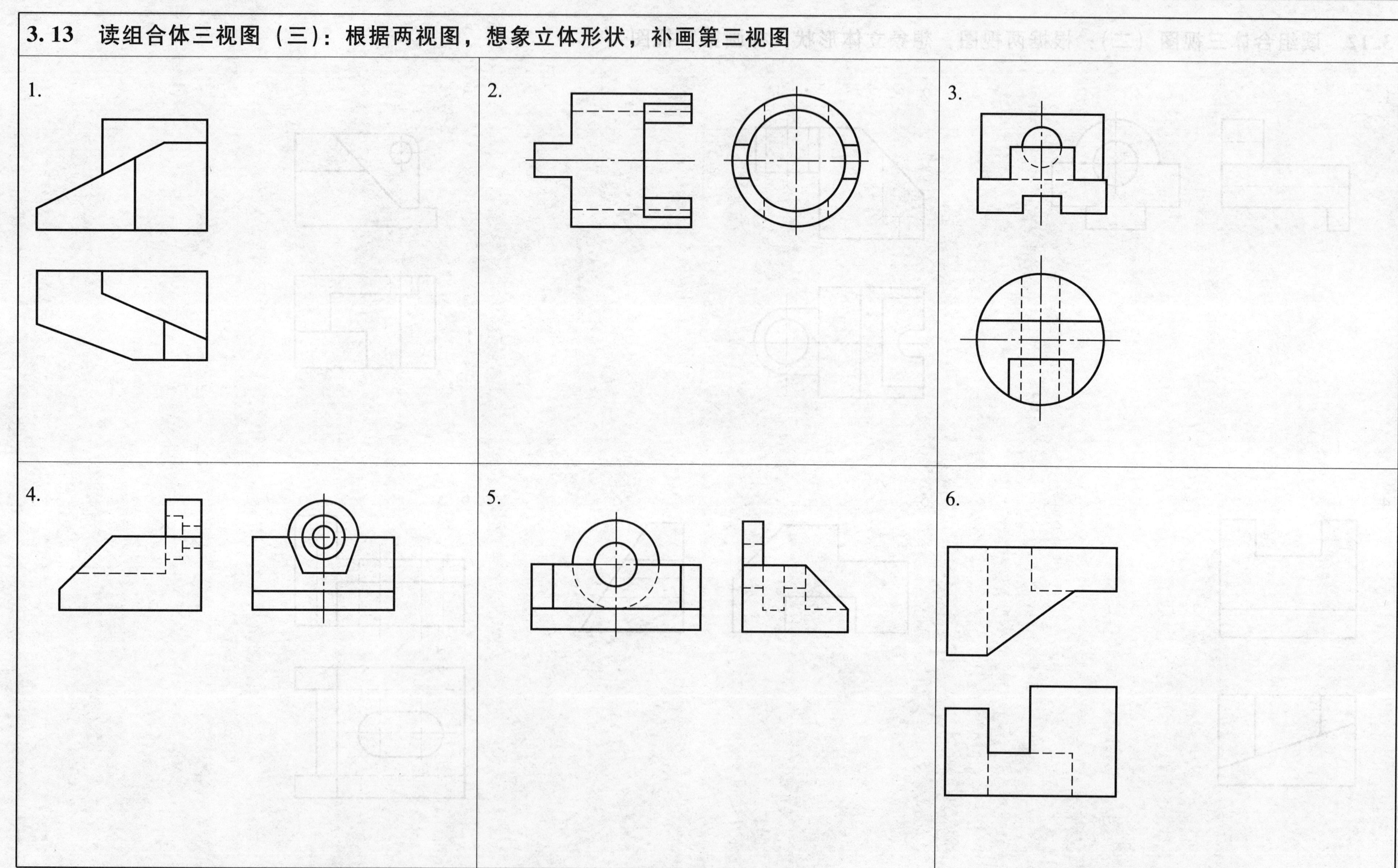

3.14　读组合体三视图（四）：根据两视图，想象立体形状，补画第三视图

1.	2.	3.
4.	5.	6.

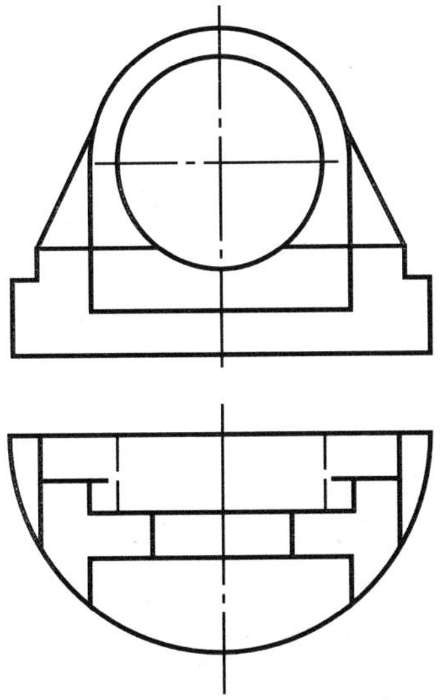

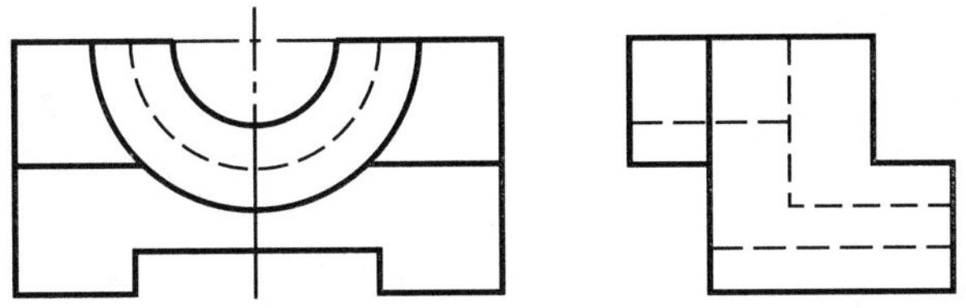

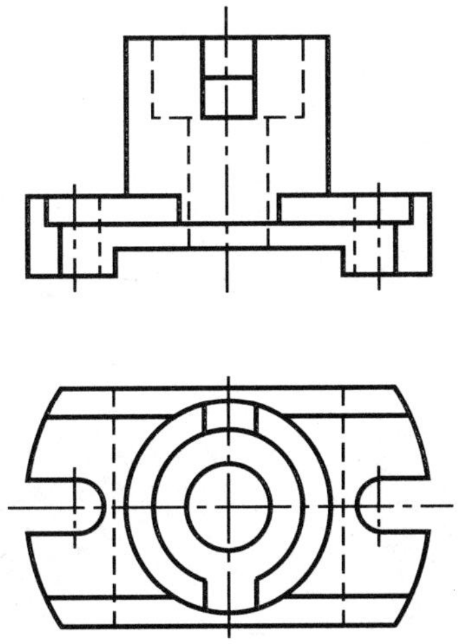

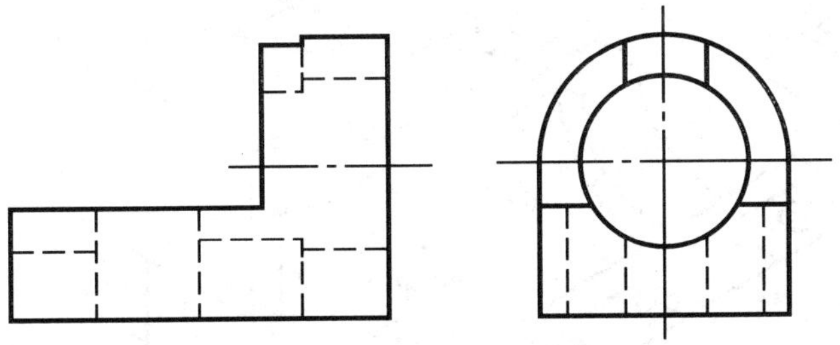

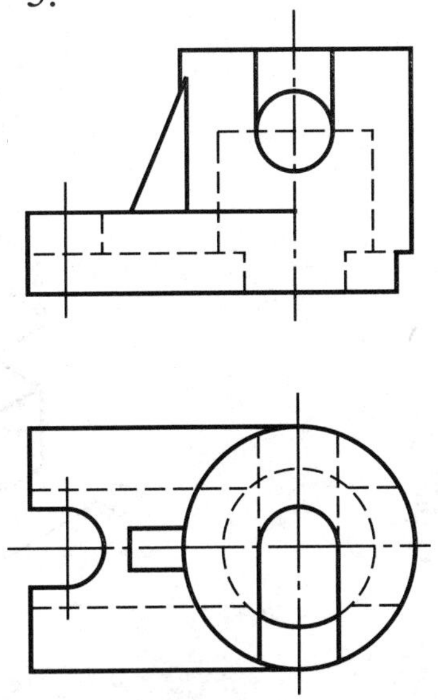

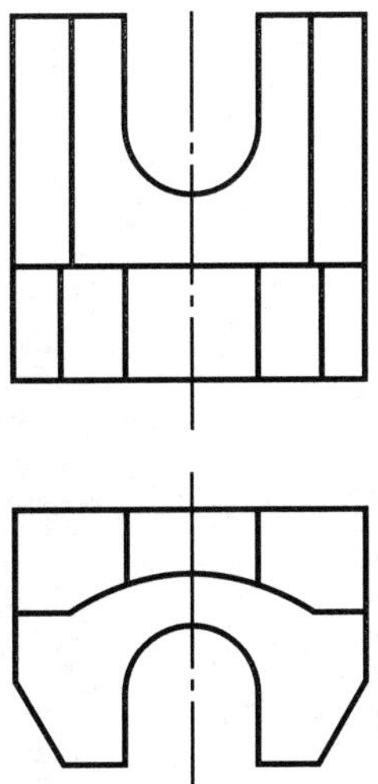

3.15 画组合体三视图（一）：根据立体图，分析形体组成方式，用形体分析法画出立体的三视图并标注尺寸

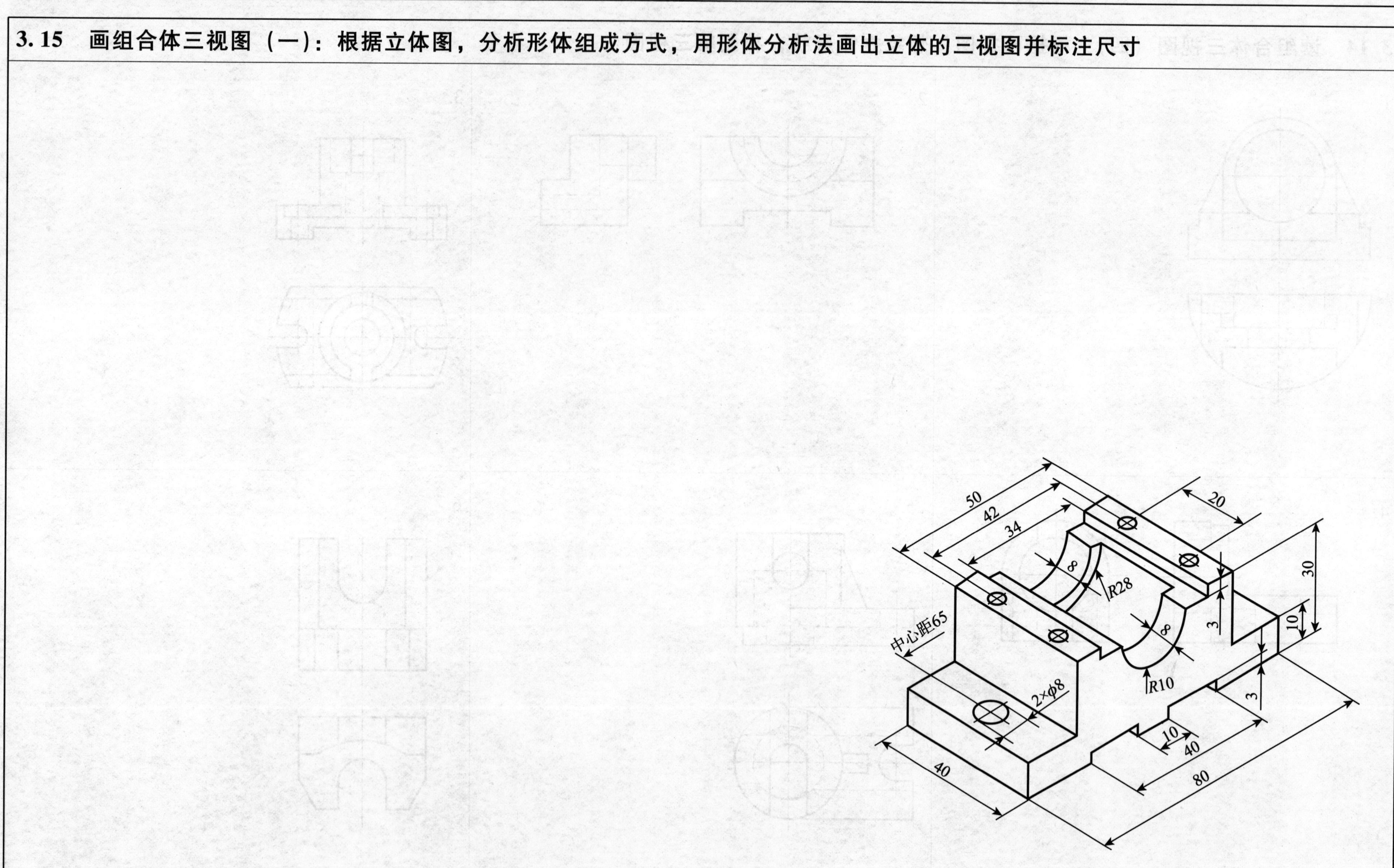

3.16　画组合体三视图（二）：根据立体图，分析形体组成方式，用形体分析法画出立体的三视图并标注尺寸

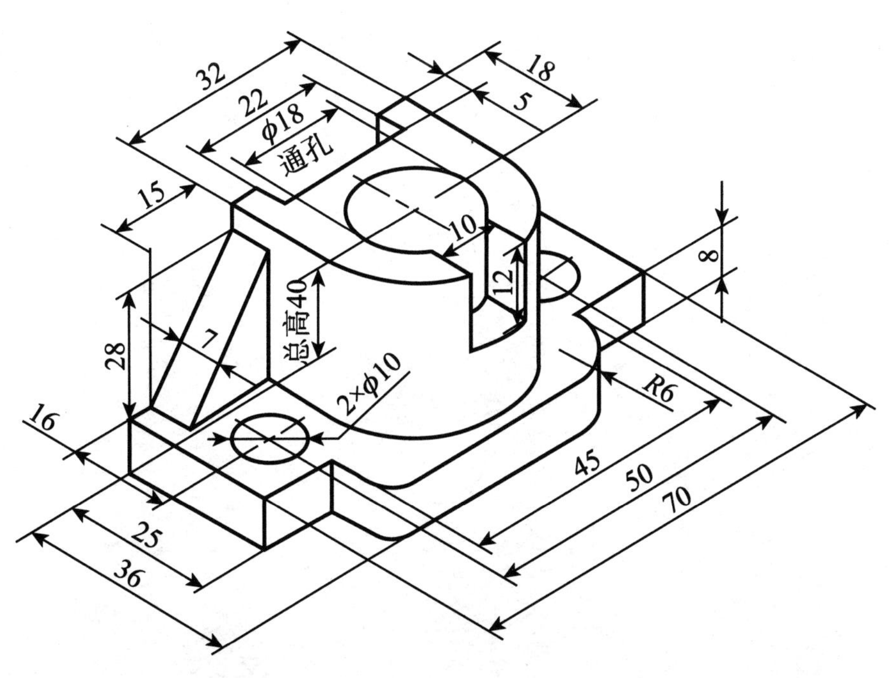

4.1　基本视图：根据轴测图及主、俯、左视图，补画右、后、仰三视图

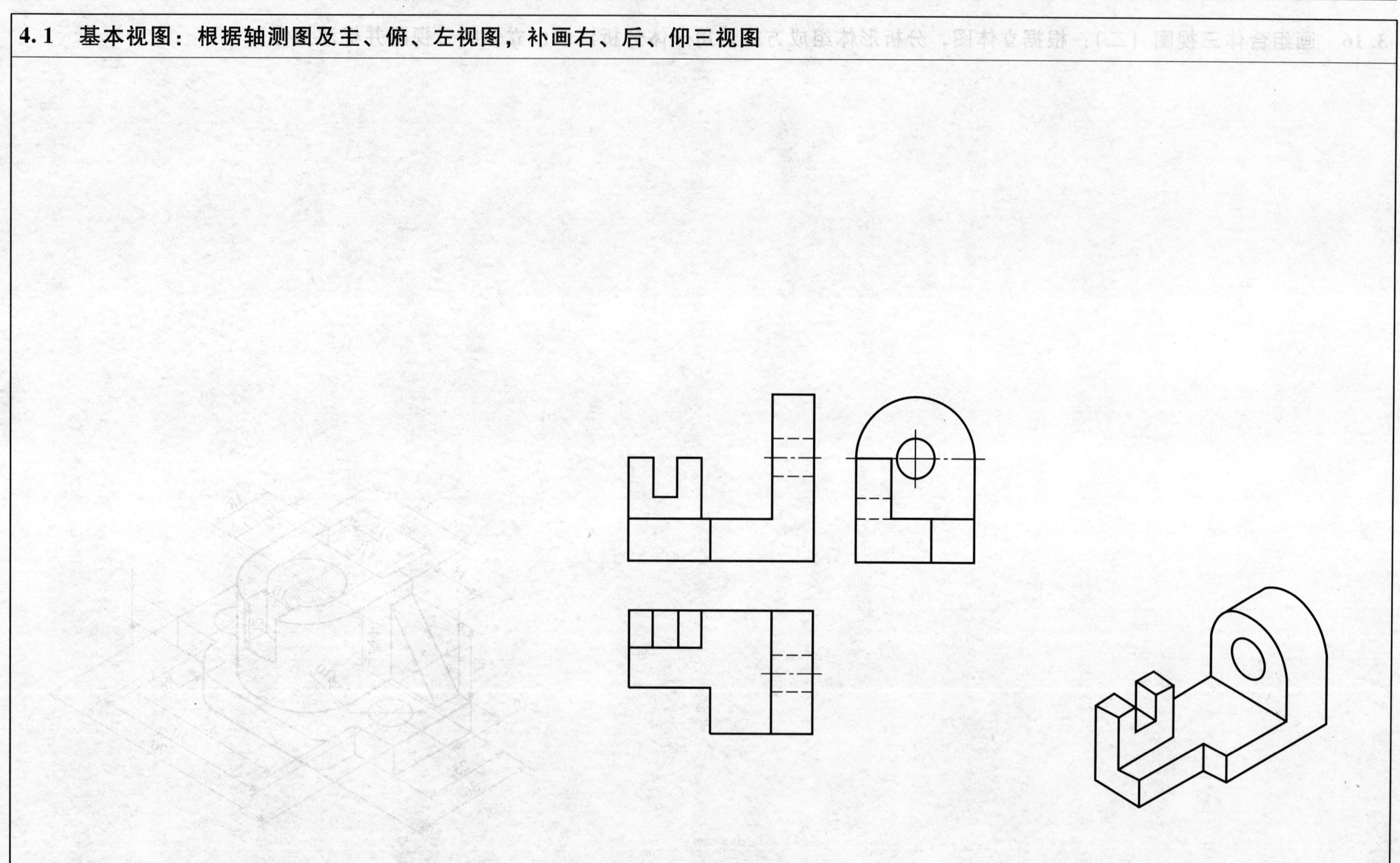

4.2　向视图：画出机件的 A 向、B 向局部视图

1.

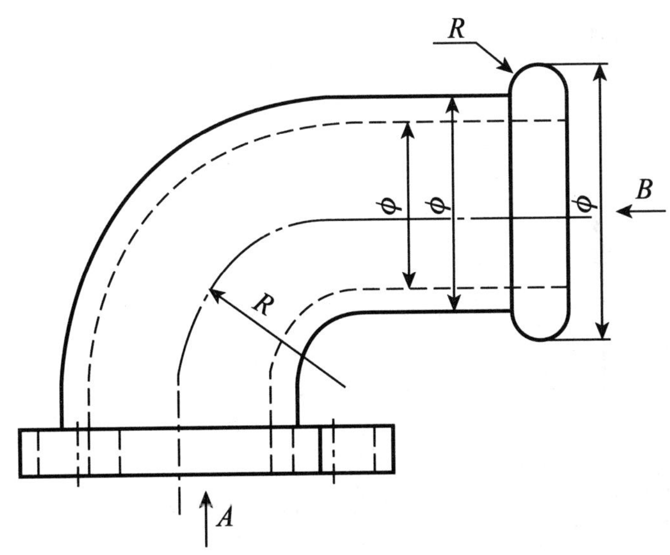

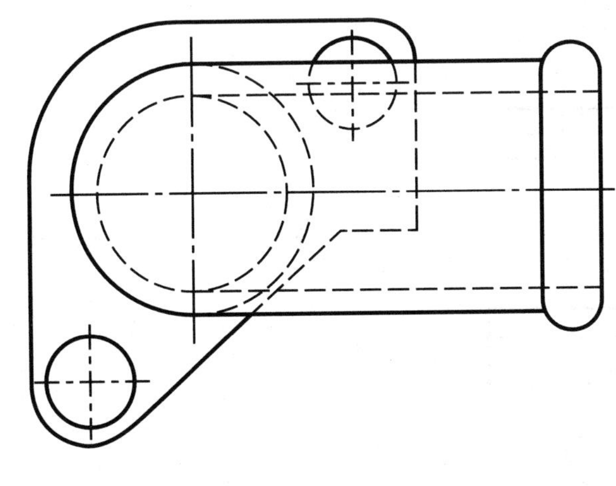

2.

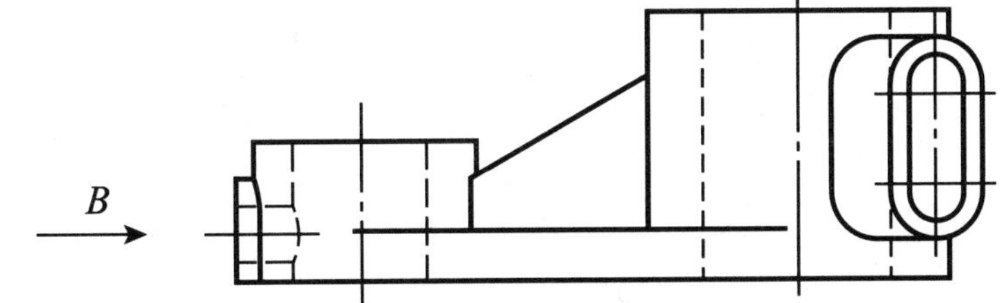

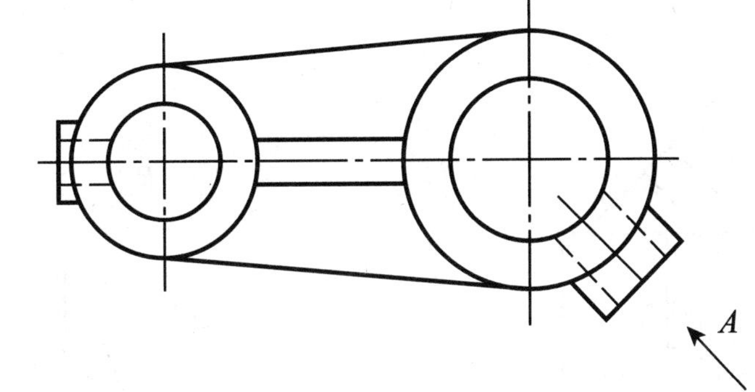

4.3　向视图、斜视图及局部视图：画出机件的 A 向、B 向局部视图

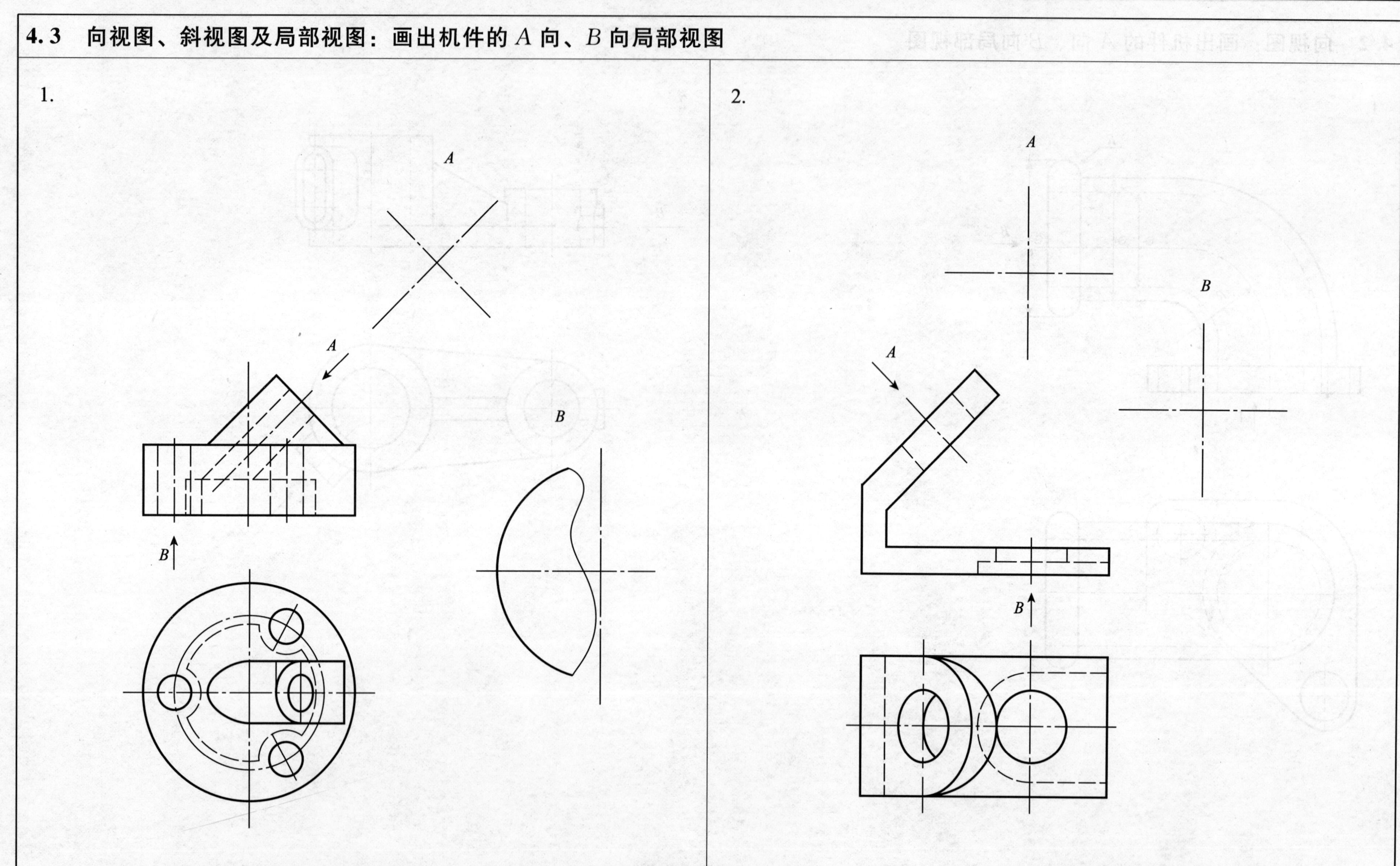

　　班级　　姓名　　学号

4.4　全剖视图（一）：在指定位置将主视图改画成全剖视图

4.5　全剖视图（二）：补画全剖视图中的漏线

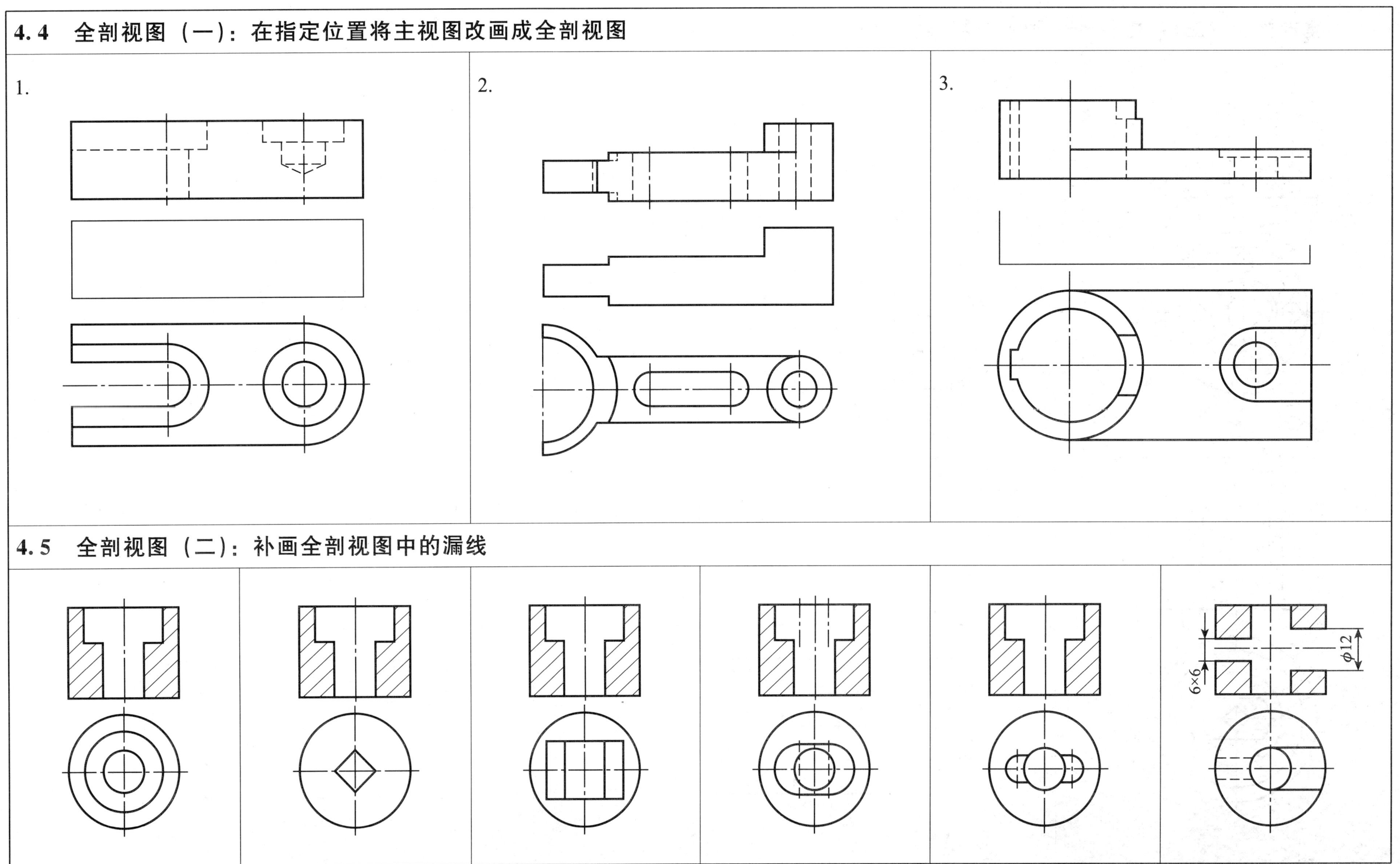

4.6　全剖视图（三）：补画全剖视图中的漏线

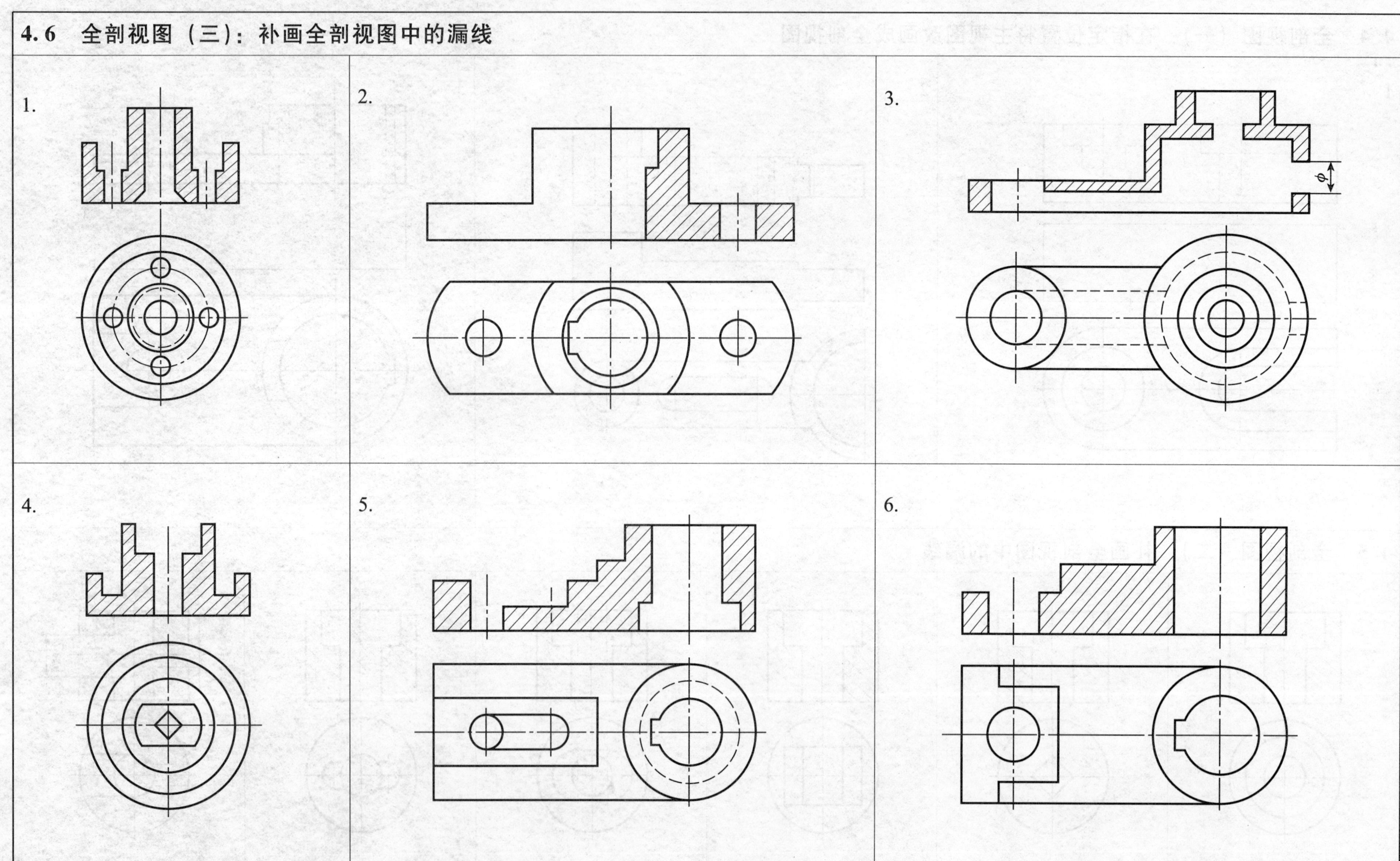

4.7　全剖视图（四）：补画全剖视图的第三视图

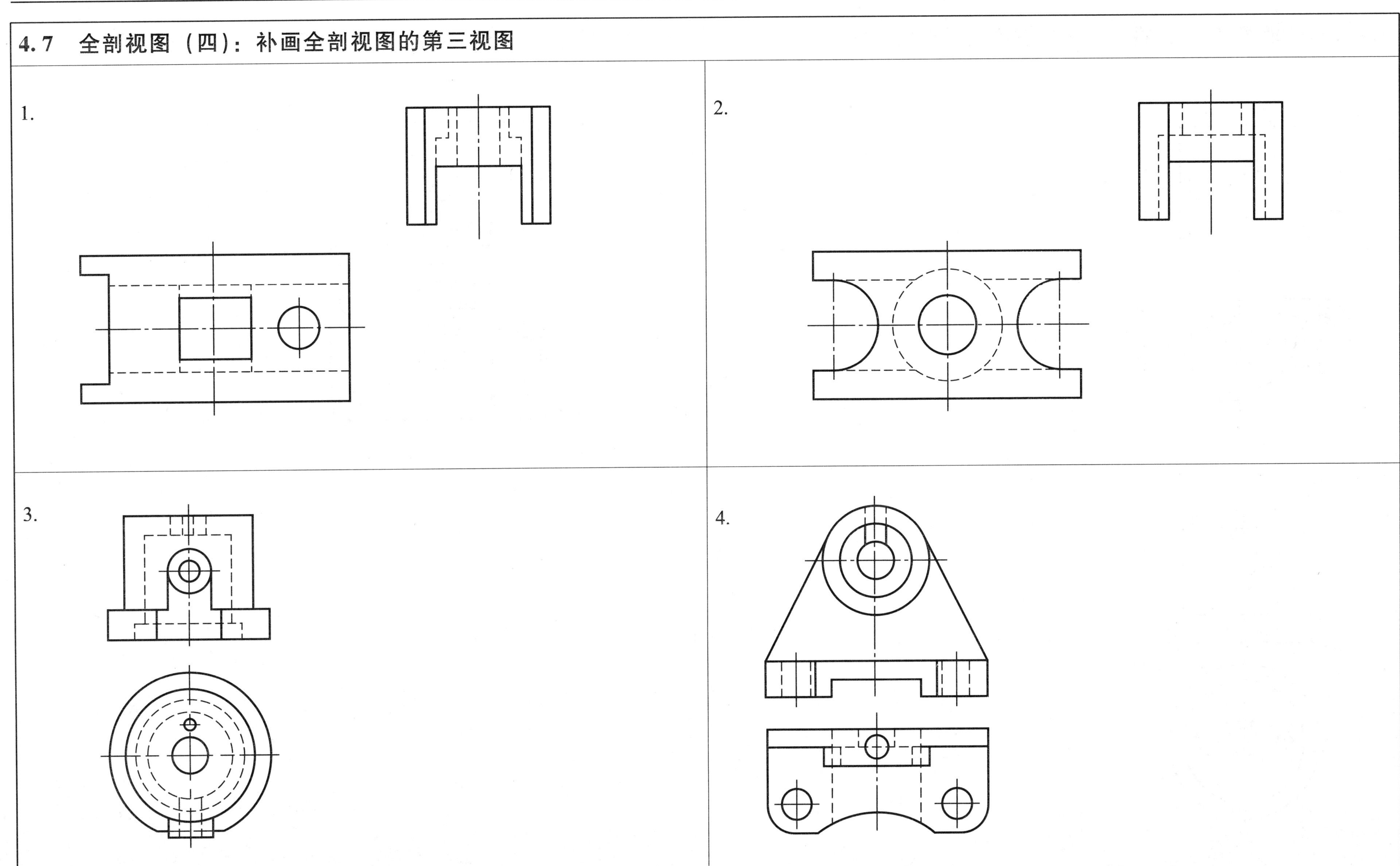

4.8　半剖视图（一）：将主、俯视图改画成半剖视图

4.9　半剖视图（二）：将主、俯、左视图改画成半剖视图

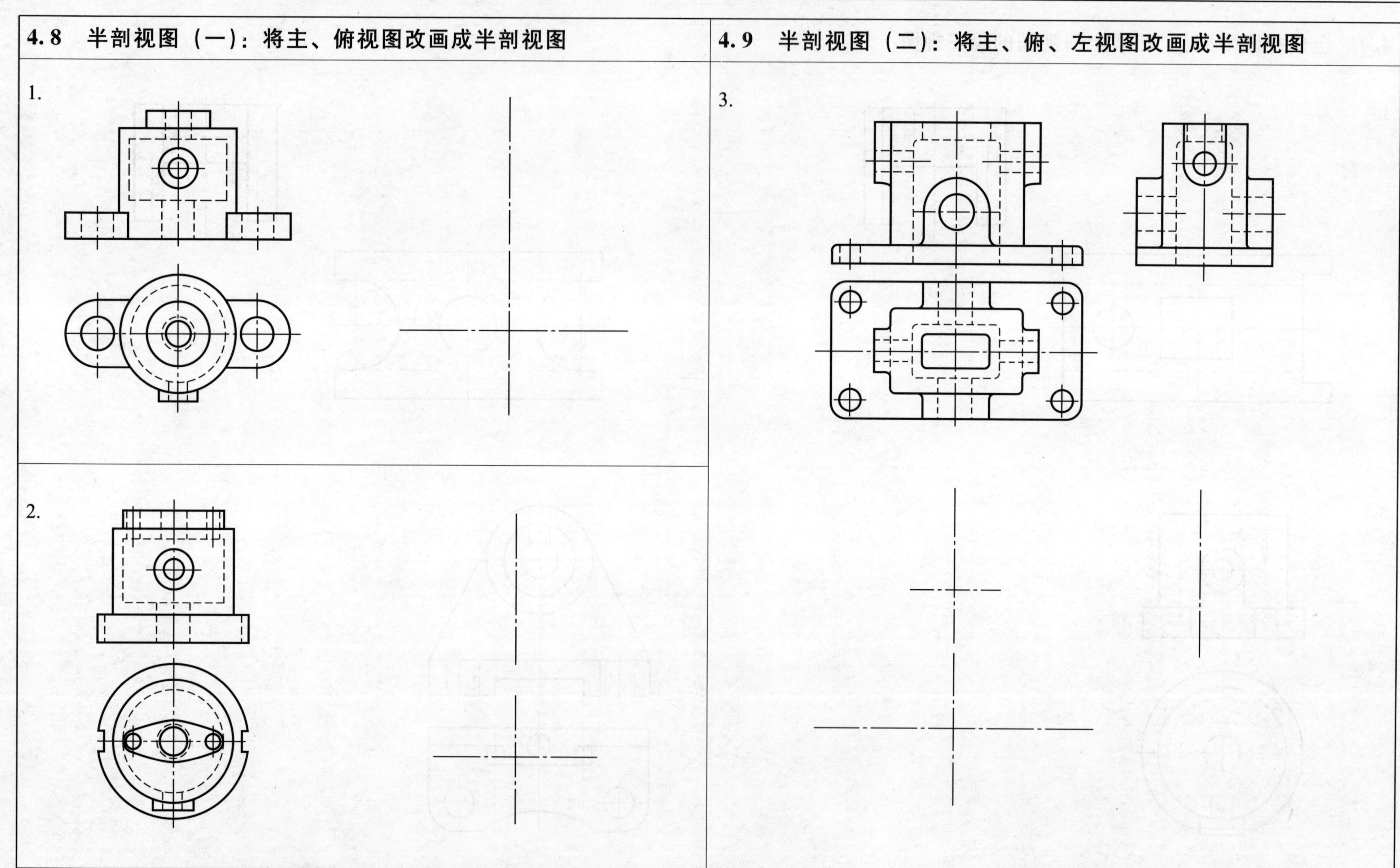

4.10　局部剖视图：将两视图改画成局部剖视图

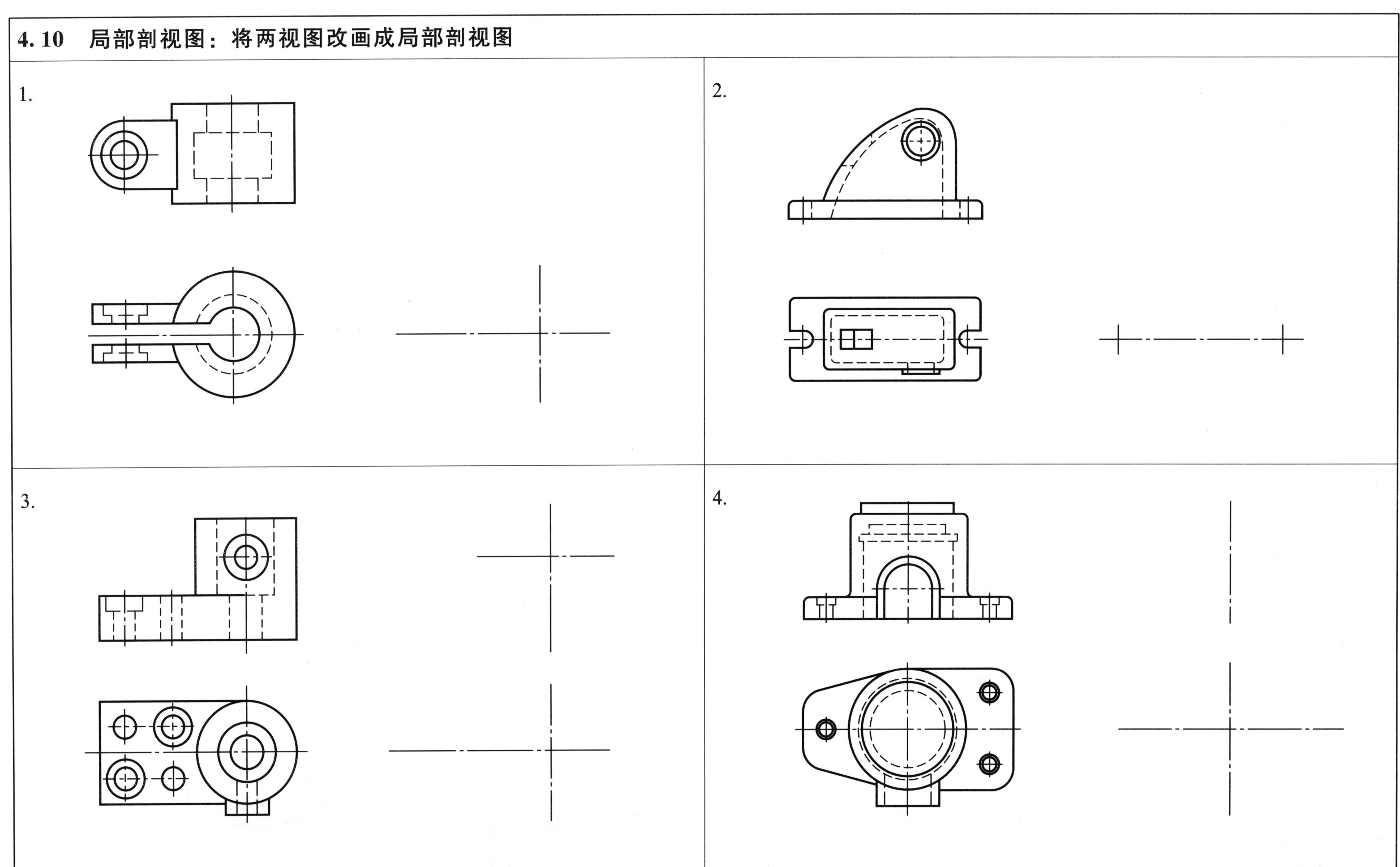

4. 11　用几个平行剖切面剖切，并改画主视图为全剖视图

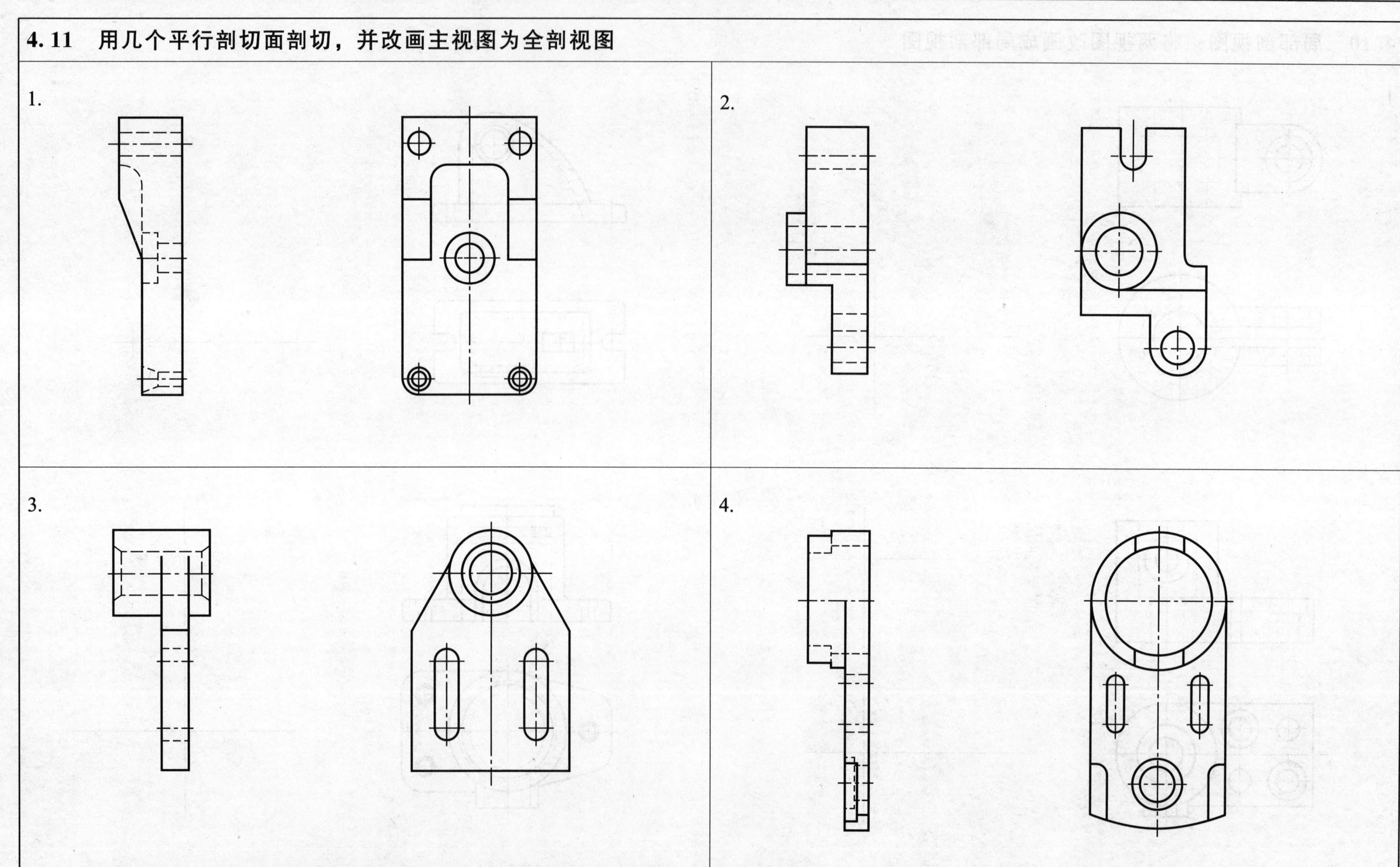

4.12　用几个相交剖切面剖切，并改画主视图或俯视图为全剖视图

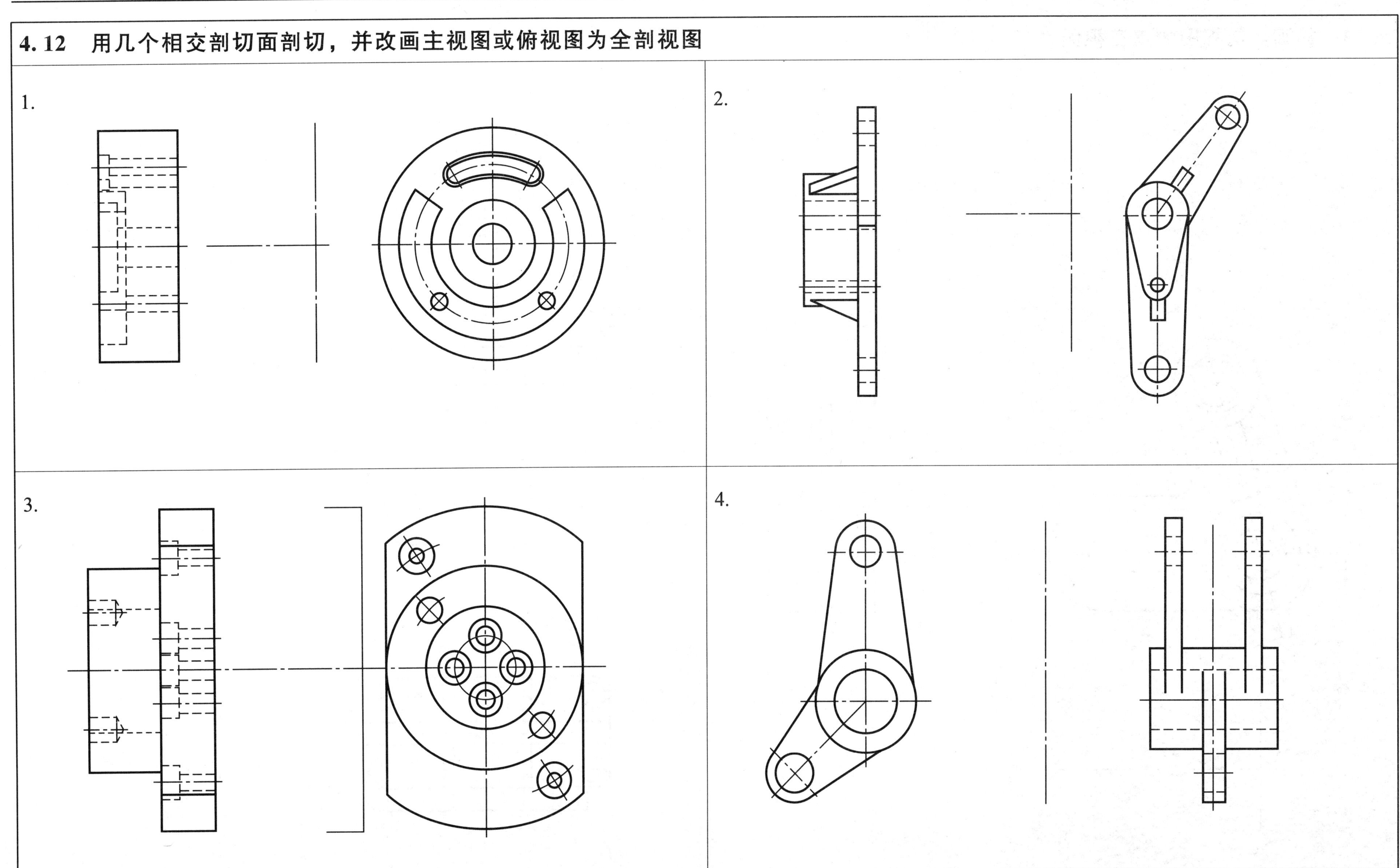

4.13　补画全剖视图的第三视图

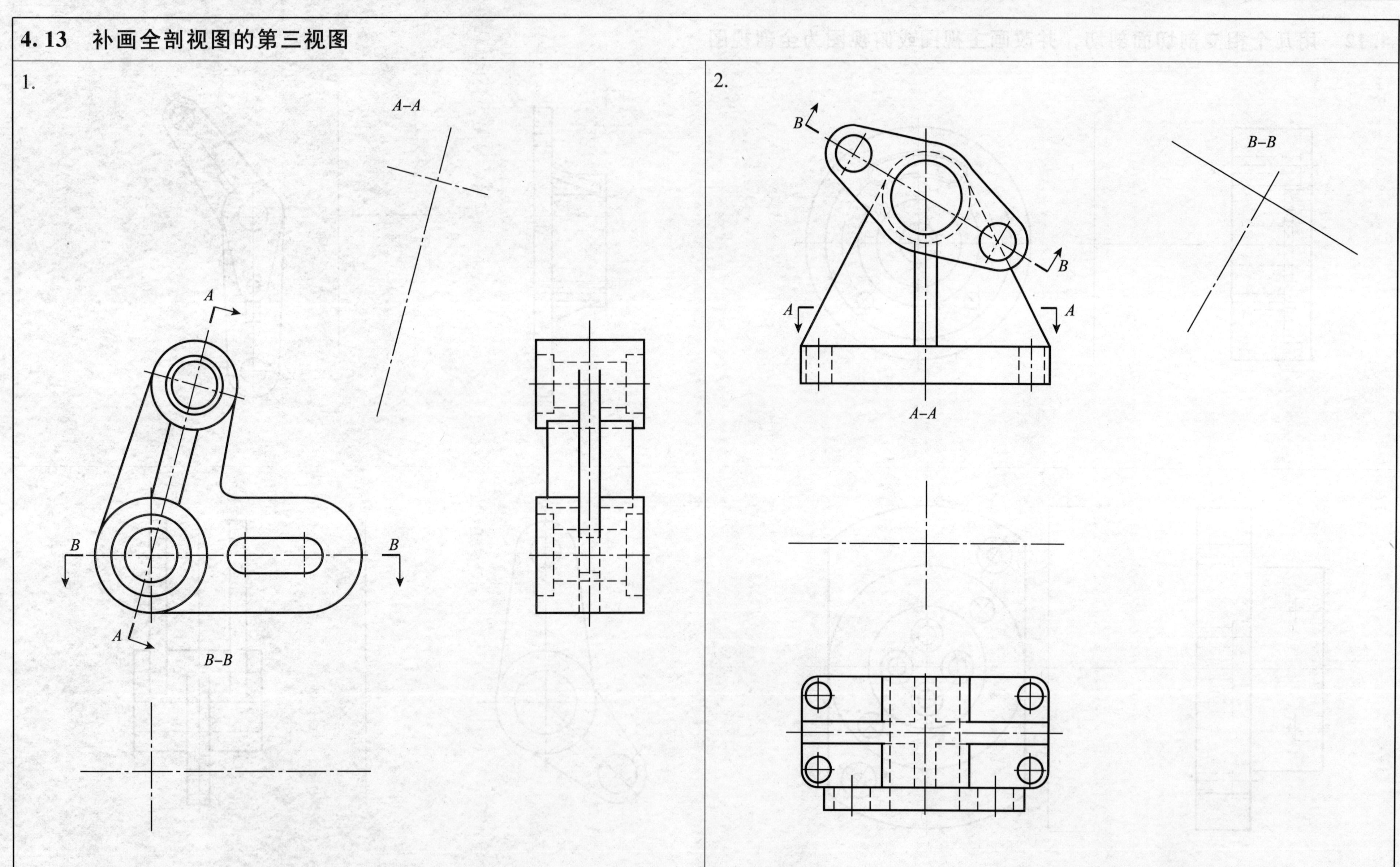

4.14　选出视图下方正确的断面图

1.（　　　　）

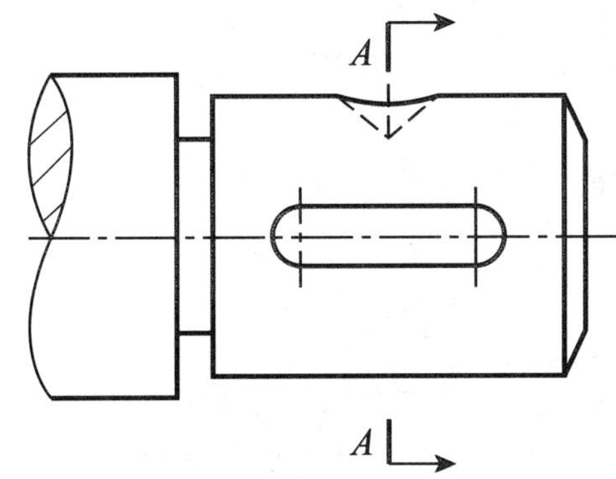

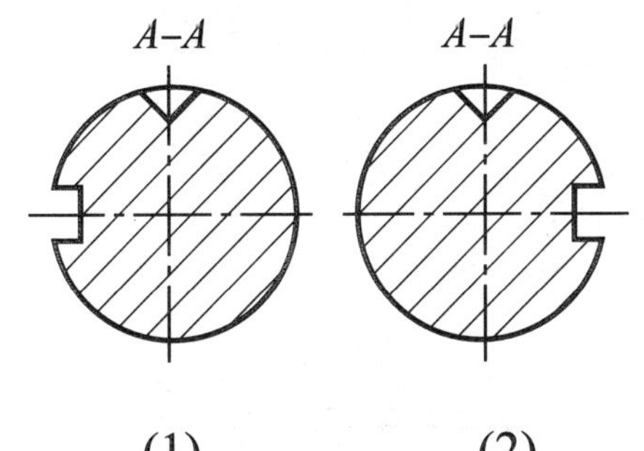

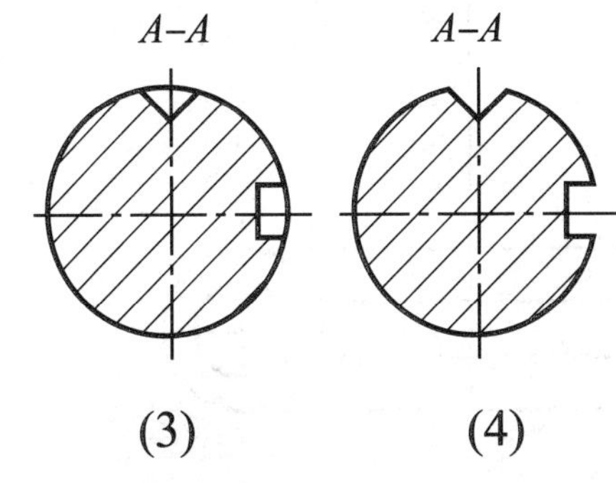

2.（　　　　）

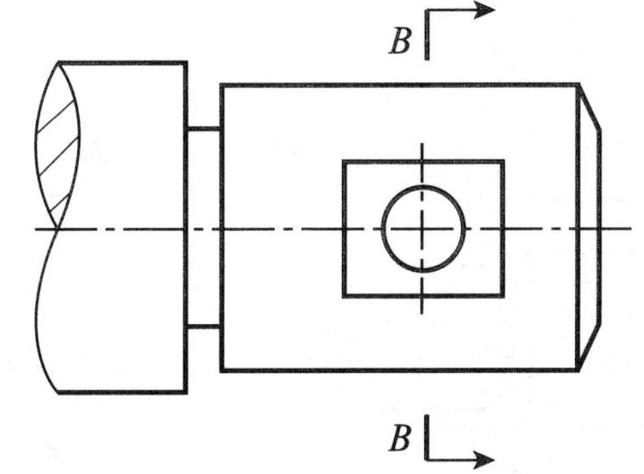

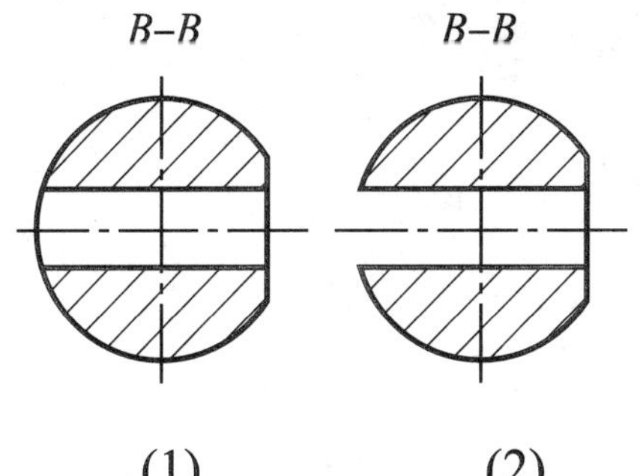

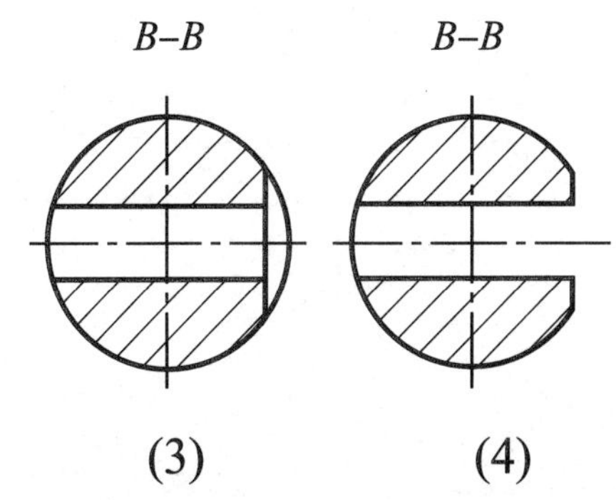

3.（　　　　）

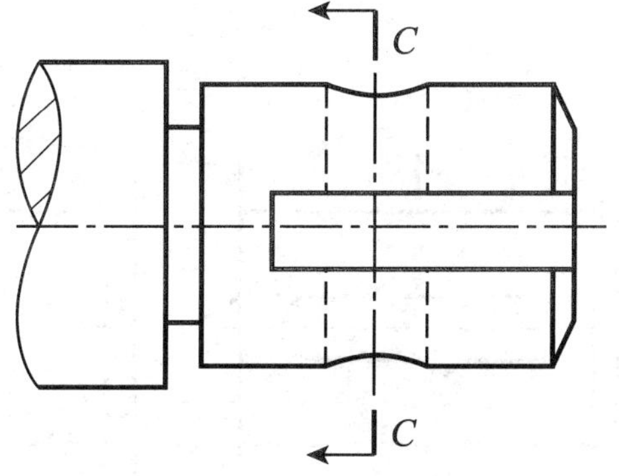

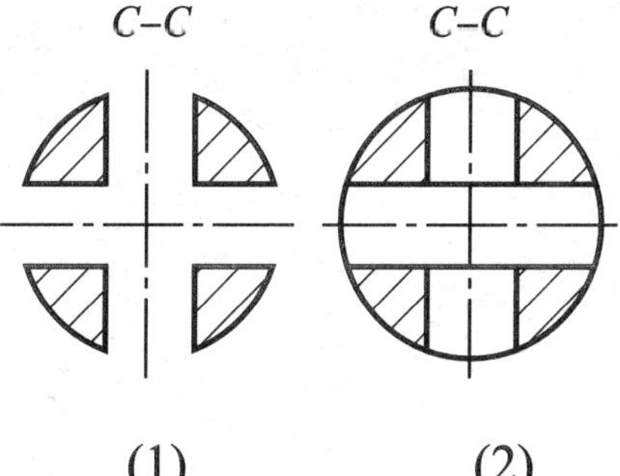

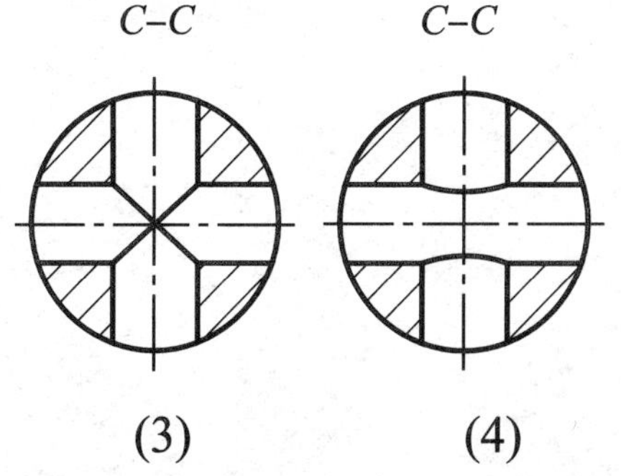

4.15　在指定位置画出断面图

1. 在指定位置画出断面图（左键槽深 4mm）、局部放大图（按 2∶1 的比例，圆角 $R1$），并进行必要的标注。

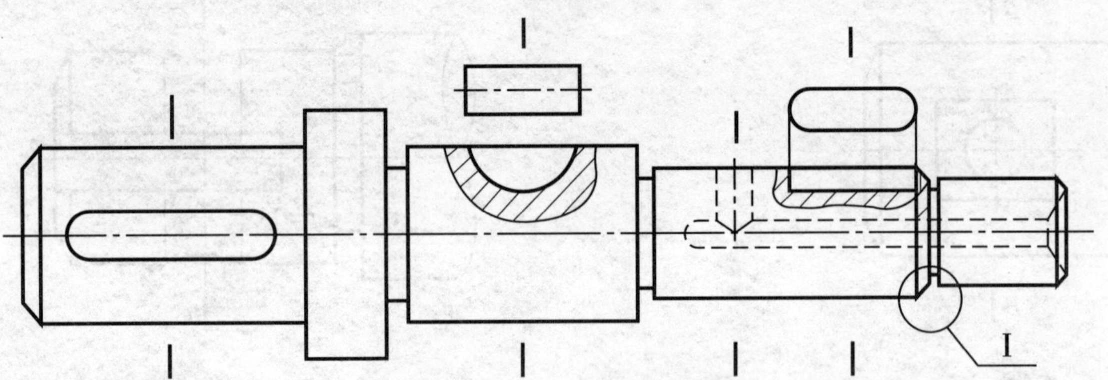

2. 在给定位置画出移出断面图。

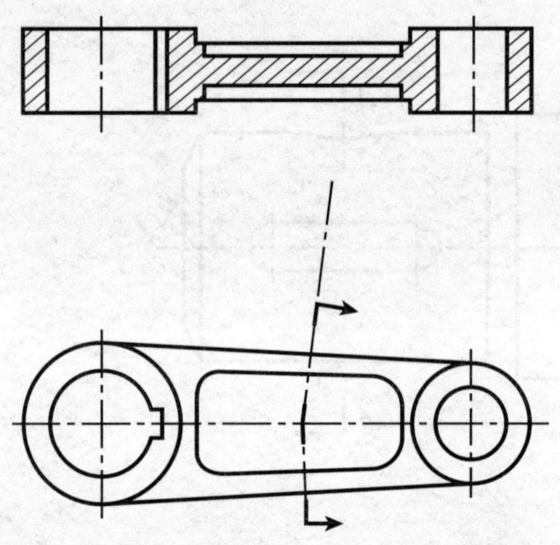

3. 在给定位置画出移出断面图。

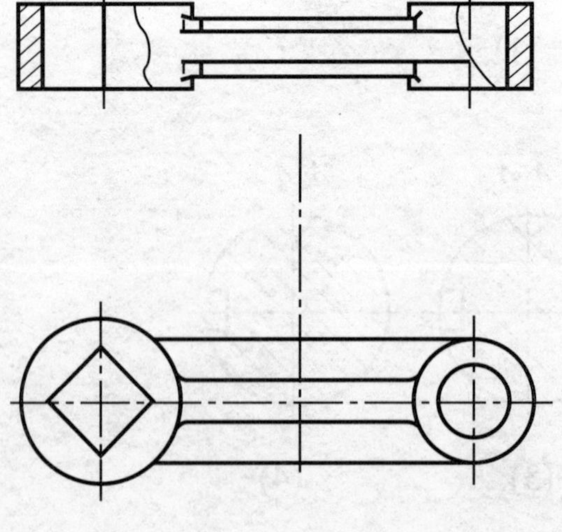

5.1　补全螺纹画法中的漏线，并将螺纹的规定代号标注在视图上

1. 梯形螺纹，大径 18mm（小径 14mm），导程 8mm，线数 2，螺纹长度 25mm，左旋。

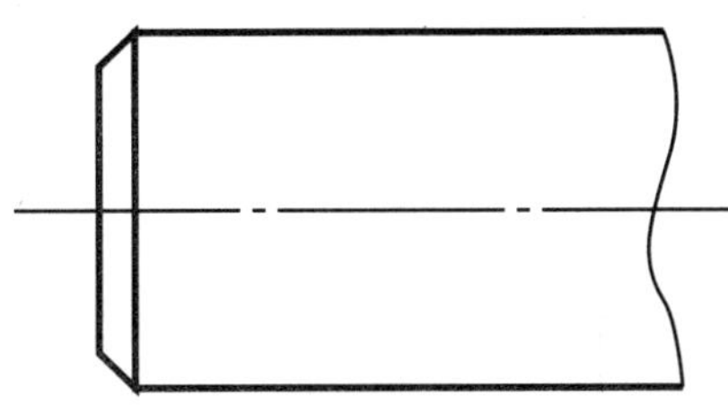
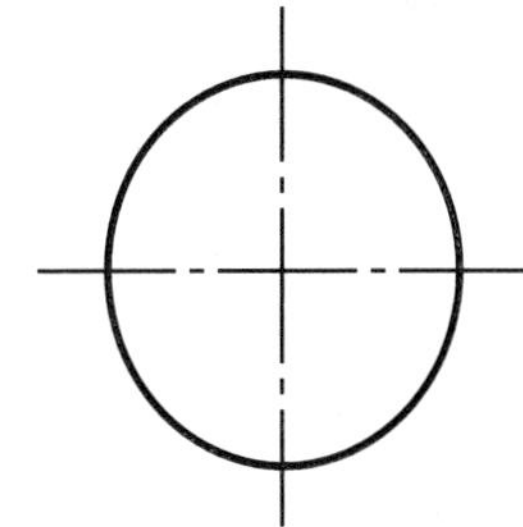

2. 粗牙普通螺纹，大径 18mm，螺距 2.5mm，螺纹长度 30mm，右旋。

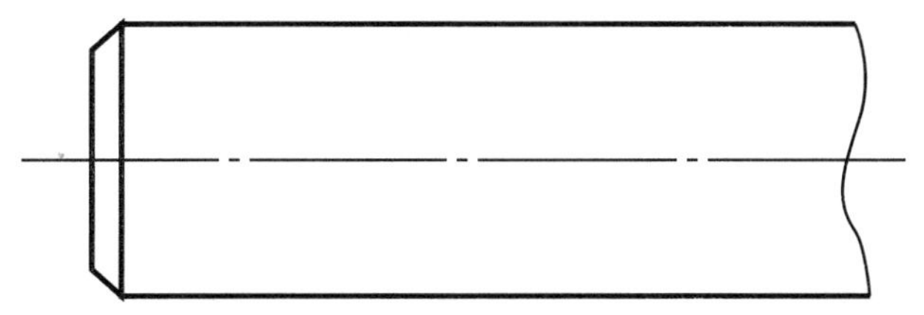
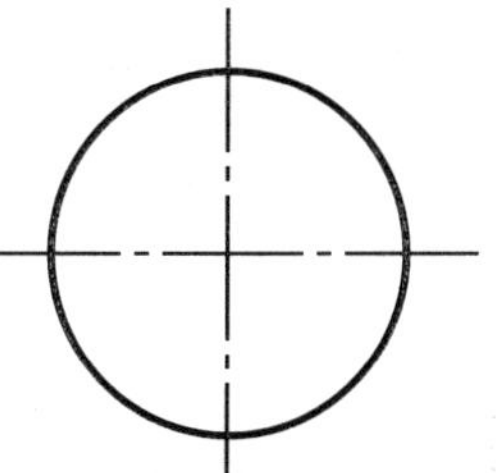

3. 细牙普通螺纹，大径 12mm，螺距 1mm，螺纹长度 26mm，左旋。

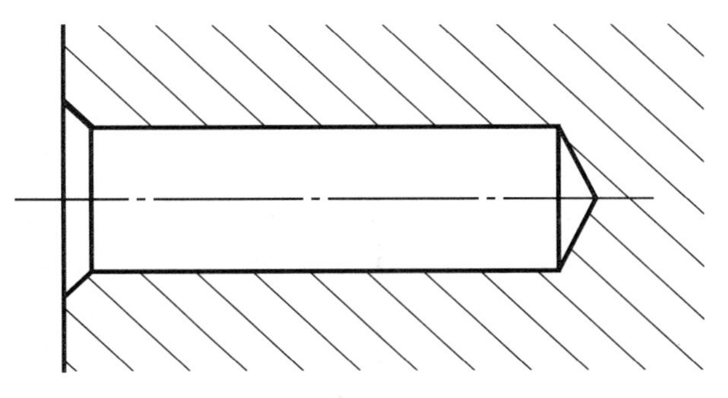
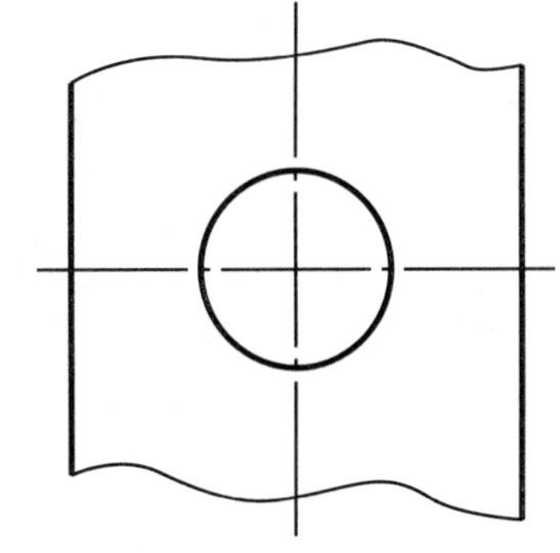

4. 非螺纹密封的管螺纹，尺寸代号为 1/2（大径 22.955mm，小径 $d1=$ 18.631mm），B 级，螺纹长度 30mm，右旋。

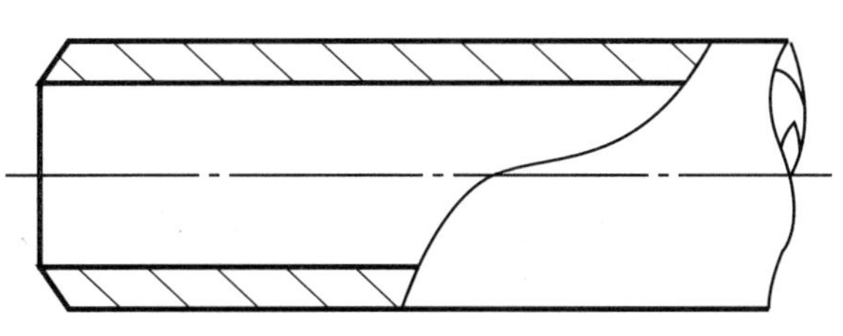
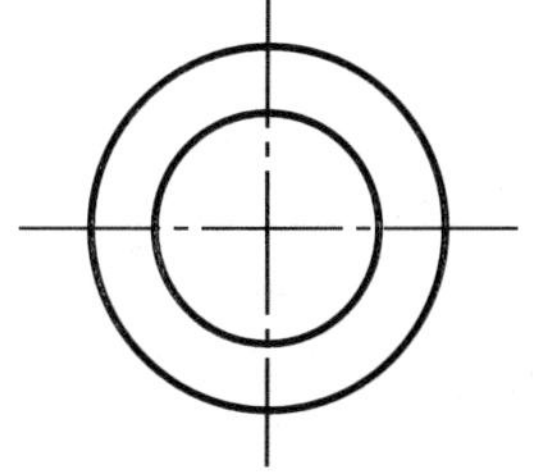

5.2　指出螺纹画法中的错误，画出正确的图形

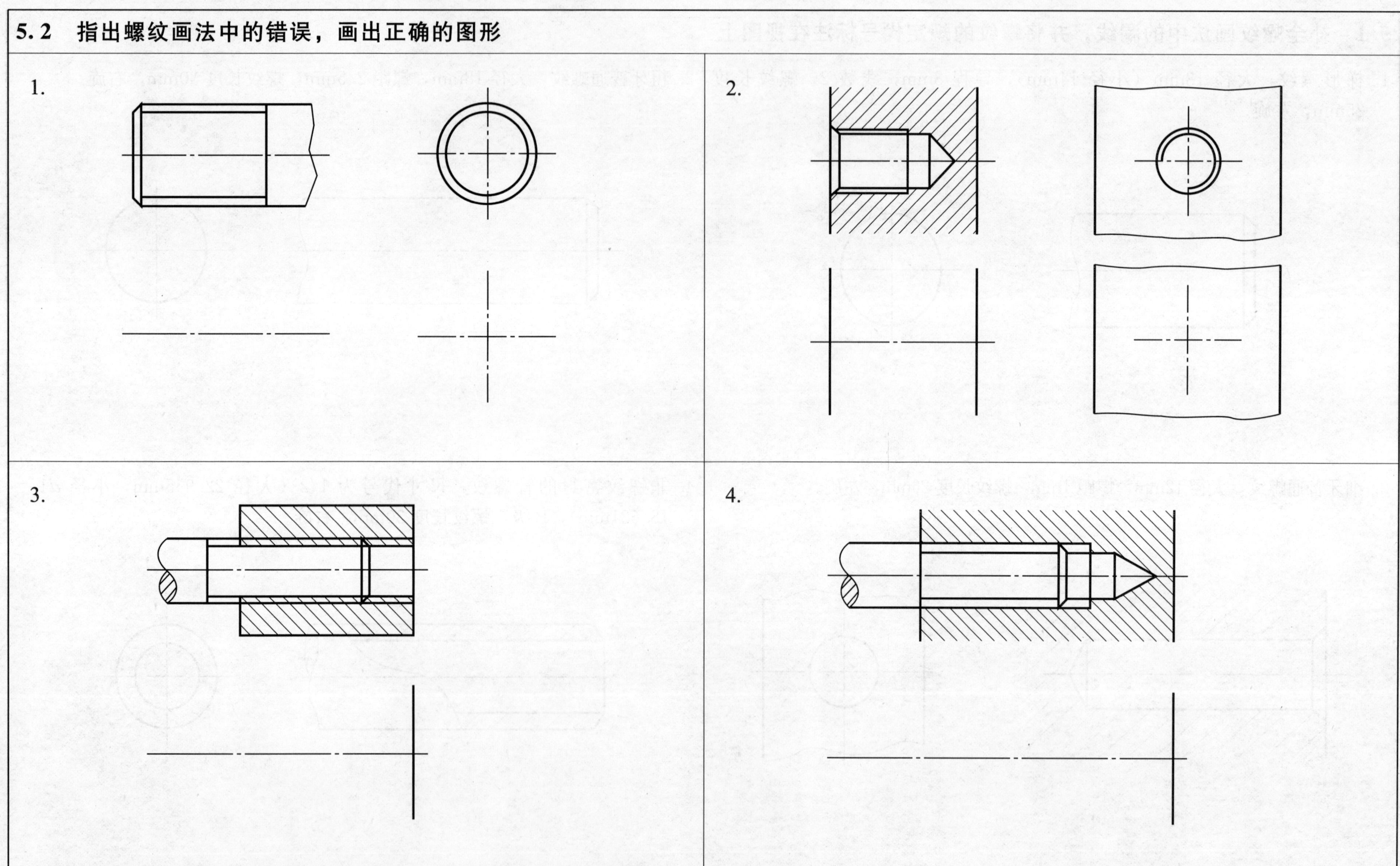

5.3　已知下列螺纹代号，请解释其含义并填表

螺纹代号	螺纹种类	大 径	螺 距	导 程	线 数	旋 向	公差代号（中径）	旋合长度（种类）
M20－5g6g－S								
M20×1－6H－LH								
Tr28×10（P5）－7h								
G1/2								

5.4　根据已知条件查表，为螺纹紧固件标注尺寸，并填写规定标记

1. 六角头螺栓：公称直径为 12mm，公称长度为 40mm。
规定标记：________

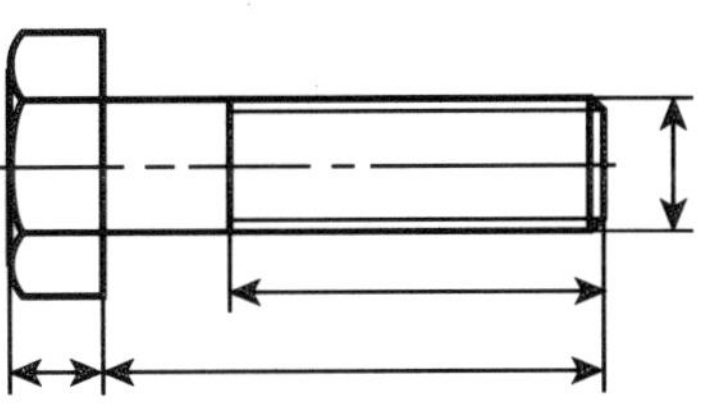

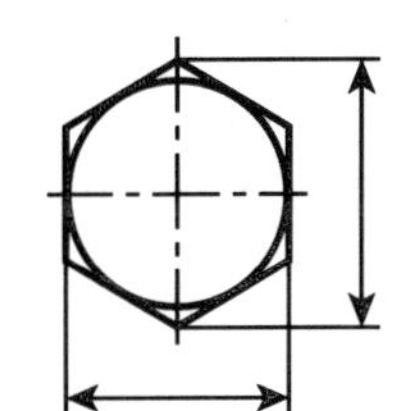

2. B 型双头螺柱：公称直径为 12mm，公称长度为 50mm。
规定标记：________

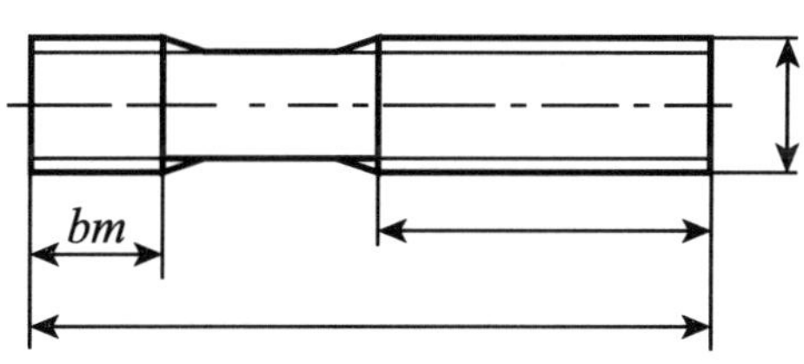

3. Ⅰ型 A 级六角螺母：公称直径为 12mm。
规定标记：________

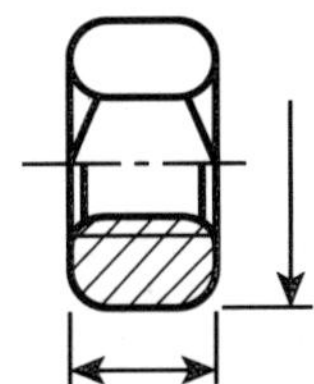

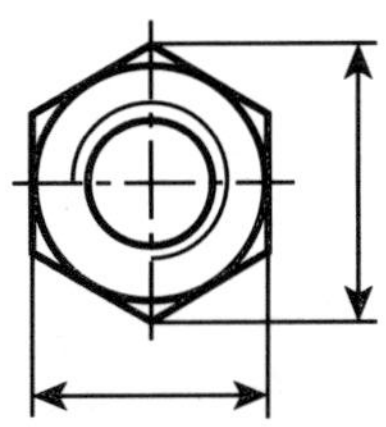

4. 平垫圈- A 级：公称直径 12mm。规定标记：________

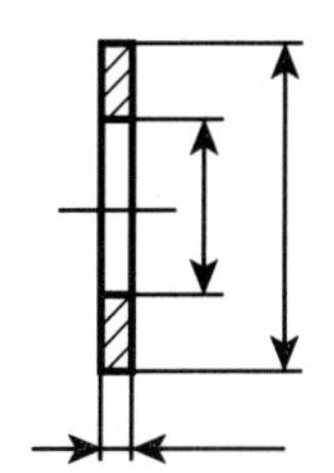

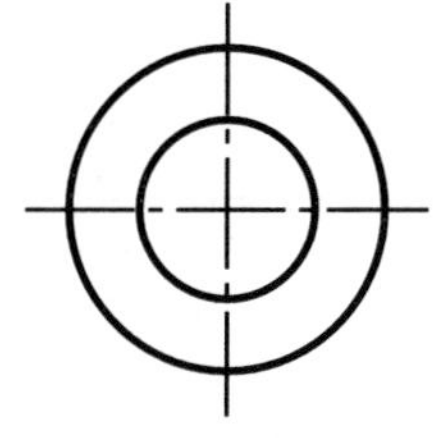

5.5　画出螺纹连接的装配图（一）

1. 螺栓 GB/T 5782－2000 M16，螺母 GB/T 6170－2000 M16，垫圈 GB/T 97.1－2002 20，用比例画法补全装配图。

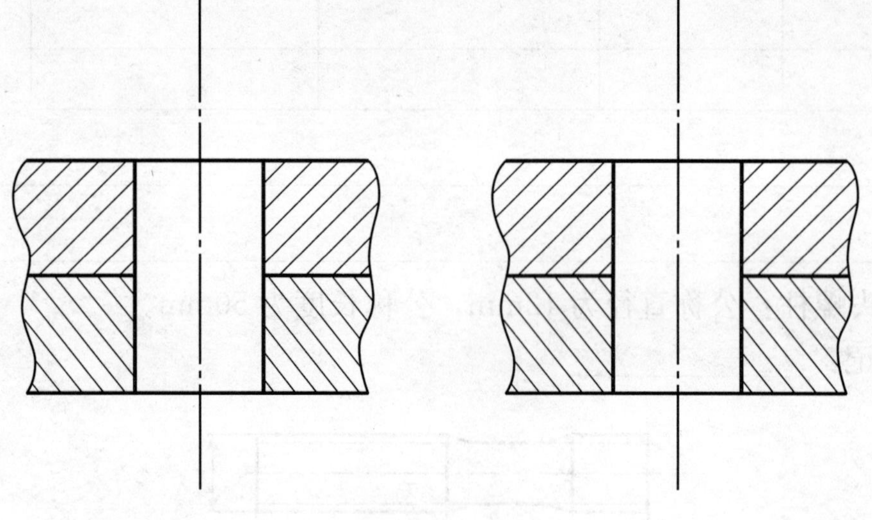

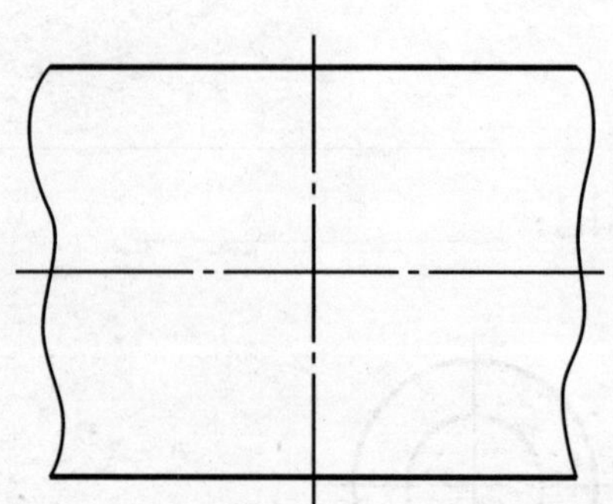

2. 已知螺栓 GB/T 5780—2000 M16×L、垫圈 GB/T 97.1—2002、螺母 GB/T 41—2000 M16，板厚 $t_1=t_2=15$mm。用简化画法作螺栓连接的三视图（主视图全剖，俯、左视图画外形）。

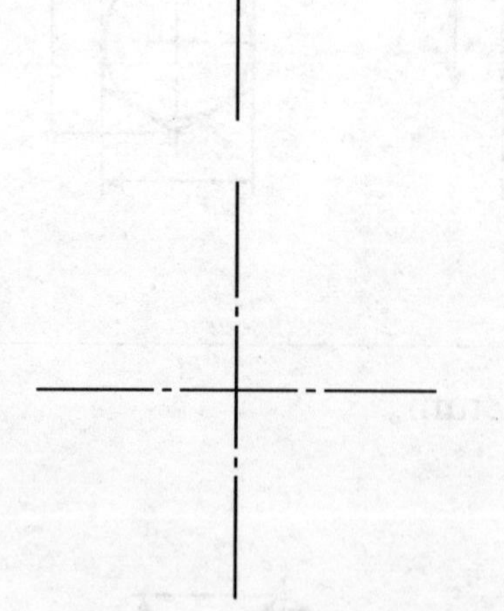

5.6　画出螺纹连接的装配图（二）

3. 已知螺柱 GB/T 899—1988 M16×L、螺母 GB/T 41—2000 M16、垫圈 GB/T 97.1—1985 16，板厚 t_1=18mm，铸铁底座，用比例画法作出连接后的主、俯视图（主视图全剖，俯视图画外形）。

4. 已知螺钉 GB/T 65—2000 M8×L，板厚 t_1=10mm，铸铁底座，t_2=25mm，查表并按 1∶1 比例作螺钉连接的三视图（主视图全剖，俯、左视图画外形）。

5.7　键及其连接的表示法

1. 已知齿轮和轴，用 A 型普通平键连接，轴孔直径 26mm，键的长度为 28mm。

(1) 写出键的规格标记；

(2) 查表确定键和键槽的尺寸，画全下列各剖视图和断面图。

规定标记：____________

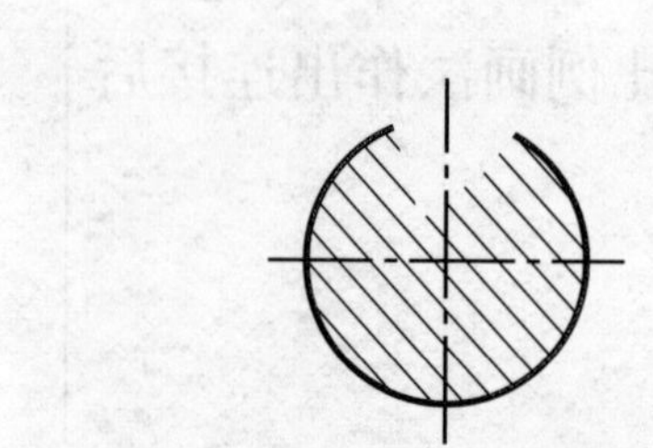

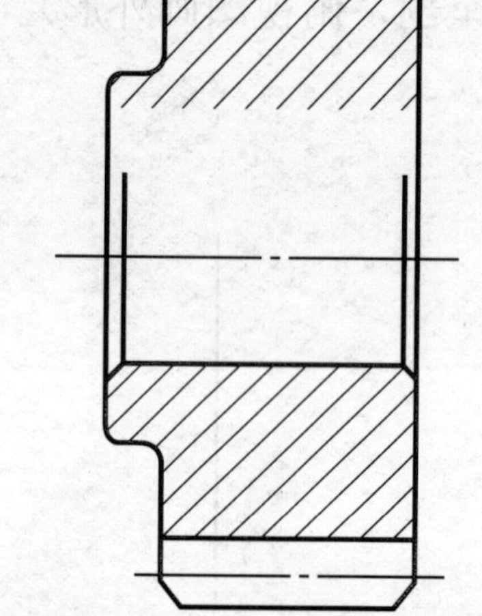

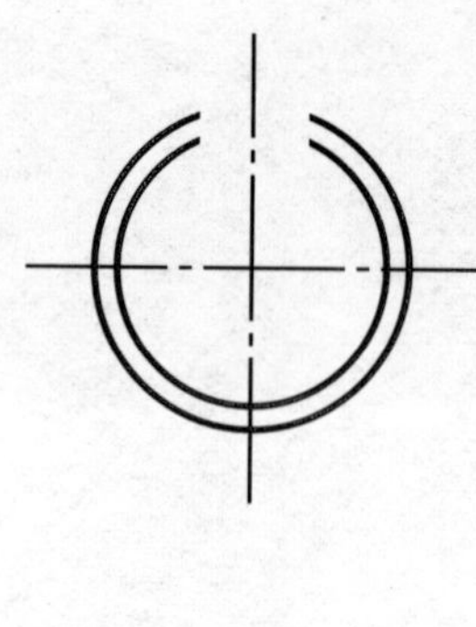

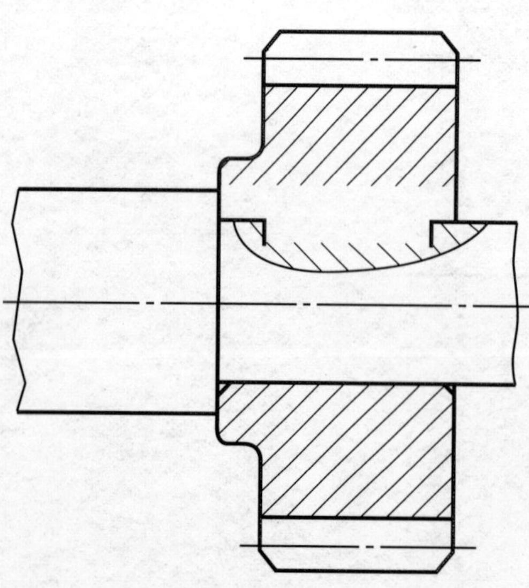

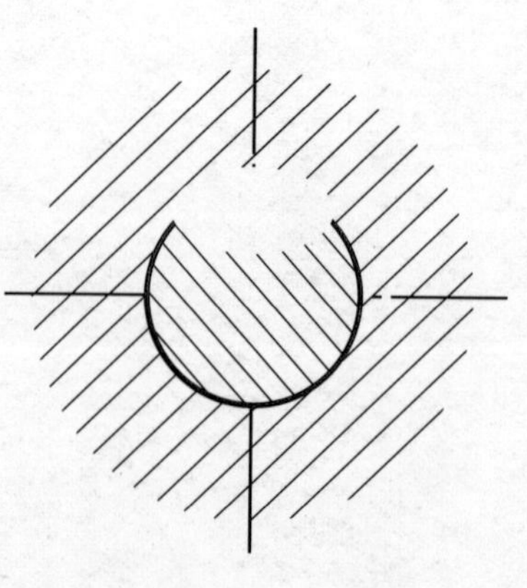

5.8　销及其连接的表示法

1. 选出适当长度的圆锥销，画出销连接的装配图，并写出销的规定标记。

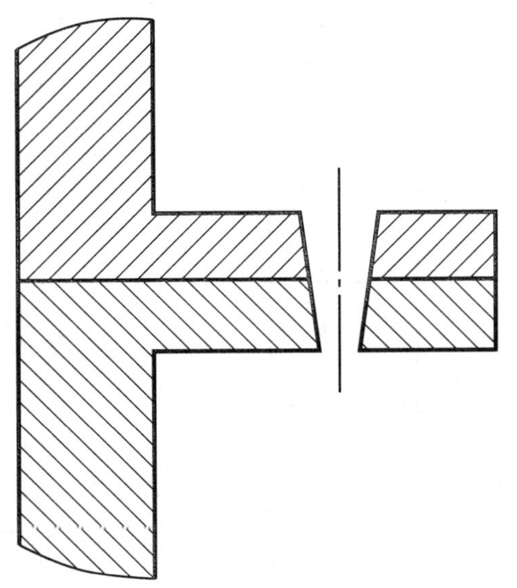

规定标记：________________。

2. 选出适当长度的圆柱销，画出销连接的装配图，并写出销的规定标记。

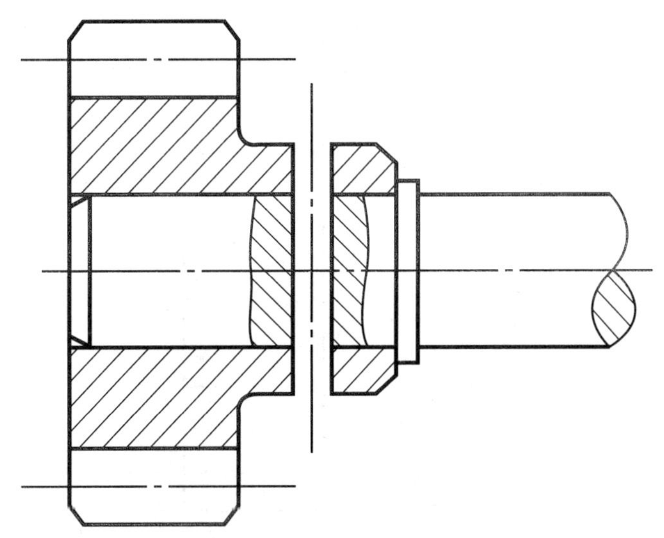

规定标记：________________。

5.9　滚动轴承的表示法

1. 分别补全角接触球轴承的通用画法、特征画法和规定画法。

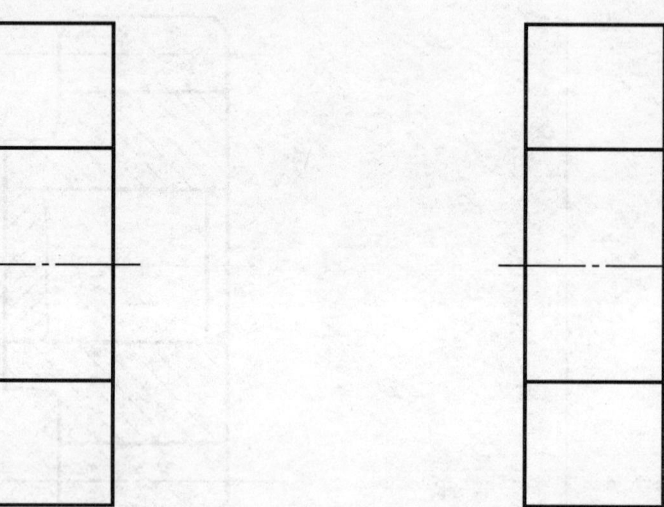

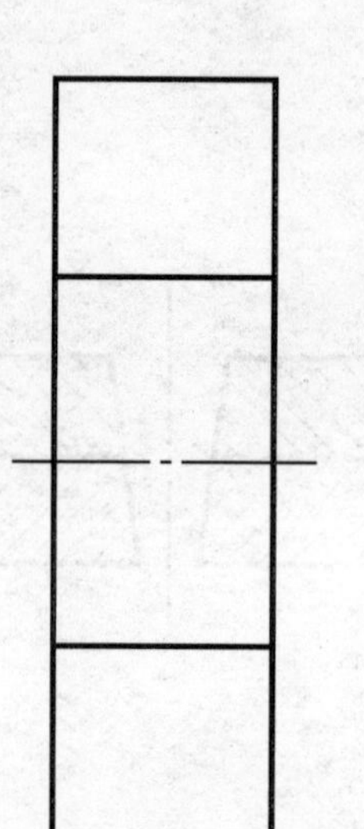

2. 用规定画法、1∶1 的比例，在齿轮轴的ϕ30m6 轴颈处画一对 6206 深沟球轴承（轴承端面要靠紧轴肩）。

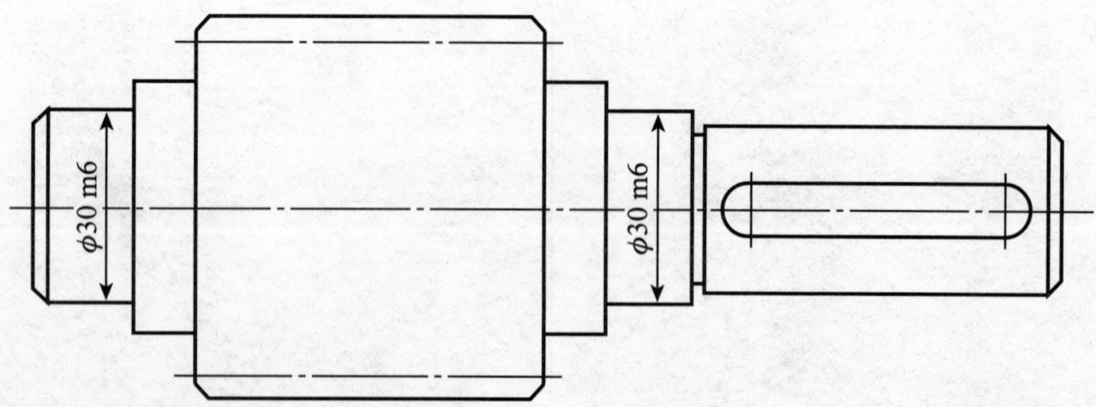

5.10　弹簧表示法	
1. 已知圆柱螺旋压缩弹簧的簧丝直径为 8mm ，弹簧中径为 60mm，节距为 15mm，弹簧有效圈数为 7.5，支承圈数为 2.5，右旋。试画出弹簧的全剖视图，并标注尺寸。	2. 将题 1 中的弹簧画成视图的表达方式

5.11　齿轮表示法（一）：补全斜齿轮视图、局部剖视图、半剖视图画法中所漏的线

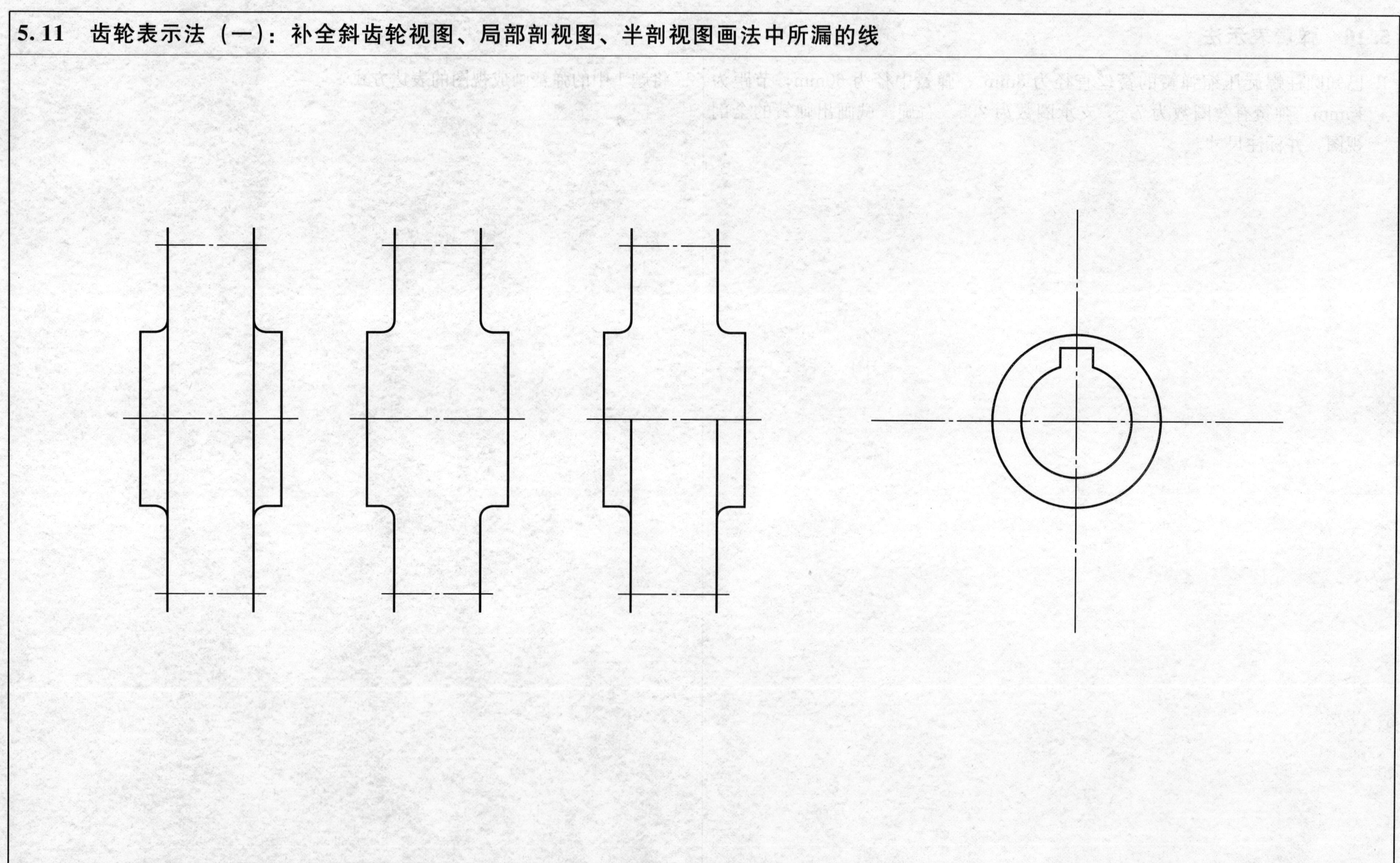

5.12　齿轮表示法（二）：根据已知参数，计算齿轮结构尺寸，完成要求内容

1. 已知一直齿圆柱齿轮的 $m=3$，$Z=24$，$\alpha=20°$，以及轴孔的尺寸如图所示。试完成齿轮的两个视图，并标注尺寸。

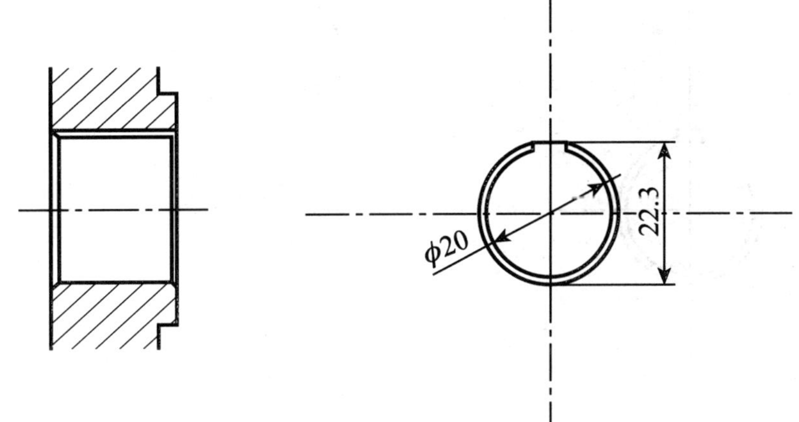

2. 在未完的两个视图的基础上，按规定画法画出两直齿圆柱齿轮啮合的视图。已知：模数 $m=3$。

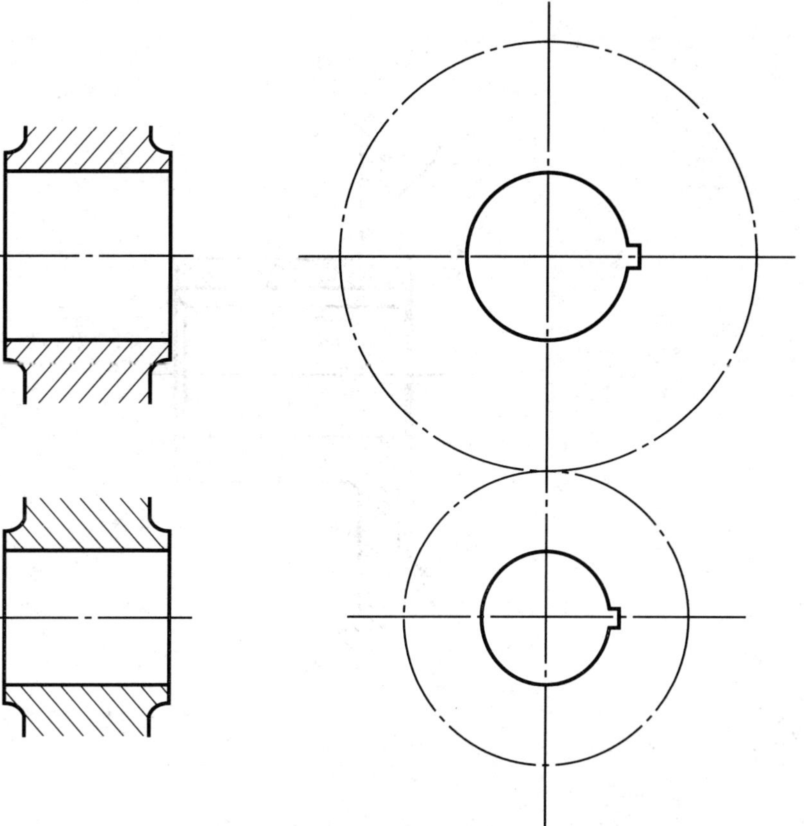

5.13 齿轮表示法（三）：根据已知参数，计算齿轮结构尺寸，完成要求内容

已知直齿圆锥齿轮的 $m=5$，$z=24$，锥角 $\delta=45°$，试计算轮齿的各基本尺寸，并以 1∶1 的比例完成两视图。

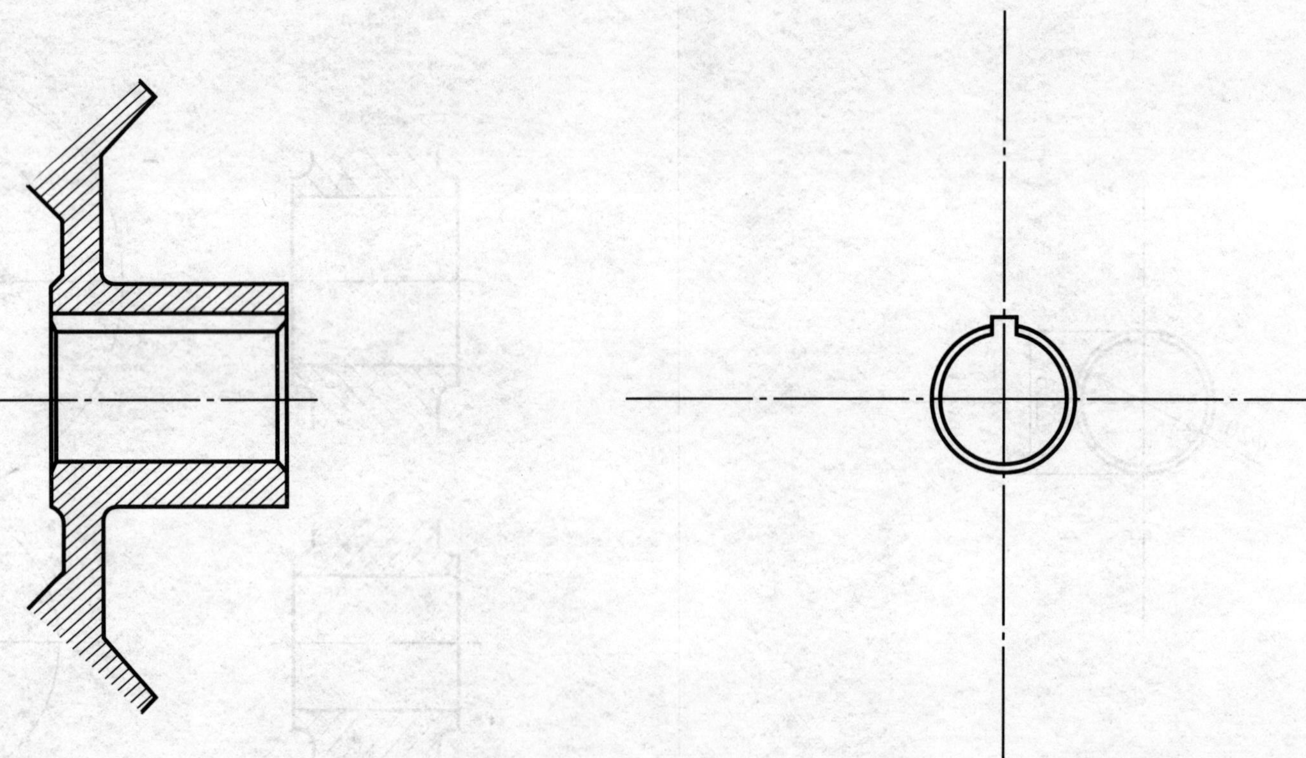

5.14　齿轮表示法（四）：根据已知的部分图形，完成要求内容

1. 补全直齿圆锥齿轮啮合的主视图和左视图。

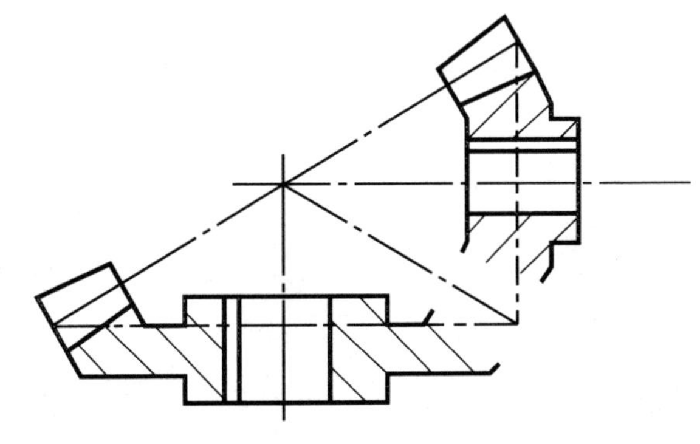

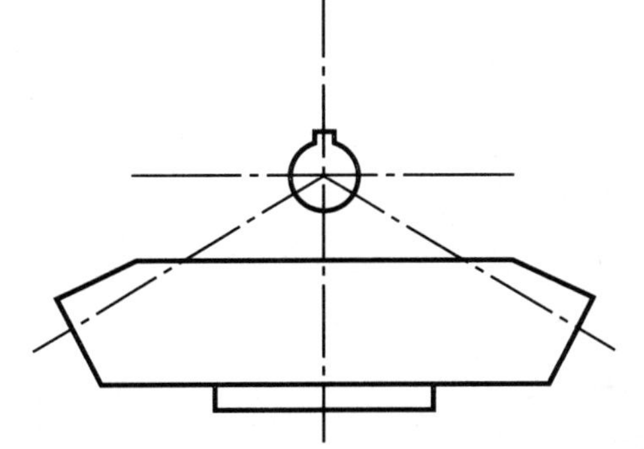

2. 补全蜗杆、蜗轮啮合的主视图和左视图。

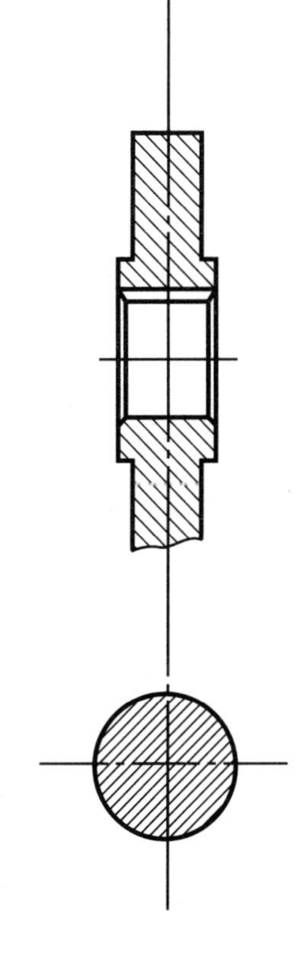

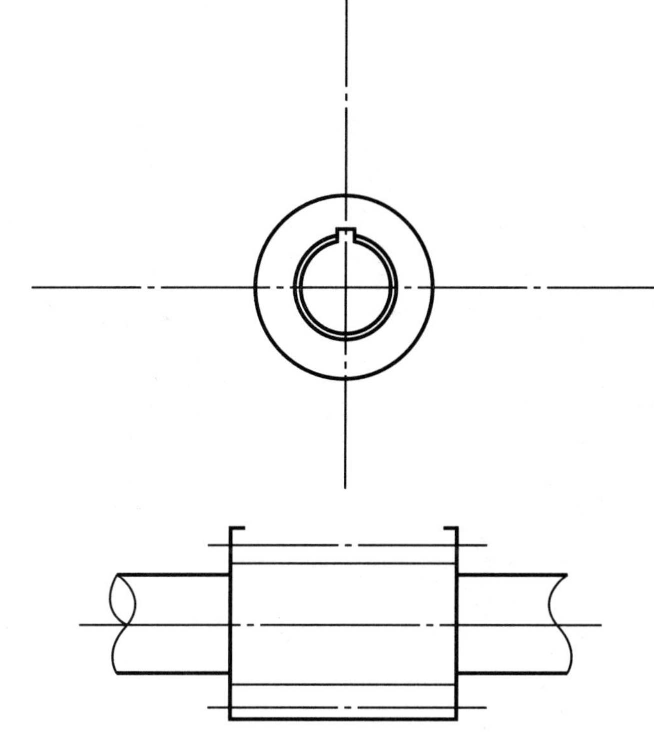

6.1　画零件图（一）：分析立体形状、组成特点，并分析其加工方法及工艺结构，确定恰当的表达方案，画零件的视图

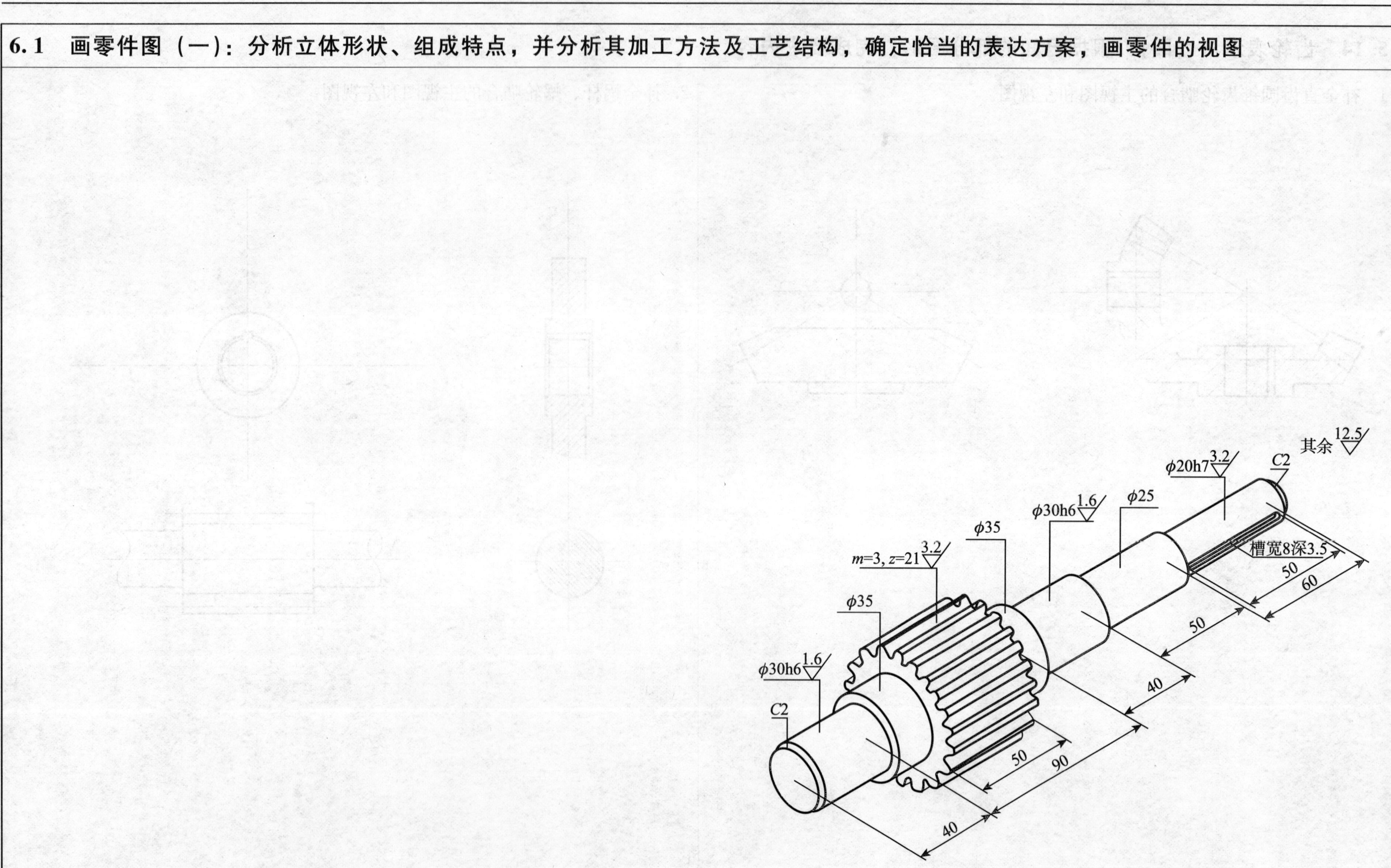

6.2 画零件图（二）：分析立体形状、结构特点，并分析其加工方法及工艺结构，确定恰当的表达方案，画零件的视图

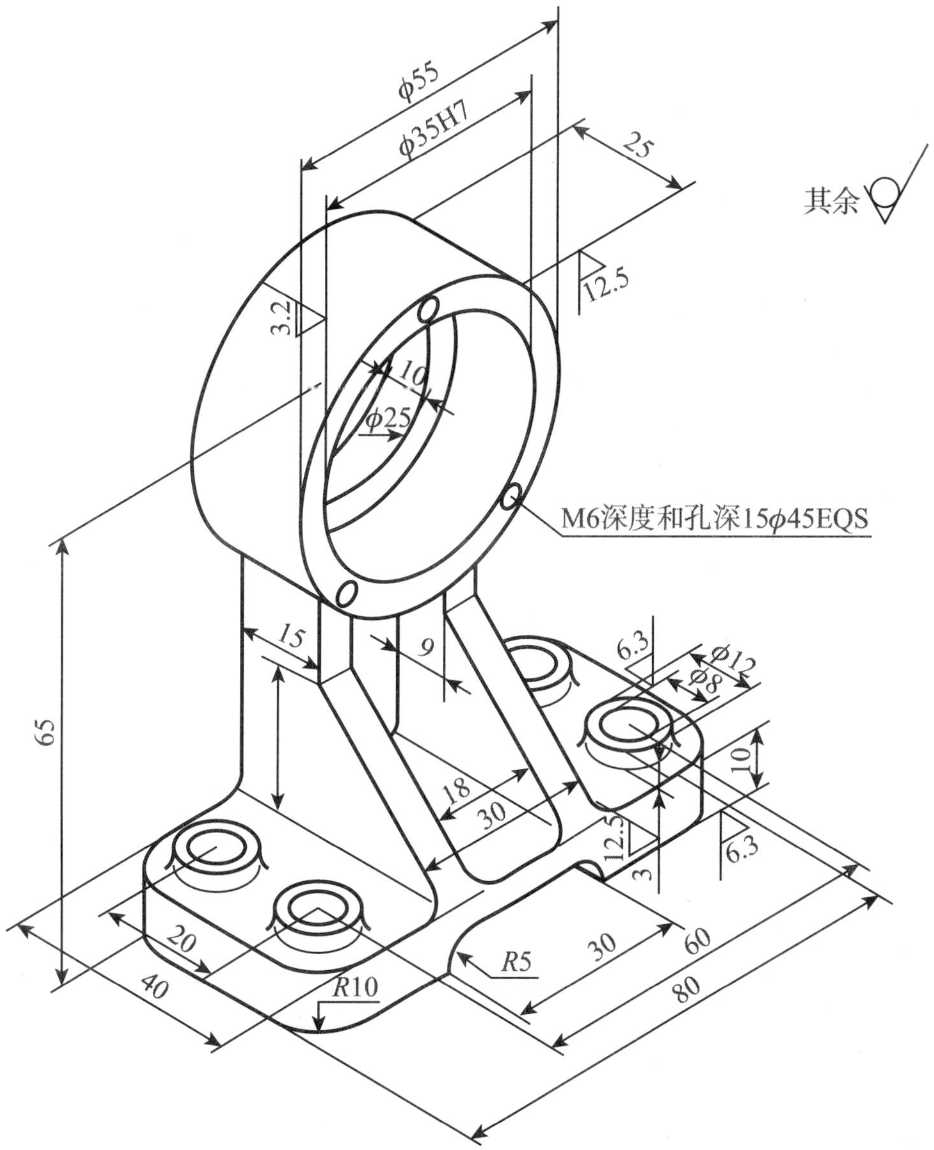

6.3 画零件图（三）：分析立体形状、组成特点，并分析其加工方法及工艺结构，确定恰当的表达方案，画零件的视图

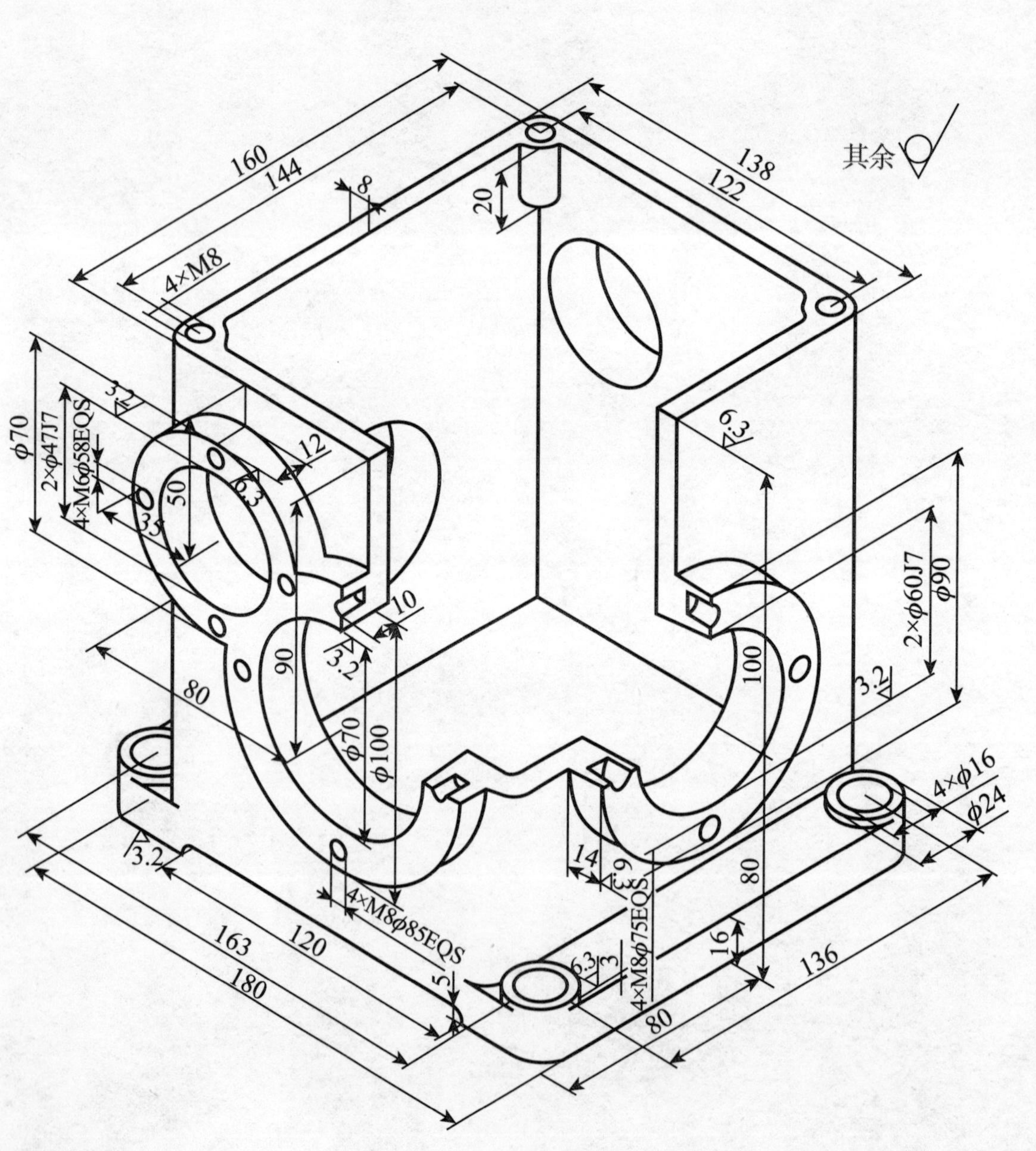

6.4　标注尺寸（一）：根据零件图分析立体形状、组成特点，并分析其加工方法及工艺结构，标注尺寸

1. 轴：

2. 齿轮：

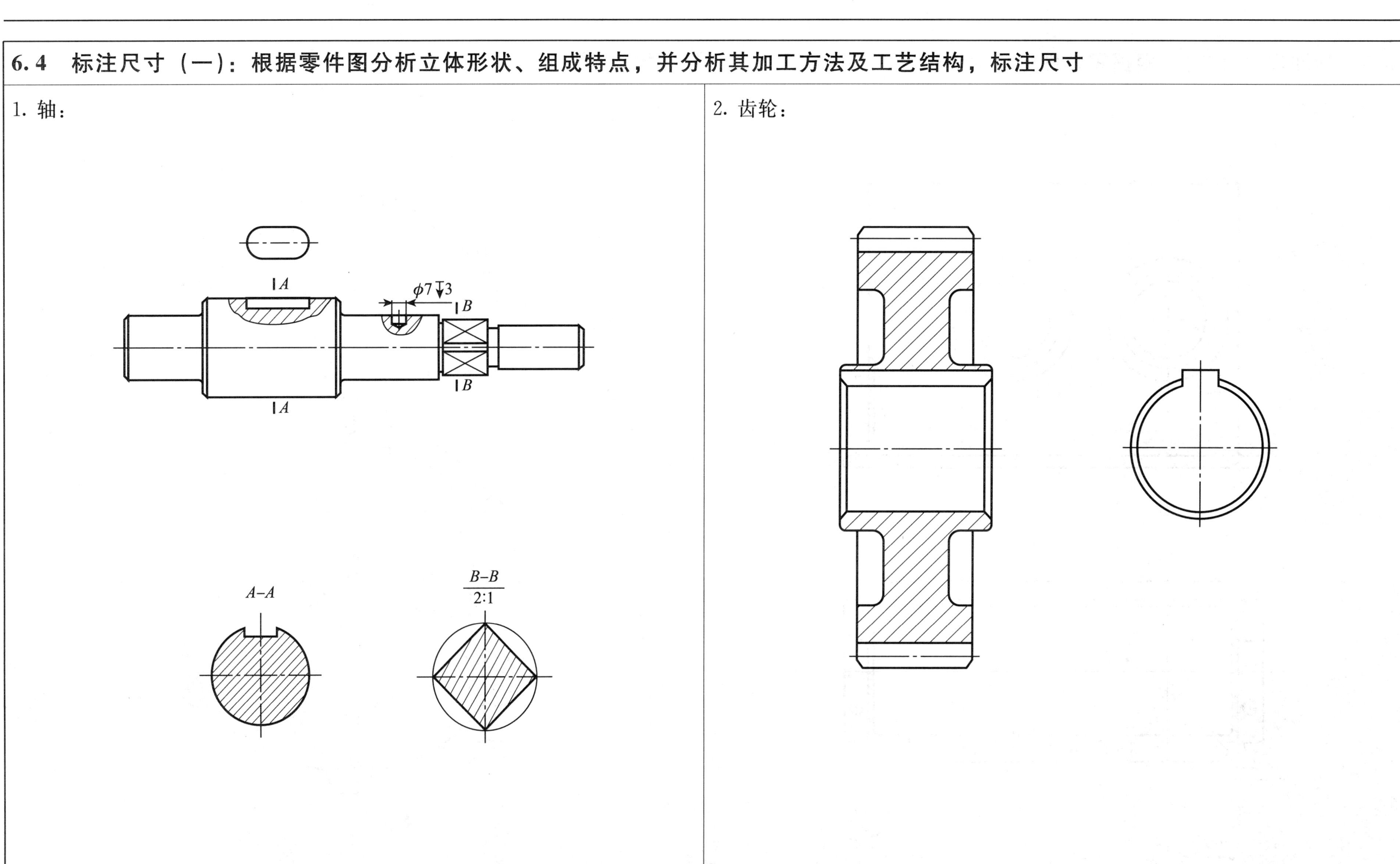

6.5　标注尺寸（二）：根据零件图分析立体形状、组成特点，并分析其加工方法及工艺结构，标注尺寸

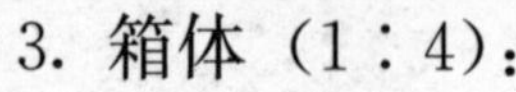
3. 箱体（1∶4）：

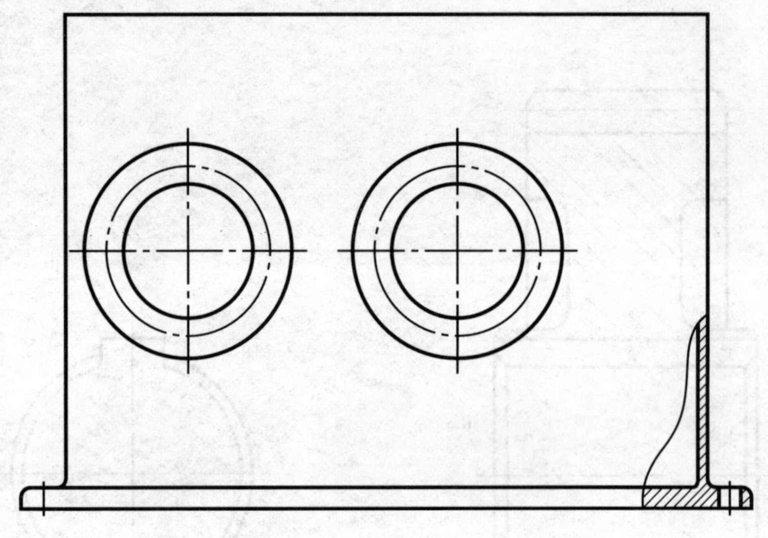

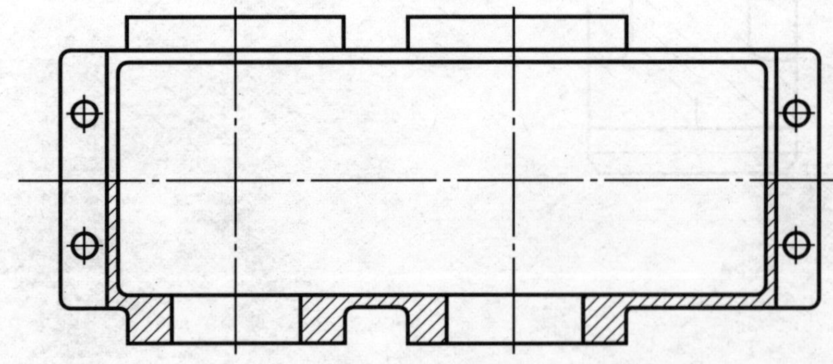

4. 盖体：

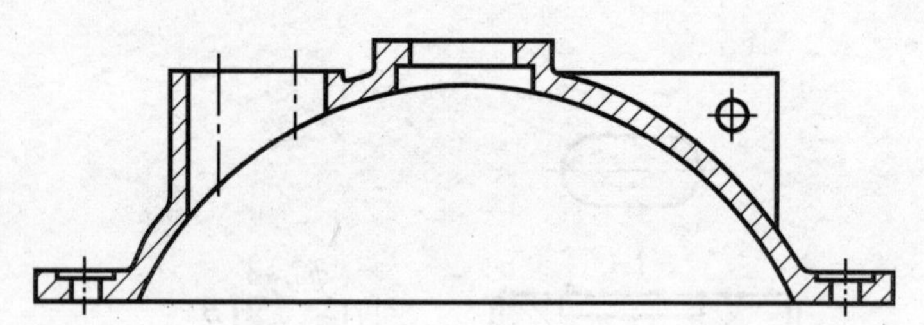

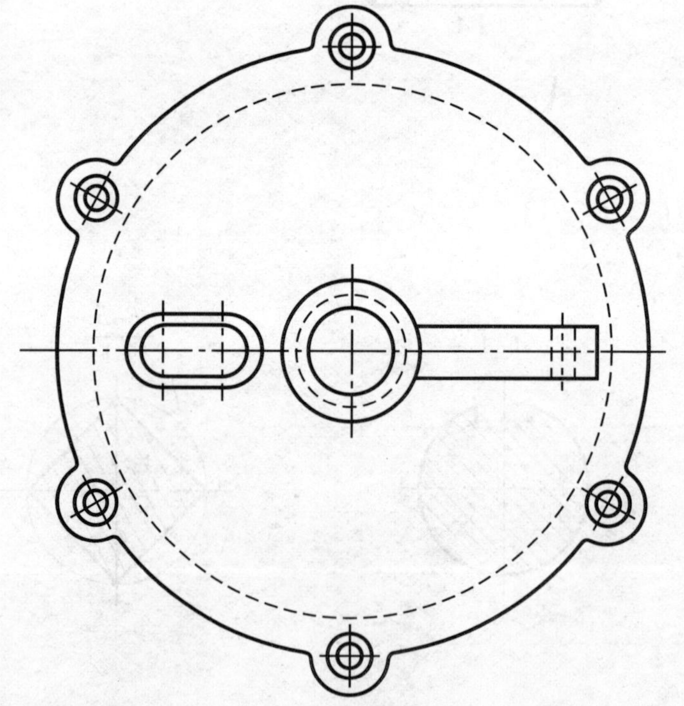

6.6　标注表面粗糙度

1. 平面 $Ra=6.3\mu m$，圆柱内表面 $Ra=12.5\mu m$，圆柱外表面为铸造表面。

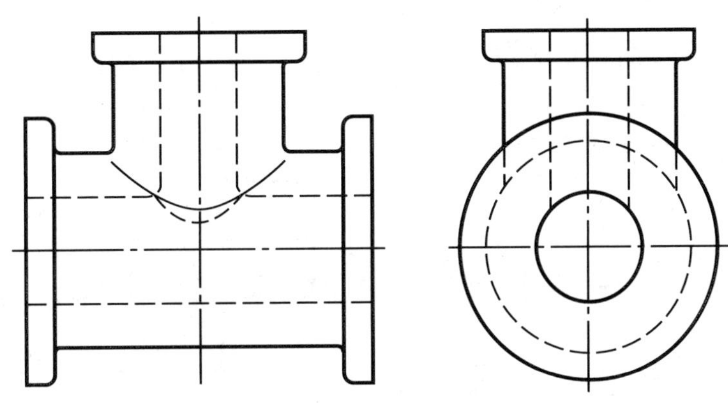

2. (1) 轮齿工作面和齿顶圆柱面的 $Ra=3.2\mu m$；
(2) 齿轮两端面及倒角的 $Ra=12.5\mu m$；
(3) 轴孔的 $Ra=1.6\mu m$；
(4) 键槽两侧面的 $Ra=3.2\mu m$，槽底的 $Ra=6.3\mu m$；
(5) 其余表面不去除材料。

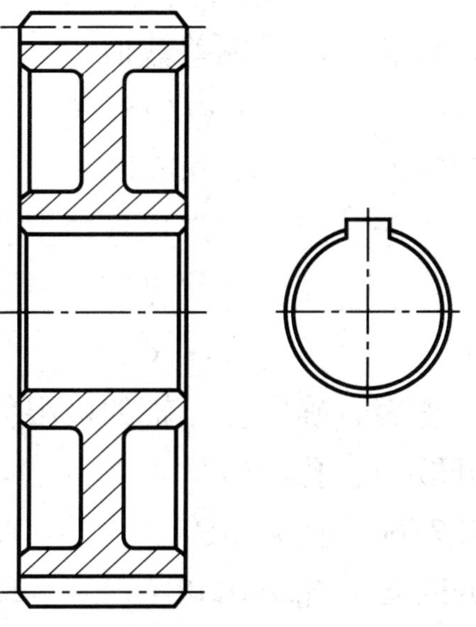

3. (1) M20 螺纹工作表面的 $Ra=3.2\mu m$；
(2) $\phi25$、$\phi24$ 圆柱表面的 $Ra=1.6\mu m$；
(3) 锥孔内表面的 $Ra=1.6\mu m$；
(4) 键槽两侧面的 $Ra=3.2\mu m$，槽底的 $Ra=6.3\mu m$；
(5) 其余表面的 $Ra=12.5\mu m$。

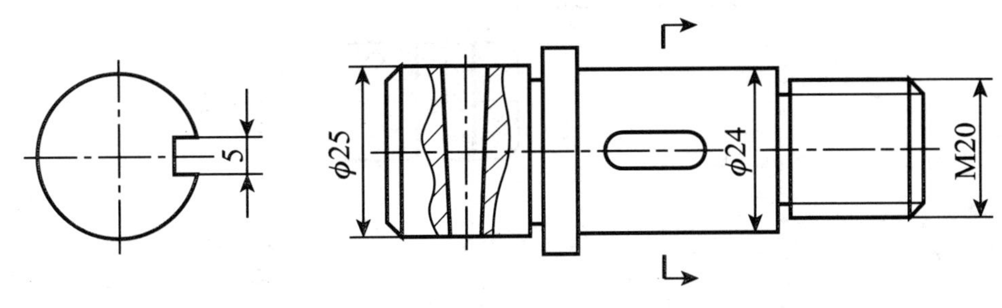

4. 改正图中表面粗糙度标注的错误。

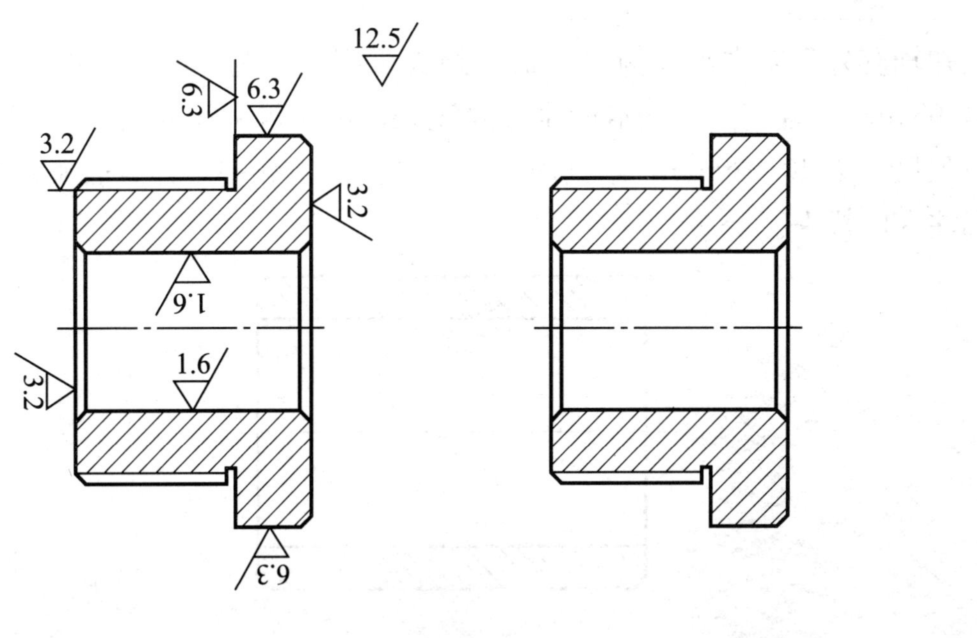

6.7　标注尺寸公差及形位公差（一）

1. 用尺寸公差相关内容填空。

（1）查表，填写偏差数值：

ϕ30H7（　　）；ϕ60JS7（　　）；ϕ40P6（　　）；ϕ30N9（　　）；

ϕ30f7（　　）；ϕ55d8（　　）；ϕ80k6（　　）；ϕ18r6（　　）。

（2）查表，用公差带代号填空。

ϕ70 ______ (±0.015)；ϕ50 ______ $\left({}^{+0.016}_{0}\right)$；$\phi$20 ______ $\left({}^{+0.010}_{-0.010}\right)$；

ϕ40 ______ $\left({}^{0}_{-0.016}\right)$；$\phi$30 ______ $\left({}^{-0.020}_{-0.041}\right)$；

（3）查表，确定孔、轴的极限偏差，说明基准制及配合性质。

ϕ30H8/f7：孔ϕ30H8（　　），轴ϕ30f7（　　），属______制______配合；

ϕ36P7/h6：孔ϕ36P7（　　），轴ϕ36h6（　　），属______制______配合；

ϕ20H8/h7：孔ϕ20H8（　　），轴ϕ30h7（　　），属______制______配合。

（4）查表，确定孔、轴的公差带代号，说明基准制及配合性质。

孔$\phi18^{+0.018}_{0}$轴$\phi18^{-0.006}_{-0.017}$：配合代号：ϕ18 ______，属______制______配合；

孔$\phi36^{-0.017}_{-0.042}$轴$\phi36^{0}_{-0.016}$：配合代号：ϕ36 ______，属______制______配合；

2. 已知轴套外径基本尺寸为ϕ55mm，最大极限尺寸为55mm，最小极限尺寸为54.954mm，轴套内孔基本尺寸为ϕ40mm，最大极限尺寸为40.076mm，最小极限尺寸为40.030mm，求其内、外径的上、下偏差，并查表确定公差代号，标注在图样上。

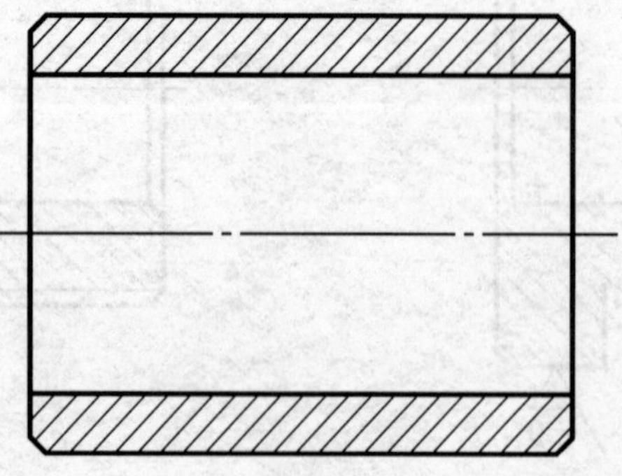

3. 根据装配图上的尺寸标注，解释配合代号的含义，查表后分别在零件图上标注基本尺寸及偏差。

（1）零件1与圆柱销的配合代号为______

（2）零件2与圆柱销的配合代号为______

（3）ϕ10F8/h6的含义是

a. 相配孔、轴的基本尺寸为______。

b. 配合的基准制为______。

c. 孔的基本偏差代号为______，公差等级为______。

d. 轴的基本偏差代号为______，公差等级为______。

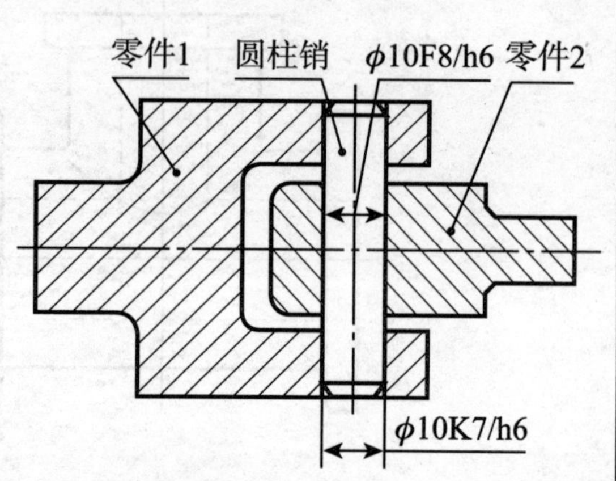

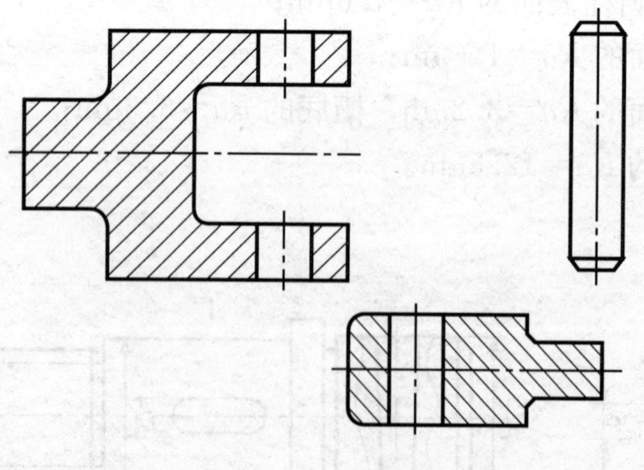

6.8　标注尺寸公差及形位公差（二）

1. 说明图中所注公差框格的含义。

（1）|○|0.004| 的含义：

被测要素是____，公差项目是____，公差值是____ 。

（2）|⌭|0.005| 的含义：

被测要素是____，公差项目是 ____，公差值是____ 。

（3）|//|0.025|B| 的含义：

被测要素是____，基准要素是____，公差项目是____，公差值是____。

（4）|◎|ϕ0.01|A| 的含义：

被测要素是____，基准要素是____，公差项目是____，公差值是____。

（5）|⊥|0.04|A| 的含义：

被测要素是____，基准要素是____，公差项目是____，公差值是____。

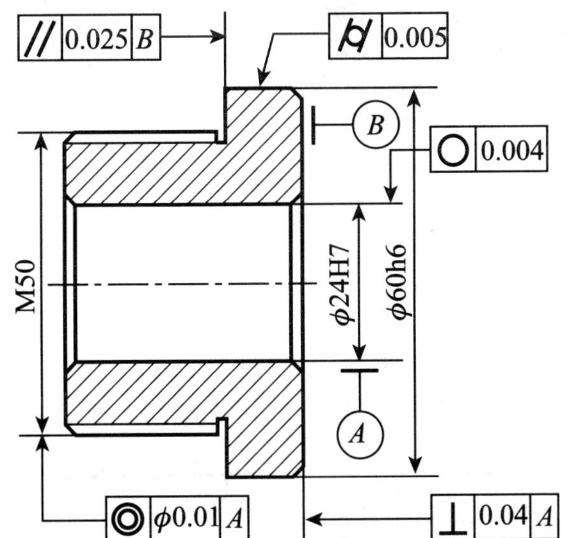

2. 根据下述文字内容将要求的形位公差标注在图样的正确位置。

（1）ϕ60h7 圆柱面的圆柱度公差为 0.008mm。

（2）ϕ50h7 圆柱面对ϕ60h7 圆柱面的同轴度公差为 0.02mm。

（3）*K* 面对ϕ60h7 圆柱面轴线的垂直度公差为 0.04mm。

（4）*M*、*N* 面对ϕ50h7 圆柱面轴线的垂直度公差为 0.025mm。

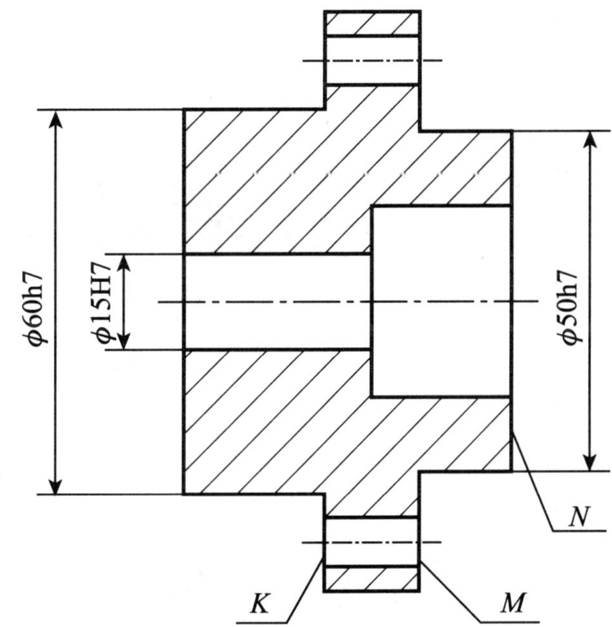

6.9　读零件图（一）

读图示零件图，分析其结构和尺寸，完成填空题，并在指定位置做出 $E-E$ 断面图。

（1）该零件属____________类零件，主视图的选择符合____________位置原则，并采用了____________的表达方式。

（2）图中 $A-A$ 是____________视图，其右边的图形是____________图。B 是____________图。

（3）该零件长度方向的主要尺寸基准是________________________。

（4）解释 ϕ95h6 的含义：________________________。

（5）解释 [◎|ϕ0.04|C] 的含义________________________。

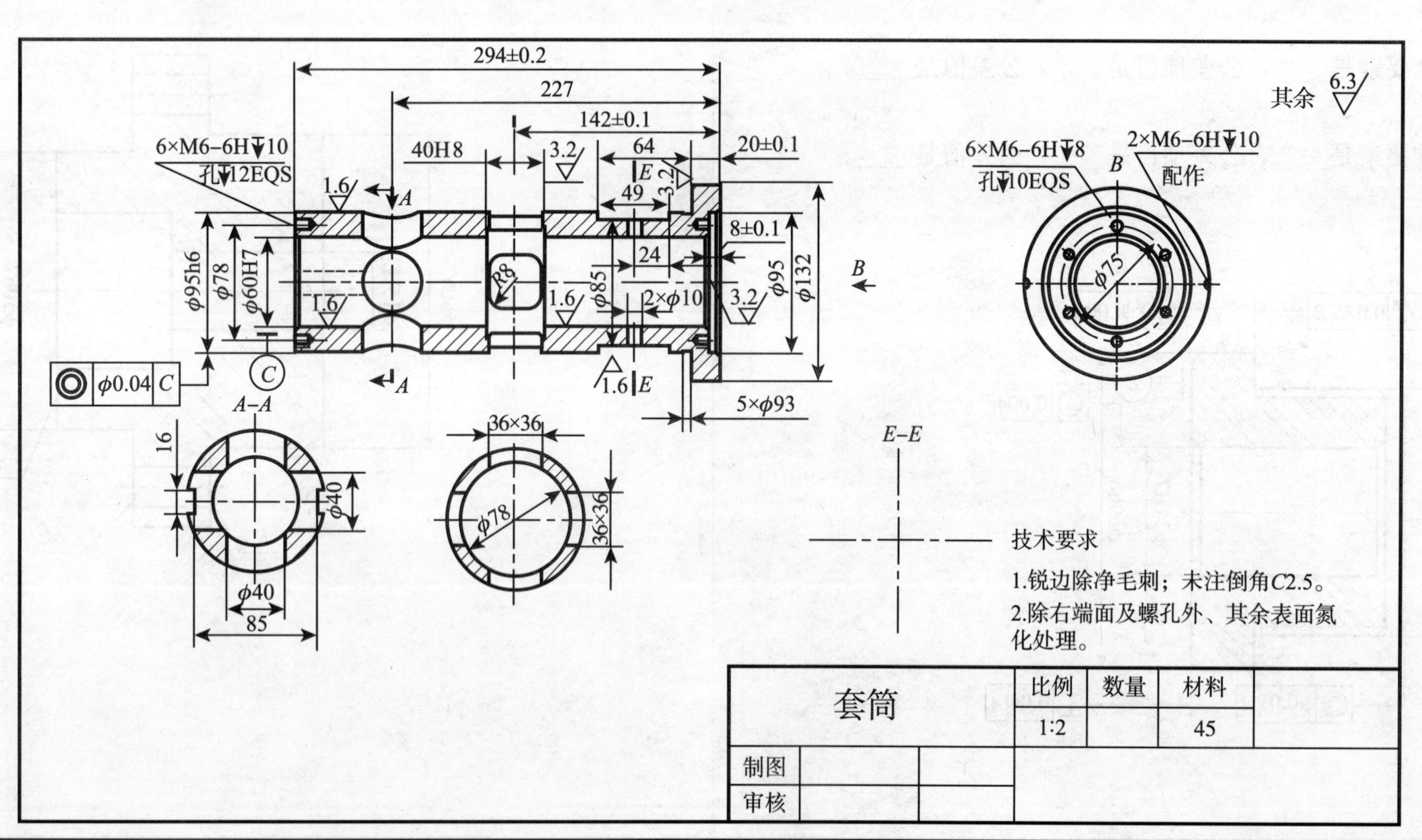

6.10　读零件图（二）

读图示零件图，并按下述要求完成相关内容。

（1）主视图的选择符合 ________原则，两处平键连接的轴槽用________图来表达。

（2）解释轴颈尺寸ϕ45K6 的含义______________________________。

（3）根据尺寸分类，尺寸 5 和 36 分别是键槽的________尺寸和________尺寸。

（4）填写标题栏。零件名称：传动轴；材料：45 钢；比例：1∶1

（5）编写技术要求：调质处理、未注倒角 *C*2。

（6）用指引线在图中标出长、宽、高三个方向尺寸标注的主基准。

（7）经查表，两处轴槽深的极限偏差均为 0、+0.2mm，请将其值标注在图中正确位置。

（8）在图上标注形位公差：两轴颈的圆柱度公差为 0.004mm；ϕ50 的轴头对两轴颈公共轴线的同轴度公差为 0.012mm。

（9）标注表面粗糙度：轴颈处 Ra=0.8mm，轴头处 Ra=3.2mm，其余 Ra=6.3mm。

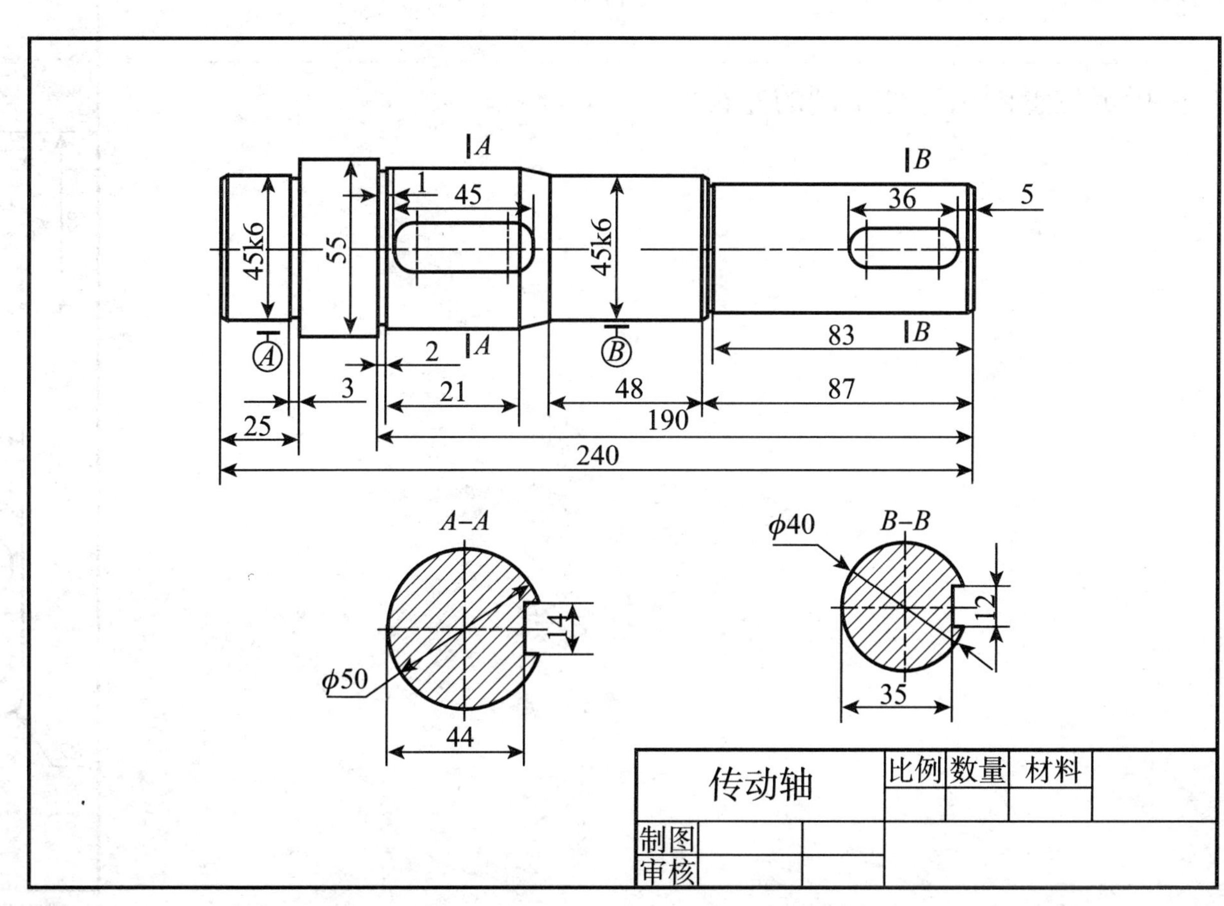

6.11　读零件图（三）

读图示零件图，并按下述要求完成相关内容。

（1）零件名称是＿＿＿＿＿＿＿，比例是＿＿＿＿＿＿＿，材料是＿＿＿＿＿＿＿，总长是＿＿＿＿＿＿＿。

（2）主视图的选择符合＿＿＿＿＿＿＿＿原则，并采用＿＿＿＿＿＿＿＿视图来表达。

（3）解释 [// | 0.06 | A] 的含义：＿＿＿＿＿＿＿＿＿＿＿＿＿＿＿＿＿＿＿＿。

（4）ϕ22 表示的工艺结构称为＿＿＿＿＿＿＿，其作用是＿＿＿＿＿＿＿＿＿＿＿＿＿＿＿＿。

（5）根据图上标注的表面粗糙度值，分析零件不同表面的加工精度要求。

（6）用指引线在图中标出长、宽、高三个方向尺寸标注的主基准。

（7）解释“其余 ∀”的含义：＿＿＿＿＿＿＿。

（8）解释尺寸“15×15”和“22×22”的含义：

＿＿＿＿＿＿＿＿＿＿＿＿＿＿＿＿＿＿＿＿＿＿＿＿＿＿＿＿＿＿。

（9）在指定位置画出零件半剖的左视图。

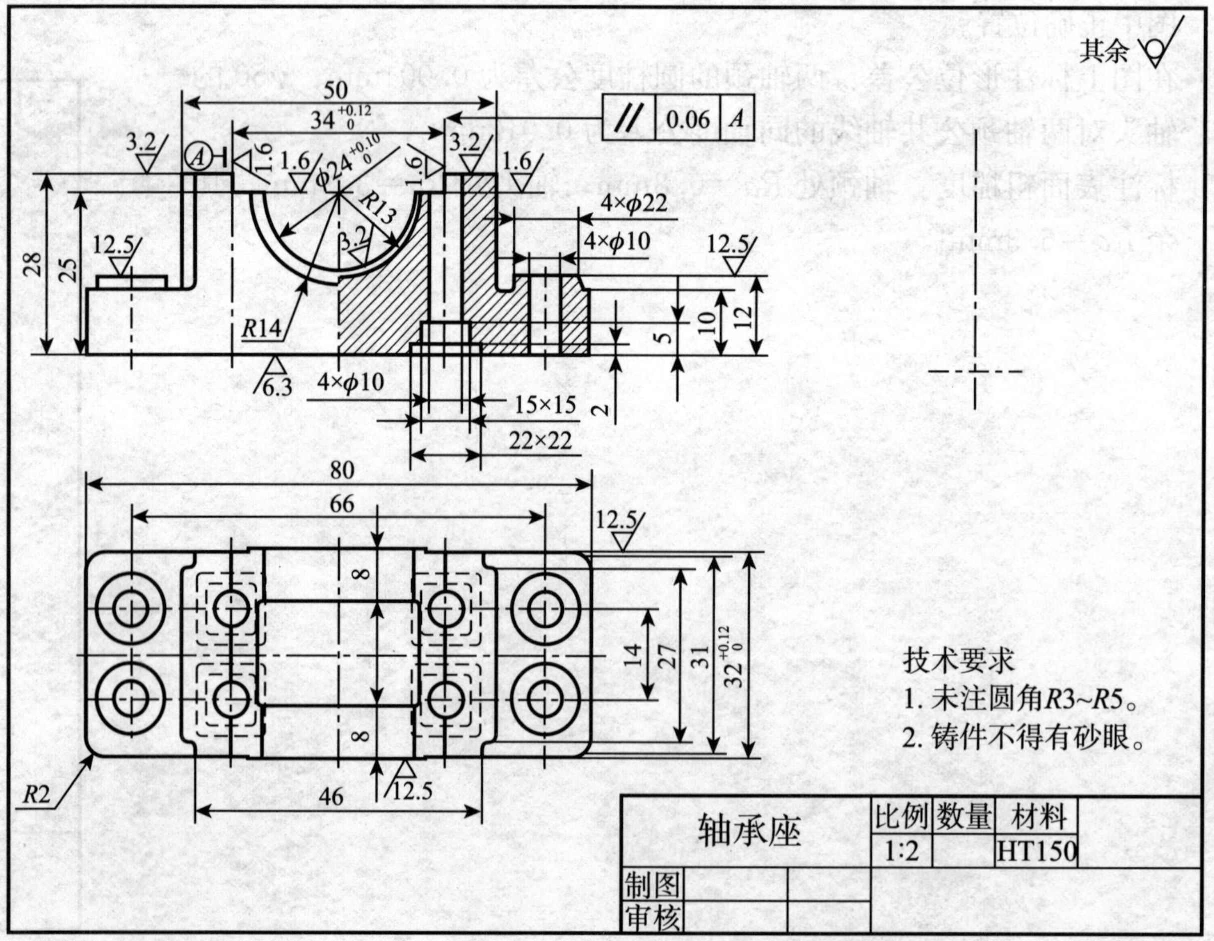

技术要求
1. 未注圆角 R3~R5。
2. 铸件不得有砂眼。

轴承座	比例	数量	材料
	1:2		HT150
制图			
审核			

6.12　读零件图（四）

读懂图示“底座”零件图，并按下述要求完成相关内容。

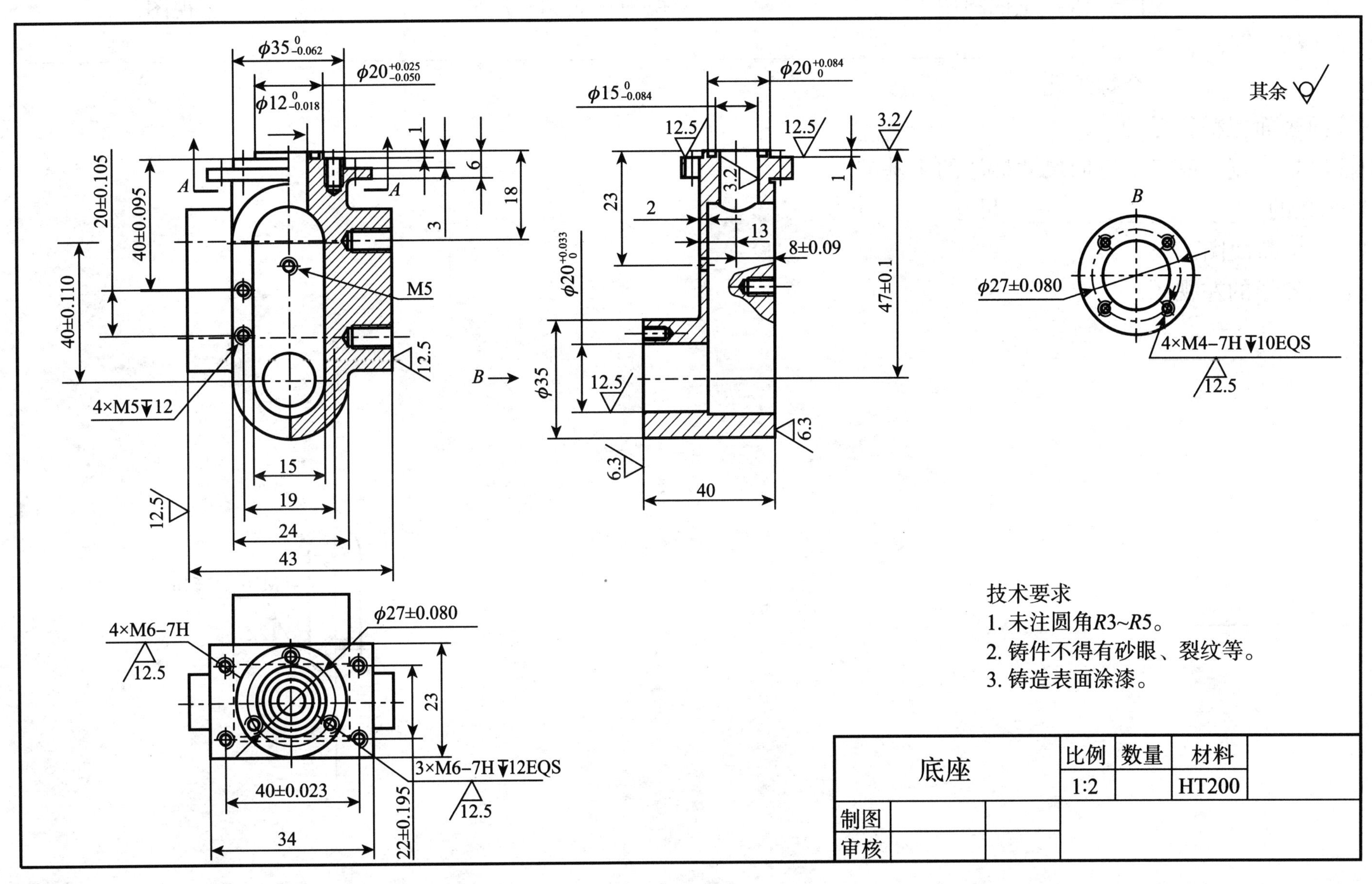

6.13　读零件图（五）

续上页：

(1) 零件名称是＿＿＿＿＿＿，比例是＿＿＿＿＿＿，材料是＿＿＿＿＿＿，总高是＿＿＿＿＿＿。

(2) 主视图用＿＿＿＿＿＿视图表达，左视图用＿＿＿＿＿＿视图来表达；B 是＿＿＿＿＿＿视图。

(3) 解释“4×M10－7H↧18”的含义：＿＿＿＿＿＿＿＿＿＿＿＿＿＿＿＿＿＿。

(4) 零件上共有＿＿＿＿＿＿个螺纹孔。

(5) “$\phi 12_{-0.018}^{\ 0}$”的圆柱面表面粗糙符号为＿＿＿＿＿＿。

(6) 用指引线在图中标出长、宽、高三个方向尺寸标注的主基准。

(7) “$\phi 27 \pm 0.080$”是螺孔的＿＿＿＿＿＿尺寸。

(8) 在指定位置画出 $A-A$ 断面图。

(9) 在指定位置补全表示外形的左视图。

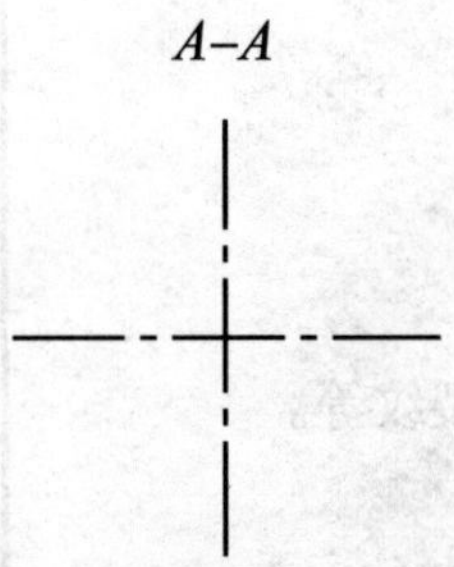

A–A

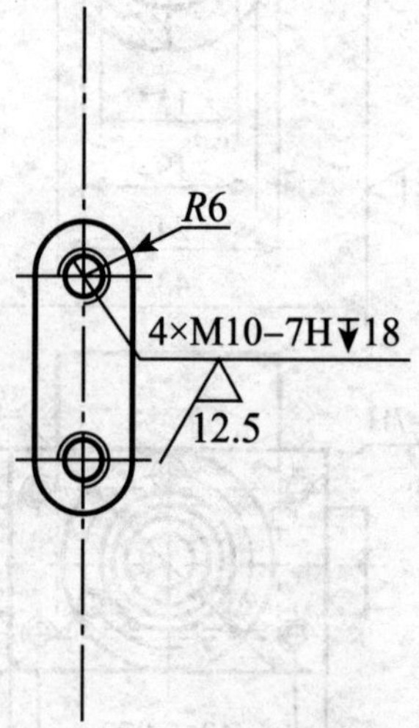

*R*6

4×M10–7H↧18

12.5

7.1 装配图基础

1. 读图示装配图，并按下述要求完成相关内容。

（1）装配体的名称是__________，画图比例是__________，共由__________个零件组成。

（2）主视图用__________视图表达装配体的__________和__________，其余两个视图用了__________ 画法，用来表达______________________________。

（3）解释“M8－7H/6h”的含义：______________________________

______________________________。

（4）解释“ϕ14F8/h7”的含义：______________________________

______________________________。

（5）解释尺寸“178－260”的含义：______________________________

______________________________。

（6）根据装配图分析、想象件1的形状、结构。

（7）根据装配图分析并叙述装配体的工作原理：

____

____

____

____

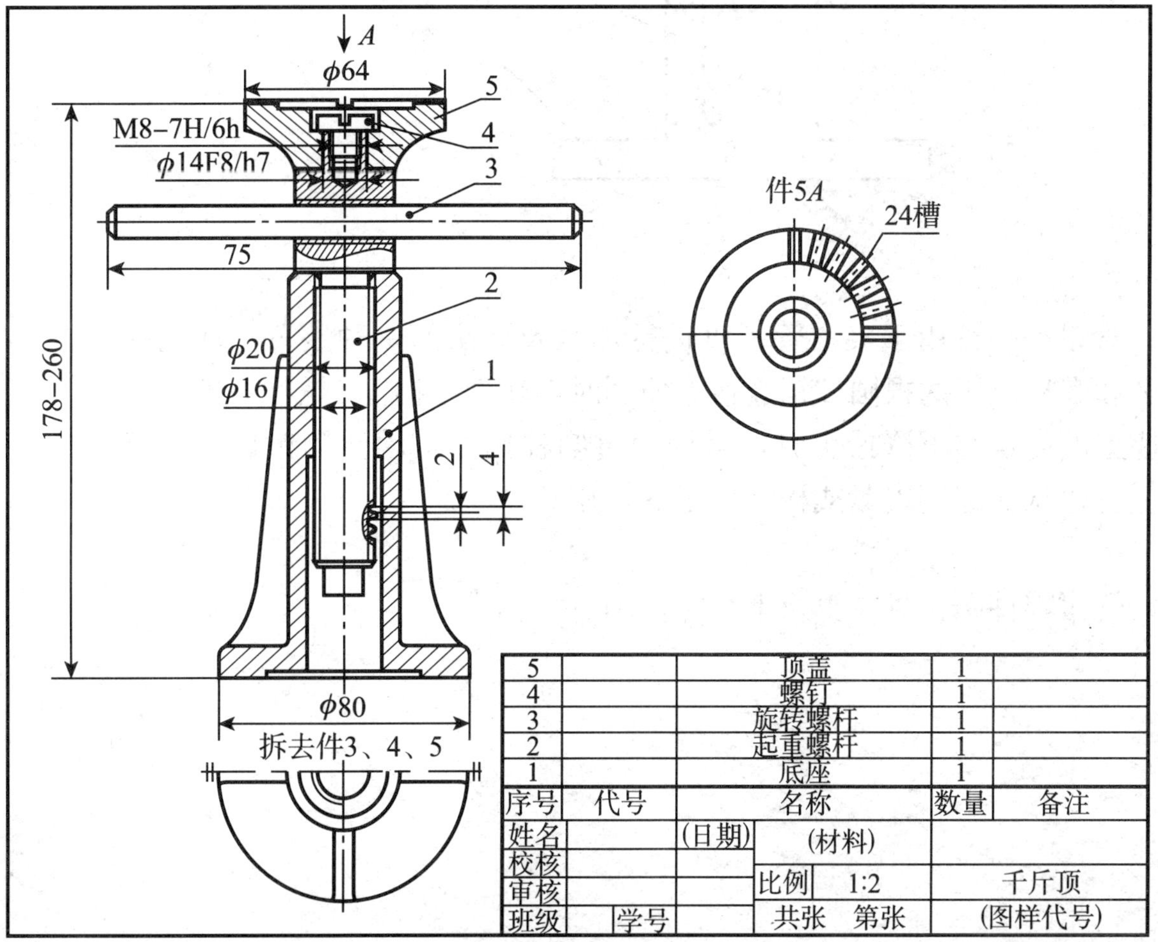
A
ϕ64
5
4
3
M8–7H/6h
ϕ14F8/h7
75
2
1
178–260
ϕ20
ϕ16
2
4
ϕ80
拆去件3、4、5
件5A
24槽
5 顶盖 1
4 螺钉 1
3 旋转螺杆 1
2 起重螺杆 1
1 底座 1
序号 代号 名称 数量 备注
姓名 (日期) (材料)
校核
审核 比例 1:2 千斤顶
班级 学号 共张 第张 (图样代号)

7.2　根据零件图画装配图（一）

根据管钳的工作原理图及所给零件图画装配图。

（1）工作原理：

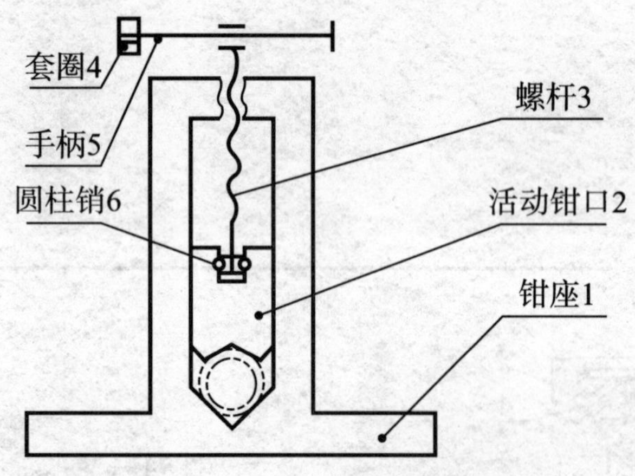

管钳是一种用于夹紧管子以进行加工及装配的一种装置。活动钳口2和螺杆3用两根圆柱销连接。使用时，转动手柄5，螺杆3即可沿钳座上的内螺纹下降或上升，随即通过圆柱销6带动活动钳口2下降或上升，从而起到夹紧或松开管子的作用。

（2）管钳零件图：见本页及下页零件图。

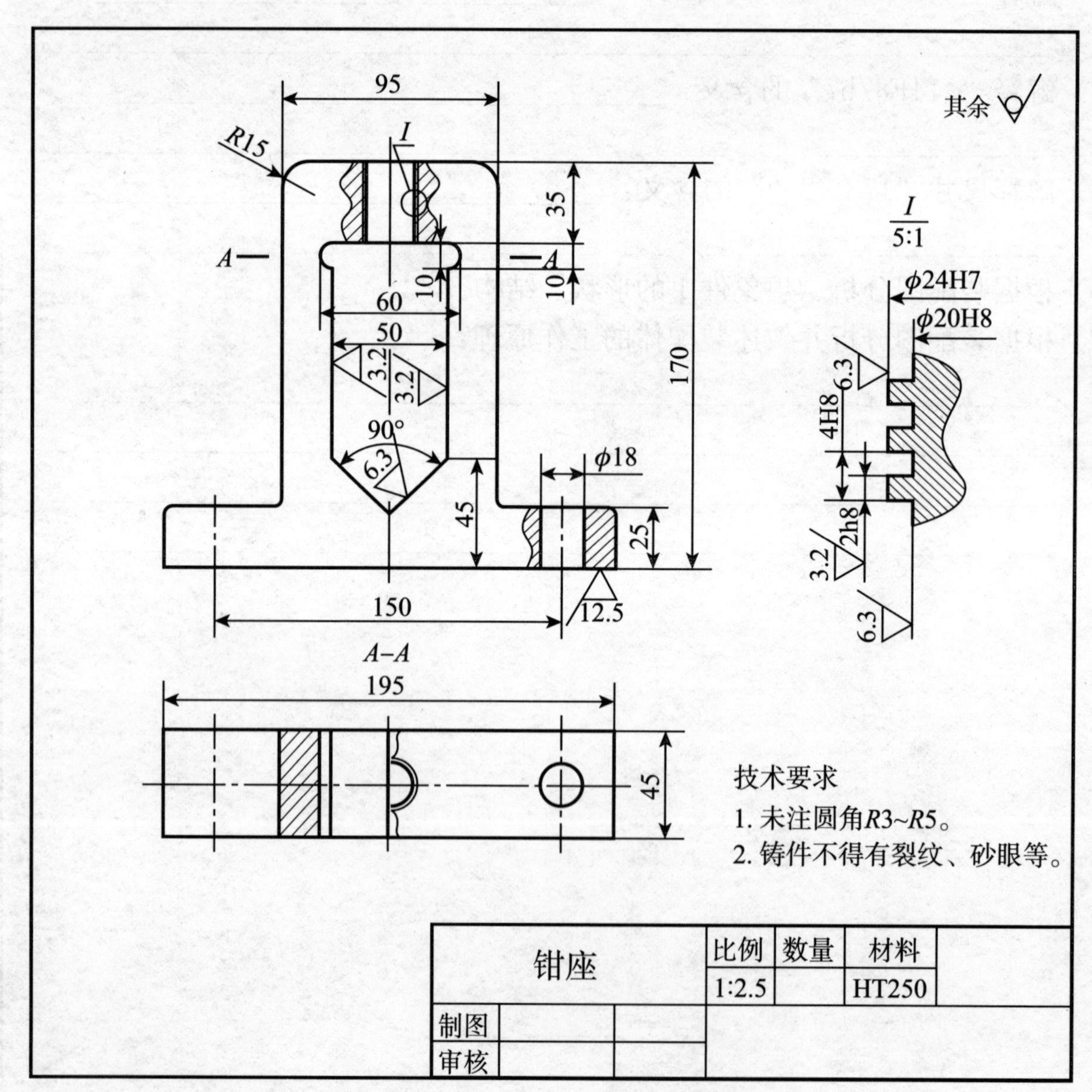

7.3　根据零件图画装配图（二）

管钳零件图：（续上页，圆柱销 6 查表选取：6×L，L 值根据配合件尺寸确定。）

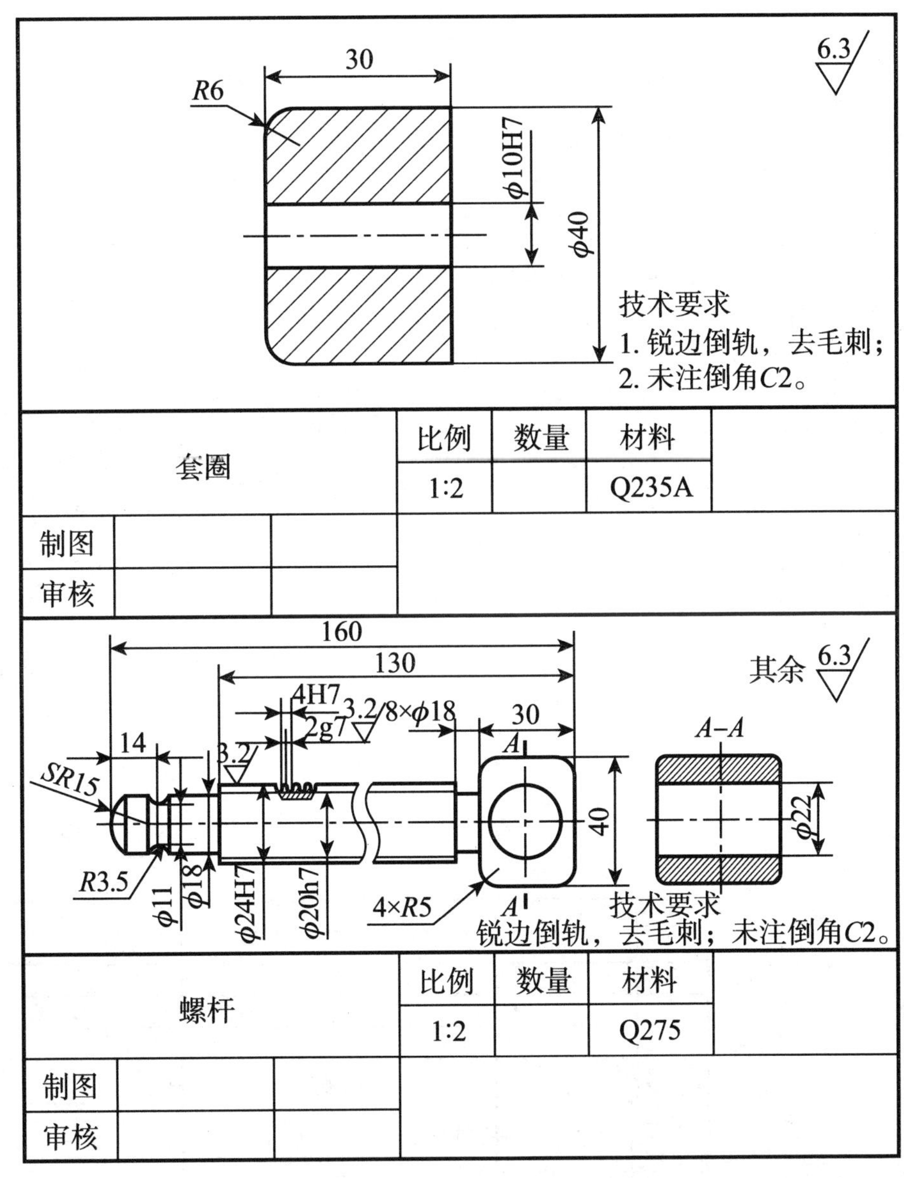

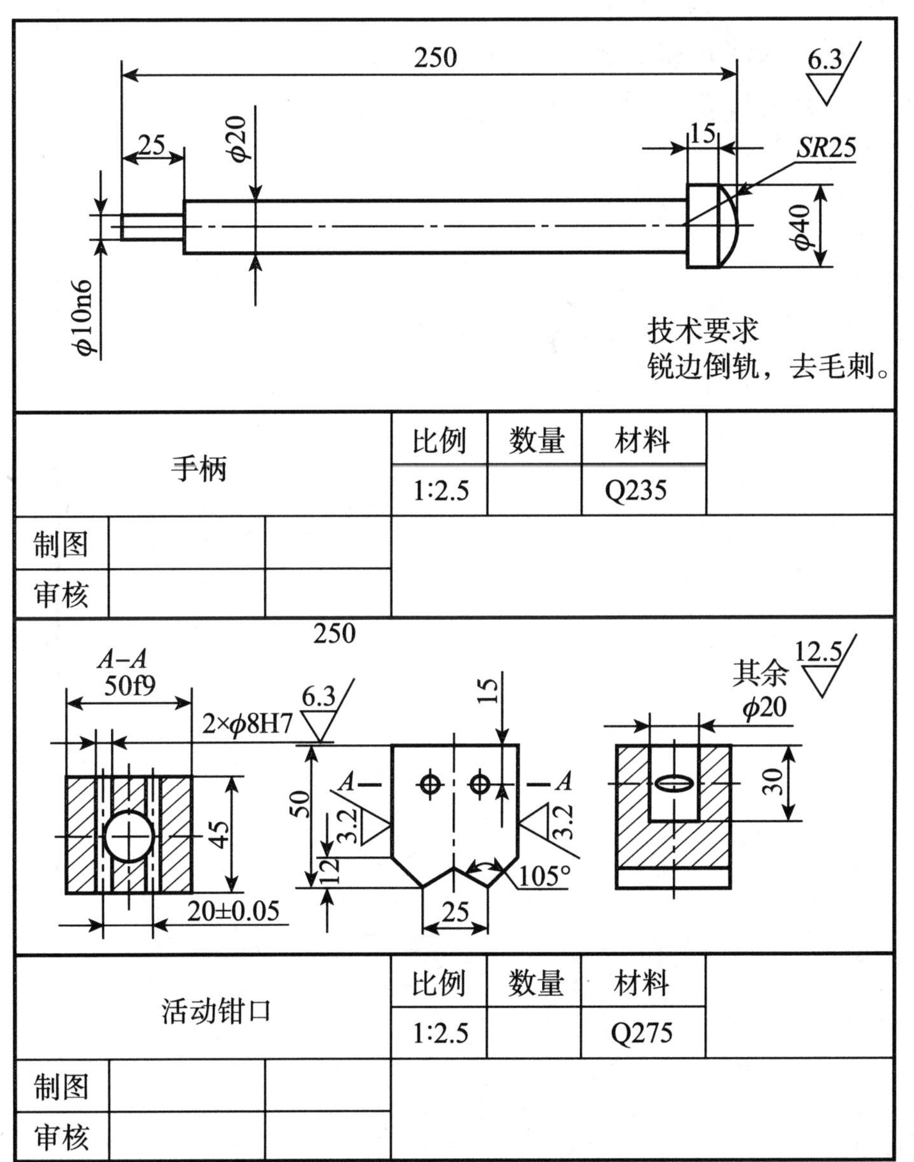

7.4　根据零件图画装配图（三）

画出管钳装配图。

要求：

(1) 表达方案合理，选择比例恰当；

(2) 视图画法、标注正确、规范、布局均匀；

(3) 零件序号编写规范，并完成标题栏、明细表的填写。

5				
4				
3				
2				
1				
序号	代号	名称	数量	备注

姓名		(日期)	(材料)	
校核				
审核			比例	
班级	学号		共张　第张	(图样代号)

7.5 读装配图并根据装配图拆画零件图

1. 工作原理：向左推动阀杆 1，顶起钢珠 4，则阀门打开，从而达到泄气的作用。

2. 读懂泄气阀的装配图，按要求完成下列内容：

（1）泄气阀由____________种零件组成，其中____________是标准件；

（2）泄气阀用____________个视图表达，各个视图的名称、表达方法、表达的内容分别是：________________________。

（3）解释“ G1/2 ”的含义：____________________

______________________________。

（4）分析零件“ 弹簧 5 ”的作用：____________________

______________________________。

（5）分析装配图中的尺寸。

配合尺寸有：________________________。

安装尺寸有：________________________。

外形尺寸有：________________________。

（6）绘出管接头 6 和阀体 3 的零件图，要求：

a. 比例、图幅自选；

b. 标注出配合处的尺寸及技术要求；

c. 其余部分画图所缺尺寸按比例直接从装配图上量取。

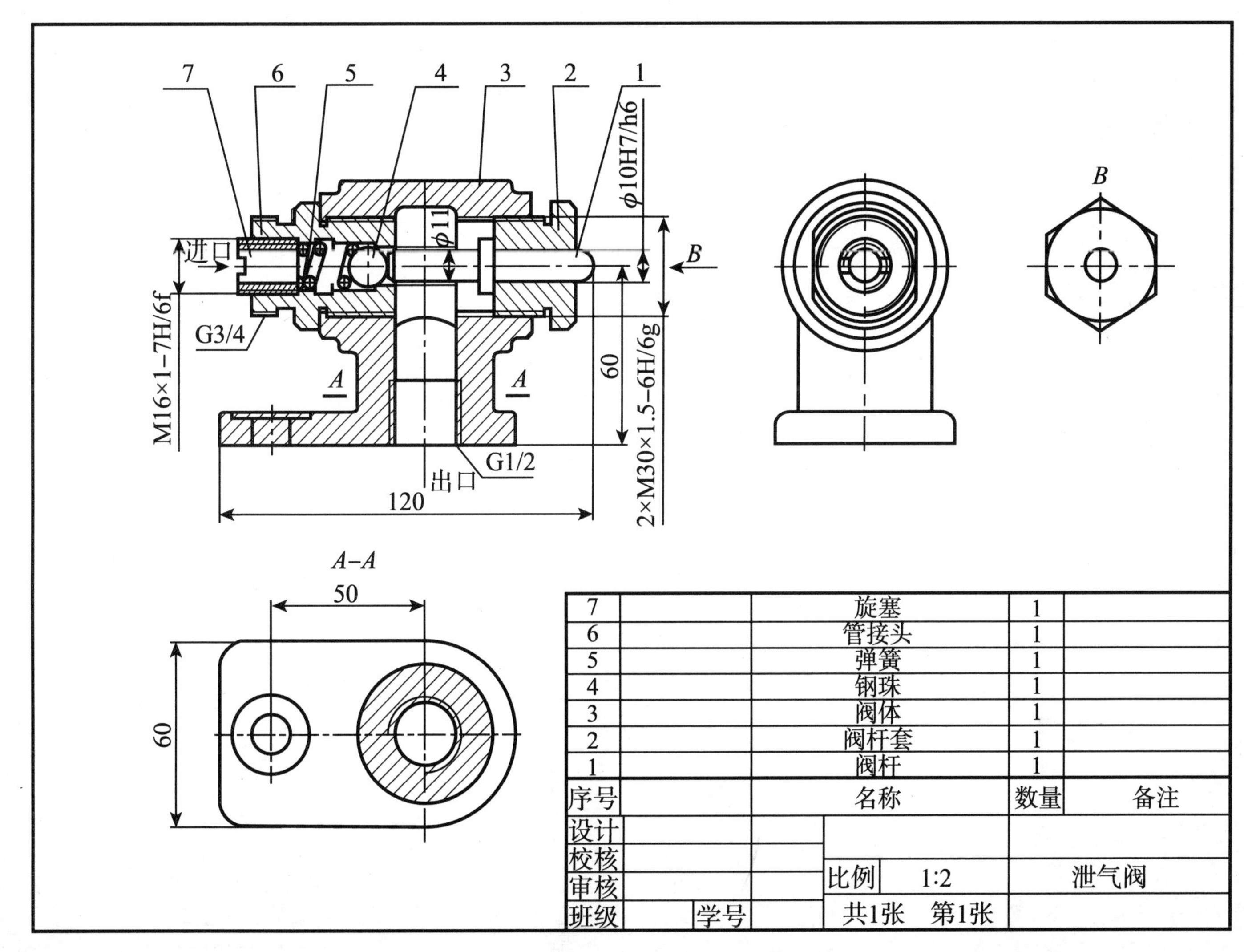

7		旋塞	1	
6		管接头	1	
5		弹簧	1	
4		钢珠	1	
3		阀体	1	
2		阀杆套	1	
1		阀杆	1	
序号		名称	数量	备注

设计				
校核				
审核		比例	1:2	泄气阀
班级	学号	共1张	第1张